北京市高等教育精品教材立项项目

橡胶化学与物理导论

焦书科 主编

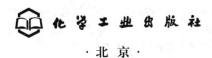

·北京·

本教材是北京市教育委员会精品教材。全书是按橡胶化学与物理学科体系，以结构-性能相关性为主线，遵循因果关系分析思路，全面系统地论述了橡胶合成反应和橡胶物理，以及橡胶合成反应与橡胶品种、聚合方法与生产效率和生产质量、改性反应与胶种特性、生胶加工硫化技术与制品强伸物性之间的内在相关性。另外，还单辟一章介绍了橡胶弹性理论及其拉伸结晶。

本书共分为六章，第1章是以橡胶名称、特性和分类为题，重点是介绍橡胶及其相关术语的含义等基本概念，以期逐步澄清橡胶行业一直存在的多词共存混用的局面；第2章是以橡胶分子界定参数为准绳，全面系统地论述各类聚合反应及其在合成橡胶中的具体应用；第3章是与橡胶合成反应密切相连、并将其付诸实施的生产技术陈述、对比分析和相关技术演进；第4章是生胶的交联和改性，较详细地介绍了各类橡胶的交联反应历程，进而从化学改性、配合改性和共混改性三方面论述了橡胶改性的理论依据和改性实效；第5章橡胶加工硫化技术及其与橡胶物性之间的相关性，主要是论述生胶的流变特性及其与辊筒行为之间的关系、生胶加工工序和加工工艺、混炼胶的硫化，继而把硫化胶物性与橡胶结构和分子运动关联起来，以较大的篇幅详细地论述硫化胶在恒定外力和交变应力作用下的静、动态力学性能及其与分子结构的关系；第6章则首先对橡胶网络进行热力学分析，以揭示硫化胶呈现高弹性的内因和限度，随后系统地阐述了单个分子链和交联网链的弹性理论及橡胶拉伸结晶行为的研究历史和现状。

本教材可作为高等院校合成材料专业高年级本科生和研究生教材或教学参考书；也可供橡胶行业的从业人员（橡胶材料合成、制造和加工应用行业的科技人员乃至销售人员）参考使用。

图书在版编目（CIP）数据

橡胶化学与物理导论/焦书科主编．—北京：化学工业出版社，2009.5
北京市高等教育精品教材立项项目
ISBN 978-7-122-05048-9

Ⅰ. 橡… Ⅱ. 焦… Ⅲ. ①橡胶化学-教材②橡胶-物理学-教材 Ⅳ. TQ330.1

中国版本图书馆 CIP 数据核字（2009）第 037910 号

责任编辑：杨　菁　　　　　　　　　文字编辑：李　玥
责任校对：凌亚男　　　　　　　　　装帧设计：韩　飞

出版发行：化学工业出版社（北京市东城区青年湖南街 13 号　邮政编码 100011）
印　　装：化学工业出版社印刷厂
787mm×1092mm　1/16　印张 17¾　字数 456 千字　2009 年 6 月北京第 1 版第 1 次印刷

购书咨询：010-64518888（传真：010-64519686）　　售后服务：010-64518899
网　　址：http://www.cip.com.cn

凡购买本书，如有缺损质量问题，本社销售中心负责调换。

定　　价：32.00 元　　　　　　　　　　　　　　　　　　　版权所有　违者必究

前　言

众所周知，橡胶有两大类：一类是由橡胶树汁经凝聚干燥制得的天然橡胶，另一类是由低分子量单体经聚合（或共聚）而成的（人工）合成橡胶。合成橡胶又分为通用（用以制造轮胎和各类橡胶制品）橡胶和特种橡胶。就其分子结构、性质和存在状态而论，无论哪类橡胶都是冷则变硬、热则发黏的黏弹性线形分子柔软固体，通常称作生（橡）胶。它们必须经过加工硫化后才能转变成有使用价值的、弹性得以充分发挥的交联橡胶，又称硫化胶、橡皮、橡胶制品或弹性体。由于橡胶的硫化是生胶在加热条件下与硫黄发生交联反应而形成弹性固体的，所以这些橡胶又称作热固性橡胶。20 世纪 60 年代初出现了第一个无需硫化、且可用热塑性塑料成型方法加工成型的聚氨酯橡胶，当时就取名叫热塑性橡胶，如今更广泛采用的名称是热塑性弹性体。近代书刊（见本书第 1 章）几乎把所有的合成橡胶都改名为合成弹性体。后来 ASTM D833 又推荐用弹性体一词来涵盖原用的橡胶、生胶、硫化胶等的含义（也是泛指）。这样一来，弹性体几乎成为橡胶一词的同义语，长期以来上述诸多术语在行业使用中经常发生混淆，例如：橡胶时而指天然橡胶或合成橡胶等生胶，时而又指硫化胶、橡皮等交联橡胶，很多情况下又是泛指；在论述橡胶性能-结构和弹性的书刊中经常因主体对象（生胶还是硫化胶）不清而造成概念混乱导致误解。由此导致目前在文献、书刊和学术交流中一直存在着多词（术语）并存混用的局面。

有鉴于此，本书在第 1 章首先详细地论述了橡胶及其相关术语的涵义。继而依据 ASTM、ISO 和相关辞典等权威性著作"橡胶相关标准术语学"规定的橡胶和弹性体弹性定义，从理论和实际两方面解析了橡胶和弹性体在结构-性能上存在的明显差别。并对本书所用的橡胶及相关术语作出明确规定，即"当涉及交联橡胶时将采用硫化胶、弹性体、橡皮等同义术语，未注明上述术语的橡胶则专指生胶或橡胶类别"。之所以如此界定，一是希望引领初涉橡胶行业的读者从一开始就认知各类专业术语都有其特定的科学内涵，橡胶类术语与其结构-性能密切相关，不可各执一词，随意变通，二是期待行业从业人员和知识传播者在论著、报告和语言交流中使用真切、标准、规范的术语。

有使用价值的橡胶材料几乎都是以合成橡胶厂生产的（天然橡胶除外）生胶为原料，经加工硫化成硫化胶制品或部件。所以现行的工艺类橡胶教材、专著、手册和年度技术评述等也是按生胶生产工艺（或技术）和橡胶加工硫化技术（有的书名是橡胶工艺）编写的。尽管各种版本的编撰方式、内容多寡、取材新旧和论述深浅程度乃至书名各不相同，但其编撰体例和模式却基本相同。例如，合成橡胶生产技术类论著基本上都是按单一胶种的特性和应用→生产发展史→聚合流程和工艺→产品后处理直至生产安全技术的程式化素描直述；橡胶加工硫化技术类图书也多是按传统的加工程序、加工硫化工艺和设备等的半经验式直观陈述。专门论述橡胶弹性、结构-性能等橡胶物理类论著很少。

与上述各类专著是按照阶段产品的生产过程属性分册论述不同，本书则是以橡胶化学和物理学科体系对橡胶的合成反应、生胶加工硫化技术和硫化胶结构-性能关系进行概括性综合论述。其中，橡胶化学概括的内容分别是：①以可以合成出符合各项分子界定参数的生胶为目标的各类聚合反应（第 2 章）和聚合方法及其在合成橡胶中应用（第 3 章）；②为提升生胶强度并使其弹性得以充分发挥的硫化反应和方法；③以改善或赋予橡胶某种特性为目的的各类改性反应和方法（第 4 章）。橡胶物理涉及的内容有：①生胶加工硫化技术及其与生胶、硫化胶结构-性能相关性的系统论述（第 5 章）；②橡胶弹性理论及其拉伸结晶（第 6 章）。

按产品制造过程是否有化学反应发生的上述内容概括和划分只是大致的、粗略的。严格说来，无论是生胶合成过程还是把生胶加工硫化成硫化胶制品，化学变化和物理作用几乎是同步发生的。例如生胶合成反应本质上低分子量单体在引发剂作用下迅速键接成高分子量生胶的聚合反应，可是当聚合物形成后立刻会产生大分子之间的相互作用导致其堆砌方式、存在状态不同；再如生胶塑炼和混炼一般认为是物理混合过程，可是生胶在塑炼和混炼过程中也会发生分子断裂和形成炭黑结合橡胶的化学反应。而且利用这种化学反应与物理作用并举性质来对生胶改性（例如第 4 章所述的活性链端改性和单体在生胶基体中聚合、交联改性）已成为当今最重要的改性途径和方法。尽管如此，按照学科体系来描述产品制造过程的分子反应和产物性质变化细节，并逐次进行理性分析仍是目前广为采用的编撰体例和论述方法。因为：①按学科体系论述有利于同类问题的系统阐述和横向对比分析；②与基础学科体系相一致，符合人们对科学问题的认识规律和循序渐进思维方法，从而容易被读者理解和接受；③从原料到制造过程直至产品结构和性能的理性分析有助于引导、启迪从业者开拓创新思路。

以下将分别列出按上述体例编撰的各章主要内容以及与主体内容密切相关的化学反应与物理作用。

第 2 章"橡胶合成反应"，是在梗概阐述聚合反应与合成橡胶诞生、发展历史渊缘的基础上，以橡胶分子界定参数为准绳，系统地论述各类聚合反应及其在合成橡胶中的具体应用。这样的体例不仅有助于从更深层次上理解生产某一胶种的聚合体系、流程和工艺，而且也能从理论上预期各种调节因素和所得生胶的结构和性能。各节的阐述层次有不同的模式和侧重点：对传统的聚合反应侧重于反应本质和特点的介绍；对新聚合反应则着重分析其研发思路、反应特点的对比分析和应用；对利用同一类聚合反应合成不同胶种则侧重于聚合体系和工艺条件的对比分析；对于用不同的聚合反应合成同一胶种则着重阐明由反应特性不同所带来的控制条件及所得产品结构-性能上的差异。每类聚合各有优缺点，有些聚合反应可以合成多种合成橡胶，也有的聚合反应则具专一性，只能合成出一种特定结构和性能的特种橡胶（例如聚氨酯弹性体的合成）。就聚合反应的整体而论，似可认为：它们已发展到相当高的水平，通过反应特点的运用、相互转换、融入和组合，已合成出品种众多、性能各异的合成橡胶和热塑性弹性体。但所有聚合反应目前都尚未达到分子设计水平。

第 3 章"橡胶合成方法及其技术进步"，主要论述了橡胶合成反应付诸生产实施时，聚合物料体系和工艺条件的优选、实施流程和实效（如生产效率、产品结构和质量、能耗和废弃物对环境的污染）等的对比。本章除了对四大典型聚合方法（本体、溶液、悬浮和乳液聚合）的体系、过程及其优缺点扼要介绍外，还对由液相本体聚合演进而来的气相本体聚合方法、由溶液聚合方法派生出的淤浆聚合方法及由乳液聚合演进出的一系列新聚合方法的体系、性质和特点进行逐一评述，还参照生产实践经验和相关文献资料归纳出相应领域和环节的数项技术进步和有待进一步深入研究的问题。

第 4 章"橡胶的交联和改性"，主要论述了交联反应的类型、交联反应的性质和历程，继而详细地评述了橡胶的化学改性、配合改性和共混改性方法及其相应的理论依据和改性实效，以期为开发新胶种和新性能橡胶制品开阔思路，提供启迪信息。

第 5 章"橡胶加工、硫化技术及其与橡胶结构-性能的相关性"，是按生胶流变特性及其与辊筒行为（塑炼、混炼、压延）之间的关系、生胶加工工序和加工工艺、混炼胶的硫化交联和配方设计的传统模式和层次，分节论述；然后与生胶、硫化胶的结构和分子链运动特征关联起来，以较大篇幅论述了硫化胶在恒定外力和交变应力作用下的"静态"和动态力学性能及其与分子结构的关系。

近年来在合成橡胶界和轮胎制造行业出现了一个新的研发热点，即要求胎面胶同时兼具低滚动阻力（节能）、高抗湿滑性（刹车距离短、行驶安全）和高耐磨性（寿命长），甚至提出"全寿命轮胎"（即轮胎与车体、引擎同寿命）的设想。针对这一要求，本书首先从胎面胶网络结构及其完善程度（见第6章）、交变应力-应变特性和内耗产生的内因出发，论述了它们与胎面胶的抗湿滑性、滚动阻力和耐磨性之间的关系。进而从活性链端改性和实现集成橡胶概念的途径论述了制取这种胎面胶的研发进程和生产现状（参见第2章"活性阴离子聚合在合成橡胶中的应用"）。

第6章"橡胶弹性理论及其拉伸结晶"，首先是对橡胶网络的应力-应变过程进行热力学分析，以揭示橡胶形变的内因主要是分子链的构象熵变；继而用橡胶分子链的构象统计均方末端距来定量描述单个分子链和橡胶网络的形变能力和限度。为了判断橡胶弹性是否发挥至极致，还引入了"理想网络"模型和"理想弹性"概念。橡胶的拉伸结晶虽属相变范畴，但却是立构规整橡胶硫化胶所特有的、并直接与硫化胶强度和弹性密切相关的应力-应变过程中所产生的普遍现象，故也用较大篇幅评述了天然橡胶和立构规整合成橡胶拉伸-结晶行为的研究历史和现状，希望读者能从加深理解中受到启迪。

从以上各章对橡胶结构-物性的论述可以看出，无论是天然橡胶还是合成橡胶都是生胶（初级或中间产品）或称原料胶（raw rubber），它们必须经过加工硫化才能转变成有使用价值的橡胶材料或制品（热塑性弹性体除外）。与三大合成材料中的合成树脂和合成纤维相比，其加工成型特点是先成型后硫化（后两者经常是加工成型一次完成）。通用合成橡胶的突出力学特性是低强度（生胶的拉伸强度小于0.5MPa，纯胶硫化胶的拉伸强度低于3.0MPa）和高弹性（纯胶硫化胶的可逆弹性形变可达100%~1000%）。橡胶合成和加工硫化的最终目的是尽可能提高其强度并使其弹性发挥至极致，使生胶转变成有实用价值的弹性体制品。对合成橡胶来说，提升生胶强度和充分发挥其弹性是一对矛盾体，也就是说要想通过增大分子间的作用力来提升其强度必然会导致分子链柔性（或弹性）的降低。因此，对于不结晶的无定形橡胶（如丁苯橡胶）只能依靠加补强剂（或反应性补强）和交联才能使硫化胶强度达到材料所要求的水平。可是，对可结晶的无定形立构规整橡胶，除了用上述措施来提升其强度外，还可凭借其交联网链的拉伸结晶补强大幅度提高其强度。例如像天然橡胶这样的可结晶橡胶，甚至不加任何补强剂，单凭其拉伸结晶补强就可使纯胶硫化胶的强度达到高水平（29.5MPa）。这里需要特别指出的是，对于可结晶橡胶的结晶作用并不总是有利于强度提高而不影响其弹性发挥的正性效果。例如，Bayer公司全力开发的反式聚（环）戊烯橡胶，大量的实测数据证明，反式聚环戊烯橡胶的加工性能和硫化胶物性均优于通用合成橡胶，其拉伸补强作用甚至超过天然橡胶，就是因为其低温（-10~+10℃）结晶速度太快，致使其硫化胶胎面在低温环境中放置不久即因结晶而变硬，丧失弹性。这正是该橡胶迄今尚未工业化生产的主要原因。看来问题的关键还是结晶速度的温度敏感性、结晶熔点（或熔限）随伸长速率增大而升高的最高结晶度和形成晶体的最高熔点问题。在第6章"橡胶的拉伸结晶"一节所述的各种立构规整橡胶硫化胶的结晶数据对比中可以看到，只有天然橡胶硫化胶在高温下的结晶速率最快，低温下的结晶速率最慢，拉伸结晶度最高（达25%），晶体熔点随拉伸比的提高增幅最大（从未拉伸时的-4℃提高到伸长率达250%时的53℃）。这些数据证明，天然橡胶硫化胶是制作轮胎胎面胶补强能力最大而又不损伤弹性发挥的最好胶料。因为轮胎的滚动频率一般≥10^5Hz，行驶温度一般在-20~100℃运行，这些条件恰好是天然橡胶硫化胶形变结晶速率最快，而形成的结晶又能不断熔化，使运行的胎面胶连续不断的处于结晶补强的高强力状态。这正是本章对橡胶的拉伸结晶进行系统论述的主要原因，也是合成橡胶在效仿天然橡胶结构合成立构规整橡胶之后，又一个研究并效仿天然橡胶结晶行为的重要方向。

为了便于有兴趣的读者查找出处或深究其详，各章末均列出了一些参考文献，供读者参考。

本书在编纂过程中曾得到北京化工大学励杭泉教授，夏宇正、石淑先、吴友平副教授提供部分资料并协助整理、校核文稿；编撰和出版获得北京市教育委员会精品教材立项和北京化工大学"研究生教材建设基金"的资助及化学工业出版社的大力支持。在此一并向他们表示诚挚谢意。

本书的第1、第2、第3、第5、第6章由焦书科编写，第4章由焦书科、周彦豪、张立群、吴卫东共同讨论撰写。

限于编者的学术水平和实践经验，本书在内容选取和处理及文字表达上可能会有欠妥之处，敬希读者指正。

编者

2009年3月

目 录

第1章 橡胶名称、特性和分类 ... 1
1.1 从天然橡胶到合成橡胶 ... 1
1.2 橡胶及其相关术语的涵义 ... 2
1.2.1 橡胶与弹性体 ... 2
1.2.2 橡胶相关术语的涵义 ... 4
1.3 橡胶的分类 ... 7
参考文献 ... 8

第2章 橡胶合成反应 ... 9
2.1 合成橡胶与聚合反应的历史渊缘 ... 9
2.1.1 阴离子聚合与共轭二烯烃橡胶 ... 9
2.1.2 异丁烯阳离子共聚与丁基橡胶 ... 10
2.1.3 自由基乳液共聚与乳聚丁苯橡胶 ... 11
2.1.4 配位聚合与立构规整橡胶 ... 13
2.2 橡胶分子界定参数 ... 15
2.3 聚合反应及其在合成橡胶中的应用 ... 16
2.3.1 自由基聚合 ... 16
2.3.2 阴离子聚合 ... 34
2.3.3 阳离子聚合 ... 50
2.3.4 配位聚合 ... 57
2.3.5 共聚合反应 ... 72
2.3.6 开环聚合 ... 82
2.3.7 聚加成反应与聚氨酯弹性体 ... 91
参考文献 ... 97

第3章 橡胶合成方法及其技术进步 ... 101
3.1 本体聚合 ... 103
3.1.1 典型的本体聚合及其优缺点 ... 103
3.1.2 最早用以合成橡胶的本体聚合 ... 103
3.1.3 本体聚合法合成橡胶的技术进步 ... 104
3.2 悬浮聚合 ... 111
3.2.1 悬浮聚合体系 ... 112
3.2.2 自由基悬浮聚合成粒机理 ... 112
3.2.3 用以合成橡胶的悬浮聚合实例 ... 112
3.3 乳液聚合 ... 113
3.3.1 乳化剂及其作用 ... 113
3.3.2 乳液聚合机理及动力学 ... 115
3.3.3 乳液聚合法合成橡胶实例及分析 ... 119
3.3.4 乳液聚合新技术 ... 120

3.4 溶液聚合 ·········· 127
  3.4.1 溶液聚合中溶剂的性质和作用 ·········· 127
  3.4.2 溶液聚合法合成橡胶工艺实例 ·········· 129
  3.4.3 溶液聚合法合成橡胶的技术进步 ·········· 129
 参考文献 ·········· 132

第4章 橡胶的交联和改性 ·········· 134
4.1 橡胶的（硫化）交联反应 ·········· 134
  4.1.1 化学交联与物理交联 ·········· 134
  4.1.2 二烯烃类橡胶的（硫化）交联 ·········· 135
  4.1.3 饱和橡胶的（硫化）交联 ·········· 145
  4.1.4 交联网络结构对硫化胶性能的影响 ·········· 146
  4.1.5 互穿聚合物网络 ·········· 147
4.2 橡胶的化学改性 ·········· 147
  4.2.1 活性链端改性 ·········· 148
  4.2.2 异戊橡胶与特定试剂反应改性 ·········· 150
  4.2.3 加氢改性 ·········· 151
  4.2.4 卤化改性 ·········· 153
  4.2.5 磺化改性 ·········· 161
  4.2.6 环氧化改性 ·········· 163
  4.2.7 单体在橡胶基体中聚合改性 ·········· 164
4.3 合成橡胶的配合和共混改性 ·········· 164
  4.3.1 配合改性 ·········· 164
  4.3.2 共混改性 ·········· 169
 参考文献 ·········· 185

第5章 橡胶加工、硫化技术及其与橡胶结构-性能的相关性 ·········· 189
5.1 生胶的流变特性及其与辊筒行为之间的关系 ·········· 189
  5.1.1 冷流和切变 ·········· 189
  5.1.2 生胶的切变性能与包辊行为 ·········· 191
  5.1.3 胶料的切变行为与挤出膨胀、破裂 ·········· 192
5.2 生胶加工工序和加工工艺 ·········· 195
  5.2.1 塑炼 ·········· 195
  5.2.2 混炼 ·········· 196
  5.2.3 挤出 ·········· 198
  5.2.4 压延 ·········· 200
  5.2.5 注射成型硫化 ·········· 202
5.3 混炼胶的硫化交联 ·········· 203
  5.3.1 硫化体系种类及其选择 ·········· 203
  5.3.2 硫化历程和硫化工艺 ·········· 206
  5.3.3 硫化方法和设备 ·········· 208
  5.3.4 硫化技术新进展 ·········· 209
5.4 混炼配方和配方设计 ·········· 210
  5.4.1 橡胶配合剂体系 ·········· 210

    5.4.2 配方设计 ·· 211
  5.5 橡胶结构及其分子运动特征 ··· 212
    5.5.1 分子链结构与分子链柔性 ··· 212
    5.5.2 聚集态结构 ·· 216
    5.5.3 交联结构 ·· 220
  5.6 硫化胶物性与分子结构的关系 ··· 220
    5.6.1 硫化胶的主要物理性能 ·· 220
    5.6.2 硫化胶在恒定外力作用下的力学性能及其与分子结构的关系 ································· 221
    5.6.3 硫化胶在周期性外力作用下的动态力学性能及其与分子结构的关系 ······················· 223
    5.6.4 滞后损耗（内耗）与胎面胶的抗湿滑性能、滚动阻力、阻尼性能之间的关系 ············ 228
    5.6.5 磨耗性能与橡胶分子结构的关系 ·· 229
    5.6.6 动态力学性能的测试方法[2,25] ·· 230
  5.7 橡胶、橡皮耐热、耐热氧化性能与分子结构的关系 ··· 232
    5.7.1 耐热性和热降解 ·· 232
    5.7.2 热氧化降解 ·· 232
    5.7.3 臭氧老化（或称臭氧龟裂） ··· 236
  参考文献 ··· 237

第6章 橡胶弹性理论及其拉伸结晶 ·· 238
  6.1 橡胶的形态和受力变形特征 ·· 238
  6.2 橡胶（交联）网络形变的热力学分析 ··· 238
    6.2.1 拉伸形变过程中的构象熵 ·· 238
    6.2.2 拉伸形变热效应 ·· 240
  6.3 单个分子链的弹性理论 ·· 241
    6.3.1 高分子链的构象 ·· 241
    6.3.2 橡胶分子链的构象统计 ·· 244
    6.3.3 分子链柔性的表征 ··· 249
  6.4 橡胶（交联）网络的弹性理论 ··· 250
    6.4.1 橡皮形变类型及描述应力-应变行为的基本物理量 ··· 250
    6.4.2 网络结构及其弹性形变 ·· 252
    6.4.3 网络形变的状态方程 ·· 254
    6.4.4 天然橡胶硫化胶的高度拉伸形变 ··· 257
  6.5 橡胶的拉伸结晶 ··· 260
    6.5.1 天然橡胶的拉伸结晶 ·· 260
    6.5.2 合成橡胶的拉伸结晶 ·· 264
    6.5.3 橡皮拉伸结晶研究现状分析 ··· 271
  参考文献 ··· 272

第1章 橡胶名称、特性和分类

1.1 从天然橡胶到合成橡胶

橡胶一词源于由橡胶树汁（胶乳）制得的橡胶球。远在1496年前，南美海蒂岛上的居民玩着一种橡胶球游戏，他们从当地的橡胶树干上割开裂口流出的白色胶乳制得了橡胶球，由于这种球落在地上能够弹回很高，从而成为弹跳球游戏的玩具。这种以来源于"橡胶树汁"而得名、并具弹性的物质流传至今就成为橡胶的正式名称。因为橡胶树是天然长成的，故称为天然橡胶；同时将直接从胶乳凝聚出来、并经熏干的固体橡胶称作生（橡）胶。生胶是线形分子，在拉伸时虽可发生弹性形变，但当撤去外力后往往不能迅速恢复原状，因而生胶还不是力学性能很好的弹性材料。直至1839年，Goodyear发明了硫黄硫化橡胶，使线形生胶分子以共价键（—S—S—或—C—S—）交联成网状结构，藉此抑制了由分子位移所产生的塑性变形，才使生胶转化为力学性能好、且能发生可逆形变的弹性体，因此把这种生胶加硫黄硫化的交联反应，称作橡胶的硫化或"熟化"，制成的橡胶就叫做硫化胶、交联橡胶或橡皮。

天然橡胶有两种：一种是产自巴西三叶橡胶（*Hevea Brasiliensis*）树的软橡胶，其主要成分为顺式-1,4-聚异戊二烯；另一种是从杜仲橡胶树的皮、枝、叶和果实提取的杜仲胶，也常称古塔波胶或巴拉塔胶（balata rubber），其主要成分为反式-1,4-聚异戊二烯。二者的化学组成完全相同，只是其微观结构正好相反，从而导致前者为无定形结构、并具良好弹性的橡胶，而后者却是结晶性硬橡胶，由此可见微观结构对决定宏观性质的重要性。正是由于它们性质上的显著差别，故通常所说的天然橡胶，大都是指顺式结构的巴西三叶胶。

众所周知，种植橡胶树不仅受气候条件、地域的限制，而且其产量还受种植面积、割胶周期的制约，因而天然橡胶的产量和增产速度显然难以满足社会对弹性材料日益增长的需求。正是这种应用需求促使各国的化学家从分析天然橡胶的组成开始（1826年，Michael Faraday用化学法分析了天然橡胶的组成，确定了其组成实验式为C_5H_8[1]，继而于1860年Greville Williams又从天然橡胶的裂解产物中蒸馏分离出异戊二烯[2]），试图通过共轭二烯烃（如异戊二烯、二甲基丁二烯和丁二烯）的聚合来合成类似橡胶弹性的聚合物。经过众多科学家的开创性研究，终于在1910年Bayer公司以二甲基丁二烯为单体，用两种热聚合方法分别生产出两种甲基橡胶（一种是用以制取硬橡胶制品的H型甲基橡胶，另一种是专用于制造软橡胶制品的W型甲基橡胶）[3,4]；前苏联根据Lebegev的丁二烯用钠聚合的研究，于1932年建成了合成丁钠橡胶的工业化装置。由此揭开了合成橡胶工业生产的序幕。1932~1943年陆续有乳液聚合丁烯橡胶、丁苯橡胶、氯丁橡胶和丁腈橡胶，以及聚硫橡胶、丁基橡胶等投入工业化生产。20世纪50年代中、后期（1955~1960年）由于发现了Ziegler-Natta（简称Z-N）催化剂和锂系引发剂（如RLi），导致了立构规整橡胶如异戊橡胶（曾称作合成天然橡胶）、顺丁橡胶，新型橡胶如乙丙橡胶、溶液聚合丁苯橡胶等的诞生和蓬勃发展；20世纪60年代以后，随着各种活性聚合和新型聚合反应的发现，促使序列规整聚合物（如SBS、SIS、SAS和SEBS等）和各类热塑性弹性体（或称热塑性橡胶）迅速成为合成橡胶的重要分支。至此可以看出，合成橡胶的诞生和发展与新型引发剂（或催化剂）的开发、新型聚合反应的发现以及相应生产技术的确立是密不可分的，也就是说，聚合反应是合成橡胶工业诞生和发展的理论基础。到2000年世界合成橡胶的产、耗量已达1000万吨/年左右，是天然橡胶年产量的2倍。合成橡胶工业已成为提供弹性材料的支柱产业。

1.2 橡胶及其相关术语的涵义

如上所述，"橡胶"术语在书刊和行业中已沿用了数百年，而且已派生出很多相关术语，诸如：天然橡胶、合成橡胶、合成天然橡胶、类橡胶（rubber-like body 或 rubber-like materials）、生橡胶（或原料胶）（raw rubber）、熟橡胶、硫化胶、橡皮、硬橡胶（hard rubber）、软橡胶（soft rubber）、橡胶制品、弹性体及热塑性橡胶、热塑性弹性体等。长期以来这些术语在行业使用中经常发生混淆。例如橡胶时而指天然橡胶或合成橡胶（类橡胶）等生胶，时而又指硫化胶、熟橡胶或橡皮，很多情况下又是泛指；在论述橡胶性能、橡胶弹性的书刊中经常因主体对象（生胶还是硫化胶）不清而造成概念混乱导致误解；由于生胶和硫化胶都俗称橡胶，导致生产生胶的合成橡胶工厂和生产橡胶制品（把生胶加工硫化成硫化胶）的橡胶加工厂同名都叫"橡胶厂"。由于"橡胶"术语沿用已久，所以一提及橡胶人们立即意识到它是一种弹性物质，于是又把橡胶与其特性（弹性）联系在一起，后来ASTM D833又推荐采用弹性体（elastomer）一词来涵盖原用的橡胶、生胶、熟胶和硫化胶等的含义[5]。这样一来，弹性体几乎又成为橡胶一词的同义语，由此导致目前在文献、书刊和实践中存在着多词共存混用的局面。

随着科学技术的发展和现代命名原则的规范化、系列属性化，上述多词共存混用的局面正在逐渐澄清，而且橡胶名称和橡胶弹性概念也日趋合理明确。

1.2.1 橡胶与弹性体

依据现代科学的命名原则，即按物质的结构或性质命名。这种因来自"橡胶树汁"而得名的橡胶，它既未反映出这种物质的结构，又没有表达出这种物质的特性，因而橡胶一词只不过是一个需要附加定义（如弹性）或说明的俗称或习惯用语。橡胶名称虽来源于橡胶树，但按其结构应命名为顺式-1,4-聚异戊二烯，这一命名虽科学合理，但是一则学名太长不够通俗，二则缺乏概括性，因而按其突出的弹性把这类物质取名为弹性体似乎更加准确合理。近代书刊如《合成橡胶》一书中第Ⅰ～Ⅴ章的合成橡胶均称为弹性体（Гармонова И В，"Синтетичесний Каучук"，1983），《弹性体手册》(Bhowmick A K, Stephens H L. "Handbook of Elastomer", 2001) 一书几乎把天然橡胶以外的合成橡胶均称作合成弹性体，以及 "Elastomer" 等专业期刊，都采用弹性体来取代橡胶可能就是基于上述认识。至于热塑性弹性体，20世纪60年代初发现第一个热塑性聚氨酯橡胶时，由于它可热塑加工，所以当初曾称作热塑性橡胶。随着众多热塑性橡胶的发现，以及对这种橡胶既具热塑性又可呈现弹性本质认识的深化，在文献和书刊中广泛采用的术语是热塑性弹性体（thermoplastic elastomer）。

由此可见，橡胶取名有按其来源发展为按其弹性特征命名的趋势，弹性体几乎成为橡胶一词的同义语。由于这两个术语的概括面和范围基本相同，同时多数情况下又都是泛指，所以直到现在，橡胶和弹性体一直在并存混用。但是如果我们对橡胶和橡胶弹性的原始定义进行仔细推敲，并和原始定义的弹性体弹性进行对比就会发现，橡胶弹性和弹性体弹性是有明显区别的。

(1) 橡胶和橡胶弹性　美国材料试验协会颁布的 ASTM D1566—07a 标准（橡胶相关标

准术语学）和国际标准化组织 ISO 1382—1982（E/F/R）曾对橡胶作出如下几乎雷同的定义："橡胶是一类能从大形变迅速而强烈地（quickly and forcibly）恢复，且能够或已经被改性成不溶态（即在沸腾的苯、甲乙酮或乙醇-甲苯共沸物等溶剂中不溶解，但能被上述溶剂溶胀）的材料"。这一定义包含两层意思，一是指橡胶在外力（如拉伸力）作用下可发生大形变（一般认为伸长率≥200%为大形变），解除外力后，大形变又可迅速恢复；二是这种材料能够或已经处在其改性态（即交联成不溶物）。为了进一步确定处于改性态橡胶的力学特性，ASTM D1566—07a 又对橡胶改性态的弹性作出如下限定："橡胶在其改性态无稀释剂时，于室温（18～29℃）环境下，将橡胶条拉伸至原长度的 2 倍（即伸长率＝100%），并在该长度保持 1min，当撤去外力后，试样在 1min 内至少要回缩到原长度的 1.5 倍以下的材料"。这种拉伸-回缩特性称作橡胶弹性，而具备这种性能的材料就称作橡胶"。这一规定虽比上述定义的橡胶更具条件限定性，也能概括生胶和硫化胶的弹性和改性态，从而把生胶和硫化胶都归属于橡胶范围。但是，它描述的只是橡胶试样在低形变速率下、且拉伸比只有 2、回缩能力和倍率也小的应力-应变行为（弹性），而不是上述定义中所指的大形变的恢复能力（高弹形变），从而也就不能从分子水平上识别和说明生胶和硫化胶在结构和性能上的显著差别。

随后的发展是，有人把橡胶弹性定义为：在较小的外力（<1MPa）作用下可以发生大形变（伸长率可达 1000%），撤去外力后形变又可以恢复，在环境温度下能呈现如上高弹性的聚合物称作橡胶。继而对能呈现高弹性的橡胶分子作出如下界定："橡胶需是高分子量聚合物（分子量一般是数十万到上百万），其分子间作用力很小，长链分子为柔性链，其玻璃化温度低（$T_g=-110$～$-30℃$），在常温无负荷条件下，分子链呈卷曲状并堆积成无定形态；绝大多数情况下，橡胶分子链必须经轻度交联（硫化）才能使其弹性得以充分发挥"。[5]

（2）弹性和弹性体　ASTM D1566—07a 对弹性体弹性的定义是：材料在受力时发生大形变、撤去外力后形变可迅速恢复到接近初始形状和尺寸。具备上述弹性的聚合物就称作弹性体。

早在 1939 年，Fisher 就对天然和合成的可硫化产物采用过弹性体专用术语，其定义是："弹性体是一类能在常温下反复拉伸至 200% 以上、除去外力后又能迅速恢复到（或接近）原来长度或形状的聚合物"；"弹性体可看作是一类在低应力下容易发生很大可逆形变的聚合物材料或制品"。[5]

对以上两种弹性描述——一种是从橡胶的定义出发为其改性态（硫化胶）规定的"橡胶弹性"，另一种是从弹性的定义出发推演的弹性体应具备的弹性——进行仔细对比后发现：二者既有共性，但差别也很明显。其共性是：二者都可在低应力作用下发生大形变，大形变又有强烈（或迅速）的恢复（或回缩）能力。实践已经证明，无论是橡胶处于未改性态（生胶）还是处在改性态（交联或硫化胶），它和弹性体都具备这种特性（或能力）；但是二者所指的大形变值和拉伸次数却不同：对橡胶来说，拉伸次数只有一次（在定义中虽未注明），而且伸长倍数只有 2（即伸长率仅为 100%）；对弹性体来说，其限制条件是反复拉伸至 200%以上。显然后者更符合（或接近）通常所说的大形变概念。其次是恢复速度不同，尽管二者均以"很快（或强烈）"和"迅速"表述，但实践中却是硫化胶和弹性体的恢复速度比生胶更快。更重要的个性差别是二者的恢复程度差别显著，橡胶弹性定义的恢复程度是从原长度的 2 倍恢复到原长度的 1.5 倍以下，即恢复程度只有 50%，而弹性体定义的恢复程度（虽然未说明时间长短，只用迅速表达）却是迅速恢复到（或接近）原来的长度（或原状），这就明确表明弹性体的弹性恢复程度可达（或接近）100%。因此，可以认为：橡胶的大形变恢复（或称弹性）只具部分可逆性（弹性），而弹性体的形变-恢复则是近乎完全可逆形变（或弹性）的聚合物。

依据如上的分析对比，可以得出，符合如上弹性定义的弹性体理应包括：①适度交联的天然橡胶和通用合成橡胶硫化胶；②物理交联或化学交联（如热可逆共价交联、离子簇交联）的热塑性弹性体；③不用硫黄但可用相应交联剂交联的饱和橡胶和饱和主链的聚合物。至于平常所说的橡胶（实际上是专指生胶）则不属于弹性体范围。由于这一概括范围（或性能归属）是按聚合物的形变-恢复是否可逆或可逆程度（或称可逆形变、可逆弹性）的本质进行界定和划分的，因而不存在概括面宽窄的问题。

至于生胶不属于弹性体范围的原因，是因为各种生胶虽然也可在低应力作用下发生大形变（100%～1000%），但是由于这种表观的大形变是包括了部分线形分子发生质心位移导致的塑性流动形变和部分线形分子改变构象导致的熵弹形变的共同贡献，前者的形变是不可逆的塑性形变（或称剩余形变），而且反复拉伸次数越多，塑性形变越大；后者却是完全可逆的弹性形变，它几乎不会随拉伸次数的多少而改变。因此，生胶受力所发生的大形变只具部分可逆性，或称部分可逆形变（或部分可逆弹性），这种形变不仅恢复速度慢，而且恢复能力也差。如果这一理解合理，则通常所说的生胶（或橡胶）只是制取弹性体的初始基本原料，其本身并不是具备"近乎完全可逆弹性"的弹性体。

综上所述，可以看出：橡胶和弹性体的上述界定不仅理论与实践基本相符，而且又可顺理成章地解释生胶硫化后转变成硫化胶（或弹性体）因结构发生了变化导致二者的性能（弹性、强度等）也明显不同。显然，这种理解（或提法）比笼统地说橡胶性能更加准确、清晰。为此建议，橡胶术语还是应持续沿用原始意义上的橡胶名称为好，因为由橡胶树树汁得到的天然橡胶，已明确表明它是未改性的生胶，从而也可在一定程度上避免橡胶和弹性"泛指"带来的概念混淆。

更进一步的分子运动解释是，天然橡胶和通用合成橡胶都是二烯烃的均聚物或共聚物，由于它们大都是非极性线形长链分子，分子间作用力很小，分子链中的—C—C—键容易内旋转，通过链段运动呈现多种构象而显示柔性，从而使分子卷曲成无规线团，这些卷曲的分子于常温无负荷条件下又无序地堆砌成无定形态。当施加外力时，一方面卷曲的分子通过链段运动改变构象使分子沿外力方向舒展开来产生大变形，当外力撤去后，它从伸直舒展链又自动地（由于熵值增大）恢复到卷曲状态，由此对伸长-恢复作出贡献；另一方面，有些生胶分子会因施加外力而发生质心位移的黏性流动导致不可逆的永久形变。所以生胶分子聚集体虽有大变形能力，但回缩能力却较小，只有将生胶分子适度交联（用硫黄体系、过氧化物或其他交联剂）后，才能抑制或阻止分子链质心位移所造成的塑性变形，并使之充分发挥其伸长-回缩能力（称可逆形变）。应当指出的是，对热固性橡胶，交联反应是生胶分子与交联剂（硫化剂）发生反应形成化学交联键（多是共价交联），而对热塑性弹性体则主要是由生胶分子组成本身产生的物理交联点。

1.2.2 橡胶相关术语的涵义

（1）天然橡胶和合成天然橡胶　天然橡胶是指由天然橡胶树树汁（浓胶乳），经风干、熏干或凝聚干燥制得的生胶，俗称白皱片。其结构为顺式-1,4-结构含量≥98%的聚异戊二烯，是线形聚合物，其分子量≥35万；从天然胶乳凝聚出来的固体橡胶除橡胶烃外，还含有少量非橡胶成分，如糖类、羧基物和变性蛋白等极性物质。橡胶行业和书刊中所说的天然橡胶就是专指这种橡胶。

合成天然橡胶是指异戊二烯经活性阴离子或配位聚合（人工）合成的顺式-1,4-聚异戊二烯，俗称异戊橡胶，其顺式-1,4-结构含量随引发剂不同而各异，例如异戊二烯用 RLi 引发剂引发聚合，其顺式-1,4-结构含量一般为 92%～94%；若用 Ziegler-Natta 催化剂聚合，所得聚异戊二烯的顺式-1,4-结构含量高达 94%～98%。由于这种橡胶的顺式-1,4-结构含量（或者说微观结构）和性能都近似天然橡胶，故在开发出异戊橡胶的早期就取名为（人工）合成的天然橡胶，简称合成天然橡胶。随后的大量试验研究和性能测试数据表明，这种人工合成的天然橡胶毕竟还不是天然橡胶，不仅其结构参数（如顺式-1,4-结构含量）与天然橡胶存在一定差距，而且在性能上也比不上天然橡胶。例如其生胶、炭黑混炼胶和硫化胶强度都比天然橡胶低，黏性也比天然橡胶差；其拉伸结晶补强作用也不如天然橡胶。差别的原因，一是合成异戊橡胶的顺式-1,4-结构含量比天然橡胶低 2%～4%；二是合成异戊橡胶是纯粹的橡胶烃，而天然橡胶除含橡胶烃（聚异戊二烯）外，还含有约 6% 的非橡胶成分，这些非橡胶成分中有 3%～4% 是由十八种不同氨基酸构成的变性蛋白质不溶物，有约 15% 是可溶于水的糖类衍生物。前者（变性蛋白质）对提高强度起着重要作用[6,7]。

(2) 合成橡胶和类橡胶　合成橡胶 (synthetic rubber) 一词的含义比较明确，它是指来源不同于天然橡胶而在性能上类似橡胶弹性的人工合成聚合物。ISO 对合成橡胶定义是"由一种或多种单体聚合生产的橡胶"。该词在沿用过程中还曾创造过一个缩写词"synrub"来简称这种聚合物[8]，沿用至今，它已成为表述所有合成橡胶，并被行业内外普遍采用的标准名称。

类橡胶的全称是类橡胶弹性材料 (rubbler-like elasticity material)，是指用共轭二烯烃单体合成的类似橡胶弹性的聚合物的统称。例如 1910～1932 年 Bayer 公司以二甲基丁二烯经热聚合生产的甲基橡胶、Lebegev 以丁二烯用钠经本体聚合生产的丁钠橡胶等。由于当时对聚合反应和聚合方法的知识甚少，因而无法控制聚合物的精细结构，仅以模拟出类似天然橡胶的弹性为目标来对产物取名，沿用至今，它已成为非立构规整橡胶的统一名称。其另一层含义是它们的综合物性均不如天然橡胶。不过它们和天然橡胶一样都是高分子量的线形聚合物。

(3) 生（橡）胶和原料胶　顾名思义，生橡胶是未经加工熟化的原胶，原（始）料胶明确表明它是制造橡胶制品（硫化胶、熟橡胶）的初始基体（主体）物料。二者英文表达均为 raw rubber。显然它们都是线形长链分子。

平常所说的块状天然橡胶和通用合成橡胶都是线形分子生胶，由于其分子链比较柔顺，故常卷曲成无规线团，在常温无负荷条件下这些无规线团又无序地堆积成无定形态；由于其分子间作用力较小，它们受力时既可发生黏性流动，又可发生弹性变形，所以块（条）状生胶是黏性和弹性并存的结合体或简称黏弹体。

(4) 块状橡胶、粉末橡胶和液体橡胶　这几个术语从词义上已明确表明它们只是表观形状、存在状态和应用场合不同的橡胶，而本质上它们都是线形分子的生胶，只不过液体橡胶由于其分子量比固体（块状、粉末）橡胶低得多（一般是几千至 1 万），故呈液态。目前以溶聚法和乳液聚合法生产的通用合成橡胶（如丁苯橡胶、顺丁橡胶、异戊橡胶和乙丙橡胶）大都以块状橡胶产销；丁腈胶乳经喷雾干燥法已批量生产粉末丁腈橡胶，多用于制取橡/塑共混物（如 NBR/PVC）；利用特殊的聚合反应，各种合成橡胶都可制得液体橡胶。液体橡胶很少直接硫化成橡胶制品，多数用作特种橡胶的软段或固体燃料黏合剂。

(5) 熟橡胶、硫化胶、橡皮和橡胶制品　熟橡胶 (cured rubber) 是指生胶经过加工熟化了的橡胶；硫化胶 (vulcanizate) 最早是指生胶与硫黄发生交联架桥反应形成网络结构的橡胶，现在把不用硫黄作交联剂（例如乙丙橡胶用过氧化物作交联剂，氯丁橡胶用 ZnO 作交联剂）的交联产物都称为硫化胶；橡皮的英文名称原来叫 rub 或 eraser，是擦除或抹迹物的意思，由于最有效的擦除物是高度交联的橡胶，所以后来有人就直接称为橡皮或硫化胶；

有的干脆把橡皮也称为橡胶（rubber），这就导致了结构概念上的混乱。事实上，橡胶一词早就专指线形分子生胶，而熟胶、硫化胶、橡皮则是指已发生了交联反应变成网络结构的高弹（性）体。前苏联的著名期刊（Каучук И Резина，即《生胶与橡皮》）早已澄清了这一概念。

上述术语虽名称不同，但它们在涵义上都能准确地表达出线形生胶分子已转变成交联的网络结构，从而使遇冷变硬、热则发黏的低强度生胶（<0.5MPa）转变成有使用价值的、弹性得以充分发挥的交联橡胶。

交联橡胶是一个学术术语，它表达的是线形生胶分子已被交联剂连接（或称架桥键合）成交联网络，理想情况下，每条橡胶分子平均有一个交联键就可把体系内所有的生胶都连接成一个交联网络大分子。由于天然橡胶和通用合成橡胶生胶（或混炼胶）大都是在硫黄硫化体系的存在下通过加热发生交联反应，所以这种交联橡胶又常称作硫化胶。如果是纯生胶单用硫黄硫化，常专称纯胶硫化胶（专用于研究网络结构）；平常所说的硫化胶都是指加有硫化剂、助剂和填料等的混炼胶经硫化交联制得的硫化胶；如果为了使交联橡胶达到某种性能和形状要求而制得的混炼胶交联橡胶则统称为橡胶制品。

因此，从分子结构的观点可以认定，熟橡胶、硫化胶、橡皮和橡胶制品都属于交联橡胶。不过，"熟"只是相对于"生"而言的，虽容易接受，但缺乏结构转变内涵，目前在行业内已很少使用；硫化胶虽在行业和学术界得到广泛认同和采用，但有时会使人误认为不用硫黄交联的橡胶不是硫化胶；橡皮术语不仅字少句短，通俗易懂，而且行业内外均已认同。不过这里所说的橡皮大都是指低交联度的硫化胶，而不是原来用作擦除物的高交联度（加32份硫黄）硫化胶；交联橡胶的结构含义非常明确、且具概括性，同时也更能说明它和生胶（线形分子）在结构和性能上的重大差异，因此被广泛采用，特别是在学术著作中。

(6) 硬橡胶和软橡胶 这两个术语最初是用来描述（或命名）二甲基丁二烯经热聚合后所得生胶专用于制造硬、软橡胶制品的，由于它既未反映出橡胶的结构，又未表达出这种橡胶的弹性如何；更重要的是橡胶的软、硬不仅与生胶的分子结构和凝胶含量有关，而且还可通过控制交联度和添加填料量作更大范围的调节。所以这两个术语除在丁苯橡胶生产的初期沿用过、部分丁腈橡胶产品仍在沿用外，现代合成橡胶和橡胶加工业已很少采用。

(7) 热塑性橡胶与热塑性弹性体 相对于20世纪30~40年代生产的丁苯橡胶、丁腈橡胶和氯丁橡胶等热固性大品种橡胶而言，热塑性橡胶则是在20世纪60年代初随着热塑性聚氨酯橡胶的发现而创立的新术语。与热固性橡胶的生胶必须经加热硫化才能使橡胶获得良好弹性不同，热塑（性）橡胶无需硫化，只用热塑性塑料的加工成型方法就可制得良好弹性的弹性体，这显然是聚合反应和加工技术的一个巨大进步。这类橡胶之所以具备热塑性，是由于其分子链中同时含有软段和硬段，而由特定基团（如聚氨酯中的氨基甲酸酯基团）或链段（如SBS中的聚苯乙烯嵌段）构成的硬段在常温下可形成玻璃化或结晶微区，各微区又可因受热而发生塑性流动、降温后又可自动恢复成物理交联点的热可逆转化行为所导致的。20世纪60年代以后出现的众多热塑性橡胶，为这一术语含义的正确性和持续沿用奠定了坚实基础。不过，近年来在文献和书刊中广泛采用的术语是热塑性弹性体。这表明科学术语逐渐向更加准确地反映物质结构和本性方向发展。

从以上对各种术语内涵的讨论可以看出：不同的术语有着不同的时代烙印和特定的科学内涵，各术语之间既有联系又互有差别。在文字性表述（例如科技著作、论文、报告等）和科学信息交流中，准确地理解和运用各种相关术语（例如对橡胶结构与性能相关性的解释）可能会有助于澄清"多词共存混用"的局面。正如爱因斯坦对一句名言"艺术是我，科学是我们"所作的哲理性诠释那样："如果没有我爱因斯坦，人们也仍然会得到某种形式的相对论；可是如果没有贝多芬，我们就绝对听不到第九交响曲"。这就是说，艺术是个人的天才创造，科学却是非个人的，科学术语当然也是非个人的，在论著或语言中使用科学术语不可各执一词，任意变通；传播科学应使用真切的、标准的、规范的术语。

为此，本书在涉及交联橡胶时将采用硫化胶、弹性体或橡皮等同义术语，未注明上述术语的橡胶则专指生胶或橡胶类别。

1.3 橡胶的分类

橡胶有多种分类方法，按其来源可分为天然橡胶和合成橡胶两大类。天然橡胶（NR）主要有巴西三叶胶（顺式-1,4-结构含量≥98%的聚异戊二烯）和杜仲胶（反式-1,4-结构含量为99%～100%的聚异戊二烯），由于前者是无定形高弹性橡胶，后者是结晶型硬橡胶，故书刊和工业中所说的天然橡胶几乎都专指巴西三叶胶。按照用途，合成橡胶又可分为通用橡胶和特种橡胶，大批量生产的通用橡胶品种有：乳（液）聚（合）丁苯橡胶（E-SBR）、溶（液）聚（合）丁苯橡胶（S-SBR）、顺丁橡胶（BR）、异戊橡胶（IR）、氯丁橡胶（CR）、乙丙橡胶（EPDM）和丁基橡胶（IIR）等，它们主要用来制造各种轮胎和一般橡胶制品；批量生产的特种橡胶包括丁腈橡胶（NBR）、硅橡胶（Q）、氟橡胶（FPM）、聚氨酯橡胶（PUR）、丁苯吡啶橡胶（PSBR）和丙烯酸酯橡胶（ACM）等，主要用于制造特殊环境中使用的耐高温、耐低温、耐酸、耐碱和耐油等橡胶制品。应当说明的是，通用胶种中的氯丁橡

表 1-1　可概括橡胶热性能、来源、组成、结构和用途的框架式分类

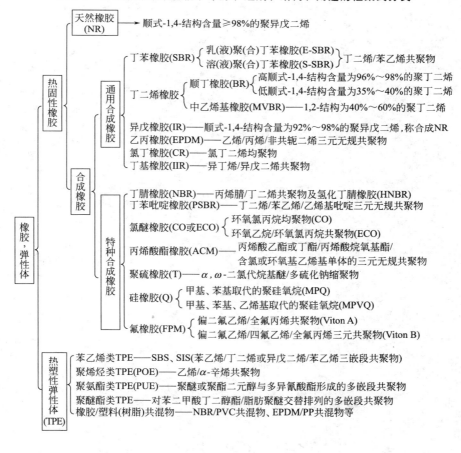

胶（CR）、乙丙橡胶（EPDM）和丁基橡胶（IIR）虽产耗量较大，但由于 CR 的特性是既耐臭氧龟裂，又具阻燃、耐油性，EPDM 耐热、耐氧性突出，IIR 的气密性和阻尼性能在合成橡胶中是最好的（是制造各种轮胎内胎的理想橡胶），故这三种橡胶又常列为特种橡胶。按照橡胶的存在状态，可分为液体、粉体和块状三类。按照橡胶分子结构的规整性可分为立构规整、序列规整橡胶（如顺丁、异戊橡胶和 SBS、SIS 等）和无规立构橡胶（如丁苯、丁腈等无规共聚物）。对均碳链聚合物或共聚物，按其主链中是否有—C=C—双键，又可把合成橡胶分为不饱和橡胶（如大多数通用橡胶）和饱和橡胶（如乙丙橡胶、ACM 等）。

表 1-1 列出了一个可概括橡胶热性能、来源、组成、结构和用途的框架式分类。

参 考 文 献

[1] Faraday M. Quart. J. Sci. and Arts，1826，21：19.
[2] Williams Greville. Proc. Roy. Soc.，1860，10：516；Phil. Trans.，1860，245.
[3] Hofmann F, Coutelle K. Ger.，231 806，1909；Ger. 250 690，1909.
[4] Gottlob K. Gummi-Ztg, 1919, 33：508, 534, 551, 576, 599.
[5] 冯新德主编. 高分子辞典. 北京：中国石化出版社，1998.
[6] Смирнов В Л，Рейх В Н，Иванова Л С，Кусов А В，Каучук И Резина. 1969，(6)：1；Gregg E C Jr, Nacey J H, Rubber Chem. Technol.，1973，46：47.
[7] 李斌才，顾其顺，杨文襄. 高分子通讯，1958，2：190.
[8] India Rubber World，1940，102：62.

第 2 章 橡胶合成反应

本章将在扼要介绍合成橡胶与聚合反应历史渊缘的基础上,以橡胶分子界定参数为准绳,详细地论述各类聚合反应及其在合成橡胶中的具体应用。

2.1 合成橡胶与聚合反应的历史渊缘

综观合成橡胶的诞生和发展历史[1a]可以看出,人们对合成橡胶的研究始于对天然橡胶组成的剖析(其结构单元是异戊二烯),随后从共轭二烯烃出发,先是模仿天然橡胶的弹性合成类橡胶体(rubber-like body)或类橡胶材料(rubber-like material),然后是效仿天然橡胶的结构来合成结构和性质均近似天然橡胶的立构规整聚合物。每一新品种的出现和工业化几乎无一不与新引发剂(或催化剂)的发现、相应聚合反应理论的建立和聚合方法的选用以及对结构-性能关系的认识有关。理论和实践相互促进的结果,导致如今不仅能生产出结构和性能均似天然橡胶的通用合成橡胶,而且还合成出天然橡胶不具备的特殊性能的特种橡胶。

现在看来,当初选择共轭二烯烃作主要单体来制备合成橡胶的思路是非常正确的。其主要依据是:①由于共轭二烯烃(如异戊二烯、二甲基丁二烯和丁二烯)均含有共轭双键,可以接受阴离子(R^-)、阳离子(R^+)或自由基($R\cdot$)的进攻,并有利于在嗜电性过渡金属中心($M^{\delta+}$)上配位,从而可以进行阴离子、阳离子、自由基和配位聚合。研究和生产实践结果表明,共轭二烯烃除用阳离子聚合主要生成交联聚合物外,其他几种聚合反应均已成功地实现了大品种合成橡胶的工业生产[如锂系异戊橡胶、丁二烯橡胶,自由基乳(液)聚(合)丁苯橡胶,镍系顺丁橡胶等];②共轭二烯聚合时既可以发生 1,2-加成或 3,4-加成,形成主链带侧乙烯基的聚合物,又可以发生 1,4-加成,形成主链中带双键的聚合物,而这种聚合物又有顺式和反式两种构型;选择适当的引发剂(或催化剂)和聚合反应又可以有效地控制聚合物的立体构型和序列结构,从而合成出结构不同和性能各异的多种类型的二烯烃类合成橡胶;③由于二烯烃聚合物均由 C、H 组成,分子间的作用力较小,分子链中与 C=C 双键相邻的 C—C 单键的内旋转势垒很低,二者均有利于分子链呈现高度柔性,从而具备了作为橡胶的结构条件。正因为如此,共轭二烯烃已成为通用合成橡胶不可缺少的基础单体。以下将按照合成橡胶产业化的时间顺序,分别讨论几种通用合成橡胶的合成及其与聚合反应之间的关系。

2.1.1 阴离子聚合与共轭二烯烃橡胶

采用碱金属催化剂(Na、K、Li 和 RK、RLi)引发异戊二烯、二甲基丁二烯和丁二烯等共轭二烯的阴离子聚合,始于 1910 年 Mathews 和 Strange 用钠催化异戊二烯聚合,制得了类橡胶物质,Bayer 公司的 Fritz Hofmann 在 CO_2 存在下用 Na 催化二甲基丁二烯聚合(此前曾用热-氧聚合法生产),建立了制造合成橡胶的本体聚合方法,并开始生产甲基橡胶(二甲基丁二烯的均聚物)。由于当时对聚合反应一无所知,同时限于科学发展水平也无法鉴定聚合物的微观结构和凝胶含量,因而所得到的合成橡胶只能用橡胶制品的软、硬来命名(H 型为硬橡胶,W 型为软橡胶)。差不多同时,Harries 在 CO_2 的保护下实现了 Na 催化的丁二烯聚合，前苏联科学家Lebegev在乙醇一步法合成丁二烯单体的基础上（为丁钠橡胶生产提供原料），也实现了Na催化丁二烯聚合，所得橡胶取名为丁钠橡胶，并于1932年首次以本体聚合法实现了丁钠橡胶的大规模工业生产。由于当时无法控制聚合热，也不知道聚合温度对橡胶性能影响的重要性，故所得橡胶的性能很差。同样地，也是由于当时对聚合反应的知识很少，弄不清橡胶性能很差的原因是由于聚合方法选择不当所引起，还是因为钠催化聚合导致的橡胶结构不好所造成。直到1964年德国化学家Blümel利用现代化测试手段重新考察了丁钠橡胶的凝胶含量和微观结构[1b]，才弄清了丁钠橡胶性能很差的原因是：丁钠橡胶的凝胶含量竟高达40%，溶胶中线形分子的顺式-1,4-结构含量只有20%，而反式-1,4-结构和1,2-结构各占40%，灰分也偏高（1%～2%）。这一研究结果表明，不仅凝胶含量，而且生胶分子的微观结构都是影响橡胶性能的重要因素。

尽管上述的甲基橡胶和丁钠橡胶的性能很差，前者在第一次世界大战后，总共才生产了2350t就停止生产了，后者则在20世纪40年代中期也全部被乳液聚合聚丁二烯和丁苯橡胶取代。但是他们在连什么是高分子化合物都搞不清楚（是胶体还是共价键合的链状分子）的情况下，仅凭着有限的有机化学知识就合成出了类橡胶物质，并进行了工业化生产和实际应用，却是合成橡胶发展历史上的开创性重大事件。

至于用同类催化剂RK或RLi（R为烷基）引发异戊二烯聚合合成异戊橡胶的工作始于1914年Shlenk和1928年Ziegler用RK对共轭二烯烃如异戊二烯、丁二烯和二苯基乙烯等的加成反应研究，他们发现：RK可以和共轭二烯烃发生加成反应，却不能和α-烯烃加成。直到1955年Firestone Tire & Rubber公司宣布用RLi引发异戊二烯聚合可制得顺式-1,4-结构含量达92%的聚异戊二烯（即锂系异戊橡胶），1956年Karotov、Stavely等分别报道了用高分散锂粉催化异戊二烯聚合，也能合成出顺式-1,4-结构含量达92%～94%的聚异戊二烯，美国Shell Chemical公司是第一个（1960～1962年）大规模生产锂系（金属锂、丁基锂为引发剂）异戊橡胶的公司[2]。由于这种异戊橡胶的组成、结构和性能均与天然橡胶（顺式-1,4-结构含量92%～96%）相似，所以当时称作"合成天然橡胶"。合成异戊橡胶的成功对高分子科学和合成橡胶工业都有重要意义。它意味着聚合反应从控制引发和分子量进入了控制聚合物微观结构的新阶段，同时也表明人们从模仿天然橡胶的弹性合成出类橡胶终于到达了合成"真正橡胶"的彼岸。不过这里应该强调指出的是，人工合成的所谓"合成天然橡胶"毕竟还不是天然生成的天然橡胶，二者的主要差距是：异戊橡胶的顺式-1,4-结构含量比天然橡胶低4%～6%；从天然胶乳凝聚出来的固体天然橡胶（白皱片）除含橡胶烃外，还含有少量非橡胶成分（如糖类、羧基和变性蛋白等极性物质），因而它在强伸性能和拉伸结晶行为上还比不上天然橡胶。

RLi引发共轭二烯烃（主要是异戊二烯和丁二烯）聚合的另一个卓越成就是1956年美国科学家Szwarc根据RLi引发苯乙烯聚合的实验结果，首次证实并明确提出了阴离子聚合的概念[3]。他指出：阴离子聚合，在体系纯净的条件下是一个无链转移、无链终止的活性聚合反应。这些新概念不仅催生了一大批锂系合成橡胶（如溶聚丁苯橡胶S-SBR、中乙烯基丁二烯橡胶MVBR、低顺式-1,4-丁二烯橡胶等）和新型序列规整聚合物SBS、SIS等的生产，而且成为阳离子、自由基和配位聚合等领域也效仿研发活性聚合的强大推动力。

2.1.2 异丁烯阳离子共聚与丁基橡胶

与阴离子聚合主要是通过共轭二烯烃的均聚和共聚来制取合成橡胶相比，阳离子聚合则是以α-烯烃为主要单体并需与共轭二烯烃共聚才能制得有实用价值的丁基橡胶。聚合反应类型的这一变更往往需要克服许多理论和实践的困难才能实现，致使阳离子聚合在合成橡胶中的成功应用不仅时间晚,而且品种少。其主要原因是:①容易得到且能适合于阳离子聚合的 α-烯烃单体主要有丙烯、α-甲基苯乙烯和异丁烯。其中丙烯在进行阳离子聚合时,由于增长链端的甲基特别容易发生脱掉 H^+ 的链转移导致链终止,致使分子量降低,所以丙烯的阳离子聚合迄今尚未制得有实用价值的固体聚合物;对于 α-甲基苯乙烯的阳离子聚合,除仍存在链端甲基外,聚合时还必须克服双键与苯环的共轭能(约 14.2kJ/mol),消耗一部分聚合热,导致其聚合热很小、聚合上限温度(T_c)很低(纯单体的 T_c 只有 61℃),所以迄今也尚未合成出有实用价值的 α-甲基苯乙烯均聚物。至于异丁烯,由于 C═C 双键上带有两个供电子甲基,因而在进行阳离子聚合时,其聚合速率极快,在常温下不到 1s 即可完成聚合,同时它也存在增长链端甲基的链转移终止问题。研究结果表明,通过采用 H_2O-$AlCl_3$ 或 BF_3 等 Lewis 酸作催化剂,并于极低的温度(-100~-96℃)下聚合,才能合成出分子量达到橡胶要求的聚合物。显然,要创造温度如此低的环境并保持恒温聚合,不仅能耗很高,而且技术上也比较困难。②聚异丁烯分子链为饱和结构,主链上存在的甲基,由于其体积较小,不会严重影响 —C—C— 单键内旋转的自由度和位垒,因而其分子链的柔性仍能符合橡胶弹性的基本要求。③正是由于聚异丁烯的分子主链为饱和结构,使其不能沿用不饱和橡胶的硫化体系和技术进行硫化,所以不得不采用与少量共轭二烯(2%~3%)共聚,在分子链中引入双键的办法来适应传统橡胶的硫黄硫化体系。此外,要实现异丁烯与共轭二烯烃的共聚,还存在二烯烃的共聚活性问题,因为异丁烯与异戊二烯在 -100℃ 时的竞聚率 r_1=2.05±0.5,r_2=0.4±0.1,而与丁二烯的竞聚率为 r_1=115±15、r_2=0.01,显然选择异戊二烯有利于共聚,这就是异丁烯阳离子聚合必须与异戊二烯共聚的由来。与直接用二烯烃进行均聚相比,合成丁基橡胶时需使异丁烯与二烯烃共聚以提供硫化点这一措施却为后来的饱和橡胶(例如乙丙橡胶、丙烯酸酯橡胶等)接受常规硫化提供了一个新的思路和途径。

丁基橡胶的开发始于 1930~1937 年德国 Farben 公司的 Michael Otto 和美国 Standard Oil Development 公司的 Thomas 用 BF_3 催化异丁烯与异戊二烯共聚合的合作研究,而形成生产技术、并投入大规模工业化生产却是由加拿大和美国合作的 Polysar 公司于 1943 年实现的[4]。所用的聚合体系和聚合方法是以氯甲烷作溶剂(应称稀释剂)、H_2O-$AlCl_3$ 作催化剂、于-100~-96℃ 低温下催化异丁烯与异戊二烯共聚,聚合时由于形成的丁基橡胶不溶于稀释剂而呈细粒子析出,聚合体系呈淤浆状,故称淤浆聚合。由于聚合条件十分苛刻(聚合速率对催化剂浓度、单体浓度和转化率十分敏感,聚合物的分子量随聚合温度的提高、异戊二烯浓度的增大而急剧下降,聚合温度每升高 1℃,分子量约下降一个数量级),聚合方法又很特殊,再加上许多试图改变催化体系和聚合工艺的尝试均告失败,所以上述体系和方法历经数十年变化不大,它始终是占主导地位、且保密性很强的生产技术。这种生产方法之所以长盛不衰的原因还在于丁基橡胶所固有的特殊性能,例如它的气密性、耐天候老化、耐氧化、耐臭氧龟裂和高吸收振动能的阻尼特性等在通用合成橡胶中是最好的,因而成为制作内胎、防腐衬里、耐热、耐老化电缆和抗震运输工具等的首选胶种。

2.1.3 自由基乳液共聚与乳聚丁苯橡胶

与共轭二烯、异丁烯经离子聚合来合成合成橡胶是聚合实践推动理论建立相比,20 世纪 30 年代以自由基型乳液聚合方法生产的氯丁橡胶、丁二烯均聚橡胶、乳聚丁苯橡胶和丁腈橡胶等却基本上是在自由基聚合理论的指导下完成的。烯类和二烯类单体的自由基聚合,本质上是自由基对 C═C 双键加成反应的延伸。在 20 世纪 30~40 年代,有关自由基产生的方式、自由基的活性乃至自由基加成聚合的规律等都已基本清楚。即使是这样,将自由基聚合引入乳液聚合体系来合成合成橡胶、直至制得性能比较满意的胶种还是经历了一段曲折的路程。现以乳聚丁苯橡胶的合成为例来讨论引发剂体系的发展、乳聚体系的特性以及它们与橡胶性能之间的关系。

乳聚丁苯橡胶一直是合成橡胶的最大品种,其长盛不衰的主要原因源于它日臻完善的聚合体系及其良好的综合物性。现用的聚合体系是以歧化松香酸皂(或/和脂肪酸皂)作乳化剂、叔十二碳硫醇(t-$C_{12}H_{25}SH$)作调节剂,氧化还原体系作引发剂,于5℃引发丁二烯/苯乙烯的自由基乳液共聚合,称冷法乳聚丁苯橡胶。这一体系经历了如下发展历程。

丁二烯是最简单的共轭二烯,由于电子的流动性,理论上它既可进行离子(阴、阳)聚合,又能发生自由基聚合。但是实际上,无论是本体还是在溶液中它都不容易发生自由基聚合或热聚合(丁二烯在100℃加热100h才能形成高分子量聚合物[5])。丁二烯自由基聚合时,其聚合速率始终很低,所形成的聚合物不是分子量很低,就是高度支化交联。出现这种现象的原因有三:一是链终止速率常数很大[约10^8L/(mol·s)],从而既降低了聚合速率,又限制了分子量;二是由于自由基可与1,2-结构的侧乙烯基,或主链上的内双键发生加成聚合,结果就形成了高度复杂的支化和交联结构;三是丁二烯很容易发生Diels-Alder反应,从而形成大量的二聚体。克服这些副反应的最好办法是把形成的自由基或增长链自由基隔离保护起来,这样就可以防止(或减少)链自由基之间的偶合终止,也可以抑制自由基与形成的聚合物反应产生支化和交联结构。实际上这就是上述胶种为什么采用乳液聚合的真实背景和由来。根据Smith-Ewart乳液聚合理论,乳化剂在水中既可分散油状单体形成单体液滴,又可以形成胶束,胶束可以增溶溶解单体,当水中的自由基进入胶束后,就可在乳化剂的保护下引发丁二烯聚合形成聚合物乳胶粒,由于每个胶粒中平均只有0.5~1个链自由基,它又可在乳化剂的保护下不受外来自由基(导致终止)"干扰"地吸收单体进行增长,直到另一个自由基进入聚合物乳胶粒而终止。因为水乳液中胶束的数目很多(一般为10^8个/cm^3),所以乳液聚合表现出聚合速率快、分子量又高的特点。同时以水作分散介质既廉价又利于聚合热的排散,这就是乳液聚合在合成橡胶生产中仍占主导地位的根本原因。

对于乳聚丁二烯为何向乳聚丁苯共聚橡胶发展的原因似可理解为:一是苯乙烯进入分子链可提高橡胶的强力和耐老化性;二是苯乙烯单元引入聚丁二烯主链后,隔离并降低了丁二烯单元的数目,由此也减少了因烯丙基结构发生链转移而产生支化的机会。

对于乳聚丁苯橡胶的合成,从采用热分解型引发剂发展为氧化-还原循环体系无论在理论上还是对生产实践均有重要意义。丁苯乳液共聚最早采用的是热分解型过硫酸盐(如过硫酸钾、过硫酸钠或过硫酸铵)引发剂,这类引发剂不仅分解温度高(一般为50~60℃,导致丁苯橡胶的热法生产),而且引发效率低。二者都是由产生自由基的过程和自由基的性质所决定的。过硫酸盐的分解反应为:

$$K^+\text{O}-\overset{\overset{O}{\|}}{\underset{\underset{O}{\|}}{S}}-\text{O}\mid\text{O}-\overset{\overset{O}{\|}}{\underset{\underset{O}{\|}}{S}}-\text{O}^-K^+ \xrightarrow{\Delta} 2\text{SO}_4^-K^+$$

显然,过硫酸盐热分解产生的自由基是一个带负电荷的无机离子自由基,由于同电荷相互排斥,它很难进入带负电荷保护层(阴离子型乳化剂)的增溶单体胶束中进行引发,这就大大降低了引发效率,即使能进入胶束中引发单体聚合,也会形成带无机离子端基的聚合物。后来经过很多学者的努力,发现了由过氧化物和无机离子化合物所组成的氧化-还原引发剂,如异丙苯过氧化氢(或过氧化二异丙苯)与亚铁离子组成的氧化-还原体系。由于它们是按照如下的电子转移过程发生氧化还原反应而产生自由基:

$$\underset{CH_3}{\underset{|}{C_6H_5-C-OOH}} + Fe^{2+} \longrightarrow \underset{CH_3}{\underset{|}{C_6H_5-C-O\cdot}} + OH^- + Fe^{3+}$$

因而可使聚合反应能在较低的温度（−20~25℃）下进行，这一引发剂体系的采用就导致了热法丁苯橡胶向冷法丁苯橡胶的转变。氧化-还原引发剂不仅可在较低的温度下产生可引发聚合的自由基，而且产生的自由基是一个带有机基团、且无电荷的中性自由基，从而也就克服了无机离子自由基难以进入胶束而引发聚合的困难。但是这类自由基也和 SO_4^- 一样会随聚合反应的进行而逐渐消耗，且当还原剂（Fe^{2+}）过量时，已形成的自由基还会和还原剂继续反应，使自由基消失：

$$\underset{CH_3}{\underset{|}{C_6H_5-C-O\cdot}} + Fe^{2+} \longrightarrow \underset{CH_3}{\underset{|}{C_6H_5-C-O^-}} + Fe^{3+}$$

由此导致聚合速率降低、分子量增大、分子量分布变宽。

克服上述缺陷的最好办法是加入一种助还原剂（如葡萄糖等），把已氧化的 Fe^{3+} 重新还原为 Fe^{2+}，使产生自由基的反应循环进行，或是在体系中加一种能控制 Fe^{2+} 浓度的络合剂，通过控制释放来抑制 Fe^{2+} 的过量；同时加入的助还原剂又能把已氧化的 Fe^{3+} 重新还原为 Fe^{2+}，使之连续不断地产生可引发聚合的自由基，实际上这就是已被广泛采用的所谓氧化-还原循环体系。如以 ROOH 代表有机过氧化氢，其循环产生自由基和引发单体聚合的过程可用如下反应式来表示（有关详细的氧化-还原反应及其体系演进可参看乳聚丁苯橡胶专著）。

$$\begin{array}{c} \text{来自络合物或难溶盐} \\ \text{助还原剂(氧化态)} \searrow \quad Fe^{2+} \quad ROOH \quad RO-M \\ \qquad\qquad\qquad -e \mid +e \qquad \nearrow \\ \text{助还原剂(还原态)} \nearrow \quad Fe^{3+} \quad RO\cdot \quad M(\text{单体}) \\ \qquad\qquad\qquad\qquad +HO^- \end{array}$$

至此可以认为，丁苯自由基乳液共聚的引发剂体系已发展到近乎完美的地步，从而成为乳聚丁苯橡胶生产技术立于不败之地的先进而可靠的基础。

丁二烯/苯乙烯于5℃进行乳液共聚，还可有效地抑制链转移反应，减少支化凝胶。

2.1.4 配位聚合与立构规整橡胶

1953年发现的 Ziegler-Natta 催化剂（由烷基铝和过渡金属卤化物组成，简称 Z-N 催化剂）不仅促进了聚烯烃工业的大发展，开辟了配位聚合（coordination polymerization）或称定向聚合（stereo-specific polymerization）新领域，同时也推动了二烯烃从无规聚合向立构规整聚合（stereo-regular polymerization）发展，很快就出现了顺丁橡胶和异戊橡胶等立构规整橡胶和乙丙橡胶的大规模工业生产，并激发了丁丙交替共聚橡胶（丁二烯-丙烯交替共聚物）和反式环戊烯橡胶等卓有成效的开发研究。其中顺丁橡胶分别由四碘化钛/三烷基铝、环烷酸镍/三烷基铝/$BF_3\cdot OEt_2$、二氯化钴吡啶络合物/一氯二乙基铝或环烷酸钕/一氯二异丁基铝等 Z-N 催化剂催化丁二烯的溶液聚合制得，其顺式-1,4-结构含量为94%~98%，相应地称作钛系、镍系、钴系和稀土顺丁橡胶。异戊二烯用 $TiCl_4/AliBu_3$ 或 $Nd(nap)_3/AliBu_3/Al_2Et_3Cl_3$ 催化剂进行溶液聚合制得的异戊橡胶称钛系、稀土异戊橡胶，它们均属立构规整橡胶。由于它们的结构和性能与天然橡胶相似，故可以看作是由于新催化剂的出现再次导致了模仿天然橡胶结构和性能思路的成功。因为异戊二烯单体的合成比较困难（多是

从 C_5 分离得到),且不经济,所以尽管异戊橡胶的结构和性能更像天然橡胶,但其产量和发展速度远不如顺丁橡胶。

对于乙丙橡胶和丁丙交替共聚橡胶,虽然它们都可用钒系催化剂[合成乙丙橡胶的催化剂是 $VOCl_3/Al_2Et_3Cl_3$[6],丁丙交替共聚的催化剂是 $VO(OR)_2Cl/AlR_3$[7]]来合成,但前者必须为无规结构才能呈现橡胶弹性,而且还需和丁基橡胶一样引入少量的双键(通常用亚乙基降冰片烯或 α,ω-己二烯共聚)才能成为可用常规硫化体系硫化的三元乙丙橡胶(EPDM),而丁丙橡胶却是一种立构规整、序列规整(丁二烯单元的反式-1,4-结构含量>97%,丁二烯、丙烯单元的交替度≈100%)的共聚橡胶。二者均可视为利用价廉丰富的单体模拟异戊二烯结构来合成类似天然橡胶弹性的合成橡胶的成功尝试。

天然橡胶结构单元:

$$—CH_2—CH=\underset{\underset{CH_3}{|}}{C}—CH_2—$$

丁丙交替共聚物结构单元:

$$—CH_2—\underset{\underset{CH_3}{|}}{CH}—CH_2—CH=CH—CH_2—$$

乙丙橡胶结构单元:

$$—CH_2—\underset{\underset{CH_3}{|}}{CH}—CH_2—CH_2—$$

所得橡胶的玻璃化温度(T_g)均接近于天然橡胶(天然橡胶的 $T_g=-73℃$,丁丙交替共聚橡胶的 $T_g=-72℃$,乙丙橡胶的 $T_g\approx-63℃$),丁丙橡胶的某些性能也类似天然橡胶。

至于环戊烯橡胶,它是由 Z-N 催化剂催化环戊烯易位开环聚合(metathesis ring-opening polymerization)制得的。由于易位开环聚合是打开环戊烯分子中的 C=C 双键、同时双键发生易位,所以开环聚合形成的聚合物分子中仍保留有很多双键而成为不饱和橡胶。如果采用钼系催化剂如 $MoCl_5/AlEt_3$,可得到顺式聚环戊烯橡胶(顺式结构含量可达99%),若采用钨系催化剂如 $WCl_6/AliBu_3$,则形成反式结构为 80%~90% 的环戊烯橡胶(TPR)。显然它们都是立构规整橡胶。其中反式结构为 85% 的聚合物是 T_g 低($T_g=-97℃$)、T_m 较高($T_m=18℃$)且可在使用温度下发生结晶补强作用的橡胶,从而使之成为目前聚烯烃合成橡胶中一种能模仿出天然橡胶(NR)拉伸结晶行为的合成橡胶。有关反式聚环戊烯橡胶的应力-形变特性将在"开环聚合"一节中详细介绍。

虽然 TPR 具有拉伸结晶行为,但是由于它在低温下(≤-20℃)结晶速率太快,导致橡胶迅速变硬,因而虽然进行了大量研究,但迄今尚未能实现工业生产。由此可见,要完整地模仿出天然橡胶的结构和性能是一个不仅涉及橡胶的微观结构,而且也与橡胶的 T_g、T_m、$T_g/T_m(K)$、结晶温度和结晶速度等密切相关的十分复杂的问题。

配位聚合在合成橡胶领域中的另一个重要成就是只用单烯烃聚合也可制得性能很好的合成橡胶。因为橡胶合成的实践表明,合成橡胶的大品种(SBR、NBR、BR、IR、EPDM、CR 和 IIR),除 EPDM 和 IIR 外均是以共轭二烯作主要单体。这就给人们造成一种错觉,似乎离开共轭二烯就不能合成出性能很好的合成橡胶。所以上述乙丙橡胶和反式环戊烯橡胶合成的成功似可视作对以往旧概念的突破和冲击。现在看来,只要分子链足够柔顺,且分子间的作用力足够小,任何类型的单体都可用来合成合成橡胶;α-烯烃和环烯烃在以前之所以不能用来合成合成橡胶,不是由于其聚合物分子链的柔性欠佳,而是因为在当时找不到合适的催化剂使它们聚合成预期结构的聚合物。从这个意义上来说,新型催化剂导致的配位聚合,也大大促进了人们对合成橡胶精细结构的认识。

综观上述有关聚合反应与合成橡胶关系的论述可以看出，合成橡胶新品种的出现和生产，都与新催化剂（或引发剂）的发现和新型聚合反应理论和适宜聚合方法的建立，以及对橡胶结构-性能相关性的认识有关。理性认识不断深化的直接结果，使人们可以用相同的单体生产出不同结构、不同使用状态和性能各异的合成橡胶，例如用异戊二烯和丁二烯两种单体既可以合成出异戊橡胶、顺丁橡胶，又可以合成出异戊二烯/丁二烯/苯乙烯集成共聚橡胶（SIBR），再如只用丁二烯和苯乙烯两种单体，通过不同的聚合反应已经合成出乳聚丁苯橡胶（E-SBR）、低滚动阻力的溶聚丁苯橡胶（S-SBR）、丁苯胶乳（SBR-L）、热塑性丁苯橡胶（SBS）和饱和型SBS(SEBS)等多种性能的橡胶，它集中地体现出催化剂和聚合反应研究对多品种、高性能合成橡胶的生产技术进步所起的巨大推动作用。

2.2 橡胶分子界定参数

在上一节有关合成橡胶与聚合反应的历史渊缘的论述中，我们已介绍了合成橡胶开始是模仿天然橡胶的弹性，后来又模仿出类似天然橡胶结构的异戊橡胶，并进一步指出采用不同的单体、选择不同的聚合反应和方法制备出不同性能的合成橡胶。但没有具体指明，橡胶分子必须具备哪些分子参数（例如分子结构和聚集状态、分子量高低、分子间作用力大小以及T_g高低等）才能成为性能良好的合成橡胶。显然，这些分子参数（或称橡胶分子界定参数）无论对合成橡胶研发还是对橡胶生产控制都是十分重要的。

目前普遍认为，要合成出弹性良好的合成橡胶，橡胶分子应具备如下条件：①分子链为柔性链，且分子量足够大，以利于弹性的发挥；②无论是无规分子链还是立构规整分子链，其分子间作用力要小、T_g要低，且在常温无负荷时处于无定形态；③分子内需含有容易交联（硫化）的官能团，以便于交联硫化成交联网络。对于通用合成橡胶和特种合成橡胶，分子间的交联大都是共价键化学交联（前者多是用硫黄硫化体系交联，后者多是通过侧基活性官能团与交联剂反应形成共价交联）；对于热塑性弹性体则是通过分子内含有的特定链段或基团之间于常温下形成某种玻璃化或结晶微区而成为物理交联。

因为合成橡胶、合成塑料和合成纤维都是高分子材料，所以将它们的基本物性和分子参数进行对比，还可进一步提供一些量化的界定参数。

(1) 分子量对比　固体橡胶的分子量最大（例如固体顺丁橡胶和丁苯橡胶一般在15万～30万之间），塑料的分子量次之（例如聚氯乙烯、聚苯乙烯和聚乙烯等的分子量一般在6万～15万之间），纤维的分子量最小（例如尼龙66、尼龙6和涤纶纤维的分子量一般在2万～3万之间）。但也有少数例外，例如可用以制作塑料和纤维的超高分子量聚乙烯（UHMWPE），其分子量可高达80万～100万。

(2) 分子间作用力　橡胶一般为非极性聚合物，其内聚能密度（CED$=\Delta E/V_m$）<300J/cm^{3}最小，纤维多为极性或分子链间可形成氢键或结晶的聚合物，其分子间作用力最大，其CED一般>400J/cm^3，而塑料的内聚能密度（CED）范围一般在>300J/cm^{2}到≥400J/cm^{3}之间。

(3) 聚集态和T_g　橡胶一般为无定形结构，其T_g（使用温度的下限）一般低于-50℃，例如丁苯橡胶、天然橡胶和顺丁橡胶的T_g分别为-61℃、-73℃、-110℃，其中天然橡胶属拉伸结晶性橡胶，该结晶的T_m在28～39℃；尼龙类纤维属氢键型结晶聚合物，其T_g一般在40～50℃，T_m在210～265℃；塑料一般为极性、半结晶或结晶性聚合物，其T_g和T_m大都在50～300℃之间。

(4) 应力-形变行为　橡胶类聚合物的应力-应变特性是低模量（<10^6Pa）、大形变（100%~1000%）；而纤维则是高强力、高模量（>350MPa）、形变小（伸长率<20%）的聚合物，塑料的应力-形变行为一般介于橡胶和纤维之间，硬塑料的拉伸模量可高达700MPa，伸长率一般只有0.5%~3%；而软塑料的拉伸模量一般在30~85MPa之间。

上述分子参数对比数据，虽还不足以用来进行定量化计算，从而对合成橡胶进行分子设计，但它却为橡胶合成路线划出了界定范围。也就是说，合成橡胶时首先要选用那些分子内含柔性环节（如 —C—C—、—C—C═C—、—C—O—C— 等），且分子间作用力小的非极性单体如共轭二烯、α-烯烃和环烯烃等，还要选择适宜的引发剂、聚合反应和合成方法，使单体聚合（或共聚）成高分子量（10万~30万）聚合物；这些橡胶分子在常温无负荷状态下还必须聚集成无定形结构，从而使聚合物成为低 T_g 的液相固体橡胶。实际上这正是即将在本章进行详细论述的橡胶合成化学的主要依据和主体内容。

这里应当强调指出的是，按上述分子框架构筑的生胶分子聚集体是一种低强度（<0.5MPa）高弹性物质，只是一种初级或中间产品，它还必须经加工、补强和硫化后才能成为有使用价值（高强度、可逆弹性形变）的弹性体制品。为了适应传统的硫化方法（硫黄或过氧化物等硫化体系），在生胶分子中还必须含有可进行硫化反应的活性官能团。实践经验和理论研究表明，提高橡胶强度的途径有二，一是借助多种填料的补强作用和各种形式的硫化交联键；二是合成可发生形变结晶的橡胶，这种橡胶在常温无负荷时呈无定形态，但在大形变时却可迅速结晶使橡胶强度明显提高。例如纯天然橡胶硫化胶（不加任何补强填料），当伸长率大于200%后，由于发生了结晶，导致其拉伸强度高达29MPa，该值远高于经炭黑补强的不结晶丁苯橡胶的拉伸强度（≤23MPa）。因此提升橡胶的强度并充分发挥其可逆弹性性能也将成为后继章节讨论的主要问题。

2.3　聚合反应及其在合成橡胶中的应用

2.3.1　自由基聚合

自由基聚合是自由基化学中自由基与含碳-碳双键化合物（单体）发生加成反应的特例。由引发剂或其他方法产生的初级自由基进攻二烯或烯类单体的双键，使单体转化为碳自由基，该自由基不断与单体加成，结果就形成了长链高分子。自由基聚合反应的推动力是自由基单电子的配对倾向和 π 键打开形成 σ 键时体系内能的降低。本节将对自由基聚合反应的各个基元反应的聚合机理和聚合速率（动力学）、活性自由基聚合，及其在合成橡胶中的应用进行论述。

2.3.1.1　传统自由基聚合机理和动力学

自由基聚合的全过程至少由链引发、链增长和链终止三个基元反应构成，多数情况下还同时存在链转移反应。

（1）链引发　在自由基聚合中，链引发是指单体如何转变为自由基而引发聚合。按照自由基的产生方式，链引发可分为热引发、光引发、高能辐射引发和引发剂引发。其中热引发、光引发和高能辐射引发只用于少数单体的聚合或交联反应，工业上获得广泛应用的主要是引发剂引发。

引发反应由两步组成：第一步是引发剂受热分解产生初级自由基。以常用的过氧化二苯甲酰引发剂为例，其热分解反应是过氧键发生均裂，产生两个苯甲酰氧自由基。

$$C_6H_5-\underset{\underset{O}{\|}}{C}-O:O-\underset{\underset{O}{\|}}{C}-C_6H_5 \xrightarrow{\Delta} 2C_6H_5-\underset{\underset{O}{\|}}{C}-O\cdot$$

若以 R· 表示 $C_6H_5-\underset{\underset{O}{\|}}{C}-O\cdot$、I 表示引发剂，则引发剂分解的通式和分解速率可分别写成：

$$I \xrightarrow[\text{慢}]{k_d} 2R\cdot, \quad R_d = 2k_d[I]$$

式中，k_d 是引发剂分解速率常数；R_d 是引发速率；$[I]$ 为引发剂浓度。

第二步是初级自由基与单体加成形成单体自由基：

$$R\cdot + CH_2=\underset{\underset{X}{|}}{CH} \longrightarrow R-CH_2-\underset{\underset{X}{|}}{CH}\cdot$$

式中，$CH_2=CH-X$ 是烯类单体（X＝卤素、—CN，或羧基、酯基等），相应地引发反应、引发速率通式可写成：

$$R\cdot + M \xrightarrow[\text{快}]{k_i} RM\cdot, \quad R_i = k_i[R\cdot][M] \tag{2-1}$$

一般说来，引发剂分解是吸热反应，活化能较高（83.7～104.7kJ/mol），反应慢，速率低；而初级自由基与单体加成时为放热反应，活化能低（20.9～33.5kJ/mol），反应快，速率高。因此单体自由基的形成速率远大于初级自由基的形成速率，即引发剂分解产生初级自由基的速率是链引发的控制步骤，或者说链引发速率只取决于引发剂分解速率，而与单体浓度无关。即：

$$R_i = \frac{d[M_i\cdot]}{dt} = 2k_i[I] \tag{2-2}$$

式中，$M_i\cdot$ 是单体自由基；R_i 为引发速率；系数"2"是因为一个引发剂分子分解产生两个自由基。

实际工作中，由于引发剂分解产生的初级自由基部分消耗于副反应，真正起引发作用的只是其中的一部分，这种起引发作用的初级自由基占初级自由基总浓度的百分率$([I]/[I])$称作引发效率（f），因此引发剂引发的引发速率方程应改写成：

$$R_i = 2fk_d[I] \tag{2-3}$$

引发速率除与引发剂的 k_d 和 f 有关外，还与初级自由基引发单体的活性有关，初级自由基的相对活性顺序为：

$$H\cdot > CH_3\cdot > C_6H_5\cdot > RCH_2\cdot > R_2CH\cdot > R_3C\cdot > R\dot{C}HCR >R\dot{C}HCN>R\dot{C}HCOOR>$$
$$\underset{\underset{O}{\|}}{}$$

$$CH_2=CHCH_2\cdot > C_6H_5CH_2\cdot > (C_6H_5)_2CH\cdot \geqslant (C_6H_5)_3C\cdot$$

其中，$CH=CHCH_2\cdot$ 以后的自由基均是稳定自由基，它不仅不能引发单体聚合，反而能导致结合终止，有时它们还可作为活泼自由基的捕获剂。

在链引发阶段，引发反应速率还与单体接受自由基攻击的能力有关。一般地说，单体的活性取决于极性、空间位阻和共轭程度的大小，对于 1 取代的烯类单体和同一自由基起反应来说，单体的相对活性按其取代基可排成如下次序：

$$-C_6H_5,-CH=CH_2>-CN,-COR>-COOH>-COOR$$
$$>-Cl>-OCOR,-R>-OR,-H$$

即单体的共轭程度越大、取代基的吸电子能力越强、空间位阻越小，单体的相对活性就越高。

(2) 链增长　链增长是单体自由基和单体迅速重复地加成形成大分子自由基的过程：

$$R-CH_2\underset{X}{CH}\cdot + nCH_2=\underset{X}{CH} \xrightarrow{k_p} R-CH_2-\underset{X}{CH}-CH_2-\underset{X}{CH}\cdot \longrightarrow$$

$$R-CH_2-\underset{X}{CH}\underset{X}{\left[CH_2-CH\right]}_{n-1}CH_2-\underset{X}{CH}\cdot$$

链增长本质上是连续的加成反应。反应放热（聚合热一般为 83.7kJ/mol），生成的长链自由基活性不衰减，链增长活化能较低（20.9~33.5kJ/mol），增长速率极快（0.01s 至几秒）。

借助稳态假定，如果忽略引发阶段所消耗的单体，其链增长速率（或聚合总速率）方程为：

$$R_p = k_p[M]\left(\frac{R_i}{2k_t}\right)^{1/2}$$

若为引发剂引发，其相应的速率方程为：

$$R_p = k_p\left(\frac{fk_d}{k_t}\right)^{1/2}[I]^{1/2}[M] \tag{2-4}$$

式中，R_p 为链增长速率（或聚合总速率）；[I]、[M] 分别为引发剂和单体浓度；k_d、k_p、k_t 分别为引发剂分解、链增长和链终止速率常数。根据上式即可以预期低转化率时引发剂浓度、单体浓度和温度对聚合速率的影响。

链结构是链增长反应涉及的另一个重要问题，受新形成的自由基稳定性和取代基之间位阻效应的双重影响，大多数烯类单体聚合时连接成头-尾结构的大分子，而二烯烃则形成以反式-1,4-结构为主的聚合物。聚合物分子链一般为无规（立构）结构。

（3）链终止　随着聚合反应的进行，链自由基的浓度不断增高，两自由基相遇就发生双基终止，致使活性消失，这就是链终止过程。发生链终止的自由基可以是增长链自由基，也可以是初级自由基。

链终止反应的特征是活化能低、速度快（见表 2-1），通常为扩散控制。链终止速率（R_t）服从下式：

$$R_t = 2k_t[M\cdot]^2 \tag{2-5}$$

表 2-1　某些单体自由基聚合时的终止速率常数

单　体	聚合温度/℃	溶　剂	$k_t/[L/(mol\cdot s)]$
丙烯酸甲酯	50		3.55×10^6
丙烯腈	50	二甲基亚砜①	3.0×10^8
	60	二甲基甲酰胺	7.82×10^9
甲基丙烯酸甲酯	10	二甲基亚砜	4.4×10^6
	50		2.4×10^7
氯乙烯	50		2.1×10^9
乙酸乙烯酯	50		1.17×10^8
苯乙烯	50		1.15×10^8

① [M]=3.8mol/L。

链终止速率常数和聚合体系的黏度 η 呈反比：

$$k_t \propto \eta^{-1}$$

链终止方式有两种：一是两个增长链自由基结合为共价键，称结（偶）合终止：

$$\sim\sim CH_2-\underset{X}{CH}\cdot + \cdot\underset{X}{CH}-CH_2\sim\sim \xrightarrow{k_{tc}} \sim\sim CH_2-\underset{X}{CH}-\underset{X}{CH}-CH_2\sim\sim$$

另一种是一个链自由基抽取另一链自由基上的氢发生歧化而终止，称歧化终止：

$$\sim\sim CH_2-CH\cdot + \cdot CH-CH_2\sim\sim \xrightarrow{k_{td}} \sim\sim CH_2-CH_2 + CH=CH\sim\sim$$
$$\quad\quad\quad |\quad\quad\quad |\quad\quad\quad\quad\quad\quad\quad\quad |\quad\quad\quad |$$
$$\quad\quad\quad X\quad\quad\quad X\quad\quad\quad\quad\quad\quad\quad\quad X\quad\quad\quad X$$

烯类单体的自由基聚合，通常是两种终止都有。究竟以哪种终止方式为主，主要取决于单体种类和聚合条件。一般的规律是：链自由基的活性低，取代基的体积大，链自由基倒数第二个碳原子上的氢多，聚合温度高，均有利于歧化终止；反之，则以结合终止为主（见表2-2）。

表 2-2 一些单体自由基聚合时链终止方式的比例

单 体	温 度/℃	结合终止/%	歧化终止/%
苯乙烯	0～60	100	0
对氯苯乙烯	60,80	100	0
对甲氧基苯乙烯	60	81	19
	80	53	47
甲基丙烯酸甲酯	0	40	60
	25	32	68
	60	15	85
丙烯腈[①]	40,60	92	8

① 溶剂为二甲基甲酰胺。

（4）链转移　在自由基聚合反应中，除了链引发、链增长和链终止三步基元反应外，还往往伴有链转移反应。链转移反应是指一个增长着的自由基与体系中的其他分子（SY）起反应，其结果是原来的自由基终止，另产生一个新的自由基 S·。其通式为：

$$M_n\cdot + SY \longrightarrow M_nY + S\cdot$$

链转移只是活性中心的转移，而不是自由基的消失，所以一般地说，链转移反应并不影响聚合速率，而只是改变聚合物的分子量和分子量分布。但是如果转移后的自由基比较稳定，甚至不能再引发单体聚合，此时不仅降低聚合速率，而且聚合物的分子量急剧减小，甚至得不到高聚物。

链转移反应和链增长反应是一对竞争反应。其竞争程度可用链转移速率常数与链增长速率常数的比值，即链转移常数 $C=k_{tr}/k_p$ 来表示。上式中的 SY 可以是单体、引发剂、聚合物、溶剂和各种添加剂或杂质。据此，相应的单体转移常数为 $C_M=k_{trm}/k_p$，引发剂转移常数为 $C_I=k_{tri}/k_p$，聚合物大分子转移常数为 $C_P=k_{trp}/k_p$，溶剂转移常数为 $C_S=k_{trs}/k_p$。如果双基终止暂按歧化终止考虑，把各种链转移对聚合度的影响都考虑在内，则可由聚合速率方程导出链转移反应对数均聚合度（$\bar{X}_n$）影响的定量关系式（2-6）：

$$\frac{1}{\bar{X}_n}=\frac{2k_t}{k_p^2}\times\frac{R_p}{[M]^2}+C_M+C_I\frac{k_t}{fk_dk_p^2}\times\frac{R_p^2}{[M]^3}+C_S\frac{[S]}{[M]}+C_P\frac{[P]}{[M]} \quad (2-6)$$

式中，右侧五项分别表示正常聚合、向单体转移、向引发剂转移、向溶剂转移和向大分子转移对数均聚合度的贡献。其贡献大小取决于各转移常数值和各种转移剂的浓度。

大多数烯类单体如苯乙烯、甲基丙烯酸甲酯等的链转移常数较小（约 10^{-5}～10^{-4}），对分子量无严重影响；但氯乙烯单体的链转移常数却大到 10^{-3}，致使 $R_{trm}\gg R_t$，因此它在自由基聚合中，向单体的链转移则是链终止的主要方式。与单体链转移常数相比，引发剂特别是过氧化物引发剂的转移常数要大得多（约 10^{-3}～10^{-2}），尽管如此，由于引发剂浓度通常很低（约 10^{-4}～10^{-2} mol/L），所以引发剂转移对聚合度的影响仍较小。向聚合物大分子的链转移常数的测定比较困难，其值随单体和聚合物而异。例如，聚甲基丙烯酸甲酯的

$C_p=0.5\times10^{-4}$,聚苯乙烯的 $C_p=(2\sim16)\times10^{-4}$。发生大分子转移的结果不仅不会使分子量下降,反而会产生支链使分子量增大。一般是单体链转移常数较大的单体,其大分子转移常数也较大。

除引发剂用量和聚合温度外,对聚合度影响最大的是向溶剂(或链转移剂)的链转移。某些链转移常数较大的溶剂甚至可用作分子量调节剂。例如,在丁苯乳液共聚时常用 $C_s>1$ 的硫醇作分子量调节剂来调节分子量,减少支化和凝胶。一些硫醇的链转移常数列于表2-3。

表 2-3 某些硫醇的链转移常数(60℃)

硫醇	丁二烯	苯乙烯	丁二烯/苯乙烯	丙烯腈	甲基丙烯酸甲酯
正丁硫醇		22			0.67
叔丁硫醇		3.6			
正辛硫醇	16(−50℃)	19(−50℃)			
正十二硫醇		19	0.66(−5℃)	0.73	

用 $C_s\approx1$ 的化合物作分子量调节剂比较合适。它可使链转移剂的消耗速率与单体的消耗速率基本相同,这样就可在反应过程中保持两者的浓度比例 [S]/[M] 大致不变。若采用 $C_s\ll1$ 的链转移剂,用量较多;而 C_s 值过大者($C_s>5$),则会过早耗尽。

应该指出,根据自由基聚合中各基元反应导出的聚合速率方程(2-4)和数均聚合度方程(2-6)只适于描述低转化率(<10%)下引发剂浓度、单体浓度、聚合温度以及各种链转移对聚合速率和数均聚合度的影响。因此常把式(2-4)和式(2-6)称作微观动力学方程。但是对于工业生产最感兴趣的却是聚合的全过程,尤其是高转化率阶段。

在烯类或二烯类单体的自由基聚合中,随着聚合反应的进行转化率不断提高,此时聚合体系出现了两种特殊现象:一是当形成的聚合物溶于单体(如甲基丙烯酸甲酯的本体聚合、苯乙烯的本体聚合等)时,体系的黏度增大,导致链增长反应、终止速率受扩散控制,链自由基寿命(τ)变长,即出现自动加速现象(或称自动加速效应);另一种是形成的聚合物不溶于单体(例如氯乙烯、丙烯腈等的沉淀聚合),体系出现沉淀,沉析出来的链自由基处于卷曲状态,端基被包裹难以终止,或是增长的自由基被乳胶粒"包裹"(例如丁-苯、丁-腈乳液共聚),二者均会出现自动加速现象,同时也会相应提高聚合物的分子量。因此定量地描述转化率对聚合速率、分子量(乃至分子量分布)的影响,就成为宏观动力学研究的主要内容。

烯类单体自由基聚合的转化率-时间关系常用图2-1来表示。

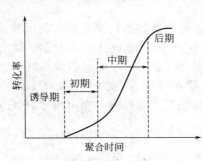

图 2-1 自由基聚合的转化率-时间关系曲线

工业生产时一般把整个聚合过程划分为四个阶段:诱导期(引发剂分解产生的初级自由基主要被阻聚杂质所终止,不能引发单体聚合,此时聚合速率为零,若体系无阻聚杂质,则无诱导期);聚合初期(转化率<10%~20%),聚合速率遵循微观动力学速率方程(2-4);聚合中期(转化率从20%一直延续到50%~80%),体系黏度逐渐增大,聚合速率增大,出现自动加速现象;以后聚合速率转慢进入聚合后期,最后转化率达到90%~95%,聚合速率变得很小,结束聚合反应。

自动加速现象出现的原因可用表2-4的转化率对MMA聚合的影响来说明。从表2-4的数据可以看出，转化率从 0 增至 80% 时，k_p 值减小近 400 倍，k_t 减小 10^5 倍，自由基的寿命从 1s 左右增至 216s，$k_p/k_t^{1/2}$ 于转化率为 50% 时出现极大值，这表明随着转化率的提高，体系的黏度增大，链自由基的平移扩散和链段运动均较困难，同时链自由基末端可能被包裹、双基终止受阻，导致终止速率显著降低。当转化率达到 50% 时，k_t 约降低两个数量级，而 k_p 却降低很少，由此导致 $k_p/k_t^{1/2}$ 增加 7~8 倍，自由基寿命延长 10 多倍，于是引起聚合速率显著加速，即出现自动加速效应。

表 2-4 转化率对 MMA 聚合速率常数的影响 （22.5℃）

转化率/%	速率/h^{-1}	自由基寿命 τ/s	k_p/[L/(mol·s)]	$k_t \times 10^{-5}$/[L/(mol·s)]	$(k_p/k_t^{1/2}) \times 10^2$
0	3.5	0.89	384	442	5.78
10	2.7	1.14	234	273	4.58
20	6.0	2.21	267	72.6	8.81
30	15.4	5.0	303	14.2	25.5
40	23.4	6.3	368	8.93	38.9
50	24.5	9.4	258	4.03	40.6
60	20.0	26.7	74	0.498	33.2
70	13.1	79.3	16	0.0564	21.3
80	2.8	216	1	0.0076	3.59

不少学者曾依据聚合速率随转化率提高而出现自动加速现象对正常聚合速率的表达式 (2-4) 进行修正，即在式 (2-4) 中引入了与聚合物浓度相关的函数项 $f([P])$，来表示出现自动加速时聚合速率随转化率（即聚合物浓度）提高的变化。对氯乙烯的聚合速率为：

$$R_p = K[I]^{1/2}[M] + f([P])[I]^{1/2} \tag{2-7}$$

式中，K 为表观速率常数；$K[I]^{1/2}[M]$ 为正常聚合速率；$f([P])[I]^{1/2}$ 为均相加速部分的聚合速率，它是转化率或聚合物浓度的函数。低转化率时，$f([P])$ 与聚合物浓度的一次方成正比；高转化率时，它与 $[P]^{2/3}$ 成正比。

Burnett[8] 则提出，如果不考虑体系的黏度，而把聚合体系的自动加速看作是自由基积累过程，则自由基数目的增大所引起的聚合速率加速应与形成的聚合物浓度（即转化率）成正比，即：

$$d[M\cdot]/dx = k_1(X - X_a) \tag{2-8}$$

式中，X_a 为出现自动加速时的临界转化率；k_1 为常数。假定自由基附近的单体浓度恒定，则式 (2-8) 可转化成：

$$(R_{px}/R_{po} - 1)^{1/2} = K_1^{1/2}(X - X_a) \tag{2-9}$$

式中，R_{po} 和 R_{px} 分别是起始聚合速率和转化率为 X 时的聚合速率；$K_1 = \frac{1}{2}k_1(k_t/R_i)^{1/2}$ 为常数。式 (2-9) 表明，在整个聚合加速阶段，$(R_{px}/R_{po} - 1)^{1/2}$ 与转化率 X 有线性关系。到聚合后期，由于聚合体系出现了玻璃化效应，链自由基完全包埋在玻璃体中，失去活动能力，不能再和单体反应，因此应把这一部分不能活动的自由基从体系中扣除，对式 (2-9) 进行修正得到式 (2-10)：

$$[M\cdot]_x/[M\cdot]_o = R_{px}/R_{po} = 1 + K_1(X - X_a) - K_2(X - X_f)^2 \tag{2-10}$$

式中，$[M\cdot]_x$ 和 $[M\cdot]_o$ 分别是转化率为 X 时和起始自由基的浓度；X_f 为出现玻璃化效应时的临界转化率，在该转化率下，聚合体系从黏稠液体变为玻璃体，聚合反应实际上已经停止。

2.3.1.2 活性自由基聚合 (LFRP)

将传统的自由基聚合转化为活性自由基聚合遇到以下困难：①引发单体聚合需要高活性自由基，而高活性自由基极易发生转移，导致增长链终止；自由基（或增长链自由基）浓度高时又极易导致偶合（或歧化）终止（因为 $R_t \propto [M\cdot]^2$），故自由基很难长期保持其引发、增长活性。②低活性自由基一般无引发活性，只能参与链转移或偶合终止；③引发剂分解产生自由基的活化能远大于链增长的活化能，且为陆续分解，从而使引发速率远低于链增长速率，难以使所有的增长链都同时增长而形成单分散聚合物。因此要沿用开发活性阴离子聚合的思路和充要条件来开发活性自由基聚合是很难实现的。这就要求人们必须依据自由基聚合的这种特殊性以全新的思路去寻求行之有效的反应模式和方法。四十多年来经过众多科学家的艰苦努力，终于成功地开发出多种实现活性自由基聚合的反应和方法。目前较为成熟的反应和方法主要有：引发转移终止剂（Iniferter）法[9,10]，稳定自由基聚合（stable free radical polymerization，简称 SFRP）法[11]，原子转移自由基聚合（atom transfer radical polymerization，简称 ATRP）法[12,13]和自由基可逆加成-碎裂链转移（radical reversible addition fragment chain transfer，简称 RAFT）法[14,15]。以下将简要讨论这些方法的研发思路、原理、现状和应用。

(1) Iniferter 法　1982 年大津隆行（T. Otsu）等首先提出 Iniferter 概念，并将两类（热分解型和光活化型）Iniferter 用于苯乙烯的自由基聚合，以详尽的实测数据论证了苯乙烯在 Iniferter 存在下进行活性自由基聚合的性质和机理，继而成功地制得了线形和星形、嵌段和接枝共聚物[9,10,16~24]。

① Iniferter 概念及类型：根据自由基聚合机理的特殊性，要实现活性自由基聚合，最理想、有效的途径是应该选择一种特殊的引发剂，该引发剂经热或光分解（或活化）后产生两个活性差别很大的自由基（即一个高活性自由基和一个稳定自由基），高活性自由基用于引发单体聚合，而稳定的自由基则专司转移终止或与增长链自由基偶合终止形成共价键，但这种共价键必须具备热、光活化可逆性，即它又可在热或光的活化下发生均裂产生可继续增长的链自由基；或是能产生两个能同时起到引发、转移和终止作用的低活性自由基，从而导致两端引发、转移、终止和增长。这样就可有效地保证既能引发单体聚合，又可避免增长链自由基的转移和偶合终止。这种既可引发单体聚合，又兼具转移、终止功能的引发剂就称作引发转移终止剂（Iniferter）。

已开发的 Iniferter 有三类：一类是热分解型偶氮化合物，如三苯甲基偶氮苯（APT，Ⅰ）、偶氮二（二苯基乙腈）（ADDPAN，Ⅱ）和含—S—S—键的偶氮二（二苯基乙酸乙酯）（ADDPEA，Ⅲ）；二硫化物，如四乙基秋兰姆（TETD，Ⅳ）；含—C—C—键的对称六取代乙烷类衍生物（Ⅴ）及 2,3-二腈基-2,3-二苯基丁二酸二乙酯（DCDPS，Ⅵ）[25]等。

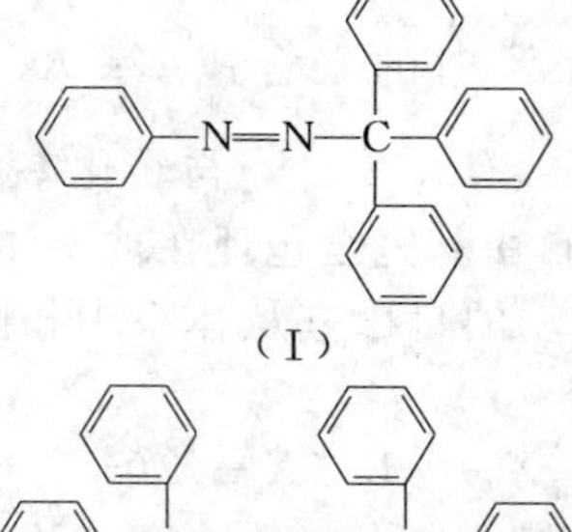

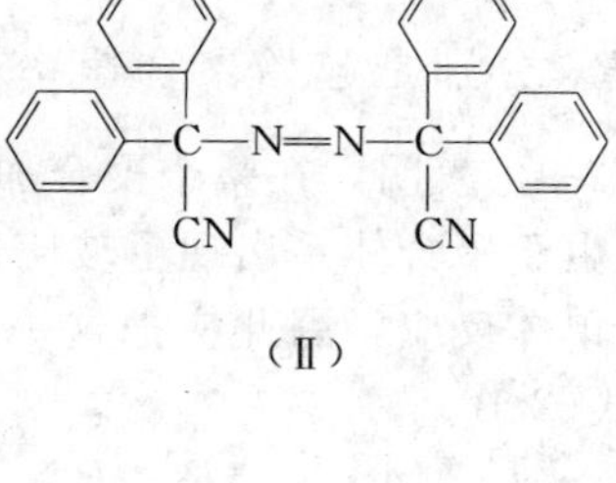

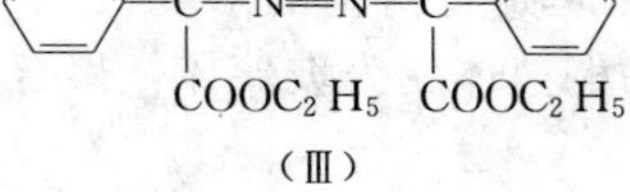

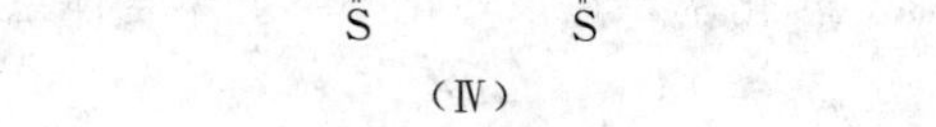

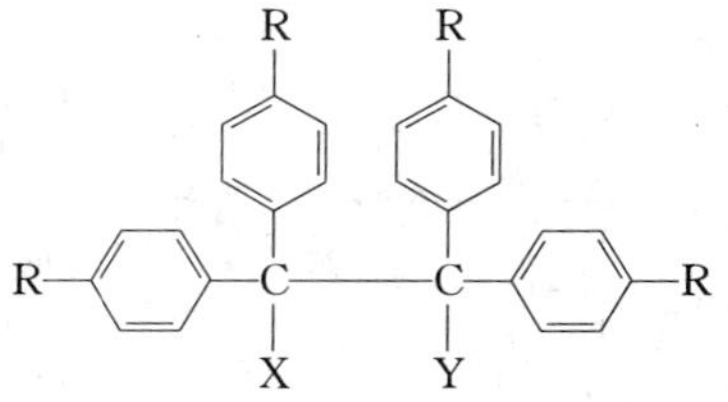

第 2 章 橡胶合成反应

$$R=H, X=Y=CN, OC_6H_5, OSi(CH_3)_3$$
$$R=OCH_3, X=Y=CN$$
$$R=H, X=H, Y=C_6H_5$$

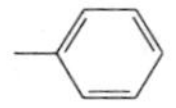

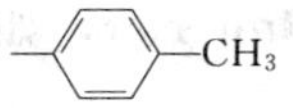

(V)

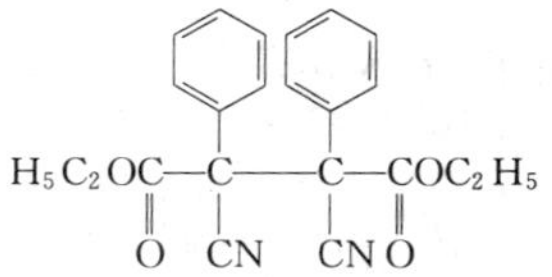

(Ⅵ)

可以是 —〈苯环〉—，也可以是 —〈苯环〉—CH$_3$

上述 Iniferter 中，若形成一个高活性自由基、一个稳定的自由基（如Ⅰ）称作单官能 Iniferter；如果转移、终止的活性基带在高分子链端则称作高分子型 Iniferter；如果能形成两个低活性的、并均可同时进行引发、转移终止的自由基，称作双官能 Iniferter（如Ⅱ、Ⅲ、Ⅳ、Ⅴ、Ⅵ）。同样地，当它们都处于高分子的两端，则称作高分子型双官能 Iniferter。一般说来，以上Ⅰ→Ⅴ种 Iniferter 都可在高温下（>80℃）用于甲基丙烯酸甲酯（MMA）的活性自由基聚合，并可制得 PMMA-b-PSt 嵌段共聚物；而 Iniferter Ⅵ则既可引发 MMA，又可引发苯乙烯（St）的活性聚合，且通过顺序加料法于较低温度下获得 PMMA-b-PSt 和 PSt-b-PMMA 嵌段共聚物[24]。

大津隆行提出的热分解型 Iniferter 引发烯类单体（CH$_2$=CHX）活性自由基聚合机理是：

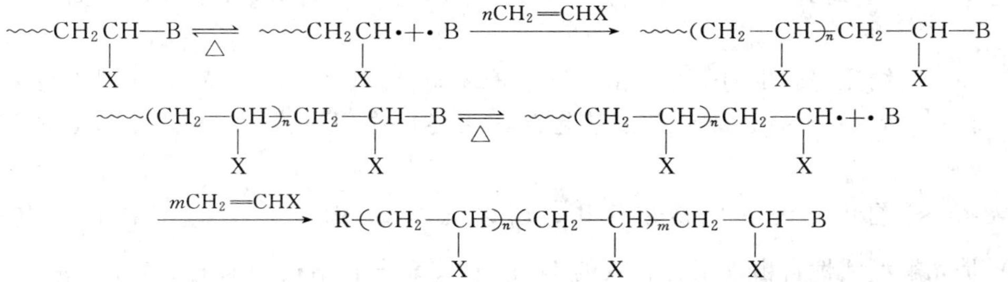

式中，R 是 Iniferter 的引发残基，B 和 B· 分别是 Iniferter 的转移终止碎片和加热时 C—B 共价键均裂形成的自由基（只起转移终止作用）；增长链端的 C—B 共价键相当于增长着的自由基处于休眠状态（dormant），B 可以抑制向单体、大分子等转移反应和自由基偶合终止反应的发生，均裂后形成的链自由基 ($\sim\sim\sim CH_2-\overset{|}{\underset{X}{C}}H\cdot$) 又可继续引发单体进行增长，增长后末端又是一个新的 Iniferter。其结果就相当于单体不断地插入 Iniferter 分子中而形成高分子量聚合物。如果不加终止剂来破坏增长链端，那么带—C—B 的增长链端就是一个处于休眠状态的活性自由基。

另一类是光分解（或光活化）型 Iniferter。这类 Iniferter 通常是可被波长为 350～390nm 的光活化的含有 $-\overset{\overset{\displaystyle\|}{S}}{C}-S-CNEt_2$ 的二硫代秋兰姆衍生物和烃硫基（—C—SR）化合物，它们可在光照下产生一个高活性自由基（>C·）和一个稳定自由基 ($\cdot S-\overset{|}{\underset{\|}{C}}-NEt_2$)，或两个（或多个）高活性自由基和两个（或多个）稳定自由基。常用的光分解型 Iniferter 如下。

单官能 Iniferter，如：

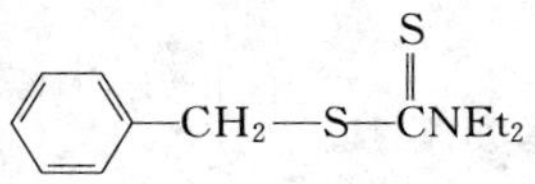

（BDC，Ⅶ） 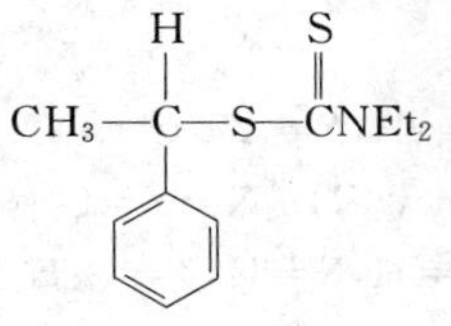　　（StDC，Ⅷ） 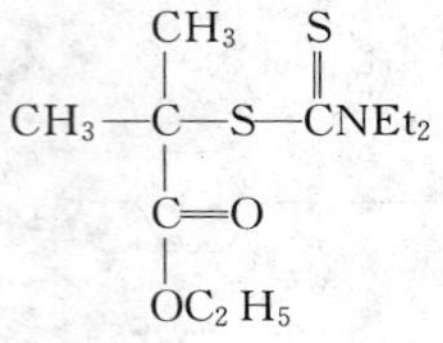　　（MMADC，Ⅸ） 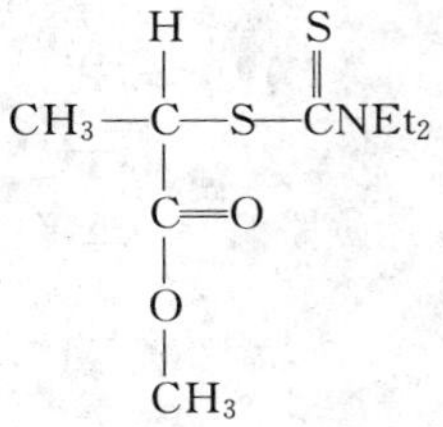　　（VAcDC，Ⅹ）

双官能 Iniferter，如：

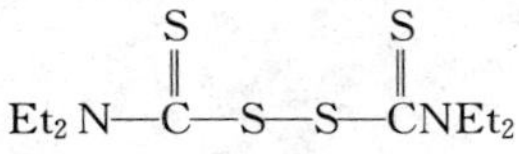

（TETD，Ⅺ） 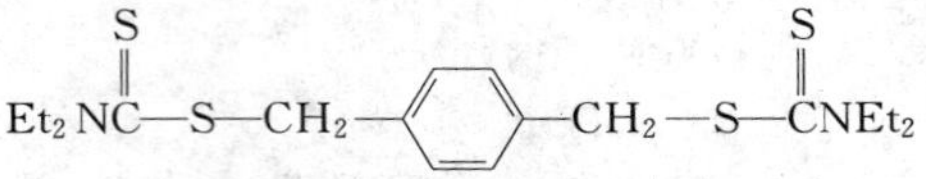　　（XDC，Ⅻ）

多官能 Iniferter，如：

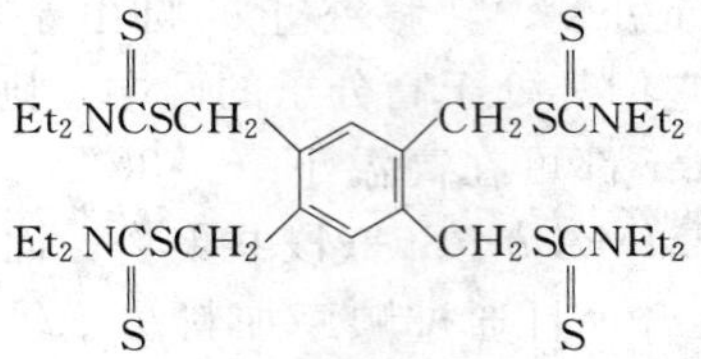

（DDC，ⅩⅢ）

上述各种光分解型 Iniferter 光解时，不对称的 Iniferter 可按以下两种方式（即 C—S 键均裂和 —S—C— 键均裂）产生一个活性自由基和一个稳定的自由基，以 BDC 为例[25]。

按（a）路线光解产生的苄基自由基可与苯环共轭而稳定，从而可有效地引发烯类单体聚合；而另一个 ·S—CNEt$_2$ 稳定自由基起链转移终止作用；若按（b）路线光解，产生的

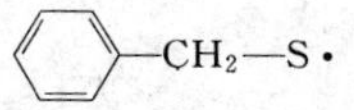

⌬—CH$_2$—S· 自由基无共轭稳定作用，所以 S-苄基-N,N′-二乙基二硫代氨基甲酸酯（BDC）是光解型活性自由基聚合有效的 Iniferter，而与其结构相似的 2-苯乙基-N,N′-二乙基二硫代氨基甲酸酯（BEDC）却不能作光解型活性自由基聚合的 Iniferter。若为对称的 Iniferter 如 TETD，光解时则产生两个相同的低活性稳定自由基。

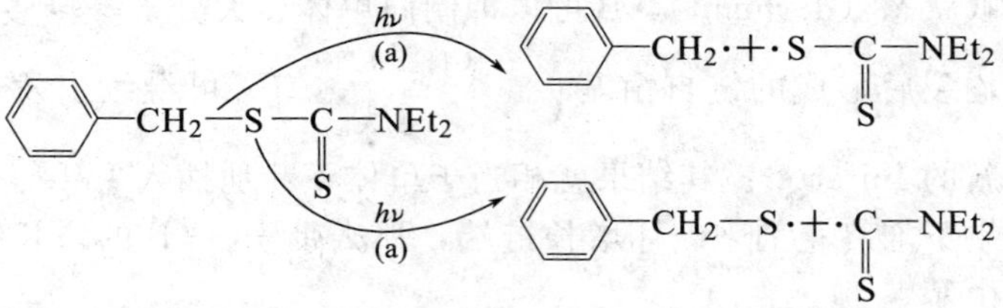

光解型 Iniferter 引发烯类单体（如 St 和 MMA）的活性自由基聚合性质和机理与热分解型 Iniferter 相似。

第三类是一个分子中同时含有热分解型 C—C 键和光分解型硫代氨基甲酸基团 $\left(\begin{array}{c}-S-CNEt_2\\\|\\S\end{array}\right)$ 的新型多功能 Iniferter，如 2,3-二氰基-2,3-二（对二乙基二硫代氨基甲硫酰亚苯甲基）丁二酸二乙酯（简称 DDDCS，ⅩⅣ）[25~29]。

$$\text{Et}_2\text{NCSCH}_2-\underset{S}{}-\text{C}_6\text{H}_4-\underset{\underset{\text{CN}}{|}}{\overset{\overset{\text{EtOOC}}{|}}{\text{C}}}-\underset{\underset{\text{CN}}{|}}{\overset{\overset{\text{COOEt}}{|}}{\text{C}}}-\text{C}_6\text{H}_4-\text{CH}_2\text{SCNEt}_2$$

(DDDCS, XIV)

DDDCS可分别在加热和紫外线照射下引发 St 和 MMA 的活性自由基聚合，若在无紫外线照射下加热至 85℃，分子中的 C—C 发生可逆断裂引发 St(或 MMA) 的活性自由基聚合，两端的 C—S 键保持不变，表明它是一种热分解型 Iniferter；而在室温下经紫外线照射，它可通过两端的 C—S 键的可逆断裂引发单体聚合，中间的 C—C 键保持不变，因而又是一种光分解型 Iniferter[27,28]。

② Iniferter 引发 St、MMA 活性自由基聚合的实验证据：和研究活性阴离子聚合一样，确定 Iniferter 引发 St、MMA 的聚合是否具备活性聚合特征。经常采用以下三种方法：a. 用 ESR 或 ^{1}H NMR 测定聚合物端基是否存在 Iniferter 的碎片（或残基）；b. 用合成实验和分子量测定证明聚合物的数均分子量是否随单体转化率的提高而线性增长，或是加入第二种单体是否能继续引发增长形成嵌段共聚物；c. 用凝胶渗透色谱（GPC）测定聚合物的分子量是否随转化率提高而呈线性增大，所得聚合的分子量分布是否接近 Poisson 分布。测定数据表明，Iniferter 引发的自由基聚合均具备上述 a、b、c 活性聚合特征；但其可控性目前尚未达到典型活性阴离子聚合的控制水平和程度。为此在很多书刊和文献中，常把这类活性自由基聚合称作活性/可控或可控自由基聚合，或称作"活性"自由基聚合。

③ Iniferter 法的分子设计：如上所述，Iniferter 法引发单体聚合，其最终结果就相当于单体插到 Iniferter 之间，形成两端均带有 Iniferter 碎片的聚合物。通过精心设计 Iniferter 的结构和官能度，选择适宜共聚的单体种类，或在单体中引入 Iniferter 基团，就可以合成出端基功能性聚合物，线形、星形嵌段和梳形聚合物及接枝共聚物。

例如苯乙烯用 MMADC（IX）或 VAcDC（X）进行聚合就可合成出两端基分别为

$$\text{CH}_3-\underset{\underset{\text{COOC}_2\text{H}_5}{|}}{\overset{\overset{\text{CH}_3}{|}}{\text{C}}}-\qquad、\qquad \underset{\underset{\text{O}-\overset{\overset{\text{O}}{\|}}{\text{C}}-\text{CH}_3}{|}}{\overset{\overset{\text{CH}_3-\text{CH}-}{}}{}}\qquad 和\qquad -\text{S}-\overset{\overset{\text{S}}{\|}}{\text{C}}\text{NEt}_2$$

的端酯基功能性聚苯乙烯，将端基水解就可制得端基为亲水基的聚苯乙烯；再如 MMA 采用双官能 Iniferter XDC（XII）进行光解聚合，通过顺序加料法就可以制得 $\leftarrow\text{St}\rightarrow_n\leftarrow\text{MMA}\rightarrow_m\leftarrow\text{St}\rightarrow_n$ 三嵌段共聚物；若 St 采用多官能 Iniferter DDC（XIV）进行光解聚合，就可合成四臂星形聚合物；如果在苯乙烯的对位引入可发生光解聚合的—CH$_2$SR，首先使苯乙烯进行正常的自由基聚合，然后再加入 MMA 进行光解聚合，就可制得接枝共聚物 P(St-g-MMA)。

应当指出的是，目前适宜于 Iniferter 法活性自由基聚合的烯类单体还不多，得到充分研究的只有 St 和 MMA，只有个别的 Iniferter 适于 MMA、St、Ip（异戊二烯）和 VAc（乙酸乙烯酯）的嵌段共聚[27,29]；当用于嵌段共聚时还存在嵌段效率较低、分子量分布较宽（有的甚至超过传统自由基聚合 $\overline{M}_w/\overline{M}_n \geqslant 1.8$ 的底限）等问题。此外大多数 Iniferter 引发的活性自由基聚合还仅限于本体聚合。

(2) SFRP（或 TEMPO）法　稳定自由基（SFRP）法所用的稳定自由基是 2,2,6,6-四甲基哌啶-1-氧自由基（2,2,6,6-tetramethylperidine-1-oxy radical，简称 TEMPO，结构式

为 $\cdot\text{O}-\text{N}\underset{\underset{\text{H}_3\text{C}\text{CH}_3}{}}{\overset{\overset{\text{H}_3\text{C}\text{CH}_3}{}}{\langle}}\overset{\text{CH}_2}{\underset{\text{CH}_2}{\text{CH}_2}}\rangle$）。1993 年 Georges 等[11,30]依据 TEMPO 自由基能可逆地捕获烷基自由

基的性质，首次发现苯乙烯在传统引发剂 BPO 中加入 TEMPO 于 120～140℃引发聚合可获得活性自由基聚合，并将其称作稳定氮氧化物作中间体的活性自由基聚合（nitroxide-mediated living free radical polymerization，简称 NMLFRP）。继而提出该活性自由基聚合按以下机理进行[30]：苯乙烯被 BPO 分解后产生的初级自由基引发，形成的单体自由基被 TEMPO 氮氧自由基捕获而形成一个单体单元（unimer），随后在单体自由基与氮氧自由基形成的 C—O—N< 键中插入更多的单体，继续加热就有更多的单体插入该增长链，反应重复进行直到反应混合物被冷却或是单体被耗尽，增长链自由基始终是在稳定自由基（可逆捕获剂）的"保护"下进行增长并保持其活性。

① NMLFRP 的引发剂类型：在稳定自由基聚合（SFRP）或 NMLFRP 中已发现的活性引发剂有两类，即双分子引发剂和单分子引发剂。

a. 双分子引发剂：所谓双分子引发剂，是在 NMLFRP 中用 BPO 或 AIBN 作可引发单体聚合的高活性（短寿命）自由基引发剂，以 TEMPO 自由基作链端自由基的不稳定键（C—O—N<）。这样一来，休眠种与活性链间建立的动平衡就取决于 C—ON< 键的强度。如果 C—ON< 键强度中等，则平衡向正方向移动，即休眠种的数目远大于活性链的数目，此时增长速率很慢但具有良好的可控性；反之，如果 C—ON< 键的强度非常弱，则平衡向反方向移动，即活性链的数目远大于休眠种的数目，此时由于链自由基的浓度很高，导致其成为无控制能力的传统自由基聚合。因此控制 C—ON< 键的强度就成为进行 NMLFRP 的非常重要的参数，也成为选择稳定自由基的重要标准。

b. 单分子引发剂：所谓单分子引发剂，实际上是引发的活性自由基和稳定自由基合二为一的引发转移终止剂（Iniferter），这种 Iniferter 分解（热或光）产生两种自由基，一种是可引发单体聚合的高活性自由基；另一种是低活性的稳定自由基，这种稳定自由基一是不能引发单体聚合，二是必须能可逆地捕获活性链自由基。最常用的单分子引发剂是：1-羟基-2-苯基-2-(2,2,6,6-四甲基哌啶基-1′-氧) 或称羟基 TEMPO(HO-TEMPO，XV)：

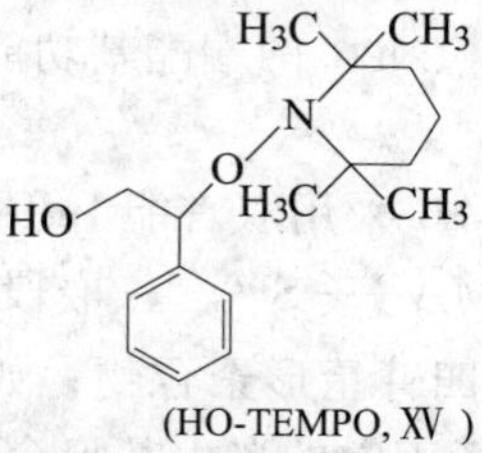

(HO-TEMPO, XV)

这种单分子引发剂热分解时可产生一个可引发单体聚合的高活性苄基自由基

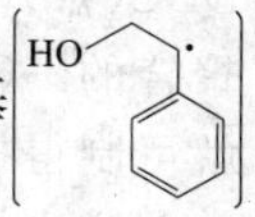

和一个稳定自由基，且该单分子引发剂产生的自由基的比例严格地为 1:1，所以它在 NMLFRP 中控制分子量和多分散性的能力超过双分子引发剂，特别适合于制备树枝状或星形聚合物。

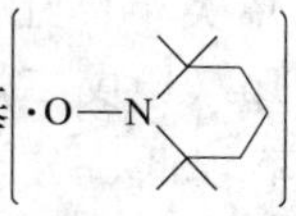

② SFRP（或 NMLFRP）的特点：综观采用双分子引发剂和单分子引发剂引发烯类单体聚合的 NMLFRP 大量文献，可以看出 NMLFRP 是一种非常有用的控制聚合物建造术的反应和方法，其特点可概括为：

a. 聚合物的数均分子量随转化率的提高而线性增大，所得聚合物的分子量分布较窄，$\overline{M}_w/\overline{M}_n = 1.05 \sim 1.3$；

b. 已用 NMLFRP 法合成出分子量和分子量分布均可控的聚对苯乙烯磺酸钠-b-聚对苯乙烯羧酸钠水溶性两嵌段共聚物[31]和聚苯乙烯-b-聚丙烯酸丁酯-b-聚苯乙烯三嵌段共聚物（SAS，新型热塑性弹性体）[32]。

c. 利用三官能单分子引发剂（三官能-TEMPO，XVI）和可聚合的单分子引发剂（XVII）分别合成了分子量和分子量分布均可控的星形聚苯乙烯[33]和超支化聚苯乙烯[34]。

d. 可以把活性阴离子聚合转换成活性自由基聚合，制得了聚内酯-b-聚苯乙烯两嵌段共聚物[35,36]。

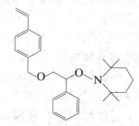

三官能-TEMPO(XVI)　　　　　　　　可聚合的单分子引发剂(XVII)

③ NMLFRP 的工业化优点：尽管一些极性单体如 MMA、丙烯酸丁酯（BA）、对苯乙烯磺酸钠（或羧酸钠）、环氧乙烷（EO）和非极性单体如 St、Bd 等都可进行 NMLFRP，并可获得分子量和分子量分布均可控的多种聚合物，但是由于 NMLFRP 过程中活性自由基的浓度非常低，导致其聚合速率很慢，生产效率很低，致使 NMLFRP 法目前还尚未进入工业化生产的实施阶段。但是大量的相关研究已显示出它有利于工业化的一些优点。

a. NMTFRP 对杂质不敏感，聚合温度容易控制，适宜的单体种类较多。

b. 本体聚合或高浓度溶液聚合无自动加速效应。因为传统的（非活性）自由基聚合（本体或高黏度溶液聚合）自动加速效应的出现是由于体系的黏度增大，阻碍了链自由基的扩散和偶合终止，导致链自由基的浓度增大，寿命延长，使聚合速度突然加快，温度急剧上升。而在 NMLFRP 中，单体一经引发，所有的增长链自由基都是在 TEMPO 的"保护"下进行可逆断裂增长，且无终止反应；因此黏度的增大不会导致活性自由基浓度的增大和终止速率降低问题。例如 Georges[36]曾以苯乙烯进行本体自由基聚合，当转化率达 70% 后，体系的温度在 2min 内从 95℃ 上升到 156℃；若同一反应在 TEMPO 存在下于 135℃ 进行，直到转化率达 84% 也未见反应温度陡升。这就证明苯乙烯的 NMLFRP 本体聚合不存在自动加速效应。这一结果对苯乙烯本体聚合的工业生产有重要意义，因为它不仅可消除反应失控的危险，而且可以低价设计聚合反应器。

c. 制备窄分布聚苯乙烯标样：分散（或乳液）聚合是工业上普遍采用的制备胶乳的方法。以前，窄分布的聚苯乙烯标样都是用阴离子溶液（无杂质的非极性溶剂中）聚合来合成的。Laurence 等[37]曾以醇或其混合的水溶液作分散介质、以聚 N-乙烯基吡咯烷酮（PVP）作稳定剂，在双分子引发剂（如 BPO+TEMPO）存在下于 120℃ 进行 St 的分散聚合，成功地制得了窄分布（$\overline{M}_w/\overline{M}_n = 1.1 \sim 1.25$）、微米级（$1 \sim 10\mu m$）聚苯乙烯。显示出 NMLFRP 的工业化价值。

(3) ATRP 法　原子转移自由基聚合（atom transfer free radical polymerization，简称 ATRP）是王锦山和 Matyjaszewski 于 1995 年发现的[13]，所用的引发体系是由有机卤化物（RX）、低价态的过渡金属（M_t^n）卤化物和配位体（L_x）组成。

在 ATRP 中，低价态的 M_t^n 从 RX 上抽取卤原子 X 产生一个碳自由基（R·）和一个氧

化态的物种 $M_t^{n+1}X$，R·引发单体（M）聚合同时形成一个自由基中间体［RM·］，该中间体再与氧化态 $M_t^{n+1}X$ 反应、卤原子（X）转移到［RM·］上形成 RMX 休眠活性种，同时再生出一个可进一步促进新的氧化还原的还原态过渡金属 M_t^n 物种。总的结果是 RX 和 M_t^n 通过一系列的氧化还原反应使 X 不断地转移到增长链上，并在活性链自由基与其休眠种之间建立起可逆动平衡，从而维持活性链在低自由基浓度下继续增长，故称为原子转移自由基聚合。由于聚合物链自由基［RM_y·］和氧化态 $M_t^{n+1}X$ 之间的还原反应速率很快，自由基的浓度又很低，从而在很大程度上抑制了初级自由 R·（或链自由基）之间的偶合终止，使 ATRP 成为一种重要的活性自由基聚合（LFRP）反应。大量实验结果表明，ATRP 不仅能精确地控制聚合物的结构、分子量和多分散性，而且可使更多的单体进行活性自由基聚合。

① ATRP 的优缺点：与稳定自由基活性聚合（NMLFRP）相比，适于 ATRP 的单体种类较多，在烯类单体中除氯乙烯、丙烯酸和醋酸乙烯酯外，大多数单体如甲基丙烯酸酯、丙烯酸酯、苯乙烯、甲基丙烯腈和电荷转移络合物［如马来酸酐（MAH）与 St、乙烯基醚及丙烯酸丁酯（BA）与路易斯酸形成的电子转移络合物等］等均可顺利地进行 ATRP，并已成功地制得了活性均聚物、嵌段和接枝共聚物。例如由聚二甲基硅氧烷大分子引发剂已合成了苯乙烯和丙烯酸酯的接枝共聚物[38]；通过顺序加料法已合成出耐油性聚苯乙烯（S)-b-聚丙烯酸丁酯（B)-b-聚苯乙烯（S）三嵌段共聚物，这种 SBS 采用典型的活性阴离子聚合是难以合成的。ATRP 的另一个特点是可以合成梯度共聚物（gradient copolymer）。Greszta 等[39]曾用活性差别较大的苯乙烯和丙烯腈，以混合单体一步法进行 ATRP，在聚合初期活性较大的单体进入聚合物，随着反应的进行，活性较大的单体浓度下降，而活性较低的单体更多的进入聚合物链，这样就导致了共聚物中的共聚单体单元随时间的延长呈梯度变化。

ATRP 最大的缺点是过渡金属络合物的用量大，且在聚合过程中不消耗，残留在聚合物中容易导致聚合物老化；活性自由基的浓度很低（为了避免偶合终止），因而聚合速率太慢（一般>20h）；得到充分研究的聚合方法，目前仅限于本体聚合和溶液聚合，有利于工业化的乳液聚合方法正在研发中[40,41]。

② ATRP 的发展：自从 Matyjaszewski[42] 和 Moineau[43] 报道了新的反向原子转移自由基聚合（reverse ATRT）以来，ATRP 在以下两方面取得新的进展：一是拓宽了引发剂和催化剂体系，导致反向原子转移自由基聚合；二是促进了其他活性自由基聚合，如 Iniferter 和 SFRP 融入 ATRP。

a. 反向 ATRP：反向原子转移自由基聚合是用普通的自由基引发剂如偶氮二异丁腈（AIBN）或过氧化二苯甲酰（BPO）代替卤代烷（RX）作引发剂，用高价的过渡金属络合物代替原来的低价金属络合物为催化剂。反向 ATRP 的反应机理可表述如下：

$$I:I \xrightarrow{\triangle} 2I\cdot$$
$$I\cdot + XM_t^{n+1} \rightleftharpoons IX + M_t^n$$
$$\downarrow k_p | M$$
$$I-P\cdot + XM_t^{n+1} \rightleftharpoons I-P-X + M_t^n$$

式中，I 为普通的自由基引发剂，M_t 为过渡金属络合物，I—P·为带引发剂残基的增长链自由基，k_p 为链增长速率常数。

可以看出，与 ATRP 不同，反向 ATRP 是引发剂分解产生的自由基（I·）立即从高价过渡金属络合物（XM_t^{n+1}）上夺取卤原子（X）形成休眠种 I—X，同时 M_t^{n+1} 被还原成低价态（M_t^n），这种氧化还原反应方向恰好与 ATRP 相反，故称反向 ATRP。接下来的单体与休眠种之间的增长反应就和常规的 ATRP 一样了。普通自由基型引发剂的引入和采用高价态过渡金属络合物，不仅拓宽了 ATRP 引发剂的范围，而且也克服了低价态过渡金属不易保存的缺点。

b. Iniferter 融入反向 ATRP：为了克服普通热分解型引发剂给 ATRP 带来的缺陷（初级自由基浓度高），丘坤元等[44]将可逆分解的 Iniferter 如 2,3-二氰基-2,3-二苯基丁二酸二乙酯（DCDPS，ⅩⅧ）和 2,3-二对甲苯基丁二酸二乙酯（DCDTS，ⅩⅨ）引入引发体系以替代不可逆分解的自由基型引发剂，并分别与铜体系和铁体系组成相应的反向 ATRP 引发 MMA 或 St 的本体、溶液聚合，结果发现：二者均可在低引发剂/催化剂配比下即 MMA/DCDTS/$CuCl_2$/联吡啶＝2000/1/2/6 于 85℃聚合，获得了分子量（$\overline{M}_n$ 达 74700）、分子量分布（$\overline{M}_w/\overline{M}_n$＝1.18～1.30）均可控的 PMMA，而且测得体系的自由基浓度确实很低（$[P\cdot]_{本体}=1.9\times10^{-8}$ mol/L，$[P\cdot]_{溶液}=1.27\times10^{-8}$ mol/L）；对 MMA/DCDPS/$CuCl_2$/联吡啶体系及 St/DCDPS/$FeCl_3$/PPh_3 的反向 ATRP 也得到了类似结果。这就表明，将热可逆分解的 Iniferter 引入 ATRP 成功地实现了按反向 ATRP 历程进行的活性自由基聚合。

（DCDPS，ⅩⅧ）　　（DCDTS，ⅩⅨ）

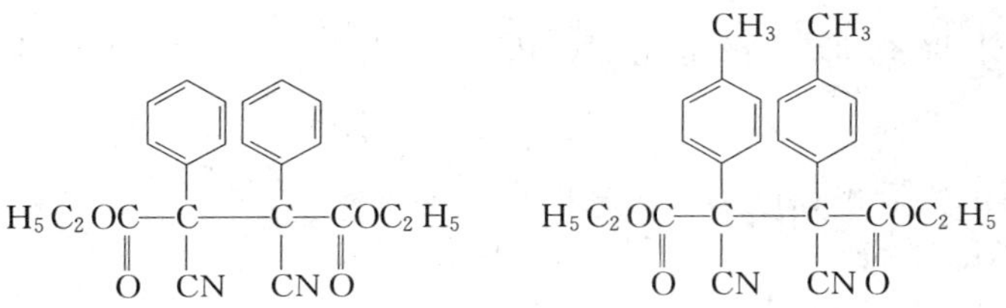

c. ATRP 向 TEMPO（即 NMLFRP）转换：刘兵等[45]曾以 α-溴代丙酸乙酯（EP-Br）和 α-溴代苯乙烷（1-PE-Br）为引发剂在 CuBr（或 CuCl）/联吡啶的存在下，在乙腈溶剂中分别引发甲基丙烯酰氧基 TEMPO（MMA-TEMPO）和对苯乙烯甲氧基-TEMPO（St-TEMPO）的 ATRP，获得了分子量和分子量分布（$\overline{M}_w/\overline{M}_n<1.4$）均可控、且带有 TEMPO 侧基的均聚 PMMA-TEMPO 和 PSt-TEMPO；随后再以带稳定自由基侧基（即 TEMPO）的 PMMA-TEMPO、PSt-TEMPO 作引发剂，分别引发 St、MMA 的 SFRP 共聚合，得到了分子量和分子量分布基本可控（$\overline{M}_w/\overline{M}_n$＝1.8～2.0）的多支化共聚物。表明 ATRP 向 TEMPO 的转换也具活性自由基聚合性质。

(MMA-TEMPO)　　(St-TEMPO)

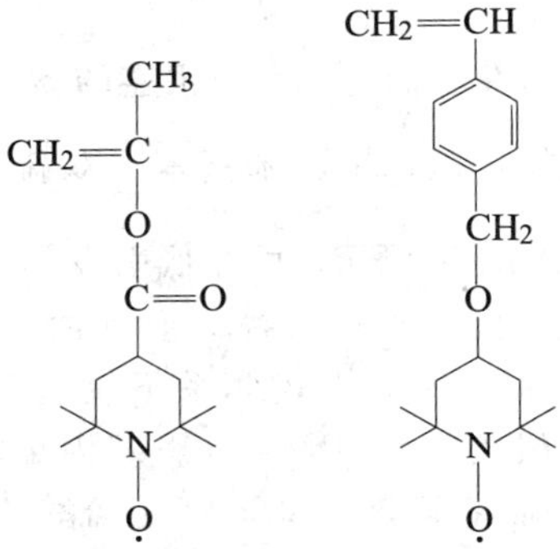

（4）RAFT 法　自由基可逆加成—碎裂链转移（RAFT）法是 1998 年澳大利亚 Rizzardo 提出的新型活性自由基聚合反应和方法，即在传统的自由基聚合中加入一种链转移常数

特别大的双硫酯类($\underset{Z-C-S-R}{\overset{S}{\parallel}}$)链转移剂就可以实现烯类单体的活性自由基聚合[14,46]。若以 I_2 表示自由基型引发剂，M 表示单体，$P_n\cdot$ 表示增长链自由基，$\underset{Z-C-SR}{\overset{S}{\parallel}}$ 表示链转移剂，其活性聚合过程可示意如下。

引发：$\quad I_2 \xrightarrow{\triangle} 2I\cdot, \; I\cdot + M \longrightarrow IM\cdot$

链增长：$\quad IM\cdot + (n-1)M \longrightarrow P_n\cdot$

链转移：

$$P_n\cdot + \underset{Z}{\overset{S}{\underset{\parallel}{C}}}{-}SR \rightleftharpoons \underset{Z}{\overset{P_nS\;\cdot\;SR}{\underset{\parallel}{C}}} \rightleftharpoons \underset{Z}{\overset{P_nS\;\;\;\;S}{\underset{\parallel}{C}}} + R\cdot$$

重新引发：$\quad R\cdot + mM \longrightarrow P_m\cdot$

链平衡：

$$P_m\cdot + \underset{Z}{\overset{S\;\;\;S-P_n}{\underset{\parallel}{C}}} \rightleftharpoons \underset{Z}{\overset{P_m-S\;\cdot\;S-P_n}{\underset{\parallel}{C}}} \rightleftharpoons \underset{Z}{\overset{P_m-S\;\;\;\;S}{\underset{\parallel}{C}}} + P_n\cdot$$

$I\cdot$ 引发单体聚合形成链自由基 $P_n\cdot$，它与链转移剂反应形成 $\underset{Z}{\overset{P_n-S\;\cdot\;SR}{\underset{\parallel}{C}}}$，$\underset{Z}{\overset{P_n-S\;\cdot\;SR}{\underset{\parallel}{C}}}$ 又可逆地碎裂出新的 $R\cdot$ 和新的链转移剂 $\underset{Z}{\overset{P_n-S\;\;\;S}{\underset{\parallel}{C}}}$，这种新的转移剂和原来的链转移剂 $\left[\underset{Z}{\overset{S\;\;\;SR}{\underset{\parallel}{C}}}\right]$ 具有相同的性质，因此它又可充当新一轮可逆加成-碎裂反应的链转移剂，经充分反应平衡后，$\underset{Z}{\overset{P_m-S\;\;\;S}{\underset{\parallel}{C}}}$ 的分子量与 $\underset{Z}{\overset{P_n-S\;\;\;S}{\underset{\parallel}{C}}}$ 趋于相等，由此使增长链自由基长期保持活性，并获得窄分布的聚合物。反应中的链转移剂 $\underset{Z-C-SR}{\overset{S}{\parallel}}$，形式上和 Otsu 等提出的光活化 Iniferter 很相似，它们都含有 $-\overset{S}{\underset{\parallel}{C}}-S-$ 官能团，但前者和 $-\overset{S}{\underset{\parallel}{C}}-$ 键合的 Z 基团需为共轭碳烃基（如 Z=PhC），若为含氮、氧的供电子基（在 Otsu 的 Iniferter 中的 NEt_2 或 OR），由于链转移常数很小而无活性。而与 $-\overset{S}{\underset{\parallel}{C}}-$ 相连的 SR 中的 R 则需是好的自由基离去基团 [如 $R=-(CH_3)_2Ph$]。例如：以二甲基苯基苯甲双硫酯 $\left[\underset{PhC-S(CH_3)_2Ph, CTA}{\overset{S}{\parallel}}\right]$ 作链转移剂，AIBN 作引发剂引发 MMA 的 RAFT，可在低引发剂/链转移剂=1/（3.5～4.2）（摩尔比）下获得活性自由基聚合，不仅分子量可控（设计值≈实测值），而且所得 PMMA 为窄分布（$\bar{M}_w/\bar{M}_n=1.12$～1.13）聚合物。上述体系不仅适于 MMA 的活性自由基聚合，而且同样适于 St、EMA(甲基丙烯酸乙酯)、BMA（甲基丙烯酸丁酯）、OMA（甲基丙烯酸辛酯）、MA(丙烯酸甲酯)、BA(丙烯酸丁酯) 和 EA(丙烯酸乙酯) 等的 RAFT，并以相应的大分子引发剂成功地制得了 AB 型嵌段共聚物 PMMA-b-PEMA、PEMA-b-PMMA、PBMA-b-PMA、PBMA-b-PEA 和 PSt-b-PBA[47]。

与其他活性自由基聚合相比，RAFT 有如下特点：①适用的单体多，除常见的烯类单体外，其他方法都难以聚合的离子性和酸碱性单体如丙烯酸、对乙烯基苯磺酸钠、甲基丙烯酸羟乙酯、甲基丙烯酸氨基乙酯等均可顺利地进行 RAFT，这显然有利于含特殊功能团的聚合物的合成；②在传统的自由基聚合中只需添加少量双硫酯转移剂就可有效地控制聚合物的分子量和分子量分布，从而避免使用昂贵难得（如 TEMPO，卤代酸酯）、且有损聚合物老化性能、不易去除的过渡金属离子、联吡啶等；③聚合温度低（一般为 60~70℃，低于 100℃）、聚合速率快（一般≤10h），且所得产物的分子量分布窄（一般 $\overline{M}_w/\overline{M}_n \leqslant 1.13$）；④可合成嵌段共聚物和带特殊端基的功能聚合物。

针对上述四种活性自由基聚合的内在特性，Quirk 等将活性阴离子聚合的定义延伸为"活性自由基聚合是一类具有可逆终止和可逆链转移的活性聚合"[48]。

与典型的活性阴离子聚合相比，活性自由基聚合由于自由基的浓度低、休眠种（或戴帽中间体）与活性种呈平衡转换，所以它虽能和活性阴离子聚合一样可用以合成分子量和分子量分布均可控的多种均聚物、嵌段共聚物和接枝共聚物，但其聚合速率和可控精度尚未达到活性阴离子聚合的水平（例如聚合时间一般为活性阴离子聚合的 3~10 倍，$\overline{M}_w/\overline{M}_n$ 一般都大于 1.1 而小于 1.5，嵌段效率也小于 1）。但是活性自由基聚合一般无需严格除去水、CO_2 和质子类杂质，且聚合温度也在 50℃ 以上，并适用于带活泼官能团的单体，这些均比活性阴离子（或阳离子）聚合优越。

2.3.1.3 自由基聚合在合成橡胶中的应用

（1）自由基聚合在合成橡胶生产中的地位　自由基聚合由于适宜的单体种类多，对极性杂质的敏感性小，能用水作分散传热介质进行悬浮和乳液聚合，且工艺简单、容易操作，故自从 20 世纪 40 年代以来，一直是合成高分子产品的重要聚合反应。在工业生产中，目前已有 70% 左右的烯类和二烯类聚合物都是通过自由基聚合来合成的。在合成橡胶领域，由于合成弹性体的基本要求是：分子间作用力小，分子量大，聚合物分子链的柔性大，T_g 低，在常温无负荷下呈无定形态，且需要硫化（交联）才能成为可发生可逆形变的高弹性材料，共轭二烯（如丁二烯、异戊二烯和氯丁二烯）及其聚合物是能完全满足上述弹性体性能要求的单体，所以自发现合成橡胶以来，共轭二烯一直是合成橡胶的主要单体。为了提高聚二烯烃的强度（如丁苯橡胶）或赋予合成橡胶某种特性（如耐油丁腈橡胶），还常加入某些烯类辅助单体（如苯乙烯、丙烯腈等）与二烯烃共聚。无论是二烯烃还是乙烯类单体又都适合于自由基（异戊二烯除外）聚合，所以自由基聚合一直是合成类橡胶应用最多的聚合反应。

原则上，自由基聚合可以用本体聚合、溶液聚合、悬浮聚合和乳液聚合四种聚合方法实施。但是由于下述原因：①二烯烃如丁二烯和烯类单体如苯乙烯、丙烯腈自由基聚合时，都是打开一个碳-碳双键、形成两个 σ 键，为放热反应，其相应的聚合热（Q_p）分别为：丁二烯=48.1kJ/mol、苯乙烯=38.5kJ/mol、丙烯腈=53kJ/mol，相应的聚合物又是热的不良导体，若采用本体聚合，聚合热难以排散，容易导致局部过热甚至发生暴聚，故难以在恒定温度下制得预定质量的聚合物；②采用溶液聚合虽有助于排散聚合热，但由于单体被溶剂稀释、浓度低，导致聚合速率低、分子量低，难以达到橡胶所要求的高分子量，且必须增添溶剂回收工序和设备；③单体和引发剂虽允许采用以水作分散介质的悬浮聚合，也有利于散热，但所形成的橡胶粒子质地松软，容易粘连结块而堵塞管道和设备。而以水作分散介质的乳液聚合（或共聚）的特点是聚合速率快、分子量高、以水作分散介质不仅价廉，而且有利于散热、维持聚合温度恒定，而且体系的黏度低、搅拌功率小，容易实现大规模工业生产。因此已经工业化的大胶种如乳聚丁苯橡胶（E-SBR）、氯丁橡胶（CR）和丁腈橡胶（NBR），丁苯胶乳（SBRL）、丁腈胶乳（NBRL）和特种橡胶如丙烯酸酯橡胶（ACM）等都是采用自由基型乳液聚合方法进行生产。也就是说通常所说的合成橡胶大品种［E-SBR、NBR、CR、SBRL 和顺丁、异戊、乙丙、溶液聚合丁苯橡胶（S-SBR）］中，约有一半的品种是用自由基型乳液聚合方法生产的，其产耗量约占合成橡胶总产量的 50% 以上。

(2) 典型乳（液）聚（合）配方和聚合条件的对比解析　以上所说的自由基型乳液聚合是合成橡胶最适宜的生产方法，这并不意味着所有胶种的合成均按统一的乳聚配方和工艺进行。在具体实施乳液聚合时还必须依据单体的性质、相应聚合物的结构和性能要求，按照既快速又优质的原则分别设计乳聚配方和优化聚合条件。几个大胶种的乳聚配方和主要工艺条件列在表 2-5 中。

表 2-5　几个大胶种的典型乳聚配方和主要工艺条件[①]

胶种	乳聚配方(主要组分)/质量份					聚合条件		
	丁二烯	苯乙烯	乳化剂	引发剂	调节剂	体系 pH	聚合温度/℃	转化率/%
热法 E-SBR	70	30	脂肪酸钠 (5.5)	过硫酸钾(0.3)	叔十二碳硫醇 (0.2)	10～11	50	60,75
冷法 E-SBR	71	29	歧化松香酸皂 (2.25) 脂肪酸钾 (2.25)	异丙苯过氧化氢(0.08) FeSO$_4$(0.018)/Na$_2$HPO$_4$·12H$_2$O(0.5)/EDTANa(0.027) 甲醛亚硫酸氢钠(0.07)	叔十二碳硫醇 (0.1)	10～11	5	60～70
冷法丁苯胶乳 (SBRL)	70	30	聚环氧乙烷 OP类(5)	蒎烷过氧化氢/甲醛亚硫酸氢钠/Fe^{2+}	叔十二碳硫醇 (0.1)	8～9	5	60
热法丁苯胶乳	70	30	硬脂酸钾 (2.7)	过硫酸钾(0.3)	叔十二硫醇 (0.2)	9～11	50	90～95
丁腈橡胶 (NBR)	丁二烯 74	丙烯腈 26	脂肪酸钾-十二烷基苯磺酸钠(4.0)	过硫酸钾(0.27)/FeSO$_4$(0.0275)	叔十二碳硫醇 (0.5)	7～8	5～10	70～75
氯丁橡胶 (CR)	氯丁二烯 100		歧化松香酸皂 (5)	过硫酸钾(0.2～1.0)	硫黄 叔十二碳硫醇 (0.5)	10～11 10～11	40～50 40～50	≥90 70

① 配方中的主要组分。

从表 2-5 可以看出，不同胶种的乳液聚合（或共聚）体系的主要组分基本相同，但所用乳化剂、引发剂、调节剂的类型和用量却差别较大，体系的 pH 和聚合条件也有所不同。例如合成 E-SBR 和 SBRL 均可采用热法（50℃）和冷法（5℃），热法虽可在较高温度、用脂肪酸盐作乳化剂（乳化能力强）的条件下获得高转化率（产率高），即使是调节剂用量增加 1 倍也难以抑制支化凝胶的形成（热法 E-SBR 的凝胶含量＞5%，而转化率达 90% 以上的 SBRL 其凝胶含量＞20%），凝胶含量过高显然会使其硫化胶性能低劣，所以热法 E-SBR 已被冷法取代；而热法 SBRL 至今却仍在使用，其主要原因是丁苯胶乳是直接用作浸渍剂和黏合剂，凝胶不仅不影响、甚至有时还有助于黏合性能。热法 E-SBR 向冷法转变，只有在发现了可在低温下引发的氧化还原引发剂后才能实现。丁二烯和苯乙烯在低温下（5℃）进行乳液共聚，不仅可减少 1,2-结构，有利于苯乙烯单元的无规分布，而且还可有效地抑制聚合物分子链的支化和凝胶（冷法 E-SBR 的凝胶含量 $G<1\%$）。E-SBR 和 SBRL 的另一个显著差别是前者采用了由第二还原剂导致的氧化-还原循环体系，后者却是由氧化剂和还原剂组成的一般氧化-还原引发剂，显然前者不仅提高了自由基的利用率，导致了平稳聚合，而且还大大降低了变价金属（Fe）的用量（残留在橡胶中会损害橡胶的耐老化性能），似可认

为，在丁苯乳液共聚中得到应用和演进的氧化-还原循环体系已发展到近乎完善的地步。值得注意的是，在冷法 E-SBR 中采用了乳化能力较强的阴离子型乳化剂，而在 SBRL 中采用的是乳化能力较低的非离子型乳化剂，从而导致前者的 pH＞后者，这显然是由于前者着眼于形成的胶束多、聚合速率快并利于用金属盐破乳以制取固体橡胶。而后者则侧重于胶乳长期稳定并利于与极性底物粘接之故。

对于 NBR 的乳聚体系迄今仍在使用阴离子型乳化剂和普通的氧化还原引发剂，但调节剂的用量显著增大，而 pH 则处于中性或弱碱性。乳液体系的 pH 偏低显然不利于阴离子型乳化剂乳液的稳定。但是由于共聚单体（丙烯腈，AN）在水中的溶解度高达 7.3%，容易在水中聚合形成均聚物，且过酸或过碱性均有利于丙烯腈的水解（水解成丙烯酰胺或丙烯酸），为了抑制这种倾向，并保持结合 AN 不致因转化率提高而变化太大，所以不得不以牺牲乳液的稳定性作代价而获取结合 AN 尽量接近于配料比、且为无规分布的 NBR。由于 $r_B=0.18\pm0.08$，$r_{AN}=0.02\sim0.03$，5℃，AN 的共聚活性大于丁二烯，共聚时 AN 的消耗速度快，且链端为 AN 的增长链与硫醇调节剂的反应活性低，故提高调节剂的用量，有利于控制 AN 的结合量和分子量控制。至于氯丁二烯的乳液聚合，由于单体很活泼，自由基聚合反应的速率很快，且极易交联支化，聚合时主要发生 1,4-加成形成反式-1,4-结构为主（反式-1,4-结构＞90%）的规整链，导致聚合物容易结晶（40℃聚合制得的均聚物结晶度为 12%）变硬，弹性下降。采用氧化还原体系也可在低温下聚合，但所得聚合物的结晶度更高（-40℃聚合，聚合物的结晶度竟高达 38%），因此氯丁橡胶自 1934 年实现工业化生产以来，一直采用以阴离子型乳化剂、过硫酸钾为引发剂的高温、硫调型聚合配方。所谓硫调型氯丁橡胶，是顺应氯丁二烯聚合速率快并容易产生支化交联的化学性质，在乳聚时加入硫黄与之共聚形成带多硫键（—S_x—）的直链、支链或交联共聚物，并达到高转率（＞90%）。随后再在碱性介质中，加入二硫化四乙基秋兰姆（TETD）或烷基硫代氨基甲酸酯等断链剂，使多硫键断裂并与 TETD 等产生的自由基发生偶合终止来调节分子量并稳定聚合物链。只有在聚合物的结晶不是主要矛盾时（例如氯丁二烯与苯乙烯、或与 2,3-二氯丁二烯共聚以破坏链的规整性）才采用以硫醇作调节剂的（非硫调）氧化还原引发体系低温聚合配方。

(3) 共轭二烯与烯类单体的自由基共聚　自由基型乳液聚合制得的以丁二烯为主要单体的合成橡胶如乳聚丁苯橡胶、丁苯胶乳和丁腈橡胶等大都是无规共聚物，用烯类单体（St 或 AN）参与共聚是为了改善橡胶的某种性能（如提高强度、改进耐油性和耐老化性能等），显然共聚（或辅助）单体的结合量及其在共聚物分子链中的分布、序列规整性等都会影响橡胶的弹性、T_g 和综合物性。而共聚单体的结合量及其在共聚物分子链中的排布主要取决于两种单体的起始配料比和竞聚率：$r_B=1.38$，$r_s=0.64$，5℃；$r_B=0.18$，$r_{AN}=0.02$，5℃。共聚物组成在低转化率下可依据 Mayo Lewis 瞬时组成共聚方程式控制，即：

$$\frac{d[M_1]}{d[M_2]}=\frac{[M_1]}{[M_2]}\times\frac{r_1[M_1]+[M_2]}{r_2[M_2]+[M_1]} \tag{2-11}$$

式中，$[M_1]$、$[M_2]$ 分别为单体 M_1 和 M_2 的起始摩尔浓度，$d[M_1]$ 和 $d[M_2]$ 是瞬时进入共聚物的 M_1 和 M_2 的摩尔浓度，r_1 或 r_2 分别是单体 M_1 和 M_2 的竞聚率。

在高转化率下可由 Skeist 质量分数共聚物组成方程控制，即：

$$(\overline{X}_1)_a=\frac{X_1^0-X_1(1-C_w)}{C_w}$$

式中，$(\overline{X}_1)_a$ 为已形成的共聚物中单体 M_1 的平均质量分数；X_1^0 和 X_1 分别是配料中 M_1 的质量分数（转化率 $C_w=0$）和转化率为 C_w 时配料中未反应的 M_1 的质量分数；C_w 为质量转化率。

有关转化率和共聚物组成的控制及影响因素参见相应的胶种专著。

(4) 活性自由基聚合在合成橡胶中的应用前景　以传统的自由基聚合为基础的高分子工业已投产了半个多世纪，也已成为合成橡胶工业的基础。但是从认识需要不断深化的观点看，传统的自由基聚合存在的最大缺陷是聚合过程（如引发、增长、终止和转移）、聚合物分子参数（如分子量、分子量分布）和聚合物结构（支化、凝胶、序列规整性）尚不能控制，从而也就不能按照意愿设计合成出指定结构和性能的聚合物材料。活性自由基聚合的出现，为控制聚合过程和聚合物分子参数乃至序列结构开辟了一条有效的新途径：①可以本体聚合或溶液聚合合成出预期分子量和窄分布的烯类单体均聚物。②可用多官能引发剂或经过反应转换合成出嵌段、星形、接枝和梳形共聚物。其中以烯类单体的嵌段、星形和接枝共聚对合成橡胶有重要意义。例如以 MMA 或 St 作硬单体，丙烯酸丁酯（BA）作软单体，用双官能引发剂经 ATRP 或 Iniferter 法先引发 BA 的双端活性自由基聚合，再加入 MMA 或 St 进行嵌段共聚就可合成形式上类似 SBS 的 SAS 热塑性弹性体。由于 PBA 软段为饱和主链、且其 T_g 可达 $-50℃$ 左右，所以 SAS 是比 SBS 耐老化性能更好、且耐油的新型热塑性弹性体（TPE），更可贵的是，这种耐老化、耐油的 TPE 是其他活性聚合方法（如阴、阳离子）难以制得的。再如以多官能引发剂（DDC，XIII）经 Iniferter 或 RAFT 法引发异戊二烯（Ip）或丁二烯（Bd）与 St 的嵌段共聚，就可直接获得分子量可控、分子量分布窄的四臂星形热塑性弹性体。③与活性阴离子聚合相比，活性自由基聚合的优点是适宜的单体种类多（非极性单体和极性单体均可），对极性杂质不敏感，聚合温度一般在 60～120℃ 之间（适于用自然水冷却），聚合速率容易控制。这些条件均比实施离子聚合优越，也有利于实现工业规模生产。活性自由基聚合最大的缺点是聚合速率慢、嵌段效率低、对分子量和分子量分布的控制还达不到典型的活性阴离子聚合的精度[27,28]，因而暂时还处于研发阶段。但是由以上聚合特征衍生出来两类实际应用却向人们展示出良好的工业化前景。一是引发剂和聚合体系对极性物质不敏感，因而可在水介质中使极性单体聚合或进行乳液聚合，例如以非极性单体 St 与带水溶性基团（如—COONa、—SO_3Na）的极性单体共聚可制得双亲性或梯度共聚物，这是其他活性聚合难以直接做到的；另一个特性是本体聚合不出现自动加速效应[36]，从而有利于控制聚合温度，实现工业化生产。

2.3.2　阴离子聚合

2.3.2.1　单体和引发剂

可进行阴离子聚合的单体，都含有亲电结构或由于 O、S 等杂原子存在而产生的亲电基团。诸如带吸电子基的烯类和共轭二烯烃，如丙烯酸酯类、丙烯腈、苯乙烯、丁二烯和异戊二烯等，以及含杂原子的环醚、环硫醚、内酰胺和醛类等。

常用的引发剂有以下四类：①碱，如 NaOH、KOH 和 KNH_2 等；②碱金属，如 Li、Na、K、Rb 和 Cs 等；③有机碱金属及碱土金属，如 RNa、RLi、RONa 和 RMgX 等；④碱金属-多环芳烃复合物，如萘钠等。

其中①类引发剂应用最早，大都用于活泼的环状单体如环氧乙烷、己内酰胺的阴离子聚合；②类引发剂因不溶于有机溶剂而导致了聚合体系的非均相，引发速率较慢；而③类和④类引发剂则被广泛使用，其中最重要是 RLi，不仅可形成均相聚合体系，而且如果体系纯净还可实现无转移、无终止的活性聚合；而芳基钠（或锂）则一般专用于双向增长的活性阴离子聚合。

2.3.2.2　聚合机理

阴离子聚合由链引发、链增长和链终止三个基元反应组成。阴离子聚合的特点是：可有效地控制链转移和链终止、进行活性聚合，此时仅有链引发和链增长两个基元反应。

链引发：引发反应可分为直接加成和电子转移引发两种。NaOH、$K^+NH_2^-$、RNa、RONa 和 RMgX 引发烯类单体（或环醚）的聚合，即属于引发剂的负离子（NH_2^- 或 R^-）对双键的直接加成。其反应式为：

$$K^+NH_2^- \text{（在液氨中）} + CH_2=CH(\text{Ph}) \longrightarrow NH_2-CH_2-\bar{C}HK^+(\text{Ph})$$

而碱金属（以 Me 表示）和萘钠等的引发则属于电子转移过程。若两者均以引发苯乙烯聚合为例，其反应式分别为：

$$Me\cdot + CH_2=CH(\text{Ph}) \longrightarrow \cdot CH_2-\bar{C}HMe^+(\text{Ph})$$

$$2\cdot CH_2-\bar{C}HMe^+(\text{Ph}) \xrightarrow{\text{偶合}} Me^+\bar{C}H(\text{Ph})-CH_2-CH_2-\bar{C}HMe^+(\text{Ph})$$

$$\text{（萘）}^-Na^+ + CH_2=CH(\text{Ph}) \longrightarrow \text{萘} + \cdot CH_2-\bar{C}HNa^+(\text{Ph})$$

$$2\cdot CH_2-\bar{C}HNa^+(\text{Ph}) \xrightarrow{\text{偶合}} Na^+\bar{C}H(\text{Ph})-CH_2-CH_2-\bar{C}HNa^+(\text{Ph}) \text{（双阴离子）}$$

链增长：引发生成的活性种 C^- 与单体 M 不断加成即构成链增长。其通式为：

$$RM^-Me^+ + M \xrightarrow{k_p} RMM^-Me^+ \xrightarrow{(n-1)M} \longrightarrow R(M)_nM^-Me^+$$

上式仅是最简单的链增长反应。实际上，聚合体系中存在着各种离子对和自由离子的平衡，而各种离子对又以不同的速度增长。这种多活性种的链增长反应式为：

$$\sim\sim\sim MMe \rightleftharpoons \sim\sim\sim M^-Me^+ \rightleftharpoons \sim\sim\sim M^- // Me^+ \rightleftharpoons \sim\sim\sim M^- + Me^+$$
$$nM \downarrow k_p^{\pm} \quad\quad mM \downarrow k_p'^{\pm} \quad\quad qM \downarrow k_p^-$$
$$\sim\sim\sim(M)_nM^-Me^+ \quad \sim\sim\sim(M)_mM^- // Me^+ \quad \sim\sim\sim(M)_qM^- + Me^+$$

式中，$k_p^{\pm}$、$k_p'^{\pm}$、k_p^- 分别是紧离子对、松离子对和自由离子的链增长速率常数；Me 为碱金属反离子。一般来说，共价键无增长能力；离子对增长速度较慢，但有控制链构型的能力（特别是当单体与反离子配位时）；而自由离子增长速度最快，但所得产物一般为无规立构聚合物。

链终止和链转移：阴离子聚合通常在非极性溶剂（如烃类）中进行，若聚合体系纯净、无质子供体，一般为无链转移和链终止的活性聚合；反之则容易发生 H^+ 转移终止形成带特定端基的聚合物：

$$\sim\sim\sim M_n^-Me^+ \xrightarrow{H_2O} \sim\sim\sim M_nH + MeOH$$

$$\sim\sim\sim M_n^-Me^+ \xrightarrow{HX} \sim\sim\sim M_nH + MeX$$

$$\sim\sim\sim M_n^-Me^+ \xrightarrow{CH_3OH} \sim\sim\sim M_nH + MeOCH_3$$

$$\sim\!\!\sim\!\! M_n^- Me^+ \xrightarrow{CO_2} \sim\!\!\sim\!\! M_n COO^- Me^+ \xrightarrow{H^+} \sim\!\!\sim\!\! M_n COOH + Me^+$$

$$\sim\!\!\sim\!\! M_n^- Me^+ \xrightarrow{O_2} \sim\!\!\sim\!\! M_n OO^- Me^+ \xrightarrow{H^+} \sim\!\!\sim\!\! M_n OH + MeOH$$

$$\sim\!\!\sim\!\! M_n^- Me^+ \xrightarrow{\underset{O}{CH_2-CH_2}} \sim\!\!\sim\!\! M_n CH_2 CH_2 O^- Me^+ \xrightarrow{H^+} \sim\!\!\sim\!\! M_n CH_2 CH_2 OH + Me^+$$

$$\sim\!\!\sim\!\! M_n^- Me^+ \xrightarrow{Cl-CH_2-CH=CH_2} \sim\!\!\sim\!\! M_n-CH_2 CH=CH_2 + Me^+ Cl^-$$

$$\sim\!\!\sim\!\! M_n^- Me^+ \xrightarrow{OCNRNCO} \sim\!\!\sim\!\! M_n-\underset{OMe}{C}=NRNCO \xrightarrow{H_2O} \sim\!\!\sim\!\! M_n-\underset{O}{C}-NHRNH_2$$

式中，Me 通常为 Li；$\sim\!\!\sim\!\! M_n-CH_2 CH=CH_2$ 称为大分子单体或大单体。

2.3.2.3 聚合动力学

在阴离子聚合中，引发反应是引发剂对单体的加成反应，而链增长反应则是带负电荷的活性链对单体的连续加成，两个反应的实质是相同的。然而引发剂的结构往往与活性链的结构不同，例如以正丁基锂（n-BuLi）在非极性烃类溶剂中引发苯乙烯聚合，随着 n-BuLi 浓度的不同，引发剂常以六或四缔合体存在，而聚苯乙烯活性链则以二缔合体存在，所以引发反应和增长反应有着不同的速度和历程。以高活性引发剂（s-BuLi）引发 St 或二烯烃的阴离子聚合为例，聚合速率方程可表示为：

$$R_p = k_{ap} [BuLi]^n [M]^m \tag{2-12}$$

式中，R_p 为链增长速率（即聚合反应总速率）；k_{ap} 是各种活性种增长速率常数之和，称表观链增长反应速率常数，它与各活性种之间的关系为：

$$k_{ap} = r_i k_i + r_j k_j + r_k k_k + \cdots$$

式中，r_i、r_j 和 r_k…分别是活性种 i、j 和 k 等在总活性种浓度中所占的分数；k_i、k_j、k_k 等分别表示活性种 i、j、k 等的链增长速率常数；n 和 m 则分别表示链增长反应对引发剂和单体的反应级数。在阴离子聚合中，增长反应对单体浓度是一级反应，即 $m=1$。对于引发剂的反应级数则与溶剂的性质和单体的种类有关。

例如苯乙烯在非极性溶剂环己烷中聚合 $n=1/2$，而丁二烯（Bd）或异戊二烯（Ip）同样在环己烷中聚合，n 却为 1/4。Quirk[48] 对二者表现出不同反应级数的解释是：聚苯乙烯锂在烃类溶剂中以二缔合体存在，缔合体不活泼，只有按如下解缔平衡所形成的微量单量体才是真正起引发的活性种。

$$(PSt_n Li)_2 \underset{k_d}{\rightleftharpoons} 2PSt_n Li$$

此时，增长反应变为：$\quad PSt_n Li + St \xrightarrow{k_{p_1}} PSt_{n+1} Li$

所以，链增长速率 $R_p = k_{p_1} [PSt_n Li]^{1/2} [St]$。因为只有一种增长的活性种，所以这里的表观链增长速率常数 k_{ap} 就等于 k_{p_1}。同样地，根据光散射法测得的聚丁二烯基锂在烃类溶剂中的缔合度为 4，得出聚丁二烯基锂的反应级数为 1/4。即：

$$R_p = k_{p_1} [PBdLi]^{1/4} [Bd]$$

而在极性溶剂中进行的阴离子聚合反应，由于溶剂（或称络合剂）的极性不同，因离子溶剂化效应不同而产生的各种活性种浓度及其在活性种总浓度 [LE] 中所占的比例也不同，所以导致聚合速率对活性种总浓度的反应级数有很大变化。若仍以 $R_p = k_{ap} [LE]^n [M]^m$ 来表示聚合速率，则聚合速率将随以下条件而变化。

① 对于萘-钠在二氧六环（DOX）中引发苯乙烯聚合，此时由于溶剂的极性不大（介电常数为 2.2），聚合的活性种只有紧离子对（$\sim\!\!\sim\!\! St^- Na^+$）。聚合速率方程就可写成：

$$R_p = k_{p_2}[\sim\sim\sim St^- Na^+][St] = k_{\pm p}[LE][St] \tag{2-13}$$

也就是说，聚合速率方程（2-12）中的 $n=1$，$m=1$，$k_{ap} = k_{p_2} = k_{\pm p}$。

② 对于萘-钠在四氢呋喃（THF）中引发苯乙烯聚合，此时由于溶剂的极性较大（介电常数为 7.6），并易与 Na^+ 形成一络合体或二络合体，聚合体系中只有松对和自由阴离子：

$$\sim\sim\sim St^- Na^+ \rightleftharpoons \sim\sim\sim St^- /\!/ Na^+ \rightleftharpoons \sim\sim\sim St^- + Na^+$$
$$\text{紧对} \qquad\qquad \text{松对} \qquad\qquad \text{自由阴离子}$$

从而使离子对和自由离子共同参与增长反应，且处于如下动平衡状态：

$$\sim\sim\sim St^- Na^+ \underset{}{\overset{k_D}{\rightleftharpoons}} \sim\sim\sim St^- + Na^+$$
$$+St \downarrow k_{\pm} \qquad\qquad +St \downarrow k_-$$
$$\sim\sim\sim StSt^- Na^+ \underset{}{\overset{k_D}{\rightleftharpoons}} \sim\sim\sim StSt^- + Na^+$$

式中，k_D 为电离平衡常数。设 r 为自由离子在总活性种浓度中所占的分数，则 $(1-r)$ 表示离子对所占的分数。因为体系中只有两种活性种，所以式(2-12)中的 k_{ap} 应表示为：

$$k_{ap} = k_- \cdot r + k_{\pm}(1-r)$$

式中，k_- 和 $k_{\pm}$ 分别表示自由阴离子和离子对的链增长速率常数。

因为
$$k_D = \frac{r^2[LE]}{(1-r)}$$

若 $r \ll 1$，则 $k_D = r^2[LE]$，$r = k_D^{1/2}/[LE]^{1/2}$。

代入聚合速率方程（2-12）则得：

$$R_p = k_{ap}[LE]^n[St]^m = k_{\pm} + (k_- - k_{\pm})\frac{k_D^{1/2}}{[LE]^{1/2}}[St] \tag{2-14}$$

苯乙烯在 THF 中用萘-X 引发的阴离子聚合的 k_-、$k_{\pm}$ 和 k_D 列在表 2-6 中。

表 2-6　$\sim\sim\sim St^- X^+$ 在 THF 中引发苯乙烯聚合 k_-、$k_{\pm}$ 和 k_D[49]

碱金属离子	温度/℃	$k_D \times 10^7$/(mol/L)	$k_{\pm}$/[L/(mol·s)]	k_-/[L/(mol·s)]
Na^+	25	1.5	80	65000
Na^+	0	5.0	90	16000
Na^+	-33	34	130	3900
Na^+	-60	160	250	1460
Na^+	-80	320	280	1030
Cs^+	25	0.028	21	63000
Cs^+	0	0.066	9	22000
Cs^+	-33	0.086	2.4	6200
Cs^+	-60	0.112	2.1	1100

表 2-6 的数据表明，苯乙烯在 THF 中以萘钠（或萘-Cs）引发聚合，自由离子对聚合速度的贡献比离子对大 $10^2 \sim 10^3$ 数量级，主要原因是此时形成的增长种、(碳阴离子) π 电子的极化度最大，因而其活性最高。

与聚苯乙烯活性链端的 C^- 因与苯环共轭而离域程度大、活性较高相比，聚二烯烃（包括聚异戊二烯和聚丁二烯）活性链在极性溶剂中（如 THF）虽然也存在离子对和自由阴离子，但是由于其 k_D（$k_D = 5 \times 10^9$，30℃）约比聚苯乙烯活性链的 k_D 小 300 倍，相应的 $k_{\pm}$ 和 k_- 值均小一个数量级，这就表明增长链端为 $-CH=CH-CH_2^-$ 对二烯烃单体的均聚活性（以钠为反离子时）比苯乙烯低，聚合速率的差异不是因为自由离子所占的比例大，而是由于离子对的松紧差异所引起的。

③ 数均聚合度方程。动力学所涉及的另一个问题是在阴离子聚合中如何确定数均聚合度（或数均分子量）与聚合体系各组分间的定量关系。对于无链转移、无链终止的活性阴离子聚合，聚合物的数均聚合度 ($\overline{X}_n$) 和单体浓度 [M] 有以下的简单比例关系：

$$\overline{X}_n = \frac{[M]}{[\sim\sim C^-]}$$

式中，[~~~C$^-$] 是活性链数。由于该活性链是由引发剂转化而来，所以若为电子转移引发剂 I（或为双官能引发剂），则：

$$\overline{X}_n = \frac{2[M]}{[I]}$$

若为单官能引发剂（如 BuLi），则应为：

$$\overline{X}_n = \frac{[M]}{[I]}$$

由于在无链终止的聚合中，如果单体与引发剂充分混合，且当引发速率≥增长速率时，所有的活性种都同时增长，即所有的活性链在同一时间内均增长成相同长度的聚合物分子，即 $\overline{M}_n \approx \overline{M}_w$，或 $\overline{M}_w/\overline{M}_n = 1$。具备这种分子量分布的聚合物常称为单分散性或泊松（Poisson）分布的聚合物。但是，由于实际的阴离子聚合体系很难做到绝对纯净，微量杂质导致的终止和副反应很难完全避免，同时阴离子聚合大都为多活性种体系，其增长活性各不相同，特别是在非极性溶剂中存在活性种之间的缔合现象导致缔合种和单量体的增长速度不同，所以大多数活性阴离子聚合体系都很难做到：设计分子量＝实测分子量或 $\frac{\overline{M}_w}{\overline{M}_n}=1$。只能用设计分子量接近实测分子量，或窄分布（$\overline{M}_w/\overline{M}_n=1.01\sim1.2$）来描述活性聚合的特殊性质。

2.3.2.4 活性阴离子聚合

从第一次利用阴离子聚合合成出类橡胶弹性的聚合物到真正确立起活性阴离子聚合的概念和特性，经历了近半个世纪的漫长岁月。1910 年 Mathews 和 Strange[50] 首次用钠引发异戊二烯聚合，制得了聚异戊二烯类橡胶。随后，Harries[51] 也用钠引发丁二烯聚合得到了聚丁二烯。由于当时对聚合活性种的本质和聚合机理认识不清，无法控制橡胶的分子量和结构，致使所得类橡胶物质的性能很差。直到 1956 年 Szwarc 在高真空条件下用萘钠引发苯乙烯及二烯烃聚合，首次证实并明确提出了活性阴离子聚合（living anionic polymerization）是属于无链转移、无链终止的阴离子聚合等新概念。50 多年来，随着人们对阴离子聚合活性种的本质、聚合机理以及聚合物的结构和性能之间的关系进行了广泛而深入的研究，为利用阴离子聚合合成优质合成橡胶奠定了坚实基础。以下将简要介绍活性阴离子聚合的发现、特点、发展、应用和现状。

(1) 活性阴离子聚合的发现　1956 年 Szwarc 等在高真空（1.333×10^{-4}Pa）的反应器中先加入 THF 和萘钠-THF 溶液，此时体系显示蓝紫色，随后再加入苯乙烯（St）的 THF 溶液，发现体系的颜色由蓝紫色立即变为橙红色，同时反应发热、黏度增大，表明聚合反应已经发生，并在数秒内完成；当向体系中再加入 St-THF 溶液，体系黏度继续增大，直到反应结束体系一直保持橙红色，表明聚苯乙烯的分子量在继续增长，直至单体完全转化一直保持着增长活性，即实现了苯乙烯的活性阴离子聚合。并据此提出萘钠在 THF 中引发苯乙烯的阴离子聚合属于无链转移、无链终止的活性聚合，以及活性聚合物（living polymer）等新概念。

(2) 特点和前提条件　与非活性阴离子聚合相比，活性聚合的特点是：聚合物的分子量随反应时间的延长呈线性增长，直至单体完全转化聚合物链一直保持着活性；所得聚合物的分子量分布应等于或接近泊松分布，即 $\overline{M}_w/\overline{M}_n \approx 1$。这些特点在各类活性聚合中是最典型、最精确的，因而已成为鉴别聚合反应是否属于活性聚合的重要依据。对阴离子聚合来说，实现活性聚合的前提条件是：①聚合体系足够纯净，以避免质子性杂质导致转移和终止反应的发生；②聚合时体系中的反应物应充分混合；③引发速率≥增长速率以保证所有活性链都同时增长；④与增长反应相比，解聚反应应非常慢。由于烯类或二烯烃聚合时均不可逆地形成均碳链聚合物，其解聚温度很高，故前提条件④很容易满足，条件②也容易实现；为了达到条件①的要求，阴离子聚合的单体和溶剂必须严格精制，并隔绝空气转移，反应器也需严格干燥并充 N_2 置换，即使如此，体系也难做到绝对纯净；至于条件③主要取决引发剂对单体的引发活性或增长链对第二种单体的引发活性，以及微量杂质对引发、增长反应的干扰。正因为如此，实现阴离子聚合时所得聚合物的实测分子量总是大于设计分子量，而分子量分布（$\overline{M}_w/\overline{M}_n$）也总是大于1，一般是 1.001～1.10 之间的窄分布。

（3）特点的利用——分子设计　利用活性聚合的活性特点可以设计合成确定分子量和分子量分布、预期结构和组成及特定性能的聚合物。分子设计可举例如下。

① 分子量和分子量分布的可控性。在典型的活性阴离子聚合（如在烃类溶剂中以 $n\text{-BuLi}$ 引发 St 的活性聚合）中，一分子的引发剂生成一分子的聚合物活性种，除增长反应外，无任何副反应，此时所形成的聚合物的数均分子量 $\overline{M}_n$ 可由所消耗的单体质量 $[M]$ 与引发剂的初始浓度 $[I]_0$ 的摩尔比来控制，即 $\overline{M}_n = \dfrac{[M]_0}{[I]_0} M_m$（$M_m$ 为单体的分子量）；当引发速率≥增长速率，则所有的活性链同时增长，其结果是所得聚合物的分子量分布非常窄，即 $\overline{M}_w/\overline{M}_n \approx 1.0$。

② 合成带特定端基的聚合物。合成带特定端基的聚合物有终止剂法和引发剂法，终止剂法是用各种终止剂使增长的活性链终止，例如在活性聚苯乙烯中加入环氧乙烷，可制得 ω-端羟基 PSt：

$$n\text{-Bu}\text{-}[CH_2\text{-}CH]_{n-1}\text{-}CH_2\text{-}CH\text{-}Li + \underset{CH_2\text{-}CH_2}{\overset{O}{\triangle}} \xrightarrow{H^+}$$

$$n\text{-Bu}\text{-}[CH_2\text{-}CH]_n\text{-}CH_2CH_2OH$$

若用以下终止剂与适当的活性聚合物反应，可制得各种相应端基的聚合物。

终止剂	相应端基
$\underset{CH_2\text{---}CH_2}{\overset{S}{\triangle}}$	—SH
$\underset{Si}{\overset{Si}{>}}N\text{-}(CH_2)_n\text{-}Br$	—NH_2
CO_2	—COOH
$CH_2\text{=}CH\text{-}\text{C}_6H_4\text{-}CH_2Br$	—$CH_2\text{-}C_6H_4\text{-}CH\text{=}CH_2$
$CH_2\text{=}\underset{CH_3}{\overset{|}{C}}\text{-}\underset{O}{\overset{\|}{C}}\text{-}Cl$	—$\underset{CH_3}{\overset{|}{C}}(\text{-}\underset{O}{\overset{\|}{C}}\text{-}CH_2)$

后两种终止剂所得到的聚合物分别是带有苯乙烯和 α-甲基丙烯酸酯的可聚合大分子单体（或称大单体）。

③ 合成立构规整聚合物。例如 MMA 在甲苯中于低温（-60℃）、用 t-BuMgBr 引发聚合，除具有活性聚合的全部特征外，所得 PMMA 为全同立构（>95%）[52]；若在甲苯中于 -78℃、$(n$-Bu$)_3$Al 存在下用 t-BuLi 引发 MMA 聚合，则得间同（>90%）PMMA[53]。在上述条件下还可合成高全同（>90%）立构嵌段共聚物聚（MMA-b-EMA）和高间同（>90%）聚（MMA-b-BMA）立构嵌段共聚物。

④ 合成嵌段共聚物。目前用活性阴离子聚合合成的嵌段共聚物有 50 多种，其中获得广泛应用的是聚苯乙烯（S）-b-聚丁二烯（B）-b-聚苯乙烯（S），即 SBS 三嵌段共聚物。其合成方法有二：一是用单官能引发剂（RLi）三次顺序加料法，即 RLi 先引发 St 聚合，然后加入丁二烯（B），待 B 完全聚合后再加入 St 聚合，聚合全过程可示意如下：

$$RLi + St \longrightarrow RSt^- Li^+ \xrightarrow[\text{环己烷或苯}]{+(n-1)St} RSt_n^- Li^+ \xrightarrow[\sim 70℃]{+mB} RSt_n B_m^- Li^+$$

$$\xrightarrow{nSt} RSt_n B_m St_n^- Li^+ \xrightarrow{HOH} SBS$$

其中 St 段的分子量控制在 15000 左右，B 段的分子量约为 70000，B 段除顺式-1,4-结构外，还有反式-1,4-结构和 1,2-结构。

另一种方法是用双官能引发剂的两次加料法，即先以萘锂与少量苯乙烯反应形成双锂引发剂：

$$\text{萘} + Li \xrightleftharpoons{THF} [\text{萘}]^- Li^+$$

$$[\text{萘}]^- Li^+ + CH=CH_2(\text{Ph}) \rightleftharpoons \text{萘} + \cdot CH_2-CH^-(\text{Ph}) Li^+$$

$$2 \cdot CH_2-CH^-(\text{Ph}) Li^+ \xrightarrow{\text{偶合}} Li^+ \ ^-CH(\text{Ph})-CH_2:CH_2-CH^-(\text{Ph}) Li^+ \text{（双阴离子）}$$

然后用双锂引发剂先引发丁二烯聚合，形成中间 B 段，随后再加入 St 双端增长，形成 SBS。这种方法可减少加料次数，从而可避免带入较多杂质，使部分活性链终止，并可减少均聚物和二嵌段共聚物。

⑤ 合成星形聚合物。用单官能引发剂制得 SB 两嵌段活性共聚物，再与双官能或多官能偶联剂反应偶联，若以双官能偶联剂偶联〔如 Br(CH$_2$)$_6$Br〕，可形成线形 SBS 三嵌段共聚物；若用四官能偶联剂（如 SnCl$_4$）偶联，则得四臂 SB 星形嵌段共聚物：

$$2 \sim\sim S \sim\sim SB \sim\sim B^- Li + Br(CH_2)_6Br \longrightarrow S \sim\sim SB \sim\sim BS \sim\sim S + 2LiBr$$

$$4S \sim\sim SB \sim\sim B^- Li + SnCl_4 \longrightarrow (\sim\sim)_4 Sn + 4LiCl$$

星形聚合物的最大特点是其熔融黏度仅取决于每臂的分子量大小，而与聚合物的总分子量无关，显然这一特性有利于成型加工。通常使用的星形聚合物的臂数在 6 以下。

⑥ 合成接枝和梳形共聚物。合成接枝共聚物的方法也可分为活性点增长法和偶联法。活性点增长法是在某一聚合物的侧基形成可继续引发的活性种，随后再加入第二种单体引发聚合。例如先用 n-BuLi 引发 St 和对叔丁氧基苯乙烯的共聚，随后再使共聚单体对位的

—OC(CH$_3$)$_3$，转变成—O$^-$K$^+$，再引发环氧乙烷聚合，即可制得以非极性苯乙烯为主链、极性聚环氧乙烷为支链的两性接枝共聚物[54]。

偶联法的实例是以甲基三氯硅烷终止聚苯乙烯增长链，然后再与活性聚丁二烯基锂偶联。制得每个聚丁二烯主链上接枝一个聚苯乙烯侧链的接枝共聚物[55]：

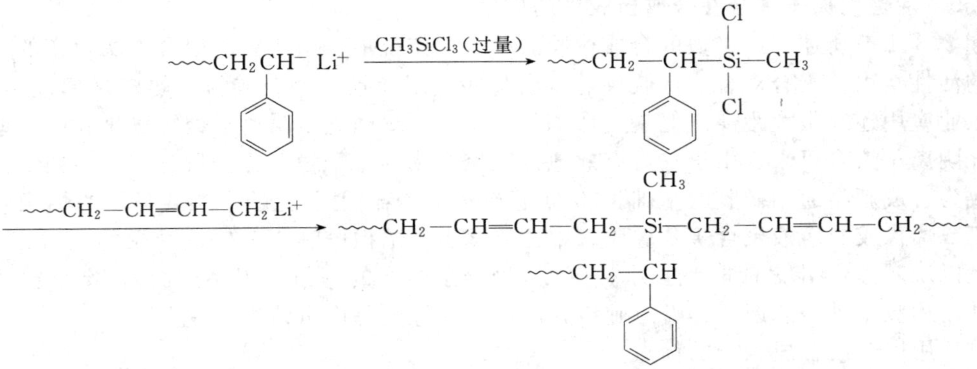

此外，采用与上相似的方法，只要适当调节主链的结构，还可以合成出以下几何形状的梳形和帚状共聚物：

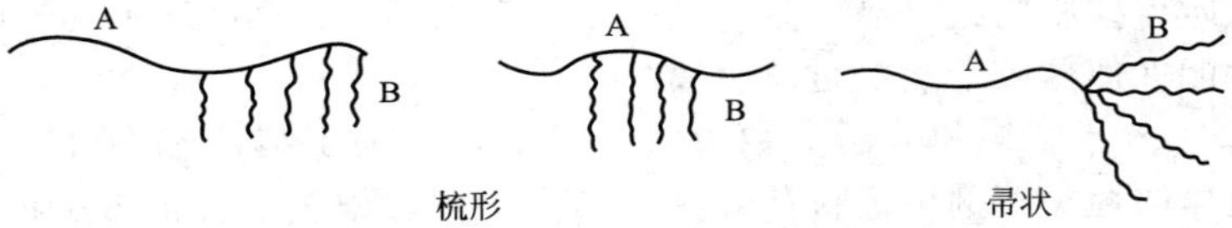

梳形　　　　帚状

⑦ 合成环状聚合物。最好的方法是采用双官能引发剂如 1,2-二苯基二亚甲基乙烯基镁引发苯乙烯单体进行双向增长，随后加入双官能偶联剂如二苯基二氯硅烷进行偶联，合成反应如下[56]：

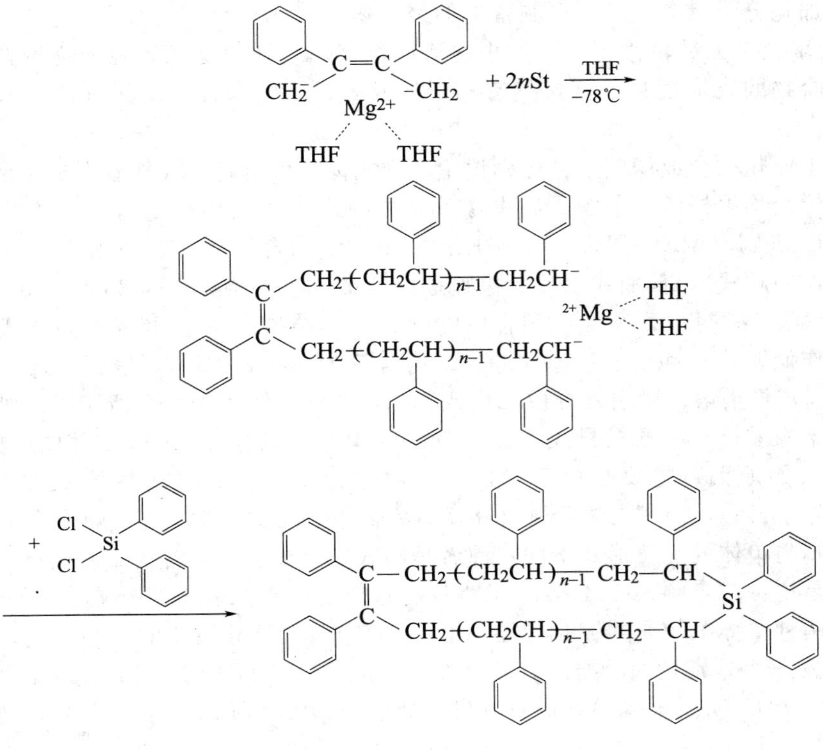

这种方法由于两个活性端基共用一个 Mg^{2+} 反离子、且结合比较牢固，使两个活性链端非常靠近，因此环化率接近 100%。环状聚合物无端基，其末端距为零，均方旋转半径 $\overline{S}^2$ 小于分子量相同的线形聚合物；若以该引发剂引发丁二烯聚合，偶联后可制得无残余自由端链、类似理想网络结构的交联橡胶。

2.3.2.5 活性阴离子聚合在合成橡胶中的应用

如 2.3.1 节所述，约半数的合成橡胶品种是用传统地自由基乳液聚合方法生产的，新近开发的活性自由基聚合对合成橡胶仅显示出某些应用前景（如合成新型热塑性弹性体），距实际工业应用还有很大距离。但是自从 1956 年 Szwarc 确立了阴离子聚合概念并成功地开发了活性阴离子聚合以来，由于它可有效地控制聚合物的分子量、分子量分布和序列结构，故很快成为合成新型通用橡胶的基础。20 世纪 60~70 年代工业化的中顺式异戊二烯橡胶、低顺式丁二烯橡胶、溶液聚合丁苯橡胶、中乙烯基丁二烯橡胶和丁苯嵌段共聚物（SBS）等几乎都是以烷基锂作引发剂的活性阴离子溶液聚合法生产的（俗称锂系橡胶），迄今锂系橡胶的品种已达数十种，总产量达百万吨级，已占合成橡胶总产量的 1/3 左右。

(1) 用以合成合成橡胶的优点[57]

① 用烷基锂（RLi）作引发剂，在烃类溶剂中引发异戊二烯、丁二烯均聚或共聚，引发剂的活性高、用量少，利用率（引发效率）高、单体转化率可达 100%，这不仅可节减单体回收工序，而且所得橡胶的纯度高、杂质含量少、灰分小（0.05%~0.1%）及非橡胶成分少。特别是不含能促使橡胶老化的过渡金属。

② 聚合速率、分子结构和分子参数可灵活调节，有利于结构-性能的预测和分子设计。例如二烯烃在纯净的烃类溶剂中进行活性阴离子聚合，可根据引发剂（RLi）用量与单体的用量（摩尔比）来设计聚合物的 $\overline{M}_n$ 和分子量分布；加入极性溶剂［如四氢呋喃 THF、乙二醇二甲醚（2G）或六甲基磷酰胺（HMPA）等］不仅可提高聚合速率，而且还可有效地调节 1,2-结构或 3,4-结构含量；加入无规化剂可抑制 St 嵌段的形成；采用偶联法来终止活性链不仅可加宽分子量分布，还可制备星形聚合物等。

③ 由于聚合是无链转移、无链终止的活性聚合，故即使是二烯烃的均聚，也不产生凝胶，所得聚合物的线形度高。这显然有利于橡胶弹性、耐寒性、生热（低）和滞后损失小（滚动阻力小）。

现就已工业化的合成橡胶胶种分别讨论活性阴离子聚合特性在橡胶合成中的应用。

(2) 二烯烃均聚橡胶　中顺式异戊橡胶是指顺式-1,4-结构含量为 92% 左右的异戊二烯均聚物（与以 $TiCl_4/AlEt_3$ 催化剂合成的顺式-1,4-结构含量达 96% 的高顺式-1,4-聚异戊二烯相比，称作中顺式），低顺式丁二烯橡胶是指顺式-1,4-结构含量为 35%~40% 的丁二烯均聚物（与用 Al、B、Ni、Z-N 催化剂合成的顺式-1,4-结构含量达 96% 的高顺式-1,4-聚丁二烯相比，称作低顺式）和中乙烯基（1,2-结构含量为 35%~65%）聚丁二烯，三者都是用 RLi 作引发剂在烃类溶剂中引发异戊二烯或丁二烯的活性阴离子聚合所制得的结构不同、性能各异的均聚橡胶。对中顺式异戊橡胶和低顺式聚丁二烯橡胶来说，它们的顺式-1,4-结构含量差别很大的原因，主要是由于异戊二烯在室温下主要以 s-顺式构象存在（s-顺式占 96%，s-反式为 4%），而丁二烯则刚好相反（室温下 s-反式占 96%，s-顺式为 4%），以及二者的增长链端与单体的配位形式不同（前者是顺式双座配位，后者为 s-反式单座配位）所造成的，也就是说，二者顺式-1,4-结构含量差别悬殊是由于二者增长链端阴离子的结构不同所决定的。两种单体虽均属共轭二烯烃，由于二者被 R^- 诱导极化的能力不同，导致二者对 n-BuLi 的引发速率差别较大［当 n-BuLi=0.002mol/L、50℃时，n-BuLi 对丁二烯的引发速率常数 k_i=0.015L/(mol·min)，而对异戊二烯的 k_i=0.020L/(mol·min)］，所以异戊二烯在烃类溶剂（环己烷）中聚合常用 n-BuLi 作引发剂，而丁二烯则选用活性较高的仲丁基锂（s-BuLi）作引发剂；又由于聚合温度在 20～80℃ 的范围内对聚合物的分子量和微观结构影响不大，所以为了提高聚合速率，丁二烯的聚合温度（70～80℃）一般高于异戊二烯的聚合温度（30～50℃）。二者在烃类溶剂中聚合均为活性聚合，故在制备锂系橡胶时均需加入 ROH 或 H_2O 之类的活泼 H 物质终止增长链以控制聚合物的分子量。至于中乙烯基聚丁二烯橡胶，是根据在非极性溶剂中加入极性化合物（如 THF 等），通过极性溶剂与反离子的络合并使离子对溶剂化以提高松对及自由离子的数目来提高聚合速率并调节 1,2-结构的。为此，外加的极性溶剂常称作结构调节剂。在 RLi 引发的丁二烯阴离子聚合中常用的结构调节剂及其调节效果列在表 2-7 中。

表 2-7　结构调节剂种类及其用量对丁二烯阴离子聚合的结构调节效果[49]

结 构 调 节 剂	调节剂/丁基锂（摩尔比）	1,2-结构含量/%
四氢呋喃（THF）	5/1	25.4
	45/1	41.2
	85/1	49.2
N,N,N',N'-四甲基乙二胺（TMEDA）	0.6/1	47
二缩乙二醇二甲醚（2G）	0.1/1	23.8
	0.45/1	56.2
	0.8/1	63.7
乙二醇二甲醚（1G）	0.45/1	42
乙醚	12/1	16.2
	96/1	26.0
	180/1	29.1

从表 2-7 可以看出，含独对电子 Ö、Ṅ 的醚或胺都可以调节 1,2-结构，调节效果随分子中所含 O、N 的数目和摩尔比的增大而提高，采用单醚（如 THF 和乙醚）在高摩尔比下，或用双醚、二胺（如 1G 和 TMEDA）以低摩尔比都可获得 1,2-结构为 41%～63.7% 的中乙烯基聚丁二烯；同时结构调节剂还可使聚合速率增大，但 1,2-结构随转化率的提高却变化不大。所以若以 s-BuLi 引发丁二烯聚合加入醚类调节剂制取中乙烯基聚丁二烯时于 50～60℃、2h 内即可完成聚合。最常用的结构调节剂是 2G、1G 和 THF。此外，丁二烯通过添加结构调节剂的活性阴离子聚合制取中乙烯基聚丁二烯橡胶是丁二烯的均聚反应，它与苯乙烯结合量为 23% 的溶聚丁苯橡胶性能相似，但均聚体系相对简单、容易操作。

（3）共聚橡胶　溶聚丁苯和 SBS 都是丁二烯与苯乙烯的共聚物，且均以活性阴离子聚合法制取，引发剂和溶剂体系也基本相同。但是由于最终聚合物的序列结构不同（前者要求为无规分子链，后者则为规整序列的嵌段结构），所以制备方法差别很大。

典型溶聚丁苯橡胶（S-SBR）是用 RLi（s-BuLi 或 n-BuLi）在添加少量无规化剂的非极性溶剂（正己烷或环己烷）中引发丁二烯/苯乙烯的活性阴离子共聚方法生产的。对橡胶分子链的结构要求是：苯乙烯结合量为 25% 左右，苯乙烯在共聚物分子链中呈无规分布，门尼黏度（$ML_{1+4}^{100℃}$）为 45～55，$T_g \approx -70℃$。实现上述目标碰到的最大困难是由于二者的竞聚率相差很大而导致的苯乙烯嵌段化倾向。丁二烯和苯乙烯在非极性溶剂（如正己烷或环己烷）中进行阴离子共聚时，由于 $r_B \gg r_S$（在正己烷和环己烷中，50℃ 的 $r_B = 15.1～15.5$，$r_S = 0.04 \pm 0.02$），无论配料比如何都是丁二烯的转化速率远大于苯乙烯，导致丁二烯完全聚合之后再引发苯乙烯的聚合，结果是形成了聚丁二烯-聚苯乙烯嵌段共聚物；如果在极性溶剂（如 THF）中于低温下聚合则竞聚率发生了逆转，即 $r_S \gg r_B$（在 THF 中 $-78℃$ 的 $r_B =$

0.04，$r_s=11.0$；25℃的 $r_B=0.3$，$r_s=4.0$），这样也容易形成嵌段结构或高1,2-结构的丁苯共聚物（使 T_g 升高）。研究发现，在非极性溶剂（如环己烷）中添加少量THF可以有效地调节聚合速率和共聚物组成，这是因为在该体系中存在以下几种活性种。

增长活性种的缔合体：($\sim\sim\sim$BLi)$_m$，($\sim\sim\sim$SLi)$_n$；

单量体：$\sim\sim\sim$BLi， $\sim\sim\sim$SLi；

一络合体：$\sim\sim\sim$BLi·THF， $\sim\sim\sim$SLi·THF；

二络合体：$\sim\sim\sim$BLi·2THF， $\sim\sim\sim$SLi·2THF

各种活性种处于动态平衡中。当[THF]/[BuLi]>5时，高度缔合体基本不存在，体系中只存在单量体、一络合体和二络合体三种活性种，它们具有不同的增长活性。随着[THF]/[BuLi]比值的不断增大，活性种的种类及其比例在不断变化，导致丁苯共聚速度不断加快；而形成均聚链的速率常数 k_B 和 k_s 也不断增大。这就意味着调节[THF]/[BuLi]的比值可以改变活性种的种类及其相对比例，从而可使 $r_B \gg r_s$ 调节到可进行无规共聚的 $r_B > r_s$ [例如使之接近丁苯自由基乳液无规共聚的水平（$r_B=1.4\pm0.2$，$r_s=0.5\pm0.1$，50℃）]。对其他极性添加剂（或称无规化剂）及其有效加入量也发现有类似规律（表2-8）[58,59]。

表 2-8 不同无规化剂的适宜用量及其对溶聚丁苯橡胶1,2-结构的影响

无规化剂	加入量 /(mol/mol Li)	共聚物链中的 1,2-结构/%	无规化剂	加入量 /(mol/mol Li)	共聚物链中的 1,2-结构/%
亚磷酸盐	0.3~0.5	12~13	t-BuOK	0.025	~9
六甲基磷酰胺	0.6	20	THF	5	25
Ba(OH)$_2$	2	11.4	乙二醇二甲醚(1G)	0.5	23.5
t-BuONa	0.2	~4			

从表2-8可以看出，各种无规化剂均可使丁苯共聚物分子链无规化，但同时却使丁二烯链段的1,2-结构有所增多，其中以 t-BuOK 或 t-BuONa 的调节效果最好（用量少，1,2-结构含量最低）。其原因是由于在加入 t-BuOK 后，增长链 P$^-$Li$^+$ 可部分转变成以 K$^+$ 为反离子的活性链：

$$P^-Li^+ \rightleftharpoons \begin{matrix} P\cdots Li \\ | \\ K\cdots O\text{-}t\text{-}Bu \end{matrix} \rightleftharpoons P^-K^+ + t\text{-BuOLi}$$

此时链增长实际上是由 P$^-$Li$^+$ 和 P$^-$K$^+$ 两类活性种共同完成的。由于 P$^-$K$^+$ 对苯乙烯的反应活性比丁二烯的大，所以随着[t-BuOK]/[BuLi]摩尔比的增大，进入共聚物分子链的苯乙烯量增多，共聚反应速率也随之加快。当该比值为0.085时，以 n-BuLi 为引发剂、环己烷为溶剂、于50℃引发丁苯共聚所得共聚物的组成几乎与单体的配料比相同[72]，即出现恒比共聚。而高于或低于上述比值都会导致丁苯共聚物中苯乙烯量相应高于或低于单体配料比。

从以上的讨论可见，控制共聚物组成和苯乙烯在大分子链中呈无规分布有三种方法：①通过不断加入一种单体来保持两种单体成恒比共聚的配料比；②高温聚合；③通过改变活性种的种类及其比例来调节单体的竞聚率。第一种方法在生产上控制比较麻烦且难以准确进料，而第二种方法的困难在于活性种在高温下不稳定，这两种方法均未获得实际应用，唯有第三种方法是容易实施、且操作简单的优选方法。

用活性阴离子聚合制备溶聚丁苯橡胶的另一个问题是所得共聚物的分子量分布窄（$\overline{M}_w/\overline{M}_n<2$），因熔体黏度大造成加工困难。常用的办法是用相同的配方（但 n-BuLi 的用量由

0.064 增加到 0.1)、并在较低温度（50℃）聚合，待单体的转化率达 100%，再补加少量丁二烯，使增长链全部转化成丁二烯链端，然后加入偶联剂（$SnCl_4$ 或 $SiCl_4$）于 40℃ 偶联 30min，使分子量较低的丁苯无规共聚物活性链偶联（分子量成倍增加）成合格门尼值的 S-SBR。这样既可获得苯乙烯在共聚物链中呈无规分布的丁苯共聚物，又可制得容易加工（$\overline{M}_w/\overline{M}_n>2$）的 S-SBR。

SBS 和 S-SBR 二者都是丁二烯和苯乙烯的共聚物，而且二者都是基于在烃类溶剂中的活性阴离子共聚合反应制得的。但是由于 SBS 是三嵌段共聚物，因而它在序列结构上完全不同于无规分布的 S-SBR，而且无论是线形还是星形 SBS，其聚集态均呈相分离（聚丁二烯段为连续相，聚苯乙烯段相互聚集成分散相）；两种嵌段均要求达到呈现均聚物 T_g 所需的重均分子量（PS 硬段的 $\overline{M}_w=1.0$ 万~1.5 万，PB 软段的 $\overline{M}_w=5$ 万~7 万）。所以在非极性溶剂中合成 SBS 时 $r_B \gg r_s$ 却由合成 S-SBR 时的主要困难转化为有利条件；而合成方法的关键技术集中于如何克服形成均聚物和 SB 两嵌段共聚物给 SBS 三嵌段共聚物性能带来的不利影响。

利用活性阴离子聚合的活性聚合特点合成 SBS 时有三种加料方式：①采用单官能引发剂（如 RLi）的三步顺序加料法；②采用双官能引发剂（如萘钠或萘锂）的两步加料法；③采用单官能引发剂+偶联剂的两步法。三步加料法和两步加料法各有先决条件和优缺点。

① 三步顺序加料法。即先加 S 然后加 B，最后加 S。其先决条件是 B 和 S 必须能互相引发（见表 2-9），即"可逆的"嵌段共聚。这种方法由于加料次数多，容易带入杂质，若单体中有杂质，加入第一种单体 S 后会消耗一些引发剂，导致第一嵌段的分子量高于设计值；如果第二步加入的 B 中有杂质，则将会使第一嵌段部分终止，结果是最终产物中将混有第一种单体的均聚物；若第三步加入的单体（如 S）中有杂质，则必然会形成 SB 两嵌段共聚物，它也会影响 SBS 的性能。所以三步加料法的生命力取决于均聚物和两嵌段共聚物对最终产物的相对影响。

② 采用双官能引发剂的两步加料法。即采用双钠或双锂引发剂，先加入 B 聚合，双向增长形成中间 PB 嵌段，然后加 S 聚合形成两端的 PS 嵌段。其先决条件是 B^- 能引发 S 聚合（见表 2-9）即"单向（unilateral）"的嵌段共聚。此时若单体中有杂质将产生以下影响：先加入的单体 B 会消耗一些引发剂，导致 PB 嵌段的分子量高于设计值；若第二步加入的单体 S 中有杂质，会造成 PB 嵌段终止（一端或两端均终止），若两端均终止则导致形成 PB 均聚物。从统计观点来看，发生两端都终止的可能性很小（与单端终止概率的平方成反比）；因此大多数终止的 PB 嵌段仍保持有一个活性端，由此形成 SB 两嵌段共聚物，它也将污染 SBS 三嵌段共聚物的性能。

③ 采用偶联剂的两步加料法。此时是先加 S，待 S 聚合后再加 B 聚合，形成活性 SB 两嵌段，最后加入偶联剂，将活性 SB 嵌段偶联成线形 SBS 三嵌段共聚物。此时先决条件也是单向（即 S^- 必须能引发 B 聚合）体系。这种加料法的优点是加料次数少，杂质对最终产品污染的机会少，但若第二步加入的 B 中有杂质，则将形成一些 PS 均聚物，因此它也和三步法一样会带来均聚物对产品的污染。对于偶联反应，一是要考虑到偶联剂难以按化学计量参与偶联反应，故通常会剩余一部分未偶联的 SB 两嵌段共聚物；二是偶联反应是卤素与锂之间反应形成 LiX，该反应既受立体效应又受活性链端活性的干扰，例如聚丁二烯基锂与 $SiCl_4$ 可以完全偶联，而聚苯乙烯基锂或聚异戊二烯基锂却不能完全偶联[60,61]。这可能也是用偶联法制取 SBS 时，在偶联前常补加少量丁二烯，使 ～～～S^-Li^+ 活性链端完全转化为 ～～～B^-Li^+ 的主要原因。

表 2-9 丁苯在烃类溶剂中共聚时不同链端与不同单体的链增长速率常数

溶剂	链增长反应	链增长速率常数(k_p)/[L/(mol·s)]
环己烷	~~~S⁻ Li⁺ + B	1.05~1.40
	~~S⁻ Li⁺ + S	0.05~0.09
	~~B⁻ Li⁺ + B	0.013~0.022
	~~B⁻ Li⁺ + S	0.003~0.008

(4) 活性链端改性 如上所述，溶聚丁苯橡胶（S-SBR）是用 BuLi 引发的 B/S 活性阴离子共聚合方法生产的。为了不断提高橡胶的质量，共聚合过程的调控历经了以下三个阶段：①添加醇盐（如 t-BuOK）、改变增长活性种的种类和活性，促使 S 在分子链中呈无规分布，直接合成高分子量无规 S-SBR。②聚合后另加偶联剂，使无规活性链偶联成线形或星形共聚物，这样不仅提高了 SBR 的分子量，而且也加宽了分子量分布，改善了 SBR 的加工性能。对 Sn 偶联（$SnCl_4$ 和 R_2SnCl_2）SBR 的加工（混炼）和性能研究表明，SBR 分子中的 Sn—C 键易被剪切力切断，导致其不仅吃料（炭黑）速度快，而且炭黑凝胶（或称结合橡胶）也显著增多，由此制得硫化胶的滚动阻力和滞后损失（或生热）都较小。受此启发，很多人都试图采用多功能的有机锂引发剂来直接合成带 Sn—C（或 N—C）端基的 S-SBR。③采用多功能有机锂引发剂和链端改性剂，使大部分分子链直接转化成含 C—Sn（或 C—N、C—Si）键的 S-SBR。

研究过的多功能有机锂引发剂有[62]：Sn-Li 类，如 Bu_3SnLi；N-Li 类，如二乙基胺锂（Et_2NLi）、环胺锂和芳胺锂；Si-Li 类，如 R_3SiLi、$(RO)_3SiLi$ 等，其中最常用的是 Bu_3SnLi。已开发的链端改性剂有：有机锡化合物，如 $(CH_2=CH—CH_2)_4Sn$、Bu_3SnCl 和 $SnCl_4$ 等；含 C—N 键的胺类，如 4,4′-双二乙氨基苯甲酮（TEBA）、N-乙烯基-2-吡咯烷酮等。为了制得更多含 C—Sn 末端的 SBR 分子，常采用二者并用的方法。例如：Bridgestone 公司曾以 Bu_3SnLi 为引发剂在非极性溶剂（如环己烷）中进行 B/S 的活性共聚合，然后再加入 Bu_3SnCl（链端改性剂）制得了含 C—Sn 键的高分子量级分为 50%~80% 的 S-SBR；或是在正常的聚合体系（即 BuLi + 己烷 + B/S）中，当转化率 <80% 时加入 $(CH_2=CH—CH_2)_4Sn$ 或 $SnCl_4$ 偶联剂，也可以是用 Bu_3SnCl 或环己基氯化锡处理已用 Sn 偶联的 SBR，都可获得链端含 Sn—C 键聚合物 >50% 的 S-SBR[62]。将上述含 C—Sn 键的 S-SBR 硫化后，所得硫化胶的滚动阻力（50℃的 $\tan\delta$ 值）比单用 BuLi 引发聚合者约低 30%，滞后损失也较小。

Goodyear 公司和 Hüls 公司已推出用 $SnCl_4$ 偶联的集成橡胶（丁二烯/异戊二烯/苯乙烯共聚物，简称 SIBR）工业产品，据称这种橡胶的 T_g 处于 -90~-70℃ 的低温区，其硫化胶兼具低滚动阻力、高牵引力和高耐磨特性，特别适于作载重轮胎的胎面胶。

无论是用多功能 Sn-Li 类引发剂引发聚合、用含锡偶联剂偶联，还是用含 Sn 的化合物处理 Sn 偶联的 S-SBR，其共同的目的都是向 S-SBR 分子引入更多的 C—Sn 端基。因为混炼实验（含 C—Sn 键的 SBR + 炭黑）已经证明，S-SBR 分子链端的 C—Sn 键可被剪切力切断，形成 ~~~C* 活性（自由基或离子）链端，该活性链端迅速与炭黑粒子结合成炭黑凝胶（结合橡胶）或分子间彼此结合成 ~~~C—C~~~ 键，从而不仅导致吃料（炭黑）速度加快，使炭黑粒子分散更加均匀，而且也使炭黑凝胶生成量显著增多。如果大部分 SBR 分子都带有 ~~~C—Sn 链端，则在混炼过程中它们已通过 ~~~C* 与炭黑（或彼此键合）结合而"交联"，从而大幅度降低了自由端链的数目，该混炼胶经硫化交联后形成近乎无自由端链的理想网络。依据网络弹性理论（参见 6.4.2 节），理想网络由于无自由端链，形变时的内摩擦阻力最小，导致其滞后损失（内耗）也小，因而其滚动阻力也最低。

至于将 R_3Si 或 $(RO)_3Si$ 引入 S-SBR 端基的目的，也是仿效 Sn—C 键的特性和作用，使橡胶在硫化后形成带很少自由端链的交联网络，以降低内耗、获得低滚动阻力的硫化胶，同时也能增大橡胶与 SiO_2（白炭黑）的相容性。

（5）合成集成橡胶 轮胎行驶里程和科学实验均已证明，各种通用橡胶胎面胶的使用性能和橡胶的玻璃化温度 T_g 有图 2-2 所示的线性关系，这一关系不仅表明 T_g 是一个能反映橡胶综合物性的重要参数，而且也显示出良好使用性能间存在明显地矛盾，即 T_g 最低（$T_g=-110℃$）的顺丁橡胶，其滚动阻力低、耐磨性也很好，因而理应是一种既节能又耐用的首选胎面胶种，但它的抗湿滑性却很差（即刹车距离长，安全性差）；而 T_g 较高的 E-SBR（$T_g=-61℃$）处于对角线的另一端，其抗湿滑性虽优，但其滚动阻力大且不耐磨。这就表明，用单一窄温域 T_g 的橡胶作胎面胶很难实现既节能、耐用又安全可靠的理想目标。目前虽然普遍采用橡胶并用（如 NR 与 E-SBR 或 NR 与 cis-BR 并用）作胎面胶，使上述矛盾有所缓解，但仍远未达到性能互补且均衡的理想目标。

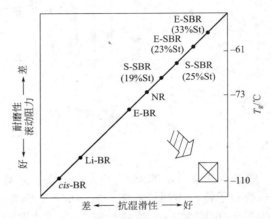

图 2-2 各种通用橡胶胎面胶的使用性能（抗湿滑性与滚动阻力、耐磨性）与 T_g 的关系
cis-BR—顺丁橡胶；NR—天然橡胶；S-SBR—溶聚丁苯橡胶；E-SBR—乳聚丁苯橡胶

1984 年，Nordsiek 依据使用性能均与橡胶交联网络的内耗值有内在联系，提出用不同温度下的损耗因子（即 $\tan\delta$ 值）来表征橡胶的各种使用性能，并设计出理想的动态力学性能-温度曲线（图 2-3 的 $\tan\delta$-T 相关曲线），同时又把能呈现上述相关性的橡胶称作集成橡胶（integral rubber）[63]。因此集成橡胶是一种描述理想胎面胶动态力学性能随温度变化的概念，而不是一个具体橡胶品种。图 2-3 中曲线 1,2,3,4 是代表不同 T_g 的橡胶使用性能的 $\tan\delta$（内耗值）随温度变化的曲线，主曲线是由不同 T_g 的橡胶集合而成、并能综合显示不同使用性能的宽温域 T_g 集成橡胶的 $\tan\delta$ 随温度变化的曲线。该曲线的走势是从 $-110℃$ 开始 $\tan\delta$ 值随温度的升高而增大，到达峰值后，大约从 $-20℃$ 开始，$\tan\delta$ 值又随温度的继续升高而缓慢下降，直到温度升至 $60\sim100℃$，$\tan\delta$ 值下降到最低值。因此在恒定频率下测定集成橡胶的 $\tan\delta$ 随温度的变化就可以确定出胎面胶在使用温度下的内耗值，如果此时的 $\tan\delta$（即内耗）越大，表明胎面胶的内耗越高，与路面的抓着力越强，即抗湿滑性越好。依据时温等效原理，如果在更高温度下的 $\tan\delta$ 越小，其内耗值也越小，从而其滚动阻力就越小。由于轮胎行驶温度一般在 $-20\sim100℃$（由于交变应力-应变会因克服内阻而生热），所以 Kovac[64] 建议用 $0\sim30℃$ 的 $\tan\delta$ 来表征胎面胶的抗湿滑性（目前公认的是在 $10^1\sim10^2$ Hz 下测定 $0℃$ 的 $\tan\delta$，$\tan\delta$ 越大，抗湿滑性越好），而用 $60\sim80℃$ 的 $\tan\delta$ 来表征胎面胶的滚动阻力（目前普遍是在约 10^2 Hz 下测定 $60℃$ 的 $\tan\delta$，即 $\tan\delta$ 越小，其滚动阻力就越小）。应当说明的是抗湿滑性是轮胎在湿路面作相对滑动（例如启动、刹车、拐弯、爬坡等），此时形变频率很高（达 $10^5\sim10^7$ Hz），依据时温等效原理，即提高频率相当于降低温变，也就是说，在低频率（$10^1\sim10^2$ Hz）下测得 $0℃$ 的 $\tan\delta$ 随温度升高而下降就相当于在低温下（曲线 5 的起始部分的 $\tan\delta$-T 关系）$\tan\delta$ 值随频率提高而升高的性质，所以用低频率下 $0℃$ 的 $\tan\delta$ 值仍可表征胎面胶在高频率运行时刻的抗湿滑性，即 $\tan\delta$ 越大，胎面胶的抓着力越大、抗湿滑性越好。

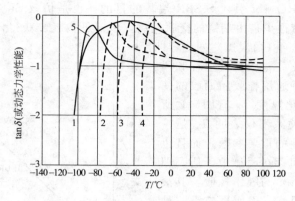

图 2-3 动态力学性能-温度关系

按照图 2-3 所示的 tanδ-T 关系曲线，兼具良好抗湿滑性和低滚动阻力的理想胎面胶应是一种分子链由不同结构和组成构成，从而能呈现不同 T_g 的嵌段共聚物，或是由彼此可相容的多个 T_g 的嵌段共聚物组成的嵌段共混物。无论哪种组合，硬单体单元（如丁二烯的 1,2-结构和苯乙烯等）在分子链中都必须呈无规分布，且链段长度应足够长以足以呈现其相应 T_g，又不能与相邻链段出现相分离。

根据已有的实践经验，实现上述设想的途径有二：一是将不同结构、不同 T_g 的橡胶共混共硫化，二是用两种或三种单体进行活性阴离子共聚。很多人对前一种共混方案进行过实验研究，例如陈士朝等研究了丁苯橡胶与天然橡胶的共混[65]，Sung 等研究了各种乳聚、溶聚丁苯橡胶与顺丁橡胶或高 1,2-聚丁二烯橡胶共混物的配比和性能，得到了降低滚动力和提高抗湿性的最佳组合和配比；Stamhuis 等研究了溶聚丁苯橡胶 Cariflex-S1210 与 Cariflex-S1215 并用作胎面胶的静态和动态力学性能[66]，并测得共混物只有一个 T_g，且其滚动阻力和抗湿滑性可通过并用 NR、BR 和高苯乙烯 E-SBR 来调节等。上述各种共混物虽都取得较好的性能平衡效果，但是由于目前的共混方法尚不能达到分子分散水平，且某些橡胶在共混时出现了相分离，从而影响了各种助剂的分散、硫化和硫化胶物性，致使其性能平衡还达不到图 2-2 箭头所指的理想性能区。

实现集成橡胶概念的另一个可行方案是采用锂系引发剂引发两种单体或三种单体的活性阴离子共聚合。在这一领域，由于已积累了丰富的实践经验（来自合成溶聚丁苯橡胶、低顺式-1,4-丁二烯橡胶、中乙烯基丁二烯橡胶、中顺式-1,4-异戊橡胶和 SBS 等）和比较完备的分子相互作用参数（例如竞聚率、竞聚率随聚合温度和溶剂极性的变化、1,2-结构或 3,4-结构随极性添加剂种类和用量而变化等的量化数据），从而可方便地设计并合成出不同结构、不同 T_g 的橡胶。致使在集成橡胶概念提出后不久就宣布已实现了工业化生产。例如 Hüls 公司于 1984 年就已宣布了以阴离子共聚（丁二烯/异戊二烯/苯乙烯）法合成 SIBR 集成橡胶的成功，并推出商品牌号为 Vestogral 的工业产品[67]，据称这种集成橡胶胎面胶与充油乳聚丁苯橡胶 1712 胎面胶相比，其滚动阻力减小 13%，耐磨性提高 11%，冰上抓着性改善 6%，但抗湿滑性却下降 2%[68]。稍后美国的 Goodyear 公司也相继推出了类似产品[69]。

集成橡胶的合成方法有二：一是丁二烯/苯乙烯进行活性阴离子共聚；二是用锂系引发剂引发丁二烯（B）/异戊二烯（I）/苯乙烯（S）的活性阴离子三元共聚。尽管目前很多人只把后者（SIBR）称作集成橡胶，而把前者称作溶聚丁苯橡胶（S-SBR）。

① 锂系引发剂引发 B/S 的活性阴离子二元共聚合成溶聚丁苯橡胶已有很长的历史。目前已经能通过添加无规化剂（如 t-BuOK）或添加极性调节剂（如醚类或磷酰胺）方便地调

节无规分子链中苯乙烯的结合量（S%）和丁二烯单元的1,2-结构含量（Bv%），据此可合成出集成橡胶所要求的从低 T_g（如-100℃）到高 T_g（例如≤-40℃）的多个 T_g 的无规共聚物和嵌段共聚物。从而理应能呈现 tanδ-T 曲线所表征的动态力学性能——抗湿滑性与低滚动阻力的均衡。例如荷兰 Shell 公司在生产 S-SBR 时通过把苯乙烯结合量控制在12%~28%、丁二烯单元1,2-结构含量在17%~52%之间变化，已生产出牌号为 Cariflex-S1215 的新型 S-SBR。据称用这种橡胶作胎面胶与充油 E-SBR 1712 胎面胶相比，其抗湿性提高5%，滚动阻力减少13%，相应的节油量为 2.7%[70]。很多学者和公司还从减少交联网络端链、使交联网络更趋近于内阻甚小的理想网络（无端链），从而使胎面胶的内耗即滚动阻力减至更小（较详细的减阻原理参见5.6.3节和6.4.3节）的理念出发，采用多功能锡锂引发剂（如 R_3SnLi）或用含 Sn 化合物处理经 Sn 偶联的线形或星形 S-SBR，进一步提高 S-SBR 胎面胶的抗湿滑性和降低滚动阻力。例如日本合成橡胶公司（JSR）生产的 Sn 偶联 S-SBR，其胎面胶比 E-SBR 1500 胎面胶的滚动阻力低29%，耐磨性提高11%，抗湿滑性提高3%[71]。

② 锂系引发剂引发 B/I/S 活性阴离子三元共聚。与合成 S-SBR 是用 B/S 两种单体进行活性阴离子共聚相比，合成 SIBR 时又引入了一个与丁二烯结构、荷电性质相似，且其共聚活性稍低于 B 而远大于 S 的异戊二烯单体。科学实验已经证明，这三种单体在锂系引发剂存在下，不仅都可以双向引发［它们在非极性溶剂中40℃的竞聚率分别是：$r_B=1.85$，$r_I=0.30$；$r_B=15.1$，$r_s=0.025$，50℃；$r_I=16.6$，$r_s=0.046$］。而且都可通过极性添加剂、无规化剂和聚合温度来调节竞聚率的相对值，进而调控 1,2-结构和 3,4-结构含量（Bv% 或 Iv%）、苯乙烯结构含量（S%），从而合成出不同组成和序列长度、不同 T_g 的线形无规共聚物和嵌段共聚物。目前一些专利已提出了制取线形无规和嵌段共聚的适宜配料比和嵌段共聚物类型。例如按如下的配料比投料：丁二烯为40%~70%，异戊二烯为15%~45%，苯乙烯为0~40%，添加适宜的极性添加剂如 TMEDA/n-BuLi=2.5，于≥40℃聚合，完全转化后就可制得预定组成的线形无规嵌段共聚物（SIBR）[72]。专利提出的嵌段共聚物有两种类型：一是以 PB 或 PI 为首段的 AB 型两嵌段共聚物，如 PB-SBR、PI-SBR、PB-SIBR、PI-SIBR 和 $SIBR_1$-$SIBR_2$ 等[73]；二是 ABC 型三嵌段共聚物，如 BR-$SIBR_1$-$SIBR_2$、SBR_1-SBR_2-SIBR、1,4-PB-1,2-PB-SIBR 等[74]。但未给出各种嵌段的序列长度及其所占比例。

由于立构规整 PB 和 PI 均聚物的 T_g 都是已知的（顺式-1,4-PB 的 $T_g=-110℃$，反式-1,4-PB 的 $T_g=-78℃$，顺式-1,4-PI 的 $T_g=-73℃$，反式-1,4-PI 的 $T_g=-58℃$），tanδ-T 集成曲线中处于高温区嵌段共聚物的 T_g 又取决于 SIBR 中 S%、Bv% 和 Iv% 的总量及其相对比例。所以在专利文献中又进一步给出了一些与 T_g 范围相关的 Bv%+Iv%~S% 含量范围：①若要合成高温区 $T_g=-10~-40℃$ 的 SIBR 嵌段共聚物，其中 S 的结合量应在 30%~60% 之间，而 Bv%+Iv% 的结合量应控制在 20%~45%；②如要合成 T_g 与上相同（即 $T_g=-40~-10℃$）的 SIBR，而又需把 S 的结合量降低至 10%~30% 的范围内，此时应控制 Bv%+Iv% 在 45%~90% 之间；③若欲使高温区的 $T_g=-70~-50℃$，则在控制 S 结合量为 10%~30% 的条件下，应把 Bv%+Iv% 总量控制在 20%~45% 之间[75]。上述定性比例范围对制订聚合配方和控制工艺有重要指导意义。

关于合成星形嵌段 SIBR 的方法，一般是采用单官能锂引发剂的 $SnCl_4$ 偶联法或是采用多功能锂系引发剂的有机锡偶联法。其目的都是使 SIBR 链末端含有尽可能多的 C—Sn 键，以利于它在混炼时易受剪切力切断并与炭黑结合，借以减少对交联网络弹性无贡献、反而会增加内耗的端链，以达到降低胎面胶滚动阻力的目的。

有关上述 B/I/S 活性阴离子共聚的聚合流程、共聚工艺和调控细节可参见《锂系合成橡胶及热塑性弹性体》专著或专题评述[76]。这里需要指出的是，依据设定的理想动态力学性能曲线（$\tan\delta$-T）要求来拟定相应的聚合物结构、制造方法和条件，本质上是一种从性能←结构←方法的倒逆分子设计法。尽管目前已合成出性能类似设计要求的产品，标志着分子设计的初见成效，但是就分子设计的精度或兑现准确程度来看，无论是从产物结构到物性调节还是从制备方法到预定结构都远未达到分子量化计算水平（和建筑术那样）。例如目前只认识到产物结构是一类不同组成、不同 T_g 的嵌段共聚物，各种嵌段的序列长度及其所占比例还不清楚；用拟定的合成方法来控制产物的 T_g，还只是一个相当粗框的宽温度范围。因此可以说，经由合成方法确定结构、结构又决定性能途径准确地实现集成橡胶概念尚远未达到真正意义上的分子设计水平。有待进一步深入研究。

2.3.3 阳离子聚合[77]

2.3.3.1 单体、引发剂和溶剂

（1）单体 可进行阳离子聚合的单体都含有亲核基团，如带供电子基的 α-烯烃、烷基乙烯基醚（RO—CH=CH$_2$）、苯乙烯及其衍生物、共轭二烯和含碳杂原子双键（如—C=O）或其杂环化合物。常见的单体有丙烯、异丁烯、α-甲基苯乙烯、丁基（或异丁基）乙烯基醚、甲醛、环氧乙烷和四氢呋喃等。其中在合成橡胶中应用最多、工业价值最大的单体只有异丁烯、异戊二烯和环醚等。

依据热力学第二定律的自由能焓、熵表达式 $\Delta G = \Delta H - T\Delta S$，上述各类单体聚合时的 ΔG 若为负值，表明它们都可以聚合。但是能否形成高分子量聚合物和聚合速率高低则取决于引发剂产生的阳离子（H^+ 或 C^+）对 C=C 双键（或 Ö 形成锌离子）的亲和力、引发后形成的 C^+ 或 $\overset{H^+}{\ddot{O}}$ 的稳定性、以及反离子亲核性的大小。在 α-烯烃中，异丁烯由于 C=C 双键的电子云密度最高，对 H^+ 的亲和力最大，引发后形成的 C^+ 较稳定，采用低温聚合又可抑制链端 β-H^+ 的转移，故其聚合活性最高、速率最快，并易于得到高分子量聚合物。对于苯乙烯衍生物，由于存在电子效应和立体阻碍的双重影响，故其亲核性（聚合活性）呈如下顺序：

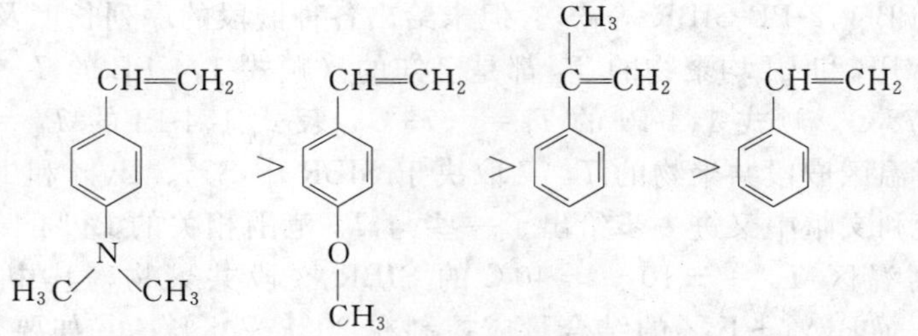

$$\text{(4-NMe}_2\text{-styrene)} > \text{(4-OMe-styrene)} > \text{(α-methylstyrene)} > \text{(styrene)}$$

而形成聚合物的分子量却呈相反变化。共轭双烯虽也适于阳离子聚合，但由于 C^+ 的稳定性差容易产生环化和凝胶，故仅以少量用于共聚反应（如异丁烯与 2%～3% 异戊二烯共聚制取丁基橡胶）。至于杂环单体如环醚，其聚合的驱动力主要来自环的张力，当以 BF$_3$-H$_2$O 引发剂引发环醚开环聚合时，形成的 $H-\overset{+}{O}\overset{CH_2}{\underset{CH_2}{<}}\cdots -BF_3OH$ 虽较稳定，但由于存在锌离子的交换反应，故所得聚醚的分子量不高（见开环聚合），所得到的低分子量聚醚可用作合成聚氨酯橡胶的软段。

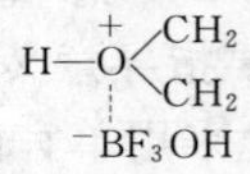

（2）引发剂 阳离子引发剂主要有以下四类。

① 质子酸（Brönsted acid）。如 HClO$_4$、H$_2$SO$_4$、H$_3$PO$_4$、HX（X = Cl、Br）和

Cl_3CCOOH 等，这类引发剂以分子中可解离出 [H^+] 为特征，它在极性溶剂中可形成 H^+X^- 离子对，H^+ 虽对富电子 C=C 双键有足够的亲和力，但它引发聚合形成高分子量聚合物的能力却取决于反离子的亲核性，若反离子的亲核较弱（如 HSO_4^-），一般只能形成低聚物或二聚体；若反离子的亲核性太强（如 Cl^-），则只发生一步加成反应（如丙烯+HCl 只生成氯丙烷）即告终止；只有当酸度适中、反离子的亲核性合适时，才能引发单体聚合形成较高分子量的聚合物。

② 路易斯酸（MtX_n）。如 BF_3、$AlCl_3$、$AlBr_3$、AlI_3、$GeBr_3$、$GeCl_3$、$SbCl_5$、$TiCl_4$、$FeCl_3$ 和 $ZnCl_2$ 等。同种路易斯酸如 $AlBr_3$ 的二聚体可自身离子化，产生可引发聚合的离子对：$Al_2Br_6 \rightleftharpoons AlBr_2^+ AlBr_4^-$；异种路易斯酸组合也可离子化产生离子对：$AlBr_3+TiCl_4 \rightleftharpoons TiCl_3^+ AlBr_3Cl^-$。也有人认为：路易斯酸可直接抽取含烯丙基单体上的氢（如异丁烯、α-甲基苯乙烯、异戊二烯和苘等）而形成活性离子对[78]：

$$>C=C-C-H + MX_n \rightleftharpoons >C=C-C^+ - MX_nH$$

③ 路易斯酸与含 H^+ 化合物或 RX 组成的引发体系，如 $H_2O/AlCl_3$、$H_2O/TiCl_4$ 和 $RX/SnCl_4$ 等，它们产生活性离子对的通式可写成：

$$MtX_n + RX(或 HX) \rightleftharpoons R^{+-}MtX_{n+1}(或 H^+ MtX_{n+1})$$

这是目前研究最多、应用最广的一类引发体系，淤浆法生产丁基橡胶的聚合体系 $H_2O/AlCl_3/CH_3Cl/CH_2=C(CH_3)_2$ 中的引发体系 $H_2O/AlCl_3$ 即属此类。过去均把 $AlCl_3$ 叫作催化剂，实际上真正起引发作用的是 $H^{+-}AlCl_3OH$ 离子对，来自微量水的 H^+ 才是真正的引发剂，而 $AlCl_3$ 则是共引发剂。

④ 稳定的阳离子盐，如 $Ph_3C^+SbCl_6^-$、$C_7H_7^+PF_6^-$ 和 $Ph_3C^+AsF_6^-$ 等，这类引发剂可引发烷基乙烯基醚、对-甲氧基苯乙烯和 N-乙烯基咔唑等容易进行阳离子聚合的单体。

(3) 溶剂与稀释剂　在离子聚合中，介质的极性对反应及产物的性能有重要影响。根据它们对聚合物的溶解与否分为溶剂与稀释剂两类，即能溶解引发剂和聚合物使体系成为均相的介质称作溶剂，而不能溶解聚合物的介质称为稀释剂。介质除了起到改善传热、传质的作用外，还可根据其极性大小起到调节离子对活性的作用。例如在丁基橡胶生产中，用 $H_2O/AlCl_3/CH_3Cl/$单体体系时，形成的聚合物不溶于 CH_3Cl 中，故称作淤浆聚合。此处 CH_3Cl 称为稀释剂，它具极性，能够影响该体系聚合的全过程。如能在低温-100℃下高速聚合得到高分子量（$M_v=3×10^4 \sim 6×10^4$）、分子量分布相对较窄（MWD=2~4）的产物。而用非极性的烷烃作溶剂时，则聚合物溶解呈均相。此时由于己烷等非极性介质对引发体系的溶解度特小，形成的离子对特紧，聚合难以进行。而改用其他引发体系如 $H_2O/AlEtCl_2$ 等，虽仍可引发聚合，但所得聚合物的分子量分布很宽（MWD≫4），不易加工。只有改变介质的极性（如用混合溶剂）后，才能制得加工性能和物性均好的丁基橡胶。

2.3.3.2　聚合机理和动力学

(1) 聚合机理　和其他链式聚合一样，阳离子聚合机理也由链引发、链增长、链转移和链终止等基元反应组成。

① 链引发：包括生成活性离子对和阳离子化两步。

a. 生成离子对：根据引发体系的不同，有以下几种。

$$HA \rightleftharpoons H^{+-}A \quad （质子酸）$$

$$RX/MtX_n \rightleftharpoons R^{+-}MtX_{n+1} \quad (R 为 H 或有机基团；X 为卤素、酸根、醚、酯、醇等)$$

$X_2/MtX_n \rightleftharpoons X^{+\,-}MtX_{n+1}$ （MtX_n 为路易斯酸；X_2 为卤素）

$2MtX_n \rightleftharpoons 2MtX_{n-1}^{+}X_{n+1}^{-}$ （X 为卤素）

质子酸在适当的介质中可离子化，主要生成 $H^{+\,-}A$。路易斯酸（MtX_n）则通过与 RX 或 X_2 与 Mt 配位形成活性离子对 $R^{+\,-}MtX_{n+1}$、$X^{+\,-}MtX_{n+1}$；有的也可自身离子化得到活性 $MtX_{n-1}^{+\,-}MtX_{n+1}$ 离子对。

b. 阳离子化：质子 H^+、卡宾离子 C^+、氧鎓离子或亲电子路易斯酸碎片与单体反应进行阳离子化（即链引发）。

$\overset{+\,-}{HA} + C=C \longrightarrow H—C—\overset{+}{C}\cdots \overset{-}{A}$

$R^{+\,-}MtX_{n+1} + C=C \longrightarrow R—C—C^{+\,-}MtX_{n+1}$

$X^{+\,-}MtX_{n+1} + C=C \longrightarrow X—C—C^{+\,-}MtX_{n+1}$

$MtX_{n-1}^{+\,-}MtX_{n+1} + C=C \longrightarrow MtX_{n-1}—C—C^{+\,-}MtX_{n+1}$

式中，C=C 代表烯烃单体。

若介质不介入反应，则上述主要试剂（或原料）加入的顺序也很重要，因为引发包括了配位竞争与络合平衡等过程。以主引发剂/共引发剂/单体（$HX/MtX_n/C=C$）三种试剂为例。在无水条件下其反应次序有：

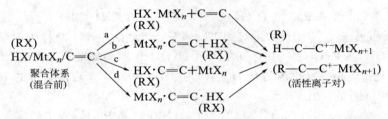

路线 a 的加料顺序（最常用）是主引发剂（质子酸或 RX）与共引发剂先配位、活化形成活性离子对，然后单体分子再插入离子对中形成单体阳离子端，这样生成离子对和阳离子化两步依次进行完成链引发。但是 Kennedy 通过分离、表征后曾证明[78]，是单体先与路易斯酸配位形成弱的活性中间体，然后再与质子或 RX 反应引发单体形成活性离子对（即路线 b）；并指出主催化剂质子酸的引发速率有如下顺序：

$$HCl > H_2O > Cl_3CCOOH > CH_3OH > CH_3COCH_3$$

该顺序与质子酸的酸强度一致。

路线 c 和路线 b 基本相同，只是主引发剂与共引发剂次序互换；路线 d 是三种试剂（主、共引发剂和单体）同时相遇、反应而形成单体活性离子对，这种概率很小。

从以上的引发反应可以看出，若主引发剂 RX 中 R 的结构与单体相似，则生成离子对和单体阳离子化（即引发）可并为一步完成链引发。

Beard 等曾提出，稀释剂（CH_2Cl_2 或 CH_3Cl）也参与引发，其引发反应分别为：

$CH_2=C(CH_3)_2 + AlCl_3 \cdot CH_2Cl_2 \longrightarrow ClCH_2CH_2\overset{+}{C}(CH_3)_2 \overset{-}{AlCl_4}$

$CH_3Cl + AlCl_3 \longrightarrow CH_3^{+} \overset{-}{AlCl_4}$

$CH_3^{+} \overset{-}{AlCl_4} + CH_2=C(CH_3)_2 \longrightarrow CH_3CH_2\overset{+}{C}(CH_3)_2 \overset{-}{AlCl_4}$

② 链增长：单体不断插入链引发所产生的活性离子对、分子量不断增长并形成相同增长链端的过程称作链增长。链增长反应可用以下通式表示：

$\sim\!\sim\!\sim C^+G^- + C=C \longrightarrow [\sim\!\sim\!\sim C\cdots C=C^+G^-] \longrightarrow \sim\!\sim\!\sim C—C—C^+G^-$

式中，G^- 表示反离子；"---"表示过渡键；～～～C^+ 为碳阳离子活性链端。

阳离子链增长反应有以下特征。

a. 反应速率特快。阳离子链增长活化能很小（在极性有机溶剂中约为 0.8～8kJ/mol），链增长速率常数很大 $[k_p^+ = 10^{5\pm 1} \text{L/(mol·s)}]$，该值比自由基聚合约高两个数量级。

b. 活性种的活性特高，对杂质十分敏感、极易发生副反应。痕量 $H_2O (\geqslant 10^{-9})$ 已对聚合速率有很大影响。单体（如异丁烯）中的二甲醚需控制在 3×10^{-6} 以下。

c. 容易发生异构化。由于活性种的活性很高，增长反应中容易异构化为更稳定的 C^+，且异构化速度往往大于链增长速度，结果就形成不同链结构的聚合物。以 3-甲基-1-丁烯的阳离子聚合为例：

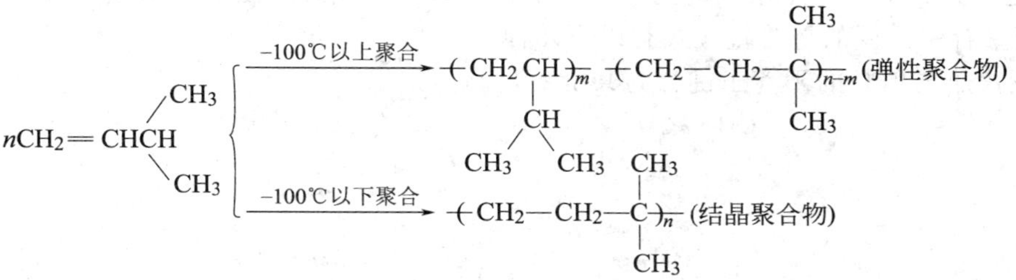

d. 多活性种共存。依据所用的引发体系、介质、单体和杂质含量的不同，大多数阳离子聚合体系都存在自由离子、紧离子对、松离子（被溶剂隔开）对和不同缔合度的缔合体，且它们以动平衡存在。各种活性种又有不同的增长能力和聚合速度，这样不仅增加了增长反应的复杂性，而且也导致了聚合速度的易变性；但是，如果链引发和链增长反应均能控制的话，则可以利用多活性种的性质来制取双峰（或多峰）分子量分布的聚合物。

③ 链转移：在阳离子聚合体系中、链转移几乎是不可避免的。链转移反应的难易既取决于增长链端的结构，又与体系中存在的亲核性物质（链转移剂）有关。链转移剂可根据其亲核性的强弱排列成如下顺序：

反离子＞独电子对化合物（如 Ö、N̈ 等）＞π-电子体系＞σ 键化合物

阳离子聚合反应中存在的链转移有以下几种。

a. 增长链端 β-H^+ 的转移。例如异丁烯的阳离子聚合，增长链端的 β-H 很容易转移。

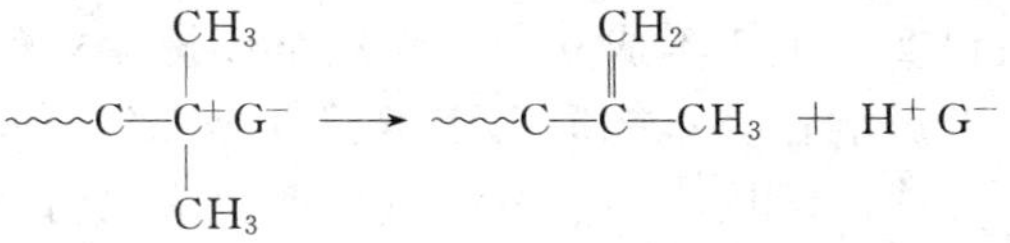

结果增长链被终止，形成了末端带双键的聚合物，导致分子量下降；如果脱掉的 H^+ 和反离子 G^- 形成的离子对仍可引发单体聚合，则聚合速度可保持不变。

b. 单体转移。可进行阳离子聚合的单体（如异丁烯、苯乙烯等）本身就是一种强亲核性物质，在聚合过程中单体在离子对间插入增长和增长链端的 β-H 转移是一对竞争反应，以异丁烯的阳离子聚合为例：

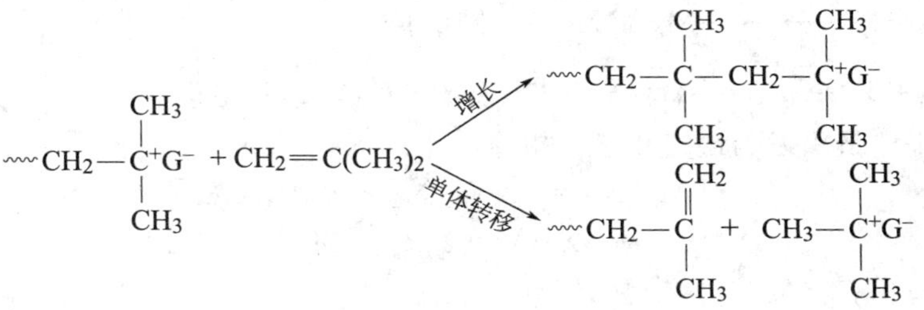

只有在单体链转移常数很小的条件下才能形成高分子量聚合物。实际上单体转移和增长链端的 β-H 转移在性质上是一样的，只不过前者形成的是 H^+G^- 离子对，后者却是单体阳离子离子对。发生单体转移的结果也是使原来的增长链终止，导致分子量下降，但聚合速率不变。

c. 亲核性试剂的转移。当聚合体系中含有杂原子（如卤素、O、S）化合物杂质、极性溶剂、甚至是引发剂都可发生链转移。导致增长链终止，分子量下降。

$$\sim\sim\sim C^+ G^- + RX \rightleftharpoons [\sim\sim\sim \overset{\delta+}{C}\cdots \overset{\delta-}{X}\cdots R]^+ G^- \xrightarrow{+M} \sim\sim\sim CX + RM^+ G^-$$

式中，RX＝杂质、极性溶剂或引发剂。

④ 链终止：链终止是增长链完全丧失增长能力，形成无活性的（不带电荷）死聚合物。在阳离子聚合中主要的链终止方式有以下几种。

a. 反离子与增长的阳离子键合为共价键，例如：

$$\sim\sim\sim CH_2-CH^+ ClO_4^- \longrightarrow \sim\sim\sim CH_2-CH-OClO_3$$

（苯基）

$$\sim\sim\sim CH_2-\underset{CH_3}{\overset{CH_3}{C^+}} BF_3OH^- \longrightarrow \sim\sim\sim CH_2-\underset{CH_3}{\overset{CH_3}{C}}-OH + BF_3$$

b. 淬止（quenching），即外加一种强亲核物质如氨或水使增长链丧失活性。其终止通式为：

$$\sim\sim\sim C^+ G^- + Nu \longrightarrow \sim\sim\sim CNu + HG$$

式中，Nu 为强亲核性化合物，若为 NH_3 或 H_2O 则终止的链端为 $\sim\sim\sim C-NH_2$ 或 $\sim\sim\sim C-OH$，终止剂的另一碎片 H^+ 与 G^- 中和为 HG。

（2）动力学[79] 迄今为止，传统的阳离子聚合动力学除特殊的稳定阳离子聚合外尚少见文献报道。Kennedy 历数了下列原因：①活性种过于复杂，例如自由离子、松离子对、紧离子对、溶剂化的离子、不同程度缔合的离子对等往往在一个体系中呈平衡共存，致使动力学研究十分困难；②聚合速率过快，反应过程太短，稳态难以建立；③链转移难以完全消除，而不存在链转移的假设实际上又不成立；④无法全部排除实验条件，如溶剂的性质、反离子及痕量杂质（如水）的影响；⑤不能证实链增长等是二级反应的假设，在很多情况下，阳离子聚合却表现为一、二或多级反应；⑥对反应机理的认识仍处于支离破碎的阶段；⑦阳离子反应的多途径性质。

因此，已发表的动力学方程只有个性而无共性。这里只介绍最笼统简单的动力学[80]。

$$M + X' \xrightarrow{k_i} M^+(X'^-) \left.\vphantom{\begin{array}{c}a\\a\end{array}}\right\} 链引发$$
$$M^+(X'^-) + M \xrightarrow{k_i} M_2^+(X'^-)$$

$$M_n^+(X'^-) + M \xrightarrow{k_p} \sim\sim\sim M_{n+1}^+(X'^-) \quad 链增长$$

$$M_n^+(X'^-) + Tr \xrightarrow{k_{tr}} \sim\sim\sim M_n + Tr^+(X'^-) \quad 链转移及终止$$

设在稳态下，链引发与链终止速率相等，即：

$$k_i[M][X] = k_{tr}[Tr]\sum[\sim\sim\sim M^+ X'^-]$$

故 $\sum[\sim\sim\sim M^+ X'] = (k_i/k_{tr})[M][X]/[Tr]$

代入聚合总速率（R_p）方程得：

$$R_p = k_p[M] \cdot \sum[\sim\sim\sim M^+ \ X'] = (k_p k_i / k_{tr})[M]^2[X]/[Tr]$$

或

$$R_p = k_p'[X][M]^2/[Tr]$$

式中，X 为引发体系；M 为单体；Tr 为链转移剂；$\sim\sim\sim M_n$ 为聚合物分子；[$\sim\sim\sim M^+ \ X'^-$] 为活性链浓度；R_p 为聚合速率。

笼统地说，聚合速率符合 Arrhenius 方程，即

$$k_p = A e^{-E/RT}$$

式中，k_p 为链增长速率常数；A 为碰撞因子；E 为表观活化能；T 为热力学温度。

2.3.3.3 可控（活性）阳离子聚合[81]

传统的阳离子聚合由于阳离子活性种的活性特高、反应速率极快，聚合反应和产品质量都不易控制。20 世纪 80 年代，Kennedy、Sawamoto 等经过长期研究提出了可控（活性）阳离子聚合概念，主要是通过改进主引发剂/共引发剂体系、引入亲核试剂或调整溶剂等来降低增长阳离子的活性（即使 C^+ 稳定化）、抑制转移终止使各基元反应均得到控制，从而可合成出预定结构、分子参数和性能的聚合物。

所谓可控阳离子聚合，即指阳离子聚合的链引发、链增长、链转移和链终止均可控制。

（1）控制链引发 Kennedy 提出：采用特定的引发剂体系如枯基氯/BCl_3 作引发转移剂（Inifer），该引发体系既具链引发功能，又能起链转移作用，它可反复地引发单体聚合和定向链转移，由此得到聚合物的一端为主引发剂碎片（可以是设定的官能团），而增长链端又是和主引发剂相似的活性卤化物，使动力学链保持活性。这样一来，聚合物的首、末端均得到控制。Inifer 的引发、转移过程可示意如下。

链引发：$RX + MtX_n \rightleftharpoons R^+ + {}^-MtX_{n+1}$

链增长：$R^+ + {}^-MtX_{n+1} + M \longrightarrow RM^+ \ {}^-MtX_{n+1}$

$RM^+{}^-MtX_{n+1} + nM \rightleftharpoons R\sim\sim\sim M^+_{n+1} {}^-MtX_{n+1}$

链转移：$R\sim\sim\sim M^+_{n-1} {}^-MtX_{n+1} + RX \longrightarrow R\sim\sim\sim M—X + RM^+ \ {}^-MtX_{n+1}$

式中，RX 为枯基氯；M 为异丁烯；MtX_n 为 BCl_3 或其他路易斯酸。

20 世纪 90 年代，武冠英、程斌等[82,83]用枯基氯与 BBr_3 体系引发异丁烯聚合，所得聚合物中溴端基更占优势，据此提出：异丁烯用以上体系聚合时不仅存在活性链与引发剂之间的链转移，而且还应包括活性离子对间卤素（溴与氯）的交换，所形成的共引发剂 BBr_2Cl 或 BBr_3 可继续与主引发剂作用进行下一轮循环[83]。

链引发：$RX + BBr_3(BBr_2Cl) \rightleftharpoons R^+BBr_3Cl^-$ 或 $(R^+BBr_2Cl_2^-)$

$R^+BBr_3Cl^- + M \longrightarrow RM^+BBr_3Cl^-$

链增长：$RX^+BBr_3Cl^- + nM \rightleftharpoons RM\sim\sim\sim M^+ + BBr_3Cl^-$

链转移：$RM\sim\sim\sim M^+BBr_3Cl^- + RX \longrightarrow RM\sim\sim\sim MCl + R^+BBr_3^-$

$RM\sim\sim\sim M^+BBr_3Cl^- \longrightarrow RM\sim\sim\sim MBr + BBr_2Cl$

$RM\sim\sim\sim M^+BBr_3Cl^- \longrightarrow RM\sim\sim\sim MCl + BBr_3$

采用 Inifer 还可控制产物的分子量和分子量分布，所得聚合物的理论分子量分布指数为：

$$\overline{M}_w/\overline{M}_n = \begin{cases} 2 \text{（单官能 Inifer）} \\ 1.5 \text{（双官能 Inifer）} \\ 3.3 \text{（三官能 Inifer）} \end{cases}$$

依据所用 RX 中 R 的结构,可制得相应的端官能、遥爪或星形低聚物。

(2) 控制链增长 控制链增长可以实现产物分子量、分子量分布和链结构的控制。要控制链增长首先要使增长的 C^+ 稳定化(即降低活性)。使增长的 C^+ 稳定化的方法和试剂因引发体系和单体不同而异。

【例1】 用 HI 引发异丁基乙烯基醚(IBVE)的阳离子聚合,添加 I_2,通过 I_2 与 I^- 的络合而使 C^+ 稳定化使增长链保持活性[84]:

$$CH_2=CH-O-iBu + HI \longrightarrow CH_3-\underset{\underset{O-iBu}{|}}{CH}-I \xrightarrow{I_2} CH_3-\underset{\underset{O-iBu}{|}}{\overset{\delta+}{CH}}\cdots\overset{\delta-}{I}\cdots I_2$$

$$\xrightarrow{IBVE} CH_3-\underset{\underset{O-iBu}{|}}{CH}\sim\sim CH_2-\underset{\underset{O-iBu}{|}}{\overset{\delta+}{CH}}\cdots\overset{\delta-}{I}\cdots I_2$$

【例2】 当以路易斯酸如 $AlCl_3$ 或 $SnCl_4$ 引发乙烯基醚阳离子聚合时,添加弱碱(如醚或酯),使 C^+ 转变成近乎鎓离子,也可使增长的 C^+ 稳定化,继续保持增长活性[84]:

$$\sim\sim CH_2-\underset{\underset{OR}{|}}{\overset{+}{CH}}\cdots MX_nY^- \xrightarrow{\overset{:O\diagup}{\text{乙醚或 THF}}} \sim\sim\underset{\underset{OR}{|}}{\overset{+}{CH}}-O\diagdown \cdots MX_nY^-$$

【例3】 降低反离子的亲核性也可使增长的 C^+ 稳定化。例如异丁烯用醋酸叔丁酯 $[CH_3COOC(CH_3)_3]$ 作引发剂、BCl_3 作共引发剂于 $-30\,^\circ C$ 以下引发聚合,发现具有活性聚合特征,其原因是由于增长链端的醋酸根(反离子)通过与 BCl_3 配位、亲核性降低使 C^+ 稳定化[85]:

$$CH_2=C(CH_3)_2 + CH_3COOC(CH_3)_3 \xrightarrow{BCl_3} CH_3-\underset{\underset{CH_3}{|}}{\overset{\overset{CH_3}{|}}{C}}-CH_2-\underset{\underset{CH_3}{|}}{\overset{\overset{CH_3}{|}}{\overset{\delta+}{C}}}\cdots\overset{\delta-}{O}=\underset{\underset{\cdots BCl_3}{||}}{C}-CH_3$$

$$\xrightarrow{nCH_2=C(CH_3)_2} (CH_3)_3C-(CH_2-\underset{\underset{CH_3}{|}}{\overset{\overset{CH_3}{|}}{C}})_n-CH_2-\underset{\underset{CH_3}{|}}{\overset{\overset{CH_3}{|}}{\overset{\delta+}{C}}}\cdots\overset{\delta-}{O}=\underset{\underset{O\cdots BCl_3}{||}}{C}-CH_3$$

在增长的 C^+ 因添加剂促使其稳定化的同时,还必须加入质子捕获剂(或称"阱")来抑制活性种(增长链)的链转移终止,常用的质子捕获剂有 2,6-二叔丁基吡啶(DTBP)、2,6-二叔丁基-4-甲基吡啶(DTPBMP)。质子阱不仅可有效地抑制活性链的转移终止、提高聚合物的分子量和窄化分子量分布,而且已广泛用于清除聚合体系的有害杂质。

(3) 控制链转移和链终止 在阳离子聚合中,链转移特别是 $\beta\text{-}H^+$ 的转移几乎是不可避免的,同时链转移常伴有链终止发生。经过大量研究,控制链转移和链终止的办法大致有以下几种。

① 添加质子捕获剂是最有效、最易控制质子转移的方法。

② 增长的 C^+ 用 1,1-二苯基乙烯(DPE)封端(或称戴帽)。例如异丁烯阳离子聚合时,加入 DPE 可将不稳定的异丁烯增长链端的叔碳阳离子转化为带两个苯环的稳定碳阳离子,这样既防止了活性链端 $\beta\text{-}H^+$ 的转移终止;形成的稳定碳阳离子经调节路易斯酸的强度后又可以继续引发高活性单体的聚合。Faust 等[86]曾利用这种性质合成了 PIBVE-b-PIB-b-PIBVE、PSt-b-PIB-b-PSt、P-α-MSt-b-PIB-b-P-α-MSt 和 P-α-MSt-b-PIB-b-P-α-MSt 等多种热塑性弹性体。曹宪一等[87]研究了异丁烯聚合时 DPE 的封端效率随反应温度的下降而提高,只有当温度降至 $-80\,^\circ C$ 以下时,聚异丁烯阳离子才能定量地与 DPE 反应。

③ 添加亲核试剂。在阳离子聚合中添加带独对电子的 O、N、P、S 化合物或改进引发体系都可有效地降低增长 C^+ 的活性、提高引发效率、控制单体链转移和大幅度调节聚合物的分子量。例如以 $H_2O/TiCl_4$ 引发异丁烯聚合，通过引入 Cl_2 可将原体系中的 H_2O 逐渐逐出，最后转变为 $Cl_2/TiCl_4$ 引发体系，由此实现了单一活性种提高引发效率的设想[88,89]。

在聚合反应结束时，如果添加强亲核试剂如氨水、烯丙基三甲基硅烷、二甲基环戊二烯基铝等可使聚合链强制终止，若用后两者终止，可获得端基带 C=C 双键或带环戊二烯端基的功能聚合物。

综上所述可以看出，通过添加多种添加剂和对聚合过程的精细研究，阳离子聚合反应的各基元反应已基本上实现了可控，某些聚合体系已具备活性聚合的全部特征，因此似可把可控阳离子聚合称作活性阳离子聚合。但是总体说来，由于阳离子聚合中活性种的活性特高、聚合速率极快、链转移和链终止又很难控制，致使活性阳离子聚合各基元反应和分子参数等的控制精度及普适性尚未达到活性阴离子聚合的水平，有待进一步深入研究和实践。

2.3.3.4 阳离子聚合在合成橡胶中的应用

从合成橡胶工业的发展历史来看，用阳离子聚合方法生产的橡胶只有丁基橡胶、聚醚橡胶及部分硅橡胶品种。历史不短、产量不大，但都各具特色，有长期不被取代的特点。其中最重要的是丁基橡胶，它是异丁烯和少量异戊二烯的共聚物。从单体的聚合化学来说，它只能用阳离子聚合反应制取；而从性能上则由于丁基橡胶具有卓越的气密性、耐老化性、化学稳定性和阻尼性能，长期以来不为其他胶种所取代。其制造工艺也较特殊，过程也不具可控性。20 世纪 60～70 年代开发出氯化、溴化丁基橡胶，大大改善了它的加工和耐老化性能，如硫化速率加快，与其他通用橡胶共混性改善，使之能与其他胶种共混及共硫化；卤化丁基橡胶黏合性能的改善，也为当今制造无内胎轮胎创造了条件，它不仅节约了材料，还减轻了胎重，节约了燃料。为了改善传统丁基橡胶的加工性能（如高压膨胀、高收缩、低挤出等问题），近年来 Exxon 公司推出了星形接枝丁基橡胶（它是由 85%～90% 的线形与 10%～15% 星形结构的丁基橡胶组成）及其卤化胶（4266、4268、5066 氯化，6222、6255 溴化）。此外，还有一种用对甲基苯乙烯取代异戊二烯作为共聚单体的新丁基橡胶也已问世，其优点是对甲基苯乙烯在分子链上分布均匀，因此改善了力学性能，还由于无不饱和键，因而其耐热老化温度及性能均得到进一步提高，这种橡胶的硫化是通过对位甲基上引入的卤素来实现交联（硫化）的。近来出现的新品种还有 SIBS（即聚苯乙烯-b-聚异丁烯-b-聚苯乙烯）三嵌段热塑性弹性体和纯粹的接枝聚合物（用 Graft-onto 技术）等。至于硅橡胶，可用阳离子、也可用阴离子聚合合成。最后，还可举出一些利用阳离子聚合与其他胶种结合合成改进胶种的研究实例。例如用可控阳离子聚合法先合成端羟基遥爪聚异丁烯前驱物，然后再与异氰酸酯共聚制得改进耐温耐老化性能的聚合物等。吴一弦等[90]利用控制聚合方法方便地合成了分子量达几百万的聚异丁烯产品（特殊场合使用）。总之，控制阳离子聚合是一类化学反应，是一种控制技术而不是一种新产物。它可以单独使用，也可以与其他控制聚合方法并用。可以相信，阳离子聚合控制技术必将为材料科学与技术，为新产品、新工艺的开发做出较大贡献。

2.3.4 配位聚合

配位聚合是指含富电子 C=C 双键的单体（如 α-烯烃和二烯烃）首先与活性种中显正电性、并具空位的过渡金属 ($Mt^{\delta+}$) 配位，随后被活化的单体插入过渡金属-碳键（Mt-R）中进行增长的一类聚合反应。其增长反应为：

$$[Mt] \cdots \overset{\delta+}{CH_2} - \overset{\delta-}{CH} - P_n \longrightarrow [Mt] \cdots \overset{\delta+}{CH_2} - \overset{\delta-}{CH} - P_n$$
$$\overset{|}{\underset{R}{CH_2 \cdots CH}} \qquad \overset{|}{\underset{R}{CH_2 \cdots CH}}$$
$$\longrightarrow [Mt] \cdots \overset{\delta+}{CH_2} - \overset{\delta-}{CH} - CH_2 - CH - P_n$$
$$\underset{\square}{} \qquad \underset{R}{|} \qquad \underset{R}{|}$$

式中，[Mt] 为过渡金属；---□ 为空位；P_n 为增长链；$CH_2=CH-R$ 为 α-烯烃。

配位聚合的特点如下。

① 单体首先在嗜电性过渡金属上配位并形成 π-络合物。

② 反应通常是阴离子性质。

③ 反应需经过四元环过渡态实现单体插入，插入反应包括两个同时进行的化学过程：一是增长链端阴离子对 C=C 的 β-碳原子的亲核进攻（图中的反应2）；二是反离子 $Mt^{\delta+}$ 对烯烃 π 电子的亲电攻击（图中反应1）。

$$\overset{\delta+}{Mt} \overset{\delta-}{\cdots} \overset{\delta-}{CH_2} \text{~} P_n$$
$$\underset{\alpha}{CH_2} \underset{\beta}{\overset{2}{\cdots}} CH$$
$$\underset{R}{|}$$

配位聚合常在配位催化剂作用下进行，而且本质上通常是单体对增长链端络合物的插入反应。故配位聚合常称为络合聚合或插入聚合；还由于配位聚合可借以制取立构规整的聚合物，故又称定向聚合。

2.3.4.1 单体和催化剂

（1）**单体**　能进行配位聚合的单体有以下三类：①α-烯烃，如乙烯、丙烯、1-丁烯和1-辛烯等；②二烯烃，如丁二烯、异戊二烯等；③环烯烃，如环戊烯、环辛烯等。

（2）**催化剂**　配位聚合催化剂主要有：Ziegler-Natta 催化剂（简称 Z-N 催化剂）；π-烯丙基过渡金属催化剂，如 π-烯丙基镍-X(X=Cl、Br、I)，或 (π-烯丙基镍)$_2$ + 路易斯酸；有时也包括烷基锂引发剂。其中 π-烯丙基过渡金属催化剂常用作丁二烯立构规整聚合的模型催化剂，专用于丁二烯的顺式-1,4-聚合或反式-1,4-聚合；烷基锂引发剂习惯上常归于阴离子聚合范畴，它可在均相体系中引发二烯烃的均聚或共聚，形成立构规整聚合物；而 Z-N 催化剂是应用最广、种类繁多的一大类催化剂，它既可引发 α-烯烃的配位聚合、形成立构规整聚烯烃，又可使二烯烃、环烯烃聚合形成立构规整聚合物（橡胶）。

配位催化剂的作用可归纳为：①提供引发的活性种；②催化剂中的过渡金属可为单体提供独特的配位点和配位方式；③过渡金属（Mt）上的配体及其与 Mt 的键合特性控制着增长链的构型。

2.3.4.2　Z-N 催化剂及其发展

（1）**Z-N 催化剂**　Z-N 催化剂是一大类催化剂的总称。它通常由两个组分构成。

① 主催化剂：是Ⅳ～Ⅷ族过渡金属化合物，例如Ⅳ～Ⅵ族过渡金属卤化物、氧卤化物、乙酰丙酮（acac）化合物或环戊二烯基卤化物等，相应的通式分别为：MtX_n、$MtOX_m$、$Mt(acac)_n$、Cp_2MtX_2 等。其中 Mt = Ti、V、Mo、W、Cr 等；X = Cl、Br 和 I，Cp = ⌬。Ⅳ～Ⅵ族过渡金属主催化剂称为前过渡金属催化剂，它们主要用作 α-烯烃聚合的主催化剂，其中 WCl_6 和 $MoCl_5$ 则专用于环烯烃的配位开环聚合；由Ⅷ族过渡金属（如 Fe、

Co、Ni、Pd）二亚胺或三亚胺配合物为主催化剂者则称为后过渡金属催化剂，目前它们主要用于 α-烯烃（主要是乙烯）的配位聚合；而由Ⅷ族过渡金属如 Co、Ni、Ru、Rh 等的卤化物或羧酸盐为主催化剂者，则主要用于二烯烃（主要是丁二烯和异戊二烯）的配位聚合，形成立构规整聚二烯烃。

② 助催化剂：是Ⅰ～Ⅲ族的金属有机化合物，如 RLi、R_2Mg、R_2Zn 和 AlR_3 等，式中 R＝C_1～C_{11} 的烷基或环烷基。其中以烷基铝化合物使用最广，其通式为 AlH_nR_{3-n}、AlR_nX_{3-n}（X＝F、Cl、Br 或 I），还可以是 $Al(CH_3)_3$ 的部分水解产物，即低聚甲基铝氧烷（$\{O-AlR\}_n$），简称 MAO。

采用两组分 Z-N 催化剂时，所得聚合物的立构规整度有时虽也与助催化剂的种类有关，但大多数场合主要取决于主催化剂的过渡金属组分。

此外，尚有添加胺或醚类给电子试剂或载体等的三组分或多组分 Z-N 催化剂。这些催化体系常称作第二代和第三代 Z-N 催化剂。其中以 SiO_2、$MgCl_2$ 等作载体的 Ziegler-Natta 催化剂，催化效率可比常规催化剂高几十万到上百万倍，故专称"高效催化剂"。合成橡胶工业上常用的 Z-N 催化剂列在表 2-10 中。

表 2-10　α-烯烃和二烯烃聚合的工业 Z-N 催化剂体系

聚合产品名称	催化剂体系①	立构规整性
顺丁橡胶	$AlEt_3$-TiI_4	顺式-1,4-结构,95%
	$AlEt_2Cl$-$CoCl_2 \cdot 2py$	顺式-1,4-结构,98%
	$Ni(naph)_2$-$Al(i$-$Bu)_3$-$BF_3 \cdot OEt_2$	顺式-1,4-结构,96%
异戊橡胶	AlR_3-$TiCl_4$	顺式-1,4-结构,94%
乙丙橡胶	$VOCl_3$-$AlEt_2Cl$（或 $Al_2Et_3Cl_3$）	无规
等规聚丙烯	$TiCl_3$-$AlEt_2Cl$	等规,80%～90%
聚乙烯	$TiCl_4$-$AlEt_3$	
	$TiCl_4/MgCl_2$-$AlEt_3$	

① Et 为乙基；py 为吡啶；i-Bu 为异丁基；naph 为环烷酸根；$MgCl_2$ 为载体。

（2）茂金属催化剂　1980年，Kaminsky 发现的茂金属催化剂是 Cp_2ZrCl_2/MAO（Cp 是环戊二烯，MAO 为低聚甲基铝氧烷），它可在常压下引发乙烯聚合，催化活性可达 3×10^7 g PE/gZr·h[91]，比当时的 Ti 系高效催化剂的活性还高 10～100 倍。故成为聚烯烃合成领域的一个突破性进展。由于主催化剂中 Zr 的配体为环戊二烯（中文译作茂），所以称作茂金属催化剂；又因为主催化剂 Cp_2ZrCl_2（二环戊二烯基二氯化锆）仍属于第Ⅳ族过渡金属的卤化物、低聚甲基铝烷仍是烷基铝的衍生物，所以它仍是 Z-N 型催化剂。迄今茂金属催化剂已是一大类可溶性配位聚合催化剂的总称。主催化剂的结构可写成 L_2MtCl_2，其中 L_2＝茂、茚和芴及其衍生物，或是以 Si、Si—O—Si、C、Si—N 等桥联的茂、茚和芴的有机配体；Mt＝Ti、Zr、Hf 等前过渡金属；助催化剂为低聚甲基铝氧烷，即 $(CH_3)_2Al\{O-AlCH_3\}_nOAl(CH_3)_2$，其中铝上的烷基通常为甲基，$n$＝10～20，它是由烷基铝（常为三甲基铝）部分水解的缩聚低聚物。

这类催化剂的特点如下。

① 极高的催化活性，引发乙烯聚合，其活性可达 3×10^7 gPE/gZr·h，比 Ti 系高效催化剂还高 10～100 倍。

② 这类催化剂可溶于烃类溶剂为均相体系，Zr 可 100% 转化为活性中心、单一活性种，可获得窄分子量分布的聚合物。

③ 催化 α-烯烃聚合，可制得几乎所有类型的聚烯烃品种。如高密度聚乙烯（HDPE）、

线形低密度聚乙烯（LLDPE，称 m-PE）、等规聚丙烯（i-PP）、间规聚丙烯（s-PP）、无规聚丙烯（a-PP）和乙丙橡胶（m-EPDM）等。

④ 可直接制取有机/无机复合材料。由于 MAO 是由 $Al(CH_3)_3$ 经部分水解制得，若利用天然聚合物如淀粉、纤维素或木质素的羟基或无机盐类的水合物如 $CaCO_3$、$CaSO_4 \cdot 5H_2O$ 或 Al_2O_3 等的结晶水使 $Al(CH_3)_3$ 部分水解制得 MAO，再与茂金属主催化剂组合催化乙烯（或丙烯）聚合，就可制得有机或无机材料与 PE 分子复合的有机/无机复合材料；若用磁性氧化铁的水合物使 $Al(CH_3)_3$ 部分水解，则可得到磁性 PE 复合材料。

⑤ 在理论上突破了聚合物链的规整化是依赖 $TiCl_3$ 非均相表面控制的观点，且恢复了均相聚合为分子反应从而理应具有最高活性的理论预期（过去一直认为 α-烯烃的配位聚合，只有非均相催化剂才能获得高立构规整的聚烯烃）。

(3) 后过渡金属催化剂 如前所述，后过渡金属（Ⅷ族）催化剂有两类，一类是 1995 年美国的 Brookhart[92] 和英国的 Gibson[93] 几乎同时发现了元素周期表第Ⅷ族过渡金属（Fe、Co、Ni、Pb）的配合物为主催化剂、对 α-烯烃聚合有高活性的新一代催化剂体系，典型的主催化剂结构是以二亚胺或三亚胺为配体的 Fe、Co、Ni、Pd 金属卤化物或烷基金属衍生物，如 1995 年 Brookhart 发现的二亚胺 Ni、Pd 配合物：

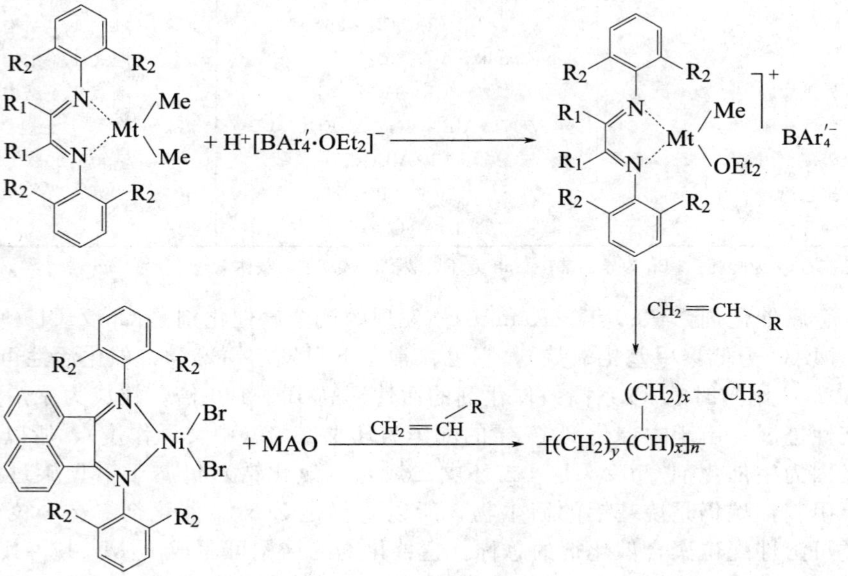

式中，Mt=Ni 或 Pd；Me=CH_3；H_2C=CH—R 中的 R=H、CH_3 或 C_4H_9；Et=C_2H_5；B 为硼；Ar'= (3,5-双三氟甲基苯基)；取代基 R_1 和 R_2 分别为：a. R_1=H，R_2=i-Pr；b. R_1=CH_3，R_2=i-Pr；c. R_1=H，R_2=CH_3；d. R_1=CH_3，R_2=CH_3；e. R_1=H，R_2=i-Pr。反应方程式表达的是二亚胺-Pd(Me)$_2$、二亚胺-Ni(Br)$_2$，它们分别用助催化剂 $H^+[BAr_4' \cdot OEt_2]^-$ 或 MAO 活化，催化乙烯（或 α-烯烃）聚合形成支化聚乙烯。

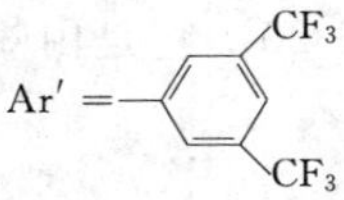

1998 年，Brookhart 和 Gibson 同时发现的主催化剂是如下结构的三亚胺 Fe、Co 配合物：

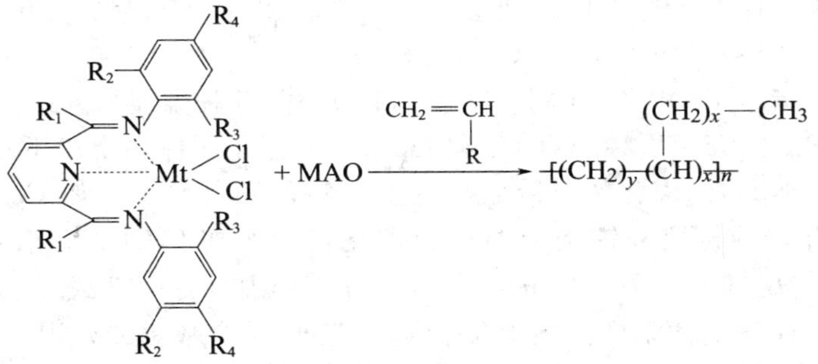

式中，Mt＝Fe 或 Co；$CH_2=CH-R$ 中的 R＝H、CH_3 或 C_4H_9；取代基 R_1、R_2、R_3 和 R_4 分别为 H、CH_3 或 i-Pr。由于主催化剂都是周期表第Ⅷ族后过渡金属的配合物，所以称作后过渡金属催化剂。

与 Z-N 和茂金属催化剂相比，这类催化剂的特点如下。

① 催化活性很高，均可催化乙烯聚合形成支化聚乙烯，其催化活性可达 1.1×10^7 gPE/molNi·h，$\overline{M}_w=7.6\times10^4$，$\overline{M}_w/\overline{M}_n=2.5$；活性大于 Z-N 型催化剂而与茂金属催化剂相当。

② 主催化剂容易制备，且在空气中相当稳定（可长期保存），于 90～130℃催化聚合，其活性基本不变。

③ 改变聚合温度和压力催化乙烯聚合，可制得从 HDPE 到中等支化、且支上带支的全密度 PE（相对密度 0.82～0.96），而不用两种单体共聚。

④ 聚合物的分子量随芳环（Ar）上取代基的增大而提高，且可通过调节主、助催化剂的比例来调节分子量；提高主催化剂（如 Fe 配合物）浓度可加宽分子量分布，甚至可呈双峰分布；提高主催化剂浓度或缩短聚合时间，则主产物为低聚物，从而成为合成长链 α-烯烃的新方法。

⑤ 可使 α-烯烃与极性单体（如丙烯酸酯）共聚。

⑥ 用于 α-烯烃（如丙烯、1-已烯、1-十八烯）的聚合，聚合反应具有活性聚合特征，据此可以合成嵌段共聚物（热塑性弹性体）。

总之，这类催化剂是通过改变配体的性质来改变后过渡金属原子（Fe、Co、Ni、Pd）的电子状态和立体效应，把原本对 α-烯烃无催化活性的后过渡金属 Z-N 催化剂改变成对 α-烯烃聚合有高活性、且能产生异构化的新一类催化剂，而且只用乙烯一种单体聚合，通过改变聚合条件就可制得不同结构、不同等规度和支化度、不同分子量和分子量分布的聚烯烃。这对 Z-N 和茂金属催化剂是一个巨大进步。但目前用这类催化剂催化二烯烃立构规整聚合的研究尚不多。

另一类后过渡金属催化剂也有两种类型：一种是由 Ni、Co、Ru 或 Rh 的卤化物或羧酸盐与 AlR_3（或 AlR_2Cl）组成的 Z-N 型催化剂，如 $Ni(nap)_2/AlBu_3/BF_3·OEt_2$、$CoCl_2·2py/AlEt_2Cl$ 等；另一种是 π-烯丙基过渡金属单组分催化剂，其结构通式可写成 [π-烯丙基$(C_3H_5)\frac{}{n}$]MtX，其中，Mt＝Fe、Co、Ni、Pd、Pt 或 Rh 等，X＝Cl、Br、I、CF_3COO^-、Cl_3CCOO^-，n 随过渡金属的价态而改变，一般 $n=1$ 或 2，其中用得最多的是 π-C_3H_5-NiCl、π-C_3H_5-NiI 和 π-C_3H_5-NiO_2CCF_3。第一种催化剂已在合成高顺式顺丁橡胶生产中得到广泛应用，并已成为 Ni 系和 Co 系顺丁橡胶大品种的主要催化剂。而 π-烯丙基过渡金属催化剂主要作为丁二烯立构规整聚合的增长链端模型，目前尚未用于丁二烯橡胶的生产。

(4) 稀土催化剂体系 这类催化剂是指以镧系金属配合物为主催化剂的催化剂体系。镧系（Ln）元素包括镧（La）、铈（Ce）、镨（Pr）、钕（Nd）、钐（Sm）、铕（Eu）、镝（Dy）、钬（Ho）、铥（Tm）、镱（Yb）和镥（Lu）等15种金属。对二烯烃聚合活性最高的轻稀土金属为Pr和Nd，重稀土有Dy和Ho；稀土催化剂体系由以下三个组分构成：①三价稀土（如Pr、Nd）的卤化物、羧酸盐或螯合物；②卤原子（如Cl、Br、I），卤素可以与稀土直接键合，再与烷基铝构成两组合催化剂，例如$CeCl_3/AliBu_3$；或是环烷酸稀土，如$Nd(nap)_3$＋烷基铝［如$AliBu_3$＋烷基卤化铝（如Et_2AlCl或Et_2AlBr）］构成三组分催化剂体系；③催化剂体系中必须有能使稀土还原的烷基铝或烷基氯化铝。对丁二烯顺式-1,4-聚合（PB的顺式-1,4-结构含量为96%～98%）常用的稀土催化剂体系有：$Pr(nap)_3/AliBu_3/AliBu_2Cl$，$Nd(nap)_3/AliBu_3/AliBu_2Cl$[94]；对异戊二烯顺式-1,4-聚合（PI的顺式-1,4-结构含量为97%～99%）的稀土催化剂体系有：$Pr(nap)_3/AliBu_3/Al_2Et_3Cl_3$、$Nd(RCOO)_3/AliBu_3/Al_2Et_3Cl_3$（R＝硬脂酸、辛酸或$C_{5～9}$混合酸）[95]。这些镧系金属既不是元素周期表Ⅳ～Ⅵ族的前过渡金属，又不属于周期表第Ⅷ族的后过渡金属。而是一类f轨道电子未充满、且参与络合成键的，并对丁二烯、异戊二烯聚合有高活性、高定向能力（顺式-1,4-结构）的新一类Z-N型催化剂体系，这类催化剂是中国科学院长春应用化学研究所的科学家首先发现，并已成功地用于顺丁橡胶的生产，成为独具特色的稀土顺丁胶种。有关稀土催化剂的发现、催化剂体系种类、聚合规律及其相关论点和应用可参考有关专著[95,96]。

2.3.4.3 配位聚合机理和动力学

(1) α-烯烃在Z-N催化剂上的配位聚合机理和动力学　关于α-烯烃在Z-N催化剂上的配位聚合机理一直存在着争议。目前有较多实验证据、且被学术界普通接受的是Cosse-Arlman单金属机理，聚合动力学为非均相衰减型，由于它与二烯烃橡胶合成不直接相关，有兴趣的读者可参看有关专著[97,98]。

(2) Z-N催化剂催化二烯烃聚合动力学和配位聚合机理　和Z-N催化剂催化α-烯烃配位聚合一样，Z-N催化剂催化二烯烃聚合动力学和机理，其主催化剂也分为前过渡金属（Ⅳ～Ⅵ族）和后过渡金属（Ⅷ族）催化剂两类，且其动力学和机理随主催化剂的类型而各异，由于Z-N催化剂大都是通过接触、反应形成活性种，引发、增长反应又对环境（溶剂、杂质和空气）十分敏感，因此即使是同一催化剂、在相同的条件下催化同一种单体聚合，所得结果也不太一致，同时某些体系的聚合机理和规整结构成因尚处于"假说"阶段。因此本节有关动力学和机理的讨论，仅涉及已工业化合成橡胶胶种所用的催化剂体系，如顺式-1,4-聚丁二烯和异戊橡胶。Ti系顺丁橡胶的催化剂体系为TiI_4/AlR_3、$TiCl_4/I_2/AlR_3$/烃类溶剂，镍系顺丁橡胶的催化剂体系为$Ni(nap)_2/AliBu_3/BF_3·OEt_2$/加氢汽油；Ti系异戊橡胶的催化剂体系为$TiCl_4/AliBu_3$（或$AlEt_3$）。

① 二烯烃用前过渡金属Ti系催化剂聚合[99,100]

a. 聚合动力学：Ti系Z-N催化剂是生产高顺式-1,4-聚丁二烯橡胶和异戊二烯橡胶的重要催化剂，但二者所用的Ti系催化剂的化学组成却不相同，如丁二烯需用含碘（I_2）的催化剂，例如AlR_3/TiI_4、$AlR_3/I_2/TiCl_4$和$AlR_3/TiCl_2I_2$等（Al/Ti＞1），才能制得顺式-1,4-结构含量≈96%的顺丁橡胶；而异戊二烯则需用含氯的Ti系催化剂，如$AliBu_3/TiCl_4$或$AlEt_3/TiCl_4$（Al/Ti＞1）催化聚合才能合成出顺式-1,4-结构含量＝94%～98%的异戊橡胶。Ti系催化剂催化丁二烯和异戊二烯聚合的动力学方程及二者共聚的竞聚率分别列在表2-11和表2-12中。

表2-11　Ti系Z-N催化剂催化丁二烯和异戊二烯聚合的动力学数据

单体	Ti系催化剂	速率方程和表观活化能(E_a)
丁二烯	AliBu$_3$·O(i-Pr)$_2$/TiI$_4$ (Al/Ti>1)	$R_p = K[M][C^*]$
	AlH$_2$Cl/AlI$_3$/TiCl$_4$	$R_p = K[M][\text{Cat}]$ $E_a = 35.6$ kJ/mol
	AliBu$_3$/TiCl$_4$	$R_p = K[M][\text{Cat}]$ $E_a = 37.6$ kJ/mol
异戊二烯	AlBu$_3$/TiCl$_4$ (Al/Ti>1)	$R_p = K[M][\text{TiCl}_4]$ $E_a = 58.9$ kJ/mol
	AlEt$_3$/TiCl$_4$ (Al/Ti>1)	$R_p = K[M][\text{Ti}]_0^2$ $E_a = 91.96$ kJ/mol

注：表中，[C*]为活性种浓度；[Cat]为主催化剂浓度；[Ti]$_0$为TiCl$_4$的起始浓度；K为表观速率常数；E_a为表观活化能。

表2-12　Ti系催化剂催化丁二烯-异戊二烯共聚的竞聚率

单体	引发剂	r_1	r_2
丁二烯(M$_1$)-异戊二烯(M$_2$)	TiCl$_4$/AlEt$_3$	1.6	1.1
	TiCl$_4$/AlEt$_3$(经庚烷洗涤后)	1.49	1.03
	TiI$_4$/AlEt$_3$	1.88	0.55
	TiCl$_4$/AliBu$_3$	1.0	1.0

从表2-11的数据可以看出，丁二烯采用含I$_2$的Ti系催化剂、异戊二烯采用含氯的Ti系催化剂聚合，聚合速度和单体浓度、活性种浓度[C*]或[Ti]浓度均呈一级关系。由于真正的活性种是Ti-Al的反应产物，其结构尚不很清楚，其浓度也很低，故动力学方程中活性种浓度往往用[C*]或[TiCl$_4$]来表示，这样的数据虽能对增长和终止提供一些线索，但对单体如何在活性种上控制增长，必须在弄清活性种结构的基础上才能推测。表2-12的共聚合竞聚率数据表明，两种单体的竞聚率主要依赖于过渡金属Ti的性质及配体(X)对Ti正电性的影响，而与助催化剂(AlR$_3$)的性质无关。这似乎表明活性种只由单一金属Ti组成；从r_1和r_2的数据来看，当以AlEt$_3$作助催化剂时都是$r_1>r_2$，说明丁二烯比异戊二烯更容易进入共聚物链，导致配料比对共聚合速度有较大影响，但共聚物链中两种单体单元的构型(顺式或反式)却与均聚时相同。当用AliBu$_3$作助催化剂时，$r_1=r_2=1.0$，表明此时可实现恒比共聚。

表2-11所列的动力学方程和参数是按均相反应处理的，实际上无论是含I$_2$的Ti系催化剂还是含Cl的Ti系催化剂，其活性种都是在Ti-Al反应形成的不溶性(在烃类溶剂中析出)产物的表面上，即不溶物表面上应存在AlR$_3$和单体的竞争吸附。因此，其相应的聚合速率应按单体和AlR$_3$在TiX$_3$表面上的吸附平衡处理，即：

$$R_p = -\frac{d[M]}{dt} = k_p \theta_{Al} \theta_M [S]$$

当表面上的活性种与表面上吸附的二烯烃单体M引发增长时，其聚合速率为：

$$R_p = \frac{k_p K_M K_{Al}[Al][M][S]}{(1 + K_{Al}[Al] + K_M[M])^2}$$

当表面上的活性种与溶液中的二烯烃单体引发增长时，其聚合速度方程可简化为：

$$R_p = \frac{k_p K_{Al}[Al][M][S]}{(1 + K_{Al}[Al])^2}$$

式中，R_p为聚合速率；k_p为链增长速率常数；θ_{Al}和θ_M分别是AlR$_3$和单体在TiX$_3$表面上的吸附分数；K_{Al}和K_M分别是吸附平衡常数；[Al]、[M]和[S]则分别是AlR$_3$浓度、单体浓度和TiX$_3$表面上的吸附点总数。

b. 活性种结构：因为TiI$_4$/AlR$_3$和TiCl$_4$/AlR$_3$从类型和两组分之间的反应来说都是典型的Z-N催化剂，所以对活性种的结构曾提出过双金属模型和单金属模型。

Natta 提出的双金属模型是 TiX_4 与 AlR_3 反应后,Ti 被还原为低价态(如 Ti^{3+})、并形成桥形络合物即如下的双金属活性种:

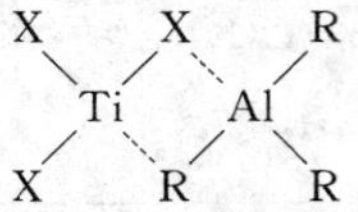

$$\begin{array}{c} X \quad\quad X \quad\quad R \\ \diagdown \;\;\; \diagup \;\;\; \diagdown \;\;\; \diagup \\ Ti \quad\quad Al \\ \diagup \;\;\; \diagdown \;\;\; \diagup \;\;\; \diagdown \\ X \quad\quad R \quad\quad R \end{array}$$

这种活性种的特点是活性种由 Ti 和 Al 两种金属构成,Ti 处于低价态,由此可以解释助催化剂 AlR_3 对立构规化能力和聚合速率的影响。但是当把这种络合物分离出来并用于二烯烃的聚合时,发现其聚合活性很低。所以后来的研究结果大都支持 Cossee-Arlman 单金属模型:

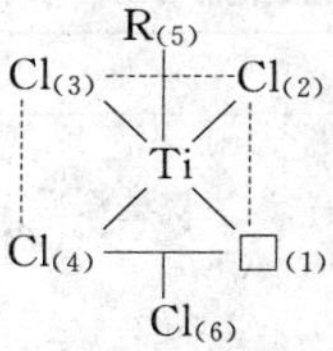

$$\begin{array}{c} R_{(5)} \\ | \\ Cl_{(3)} \cdots Cl_{(2)} \\ \diagdown \;\; | \;\; \diagup \\ Ti \\ \diagup \;\; | \;\; \diagdown \\ Cl_{(4)} \quad\quad \square_{(1)} \\ | \\ Cl_{(6)} \end{array}$$

二烯烃在单金属模型上的聚合机理是:单体首先在 TiX_3 的空位处配位,随后形成四元(或六元)环过渡态,最后二烯烃插入 Ti—C 键中进行引发、增长,并发生与 α-烯烃聚合类似的终止过程。

c. 聚合机理:丁二烯和异戊二烯用 TiX_4/AlR_3($Al/Ti>1$)聚合均形成高顺式-1,4-结构的聚合物,都可用单体的配位方式决定微观结构的观点进行解释。已经证明,$TiCl_4$ 在室温下与 AlR_3 反应形成 β-$TiCl_3$,而 β-$TiCl_3$ 有两个空位,丁二烯或异戊二烯的两个双键均可在两个空位处进行双座配位,随后在 Ti—C 键间 1,4 插入形成顺式-1,4-聚合物。

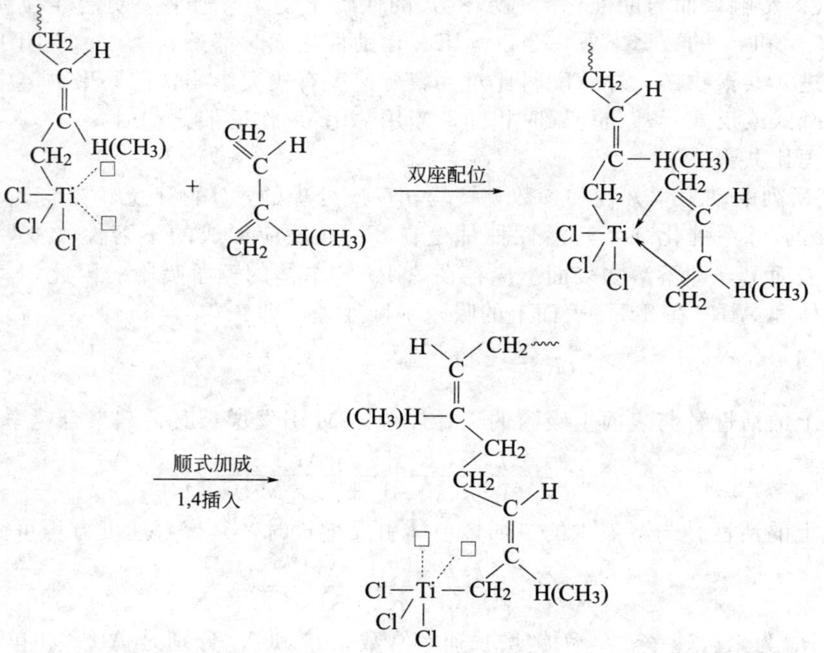

由于异戊二烯在室温下 s-顺式构象占 96%,s-反式只有 4%,所以在两个空位处进行双座配位是合理的;至于丁二烯在室温下的构象恰与异戊二烯相反(s-反式占 96%,s-顺式只有 4%)、构象转化的能量为 2~3kcal/mol,聚合体系的能量(温度为 40~80℃)或形成六元环过渡态的能量足以促使 s-反式转化为 s-顺式,所以也可以形成顺式-1,4-结构含量大于

90%的顺丁橡胶。至于丁二烯的顺式-1,4聚合需用I_2，可由Ti的电负性较弱（为1.6eV）、需要用电负性弱的I作配体才能使Ti的d轨道的能级接近丁二烯前线轨道（π和反键π^*）的能级以利于电子的授受，而异戊二烯由于CH_3的供电子作用则需用电负性较强的Cl作配体才能实现电子授受的原因使然。

② 丁二烯用后过渡金属Ni系催化剂聚合

a. 聚合动力学：吉田敏雄等认为[101]，$Ni(nap)_2/AlEt_3/BF_3 \cdot OEt_2$在烃类溶剂中（苯或甲苯）引发丁二烯聚合属于快引发、慢增长，只有向单体转移终止的聚合过程。其聚合速度（R_p）可由式(2-15)表示：

$$R_p = k_p \alpha [C]_0 [M] \tag{2-15}$$

式中，k_p为链增长速率常数；α为主催化剂利用率即催化剂浓度为[C]时转化为活性种的百分数；[M]为聚合时间为t时的单体浓度。所得聚丁二烯的数均聚合度（$\overline{DP}_n$）可用下式表示：

$$\frac{1}{\overline{DP}_n} = \frac{k_{tr,m}}{k_p} + \frac{\alpha [C]_0}{X[M]_0}$$

式中，$k_{tr,m}$为向单体转移的速率常数；X是转化率；$[C]_0$和$[M]_0$分别为主催化剂和单体的起始浓度。

上述动力学关系已得到实验的证实，很多研究所得到的反应级数和数均聚合度方程与上式基本相同，但由于溶剂不同（加氢汽油或甲苯）和所用的助催化剂也有差别（例如用$AliBu_3$或$AlEt_3$作助催化剂），所得动力学参数（如α、$k_{tr,m}$、k_p）虽处于同一数量级，但具体数值却有所不同（例如$\alpha=1.5\% \sim 30\%$之间）[102~104]。

古川淳二等[105]则进一步研究了聚合速度和催化剂各组分及单体浓度之间的关系，得到如下关系式：

$$R_p = \frac{k_p [Ni][Al][B]}{k'[Ni][Al]^n + k''[Al][B]} [M]$$

式中，[Ni]、[Al]、[B]分别是$Ni(nap)_2$、AlR_3和$BF_3 \cdot OEt_2$的浓度；k'是与Ni、Al之间反应有关的速率常数；n是与AlR_3缔合度有关的常数，当$AlR_3=AlEt_3$时$n=1/2$，$AlR_3=AliBu_3$时$n=1$；k''是与Al、B之间反应相关的速率常数；[M]是单体浓度。

b. 活性种结构和聚合机理：关于活性种的结构，不同研究者依据各组分间的反应产物及活性最高的组分配比提出过三种结构模型：Tkác等根据对$Ni(acac)_2/AlEt_3/BF_3 \cdot OEt_2/$甲苯/丁二烯聚合体系的动力学研究提出三个组分（Al、B、Ni）均参与的结构模型[106]；Throck Morton等[107]则依据$Ni(Oct)_2/AlEt_3/HF/$甲苯/丁二烯聚合体系的研究结果，提出了增长链端为π-烯丙基Ni^+的Ni-Al双金属模型[Ⅰ]；而唐学明等则根据Ni^0也具引发活性的实验结果提出了与Throck Morton相似的Ni^+和Ni^0并存的双金属模型[108][研究的体系为$Ni(nap)_2/AliBu_3/BF_3 \cdot OEt_2/$加氢汽油/丁二烯][Ⅰ和Ⅱ]。

$$\begin{array}{cc}
\text{CH}_2 & \text{CH}_2 \\
\text{CH}\cdots\text{Ni}\underset{\text{F}}{\overset{X}{\diagup\diagdown}}\text{Al}\underset{Y}{\overset{F}{\diagup\diagdown}} & \text{CH}\cdots\text{Ni}\underset{Y}{\overset{Y}{\diagup\diagdown}}\text{Al—F} \\
\text{CH}_2 & \text{CH}_2 \\
\text{CH}_2\text{Et} & \text{CH}_2\thicksim\thicksim P_n \\
(\text{Ⅰ}) & (\text{Ⅱ})
\end{array}$$

催化剂组合中，acac为乙酰丙酮，Oct为辛酸基，X＝F或Oct，Y＝Et或F。模型（Ⅰ）和（Ⅱ）的增长链端均为π-烯丙基Ni^+（或Ni^0）X，链引发和链增长均是在Ni^+或Ni^0上配位的丁二烯在Ni—C键间1,4插入，增长链遇HOH或ROH等含活泼H物质后链端

被 H^+ 终止，形成 $CH_3—CH=CH—CH_2\sim P_n$，而 Ni、Al、B 与 OH^- 或 ^-OR 反应形成相应的氢氧化物。

c. 顺式-1,4-规整结构成因[109]：关于丁二烯在 Ni 系催化剂上形成顺式-1,4-结构的原因有以下三种理论。

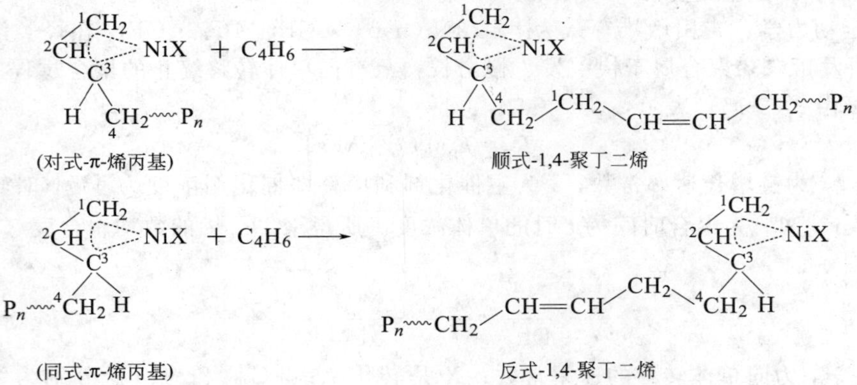

（对式-π-烯丙基） + C_4H_6 → 顺式-1,4-聚丁二烯

（同式-π-烯丙基） + C_4H_6 → 反式-1,4-聚丁二烯

一种理论是以 Dolgoplosk[110] 为代表的链端 π-烯丙基结构决定聚丁二烯的微观结构。认为丁二烯在 Ni 系催化剂于烃类溶剂中引发聚合时，其增长链端是 π-烯丙基-Ni-X，而 π-烯丙基-Ni-X 以同式（syn）或对式（anti）两种形式存在，当丁二烯在 C^1 上进攻 C^1—NiX 时，对式形成顺式-1,4-链节，而同式则形成反式-1,4-链节。他进一步提出，π-烯丙基-NiX 以对式还是以同式存在，取决于与 Ni 相连的 X 的性质和种类，当 X=F、Cl 时，π-烯丙基-NiX 为对式；当 X=I 时，π-烯丙基-NiI 为同式。这一理论可解释丁二烯用 $π-C_3H_5-NiCl$ 聚合得顺式-1,4-结构含量为 98%、用 $π-C_3H_5-NiI$ 聚合则得反式-1,4-结构含量达 95%~100% 聚丁二烯的实验结果。

另一种理论是以松本毅和古川淳二[111]主张的单体在 Ni 上的配位形式决定聚丁二烯微观结构的观点。即丁二烯若以两个双键与 Ni 配位〔双座配位，见结构（Ⅲ）〕，则形成顺式-1,4-聚丁二烯；若丁二烯以一个双键与 Ni 配位〔单座配位，见结构（Ⅳ）〕，则形成反式-1,4-聚丁二烯，建议的增长链端模型是：镍为正八面体，其配位数为 6，Ni 上已带有 L_1、L_2、L_3 和增长链 4 个配体，留下两个配位点可供丁二烯的两个双键或一个双键配位。如果丁二烯以一个双键与 Ni 单座配位，则形成反式-1,4-链节或 1,2-链节。

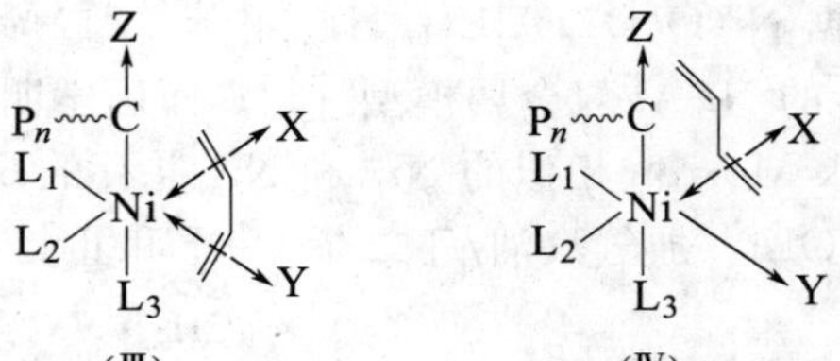

（Ⅲ）双座配位　　（Ⅳ）单座配位

这一观点曾得到量子化学能级计算以及不同过渡金属需要不同电负性配体等实验数据的支持。

第三种论点是古川淳二提出的返扣配位（back-bitting coordination）理论[112,113]。认为聚丁二烯增长链端是 π-烯丙基结构，只有当前末端的双键能与链端的过渡金属（NiX）配位时才能发生顺式-1,4-聚合（见以下示意图）。

$$\overset{1}{C}H$$
$$\overset{2}{C}H \cdots NiX$$
$$\overset{3}{C}H$$
$$\overset{4}{C}H_2 \quad \underset{\alpha}{CH_2} \overset{\beta}{C}H = \overset{\gamma}{C}H \underset{\delta}{CH_2} CH_2 \sim\sim$$

图中，C^1、C^2、C^3是链端π-烯丙基-NiX，β-γ是前末端的C=C双键，当前末端的C=C双键为顺式构型时，由于其位阻小才能与链端的NiX配位，也就是说这种配位有固定前末端呈顺式构型的作用；如果前末端为反式构型，就会阻碍下一个单体与NiX配位，从而妨碍了链的继续增长。支持返扣配位论点的实验证据有：丁二烯与苯乙烯共聚，由于前末端为苯乙烯、缺少与NiX返扣配位的C=C双键导致聚合物的顺式-1,4-结构含量随苯乙烯结合量的增多而下降[113]；以$VO(OR)_2Cl/AliBu_3$为催化剂在烃类溶剂中引发丙烯与丁二烯交替共聚时，由于前末端为丙烯，丁二烯结构单元的反式-1,4-结构竟达97%以上[114]，都是由于前末端缺乏可与过渡金属配位的C=C双键而导致的。

2.3.4.4 活性配位聚合

与活性阴离子聚合和活性自由基聚合相比，活性配位聚合的研发不仅数量少而且进展也不甚显著。这可能是由于配位聚合催化剂已能有效地控制分子链的精细结构，且催化活性高和产品多样化始终是该领域的追求目标、同时烯烃（或二烯烃）配位聚合时容易发生链转移（β-H转移、助催化剂转移和单体转移）终止的缘故。以下将简要介绍活性配位聚合的研究现状和主要结果。

(1) 丙烯活性配位聚合的发现　1979年土肥義治和庆伊富长[115~117]采用可溶性Z-N钒系催化剂$V(acac)_3/AlEt_2Cl$在非极性溶剂（甲苯）中于$-78 \sim -65$℃引发丙烯（P）聚合，不仅制得了间规聚丙烯（s-PP，间规度大于90%），而且发现该聚合完全具备活性聚合特征。即聚合物的数均分子量随聚合时间的延长（或转化率的提高）呈线性增长，所得s-PP的分子量分布很窄（$\overline{M}_w/\overline{M}_n=1.05\sim1.20$），增长链的数目不随聚合时间的延长（或转化率的提高）而改变，说明无链转移反应发生。继而研究了钒化物配体、助催化剂种类、聚合温度和醚类添加剂对丙烯活性聚合的影响。研究发现，V的配体以乙酰丙酮基（acac）最好，聚合速度以$AliBu_2Cl$作助催化剂最快，添加苯甲醚可提高活性种数目、延长活性种寿命。若在上述活性聚合体系中加入I_2来终止聚合反应，结果得到了链端带I的窄分布活性s-PP-I，从而为制备其他端基的功能PP奠定了实验基础。

1996年，Brookhart等发现[118]，二亚胺-镍配合物/MAO（见后过渡金属催化剂）于-10℃催化丙烯聚合也具备全部活性聚合特征（$\overline{M}_n$随聚合时间延长呈线性增大，聚合物为窄分布），并据此合成了聚丙烯-b-聚-1-己烯、聚-1-辛烯-b-聚丙烯-b-聚-1-辛烯等新型α-烯烃嵌段共聚物。

(2) 丙烯活性配位聚合的应用

① 制备功能性端基聚丙烯　以s-PP-I为基础，在NaOH存在下与乙二胺反应，可制得端氨基s-PP；以s-PP-V^{3+}在低温下（-78℃）与CO反应，可制得端醛基s-PP，将端醛基s-PP还原可制得端羟基s-PP，若将其氧化则形成端羧基s-PP。

② 制取嵌段共聚物

a. 制备聚乙烯（PE）-b-乙丙橡胶（EPR）或PP-b-EPR-b-PP嵌段共聚物[119,120]：采用$V(acac)_3/AlEt_2Cl/C_6H_5OCH_3$，使丙烯进行活性聚合，随后加入乙烯（E），发现P和E可以极快的速率共聚，同时转化率和$\overline{M}_n$迅速增大，即形成了无规EPR，待乙烯聚合完毕，聚合又恢复到原来的丙烯聚合速率，继续聚合则形成PP-b-EPR-b-PP三嵌段共聚物；若共聚反应停留在第二阶段则得到 PP-b-EPR 两嵌段共聚物；如此制得的嵌段共聚物不仅分子量分布很窄（$\overline{M}_w/\overline{M}_n=1.1\sim1.2$），而且嵌段效率可达 100%。

b. 合成聚丙烯（PP）-聚四氢呋喃（PTHF）双亲性嵌段共聚物[120]：将活性 s-PP 链与 I_2 反应，随后再将 s-PP-I 与 $AgClO_4$ 反应，将其转化成带离子对的 s-PP 增长链端，再引发 THF 的阳离子聚合，就可制得 s-PP-b-PTHF 双亲性嵌段共聚物，所得 s-PP-b-PTHF 的 $\overline{M}_w/\overline{M}_n=1.4$，嵌段效率为 100%。

2.3.4.5 配位聚合在合成橡胶中的应用

(1) 合成立构规整、序列规整二烯烃橡胶　1956 年以前工业化的大品种橡胶例如 E-SBR、NBR、IIR 等，除丁基橡胶外都是用自由基乳液共聚法生产的。由于自由基（平面结构）的固有本性，致使其无法控制分子链的立构规整性和序列规整性，从而影响了橡胶的弹性和其使用性能，所以一般称它们为无规立构橡胶。自从 1953 年发现了 Z-N 催化剂（继而于 1980 年又发现了茂金属催化剂）、1956 年发现了锂系引发剂以来，由于它们都可通过单体对活性种配位控制二烯烃的构型（例如顺式和反式），其相应的活性聚合又可控制引发和增长，从而可有效地控制分子链的序列结构。所以很快就催生了一大批不同结构和性能的新型合成橡胶的生产，例如：用 Ti 系催化剂（$TiCl_4/AliBu_3$）或稀土催化剂[$Nd(nap)_3/AliBu_3/AliBu_2Cl$]生产高顺式-1,4-异戊橡胶，用 Ti 系催化剂（$TiI_4/AliBu_3$）、Co 系催化剂（$CoCl_2 \cdot py/AlEt_2Cl$）、Ni 系催化剂[$Ni(nap)_2/AliBu_3/BF_3 \cdot OEt_2$]、稀土催化剂[$Nd(nap)_3/AliBu_3/Al_2Et_3Cl_3$]等生产高顺式-1,4-顺丁橡胶等立构规整橡胶；用锂系引发剂（包括 n-BuLi、s-BuLi 或多官能引发剂如 R_3SnLi）生产溶聚丁苯橡胶（S-SBR）、中顺式-1,4-异戊橡胶、低顺式-1,4-丁二烯橡胶、中乙烯基丁二烯橡胶、SBS、SIS 和集成橡胶（SIBR）等立构规整度和序列结构均可控的橡胶。目前这些新型橡胶已成为合成橡胶生产和研发的主流。有关合成上述橡胶的聚合工艺和结构调控等细节除参见本书的相关章节外，还可详见有关专著[96,143a,143b]。但这里必须指出的是，Z-N 催化剂催化二烯烃聚合和锂系引发剂引发的二烯烃聚合虽同属在烃类溶剂中的配位聚合，但聚合体系的相态和溶剂极性的影响却很不相同。锂系引发剂引发的二烯烃溶液聚合常是单一引发剂的均相溶液聚合，添加少量极性溶剂（或称极性调节剂）不仅可提高聚合（或共聚合）速率，而且还可大幅度改变聚合物的结构；而 Z-N 催化剂引发的二烯烃溶液聚合，添加（或存在）少量极性化合物（如醚类）一般不会影响聚合速率，也不会干扰聚合的结构，但是由于所用的 Z-N 催化剂往往是两组分或多组分的，因而其活性种的形成和性质以及催化活性常具以下特点：①构成活性种的过渡金属总是低于其最高氧化态，活性种中的 Mt→X 常显示部分正电性 $Mt^{\delta+}$，以利于 C=C 双键的配位，而不是解离成离子；②助催化剂大都是具有还原（烷基化）能力的铝化物，且其还原能力随 Al 上烷基的体积的增大和数量的减少而降低，因此二者反应的深度（即活性种数）会随反应温度和时间而变化；③生成的活性种（即产物）大都不溶于烃类溶剂，导致聚合体系呈非均相。这些特点使配位聚合体系的性质完全不同于自由基和阴离子溶液聚合，也提醒人们在操作配位聚合体系时需特别注意严格控制催化剂各组分的配比、加料顺序、陈化温度和时间及聚合温度。

Z-N 催化剂的发现和演进不仅催生了一批立构规整合成橡胶新品种的工业化，而且也引发了用不同的催化剂研发新橡胶的热潮。其中最受关注的是用 U 系催化剂[如 π-$(C_3H_5)_3UCl/AlEtCl_2$]催化丁二烯溶液聚合可制得顺式-1,4-结构含量达 98%～99% 的顺丁橡胶[121]。这种 U 系顺丁橡胶的 T_g 与已工业化的 Ni 系顺丁橡胶相近（$T_g=-110℃$）、分子量分布也较宽（$\overline{M}_w/\overline{M}_n=2.0\sim3.5$），$T_m=-8\sim2℃$。实验证明，其弹性和加工性能均优于 Ni 系顺丁橡胶，因而当时的工业化呼声很高。迄今未能工业化的原因有二：一是所用主催化剂涉及铀元素的放射性会导致公害；二是由于顺丁橡胶的立构规整度太高，导致它在室温或稍低于常温下的结晶速度过快（20℃结晶的半衰期 $\tau_{1/2}=5\text{min}$），使之在无负荷时就会变硬。这一实例告诫人们，顺丁橡胶顺式-1,4-结构含量的提高虽有利于分子链弹性的发挥，但立构规整度过高容易导致橡胶在常温下结晶变硬、弹性急剧下降。天然橡胶的另一个品种——杜仲胶，由于其反式-1,4-结构含量达98%～100%，它在常温下已是结晶性材料只能作硬橡胶甚至是塑料就是例证。

(2) 研发新反应，开发新胶种　随着 Z-N 催化剂的发现和演进，科学家们成功地开发出以下三类新型聚合反应：①乙烯与 α-烯烃（如丙烯、1-辛烯等）无规共聚和嵌段共聚；②丁二烯与丙烯交替共聚；③环烯烃的易位开环聚合。这些新聚合反应为合成不同结构和性能的合成橡胶开拓了巨大的发展空间。

① 乙烯与 α-烯烃的无规和嵌段共聚。众所周知，在 Ziegler 催化剂（$TiCl_4/AlEt_3$）发现以前乙烯只能在高温（～200℃）、高压（1000～3000atm）下进行自由基均聚生产低密度聚乙烯塑料，典型的 Natta 催化剂（α-$TiCl_3$/$AlEt_2Cl$）虽能合成出结晶性等规聚丙烯（i-PP）树脂，但用于乙烯/丙烯共聚时不仅活性低而且只能得到嵌段共聚物，直至发现了 V 系 Z-N 催化剂如 $VOCl_3/Al_2Et_3Cl_3$、并添加少量活性促进剂如三氯醋酸乙酯后才能顺利地进行乙烯/丙烯及乙烯/丙烯-非共轭二烯的二元和三元无规共聚制得 EPR 和 EPDM。这种乙丙橡胶早在20世纪60年代就以溶聚法或淤浆法实现了大规模工业化生产。1980年发现了茂金属催化剂（Cp_2ZrCl_2/MAO）后，由于这类催化剂的催化活性比 Ti 系催化剂高数千倍，催化剂的共聚活性和耐温性高（V 系催化剂＞40℃失活，茂金属催化剂却可于60℃以下聚合），且所得橡胶中的过渡金属离子含量低（V、Al、Fe 等的总含量＜8mg/kg胶，远低于 V 系催化剂的584mg/kg胶）、分子量高、分子量分布窄。所以到1995年就以新型的茂金属催化剂如 rac-Et(Ind)$_2$ZrCl$_2$/MAO（式中，Et 为 C_2 桥联；Ind 为茚基；MAO 为低聚甲基铝氧烷）催化 E/P/ENB 三元无规共聚，采用简化的溶聚流程生产出无色透明的 EPDM。为了区别于常规 V 系催化剂制得的 EPDM，这种用茂金属催化剂生产的 EPDM 常专称 m-EPDM。据称美国联碳公司（UCC）于1992年又以 SiO_2 负载的钒系高效催化剂，以炭黑或 SiO_2 为流态化助剂，采用更为先进的气相本体聚合技术（称 Unipol 技术）催化乙烯（E）/丙烯（P）/1,4-己二烯（1,4-HD）共聚，以更低的成本（设备和总生产成本比溶聚法分别低58%和30%）生产出 EPDM[122]。

同样地，由于茂金属催化剂对催化乙烯/α-烯烃共聚有高活性，所以当将上述茂金属催化剂（与制备 m-EPDM 相同的催化剂）用于乙烯/1-辛烯共聚就可制备出1-辛烯单元在连续的聚乙烯分子链中呈无规分布且又存在聚乙烯结晶链段的新型聚烯烃热塑性弹性体（polyolefine thermoplastic elastomers），简称 POE。

乙烯/丙烯嵌段共聚：迄今为止，文献和产品所涉及的乙丙嵌段共聚物几乎都是指乙丙共聚物中只含乙烯和丙烯两嵌段（PE-b-PP）和 PE-b-PP-b-PE 三嵌段、一种单体的嵌段（E 或 P）与乙丙无规共聚物（EPR）嵌段组成的三嵌段或多嵌段共聚物（PP-b-EPR-b-PP、PP-b-EPR-b-PE-b-PP-b-EPR），或是两种单体的均聚嵌段与 EPR 共聚物嵌段沿分子链呈无规分布的多嵌段共聚物（如 EPR-b-PE 或 PP-b-EPR、PE-b-PP-b-EPR-b-PP）。这些嵌段共聚物中第一种是由聚乙烯链段和聚丙烯链段组成的结晶性两嵌段和三嵌段共聚物，它们显然是热塑性塑料；而第二、三两种嵌段共聚物却是由结晶性 PP 或 PE 嵌段和无定形 EPR 软段构成的热塑性弹性体。这些嵌段共聚物都可采用相同的 Ti 系催化剂（如 $TiCl_3/AlEt_2Cl$ 常规或载体催化剂）于0～70℃经淤浆聚合制得。由于乙烯和丙烯的竞聚率相差很大（对上述催化剂 $r_E=15.72$，$r_p=0.11$），所以就可通过加料顺序、交替进料次数、间隔时间和聚合温度来控制链段序列长度、链段顺序和链段数目。例如采用 $TiCl_3/AlEt_2Cl$ 在己烷介质中于 50～60℃ 聚合，先通入乙烯聚合，当乙烯未完全转化时通入丙烯，这样就可使乙烯和丙烯有足够的浓度和时间共聚形成无规 EPR 软段，并形成 PE-b-EPR-b-PP 三嵌段共聚物。这种嵌段共聚物由于 EPR 弹性软段夹在 PE 和 PP 两个结晶性硬段之间，因此它就和 SBS 一样是一类热塑性弹性体。第三种多嵌段共聚物也可按类似的方法合成。

值得特别关注的是 Kontos 等已分别用 $VOCl_3/AlR_2Cl$ 或 $TiCi_4/RLi/AlR_3$ 催化剂，以乙烯、丙烯交替进料法和乙烯/丙烯混合气体进料法合成了含有无定形乙丙嵌段、结晶度为 3%～5% 的嵌段共聚物，并用图 2-4 的"不结晶"、"可结晶"及"半结晶"橡胶来描述这类嵌段共聚物的结构和性质。

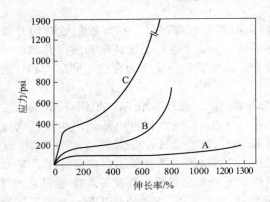

图 2-4　未硫化的乙丙嵌段共聚物的
应力-形变（伸长率）曲线
A—不结晶的橡胶；B—可结晶的橡胶；
C—半结晶的橡胶（1psi=6894.76Pa）

图 2-4 的应力-形变曲线表明：曲线的嵌段共聚物 B 非常像可拉伸结晶的天然橡胶；曲线 C 也是拉伸结晶作用更强的半结晶弹性材料；曲线 A 则是在低应力下伸长率很高（＞1000%）的低强力软橡胶。这些特性对合成橡胶来说都是十分可贵的。

综上所述可以看出：随着新型催化剂的出现和不断演进而开发出的乙烯与 α-烯烃的共聚合反应，不仅能合成并生产出如此众多、性能各异的新胶种，而且更加重要的是它还开创了只用单烯烃就可合成优质合成橡胶的新领域。

② 丁二烯（B）/丙烯（P）交替共聚合成结构和物性均酷似天然橡胶的合成橡胶。众所周知，天然橡胶是综合性能最好的橡胶，其良好的综合物性来自其分子链高度规整（异戊二烯单元的顺式 1,4-结构含量≥98%）且在常温无负荷下为无定形结构，而在拉伸时又呈现明显地结晶补强作用的独特性质。鉴于目前合成异戊二烯的 5 条技术路线都较昂贵，丁二烯和丙烯又是来源丰富而且价廉的单体，如果能用丁二烯与丙烯进行交替共聚，就可以合成出分子链中结构单元 $-CH_2-CH=CH-CH_2-\overset{CH_3}{CH}-CH_2-$ 类似异戊二烯单元 $-CH_2-CH=\overset{CH_3}{C}-CH_2-$，因而其性能也应类似于天然橡胶的丙丁交替共聚橡胶。关键还是在于创造出高活性 Z-N 型催化剂，并开发出相应的丁二烯/丙烯交替共聚合反应。焦书科等采用 $VO(OR)_2Cl/AliBu_3$ 催化体系催化丁二烯/丙烯交替共聚的系列研究[114,126]，以高催化活性制得了 $T_g=-72℃$（接近 NR 的 $T_g=-73℃$）、结构和物性均类似天然橡胶的丙丁交替共聚橡胶，并取得了可供工业化评估的实验数据和技术经济评价指标。有兴趣深入研究的读者可参见参考文献 [126]、[143a]。

③ 环戊烯的易位开环聚合合成反式环戊烯橡胶。采用 W、Mo 系催化剂（如 $WCl_6/AlEt_2Cl$、$MoCl_5/AlEt_3$）催化环烯烃的开环聚合是一类新型聚合反应。由于环烯烃开环聚合时既不是打开 C=C 双键相互加成，又不是 C—C 的 σ 键开裂而开环，而是借助于 C=C 双键与过渡金属（W 或 Mo）配位、双键断裂并不断易位、使环不断扩大。最后形成主链中含有 C=C 双键的大环烯烃或线形大分子。所以它本质上不同于开链烯烃的加成聚合，也有别于内酰胺、内酯和环醚等杂环单体的开环聚合。

未取代单环单烯烃易位开环聚合的通式可表示如下：

$$n(CH_2)_m \begin{Vmatrix} CH \\ CH \end{Vmatrix} + n \begin{Vmatrix} CH \\ CH \end{Vmatrix} (CH_2)_m \xrightarrow[-40\sim40℃]{[Mt]} (CH_2)_m \begin{bmatrix} CH=\!=\!=CH \\ | \quad Mt \quad | \\ CH=\!=\!=CH \end{bmatrix} (CH_2)_m$$

$$\xrightarrow{\text{1-烯烃}} {[CH_2-CH=\!=CH-(CH_2)_{m-1}]}_{2n}$$

式中，Mt＝W 或 Mo；1-烯烃为 1-丁烯或 1-戊烯，是使大环线形化的分子量调节剂；若催化剂为 W 系形成反式聚烯烃，如果采用 Mo 系催化剂则形成高顺式（达 99%）开环聚烯烃；如果在甲苯中采用 $WCl_6/BPO/AlEt_3$ (1/0.5/1.2) 于 $-40\sim40℃$ 催化环戊烯聚合则可制得顺式和反式结构随聚合温度连续变化（顺式双键从 $-40℃$ 的＞90% 到 $40℃$ 的＜10%）的开环聚戊烯，从而为调节聚合物的顺、反结构提供了一个非常方便并容易实施的催化剂体系和方法；m 是环烯烃单体或聚合物重复单元中亚甲基序列的数目或长度；n 是平均聚合度。由于主链中含有很多—C=C—双键和—C—C—，且形成的聚合物又不含任何支链，这种结构赋予聚合物分子链以高度柔性及很低的 T_g；通过改变环烯烃单体中 m 的数目、采用不同的催化剂又可任意改变分子链中双键的构型（顺式或反式），又可以合成出不同序列结构和长度、从而有不同 T_g 的聚合物或共聚物，再加上分子链中含有很多 C=C 双键，使它和通用共轭二烯烃橡胶一样可用传统的硫化体系和硫化工艺硫化。所以环烯烃的易位开环聚合是最适合制取多品种通用合成橡胶的重要聚合反应。

迄今为止，除环已烯由于热力学原因（$\Delta H \approx 0$，$\Delta S \to 0$）不能聚合外，几乎所有的单环单烯烃如环戊烯、环庚烷、环辛烯和环十二单烯等都已用 W 系、Mo 系催化剂制得了相应的顺式、反式均聚和共聚橡胶（如环戊烯/环庚烯、环戊烯/环辛烯、环辛烯/环十二单烯等的共聚物）。由于单体来源和聚合物结构-性能问题，其中研究最多、性能最优、工业化希望最大的只有用 $Cl_4W(OCH_2CH_2Cl)_2/AlEt_3$（或 $AliBu_3$）催化剂制得的反式（85%～90%）聚环戊烯橡胶（轻油裂解的 C_5 馏分中有 2.5% 的环戊烯，可制取环戊烯的原料双环戊二烯＋环戊二烯占 16.7%）和反式聚环辛烯橡胶（环辛烯可由丁二烯二聚制得）。关于反式聚环戊烯橡胶的制备原理和方法乃至其各项物性指标在本章的开环聚合一节中有简要论述，更详细的论述可参见文献 [143a]。这里只需指出的是，反式结构含量为 85% 左右的开环聚戊烯橡胶（TPR）的综合物性在已有通用合成橡胶是最优的，例如 TPR 的加工性能和拉伸结晶补强作用优于顺丁橡胶（BR）、异戊橡胶（IR）而像天然橡胶（NR）；拉伸强度和耐老化性能优于 BR 和 E-SBR1500；耐臭氧龟裂优于 BR、IR、NR、E-SBR 而更像氯丁橡胶（CR）；生胶强力和自黏性在现有通用合成橡胶中是最好的。迄今未能工业化的原因，不是在于原料资源、合成方法和上述综合物性，而是由于 TPR 在 $+10℃\sim$ 低于 $-10℃$ 的范围结晶速度太快（例如反式结构含量为 89% 的开环聚戊烯橡胶于 $0℃$ 的结晶半衰期 $\tau_{1/2}$ 只有 13h），导致在使用环境中迅速变硬、弹性急剧下降所致。

(3) 利用活性配位聚合合成新胶种并对稀土橡胶改性　和活性阴离子聚合一样，利用活性配位聚合形成的活性链端也可以合成端官能基聚烯烃、多种嵌段、接枝和星形共聚物。其中与合成橡胶最紧密相关的是合成新型聚烯烃热塑性弹性体（TPE）、双亲性嵌段共聚物，相关品种和嵌段共聚的特点（不同于活性阴、阳离子共聚和活性自由基共聚）可参见本章的相应活性聚合部分，这些共聚物不仅是用传统的配位聚合反应难以制得，而且也是合成橡胶领域亟待发展的新品种。

活性配位聚合的另一个重要应用是对合成橡胶分子进行链端改性[122]，进一步提高橡胶的耐磨性、定伸强力和拉伸强度。例如：中国长春应用化学研究所的科学家早已发现，当用稀土钕的三组分催化剂合成稀土顺丁橡胶时，当 Al/Nd 比低、且并用 AlR_2H 时于低温下催化丁二烯聚合，具有全部活性聚合特征，并证明其活性增长链端为 C—Al 键。日本的学者则首先用有机锡化合物如 Bu_2SnCl_2、$C_6H_5SnCl_3$、$(C_6H_5)_2SnCl_2$ 和 $(C_6H_5)_3SnCl$ 等对稀土顺丁橡胶进行链端改性，随后 Zeon 公司又用 N-取代的胺类化合物如 4,4′-双二乙氨基苯甲酮、N-甲基-2-乙烯基吡咯烷酮等对稀土顺丁橡胶进行链端改性。顺丁橡胶经上述化合物改性后，发现橡胶的强度、弹性、耐磨性、耐疲劳性和耐低温性都有所提高。日本旭化成公司则发现，用羧酸酯如己二酸二乙酯、顺丁烯二酸二乙酯、偏苯三酸丁酯等，某些碳酸酯如碳酸二苯酯来偶联活性顺丁橡胶分子链，其偶联效率均＞50%，偶联改性支化后的稀土顺丁橡胶，不仅加工黏度低、可与 NR 共混并用，而且还可用作 PS 树脂的增韧、抗冲改性剂。

2.3.5 共聚合反应

两种或两种以上的单体共同参与聚合、并形成含有两种或两种以上单体链节共聚物的聚合过程称作共聚合反应。共聚合过程可以按自由基、阴离子或阳离子机理进行，也可以按配位聚合或其他历程进行。形成的共聚物依据其所含链节的排布方式（或称序列结构）可有以下四种形式（以两种单体共聚为例）。

无规共聚物：两种单体（M_1M_2）在共聚物链中呈无规分布，形成无规共聚物的聚合过程称为无规共聚。

$$\sim\sim\sim M_1M_1M_1M_2M_1M_1M_2M_1M_2M_1M_2M_2\sim\sim\sim$$

交替共聚物：两种单体在共聚物链中呈交替排布，而且两种单体链节的摩尔比为 1∶1，形成交替共聚物的聚合过程称为交替共聚。

$$\sim\sim\sim M_1M_2M_1M_2M_1M_2M_1M_2M_1M_2\sim\sim\sim$$

嵌段共聚物：共聚物分子链中至少含有两种单体构成的长链段，其序列排布可有 AB 型

$$\sim\sim\sim M_1M_1M_1M_1M_1M_1M_2M_2M_2M_2M_2M_2\sim\sim\sim$$，称 $PM_1\text{-}b\text{-}PM_2$ 两嵌段共聚物；ABA 型

$$\sim\sim\sim M_2M_2M_2M_2M_1M_1M_1M_1M_1M_2M_2M_2\sim\sim\sim$$，称 $PM_2\text{-}b\text{-}PM_1\text{-}b\text{-}PM_2$ 三嵌段共聚物；或 AB 型星形

$$\sim\sim\sim M_2M_2M_2M_2M_1M_1M_1M_1\sim\sim\sim S \begin{cases} M_1M_1M_1M_1M_2M_2M_2\sim\sim \\ M_1M_1M_1M_1M_2M_2M_2\sim\sim \end{cases}$$

，称 $PM_1\text{-}b\text{-}PM_2$ 两嵌段星形共聚物。

若为 M_1、M_2、M_3 三种单体参与共聚，则相应的序列结构应为线形 ABC 型或 ABC 型星形多嵌段共聚物。

接枝共聚物：即以 M_1 为主链、M_2 为支链的接枝共聚物，称 $PM_1\text{-}g\text{-}PM_2$ 接枝共聚物。当然，主链也可由两种单体单元构成，支链也可由两种不同的单体同时接枝形成带不同支链的接枝共聚物。

一般来说，无规共聚物和交替共聚物的物性介于两种均聚物性能之间，是一种性能互补、相互改性的合成反应；而嵌段共聚和接枝共聚则是嵌段或支链长度足以体现均聚物特性而成为两种均聚物性能互相结合的聚合物改性反应。由于共聚物的性能取决于长链中单体链节的种类、相对数量和排布方式，合用的共聚单体的种类很多，几种单体单元的序列排布又多种多样，所以共聚合反应就成为聚合物改性乃至使橡胶-塑料-纤维相互转化或融合的重要反应和方法。

2.3.5.1 共聚物组成微分方程

以 M_1 和 M_2 两种单体的共聚为例，由于 M_1 和 M_2 的结构和活性不同，因而其消耗速率也不一样，这样就会使原料配比和共聚物组成随共聚时间的延长（或随转化率的提高）而

改变。利用以下的共聚物组成微分方程可以预期共聚物瞬时组成与原料配比之间的变化规律：

$$\frac{d[M_1]}{d[M_2]} = \frac{[M_1]}{[M_2]} \times \frac{r_1[M_1]+[M_2]}{r_2[M_2]+[M_1]} \tag{2-16}$$

式中，$\frac{d[M_1]}{d[M_2]}$ 表示瞬时形成的共聚物中 M_1 和 M_2 的摩尔比；$[M_1]/[M_2]$ 为两种单体的配料比（摩尔比）；r_1 和 r_2 分别为单体 M_1 和 M_2 的竞聚率。式(2-16) 表明，共聚物的瞬时组成不仅随原料配比而改变，而且在很大程度上取决于竞聚率 r_1 和 r_2 的大小。为使用方便，常把式(2-16) 表达的共聚物组成微分方程转化为以摩尔分数表示的组成比方程(2-17)。

$$F_1 = 1 - F_2 = \frac{r_1 f_1^2 + f_1 f_2}{r_1 f_1^2 + 2 f_1 f_2 + r_2 f_2^2} \tag{2-17}$$

式中，F_1 和 F_2 分别为共聚物瞬时组成中 M_1 和 M_2 链节的摩尔分数；f_1 和 f_2 分别为 M_1 和 M_2 在未反应的混合物中所占的摩尔分数。

根据式(2-16) 或式(2-17) 所示的共聚物瞬时组成（F_1）与瞬时配料比（f_1）和 r_1、r_2 的函数关系可绘制出多种不同的共聚物组成曲线，其中有三组曲线分别表达了共聚物瞬时组成随单体配料比而变化的极端情况。

① $r_1 = r_2 = 0$，$r_1 r_2 = 0$。表明以 M_1 或 M_2 为链端的自由基只能引发另一种单体聚合，即只能进行交替共聚，形成 M_1 和 M_2 各占 50% 的交替共聚物。此时共聚物组成方程式为：

$$\frac{d[M_1]}{d[M_2]} = 1 \tag{2-18}$$

或 $F_1 = 1/2$

此时，只要反应体系中还有两种单体，就以交替共聚方式进行，且共聚物组成与转化率无关。这一关系还可预期 $r_1 \ll 1$、$r_2 \ll 1$，$r_1 r_2 \ll 1$ 就会出现交替共聚的倾向和程度。

② $r_1 = r_2 = 1$，$r_1 r_2 = 1$。此时共聚物组成方程简化为：

$$\frac{d[M_1]}{d[M_2]} = [M_1]/[M_2] \tag{2-19}$$

或 $F_1 = f_1$

式(2-19) 表明共聚物组成恒等于原料配比，即共聚物组成只随单体配料比变化而与转化率无关。F_1 与 f_1 的关系为对角线，这种恒比变化关系称作恒比共聚，F_1 与 f_1 的这种恒比变化关系还可以预期那些 $r_1 < 1$、$r_2 < 1$，$r_1 r_2 < 1$ 时，F_1-f_1 曲线与对角线有交点的原料配比（不同单体的共聚）也可以发生恒比共聚。

③ $r_1 > 1$、$r_2 < 1$，但 $r_1 r_2 = 1$。此时共聚物组成方程简化为：

$$\frac{d[M_1]}{d[M_2]} = r_1 \frac{[M_1]}{[M_2]} \tag{2-20}$$

或 $F_1 = r_1 f_1$

式(2-20) 表明共聚物组成与单体配料比之间有简单的比例关系，比例常数为 r_1。这种关系相当于理想溶液的液相组成和气相组成之间的关系，故称作"理想共聚"。

以上各种 F_1 随 f_1 变化的极端情况不仅已有很多具体共聚合实例，而且可以预期那些 r_1 和 r_2 值及其乘积均接近于极端值时的共聚物组成，以及要获得确定的共聚物组成应选取的配料比。但是要在高转化率下获得预期组成比的共聚物，还需要利用包括共聚物组成随转化率变化的式(2-17) 的积分式[123]或经多次实验的经验数据来判断。尽管上述的 F_1-f_1 相关式是由两种单体的自由基共聚动力学推导而建立的，但原则上可适用于阴离子、阳离子和配位聚合的多组分共聚合的预测和计算（在这些共聚中 r_1 和 r_2 会因活性种的形式及溶剂的影响而发生很大变化)。

2.3.5.2 无规共聚合

无规共聚合是指两种(或两种以上)单体进行共聚形成无规分子链,即一种单体单元在另一单体单元序列中呈无规分布的聚合过程。要形成无规分子链,参与共聚的单体必须符合下列条件:①两种单体应能进行同一类型聚合反应,例如自由基、阴离子、阳离子或配位聚合;②两种单体的增长活性种必须能互相引发即双向引发;③两种单体的竞聚率 r_1、r_2(或相对活性 $\frac{1}{r_1}$、$\frac{1}{r_2}$)不能相差太大,否则将形成均聚物或嵌段共聚物;④出于改性需要,当选择的两种单体(或两种以上)的竞聚率相差较大时,必须制定相应的措施(如改变配料比、改变溶剂极性和控制转化率等)来控制长序列硬嵌段或均聚链段的形成。对合成橡胶来说,为了改善某种性能(如提高强力、耐磨性或改善耐油性),经常采用硬单体如苯乙烯、丙烯腈等与软单体如丁二烯共聚,而共聚时如何实现分子链的无规化对制取综合性能良好的合成橡胶是至关重要的。以下将根据已工业化的四大共聚胶种即乳聚丁苯橡胶(E-SBR)、乳聚丁腈橡胶(E-NBR)、溶聚丁苯橡胶(S-SBR)和溶聚乙丙橡胶(EPR)分别讨论它们的引发剂体系,r_1、r_2 值(表 2-13)及其相应的无规化措施。

表 2-13 四种共聚橡胶的引发剂体系及其相应的 r_1、r_2 值

胶种	引发剂体系	聚合反应类型	介质	r_B 或 r_E	r_S 或 r_{AN} 或 r_P
E-SBR	$K_2S_2O_8$(50℃)	自由基	水乳液	1.59	0.44
	氧化-还原引发剂(5℃)	自由基	水乳液	1.38	0.64
E-NBR	氧化-还原引发剂(5℃)	自由基	水乳液	0.18	0.02
S-SBR	RLi(40℃)	阴离子	环己烷	24	0.04
	RLi(29℃)	阴离子	苯	4.5	0.08
	RLi(40℃)	阴离子	四氢呋喃	1.03	0.77
	RLi(−78℃)	阴离子	四氢呋喃	0.04	11.0
EPR	$VOCl_3/Al_2Et_3Cl_3$	配位聚合	庚烷	26.0	0.04
	$VOCl_3/AliBu_3$	配位聚合	己烷	26.0	0.04
	$VCl_4/AliBu_3$	配位聚合	庚烷	20.5	0.025
	$V(acac)_3/AlEt_2Cl$	配位聚合	庚烷	15.0	0.04
	$VO(OR)_2Cl/AliBu_2Cl$	配位聚合	汽油	22.0	0.046

从表 2-13 可以得出以下结论。

(1) E-SBR 和 E-NBR 的共聚体系均为自由基型乳液共聚。但二者 5℃ 的竞聚率值有所不同。对于 E-NBR,r_B 和 r_{AN} 均小于 1,且 $r_B r_{AN} \ll 1$,说明二者均容易参与共聚,且有明显的交替共聚倾向,即使是丙烯腈(AN)在配料比中高达 35%,转化率达 80% 也不会形成 AN 的长嵌段而影响 E-NBR 的弹性,也就是说这一单体对的共聚完全符合前述①②③的无规共聚条件;另一个特点是,由于 r_{AN} 约比 r_B 小 10 倍,表明 AN 比 B 更容易进入共聚物链,所以在生产 E-NBR 的系列品种(AN 的结合量从 20%~40%)时,配料比范围[丁二烯:丙烯腈=(82~65):(18~35)],直至转化率很高(~80%),都是 AN 的结合量大于配料比(例如丁二烯:丙烯腈=82:18,转化率为 15% 时,共聚物 AN 的结合量为 30.6%,当转化率达 78% 时,AN 的结合量为 21.0%)[124];而对于 E-SBR,其 $r_B > 1$,$r_S < 1$,$r_B r_S = 0.88 < 1$,显然丁二烯比苯乙烯更容易进入共聚物链,当配料比为丁二烯:苯乙烯=(75~70):(25~30)时,所得共聚物的苯乙烯结合量,不仅随配料比变化而变化,而且也随转化率的提高而改变[124],即由于苯乙烯的共聚活性低,导致随着转化率的提高,苯乙烯在配料中的相对浓度不断增大,使之逐渐有利于形成苯乙烯长嵌段。为了克服苯乙烯嵌段对

E-SBR 性能造成的不利影响,所以在合成 E-SBR 时转化率常控制在 60%~70%。

(2) 工业上 S-SBR 的合成都是在烃类溶剂中采用 RLi 引发剂引发丁二烯/苯乙烯的活性阴离子共聚来实现的,从表 2-13 所列的有限数据可以看出,两种单体虽可以双向引发,但溶剂的性质对两种单体的共聚活性影响很大,在非极性溶剂中 r_B 比 r_s 大几百倍,而在极性溶剂中,于低温下 r_s 又比 r_B 大数百倍。这就意味着采用正常的聚合温度、配料比和加料方式,无论用单一的烃类溶剂还是极性溶剂都难以抑制苯乙烯嵌段的形成。因此在工业生产中常是在非极性溶剂中添加少量无规化剂(如 t-BuOK),使增长的活性种部分转化为以 K^+ 为反离子的活性链,来改变 r_B 和 r_s,制取 S 在共聚物链中呈无规分布的 S-SBR。

(3) 对于 EPR,工业上生产 EPR 有两种方法。一是以 $VOCl_3/AliBu_3$(或 $VOCl_3/Al_2Et_3Cl_3$)为催化剂在烃类溶剂中使乙烯(E)/丙烯(P)进行溶液共聚;二是采用 $V(acac)_3/AlEt_2Cl$(或 $AliBu_2Cl$)催化剂在液态丙烯中进行悬浮(或淤浆)聚合。从表 2-13 的数据可以看出,两种催化剂在非极性介质中的 r_E 比 r_P 都大上千倍,这就意味着在共聚时形成聚乙烯嵌段是不可避免的(当聚乙烯的嵌段长度大于 6 个乙烯链节就会导致聚乙烯链段结晶,使橡胶变硬)。但是从式(2-16)可知,共聚物的组成除受 r_E、r_P 的影响外,还受原料配比的支配。因此常利用控制乙烯在液相中的浓度比来控制共聚物组成比,并达到乙烯单元在共聚物链中呈无规分布的目的。例如淤浆聚合时,控制乙烯在液态丙烯中的摩尔分数为 3%~4%,就可制得 E 含量为 55%~60.5%的无规 EPR,控制乙烯在液态丙烯中的摩尔分数分别为 4%~6% 和 6%~10%时,就可合成出 E 含量分别为 60.5%~67.5% 和 67.5%~80%的无规 EPR。

2.3.5.3 交替共聚合

交替共聚物是指两种单体单元在共聚物分子链中呈交替排列的一种序列规整聚合物,除两种或两种以上的单体可合成交替共聚物外,利用两种单体先形成电荷转移络合物(可视作一种单体)或一种单体在聚合过程中形成两种构型(如 1,4-丁二烯链节的顺式和反式构型)的交替排列,也能合成交替共聚物。因此交替共聚合反应是在序列规整性上有别于其他共聚反应的一种共聚物合成反应。

交替共聚物一般是指在化学组成上呈现序列规整性,但有些交替共聚物例如丁二烯/丙烯腈、丁二烯/丙烯交替共聚物不仅具有序列规整性,而且其丁二烯单元的反式-1,4-构型可达 97%以上,因而它又是一种立构规整聚合物。这种共聚物的分子参数(如 T_g、T_m 等)大都处于两种均聚物之间,因此成为聚合物改性和合成新型橡胶的一种重要合成反应。

交替共聚物的合成反应有以下三类:①电荷转移络合物的自由基聚合;②Lewis 酸存在下的电子转移络合物的自由基聚合;③Z-N 催化剂引发的配位点数控制聚合。

(1) 电荷转移络合物的形成及其自由基聚合　某些含 C=C 双键的给电子单体与另一类受电子单体可形成电荷转移络合物:

$$R-CH=CH-R' + X-CH=CH-X' \underset{}{\overset{K}{\rightleftharpoons}} \begin{array}{c} X-CH=CH-X' \\ \updownarrow \\ R-CH=CH-R' \end{array}$$
$$\underset{D}{} \quad \underset{A}{}$$

或

$$D + A \overset{K}{\rightleftharpoons} [D \rightarrow A]$$

式中,D 为给电子体;A 为受电子体;R 和 R′ 均为给电子基,如烷基、烷氧基或苯基等。由于 R 和 R′ 的给电子或共轭性质,致使 C=C 变为富电子双键,有可能给出部分电荷;X 和 X′ 均为吸电子基(如—CN 或—COR,也可以是 X=H,X=CN、CO 等)。由于 X 和 X′ 强烈的吸电子性质,致使 C=C 变为贫电子双键,有接受电子的倾向。两者混合后就形成部分电荷转移的络合物。电荷转移的程度取决于两种单体上取代基的给电子和吸电子能力，从而也就决定着单体间络合的强弱，而络合的强弱又决定着络合物的聚合行为。络合物络合程度的强弱可用络合物的形成平衡常数（K）来量度（见表 2-14）。

表 2-14 电荷转移络合物的形成平衡常数 K 与聚合行为的关系

K	类型	单 体 对 及 条 件	聚 合 行 为
0.01	A		一般的无规共聚
0.1	B		在自由基引发剂存在下交替共聚
1.0	C	环己烯-SO_2（$K=0.052$）（正庚烷，25℃）、顺式-2-丁烯-SO_2（$K=0.076$）（正庚烷，25℃）、反式-2-丁烯-SO_2（$K=0.082$）（正庚烷，25℃）、2-氯乙基乙烯基醚-顺丁烯二酸酐（$K=0.1$）（四氯化碳，25℃）、二甲氧基乙烯基醚(DME)-顺丁烯二酸酐(Manh)（$K=0.15$）（四氯化碳，25℃）	室温，无引发剂存在发生交替共聚（K 值随溶剂极性的增大而减小）
5.0	D	N-乙烯基咔唑-对四氯醌（$K=3.2\sim6.6$）（甲苯～乙腈）、N-乙烯基咔唑-SO_2(X_2）、2,3-二氯-5,6-二腈基醌-甲基乙烯基醚偏二腈乙烯-甲基乙烯基醚(甲苯)	无引发剂存在，自发引发离子聚合（K 值随溶剂极性的增大而增大）
∞	E	4-乙烯基吡啶-对四氯醌（3:1）	形成稳定的可分离的络合物（不聚合）

表 2-14 中的数据表明，$K=0.1\sim1.0$ 的 C 类单体对所形成的络合物，在室温或低温下可进行自引发交替共聚；$K=0.01\sim0.1$ 的 B 类单体，可在自由基引发剂存在下进行交替共聚；$K<0.01$ 的 A 类单体，由于不形成电荷转移络合物，两种单体混合后只发生一般的无规共聚；而 $K=1\sim5$ 的 D 类单体，虽能形成电荷转移络合物，但由于络合过强，K 值太大，电荷转移的结果形成了自由基阳离子和自由基阴离子，在非极性溶剂中导致了自引发离子聚合，从而形成过剩单体的均聚物。

电荷转移络合物的聚合，主要是在缓和条件下按自由基历程形成交替共聚物。电荷转移络合物的组成摩尔比大都是 1:1，具有实际意义的单体对有：苯乙烯-SO_2、苯乙烯-顺丁烯二酸酐、烯烃-SO_2、顺丁烯二酸酐-乙烯基醚、顺丁烯二酸酐-乙烯基硫醚、顺丁烯二酸酐-对甲基苯乙烯、顺丁烯二酸酐-对二甲氨基苯乙烯等。

至于电荷转移络合物发生交替共聚的机理，对链引发的解释是：①络合物中给电子单体的质子转移到受电子单体上形成两个自由基，如 1,4-二氧六环-顺丁烯二酸酐络合物（见下式）；②络合物本身重排为双自由基，如双环[2,2,1]庚烯同 SO_2 共聚；③络合物从溶剂或单体分子中抽取氢后形成自由基。

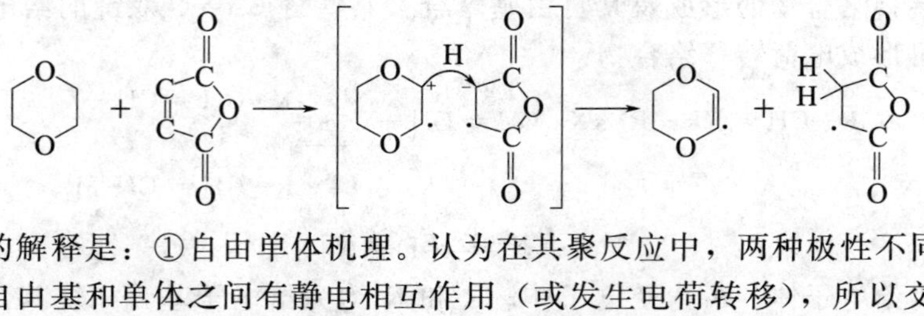

对链增长的解释是：①自由单体机理。认为在共聚反应中，两种极性不同的单体交替增长，是由于链自由基和单体之间有静电相互作用（或发生电荷转移），所以交替增长速率大于各自均聚的速率；②络合物机理。认为给电子单体和受电子单体形成摩尔比为 1:1 的电荷转移络合物，其活性相当高，从而促使络合物按均聚机理形成交替共聚物。其中后者已获得较多实验事实的支持。

（2）Lewis 酸存在下的电子转移络合物的自由基聚合 此类电子转移络合物是由 Lewis

酸络合的极性单体作受电子单体，再与烯烃（或二烯烃）类给电子单体形成电荷转移络合物，这种电荷转移络合物可按如下的自由基历程，即络合着的自由基链和被络合着的单体之间进行自由基共聚形成摩尔比为1∶1的交替共聚物，例如丙烯腈（AN）的Lewis酸络合物与丙烯（P）、丙烯酸酯的BF_3络合物与乙烯或丙烯、丙烯腈的Lewis酸络合物与丁二烯（B）之间的交替共聚：

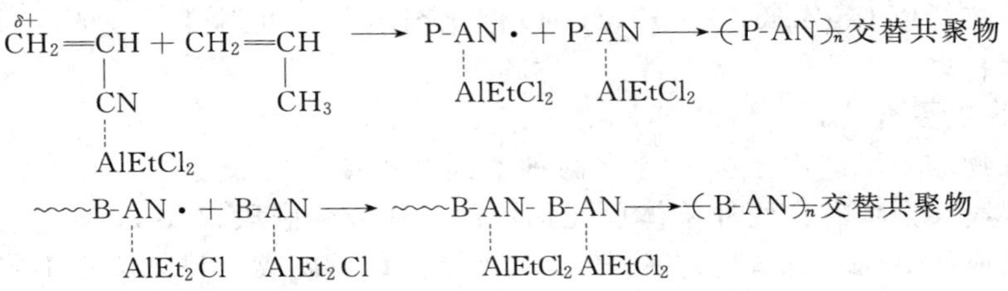

$$CH_2=CH + CH_2=CH \longrightarrow P\text{-}AN\cdot + P\text{-}AN \longrightarrow \text{-}(P\text{-}AN)_n\text{-} \text{ 交替共聚物}$$

$$\sim\sim\sim B\text{-}AN\cdot + B\text{-}AN \longrightarrow \sim\sim\sim B\text{-}AN\text{-}B\text{-}AN \longrightarrow \text{-}(B\text{-}AN)_n\text{-} \text{ 交替共聚物}$$

适于这类聚合的单体有以下两组。

① 给电子单体：乙烯、丙烯、异丁烯、己烯、1-十八烯、苯乙烯、α-甲基苯乙烯、2-丁烯、2-甲基-2-丁烯、丁二烯、异戊二烯、环戊烯、2-降冰片烯、β-甲基苯乙烯、反式二苯基乙烯、二氢萘、氯乙烯、偏二氯乙烯、乙酸乙烯酯和苯甲酸乙烯酯等。

② 受电子单体：丙烯酸酯类、甲基丙烯酸酯、丙烯腈、甲基丙烯腈、丙烯酸、丙烯酰氯、N-辛基丙烯酰胺、N,N-正丁基丙烯酰胺、甲基乙烯基酮、巴豆酸甲酯、巴豆酸正丁酯、α-氯代丙烯腈和α-氯代丙烯酸甲酯等。

其中，丙烯酸酯与丙烯（或乙烯）的交替共聚物和丙烯腈与丁二烯的交替共聚物，均已成为耐油橡胶的重要品种。

(3) Z-N催化剂引发的丁二烯与丙烯的配位点数控制的交替共聚[125,126]　丁二烯/丙烯在钒系催化剂如$VO(OR)_2Cl/AliBu_3$存在下的交替共聚过程属配位点（数）控制机理，活性种的结构是以V^{3+}为中心离子、V^{3+}上带有两个OR′配体、一个氯原子和一个R基（来自烷基铝）及两个空位、配位数为6的4配位正八面体。若增长链端是丙烯链节，其两个空位点可供丁二烯进行双座配位；若增长链端为丁二烯则为π-烯丙基，它占据两个配位点，此时空位只有一个，只能允许丙烯进行单座配位，如此循环进行形成交替结构[99,112,126]。

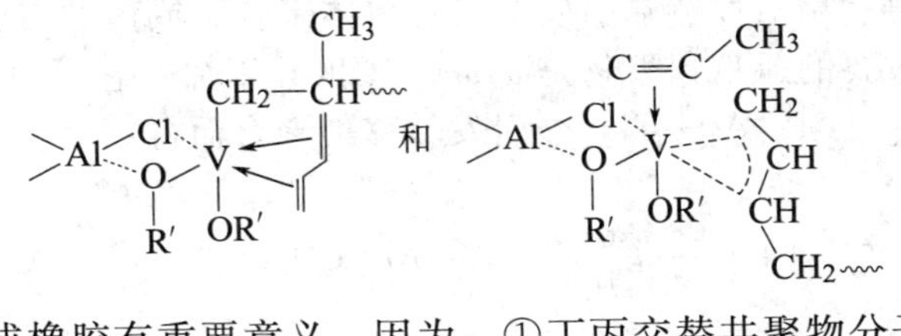

这种交替共聚物对合成橡胶有重要意义。因为：①丁丙交替共聚物分子链的交替度≈100%、丁二烯单元的反式-1,4-结构＞97%，是一种立构规整、序列规整的共聚橡胶新胶种；②其结构单元 $-CH_2-CH=CH-CH_2-\overset{CH_3}{\underset{|}{CH}}-CH_2-$ 酷似天然橡胶的异戊二烯结构单元 $-CH_2-CH=\overset{CH_3}{\underset{|}{C}}-CH_2-$，因而其$T_g$值（标志橡胶综合性能优劣）接近天然橡胶（天然橡胶的$T_g=-73℃$，丁丙交替共聚橡胶的$T_g=-72℃$），其拉伸结晶行为可能与天然橡胶近似；③丁二烯和丙烯原料又比异戊二烯来源丰富、价格低廉，所以无论从聚合物结构还是从技术经济上它都是制取不用异戊二烯的"合成天然橡胶"的最佳选择[112,114,126]。

此外，用一种单体经特定的催化剂引发聚合也可制得交替共聚物。例如环辛二烯的衍生物用W或Mo系催化剂聚合，已制得了丁二烯和取代丁二烯严格交替的二烯类交替共聚物：

$$n \underset{X}{\text{(cyclooctatriene)}} \xrightarrow[\text{或 MoCl}_6/\text{AlR}_3]{\text{WCl}_6/\text{Al}i\text{Bu}_3} \left[CH_2-\underset{X}{C}=CH-CH_2CH_2-CH=CH-CH_2 \right]_n$$

式中，X＝CH_3，得丁二烯-异戊二烯交替共聚物；X＝Cl，则为丁二烯-氯丁二烯交替共聚物。再如丁二烯以 $Co(acac)_3/AlEt_3/H_2O$ 催化剂聚合，可制得 1,4-结构与 1,2-结构的等二元交替共聚物。

2.3.5.4 嵌段共聚合

嵌段共聚物的分子链中至少要含有两种不同结构单元的长链段，是一种序列规整共聚物。常见的嵌段共聚物有：两种单体单元构成的 AB 型两嵌段、ABA 型三嵌段共聚物，三种单体单元构成的 ABC 三嵌段及多嵌段共聚物等。和无规或交替共聚物不同，嵌段共聚物因其有长序列嵌段存在而兼具各自均聚物的特性。因而嵌段共聚不仅成为塑料、橡胶改性的一种重要方法，而且也是合成热塑性弹性体和双亲性共聚物（常作共混增容剂）的一个重要反应。

合成嵌段共聚物的反应主要有：自由基嵌段共聚法、阳离子嵌段共聚法和活性聚合法。其中嵌段共聚物纯度最高、结构和分子参数可控程度最大，且最易实施的嵌段共聚方法当属活性聚合法。

(1) 双官能引发剂引发的顺序自由基共聚法　例如采用二叔丁基-4,4′-偶氮双（4-氰基戊酸过氧酯）于 60℃ 使偶氮键分解引发苯乙烯（S）聚合，随后再在胺存在下于 100℃ 使过氧酯分解引发 MMA 聚合，制得了 PS-b-PMMA 两嵌段共聚物。

(2) 力化学断裂反应法　天然橡胶或烯类单体聚合物用辊筒塑炼，高剪切力可切断聚合物分子主链并形成链自由基，此时加入第二种单体聚合可制得嵌段共聚物。

以上的两种嵌段共聚法虽能合成出两种单体的嵌段共聚物，但由于自由基的选择性差、力化学断裂的任意性很大，不仅只能合成两嵌段共聚物，而且很难合成出嵌段纯度高（不含均聚物）、分子量可控和结构明确的嵌段共聚物。

(3) 阳离子嵌段共聚　阳离子嵌段共聚通常是 α-烯烃先经阳离子聚合合成链端带活性基的遥爪预聚物，随后再利用活性链端引发第二种单体聚合、或借助与偶联剂反应偶联，获得嵌段共聚物。其中最重要的遥爪预聚物是 α,ω-二氯聚异丁烯。它可由异丁烯以 BCl_3 为引发剂、对二氯二异丙基苯（Cl—Ar—Cl）作引发转移剂聚合而得：

$$n(CH_3)_2C=CH_2 \xrightarrow[BCl_3]{Cl-Ar-Cl} Cl-Ar\left[CH_2C(CH_3)_2\right]_{n-1}Ar-\underset{CH_3}{\overset{CH_3}{\underset{|}{\overset{|}{C}}}}-Cl$$

α,ω-二氯聚异丁烯的端基氯仍很活泼，在 BCl_3 作用下又可引发其他单体进行阳离子嵌段共聚。α,ω-二氯聚异丁烯也可借助两个端基氯引发烯烃单体聚合制得三嵌段共聚物。常用的单体有烯烃（如异丁烯、苯乙烯、α-甲基苯乙烯等）和醚类（环氧乙烷、四氢呋喃等）。其中颇有意义的是聚 α-甲基苯乙烯-b-聚异丁烯-b-聚 α-甲基苯乙烯三嵌段共聚物。这是一种新型物理交联的热塑性弹性体。中间橡胶段的分子量为 $4\times10^4 \sim 10\times10^4$，两端塑料段的分子量为 $1\times10^4 \sim 2\times10^4$，性质类似于 SBS，但前者具有更好的抗氧化性和更高的使用温度。

(4) 活性聚合法　目前自由基聚合、阴离子聚合、阳离子聚合和配位聚合四大聚合反应均已成功地开发出活性聚合法。大量的实践证明，活性聚合是实现嵌段共聚最有效的反应和方法。有关各类活性聚合的引发剂、共聚合原理、结构和分子参数的可控性以及具体的合成方法、控制因素等已在相应的活性聚合部分作过详细论述，故这里仅就用活性聚合法制备

ABA 型热塑性弹性体的方法、结构和性能作简要对比分析。

① 活性阴离子嵌段共聚合成 SBS（或 SIS）：以单官能 RLi 作引发剂经三步加料法或采用双官能萘锂（或萘钠）引发剂经两步加料合成 SBS 是开发最早、且已获得工业应用的典型活性阴离子嵌段共聚方法，由于引发剂遇质子性物质会破坏、添加极性溶剂（如 THF 等）又导致 1,2-结构迅速增多，所以嵌段共聚只能在纯净的非极性烃类溶剂中进行；由于阴离子的本性致使其不能引发乙烯、异丁烯或丙烯酸酯类单体聚合作弹性软段。该方法的优点是，SBS 的分子量和分子量分布均可控，PS 段 $\overline{M}_w = 1 \times 10^4 \sim 1.5 \times 10^4$，PB 段的 $\overline{M}_w = 5 \times 10^4 \sim 7 \times 10^4$，可呈现相分离和良好物性。但 SBS 的耐热性（$\sim 100℃$）和耐老化性、耐油性均欠佳。

② 活性阳离子嵌段共聚合成聚 α-甲基苯乙烯（Pα-MS)-b-聚异丁烯（PIB)-b-聚 α-甲基苯乙烯（Pα-MS）三嵌段共聚物是 1992 年 Kennedy 等[127]用对二异丙苯二甲醚/$TiCl_4$ 作引发剂在 CH_2Cl_2/正己烷混合溶剂中于 $-80℃$ 先引发异丁烯进行双向增长，随后加入 α-MS（或对叔丁基苯乙烯，t-BS），同时加入使增长的 C^+ 稳定的给电子体（N,N'-二甲基乙酰胺，DMA）和质子捕捉剂（二叔丁基吡啶，Dt-BP）使 α-MS 在双向形成硬段，首次以阳离子活性聚合法合成了 Pα-MS（或 Pt-BS)-b-PIB-b-Pα-MS（或 Pt-BS）三嵌段共聚物。物性实测结果表明，这种三嵌段共聚物有两个 T_g，并呈现微观相分离形态，拉伸强度为 $10 \sim 20 MPa$，伸长率可达 $300\% \sim 600\%$；经反复加工后其物性基本不变。若硬段为 Pα-MS，其 $T_g = 108℃$；若为 Pt-BS，则 $T_g = 142℃$。是一种耐热性、耐老化性均优于 SBS 的新型热塑性弹性体。

③ 活性自由基嵌段共聚法合成新型热塑性弹性体。如活性自由基聚合一节所述，合成（PS)-b-聚丙烯酸酯（PA)-b-聚苯乙烯（PS）时无论是用引发转移终止剂（Iniferter）法还是用 RCl/MtX/bipy 氧化-还原引发剂的正、反向原子转移活性自由基聚合（ATRP）法，经顺序加料法已合成出 PS-b-PA-b-PS（或简称 SAS）和全丙烯酸酯型 PMMA-b-PA-b-PMMA（或简称 MAM）三嵌段共聚物。活性自由基嵌段共聚的特点是可使极性单体与非极性单体或极性单体之间进行共聚，且可在质子性水乳液中进行，这一性质显然比合成 SBS 的活性阴离子聚合体系优越；所得 SAS 或 MAM 均以饱和主链的极性 PA 作软段，所以这种热塑性弹性体的耐老化、耐油性明显优于 SBS。但是由于尚存在聚合速度慢、引发剂（和催化剂）用量大，以及嵌段效率低等问题，目前尚处于研发阶段。

④ 活性配位聚合合成 EPR 嵌段共聚物。庆伊富长等[117,128]在发现 V(acac)$_3$/AlEt$_2$Cl 催化剂于 $-78℃$ 添加苯甲醚可提高丙烯活性聚合速度的基础上，依据 E-P 无规共聚速率远大于 P 的均聚速率特性，在丙烯聚合 180min（形成 PP 段）后立即充入 46mmol 的乙烯，发现乙烯与丙烯立即发生快速共聚（约 7min），在活性 PP 段上嵌入 EPR 软段，待乙烯消耗完毕后再使丙烯继续聚合 290min，以形成第三个 PP 段。制取 PP-b-EPR-b-PP 的嵌段共聚全过程约为 8h，共聚过程中丙烯、乙烯的消耗速率、共聚物收率、$\overline{M}_n$ 与反应时间的关系列在

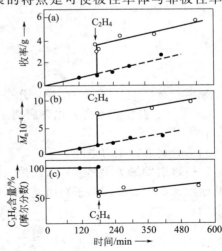

图 2-5 丙烯-乙烯活性
配位嵌段共聚

(a) 聚合物收率与时间的关系；(b) $\overline{M}_n$ 与时间的关系；(c) 聚合物中 PP 含量与时间的关系

●—丙烯均聚，[苯甲醚]＝2.5mmol/L；
○—添加乙烯（46mmol）后的嵌段共聚

图 2-5 中。

从图 2-5 可见，这一嵌段共聚过程既不同于采用单官能引发剂的活性阴离子三步顺序加料法，又有别于双官能引发剂的活性阴离子双向增长法，而是巧妙地利用乙丙无规共聚速率≫丙烯均聚速率、选择适当的时机和乙烯量将 EPR 软段插入两个 PP 硬段之间。因而是活性嵌段共聚的一种新方法。所得三嵌段共聚物是一种两端为耐热 s-PP 段、中间 EPR 为耐老化、低 T_g（$T_g \approx -55 \sim -50°C$）饱和软段的新型热塑性弹性体。

2.3.5.5 接枝共聚合

接枝共聚物是在一种大分子主链上接上另一种大分子支链的共聚物，也属序列规整聚合物。如果接枝的支链足够长，则接枝共聚物能体现各自均聚物组分的性能，因此接枝共聚物的性能不仅取决于各均聚物组分的性质，而且与支链的长度、接枝点密度有关。

合成接枝共聚物的反应和方法主要有：活性点增长法、大单体均聚或共聚法、活性大分子与大单体的反应偶联法以及用多官能引发剂引发的超支化聚合物制备法。这些方法又可按自由基、阴离子、阳离子或相应的活性聚合反应历程进行。以下仅列举上述几种方法的典型实例。

（1）活性点增长法 活性点增长法是在某一聚合物的主链或侧基上形成活性点，然后再加入第二种单体引发聚合形成支链。列举如下。

① 自由基接枝共聚合

a. 链转移接枝：把聚丁二烯（PB）分散（或溶解）在苯乙烯中然后引发聚合，由于苯乙烯增长链自由基可抽取聚丁二烯分子中活泼亚甲基（—CH_2—CH=CH—CH_2—）上的氢原子而产生可引发苯乙烯聚合的自由基，由此形成 PB-g-PS 接枝共聚物，它是制备高抗冲聚苯乙烯（HIPS）的常用方法。

b. 辐照接枝法：在适当的射线辐照下，聚合物能生成自由基，借以引发接枝聚合。例如，在聚乙烯中加入苯乙烯，通过辐照即可将苯乙烯接枝到聚乙烯上：

$$\sim\!\!\sim\!\!CH_2CH_2\!\!\sim\!\!\sim \xrightarrow[^{60}Co]{h\nu} \sim\!\!\sim\!\!CH_2\dot{C}H\!\!\sim\!\!\sim + H\cdot$$

$$\sim\!\!\sim\!\!CH_2\dot{C}H\!\!\sim\!\!\sim + nCH_2\!\!=\!\!CH\text{(Ph)} \longrightarrow \sim\!\!\sim\!\!CH_2CH\!\!\sim\!\!\sim\text{(接枝 PS)}$$

辐照接枝应用范围相当广泛，几乎所有的常见单体均可接枝到所有商品聚合物上。

② 阴离子接枝共聚合：以含阴离子活性种的聚合物用于接枝共聚合，是接枝效率最高的一种方法。

当聚合物侧链上有萘环、蒽、联苯环时，在四氢呋喃中与碱金属反应，可生成阴离子自由基，借以引发烯类单体或环氧乙烷、环氧丙烷等进行接枝聚合。金属钠与丙烯腈的均聚物或共聚物反应生成的阴离子自由基，再与丙烯腈、4-乙烯基吡啶等单体反应，即可形成接枝共聚物。

$$\sim\!\!\sim\!\!\underset{\underset{C\equiv N}{|}}{CHCH_2}\!\!\sim\!\!\sim \xrightarrow{Na} \sim\!\!\sim\!\!\underset{\underset{\cdot C=N^- Na^+}{|}}{CHCH_2}\!\!\sim\!\!\sim \xrightarrow{nM} \sim\!\!\sim\!\!\underset{\underset{\cdot C=N\!\!-\!\![M]_n}{|}}{CH\!\!-\!\!CH_2}\!\!\sim\!\!\sim$$

1,4-聚丁二烯与叔丁基锂反应也可得到聚合物碳阴离子，借以引发苯乙烯、甲醛、丙烯腈或环氧乙烷等单体的接枝共聚合。

$$\sim\!\!\sim\!\!CH_2CH\!\!=\!\!CHCH_2\!\!\sim\!\!\sim \xrightarrow{t\text{-BuLi}} \sim\!\!\sim\!\!\bar{C}HCH\!\!=\!\!CHCH_2\!\!\sim\!\!\sim \xrightarrow{nM} \sim\!\!\sim\!\!\underset{\underset{[M]_n}{|}}{CHCH\!\!=\!\!CHCH_2}\!\!\sim\!\!\sim$$

③ 阳离子接枝共聚合：阳离子聚合通常不能像阴离子体系那样形成稳定的碳阳离子，接枝反应通常是在预聚大分子链上形成阳离子活性种，并以此引发单体接枝反应。常用的大分子链是含活性卤原子的聚合物，接枝聚合共引发剂有 BCl_3、R_2AlCl 或 $AgSbF_6$ 等，其接枝反应如下：

$$\sim\!\!\!\sim\!\!CH_2CH(Cl)\!\sim\!\!\!\sim + BCl_3 \longrightarrow \sim\!\!\!\sim\!\!CH_2\overset{+}{C}H\!\sim\!\!\!\sim \ BCl_4^- \xrightarrow{nSt} \sim\!\!\!\sim\!\!CH_2\!-\!\!\overset{(St)_n}{\underset{H}{C}}\!\!\sim\!\!\!\sim$$

其中聚合物碳阳离子能引发异丁烯、苯乙烯、异戊二烯和四氢呋喃等单体接枝。合成橡胶阳离子接枝改性实例如表 2-15 所示。

表 2-15 阳离子接枝体系

预聚合成橡胶	接枝单体	共引发剂	溶 剂
丁苯橡胶	异戊二烯	Et_2AlCl	正己烷
氯化丁基橡胶	苯乙烯	Et_3Al、Me_3Al、Et_2AlCl	正戊烷和 CH_2Cl_2
氯磺化聚乙烯	苯乙烯	Et_2AlCl	CH_2Cl_2
三元乙丙橡胶	四氢呋喃	Et_2AlCl	四氢呋喃
丁基橡胶和三元乙丙橡胶	四氢呋喃	Et_2AlCl	CH_2Cl_2 和正庚烷

以上各种活性点增长法虽可合成不同类型、不同支链长度的接枝共聚物，有时其接枝效率还比较高。但接枝点和接枝的支链长度很难控制，且常含有均聚物。所以尽管已得到应用，但可控性不好。

(2) 大单体共聚法　大单体是指聚合物链端带可聚合基团（例如 C=C）的大分子单体，通常是用引发剂法或用含活性反应基团的烯类单体终止聚合物活性链制得。如活性聚合物链为碳阴离子，常用 $Cl-CH_2-CH=CH_2$、$Cl-\underset{\underset{O}{\parallel}}{C}-CH=CH_2$ 等终止，若活性链为碳阳离子则常用 $Me_3SiCH_2-CH=CH_2$ 或 $Me_3SiO-\underset{\underset{O}{\parallel}}{C}-\underset{\underset{CH_3}{|}}{C}=CH_2$ 等终止。由于大单体的链端带有 C=C 双键，所以它可和小分子烯类单体一样能顺利地进行自由基或离子型均聚和共聚合。

(3) 活性大分子与大单体的反应偶联法　其实例如下。

① 活性大分子先用偶联剂终止，随后再与另一种活性链反应[129]：

$$\sim\!\!\!\sim\!\!CH_2\!-\!\!\overset{-}{C}H(Ph)\ Li^+ \xrightarrow{+CH_3SiCl_3（过量）} \sim\!\!\!\sim\!\!CH_2\!-\!\!\overset{CH_3}{\underset{Cl}{\underset{|}{\overset{|}{Si}}}}\!\!-\!Cl + \sim\!\!\!\sim\!\!CH_2\!-\!CH\!=\!CH\!-\!CH_2^-\ Li^+ \longrightarrow$$

$$\sim\!\!\!\sim\!\!CH_2\!-\!CH\!=\!CH\!-\!CH_2\!-\!\!\overset{CH_3}{\underset{\underset{Ph}{\underset{|}{CH}}}{\overset{|}{Si}}}\!\!-\!CH_2\!-\!CH\!=\!CH\!-\!CH_2\!\!\sim\!\!\!\sim$$

② 首先合成单端或双端活性的大分子，如单端和双端活性聚异戊二烯（$\sim\!\!\!\sim\!\!\overset{PI}{C}\ Li^+$，

$Li^+-C\sim\overset{PI}{\frown}\sim C-Li^+$ ），然后再与多倍的大单体反应[130]：

$\sim\overset{PI}{\frown}C-Li^+ + 6CH_2=CH-\bigcirc-CH_2\sim PSt \longrightarrow$

$Li^+-C\sim\overset{PI}{\frown}\sim C-Li^+ + 10CH_2=CH-\bigcirc-CH_2\sim PSt \longrightarrow$

以上①②所合成的共聚物，若 PB、PI 的分子链长≫PSt，应称作接枝共聚物，若 PB、PI 的分子链长≈PSt，则常称作星形共聚物。这两类接枝共聚物显然是另一类热塑性弹性体。

Morton[131]和 Fetters 曾用多官能引发剂按以下的活性阴离子聚合反应合成了 18 臂的超支化星形聚异戊二烯：

$s\text{-}C_4H_9Li + xCH_2=CH-\overset{CH_3}{\underset{|}{C}}=CH_2 \longrightarrow s\text{-}C_4H_9[C_5H_8]_xLi \ (\text{I})$

$Cl_3SiCH_2CH_2SiCl_3 + 6CH_2=CHMgBr \longrightarrow (CH_2=CH)_3SiCH_2CH_2Si(CH=CH_2)_3 \ (\text{II}) + 6MgBrCl$

$\text{II} + 6SiHCl_3 \longrightarrow (Cl_3SiCH_2CH_2)_3SiCH_2CH_2Si(CH_2CH_2SiCl_3)_3 \ (\text{III})$

$\text{I} - \text{III} \longrightarrow [s\text{-}C_4H_9\langle C_5H_8\rangle_{\overline{x}}]\ (SiCH_2CH_2)_3SiCH_2CH_2Si(CH_2CH_2Si)_3\ [\langle C_5H_8\rangle_{\overline{x}} s\text{-}C_4H_9]_9$

Hawker 等[132]曾用特定的含 TEMPO（2,2,6,6-四甲基-1-哌啶氧自由基）的单分子多官能引发剂，按活性自由基聚合历程引发苯乙烯聚合，制得了超支化聚苯乙烯。

这类超支化聚合物的最大特点是其熔融黏度与聚合物的总分子量无关，而仅取决于每个分支（臂）的分子量大小。当分子量相同时，超支化聚合物的黏度比线形聚合物低，有利于加工成型。

2.3.6 开环聚合

环状单体在引发剂或催化剂作用下经开环生成线形聚合物的反应称为开环聚合：

$$nR-Z \longrightarrow \text{-}[R-Z]_n\text{-}$$

式中，Z 可为 O、N、S、P、Si 等杂原子或 $-CH=CH-$、$-\overset{O}{\underset{\|}{C}}-O-$、$-\overset{O}{\underset{\|}{C}}-NH-$ 等官能团，R 为 $\text{-}(CH_2)_m\text{-}$。开环聚合物的组成与单体组成相同，在主链上可含醚键、酯键、酰胺键或$-CH=CH-$键等。开环聚合可用于制取聚醚橡胶、硅橡胶、磷腈橡胶、反式聚环戊烯橡胶、聚辛烯橡胶等合成橡胶。

2.3.6.1 环状单体的聚合能力

环状单体包括杂环和均碳环化合物。其聚合能力的大小可根据热力学第二定律自由能（ΔG）的焓、熵表达式来判断：

$$\Delta G = \Delta H - T\Delta S$$

即 $\Delta G<0$（为负值）可以聚合，若 $\Delta G>0$（正值）则不能聚合，由于 ΔG 值的正负取决于 ΔH（焓变或称聚合热）和 ΔS（熵变）的大小和正、负，一般是 ΔH 为负值、ΔS 为正值均有利于聚合。在开环聚合中，由于环-线转化时键型和键数均无变化，所以 ΔH 只取决于环的张力（源于键角屈张和非键合 H 之间的斥力）的大小，而 ΔS 则取决于环状单体分子转化为线形聚合物的链节时有序程度的减少值。几类环状单体的张力数据及其开环聚合能力列在表 2-16 中。

表 2-16 的数据表明,列举的各类环状化合物,3、4 节和 7、8 节环由于环的张力较大 (ΔH 为负值),故一般均可聚合;5 节环虽张力较小,多数也具聚合能力;而 6 节环一般不能聚合。

表 2-16　几种环状单体的张力 (kJ/mol) 及其开环聚合能力[133]

环节数	环烷烃	环烯烃	环醚	环缩醛	环酰胺	环硫化物
3	114.64(+)	—	114.22(+)	—	112.56	82.84(+)
4	108.78(+)	121.3(+)	106.69(+)	—	—(+)	82.42(+)
5	25.10(+)	24.69(+)	23.43(+)	25.94(+)	24.27(+)	82.42(−)
6	0.08(−)	—(−)	5.02(−)	0(−)	−0.63(+)	−1.26(−)
7	20.92(+)	22.59(+)	33.47(+)	19.67(+)	—(+)	1.46
8	34.31(+)	25.10(+)	41.84	53.56(+)	—(+)	

注:(+)—可以聚合;(−)—不聚合。

2.3.6.2　开环聚合特点及类型

与烯类单体可进行自由基聚合、α-烯烃大都能进行阳离子、配位聚合相比,含 O、N、S、P 和 Si 等杂原子的碳-杂环单体,由于环内存在碳-杂(原子)极性键和给电子性杂原子,所以一般不发生自由基聚合,而易进行阳、阴离子聚合和配位聚合;这类聚合经常存在环-链聚合-解聚平衡,由于增长种比较稳定,有时还呈现出活性聚合特性。均碳环烯烃一般仅发生配位聚合,发生配位开环聚合时一般是 C═C 双键断裂并易位,而不是打开 C═C 双键相互加成,所以环烯烃的开环聚合常称为易位开环聚合 (metathesis ring-opening polymerization,简称 MOP)。

2.3.6.3　碳-杂环的开环聚合与聚醚橡胶

(1) 阳离子开环聚合　环醚、环硫醚、环内酯、环酰胺、环缩醛等碳-杂环单体,由于分子中存在碳-杂原子弱键和 O、S、N 等给电子原子,所以均可发生阳离子开环聚合。

以环醚(环氧乙烷)的开环聚合为例,适宜的引发剂为 $AlCl_3$、$SbCl_3$、BF_3 等 Lewis 酸。若以 BF_3 作引发剂,则常需在水存在下引发开环聚合。此时,实际上水是引发剂,BF_3 则是共引发剂。BF_3-H_2O 体系引发环醚开环聚合的反应历程如下:

$$BF_3 + H_2O \rightleftharpoons \overset{+}{H}\cdots\bar{B}F_3OH$$

$$\overset{+}{H}\cdots\bar{B}F_3OH + \underset{CH_2}{\overset{CH_2}{O{\Big\langle}}} \longrightarrow H-\overset{+}{O}{\Big\langle}\underset{CH_2}{\overset{CH_2}{}} \xrightarrow{CH_2-CH_2\diagdown O} \sim\sim\sim O-CH_2CH_2-\overset{+}{O}{\Big\langle}\underset{CH_2}{\overset{CH_2}{}}$$
$$\quad\quad\quad\quad\quad\quad BF_3OH^- \quad\quad\quad\quad BF_3OH^-$$

增长的活性种实际上是锌离子和 BF_3OH^- 形成的离子对。由于增长反应存在如下的锌离子交换反应,而形成二氧六环副产物:

$$\sim\sim\sim OCH_2CH_2-\overset{+}{O}-CH_2CH_2 \atop \sim\sim\sim O-CH_2CH_2-O-CH_2 \xrightarrow{\uparrow\ CH_2CH_2OH} \longrightarrow \sim\sim\sim OCH_2CH_2OH + O{\Big\langle}\underset{CH_2CH_2}{\overset{CH_2CH_2}{}}{\Big\rangle}O$$

且增长链易被过量的 H_2O 终止,故一般所得聚醚的分子量不高,产物可用作合成聚氨酯橡胶的软段;若与环氧氯丙烷共聚,还可制得耐油、气密性氯醚橡胶。

(2) 阴离子开环聚合　环醚、环内酯、环状氨基甲酸酯、环脲和环硅氧烷衍生物等单体,也可用烷氧基碱金属化合物(如醇钠)、氢氧化物、氢化物、萘钠等强碱性化合物引发阴离子开环聚合。例如,环醚在碱金属氢氧化物或醇钠等引发剂存在下即可发生阴离子开环聚合:

$$NaOH + CH_2{-}CH_2 \xrightarrow{} HO{-}CH_2CH_2\thicksim\thicksim\bar{O}\cdots Na^+$$
$$\underset{O}{}$$

$$HO{-}CH_2CH_2\thicksim\thicksim\bar{O}\cdots Na + nCH_2{-}CH_2 \xrightarrow{}$$

$$HO{\leftarrow}OCH_2CH_2{\rightarrow}_n CH_2CH_2{-}\bar{O}\cdots Na$$

上述增长反应的活性种实际上是—$CH_2O^- Na^+$,若继续加入环氧乙烷,分子量可继续增大,显示活性聚合特性。但是由于也存在醚键间的交换平衡和单体链转移反应:

$$R{\leftarrow}OCH_2CH_2{\rightarrow}_n OH + R{\leftarrow}OCH_2CH_2{\rightarrow}_m O^- Na^+ \rightleftharpoons$$
$$R{\leftarrow}OCH_2CH_2{\rightarrow}_x O^- Na^+ + R{\leftarrow}OCH_2CH_2{\rightarrow}_y OH$$

$$\thicksim\thicksim CH_2{-}\underset{CH_3}{\overset{|}{CH}}{-}O^- Na + CH_2{-}\underset{CH_3}{\overset{|}{CH}} \xrightarrow{k_{trm}}$$

$$\thicksim\thicksim CH_2{-}\underset{CH_3}{\overset{|}{CH}}{-}OH + CH_2{-}\underset{|}{\overset{|}{CH}}{-}Na^+$$

$$\thicksim\thicksim CH_2{-}\underset{CH_3}{\overset{|}{CH}}{-}OH \xrightarrow{-HOH} \begin{cases} \thicksim\thicksim CH{=}CH{-}CH_3 \\ \thicksim\thicksim CH_2{-}CH{=}CH_2 \end{cases}$$

交换反应和单体转移反应实际上都是一种终止反应,所以环醚用 NaOH 引发的阴离子开环聚合,除环氧乙烷可制得分子量为 40000~50000 的聚合物外,其他环醚如环氧丙烷、四氢呋喃等所得聚合物的分子量都较低。

〔3〕配位阴离子开环聚合 当环醚采用 Al、Zn 或 Fe 等的烷氧基化合物或 AlR_3-H_2O(或质子酸)引发剂引发聚合时,可按配位阴离子历程发生开环聚合,生成结晶性聚合物,若与另一种环氧化合物共聚,则可形成无定形共聚物。聚合反应的第一步是环醚(如环氧乙烷)的氧原子与 Al 配位,随后 Al 上的 OR$^-$ 负离子转移到环醚分子显正电性的碳上使单体插入 Al—OR 键中进行增长,所以称作配位阴离子聚合。

$$Al(OR)_3 + CH_2{-}CH_2 \xrightarrow{} RO{-}\underset{\underset{\underset{CH_2{-}CH_2}{\overset{\delta+}{}}}{\overset{\ddot{O}}{\uparrow}}}{\overset{\overset{OR}{|}}{Al}}{-}\overset{\delta-}{OR} \xrightarrow{} (RO)_2 Al{-}OCH_2CH_2{-}OR$$

$$\xrightarrow{nCH_2{-}CH_2} (RO)_2 Al{\leftarrow}OCH_2CH_2{\rightarrow}_n OCH_2CH_2OR$$

以 AliBu$_3$/H$_2$O/乙酰丙酮(acac)和 AliBu$_3$/H$_3$PO$_4$/NEt$_3$ 组成的引发剂体系不仅比单一 Al(OR)$_3$ 引发聚合的速度快,而且可顺利地引发环醚类单体的配位阴离子共聚合。近年来焦书科和陈晓农[134]采用以上两种引发剂体系在甲苯中引发环氧乙烷(EO)、环氧丙烷(PO)或环氧氯丙烷(ECH)与双环戊二烯二甲酸双缩水甘油酯(DGDCA)的共聚合,成功地制得了高分子量 EO(或 PO)/DGDCA 和 ECH/DGDCA 的交联共聚物,这类交联共聚物的交联键中含有双环戊二烯环,该双环戊二烯环可在高温下(>170℃)发生解二聚形成环戊二烯,环戊二烯在室温下又可迅速二聚形成双环戊二烯,因而这类共聚醚是一种新型的热可逆共价交联热塑性氯醚橡胶。

2.3.6.4 杂环单体的开环聚合与硅橡胶

环硅氧烷如四甲基环二硅氧烷(简称 D$_2$)、八甲基环四硅氧烷(简称 D$_4$)和甲基乙烯基环二(或环四)硅氧烷等在碱性催化剂如 KOH 或 (CH$_3$)$_4$NOH 存在下的开环聚合,是环醚类单体进行阴离子开环聚合的另一个极具实用价值的实例。其开环聚合过程和上述的环氧乙烷开环相似,也是碱性催化剂的 OH⁻ 进攻环体中的 Si,在形成端羟基的同时,生成一个—SiO⁻K⁺ 增长种,但它和环醚的开环聚合不同,一般不会发生 Si—O—Si 醚键间的交换平衡,因而容易制得分子量较高的(重均分子量为 40 万~80 万)硅橡胶。

硅橡胶有三类:高温硫化硅橡胶、室温硫化硅橡胶和液体硅橡胶。

(1) 高温硫化硅橡胶 系指高分子量生胶混入补强剂(如纳米 SiO_2 白炭黑)和硫化剂(如过氧化二苯甲酰 BPO 或过氧化二异丙苯 DCP 等有机过氧化物)并于高温(110~170℃)硫化的硅橡胶。依据硅原子所带有基团的不同,这类硅橡胶又有以下三个品种:

① 甲基硅橡胶(MQ)其主链结构为 $-[Si(CH_3)_2-O]_n-$,$n=3000\sim7000$,线形均聚物;

② 甲基乙烯基硅橡胶(VMQ),其主链结构为 $-Si(CH_3)_2-O-Si(CH_3)_2-O-Si(CH_3)(CH=CH_2)-O-Si(CH_3)_2-$;

③ 甲基苯基乙烯基硅橡胶(PVMQ),其主链结构为 $-Si(CH_3)_2-O-Si(CH_3)_2-O-Si(CH_3)(CH=CH_2)-O-Si(CH_3)(C_6H_5)-$。

这三种生胶除甲基硅橡胶可用 D_2 或 D_4 进行碱催化开环均聚外,其他两种都需与相应的环硅烷进行共聚。无论是均聚还是共聚,单体均需严格脱除水分(水含量$<10\times10^{-6}$)和官能度>2 的低分子硅烷杂质以利于形成高分子量线形聚合物;在聚合完成后还必须用适当的中和剂(如 CO_2、磷酸等)中和 KOH 的碱性,以防止形成的聚合物发生碱催化水解引起分子量分布变宽;为了防止形成的聚合物在储存或运输过程中分子量发生变化,在聚合结束时常加入 $(CH_3)_3SiO[(CH_3)_2SiO]_2Si(CH_3)_3$ 或 $[CH_2=CHSi(CH_3)_2]_2O$ 等作分子量稳定剂。

这类硅橡胶由于分子链为饱和结构,有的虽存在侧乙烯基,但由于缺少烯丙基结构,分子间作用力很小,所以它们都必须采用通用橡胶的混炼、补强并于高温硫化才能制得硫化胶,因而这种硅橡胶又常称作混炼型硅橡胶。

(2) 室温硫化硅橡胶 这类硅橡胶的合成反应和方法与高温硫化硅橡胶的类似,它与高温硫化类硅橡胶的主要区别是:①平均分子量较低,$\bar{M}=7000\sim65000$;②一般是 α,ω-端羟基聚硅氧烷;③采用能在室温下与端羟基起缩合、交联反应的硫化剂进行硫化。

室温硫化剂大都是在室温下容易水分解而产生羟基、且其官能度>2(一般为 3)的硅烷衍生物。常用的硅烷衍生物有:三乙酸甲基硅醇酯$[(CH_3COO)_3SiCH_3]$、三甲氧(或乙氧)基甲硅烷$[(CH_3O)_3SiCH_3$ 或 $(EtO)_3SiCH_3]$、正硅酸乙酯$[Si(OEt)_4]$、三苯氨基甲硅烷$[(C_6H_5NH)_3SiCH_3]$,三丙酰基甲硅烷$[(CH_3CH_2CO)_3SiCH_3]$等,交联反应以三乙氧基甲硅烷为例示意如下:

$$CH_3Si(OEt)_3 + HOH(空气中) \longrightarrow CH_3Si(OH)_3 + EtOH$$

α,ω-端羟基聚硅氧烷的羟基与硅酸酯水解形成的羟基缩合形成—Si—O—Si—交联键:

$$HO-[Si(CH_3)_2-O]_n-Si(CH_3)_2-OH + CH_3Si(OH)_3 \longrightarrow$$

（交联产物结构示意：中心 CH_3Si 通过 O 与两条 $[Si(CH_3)_2-O]_{n-1}Si(CH_3)_2-OH$ 链及上下两个 CH_3Si 基团连接，形成网状交联结构）

为了加速缩合交联固化反应，常加入少量（0.01%～0.3%）羧酸锡如二乙基二乙酸锡、二丁基二乙酸锡，或钛酸酯螯合物如1,3-亚苯基二氧双（乙酰乙酸）钛酸酯等催化剂。如以上的交联反应所示，交联反应是在两个端羟基（或三个端羟基）之间发生的，为此所用的交联剂又常称偶联剂，分子间交联的结果形成了无端链（端链对弹性无贡献，且增加内阻而生热）的理想交联网，从而使弹性得以充分发挥的硫化胶。

(3) 液体硅橡胶　液体硅橡胶主要是以含端乙烯基的聚二甲基硅氧烷液体（低聚物）为基础胶，以含甲基硅氢端基的聚二甲基硅氧烷为交联剂，在铂络合物（如异丙醇/氯铂酸、四甲基二乙烯基硅氧烷/铂）催化剂存在下（用量为聚硅氧烷的$1\times10^{-6}\sim20\times10^{-6}$），经硅氢加成而交联的硅橡胶。其交联反应是：

$$CH_2=CH-Si(CH_3)_2\{OSi(CH_3)_2\}_m O-Si(CH_3)_2 CH=CH_2 +$$

$$H-Si(CH_3)_2-O-Si(CH_3)_2-O\}_m\{Si\underset{CH_3}{\overset{H}{|}}O\}_x Si\underset{CH_3}{\overset{CH_3}{|}}H \xrightarrow[Si-H\text{加成}]{[Pt]}$$

$$\longrightarrow CH_3-CH-Si(CH_3)_2\{O-Si(CH_3)_2\}_m O-Si(CH_3)_2-CH-CH_3$$
$$\quad\quad\quad |\quad\quad\quad\quad\quad\quad\quad\quad\quad\quad\quad\quad\quad\quad\quad\quad\quad\quad\quad |$$
$$\quad\quad CH_3-Si-CH_3\quad\quad\quad\quad\quad H\quad\quad\quad\quad\quad\quad\quad CH_3-Si-CH_3$$
$$\quad\quad\quad |\quad\quad\quad\quad\quad\quad\quad\quad\quad |\quad\quad\quad\quad\quad\quad\quad\quad\quad |$$
$$\quad\quad O\{Si(CH_3)_2-O\}_m\{Si\underset{CH_3}{|}O\}_{x-1} Si(CH_3)_2-O$$

硅橡胶是主链由—Si—O—Si—键构成的饱和橡胶，由于Si的原子半径比C大，且有机侧基的极性和体积很小，Si—O键的键能（427.4kJ/mol）又比—C—C—键的键能（262.7kJ/mol）高，故硅橡胶比均碳链（包括不饱和碳链）橡胶有更高的柔性，更高的耐热、耐臭氧、耐天候老化、耐低温性和电绝缘性；又由于硅橡胶具有生理惰性和良好的生物体相容性及抗凝血性，使其在宇航、航空、电子、电器、机械、化工、仪表及生物医学领域获得了广泛应用。此外，硅橡胶的表面能很低，很难与有机物黏附，利用这一特性，广泛用作隔离剂、防黏剂和脱模剂等。但是，由于其分子间作用力很小，导致其生胶强力较低（<0.35MPa），因此必须加入白炭黑（特别是纳米SiO_2）补强才能达到橡胶材料所要求的强度。

2.3.6.5　环烯烃的开环聚合与开环聚烯烃橡胶

环烯烃是均碳环烯烃，分子内的双键相当于开链烯烃的内双键，由于空间阻碍和对称取代，所以难以发生正常的自由基、阴离子或阳离子加成聚合，分子中也无碳-杂原子弱键，因而也不容易发生阴离子或阳离子开环聚合，它只能在钨、钼系Z-N催化剂存在下，通过双键与过渡金属配位，随后双键断裂并易位使环不断扩大，最后形成大环烯烃或线形分子。因此这类开环聚合本质上不同于开链烯烃的加成聚合，也有别于环醚、环酰胺、环内酯等杂环单体的开环聚合。常专称作易位开环聚合。

环烯烃的开环聚合可用以下通式表示：

$$n\left(\begin{array}{c}CH=CH\\ (CH_2)_m\end{array}\right)\longrightarrow\{CH=CH-(CH_2)_m\}_n$$

式中，m是单体或聚合物重复单元中亚甲基的数目；n是平均聚合度。除$m=0$、1、4外，其他（未取代）环烯烃均可通过开环聚合制得分子内带C=C双键的相应开环聚烯烃。显然，通过改变m和双键的构型（顺式或反式）可以合成一大类序列规整、立构规整聚合物。这种结构特征赋予聚合物分子链以高度柔性，从而有较低的T_g（$T_g\approx-114\sim-80℃$），其分子链比较规整，还可发生拉伸结晶（类似于天然橡胶的拉伸结晶补强），且结晶的熔融温度较低（$T_m \approx 2 \sim 18℃$），又可用传统的硫黄硫化工艺硫化，再加上单体的来源比较丰富（轻油裂解的 C_5 馏分中环戊烯占 2.5%，可制取环戊烯的原料双环戊二烯＋环戊二烯占 16.7%）。所以环烯烃的易位开环聚合对合成高性能橡胶有重要意义。

(1) 开环聚合催化剂　环烯烃开环聚合的催化剂有以下两类。

① Z-N 型钨（W）、钼（Mo）系双组分催化剂：即 MtX_n/MR_nX_{3-n}。式中，Mt＝W 或 Mo，X＝Cl、F、Oph 或 acac；M＝Al，R＝Et 或 H，X＝Cl；$n＝2\sim3$。这类催化剂的特点是：a. 可在室温到－50℃于烃类或氯代烃溶剂中进行环烯烃的溶液聚合或本体聚合，Al/Mt 摩尔比＝$1\sim5$；b. 催化剂大都可溶于烃类或氯代烃溶剂，聚合过程可始终保持均相，但不少情况下两组分的反应产物不溶于介质，或在聚合过程中沉析出来，但实验证明聚合是在均相中发生的；c. 聚合物的结构随催化剂种类、两组分配比、助催化剂类型和聚合温度而改变。一般来说，以钨化物为主催化剂时主要形成反式结构。例如 $WCl_6/AlEt_2Cl$ 于－30℃在甲苯中引发环戊烯聚合，所得开环聚戊烯的反式双键为 80%～90%；其他钨系催化剂如 $WCl_6/AlEt_3$、$WF_6/AlEtCl_2$ 或 $WOCl_4/AlEt_2Cl$ 分别催化环戊烯、环庚烯、环辛烯或环十二单烯聚合也主要形成反式开环聚烯烃；与之相反，以钼化物为主催化剂如 $MoCl_5/AlEt_3$、$MoCl_5/Al(n\text{-}C_6H_{13})_3$ 于$-50\sim0$℃引发环戊烯开环聚合，所得聚戊烯的顺式双键可高达 98%～99%。

② Z-N 型三组分 W、Mo 催化剂：三组分催化剂是在原来两组分 W、Mo 系催化剂中再加入含氧化合物如过氧化苯甲酰、氯乙醇或环氧乙烷等作第三组分，以克服由于含卤主催化剂的 Lewis 酸的酸性太强而导致芳烃溶剂卤化、催化剂耗量大、且污染溶剂等不利影响。三组分催化剂的优点是：a. 提高催化剂的稳定性，改善溶解性，降低催化剂消耗，减少 Friedel-Crafts 副反应导致的污染溶剂；b. 含氧化合物不仅能保持 W、Mo 系催化剂的结构选择性，而且还可起分子量调节剂的作用；c. 三组分催化剂可使环己烯以外的任何环烯烃聚合，是一种经济有效的环烯烃开环聚合催化剂。

(2) 易位开环机理　环烯烃在 Z-N 型催化剂作用下的开环聚合，属于配位聚合范畴。但是由于环烯烃的结构既不同于开链 α-烯烃，又有别于碳-杂原子环状单体，且其有效的催化剂体系仅限于钨、钼系过渡金属。因此要确立环烯烃开环聚合历程，必须要首先论证：活性种的形成和结构；配位聚合的开环点（是打开 C—C 的 σ 键还是 C＝C 双键开裂）；开环的过渡态；大环烯烃如何转变为线形聚合物。

① 活性种的形成和结构。过渡金属被烷基铝烷基化或与烷基铝反应形成 AlR_2Cl，在使 Mt 价态降低的同时形成可供环烯烃 C＝C 双键配位（空位）的双金属络合物[135,136]：

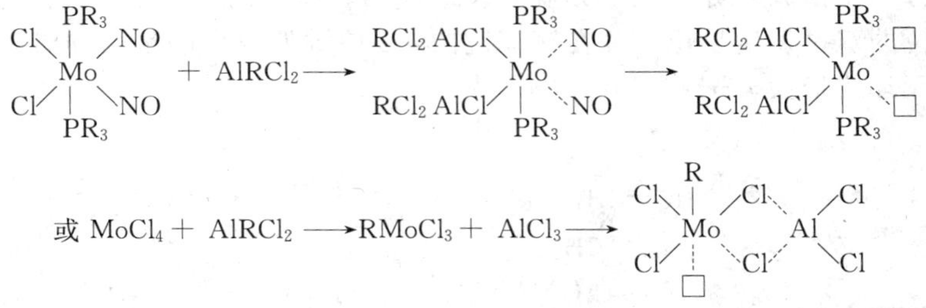

② 开环点-反式亚烷基化机理（transalkylation mechanism）。在环烯烃开环聚合研究中曾提出过三种开环点：a. C＝C 双键的 β-σ 单键断裂而开环；b. 双键的 α-σ 键断裂；c. C＝C 双键开裂并易位。Dall'Asta 等为环烯烃开环聚合是经由 C＝C 双键断裂提供了直接实验证据[137]。他们用 ^{14}C 标记环戊烯的双键，然后以 $WOCl_4/BPO/AlEt_2Cl$ 引发环戊烯与环辛

烯发生无规共聚,把所得产物进行臭氧化分解,随后再把分解产物还原,得到 1,5-戊二醇和 1,8-辛二醇,最后对产物进行放射活性气体分析。结果表明,所有放射活性的 ^{14}C 均在 1,5-戊二醇中。

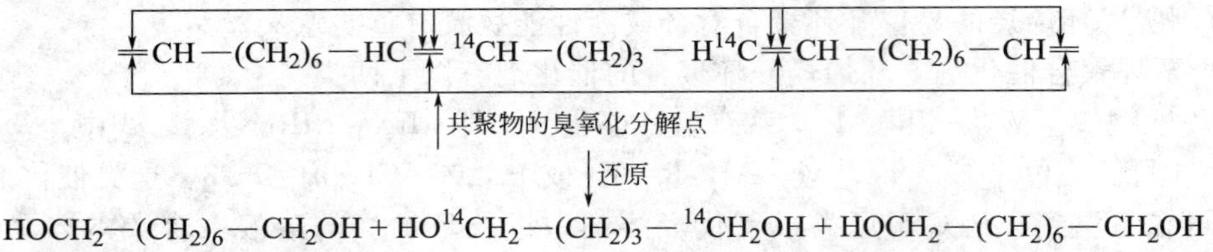

$$\{CH-(CH_2)_6-HC \stackrel{\Downarrow}{=} \,^{14}CH-(CH_2)_3-H^{14}C \stackrel{\Downarrow}{=} CH-(CH_2)_6-CH\}$$

↓ 共聚物的臭氧化分解点
↓ 还原

$$HOCH_2-(CH_2)_6-CH_2OH + HO^{14}CH_2-(CH_2)_3-{}^{14}CH_2OH + HOCH_2-(CH_2)_6-CH_2OH$$

从而得出结论:开环聚合的开环点是在 C═C 双键处断裂,并提出环烯烃在 W、Mo 催化剂存在下,两个 C═C 双键先与 W(或 Mo)配位,然后经过似环丁烷(quasi-cyclobutane)中间体发生亚烷基交换使环不断扩大:

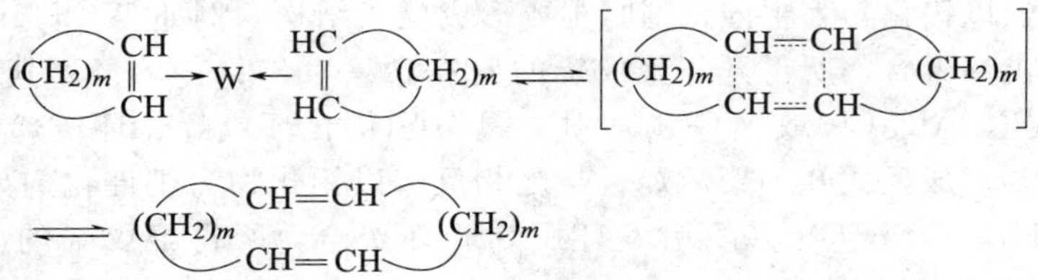

链增长是扩大的环内双键再与 W 配位、不断发生亚烷基交换使环逐渐扩大。最后形成带 n 个双键的大环烯烃。

③ 开环的过渡态。由于上述似环丁烷过渡态的形成有键角张力,且未检测到环丁烷中间体,于是 Natta 和 Dall′Asta 又提出另一种易位过渡态,即开环易位的过渡态是两个配位(与钨)的双键过渡为四个卡宾(Carbene,二价碳或称碳烯),两个卡宾再重新结合为两个 C═C 双键(双键发生了易位)[138]。

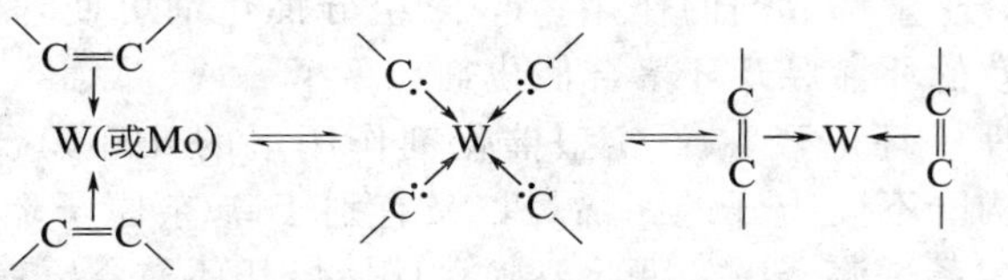

上述假定得到了分子轨道理论计算和模型化合物实验的支持[139,140]。

④ 大环烯烃如何转变成线形聚合物。按照上述的易位开环聚合机理,环烯烃开环聚合所形成的聚合物应为大环烯烃。而得到的实际聚合物,大约有 85% 的高分子量级分是无环的线形大分子,约 15% 是平均分子量为 400~500 的大环低聚物。于是 Scott 等[141]提出,实测的分子量分布是由大环分子发生无规断裂造成的。即与钨(或钼)配位的大环聚合物的链终止是由配位的双键发生易位,并在该双键的 α-σ 单键处发生断裂,同时解配位而形成两端为乙烯基的无环线形大分子:

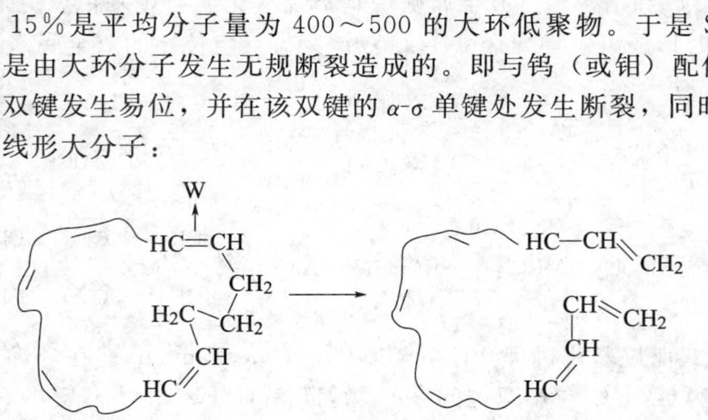

在环烯烃的易位开环聚合中常用 α-烯烃如 1-丁烯或反式-2-丁烯作分子量调节剂,其原理也是根据大环烯烃的双键与低分子烯烃的双键同时与 W(或 Mo)配位,随后发生双键易位开

环而形成线形分子。

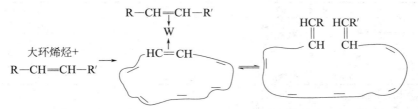

(3) 环烯烃开环聚合在合成橡胶中的应用　环烯烃开环聚合的特征是 C=C 双键断裂、不断易位而开环,亚甲基与双键的键合顺序和键型均未改变,双键间的亚甲基数目又可因单体不同而不同 (即通式中 m 可以从环戊烯的 3 到环十二烯的 10),而且顺、反结构及其比例又可随催化剂类型和聚合温度来调节。所以未取代的单环单烯烃的开环聚合是制取合成橡胶最有用、最灵活多变的聚合反应。通过环烯烃的开环聚合已成功地合成了反式聚戊烯、顺式聚戊烯、反式聚辛烯等立构规整橡胶,环戊烯/环庚烯、环戊烯/环辛烯、环辛烯/环十二烯等无规共聚橡胶,液体顺式-1,4-聚丁二烯、液体丁苯共聚物以及用环烯烃改性的乙丙橡胶和 1,2-聚丁二烯接枝共聚物等。现将重要的典型合成反应列举如下。

① 合成反式和顺式聚戊烯橡胶。合成开环聚戊烯橡胶既可用溶液聚合也可用本体聚合方法实施。由于环戊烯开环聚合的键型和键数均无变化、五节环的张力又很小,所以聚合热很小 ($\Delta H_p = -18.4$ kJ/mol)。采用本体聚合不仅聚合温度较易控制,而且容易达到高的平衡转化率,制得高分子量聚合物。但是,要实现本体聚合,需要克服操作、输送高黏度物料等工程技术上的困难。所以中间试验大都采用以烃类 (如甲苯) 作溶剂的溶液聚合。

合成反式聚戊烯 (反式结构含量为 80%～85%) 的催化剂体系有三种,即 $WCl_6/AlEt_3$ (或 $AlEt_2Cl$、$AlEtCl_2$)、$WCl_4[OCH(CH_2Cl)_2]_2/AlEt_2Cl$ 和 $WCl_6/$⬡—$OOH/AliBu_3$。为了克服 Lewis 酸的酸性引起的卤化、环化等副反应,助催化剂优先选用 $AlEt_3$ 或 $AliBu_3$;为了获得高转化率且不影响活性,应优先选用环戊烯过氧化氢 (⬡—OOH)。溶液聚合的条件是:单体在甲苯中的浓度为 15%～20%,单体/WCl_6(摩尔比)=3000～5000,Al/W(摩尔比)=1.5～2.5,聚合温度约为 0℃,可用助催化剂 (用量) 或 1-丁烯来调节分子量。在上述条件下,可获得转化率 70%～75%、$[\eta]$=2～4dL/g、反式结构含量为 80%～85% 的开环聚戊烯橡胶。控制反式结构含量为 80%～85% 是为了制得 $T_g \approx -97$℃、$T_m = 18$℃ 的无定形聚合物。

合成顺式聚戊烯的典型催化剂是 $MoCl_5/AlEt_3$,当单体/Mo(摩尔比)=500 时,无需添加第三组分 (活化剂) 即可获得高转化率,但聚合温度需控制在 -40℃ 以下,才能获得顺式结构含量≥90%、$[\eta]$>2.0 的高顺式开环聚戊烯橡胶。

Minchak 等[142]曾提出了一个改变聚合温度制取顺、反聚戊烯的催化剂和控制顺、反结构的方法。所用的催化剂体系是 $WCl_6/BPO/AlEt_3$(摩尔比)=1/0.5/1.2,该催化剂可在甲苯中使环戊烯聚合,制得顺、反结构随温度连续变化 (-50～40℃,顺式结构含量从 99% 到 10%) 的开环聚戊烯橡胶。

开环聚环烯烃橡胶的另一个重要品种是反式聚辛烯,所用的催化剂为 $WCl_6/AlEtCl_2$ 或 $WF_6/O_2/AlEtCl_2$,两种催化剂均可以溶液聚合或本体聚合使顺式环辛烯转化为反式结构含量≥90% 的聚辛烯,也可用 1-丁烯作分子量调节剂,制得 $[\eta]$ 大于 2.0 的开环聚辛烯橡胶。

以上三种开环聚烯烃橡胶与 1,4-聚丁二烯橡胶的 T_g、T_m 和 T_g/T_m 对比数据列在表 2-17 中[143a]。

表 2-17　几种立构规模橡胶的 T_g、T_m 和 T_g/T_m 值[①]

特性参数	1,4-聚丁二烯		开环聚戊烯		开环聚辛烯	
	顺式	反式	顺式	反式	顺式	反式
立构纯度/%	98	99	99	85	93	90
T_g/℃	−95	−80	−114	−97	−108	—
T_m/℃	+2	+76[②]	−41	+18	+18	62
T_g/T_m	0.63	0.55	0.69	0.61	0.58	

① 均为 DTA 测定数据。
② 从结晶变体Ⅰ转变为结晶变体Ⅱ的相转变温度。

开环聚戊烯和开环聚辛烯都可看作是1,4-聚丁二烯的同系物，但是前两者由于无支链、且亚甲基数较1,4-聚丁二烯多，因而其分子链的柔性更好、T_g 更低；反式聚戊烯和反式聚辛烯的 T_m 均高于顺丁橡胶而接近天然橡胶的 T_m，所以反式聚戊烯和反式聚辛烯橡胶的弹性、耐寒性和耐老化性等均优于顺丁橡胶，同时由于分子链比较规整，在拉伸或交变应力形变时又能发生和天然橡胶那样的结晶补强作用。相似条件下的性能实测数据表明，反式结构含量为80%～85%的聚戊烯胶的生胶强度、伸长率、自黏性，硫化胶的拉伸强度、生热和抗滑性等均优于顺丁橡胶而接近于天然橡胶（表 2-18），更为突出的是反式聚戊烯胶料（+50份高耐磨炉黑）的拉伸结晶补强作用甚至超过天然橡胶（图 2-6）[143b]。

表 2-18　反式聚戊烯橡胶与顺丁橡胶、天然橡胶主要物性对比

物性指标	天然橡胶	顺丁橡胶	反式聚戊烯橡胶
$ML_{1+4}^{100℃}$	83	86	102
生胶强度/MPa	2.1	0.3	2
伸长率/%	610	400	700
剥离强度/g	980	350	>1000
硫化胶(145℃×30min)			
拉伸强度/MPa	24.5	14.5	20
生热/℃	21	49	44
抗滑性	52	41	48

图 2-6 表明，丁苯橡胶和顺丁橡胶的拉伸应力均随变形（伸长率）的增大而降低，而天然橡胶由于可发生结晶补强作用，当形变>200%时，应力却随形变的增大而急剧上升，反式聚戊烯橡胶在形变>200%时应力上升的幅度更大。据此可认为，反式聚戊烯橡胶是能呈现天然橡胶拉伸结晶行为的合成橡胶。这一特性对制造高应力子午线轮胎有重要价值。

反式聚戊烯橡胶的另一个特性是生胶可制成充油、充炭黑母炼胶，即使充油量高达75phr、填充ISAF炭黑达100phr，所得硫化胶的物性也无明显下降。Fabenfabriken Bayer 公司曾对反式聚戊烯橡胶的合成、加工和物性进行过大量的开发研究。据称，反式聚戊烯橡胶迄今尚未工业化的原因是该橡胶于−10～10℃的结晶速率太快（$\tau_{1/2}$=45h），致使其在常温环境中迅速变硬，弹性急剧下降[144]。与之相比，顺式聚戊烯（顺式结构含量为99%）结晶的 T_m（−41℃）太低，在使用温度缺乏结晶补强作用，故只能用作低温下综合性能良好、而高温下强度偏低的耐寒橡胶。

② 合成液体顺式-1,4-聚丁二烯和丁苯共聚物。由

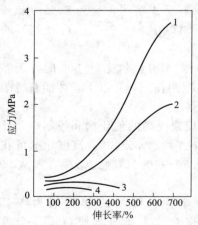

图 2-6　反式聚戊烯胶料与主要通用橡胶胶料（加50份高耐磨炉黑）应力-形变行为的对比
1—反式聚戊烯；2—天然橡胶；3—丁苯橡胶 1500；4—顺丁橡胶（Ti系 BR1220）

于液体顺式-1,4-聚丁二烯的黏度低、利于马来酸酐化和铵化后作阳、阴离子电泳漆,而液体顺式-1,4-聚丁二烯以前是用 Co 系或 Ni 系 Ziegler-Natta 催化剂来合成[145]。当今顺丁橡胶已是大批量工业产品,利用环烯烃易位开环的特性,使顺丁橡胶在 $WCl_6/EtOH/AlEtCl_2$ 催化剂存在下发生分子内的易位反应,可方便地制取液体顺式-1,4-聚丁二烯[146];采用相同的催化剂体系,也可以制取液体丁苯共聚物[147]。

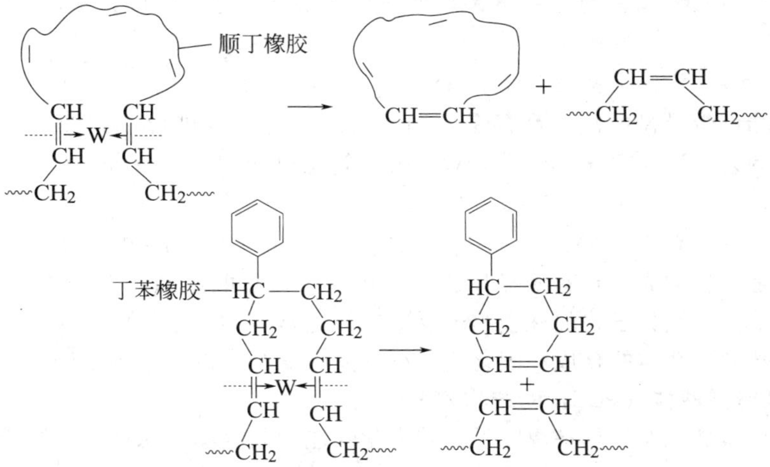

这一易位反应不仅可以制备液体丁苯共聚物,而且还可以证明环己烯不能聚合的原因是单体⇌聚合物平衡强烈地移向单体一方。

③ 合成聚丁二烯、乙丙橡胶等的接枝共聚物。中乙烯基丁二烯橡胶、三元乙丙橡胶和丁苯橡胶等的分子链上均带有不饱和乙烯基侧基,该侧基在钨系催化剂(WCl_6/环氧氯丙烷/$AlEt_2Cl$)存在下,与环烯烃(如环戊烯或环辛烯)发生易位反应:

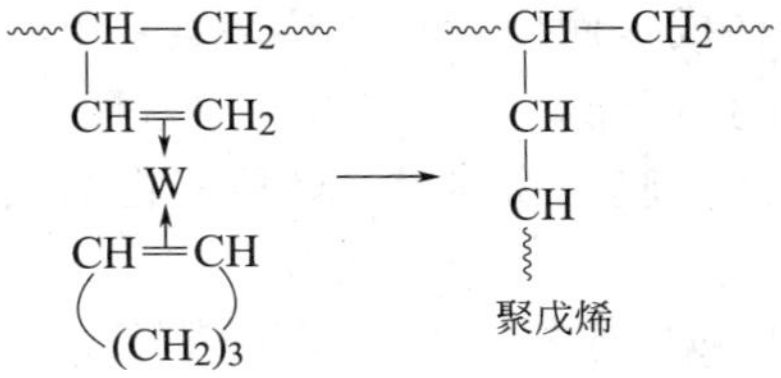

Pampus 等[148]和 Scott 等[149]分别以 1,2-聚丁二烯、丁苯共聚物和三元乙丙橡胶为主干聚合物,在 W 系催化剂存在下分别与环戊烯、环辛烯反应,制得了相应的接枝共聚物。

2.3.7 聚加成反应与聚氨酯弹性体

在有机化合物的官能团反应中,C=C 双键与 H_2 或 Cl_2、Br_2 等的加成是熟知的加成反应。而烯类和二烯类单体中的 C=C 双键在引发剂或催化剂存在下发生连续地相互加成而聚合则称作加成聚合反应(addition polymerization)。还有一类加成反应是异氰酸酯基(—N=C=O)与含活泼 H 化合物(如 HOH、R—OH、NH_3、R—NH_2 等)之间的加成反应,由于—N=C=O 中的 N=C 双键是极性共价键,所以它很容易(不加任何催化剂)与含活泼 H 化合物发生加成反应。例如:

$$—N=C=O + HOH \longrightarrow —NH—COOH \quad 氨基甲酸$$
$$—N=C=O + R—OH \longrightarrow —NH—COOR \quad 氨基甲酸酯$$
$$—N=C=O + NH_3 \longrightarrow —NH—CONH_2 \quad 氨基甲酰胺$$

$$-N=C=O + R-NH_2 \longrightarrow -NH-CONHR \quad 烷基脲$$

如果原料分子中含有两个（或多个）异氰酸酯基（—N=C=O）和两个（或多个）羟基（—OH，称二醇或多元醇）发生连续多步加成反应，由此形成高分子量聚合物的反应就称作聚加成反应（polyaddition reaction）。最常见且有用的聚加成反应是一类二异氰酸酯与二元醇（主要是中等分子量的低聚二醇）起多步加成反应形成聚氨基甲酸酯的反应。其反应过程是二醇对异氰酸酯基中的 N=C 双键加成，形成含氨基甲酸酯链节的中间体。

$$\sim\!\!\sim\!\!\sim N=C=O + HO\!\sim\!\!\sim\!\!\sim \longrightarrow \sim\!\!\sim\!\!\sim NH-\overset{O}{\overset{\|}{C}}-O\!\sim\!\!\sim\!\!\sim$$

若中间体的两端仍带异氰酸酯基和羟基，则加成反应可继续进行，如果—NCO/—OH＝1，则最终形成一端为—NCO、另一端为—OH 的聚氨基甲酸酯：

$$n\text{OCN}-R-\text{NCO} + n\text{HO}-R'-\text{OH} \longrightarrow H\!\!-\!\!\left[O-R'-O-\overset{O}{\overset{\|}{C}}-NH-R-NH-\overset{O}{\overset{\|}{C}}\right]_n\!\!\text{NCO}$$

由于反应过程是多步加成，且具明显地逐步性质，所以它既不同于 C=C 双键加成的连锁性质，又有别于析出低分子物的逐步缩聚反应。故通常专称作聚加成反应。可以认为，聚加成反应涉及聚氨酯弹性体的合成和固化全过程，是聚氨酯合成化学的基础反应。

2.3.7.1 聚氨酯弹性体（PUE）的结构和分类

聚氨酯弹性体是一大类具备橡胶弹性和力学性能的聚氨酯的总称，其结构特征是：主链中含有重复出现的聚酯或聚醚软段和氨基甲酸酯硬段；还含有随机出现的脲基（—NH—C(=O)—NH—）、酰氨基（—C(=O)—NH—）、脲酰基（—NH—C(=O)—NH—）、缩二脲（[NH—C(=O)—N—C(=O)—NH]）、脲甲酸酯基（—O—C(=O)—N—C(=O)—NH—）等支化和交联键。

对热塑性 PUE，主链的软段通常由分子量较高（例如 1000～2000）的低聚二醇（如聚酯、聚醚或聚丁二烯二醇等）构成，而硬段则主要是氨基甲酸酯基团，软段所占的质量分数一般为 40%～80%。对于交联型 PUE，硬段则由二异氰酸酯（如 TDI、MDI 等）与小分子扩链剂（多元醇或二元胺等）的反应产物构成，硬段所占的质量分数小于软段。硬段中普遍存在 —NH—C(=O)— 极性基，分子间易形成氢键或氢键型结晶微区分布在软段相中，从而呈现相分离结构。

主链中的氨基甲酸酯链节可以呈无规分布，也可以是规整排布；主链之间除存在氢键型物理交联外，还存在脲基甲酸酯、缩二脲等化学交联键。设计 PUE 交联结构时，应尽量使物理交联与化学交联保持适当平衡，以使 PUE 具有最佳性能。

PUE 既可按构成软段二醇的化学组成、或 PUE 的受热行为分类，也可按产品（或中间体）的存在状态和加工成型工艺分类。

（1）按照构成软段二醇的化学组成分类

① 聚酯型 PUE。其软段由脂肪族聚酯二醇如聚己二酸、癸二酸的乙二醇、丙二醇、丁二醇、己二醇酯等的二醇，聚内酯如聚 ε-己内酯二醇，或聚碳酸酯二醇等构成。一般来说，由于酯基的极性较大，内聚能（12.1kJ/mol）较高，所得 PUE 的强度大、伸长率较低、且耐水性欠佳。

② 聚醚型 PUE。其软段由聚氧化乙烯、聚氧化丙烯二醇、聚四氢呋喃醚二醇，或四氢呋喃/环氧丙烷共聚醚二醇等构成。由于醚键的内聚能（4.2kJ/mol）低、内旋转活化能小、

化学稳定性好,因而使这种 PUE 的弹性高、耐低温性能好、耐水性优异、耐霉菌性最好,但其拉伸强度却稍低。

③ 聚烯烃型 PUE。其软段由端羟基丁二烯的均聚物或共聚物如 α,ω-端羟基聚丁二烯、α,ω-端羟基丁二烯/丙烯腈共聚物,或 α,ω-端羟基丁二烯/苯乙烯共聚物构成。它们大都是平均分子量 1000~4000、碘值为 330~390 的液体橡胶,因而赋予 PUE 以高弹性、可用硫黄-促进剂体系硫化的特性,但是从其结构可以预期其耐老化性欠佳,所以除非用以合成混炼型 PUE,其他类型的 PUE 很少用它们作软段。

(2) 按产品(或中间体、预聚物)的使用状态和加工成型工艺分类

① 固态 PUE。以固体状态使用的 PUE 也有两类。一类是由聚酯二醇+扩链剂与 MDI(二苯基甲烷二异氰酸酯)反应制得的颗粒状加聚物,并可用树脂类塑料加工成型方法加工成型一次完成的热塑性 PUE;另一类是制得的颗粒状或块状预聚物(相当于合成橡胶的生胶),再经通用橡胶的混炼加工程序硫化的所谓混炼型 PUE。就其受热行为来说,后者应是热固性 PUE。

② 液态 PUE。以液态形式制取 PUE 制品的方法也有两类。一类是先用聚醚或聚酯二醇与二异氰酸酯(如 TDI)反应,制得端异氰酸酯预聚体(液态),随后加入扩链剂,搅拌混合后立即浇铸在模具中,于一定的温度条件下交联固化成型。用这种方法制得的 PUE 称作浇铸型 PUE;另一种方法是将二异氰酸酯、低聚物二醇、扩链剂、催化剂、发泡剂按配比快速混合注入模腔,在模腔中快速加聚、扩链并交联,在 1~2min 内快速固化成微孔制品,这种方法常称作反应注射成型微孔 PUE[reaction injectable molding, RIM-MC(microporous)PUE]。二者的初始反应物料均为液体,浇铸或注入模具后扩链、交联为网络固体,扩链和交联反应都需在一定的温度条件下进行。故它们都属热固性 PUE。

2.3.7.2 PUE 的制备和加工成型方法

(1) 热塑性 PUE(简称 TPU) 以分子量适中的聚醚二醇(如分子量为 1000~2000 的聚四氢呋喃二醇)或聚酯二醇(质量分数为 40%~80%)与 MDI 反应,控制—NCO/—OH 摩尔比在 0.98~1.02 范围内变化,当—NCO/—OH<1 时可制得全热塑性线形 TPU;若控制—NCO/—OH>1,由于此时有端异氰酸酯聚氨基甲酸酯形成,该端异氰酸酯基可继续与分子链中的—NH—发生聚加成反应,从而除线形结构外,还伴有少量脲基甲酸酯交联:

$$\sim\sim\sim NCO + \sim\sim\sim NH-\underset{O}{\overset{\parallel}{C}}-O\sim\sim\sim \longrightarrow \sim\sim\sim NH-\underset{O}{\overset{\parallel}{C}}-N-\underset{O}{\overset{\parallel}{C}}-O\sim\sim\sim$$

此时所得聚合物为半热塑性 TPU。为了提高加聚物的分子量,在反应初期可加入少量 1,4-丁二醇扩链剂。

反应可在双螺杆挤出机中完成,挤出的加聚物经机头刀具切粒后,送入干燥室于 95~100℃ 干燥 1~3h,即得成品。

值得特别指出的是,用作初始原料的低聚物二醇,必须先经严格脱水干燥使其含水量≤0.05%。因为原料中即使有少量水存在,不仅会使反应物料起泡,而且还会把能起扩链作用的脲基引入到分子链中:

$$\sim\sim\sim NCO + HOH \longrightarrow \sim\sim\sim NH-\underset{O}{\overset{\parallel}{C}}-OH \longrightarrow \sim\sim\sim NH_2 + CO_2\uparrow(起泡)$$

$$\sim\sim\sim NH_2 + OCN-R \longrightarrow \sim\sim\sim NH-\underset{O}{\overset{\parallel}{C}}-NH-R$$

干燥的颗粒料也必须在干燥或隔绝水汽的条件下储存和运输，在启用前最好先进行干燥处理。因为颗粒料中存在的少量水会导致制品物性大幅度降低（见表2-19）。

表2-19　粒料含水量对TPU性能的影响

含水率/%	拉伸强度/MPa	扯断伸长率/%	永久变形/%	定伸应力/MPa
0.033	40	650	30	15
0.182	25	550	50	12

全塑性TPU既可熔融加工（挤出、注射或压模），又可溶液（溶剂为酮类、酯类或氯代烃）加工；而半塑性TPU，由于存在少量脲基甲酸酯交联，只能进行熔融加工。同一TPU的物性是溶液加工法优于熔融加工。

(2) 混炼型PUE（简称MPU）　混炼型PUE一般也是用聚酯二醇或聚醚二醇与二异氰酸酯经聚加成反应来合成。制得的生胶是分子量为10000～30000、羟基封端的线形聚氨酯。常用的聚酯二醇是聚己二酸乙二醇酯二醇、聚醚二醇是聚四氢呋喃醚二醇，二异氰酸酯是TDI和MDI均可。与其他类型不同的是：①—NCO/—OH摩尔比<1，最好是0.85～0.95之间，以确保大多数PU分子链均是羟基封端；二元醇/扩链剂摩尔比在(100～80)∶(0～20)范围内变化。②生胶需经通用橡胶的加工程序，即MPU生胶→加工助剂→填料→硫化剂混炼后于一定的温度条件下硫化。改善混炼和脱模操作的加工助剂和通用橡胶基本相同（例如加入硬脂酸作润滑剂防止黏辊，加入二氧化钼降低摩擦系数，用硅油作脱模剂等）；多数混炼配方不加填充剂，少数配方中加入少量（<30份）炭黑或白炭黑不是为了提高强度而只是用以增大混炼胶的硬度和挺性；至于硫化剂，多数MPU只加二异氰酸酯就可形成缩二脲、脲基甲酸酯等交联；由于聚氨酯为饱和主链，自然也可用过氧化物如过氧化二异丙苯（DCP）硫化；如果需要用传统的硫黄-促进剂体系硫化，则是在合成时用烯丙基醚二醇部分代替1,4-丁二醇扩链剂。

MPU的合成方法通常是先按配料比将干燥（含水量≤0.04%）的低聚物二醇和扩链剂（如1,4-丁二醇）加入反应釜中，升温至55℃，在N_2保护下加入既定比例的TDI（或MDI），启动搅拌，于60～70℃反应至体系的黏度增加到规定值后排放在浅盘中，送入110℃左右的恒温烘箱中干燥4～6h，最后在开炼机上加入稳定剂（2,6-二叔丁基-4-甲基苯酚或亚磷酸三苯酯），即得MPU生胶。

MPU与二异氰酸酯的交联反应：2,4-甲苯二异氰酸酯（TDI）二聚体是目前工业上普遍采用的二异氰酸酯硫化剂，在100份MPU生胶中混入4～6份硫化剂于132～135℃硫化30min左右就可获得物性基本合格的硫化胶制品。

和合成聚氨酯时的聚加成反应一样，MPU与TDI的硫化交联反应也是通过异氰酸酯基与聚氨酯分子链中活泼氢$\left(-\mathrm{NH}-\overset{\mathrm{O}}{\underset{\|}{\mathrm{C}}}-\right)$发生逐步加成反应来实现的，其具体反应过程如下。

① TDT二聚体解聚：

$$\underset{\mathrm{CH_3}}{\underset{|}{\bigcirc}}\text{NCO}\underset{\mathrm{N}}{\overset{\mathrm{O}}{\underset{\|}{\mathrm{C}}}}\underset{\mathrm{N}}{\overset{\mathrm{O}}{\underset{\|}{\mathrm{C}}}}\underset{\mathrm{CH_3}}{\bigcirc}\text{NCO} \xrightarrow{\text{催化剂}} 2\,\mathrm{CH_3}\underset{}{\bigcirc}\underset{\mathrm{NCO}}{\text{NCO}}$$

② TDI中的—NCO与PUE分子中的脲基起加成反应，形成缩二脲交联：

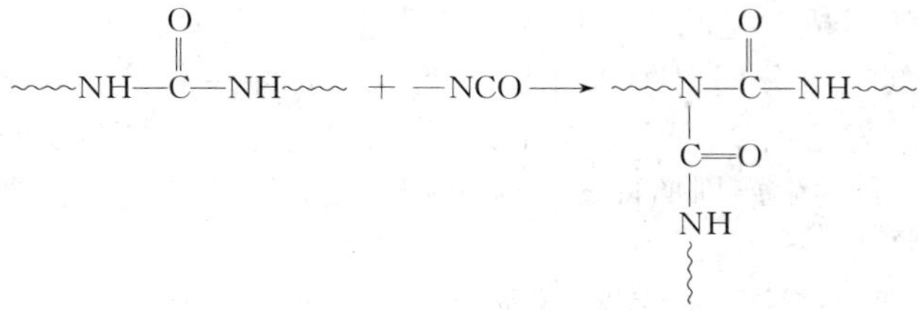

分子链中的脲基来自异氰酸酯与胺、水或羧酸的反应：

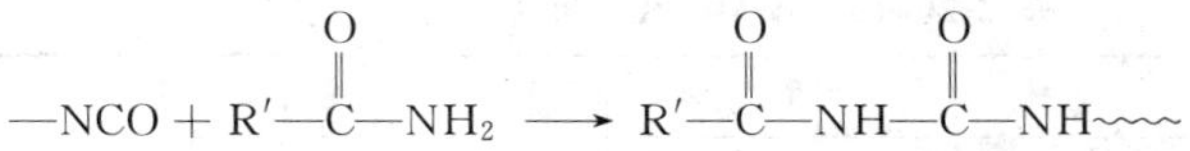

③ TDI 分子中的—NCO 与 PUE 分子链中的氨基甲酸酯反应形成脲基甲酸酯支链或交联：

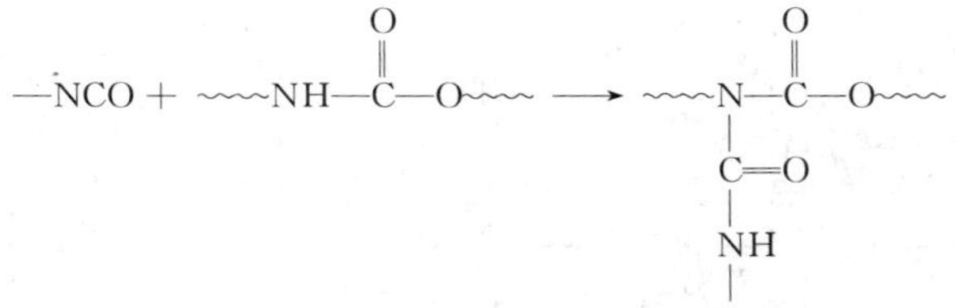

为使 PUE 分子间形成充分有效地交联，用 TDI 硫化的制品，一般都需经后硫化才能获得最佳物性的制品。后硫化（二次硫化）可于 110℃ 硫化 2h，也可于室温下静置 8 天。

(3) 浇铸型 PUE（简称 CPU） 与以上两种 PUE 相比，CPU 在浇铸前是分子量较低、黏度较小的液态加聚物，浇铸前再与扩链剂混合扩链后及时浇入模具中硫化成制品。即制备方法由预聚体合成、预聚体扩链和浇铸料硫化三步组成。

① 预聚体合成。先将低聚物二醇（聚酯型或聚醚型）加入反釜中，于 100~120℃、133.3~666.6Pa 绝压条件下真空脱水 1~2h，直至含水量<0.05%，随后降至 35~45℃ 并解除真空，在搅拌下通入 N_2 并缓慢加入 TDI，自然升温后继续加热至 75~85℃，恒温反应 1~3h。TDI 的加入量（X）按下式控制：

$$X = \frac{(8400/M_{OH} + NCO\%)W_{OH}}{48.3 - NCO\%}$$

式中，NCO%、M_{OH} 和 W_{OH} 分别为设计预聚体的 NCO 含量（预聚体为端异氰酸酯基加聚物）、低聚物二醇的分子量和用量。

② 预聚体扩链。先将预聚体加热至 80~90℃ 进行真空脱泡，然后加入液态（或熔融）二元胺扩链剂（如 3,3-二氯-4,4′-二苯基甲烷二胺，MOCA），MOCA 的加入量按下式控制：

$$W = 3.18 \times NCO\% \times F \times 100$$

式中，NCO% 和 F 分别是预聚体异氰酸酯基实测值和—NH_2/—NCO 摩尔比（扩链系数）；W 是 100 份预聚体中需加入的扩链剂量。适宜的—NH_2/—NCO 摩尔比为 0.85~0.95，扩链温度控制在 70~100℃ 之间。

③ 浇铸料的交联固化。铸满物料的模具于 100~110℃ 基本交联固化后，脱模后放入 80~120℃ 的烘箱中继续硫化数小时，或是置于室温下继续固化一周左右。都可制得物性良好的制品。

(4) 微孔聚氨酯弹性体（MCPUE）的反应注射成型（RIM-MCPUE） 微孔聚氨酯弹性体是指泡体孔径为 0.1~10μm、相对密度为 0.3~0.8 的发泡型 PUE。基础加聚物的分子量为 $4 \times 10^4 \sim 6 \times 10^4$，每条分子链是由 10~20 个交替排列的软段和硬段组成的嵌段共聚物，具有两相结构，其中软段（聚酯或聚醚段）为连续相，硬段（氨基甲酸酯和脲基交联段）为分散相。反应注射成型是利用各种物料的快速加聚反应性质，使二异氰酸酯、低聚物二醇、扩链剂和发泡剂等组分同时加入并快速混合后立即注入模腔，在模腔中迅速发生加聚、扩链和交联反应并发泡的 MCPUE 制备方法。其反应成型时间最快达 60s，脱膜时间最快为 10s，从混料到制品的生产周期最多为 7min。是制造 MCPUE（主要用作汽车座椅）最先进、效率最高的生产方法。

RIM-MCPUE 示意生产配方如表 2-20 所示。

表 2-20　RIM-MCPUE 示意生产配方[150,151]

组　　分	用量/份	组　　分	用量/份
组分Ⅰ		组分Ⅱ	
混合聚己二酸二醇酯①二醇	80	MDI	60
1,4-丁二醇（扩链剂）	10～11	三氯氟甲烷（发泡剂）	0～15
三亚乙基二胺	0.2～0.5		
二月桂酸二丁基锡（催化剂）	0.2～0.7		
聚硅氧烷类表面活性剂	1		
50%低聚物多元醇分散物（着色剂）	8		
云母粉、膨润土和立德粉（成核剂）	0.5～1.0		
水	适量		

① 混合酯的乙二醇/丙二醇＝95～85（摩尔比），分子量为 2000。

生产时常采用两组分（组分Ⅰ和Ⅱ）按配比自动计量、迅速混匀并注入模腔一次成型。RIM 注射成型设备由三个关键部件构成：一是低压循环计量和高压循环计量，前者的作用是控制物料温度、使物料均一并具稳定的黏度，后者的作用是在可控的高压下将温度均匀的物料精确地输送到混合头。二是高压、撞击式自清洗混合头，其作用是保证物料在混合头内瞬时充分混合。三是模塑，即在模腔内于 1～12s 内完成升温和发泡同时充满模具，并在 2～20s 内使物料充分反应固化而成型[152]。

2.3.7.3　聚氨酯弹性体特性和应用[152]

聚氨酯弹性体除热塑性聚氨酯外，几乎都是由聚醚（或聚酯）软段和氨基甲酸酯（或脲基）为硬段，且存在脲基交联键的热固性特种橡胶。由于它本质上属于极性饱和橡胶，因而其综合特性可概括如下。

① 耐油性和耐磨性特优。聚氨酯弹性体在燃料油（煤油、汽油）、矿物油（液压油、机油、润滑油等）中几乎不受侵蚀、溶胀。例如它在润滑油中的拉伸强度保持率（≥84%）和质量增大率（≤12%）与高丁腈橡胶（丁腈-40）相当，而远高于天然橡胶（拉伸强度保持率≤5%，质量增加率 176%）、丁苯橡胶（拉伸强度保持率≤8%，质量增长率≥126%）和顺丁橡胶（拉伸强度保持率≤21%、质量增长率≥18%）。PUE 的耐磨性特别卓越，一般条件下的耐磨性比天然橡胶大 3～5 倍，实际使用的耐磨性比 NR 大 10 倍左右，如果摩擦表面存在水、油等润滑介质，其耐磨性更好。

② 耐老化性能和阻尼性能均优于不饱和通用橡胶。由于其主链为饱和结构，且存在极性基，故其耐天候老化、耐臭氧、耐射线穿透性优良；PUE 减震元件能吸收 10%～20%的振动能，且振动频率越高，吸收振动能的能力越强。

③ 拉伸强度高、黏结性好，但其弹性和伸长率均比不饱和橡胶低。例如 PUE 的拉伸强度一般达 35～50MPa，与极性和非极性底物的黏结性好；一般其 T_g≥－40℃，扯断伸长率一般在 250%～400%之间。

④ 抗霉菌性和生物降解性。已经证明，以聚四氢呋喃醚二醇制得的 PUE，抗霉菌性最好；而将木粉、蔗糖渣溶于聚酯二醇中再与二异氰酸酯反应，可制得生物降解 PUE。

⑤ 加工成型方式多样。PUE 既可用传统热固性橡胶的加工方法混炼、模压硫化，更可

用塑料的加工成型方法如浇铸、注射、挤出和吹塑等成型。

PUE 已在如下领域得到普遍应用。例如在采矿系统用作钢绳轮胎衬里、输送带、耐油密封胶条或衬垫、气动钻机密封圈和泵隔膜等；在汽车工业领域用作微孔弹簧坐垫、保险杠、液压减震密封、缓冲器轴封、垫环轴承、方向盘和弹性减震套等；在纺织、鞋底领域用作转动轮、供纱拈纱辊、落纱棒、织机缓冲器等，制鞋工业普遍用作鞋底后跟、足球鞋防滑钉等；以及各种耐磨导向动轮、液压、气压 O 形密封、各种轴承垫和印刷胶辊等通用制品。

参 考 文 献

[1a] Whitby G S. Synthetic Rubber. New York: John Wiley & Sons, Inc., 1954. 32~53.
[1b] Blümel H. Kautschuk and Gummi Kunststoff, 1963, 16: 571; c. f. Rubber Chemistry and Technology, 1964, 37: 408.
[2] Stavely F W, et al. Ind. Eng Chem., 1956, 40: 778; Karotkov A A, et al. Dak. Nauk. SSSR, 1957, 115: 545.
[3] Szwarc M, Leveg M, Mikovick R. J. Am. Chem. Soc, 1956, 78: 2656.
[4] Kirk Othmer. Encyclopedia of Chemical Technology. New York: Wiley-Interseience Publication, 1979. 474.
[5] Amos J L, Mceurdy J L (to the Dow Chem. Co.), US, 2694692. 1954; Chem. Abstr., 1955, 49: 7284; Bailey W J. Vinyl and diene monomers, 1971; 潘祖仁, 于在璋合编. 自由基聚合: 高分子化学丛书. 北京: 化学工业出版社, 1983.
[6] 杨士林等. 高等学校化学学报, 1975, 2 (3): 365.
[7] 焦书科, 余鼎声. 高等学校化学学报, 1983, 4 (3): 371.
[8] Burnett G M. Macromol. Chem., 1962, 51: 154.
[9] Otsu T, Yoshido M. Makromol. Rapid commun., 1982, 3: 127~132.
[10] 大津隆行. 高分子, 1984, 33: 222.
[11] Georges M K, Veregin R P N, Kazmaier P M. Macromolecules, 1993, 26: 2789~2978.
[12] Kato M, Kamigaito M, Sawamoto M. Macromolecules, 1995, 28: 1721.
[13] Wang J S, Matyjaszewski K. Macromolecules, 1995, 28: 7901~7910.
[14] Chiefari J, Rizzardo E, Chong Y H, et al. Macromolecules, 1988, 31: 5559~5562.
[15] Mayaddune R T A, Rizzardo E, Chiefari J. Macromolecules, 1999, 32: 6977~6980; PCT Int Appl. WO 9801478 Al. 98-01-15.
[16] Otsu T, Kuriyama A. Polym. J., 1985, 17: 97.
[17] Otsu T, et al. Polym. Bull., 1987, 127: 323.
[18] Otsu T, et al. Polym. Bull., 1984, 11: 35; 接着性报, 1982, 9 (4): 2.
[19] Otsu T, Yoshida M, Kuriyama A. Polym. Bull., 1982, 7: 45.
[20] Otsu T, Matsunaga T, Dii T. Eur. polym. J., 1995, 31 (1): 67.
[21] Otsu T, Yoshida M. Polym. Bull., 1982, 7: 197.
[22] 大津隆竹, 栗山晃, 吉田雅年. 高分子论文集, 1983, 40: 583.
[23] 大津隆竹. 高分子, 1992, 41 (5): 358.
[24] 大津隆竹. 高分子, 1988, 37 (3): 248.
[25] Qin S H, Qiu K Y, Swift G. J. Polym, Sci., Patr A Polym. Chem., 1999, 37: 4610~4615.
[26] Harender Singh Bisht, Alok Kumar Chatterjee. J. Macromol Sci., 2001, C41 (3): 139~173.
[27] Qin S H, Qiu K Y. J. Polym. Sci., Part A Polym. Chem., 2000, 38: 2115~2120.
[28] Qin S H, Qiu K Y. Polymer, 2001, 42: 3033~3042.
[29] 钦曙辉, 丘坤元. 高分子学报, 2002, (4): 558~561.
[30] Georges M K, Veregin R P N, Kazmaier P M. Trends Polym. Sci., 1994, 2: 66~71.
[31] Gabaston L I, Armes S P, Jackson R A. Polym. Prepr. (Am. Chem. Soc., Div. Polym. Chem.), 1997, 38 (1): 719~720.
[32] Benoit D, Grimaldi S, Finet J P. Polym. Prepr. (Am. Chem. Soc., Div. Polym. Chem.), 1997, 38 (1): 729~730.
[33] Hawker C J. Angew. Chem. Ed. Engl, 1995, 34: 1456.

[34] Hawker C J, Frechet J M J, Grubbs R B. J. Am. Chem. Soc., 1995, (117): 10763~10764.
[35] Yoshida E, Osagawa Y. Macromolecules, 1983, 31: 1446~1453.
[36] Georges M K, Saban M, Veregin R R N, et al. Polym. Prepr. (Am. Chem. Soc., Div, Polym. Chem.), 1994, 35 (2): 737.
[37] Laurence I G, Steven P A, Jackson R A. Polym. Prepr. (Am. Chem. Soc., Div. Polym. Chem.), 1997, 38 (1): 780~751.
[38] Nakagawa Y, Miller P, Pacis C. Polym. Prepr. (Am. Chem. Soc., Div. Polym. Chem.), 1997, 38 (1): 701~702.
[39] Greszta D, Matyjaszewski K. Polym. Prepr. (Am. Chem. Soc., Div. Polym. Chem.), 1997, 38 (1): 709~710.
[40] 万小龙, 应圣康. 高分子学报, 2000, (1): 27~31.
[41] Qiu J, Gaynor S G, Matyjaszewski K. Macromolecules, 1999, 32: 2872~2875.
[42] Xia J H, Matyjaszewski K. Macromolecules, 1999, 30: 7692~7696.
[43] Moineau G, Dubois P h, Jerome R. Macromolecules, 1998, 31: 545~547.
[44] Qin D Q, Qin S H, Qiu K Y. Macromolecules, 2000, 33: 6987~6992.
[45] 刘兵, 华峰群, 杨玉良. 高分子学报, 2001, 4: 459~465.
[46] Le T P, Moad G, Rizzardo E. PCT Int. Appl. WO 9 701 478 Al 98-01-15.
[47] 邹友思, 庄荣传, 陈江溪等. 高分子学报, 2001, (1): 27~31.
[48] Quirk R P, Bumjae L. Polym. Int., 1992, 27: 359~367; Morton M, Fetters L J, Bostick E E. J. Polym. Sci., 1993, C1: 311.
[49] 应圣康, 郭少华等著. 离子聚合. 北京: 化学工业出版社, 1988. 215.
[50] Mathews F E, Strange E H. Brit. Pat., 1910, 24: 790.
[51] Harries C H. Ann., 1911, 383: 157.
[52] Hatada K. Polym. J., 1986, 18: 1037.
[53] Kitayama T. Polym. J., 1990, 22: 3896.
[54] Huglin M B. Polymer, 1946, 5: 135.
[55] Mays J W. Polym. Bull., 1990, 23: 247.
[56] Quirk R P, Ignatz-Hoover F, Chen W C. ACS Polym. Prepr., 1986, 27 (1): 188.
[57] 焦书科, 高正中. 碳四碳五烯烃工学. 北京: 化学工业出版社, 1988. 290~306.
[58] Adams H E, Rubber Chem. Technol., 1972, 45: 1252; 兰州化学工业公司研究院三室, 合成橡胶工业, 1979, 2 (16): 494.
[59] US 3506631; Fr Pat., 1519743.
[60] 程于圣, 陈伟洁, 应圣康. 高等学校化学学报, 1984, 5 (5): 727; 合成橡胶工业, 1983, 6 (5): 356.
[61] Fetters L J, Morton M. Macromolecules, 1974, 7: 552.
[62] 全国合成橡胶行业第13次年会文集. 1996~1997. 85.
[63] Nordsied K H. Kautschuk Gummi Kunststoff (KGK), 1984, 37 (8): 683.
[64] Kovac F J. 日本橡胶协会志（日文）, 1986, 59 (2): 85.
[65] 陈士朝. 合成橡胶工业, 1997, 20 (1): 6
[66] Stamhuis J E. Plastic Rubber Processing, Applied, 1989, 11 (2): 93.
[67] Frankfurt Europeane Rubber Journal, 1989, 171 (11): 29; Marwede G W, et al. Kautschuk Gummi Kunststoff (KGK), 1993, 46 (5): 380.
[68] Nordsiek K H. ACS, Rubb. Div., May 8~11, 1984.
[69] Halasa A F, et al. Europeane Rubber Journal, 1990, 172 (6): 35.
[70] Bond R, et al. Polymer, 1984, 25 (1): 132.
[71] Fuzimaki T, et al. IRC-85, Kyoto, 1985. 184.
[72] Halasa A. Rubber, Chemistry and Technology, 1997, 70 (3): 295.
[73] US 5070148; US 5239009; US 4530985; US 5137998.
[74] US 4814386.
[75] US 4843120; EP 438966A.

[76] 昌焰,陈士朝,曹振纲. 弹性体,1994,4(4):35～39；张华,张兴英,程珏,金关泰. 弹性体,1997,7(1):34～37；严自力,王新,金关泰等. 石化技术,1998,5(4):237～241；田福学,张春庆. 高分子材料科学与工程,2001,17(6):19～24.
[77] 焦书科,武冠英. 橡胶合成化学. 见：赵旭涛,刘大华主编,合成橡胶工业手册. 第二版. 北京：化学工业出版社,2006.
[78] Kennedy J P, Mareckel E. Carbocationic. Polymerization. New York: Wiley-Interscience, 1982.
[79] Ian M. Campbell "Introduction to synthetic polymers", 1999, Oxford: Oxford University Press.
[80] Faust R, Sheffer T D. Cationic Polymerization. Fundamentals and Applications, 1997, ACS Washington D C.
[81] Kennedy J P, Ivan B. Designed Polymers by canbocationic Macromolecular Engineering. Theory and Practics, 1991, Hauler publishers, Munich, Vienna, New York, Barcelona.
[82] 程斌,武冠英. 北京化工学院学报,1987,3,14,130.
[83] 武冠英,程斌. 北京化工学院学报,1994,42:125.
[84] Miyamoto M, Sawamoto M, Higashimura T. Macromolecules, 1984, 17: 26582; Higashimura T, Kashimoto Y, Aoshima S, Polym. Bull., 1988, 18: 111.
[85] Faust R, kennedy J P. J. Polym. Sci., Polym. Chem. Ed., 1987, 25: 1847; Polym. Bull., 1986, 15: 317.
[86] Fordor Z, Faust R. J. Macromol. Sci., Pure Appl. Chem., 1995, A32: 575.
[87] 曹宪一,王强,朱晖,武冠英. 高分子学报,1996,(5):633.
[88] Wu G Y, Wu Y X, Guo W L. J. polym. Sci., Ser. B, 1997, 397～398.
[89] Wu G Y, Wu Y X, Guo W L, et al. Makromol. Chem. Macromol. Symposium, 1998, 132～143.
[90] WU Y X, Wu G Y, et al. Designed monomers and polymers, 1999, 2: 45.
[91] Sinn H, Kaminsky W. Adv. Organomet. Chemistry, 1980, 18: 99.
[92] Rix F C, Brookhart M. J. Am. Chem. Soc., 1995, 117: 137; Brookhart M, Small B L, Bennett A M. A. J. Am. Chem. Soc., 1998, 120: 4049.
[93] Britovsek G J P, Gibson V C, Kimberley B S, et al. Chem. Commun., 1998. 849～850; Britovsek G J P, Gibson V C, Dorer B A, et al. PCT Int. Appl. WO 9623010, 1996.
[94] 中国科学院长春应用化学研究所四室. 稀土催化合成橡胶文集. 北京：科学出版社,1980.
[95] 中国科学院吉林应用化学研究所三室. 中国科学,1974. 486.
[96] 黄葆同,欧阳均等著. 络合催化聚合合成橡胶. 北京：科学出版社,1981. 58～85.
[97] 潘祖仁主编. 高分子化学. 北京：化学工业出版社,1986. 184～193.
[98] 林尚安,于同隐,杨士林,焦书科等编著. 配位聚合. 上海：上海科学技术出版社,1988.
[99] Yamazaki N, Lumionoe L, Kambarac S. Makromol. Chem., 1963, 65: 157.
[100] Saltman M W, Gibbs W E, Lal J. J. Am. Chem. Soc., 1958, 80: 5615.
[101] 吉田敏雄,小松公荣,大西章等. Makromol. Chem., 1990. 139: 61.
[102] 黄葆同,欧阳均等著. 络合催化聚合合成橡胶. 北京：科学出版社,1981. 64.
[103] 浙江大学高分子化工教研室. 合成材料,1975,2:76.
[104] 焦书科等. 合成橡胶工业,1978,3:86.
[105] 古川淳二. Pure and Appl. Chem., 1975, 42: 495.
[106] Tkác A, Stasko A, Collection Czechoslov. Chem. Commun., 1972, 37: 573, 1006, 1295; 1973, 38: 1346.
[107] Throck Morton M C, Farso F S. Rubber Chem. Technol., 1972, 45: 268.
[108] 华士英,唐学明. 高分子通讯,1982,5:331.
[109] 焦书科编著. 烯烃配位聚合理论与实践. 北京：化学工业出版社,2004.
[110] Dolgoplosk B A, et al. Dok. Akad. Nauk, SSSR, 1965, 164: 1300.
[111] Matsumoto T, Furkawa J. J. Macromol. Sci. Chem., 1972, A6 (2): 281.
[112] 古川淳二. 有机化学协会志,1977,35:109.
[113] Koboyashi E, Furukawa J, Ochiai M, et al. Eur. Polym., 1983, 19 (10/11): 871.
[114] 焦书科,余鼎声. 高等学校化学学报,1982,1:67;1983,4(3):371.
[115] Doi Y, Keii T, Ueki S. Macromolecules, 1979, 12: 814.
[116] Doi Y, Ueki S, Keii T. Makromol. Chem., 1979, 180: 1359.
[117] Doi Y, Keii T. Adv. Polym. Sci., 1986, 35 (11): 1018.

[118] Killian Ch M, Tempel D I, Brookhart M J. J. Am. Chem. Soc., 1996, 118: 11664.
[119] Doi Y, Ueki S, Keii T. Makromol. Chem., Rapid Commun., 1982, 3: 225.
[120] Doi Y, Walanabe Y, Soga K. Ueki S. Makromol. Chem, Rapid Commum., 1983, 4: 533.
[121] Bruzzone M, et al. Rubber Chem. Technol., 1974, 47: 1175; Dechirico A, et al. Makromol, Chem., 1974, 175: 2029.
[122] 姜连升. 全国合成橡胶行业第十三次年会文集, 1996~1997. 119.
[123] 焦书科, 黄次沛, 蔡夫柳等编. 高分子化学. 北京: 纺织工业出版社, 1983. 337~340.
[124] Ривин зн, ндр. Сер. Промъшденность Ск., 1977, 20 (3), 428~431.
[125] Mechan E J, et al. J. Polym. Sci., 1946, 1: 318.
[126] 焦书科. 合成橡胶工业, 1988, 11 (1): 34.
[127] Pernecker T, Kennedy J P. Ivan B. Macomolecules, 1992, 25: 1642; Polym. Bull., 1992, 29: 27.
[128] Ueki S, Doi Y, Keii T. Makromol. Chem., Rapid Commun., 1981, 2: 403.
[129] Mays J W. Polym. Bull., 1990, 23: 247.
[130] Asami R, et al. Macromolecules, 1983, 16: 628.
[131] Morton M. Anionic polymerization, Kinetics, Mechanism and synthesis, Mc Grath J E, Ed: ACS Symposium Series, 166, J. Am. Chem. Soc., 1981.
[132] Hawker C J. Fréchet J M J, Grubbs R B. J. Am. Chem. Soc., 1995, 117: 10763~10764.
[133] Pell A S, Pilcher G. Trans Faradav. Soc., 1965, 61: 71.
[134] 陈晓农, 焦书科. 高分子学报, 1999, 5: 564~569.
[135] Hughes W B, et al. J. Am. Chem. Soc., 1970, 92: 528.
[136] Dall'Asta G, et al. J. Organomet. Chem., 1973, 60: 115.
[137] Dall'Asta G, Motroni G. Eur. Polym. J., 1971, 7: 707.
[138] Natta G, Dall'Asta G. Elastomer from cyclic olefins in Kennedy P J, Tornqvist E, Ed: Polymer Chemistry of Synthetic Elastomers. New York: Wiley Interscience, 1969. 703~726.
[139] Lewandos G S, Pettit R. Tetrahedron Lett., 1971, 787.
[140] Cardin D J, et al. J. Chem. Soc. Commun., 1972, 927.
[141] Scott K W, et al. Rubber Chem. Technol., 1971, 40: 1341.
[142] Minchak R J, Tucker H. Paper presented at the 164th National Meeting of ACS, New York, August 1972, Preprints Divison of Polymer Chem., 885~890.
[143a] 焦书科编著. 烯烃配位聚合理论与实践. 北京: 化学工业出版社, 2004.
[143b] Saltman W M. 立构橡胶. 张中岳等译. 北京: 化学工业出版社, 1987. 355~359.
[144] Hass F, Theisen D. Kaut. Gummi Kunstst., 1970, 23: 502.
[145] 焦书科, 童身毅, 戚银城. 合成橡胶工业, 1982, 5 (3): 190; 5 (5): 370; 1983, 6 (1): 30.
[146] Calderon N. French pat., 1576325. 1969.
[147] Michailov L, et al. 160th National ASC Meeting, Chicago 1970, Divison of Org. coating and plastic Chem., Abstract 26.
[148] Pampus G, et al. French pat., 2066701. 1969; Ger. off., 2009740. 1970.
[149] Scott K W, Carderon N. Ger. off., 2058198. 1969.
[150] Robert D C, Raymodnd P. J. Elastoplastics, 1989, 121 (12): 19.
[151] 李俊贤. 反应注射成技术资料（连载）. 聚氨酯工业, 1995 (4) ~1997 (4).
[152] 郁为民等. 聚氨酯弹性体. 见: 赵旭涛, 刘大华主编. 合成橡胶工业手册. 第二版. 北京: 化学工业出版社, 2006.

第 3 章 橡胶合成方法及其技术进步

橡胶合成方法是指：依据聚合反应的性质和产品质量要求而选用的聚合体系，继而为选定的聚合体系制定相应的聚合流程、工艺参数、调控措施和控制指标。

和合成其他高分子材料一样，合成橡胶所用的聚合体系一般包括：单体、引发剂（或催化剂）、添加剂和反应介质。其中，单体和引发剂（或催化剂）对任何聚合反应都是必需的；添加剂只是为调节某些聚合反应的速率、分子量和聚合物结构而采取的补偿性（或调控）措施。例如在合成乳聚丁苯橡胶时，为防止聚合物的支化、交联，常采用硫醇类调节剂；用活性阴离子聚合法合成溶聚丁苯橡胶时常用醚类化合物作结构调节剂，用碱金属醇盐（如 t-BuOK）作无规化剂；而用 Al、B、Ni 催化剂合成顺丁橡胶，一般却不加任何调节剂。反应介质则是利于单体和催化剂扩散反应并协助排散聚合热、维持聚合温度恒定经常采用的惰性物质。但是对某些聚合反应来说，介质的性质和纯度不仅关系到聚合速度和散热能力，而且还是决定聚合反应能否顺利进行的关键因素。例如离子型和配位聚合所用的引发剂（或催化剂）即使遇到微量质子性杂质（如 H_2O、NH_3 或 ROH 等）都会使引发剂或催化剂分解而失活，从而使之不能在含活泼 H 的介质中进行聚合，而对水不敏感的自由基型引发剂却可在水介质中顺利地进行水乳液或悬浮聚合。从这个意义上说，聚合体系或聚合方法的选择是由催化剂或引发剂的性质所决定的。

聚合体系选定之后，首先要进行配方和聚合工艺条件试验，待确定出最适配方和工艺条件后，最基础的工作还要依据聚合反应的性质（自由基、离子或配位聚合）进行动力学研究，以确定聚合反应的基本参数（如聚合速率、聚合周期和各物料配比等），并为聚合釜设计（如结构、材质和传热面、冷剂温差等）提供基础数据。对合成橡胶来说，既可用自由基型引发剂引发自由基聚合，又可采用离子型引发剂或过渡金属催化剂进行离子型、活性离子型或配位聚合，它们的动力学曲线（如转化率-时间关系、分子量-时间关系）或聚合速率有不同的形式（见图 3-1、图 3-2）。

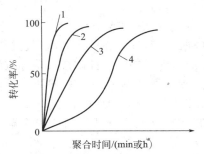 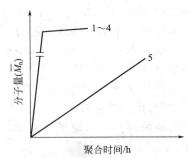

图 3-1　不同聚合反应类型的转化率-时间关系　　图 3-2　不同聚合反应类型的分子量-时间关系
1—阳离子聚合；2—阴离子聚合；　　　　　　　　1~4—传统的自由基、阳离子、阴离子聚合；
3—配位聚合；4—自由基聚合　　　　　　　　　　5—活性聚合（包括阴离子、阳
　　　　　　　　　　　　　　　　　　　　　　　　离子、自由基和配位聚合）

图 3-1 的示意曲线表明：①单体转化率随聚合时间的延长而提高，达到最高转化率的时间却随聚合反应类型不同有很大差异，它们随聚合时间的变化顺序是：阳离子聚合时间最短，自由基聚合时间最长，阴离子和配位聚合介于上述二者之间；②聚合速率（即转化率除

以聚合时间，$\Delta C\%/\Delta t$）的顺序是：阳离子聚合＞阴离子聚合≥配位聚合＞自由基聚合；③聚合速率越快，意味着单位聚合时间内单体转化为聚合物的百分率越高，相应的放热量就越大，因此聚合釜的设计和聚合釜材质的选择除必须要满足或超过最高放热峰所需要的基本量外，还需要考虑冷剂与聚合温度间温差和流量是否能充分满足及时撤热等技术经济问题；④聚合速率快、聚合周期短，虽有利于生产效率的提高，但为维持聚合温度恒定所采取的措施却往往受到釜结构和传热面及冷剂种类等的限制，所以对生产来说，并不总是希望聚合速度越快越好，而是要求聚合速率平缓以利于聚合反应在控制的条件下进行。对于聚合物可溶于溶剂的溶液聚合反应，聚合物溶液的黏度会随单体转化率的提高而急剧增大，从而既影响单体和活性种的扩散接触，又会影响聚合体系的热传导，这些都是聚合釜和流程设计所必须考虑的实际问题。至于图 3-2 所示的分子量-聚合时间关系，无论是离子聚合、配位聚合还是自由基聚合，它们的分子量均与聚合时间无关，也就是说聚合物分子都是在很短时间内长成的，延长聚合时间只是追求转化率而不是提高其分子量，但是对活性聚合来说，由于增长链一直保持着活性，所以延长聚合时间，既是为了使转化率接近 100%，也是为了使分子量达到设计值。

动力学研究的另一个目的是在确定转化率-时间关系的基础上，进一步建立聚合速率方程（即聚合总速率与参与聚合的各组分如单体、催化剂等浓度间的定量关系）和聚合度方程（即聚合物的平均聚合度与参与聚合的各组分浓度间的定量表达式）。对以上列举的各种加聚反应来说，其详尽的动力学方程已列在相应章节中，这里不再一一重述，但仍需指出的是它们之间的关系基本上都是：

$$聚合速度(R_p) \propto [M]^n[Cat]^m，聚合物的数均聚合度(\overline{P_n}) \propto [M]/[Cat]$$

式中，[M] 为单体浓度；[Cat] 为催化剂或引发剂浓度；n 和 m 分别是单体、催化剂的反应级数。这些定量关系都是制定工艺条件和确定影响因素不可缺少的依据。也就是说，所谓对聚合反应的控制就是依据上述的动力学方程来调控聚合反应速度和聚合物的分子量。

聚合温度是另一个与制定聚合工艺密切相关的问题。因为在确定了聚合物料配方后，聚合温度的高低不仅涉及聚合速度快慢、分子量高低和聚合物结构是否符合预期值等技术参数，而且还关系到冷剂选择和适宜温差等技术经济问题。一般来说，聚合反应温度需依据以下原则来确定。

① 引发剂或催化剂类型。若采用自由基型引发剂，聚合温度需在引发剂的热分解温度以上；若采用离子型引发剂或过渡金属类 Z-N 催化剂，由于它们或是在室温下已解离成离子活性种，或是在室温上下均可经快速反应形成活性种，此时聚合在较高温度下进行主要是为了提高聚合速度、缩短聚合周期；有时为了抑制反应速度过快，或抑制链转移导致的分子量剧降，还不得不使聚合温度控制在极低的温度 [例如异丁烯用 $AlCl_3$-H_2O（痕量）于 −100～−96℃进行共聚生产丁基橡胶] 下进行。再如乙烯-丙烯用 $VOCl_3/Al_2Et_3Cl_3$ 催化剂合成乙丙橡胶时，由于两组分反应形成的活性种在 40℃ 以上会分解失活，因而聚合温度需控制在 40℃ 以下。

② 聚合物结构和质量要求。对合成橡胶重要的结构和质量要求是：凝胶含量＜1%，共聚橡胶的分子链需无规化，分子链需堆砌成无定形结构。聚合温度的确定必须要符合这一要求。例如乳聚丁苯橡胶的合成，热法向冷法的转变，聚合温度由 50℃ 降低至 5℃。要实现这一转变，一是需要在氧化-还原引发体系出现之后才有可能（该引发剂体系可在 −20℃ 以上产生自由基）实现，二是降低聚合温度后必然也降低了聚合速度，但更重要的是它可大幅度降低由链转移导致的支化凝胶。再如以 n-BuLi 在环己烷等烃类溶剂中引发 Bd/St 共聚合成溶聚丁苯橡胶时，采用高温（约 100℃）聚合可使苯乙烯单元在丁苯分子链中呈无规分布。

③ 要考虑聚合釜的结构和散热面及冷剂温差等能耗问题。在实践中，适宜的聚合温度常是在综合考虑上述要求的基础上经实验来确定；或是在聚合的表观活化能（E）已知的情况下，利用聚合速度常数 k 与温度关系的 Arrhenius 方程：

$$k = Ae^{-E/RT}$$

来间接推定。

对于另加反应介质的溶液或乳液聚合来说，在设计聚合流程时还必须设置凝聚工序，以便使固体橡胶从溶液或乳液中完全析出，设置单体和溶剂回收、提纯工序，及完全脱除水分和挥发分的挤压脱水和挤出膨胀干燥机组等后处理工序。

聚合反应的实施方法主要有：本体聚合、悬浮聚合、乳液聚合、溶液聚合、淤浆聚合和气相聚合。在合成橡胶工业中，本体聚合是应用最早的聚合方法；以水作分散介质的悬浮聚合，迄今尚未在合成橡胶工业中获得实际应用；乳液聚合不仅是开发最早、既经济又适用、且生产规模最大的实施方法，而且近年来又相继出现了许多乳液聚合新技术；溶液聚合虽应用较晚，但自 20 世纪 50 年代中期随新型引发剂和催化剂的发现开发以来，发展速度很快，目前已成为发展速度最快、新技术不断涌现、合成高性能合成橡胶首选的聚合方法。至于淤浆聚合和气相聚合则是由溶液聚合和液相本体聚合发展而来，且为合成橡胶极具吸引力的生产方法。

3.1 本体聚合

3.1.1 典型的本体聚合及其优缺点

本体聚合是指聚合体系只有单体和引发剂，或不加引发剂和任何介质仅通过加热来引发单体聚合的实施方法。理论上，所有不饱和单体、带活泼官能团的单体及环状单体都可用本体聚合方法实施。但是，在实践中，由于热引发的温度往往很高，再加上不饱和单体的聚合又是放热过程，形成的聚合物又是传热的不良导体，致使聚合温度难以保持均匀恒定，从而导致聚合物的结构和性能不稳定，有时变得很差；操作高黏度物料也存在很多技术困难，所以除少数不饱和单体（如苯乙烯、甲基丙烯酸甲酯和氯乙烯）已采用本体聚合（单靠加热或仅加少量引发剂）法生产透明塑料外，现代合成橡胶工业很少采用。

与其他聚合方法相比，本体聚合的优点是：聚合体系中物料组分少，产品纯度高，透明洁净。缺点是聚合体系的黏度大、搅拌传热困难、聚合温度不易控制，产品分子量低、分子量分布宽，且支化严重。自由基本体聚合的另一个特点是在低转化率下（20%～30%）就会出现自动加速效应，导致聚合速度和聚合物分子量突然增大，放热量剧增，甚至发生暴聚。为了克服或削弱自动加速给产品质量带来的不利影响，在实施苯乙烯、甲基丙烯酸甲酯的本体聚合时，为使产品质量稳定常采用预聚或逐步升温的分段聚合办法。

3.1.2 最早用以合成橡胶的本体聚合

在合成橡胶领域，只有早期（1912～1932 年）的甲基橡胶和丁钠橡胶是采用本体聚合方法生产的，由于质量太差，生产不久即被淘汰。所用的聚合工艺和设备如下。

（1）液相本体聚合　液相本体聚合工艺是：把液相丁二烯和固体金属钠置于一个敞口铝质套筒中，再把该套筒置于一个由普通钢材制造的圆筒形、带夹套的聚合釜中，聚合釜的直径约为 1.5m，通过持续加热使钠引发丁二烯聚合，待聚合开始后再把冷水或温水通入夹套，以维持聚合温度基本不变。待聚合完成后，打开釜盖将铝质套筒吊出取胶、清器，接着再换一个铝质吊筒进行新周期的生产。显然这种液-固直接接触的本体聚合不仅催化效率低，且存在局部过热，传热困难，致使聚合温度难以控制，因而产品质量不稳定、性能低下是不言而喻的。

(2) 气相本体聚合　气相本体聚合工艺是：把催化剂母胶放在气体循环反应器中，然后把气相丁二烯通入循环反应器，使气相丁二烯连续不断地通过催化剂母胶表面使之发生气固相催化反应而聚合，这样聚合物就不断地在催化剂母胶表面上增长，直至催化剂表面被完全覆盖或包裹，聚合反应就停止下来；聚合温度可借助设置在气体循环管路中的冷却器将丁二烯冷却后通入来调节。与液相本体聚合法相比，这种气相本体聚合虽对控制聚合温度和提高产品质量有明显改进，但仍未能解决催化剂与单体瞬时反应、聚合物及时脱离催化剂的高效催化和有效分离问题。尽管如此，这种古老的气相本体聚合技术在丁二烯本体聚合领域是一个重要创举，也为丁二烯采用现代气相本体聚合技术提供了借鉴和启迪。

3.1.3　本体聚合法合成橡胶的技术进步

3.1.3.1　丁二烯的液相本体聚合

丁二烯的沸点为$-4.4℃$，临界压力为4MPa，是一种极易液化的单体，并已知聚丁二烯在30℃以下可溶于丁二烯单体，而在高于30℃却不溶于丁二烯，这些性质和丙烯非常相似；而且已知丁二烯又可在Z-N型催化剂（Ti、Co、Ni系和稀土）存在下生产顺丁橡胶。因此受20世纪70年代初出现的丙烯液相本体聚合方法（丙烯在3.5MPa压力下呈液相，它既是聚合的单体，又是协助散热的反应介质，形成的聚丙烯又不溶于丙烯呈淤浆状析出，从而可在不使用溶剂的条件下，用高效Ti系催化剂实现了丙烯的液相本体聚合。这种方法不仅无需回收溶剂、生产流程短，而且节能高效）的启发[1]。意大利Enichem Elastomers公司早在1986年就取得了以稀土钕系催化剂采用液相本体聚合法制取顺丁橡胶的专利。披露的聚合方法是将聚合分为两段，第一段是液态丁二烯在搅拌下加入稀土钕催化剂于<30℃、0.35MPa压力下进行均相聚合（聚合热由单体气化、冷凝回流排散），当丁二烯的转化率达5%～20%后，将物料转入第二段挤压机式反应器于50～60℃、0.35～1.8MPa压力下继续聚合，保持第二段反应器出口温度在60～100℃之间，出来的物料送入混合器同时加入终止剂和稳定剂混匀后，最后进入螺杆挤压机于常压、100～180℃脱除挥发分。据称这种两段聚合法的总反应时间为20～60min，聚合物固含量为60%～70%，其优点是产品均一，烷基铝用量少，比溶聚法节能80%以上[2]。

锦州石油公司早在1985年就开展了稀土催化剂催化丁二烯本体聚合的研究，并于1988～1989年完成了100t/a中试开发技术。所用反应器是用两台串联的双螺杆挤出机。工艺条件是：物料停留时间20min，反应温度是20～100℃分四段控制，聚合热通过进料温度、夹套冷剂和丁二烯汽化冷却导出。据称，这种工艺可使单体转化率达98%以上，所得顺丁橡胶的顺式-1,4-结构含量≥97%，生胶强度与Ni系BR相当。与溶液聚合法相比，反应器的时空效率提高30～50倍，由于无需回收和纯化溶剂，不仅大幅度降低了能耗（降低50%以上），而且也减少了环境污染。

20世纪80年代中期，Goodyear公司曾对$Ni(Oct)_2/AlEt_3/BF_3·OEt_2$催化丁二烯液相本体聚合生产顺丁橡胶的螺杆式反应器进行过开发，并在工业化实验装置上连续运行25h，得到了比较满意的结果。开发的本体聚合反应器是平堆式双螺杆捏合反应器，双螺杆的轴径均为10.2cm，轴长分别为81cm和122cm，即长径比为8～10，双螺杆按上下平行安置，为自清式反应挤出机。螺杆式反应器分为物料混合区、聚合反应区和反应物料输送区三段，反应区的温度由冷却夹套和单体汽化冷凝回流控制在(69±2)℃。用单体量1.5%的1-丁烯作分子量调节剂，物料停留时间约为11～14min，在上述条件下，单体转化率可达87%～

97%,但所得顺丁橡胶的凝胶含量较高(0.85%~4.0%)。

3.1.3.2 乙烯/丙烯的气相本体共聚合

烯烃于低压(2~3MPa)下气相流化床聚合技术源于20世纪70年代发展起来、且当今得到普遍采用的生产高密度聚乙烯和全密度($D=0.86~0.94$)聚乙烯的新聚合方法。其主要技术特点是:聚合反应不用溶剂直接得到干粉产品,流程短,设备投资和维修费用低,工艺条件温和,操作简便,生产安全,采用高效催化剂(铬系、钛系或茂金属),虽单程转化率低(约2%),但连续聚合可使催化效率高达60万~100万倍,通过共聚还可生产不同牌号(不同密度)、不同性能的聚乙烯产品。因而成为制造多种高密度聚乙烯普遍采用的聚合技术和方法。

由于乙烯(或丙烯、1-丁烯等)在聚合条件下(操作总压为2~3MPa,温度为60~110℃)均呈气相,依靠高浓度、高动能的气相α-烯烃与固相载体催化剂接触而发生聚合,故常简称气相聚合。实际上这是一种在固相催化剂表面上发生的一种气-固相催化反应而聚合的本体聚合反应。

乙烯与α-烯烃(丙烯、1-丁烯或1-己烯)共聚的气相聚合主要是在流化床反应器中完成的(见图3-3)。高效载体催化剂经白油或N_2稀释匀速进入反应器,原料气(乙烯、共聚单体和H_2)和循环气一并从流化床反应器的底部进入使催化剂流态化,并使催化剂与气相反应气充分接触,立即引发聚合;反应温度和压力由进料气温度、流速调节,流化床的反应气和形成的聚合物进入膨胀段后因压力降而使粉状聚合物落入流化床,并随底部的聚合物连续排出反应器,聚合热随循环气体和形成的聚合物带出,由反应器顶部排出的未反应单体,经压缩、冷却后再与原料气汇合进入反应器,由此完成连续聚合和连续排出聚合物。连续排出的粒料进入储料罐冷却后即得成品。成品可直接用于加工成型,也可经挤出机(加入抗氧剂)造粒制成粒料。

美国联碳公司(UCC)于1992年就宣称已成功地开发出乙烯(E)/丙烯(P)气相本体共聚生产EPDM的Unipol技术,并建成投产500t/a的半工业化装置[3]。所用气相流化床反应器与图3-3类似,催化剂为V系高效载体(SiO_2)催化剂,催化剂的流态化助剂是炭黑或SiO_2,第三单体是亚乙基降冰片烯(ENB)、双环戊二烯(DCP)或1,4-己二烯。单体循环和聚合物连续排出的控温措施也与图3-3相似。据称这种方法不仅可生产就地包裹炭黑或SiO_2(补强剂)、平均粒径为0.6~0.7mm、三种第三单体的EPDM,而且其设备投资和总生产成本比溶液共聚法分别降低58%和30%。

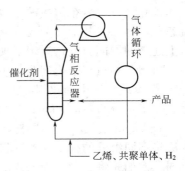

图3-3 乙烯气相聚合流程

上述生产实践证明,人们担心的黏性橡胶粒子会妨碍流化床流态化问题是可以克服的。

1990年,Himont公司则用E/P气相聚合来生产聚烯烃热塑性弹性体。其生产方法由两步组成。第一步是用高效催化剂,在两个串联的环管式反应器中于77℃和33atm下使丙烯进行液相本体聚合先制取PP;然后再连续进入第二步以两台串联操作的气相聚合反应器,于75℃、11~14atm下与气态乙烯/丙烯混合物进行共聚,生成嵌段型共聚物(PP-b-EPR或PP-b-EPR-b-PP)热塑性弹性体(TPE),产品牌号为Hifax。如果第一步单独操作,商品级PP的生产能力可达145kt/a;如果两步连续操作,则嵌段共聚物的生产能力可达180kt/a。为了与机械共混产品及POE相区别,该气相聚合法产品取名为反应器内合成型热塑性聚烯烃弹性体(TPOER)。并声称这种TPOER比机械共混法产品的成本低50%。

3.1.3.3 丁二烯的气相本体聚合

在本节一开始时就已经提到，最早的丁钠橡胶是用气相本体聚合方法生产的。这种方法本质上也是丁二烯经气-固（金属钠）相催化反应而聚合的气相本体聚合方法，由于当时所用的金属钠催化效率低，同时对聚合反应和聚合方法适应性和重要性又一无所知，所以制得的类橡胶性能很差。随着新催化剂的发现及科学技术的发展，现在已经知道，只要催化剂的催化活性（或催化效率）足够高、催化剂遇到单体分子能立即引发聚合，聚合产生的聚合热又可被冷反应气流和形成的聚合物带走，所以无论是 α-烯烃还是二烯烃都可用气相本体聚合法进行均聚和共聚。从反应物来看，丁二烯又是一个不易发生热聚合的气相单体。所以采用高效的稀土或镍系催化剂催化丁二烯的气相本体聚合理应是可以实现的。可是德国 Bayer-AG 公司于 1993 年的开发研究结果表明[2]，采用目前用于丁二烯溶液聚合的 Ti、Co、Ni 系和稀土催化剂均不能顺利地实现丁二烯的气相本体聚合，估计是由于催化剂的活性尚不够高，且未能借助固体流态化助剂的缘故。到 1996 年该公司却宣称他们已经开发出高活性的稀土活性炭载体催化剂，并发现该催化剂用活性炭作载体时活性炭表面上的羰基、羧基、酸基、内酯基和醚基等不仅不会干扰催化活性，反而使催化剂的活性高于硅胶载体。他们还用稀土载体催化剂研究了丁二烯气相本体聚合动力学[3]，取得了如下的聚合速度方程：

$$R_P = K_P C_{Nd}^* C_B m_{cat}$$

式中，K_P 为表观链增长速率常数；C_{Nd}^* 为活性种浓度；m_{cat} 为催化剂总量；C_B 为丁二烯浓度；聚合速度随反应温度的变化符合 Arrhenius 方程，但聚合温度的上限是 60℃（>60℃失活）；测得的表观活化能为 19～24kJ/mol（该值低于相应的溶液聚合值 34.1kJ/mol），失活活化能为 40～50kJ/mol，失活速率常数为 3×10^{-5}～$8\times10^{-5} s^{-1}$。这些动力学参数对如何控制气相聚合工艺非常重要。由此看来，要实现丁二烯的气相本体聚合，关键是需要继续提高现有催化剂（如稀土、钴系、镍系、茂金属和锂系）的活性并制得高活性、长效固体载体催化剂，并着重解决顺丁橡胶在聚合温度下是软、黏粒子，因易于粘连难以保持其连续流态化问题，以及专门为高沸点二烯烃的气相本体聚合设计新型的气相流化床反应器等。现将上述诸问题的研发进展现状梗概介绍如下。

(1) 各种负载催化剂及其主要实验结果

① 负载型稀土催化剂　由于稀土催化剂的活性高、不易氧化，且容易调节聚合物的门尼和分子量分布，故 Bayer、UCC 和 JSR 等公司都集中研发过负载型稀土催化剂。

a. Bayer 公司曾用不同比表面积、不同孔容的 SiO_2 和活性炭作载体，采用不同的负载方法将不同组分的稀土催化剂组分负载在上述两种载体上，制得了可自由流动的粉状载体催化剂。例如先将表面积为 $230m^2/g$、孔容为 2.95mL/g 的硅胶于 250℃干燥 2h，然后在搅拌下加入一定浓度和一定量的 $AliBu_2H$-己烷溶液浸渍 20h，随后滤去己烷后，再用己烷洗涤并干燥，最后依次加入按一定配比的 $AliBu_2H/Al_2Et_3Cl_3$/Bd/支链烷基羧酸钕（Nd)-己烷溶液，浸渍 5min 后滤出固体，真空干燥后得到自由流动的粉末状固体负载型钕催化剂[4]。该催化剂用带磁力搅拌的 2L 旋转蒸发器模拟丁二烯的气相本体聚合，于 30～90℃聚合 4.5h 后，所得聚丁二烯的顺式-1,4-结构含量为 96.5%，门尼黏度为 147。若减少 $AliBu_2H$ 用量或调整载体与催化剂配比，可制得顺式-1,4-结构含量为 95.9%、门尼黏度为 87 的 BR，催化活性为 23～27kg/(molNd·h)。

若采比表面积更大（$1150m^2/g$）、孔容较小（1.75mL/g）、灰分<3%的活性炭作载体（活性炭牌号为 L3S），按与上类似的方法负载同样配比的稀土钕系催化剂，同样用旋转蒸发器模拟丁二烯的气相聚合进行评价，则所得催化剂的催化活性为 42.5～55.1kg/(molNd·h)。结论是活性炭载体的催化活性约比硅胶载体大 1 倍[5]。

Bayer 公司还用颗粒度为 400~100μm 的聚丙烯（PP）或聚乙烯（PE）粉体作载体，或是用 PP-SiO₂ 作复合载体，同样可制得粒径为 1mm 的 BR[6]。

b. 日本 JSR 公司则用加有 Lewis 碱的稀土催化剂负载在中超耐磨炉黑（ISAF）、SiO₂、CaCO₃ 或 MgCO₃ 载体上，并用 1.5L 的旋转蒸发器模拟丁二烯的气相本体聚合和氢调效果[7]。

负载型稀土催化剂的制备和聚合条件是：采用稀土三组分催化剂即辛酸钕（Ⅰ）/有机铝（Ⅱ）（即 AliBu₃/AliBu₂H）/卤化物（Ⅲ）即（AlEt₂Cl）/Lewis 碱（如乙酰丙酮、THF、DMF、吡啶、硫酚、二苯醚、三乙胺、一元醇或二元醇）。其中 Ⅰ/Ⅱ=1/(100~5)；Ⅰ/Ⅲ=1/(5~0.5)。为了提高催化活性，配制催化剂时需加入一定量[丁二烯/稀土化合物=(0.1~300)/1]的丁二烯。为了缩短诱导期，催化剂各组分需于 20~80℃陈化 10~30min。连续聚合时，催化剂可在管道或预反应器内陈化，经陈化后的催化剂活性可在数日内保持不变。陈化后的稀土催化剂须在强烈搅拌下加入炭黑等载体中，如果是用炭黑作载体，其吸油率应为 100~300mL/100g 炭黑；如果用湿法 SiO₂ 作载体，其 BET 比表面积宜为 100~300m²/g；炭黑的适宜用量约为（10~70）份/100 份聚合物；氢调时用[H₂]/[Bd]摩尔比来调节分子量。聚合条件是：压力=0.1~1MPa，聚合温度 50℃；连续聚合时按图 3-3 类似的方式使丁二烯冷却并进料，连续挤出的聚丁二烯进入 50℃的真空干燥箱干燥 24h。所得 BR 的分子参数如下：催化剂效率 1000gBR/g 稀土，BR 门尼黏度为 65，$\overline{M}_w$=97×10⁴，$\overline{M}_w/\overline{M}_n$=4.5，顺式-1,4-结构含量 96.8%，反式-1,4-结构含量 1.8%，炭黑结合胶 24%。由于加入的炭黑量较多，部分炭黑可充当载体，而大部分炭黑却起补强剂的作用，与 BR 结合形成结合橡胶（bound rubber）。

由于结合橡胶占相当比例，MWD 较窄，因而由这种气相本体聚合制得的 BR，其硫化胶的物性（如表面和体积电阻、耐撕裂性和耐磨性等）比同类型溶聚橡胶好。

c. 1997 年浙江大学也开展了丁二烯用负载型稀土（钕）催化剂进行气相本体聚合的研究。他们采用不同陈化方式的负载型（载体可能是活性炭或 SiO₂）三组分稀土催化剂即 Nd(nap)₃/AliBu₃/Al₂Et₃Cl₃，在自己设计的自洁式卧式双轴搅拌床反应器（分别为 21.5L 和 2L）上进行了丁二烯气相聚合的冷模和热模试验。冷模试验主要是研究催化剂粒子的流态化特性、混合流动特性，而热模则是研究反应温度、压力等工艺条件等对聚合反应的影响，及聚合反应动力学[8~10]。研究结果表明：聚丁二烯对单体有较强的吸附性，若聚合温度不够高，会导致生成的聚合物中有丁二烯液滴存在，从而使聚合物粒子黏附、阻碍其正常流态化；为了使体系中的粒子分散良好，需要加入适量的流态化助剂（或稀释剂）；聚合速度对丁二烯浓度（压力）和催化剂浓度均呈一级关系，聚合速率-时间关系属衰减型，可根据 Arrhenius 方程求取表观活化能。

② 负载型 Ni 系催化剂　由于溶液聚合所用的 Ni 系催化剂[Ni(nap)₂/AliBu₃/BF₃·OEt₂ 等]的催化活性不够高，所以一些公司开发出两种负载型 Ni 系催化剂，一种是以活性炭作载体（或是用活性炭作流态化助剂），另一种是以 SiO₂ 作载体。负载型 Ni 系催化剂又因加入的第四组分不同，又分别称作加有抗氧剂的负载型镍系催化剂和加入丁二烯作活化组分的预活化镍系催化剂。

a. 加有抗氧剂的镍系催化剂：UCC 提出的 Ni 系催化剂是辛酸镍 (Oct)₂Ni/AlEt₃/BF₃·OEt₂，以炭黑作载体或流态化助剂，在典型的气相聚合反应器中，于 50℃、丁二烯分压为 60psi(1psi=6894.76Pa) 的条件下进行气相聚合，制得了炭黑含量达 40% 的 BR[11]（实际上是 BR 炭黑母炼胶）。

Goodyear 公司提出的加有抗氧剂的三组分 Ni 系催化剂是 (Oct)₂Ni/AliBu₃/HF·OBu₂

（或 $BF_3·OEt_2$）[12,13]，各组分的适宜摩尔比为 Al/Ni＝(20～80)/1，F/Ni＝(50～150)/1，F/Al＝(7～0.7)/1。配制催化剂时需要加入一定量的丁二烯并在一定的温度下陈化一定时间。用该陈化液浸渍炭黑（或 SiO_2）载体后、过滤、干燥制取负载型镍催化剂（载 Ni 量为 0.005mol/L）。所用的抗氧剂是芳胺（如联二亚甲苯基胺）或受阻酚（如叔丁基甲基苯酚），这类抗氧剂不仅不会阻滞聚合，而且还会调节 BR 的分子量，减少凝胶，并能提高 BR 的耐热氧化性能。聚合时可先将抗氧剂（己烷溶液）和炭黑加入反应器，经 N_2 吹扫后再加入催化剂即可用于丁二烯的液相本体聚合。结果表明，加入抗氧剂（$1×10^{-6}$～$1.5×10^{-6}$）的负载型镍系催化剂催化丁二烯液相本体聚合，可提高 BR 的收率。

b. 预活化的 Ni 系催化剂[14]：预活化的 Ni 系催化剂系指 Ni/Al/F 三组分在少量丁二烯（或异戊二烯）及水存在下混合后，于适中温度下陈化 1h 所形成的催化剂。其中各组分分别是：羧酸镍［如 $Ni(nap)_2$］；有机铝，如 $AlEt_3$、$AliBu_3$、$AlEt_2Cl$ 或是部分水解的 $Al(CH_3)_3$ 即 MAO；F 为 $HF·OBu_2$ 或 $BF_3·OEt_2$。各组分的摩尔比为：Al/Ni＝(5～25)/1，HF/Al＝(1.5～2.5)/1［或 BF_3/Al＝(0.6～1.5)/1］，丁二烯(Bd)/Ni＝(10～150)/1，H_2O/Al＝(0.1～0.5)/1。加料顺序为：Al→Bd→Ni→$HF·OBu_2$。

上述催化体系，以炭黑（N-650）作流态化助剂进行丁二烯的气相聚合，可制得顺式-1,4-结构含量为 97%～98%、$[\eta]$＝3.7～4.9dL/g、MWD＝3.3～4.2 的 BR，其催化活性为 886～1152gBR/(molNi·h)。

若将上述体系负载在硅胶载体上，可制得顺式-1,4-结构含量为 97.7%，$[\eta]$＝4.3dL/g 的 BR，其催化活性为 1452gBR/(molNi·h)。

③ 负载型 Co 系催化剂　UCC 公司所用的 Co 系催化剂为：$Co(acac)_3$（三乙酰丙酮钴）/$AlEt_3$、$Co(acac)_3$/MAO、$CoCl_2$/$Al_2Et_3Cl_3$、$CoCl_2·4py$（吡啶）/MAO 及 $(Oct)_2Co$/$AlEt_2Cl$ 部分水解物[11]。

将上述体系的己烷溶液混合后，与经 600℃ 活化的硅胶配成淤浆，搅拌混合数分钟后，于真空下脱除溶剂，制得了负载型钴系催化剂。该催化剂以炭黑作流态化助剂于 20～55℃ 催化丁二烯（反应压力为 100～315psi，Bd 分压为 30～80psi）的气相聚合，可制得顺式-1,4-结构含量为 92%～98%、$[\eta]$＝1.5～3.6dL/g、炭黑含量为 44%～56%、平均粒径为 0.013～0.036in(1in＝0.0254m)、门尼黏度为 55 左右的 BR。其催化效率为 2900gBR/gCo。不过所得 BR 中的钴含量达 $45×10^{-6}$～$195×10^{-6}$。

Ube 公司的一项专利[15]中所述的催化剂制法与 UCC 公司的类似。不同之处是，用这种负载型 Co 系催化剂在 1L 旋转蒸发器中先加入一定量 1,5-辛二烯，随后加入丁二烯于 2℃ 进行气相聚合，可得到溶解性良好，顺式-1,4-结构含量为 96.7%，$\overline{M}_w$≈20 万的 BR。

美国专利[16]还披露了一种专用于制取中乙烯基 BR（1,2-结构含量 35%～65%，顺式-1,4-结构含量为 35%～47%）的丁二烯气相聚合负载型 Co 系催化剂。该催化剂的特征是以有机膦化合物作钴的配体，主催化剂的通式为 $CoX_2(PR_1R_2R_3)$，用烷基氯化铝或 MAO 活化（即助催化剂），以活性炭、SiO_2 或 Al_2O_3 作载体，通式中的 CoX_2 可以是 $CoCl_2$、$CoBr_2$ 或 $CoCl_2·4py$，$PR_1R_2R_3$ 中的 $R_1＝R_2＝R_3＝ph$（苯基）即三苯基膦（Pph_3）。据称这种负载型 Co 系催化剂可在 Bd 分压为 10～20psi、聚合温度 20～35℃ 催化丁二烯的气相聚合，制得顺式-1,4-结构含量为 35%～47%、$\overline{M}_n$ 为 $111×10^3$～$294×10^3$、MWD＝2.8～4.6 的低顺式、中乙烯基 BR。其催化活性最高可达 1786gBR/(mmolCo·h)。

④ 负载型茂金属催化剂

a. Ube 公司推出的茂钒催化剂是[17~19]$CpVCl_3$/MAO/Bd，所用的载体是 SiO_2（200℃ 脱水干燥 6h 的多孔硅胶，比表面积为 $10m^2$/g，孔容为 1～15mL/g），也可采 PS、PP 或

1,2PB 粉作载体，载 V 量为载体质量的 0.0359%。

采用上述负载型茂钒催化剂，在旋转蒸发器中于 2℃进行丁二烯的气相聚合，其催化剂活性为 3265gBR/(mmolV·h)。

b. UCC 公司专利提出的茂钛催化剂是 $CpTiCl_3$/MAO，但未见其催化活性的数据；Bayer 公司的专利[20]提出的负载型茂钛催化剂是以硅胶作载体的茂钛氟化物，如 $CpTiF_3$/MAO、$MeCpTiF_3$/MAO 和 $IndTiF_3$/MAO(式中，Me 为 CH_3；Cp 为环戊二烯；Ind 为茚基)。

丁二烯于相同条件下（载 Ti 量为 0.15mmol、Bd 分压为 0.2MPa、60℃聚合 180min）的气相聚合实验表明：$MeCpTiF_3$/MAO 的催化活性为 183kgBR/(molTi·h)，凝胶含量为 0.8%，而 $CpTiF_3$/MAO 的催化活性为 37kgBR/(molTi·h)。前者 BR 的顺式-1,4-结构含量为 78%，1,2-结构为 21%；后者 BR 的顺式-1,4-结构含量为 74%，1,2-结构为 23%。

⑤ 负载型锂系催化剂（引发剂） 用负载型锂系引发剂引发丁二烯的气相聚合始见于 UCC 公司于 1998 年发表的专利[21]。所用的锂系引发剂为 n-BuLi，载体为 PP 粉（PP 粉的比表面积为 $50m^2/g$，孔容为 2.4mL/g，粒径为 75～150μm，也可以用 PS），负载方法是：先将干燥的 PP 粉加入到己烷-十四烷混合溶剂中，搅拌成悬浮液，10min 后将含 n-BuLi 的己烷溶液于 20～30℃在 30min 内滴加到悬浮液中，90min 后于 20℃减压蒸去溶剂，即得到载锂量为 1.91mmol/g、可自由流动的白色粉末。

在玻璃卧式压力釜中进行半连续式丁二烯气相聚合，聚合条件是：PP 的载锂量为 0.25～1.91mmol/g，聚合压力和温度分别是：0.2～0.4MPa，60～70℃。试验结果表明：多数情况下催化活性不高（仅 15～17kgBR/molLi），BR 的顺式-1,4-结构含量为 38%～42%，1,2-结构为 12%～20%；PP 载体和聚合物粒子中有残留丁二烯，导致粒子间有黏结、团聚现象。

从以上对诸多催化剂体系的负载化及丁二烯用负载型催化剂进行气相聚合的研发现状可以看出：a. 所用的载体仍仅限于硅胶、活性炭和粉状聚合物，为了使其适应于气相聚合并获得母炼胶，多数采用活性炭或炭黑作流（态）化助剂；b. 负载型催化剂所用的催化剂组分，基本上都是原来对丁二烯聚合有较高活性的常规催化剂，有的虽组分有所增加，但效果不显著；c. 丁二烯用负载型催化剂进行气相聚合，所得聚丁二烯的微观结构仍保持着原来催化剂的立构选择性；d. 催化剂经负载后虽固体粒子的流动性得到改善，但其催化活性并未见显著提高，有的甚至有所下降（如锂系）。所得负载型催化剂的催化效率（或催化活性）约比 α-烯烃用高效催化剂的气相聚合低 2～3 个数量级［乙烯或丙烯气相聚合用铬系、钛系高效催化剂和茂金属催化剂，前两者的催化效率为催化剂质量的十万到几十万倍，后者的催化活性为 1×10^6～3×10^7gPE/(gZr·h)］。催化效率低导致的后果，一是聚合物或载体催化剂粒子中会残留一些尚未聚合的丁二烯液滴，导致粒子粘连影响其正常流态化；二是使形成的聚合物中残留较多的过渡金属而影响橡胶的耐老化性能。如果要脱除聚合物中的过渡金属还要附加脱除设备和工序。

(2) 气相聚合反应器

① 流化床反应器 典型的气相聚合反应器是如图 3-3 所示的上部带有反应气出口的膨胀段、侧壁开有催化剂物流入口、底部装有气体分布盘和聚合物出口的筒形流化床反应器。Unipol 工艺[22,23]所用的乙烯气相聚合流化床反应器是总容积为 $1.56m^3$，反应段与膨胀段的截面积之比为 1：(2.6～2.8)，反应段的高径比约为(3～4)：1，气体分配盘的孔径为 0.0127m，流化床表面的气体流速一般不超过 0.8m/s。操作温度为 20～120℃，压力为 0.6～4MPa。

丁二烯在上述流化床装置上进行气相聚合遇到的最大困难是，聚合物软粒子粘连导致的流化状态恶化，难以长时间连续运转。由于 BR 的软化点低，在较高温度容易变软发黏，使其在聚合温度下难以保持其初始粒子形态，此时只能借助流化助剂（如炭黑）充当黏性粒子的隔离剂，由于含惰性粒子的聚合物粒子表面结构和形态在聚合过程中不断变化，一旦发生粘连，流态化气体的动能又不足以冲破这种粘连，于是就导致流化床难以连续流态化。当然，聚合物与炭黑形成核-壳结构，核-壳结构又随聚合进程而演变、聚合物粒子的大小、各种物料动态浓度的均衡性、催化剂活性和反应条件等都是影响流化床持续稳定运转的重要因素，其中最重要的影响因素是催化剂活性和聚合温度及丁二烯分压。

② 搅拌式反应器　上部有足够气相空间的搅拌式反应釜实质上也是一种流化床反应器。专利中涉及的搅拌式反应器有多犁（Plows）返混式反应器[24]和水平式多段反应器[13]。

多犁返混式搅拌反应器是结构最简单的气-固相反应器，如图 3-4 所示。中央轴上装有 4 个犁形搅拌叶（即标号 100），转速为 200r/min，反应器长 40.6cm，直径 39.7cm，可流化体积为 46L，反应器上方有一个直立气化室，气化室的气体容积为 54.6L，反应器上方还装有一个容积为 60L 的锥形分离器（标号 120），气体连续地经鼓风机循环通过反应器和分离器，以保持反应器内粒子的机械流态化和气体组成的均一。

③ 新型流化床反应器　为避免传统流化床反应器在反应段与膨胀段紧邻处沉积聚合物，Bayer 公司又设计出圆柱形与渐变锥形相连的新型流化床反应器[25]。

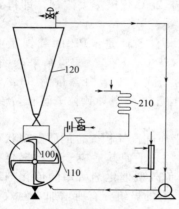

图 3-4　多犁返混式反应器

连续渐变锥形流化床反应器的整体外形很像棒球棒，圆柱段直径与整个反应器高度之比为 1:(11～12)，柱段与锥段的高度之比为 1:(2～2.5)；相对于中轴线的锥形偏角为 3.5°～5.5°。反应器上下端均呈半球弧形，下端安置气体分布板。催化剂物流入口和聚合物排出及反应气（丁二烯）循环冷却进出均与图 3-3 相似。

为了保证气相聚合中聚合物粒子的稳定流态化，还有专利提出用聚二甲基硅氧烷涂覆随催化剂物流充入的惰性粒子（如炭黑、活性炭等）以防止聚合物粒子的粘连[26]。为了防止形成的聚合物粒子大小不一，从而对粒子的流态化造成障碍，也有专利提出将排出的聚合物粒子进行筛分[27]，较小的粒子经提升管循环返回流化床反应器，过大的粒子进入螺杆挤出机。还有专利提出采用振动式流化床[28]，即将形成的橡胶粒子经管道从流化床反应器底部送入振动流化床，使橡胶粒子借助聚合温度在移动中进一步脱气。

总之，丁二烯的气相本体聚合由于它既不用溶剂，又可同时生产母炼胶，流程短、设备相对简单，既节能又对环保有利，因而是一项极具吸引力、值得倍加关注的科技系统工程。20 世纪 90 年代以来国内外的石化大公司和诸多学者都为此付出了巨大努力，也作出了一些成绩。但是从研发现状来看，仍存在一些重大科技工程难题，有待进一步研发解决，这些科技难题可归纳如下。

（1）进一步提高负载型催化剂的催化活性（或催化效率）和长效性。前已述及，在已开发的负载型催化剂中，以稀土钕系的催化活性最高 [约 200～400kgBR/(molNd·h)]。如果所用的主催化剂暂按 $Nd(acac)_3$ 计算，$1molNd(acac)_3 = 442g$，据此计算出 1h 的催化效率仅为 450～900gBR/gNd，即负载 Nd 催化剂的催化效率仅为稀土钕的 450～900 倍，该值约比铬系、Ti 系高效催化剂催化乙烯气相聚合的 50 万～60 万倍低 2～3 个数量级，也比丙烯用载体催化剂进行气相聚合的2万~6万倍低1~2个数量级。因此负载型催化剂催化活性（或催化效率）的进一步提高和长效化是一项不仅涉及生产效率高低，而且是促使气相聚合整个工艺技术经济指标趋于合理，从而使丁二烯顺利进行气相聚合的重要前提。

（2）进一步研发出使黏弹性橡胶软粒子在流化状态下稳定运行的有效措施。与乙烯（或丙烯）用气相聚合生产不同密度的聚乙烯，形成的聚乙烯（或聚丙烯）是结晶聚合物，其熔点或软化温度常是高于聚合温度而呈硬粒子，它不会干扰细粒子的正常流态化，而丁二烯进行气相聚合形成的BR是无定形软粒子，由于其软化温度（或T_g）较低，在聚合温度下很容易粘连，从而干扰细粒子的正常流态化，而且丁二烯又不可能在其聚合物的软化温度以下的温度实现气相聚合；即使是加入相当量的流化助剂（如炭黑等），虽能缓解软粒子间的粘连（由于隔离作用），但不可避免地带来密相床中粉料密度、混合程度的多变性，流化床内不均匀粒子的集聚将使流态化难以稳定运行。因此确定适宜于丁二烯气相聚合的聚合温度和丁二烯分压，以及设法阻止软粒子粘连团聚将是丁二烯能否用流化床反应器进行气相聚合制取BR的关键课题。

（3）继续研发和完善适于二丁烯气相聚合的大型化生产设备。如前所述，很多丁二烯的气相聚合实验是在玻璃旋转蒸发器中模拟进行的，以UCC和Bayer为代表的许多公司也已相继设计了多种形式的流化床气相聚合反应器，这些反应器经冷模和热模考验后还存在不少适应性、连续流态化、衔接和放大倍数等问题，连同上述的催化剂活性和稳定流态化问题尚未解决，应该说丁二烯的气相聚合技术离较完善的生产技术还有相当差距，应继续深入研发。

综上所述，合成橡胶特别是丁二烯橡胶的聚合方法和生产技术由古老原始的液相本体聚合发展到先进的液相本体聚合，继而从先进的液相本体聚合又发展到更加先进的现代气相本体聚合技术，不仅集中地体现出催化剂和聚合方法的研发对合成橡胶生产技术更新的重要性，而且也预示着生产技术向方法更加经济合理，流程短、能耗低、生产效率高和更加环境友好方向发展的必然趋势。

3.2 悬浮聚合

随着水溶性和非水溶性悬浮剂及悬浮稳定剂的开发，悬浮聚合取得了较大的发展。用悬浮聚合方法生产的重要的品种有丙烯酸酯、甲基丙烯酸酯、苯乙烯、乙酸乙烯酯、氯乙烯等的均聚物以及这些单体与单官能度或多官能度单体的共聚物，但是在合成橡胶中仅有聚硫橡胶等少数品种采用以水作分散介质的悬浮聚合方法进行生产。

悬浮聚合是将不溶于水（或有机介质）的单体在强烈机械搅拌下分散为珠状液滴悬浮于水介质中，在引发剂作用下于液滴内的单体聚合为粒状固体聚合物的方法。为防止聚合物在聚合过程中结块，亦为使产物粒径较为均匀，水相中需加入适量的悬浮稳定剂（分散剂）。

在悬浮聚合时，如果单体是聚合物的溶剂，最终聚合物呈透明小球状，称为成球悬浮聚合。如果单体不溶解聚合物，即每个液滴中的单体进行本体沉淀聚合，生成不透明、不规则的粉末，称为成粉悬浮聚合。

与本体聚合、乳液聚合和溶液聚合方法相比，悬浮聚合法的优点是：①聚合热容易导出，温度易于控制；②反应过程中物料黏度变化不大，操作安全；③产品颗粒分布窄，纯度高，质量易于控制。

3.2.1 悬浮聚合体系

悬浮聚合大都以水作分散介质，水通常先经离子交换树脂处理以除去钙、镁离子。所用的单体或单体混合物必须基本不溶于水、且呈液态或在低压下呈液态（如氯乙烯、甲基丙烯酸甲酯和苯乙烯等）；引发剂一般采用油溶性偶氮化合物或过氧化物，为提高聚合速率并防止产品被氧化泛黄，常采用低活性和高活性偶氮引发剂或与过氧碳酸酯类引发剂并用；为防止分散的液滴（单体）重新聚并，需加入悬浮稳定剂。常用的悬浮稳定剂有两类：一类是水溶性高分子化合物，如部分水解的聚醋酸乙烯酯、聚乙烯醇或羧乙基纤维素等（俗称保护胶），用量约为水量的 0.02%～0.1%；另一类是非水溶性无机盐类，如碳酸钙、碳酸镁、碳酸钡或硅藻土和滑石粉等，它们对单体和水均有润湿作用，从而起到隔离作用，用量约为水量的 0.1%～1%；为了提高单体的分散度和分散液滴的稳定性并改善聚合物的颗粒形态，还可加入助分散剂，用量一般为水量的 0.001%～0.01%。两类悬浮稳定剂均可获得粉状聚合物颗粒。

3.2.2 自由基悬浮聚合成粒机理

以水作分散介质的悬浮聚合，由于单体不溶于水，引发剂和聚合物都溶于单体（除少数沉淀聚合外），所以悬浮聚合本质上是分散液滴内单体的自由基本体聚合，聚合反应历程也与本体聚合相同。但是如果以水溶性较大的单体作共聚单体，如甲基丙烯酸甲酯（M_1）与甲基丙烯酸（M_2）以水作分散介质进行悬浮共聚，其竞聚率却有较大变化（悬浮共聚的 $r_1=0.63$，$r_2=0.07$；本体共聚的 $r_1=0.35$，$r_2=1.63$），显然是水溶性单体也会发生水相均聚。

自由基悬浮聚合的成粒过程可粗略地划分为以下三个阶段。

① 聚合初期。单体在搅拌剪切作用下分散成 0.5～5mm 的液滴，并立即被保护胶或隔离剂保护起来，溶于单体的引发剂随聚合温度的升高而分解成自由基，在液滴内引发单体进行链增长和终止。即单体的引发、增长和终止都是在液滴本体内完成的。

② 聚合中期（即转化率为 20%～70%）。由于形成的聚合物可溶于单体，随着转化率的提高，放热量增大，体积开始收缩，液滴内的黏度逐渐增大，此时也会和本体聚合一样出现自动加速效应，由于液滴的体积小，聚合热容易被水导出；但是由于已基本成粒的弹性粒子容易粘连而结块，故在转化率达 20%～70% 的范围内成为黏性粒子的危险结块期。

③ 聚合后期。随着转化率的进一步提高，液滴内的单体浓度降低，当转化率达 80% 左右时，聚合速度急剧下降，液滴的体积进一步收缩、密度增大而硬化，为促使残余单体的转化，此时可提高聚合温度，最终使液滴转化为硬实、透明并呈球形的聚合物颗粒。

3.2.3 用以合成橡胶的悬浮聚合实例

聚硫橡胶是 α,ω-二氯代烷与多硫化钠的缩聚物。由于两者均为双官能团化合物，故能缩聚成线形大分子聚合物。

聚合时，将二氯化物于剧烈搅拌下缓慢加入过量的多硫化钠水溶液中。为使两者密度相近，应先调整多硫化钠的密度。再加入分散剂如 $Mg(OH)_2$，在 70℃ 下反应 2～6h。反应终止后用无机酸破坏 $Mg(OH)_2$（凝聚）、沉淀，从洗涤过的分散体中过滤出橡胶粒子，并以水洗净 NaCl 及残存的过量多硫化钠，在真空干燥器中烘干即得产品。

值得指出的是，有人曾把乙烯在液态丙烯中用 V-Al 系催化剂合成 EPR 的聚合体系称作悬浮聚合。实际上，悬浮聚合一般是指"引发剂（或催化剂）和单体均不溶于反应介质，并常是加有悬浮稳定剂的聚合体系"，上述聚合体系由于单体乙烯和丙烯均溶于液态丙烯，只是生成的 EPR 不溶于液态丙烯，随着聚合反应的进行，EPR 不断从介质中呈淤浆状析出，所以称作淤浆聚合可能更加确切合理。

3.3 乳液聚合

在高分子合成工业中，乳液聚合是最早用于合成橡胶生产的聚合方法。早在 20 世纪 30～40 年代，氯丁橡胶、丁苯橡胶和丁腈橡胶就开始采用乳液聚合方法生产。

乳液聚合是单体借助乳化剂和机械搅拌，使单体分散在水中形成乳液，再加入引发剂引发单体聚合。在用乳液聚合方法生产合成橡胶时，乳液聚合除加入单体、乳化剂和引发剂外，还经常加入缓冲剂（保持体系 pH 不变）、活化剂（形成氧化还原循环系统）、调节剂（调节分子量、抑制凝胶形成）和防老剂（防止生胶及硫化胶老化）等助剂。因此与其他聚合方法相比，乳液聚合是一种体系组分最多、聚合反应又是在多相体系中完成的实施方法。乳液聚合的优点是：①聚合速度快，产品分子量高；②用水作分散介质，有利于传热控温；③反应达高转化率后乳聚体系的黏度仍很低，分散体系稳定，较易控制和实现连续操作；④胶乳可直接作最终产品。其缺点是：①聚合物分离析出过程繁杂，需加入破乳剂或凝聚剂；②反应器壁及管道容易挂胶和堵塞；③助剂品种多，用量大，因而产品中残留杂质多，如洗涤脱除不净会影响产品的物性。

3.3.1 乳化剂及其作用

乳液聚合在绝大多数情况下是液态烯类单体或二烯烃单体在乳化剂存在下分散于水中形成乳状液，呈液-液乳化体系。然后在引发剂分解生成的自由基作用下，液态单体开始在胶束中聚合，最终成为固态高聚物分散在水相中的乳液里，转变成固-液乳化体系。

3.3.1.1 乳化剂结构和 CMC 值

能使不溶水的液体单体与水形成稳定水乳液分散体系的物质称为乳化剂，它是一类表面活性剂。乳液聚合中使用的乳化剂分子一般应含有亲水基和亲油基。浓度低时乳化剂在水中呈单分子状态溶解的真溶液；随其用量的增加，水的表面张力明显下降，而且溶液的渗透压、电导性等性质也随之变化；达到某一极限值后，若继续提高乳化剂浓度，则表面张力的变化很小，乳化剂溶液性质发生突变时的浓度范围称为乳化剂的临界胶束浓度（CMC）。乳化剂浓度达到临界胶束浓度后，许多个乳化剂分子即聚集起来形成胶束。乳化剂分子在胶束中呈规则排列，其亲水基指向分散介质水相、形成带电荷的胶束表面层，其亲油基则聚集形成胶束的油相区。每个胶束一般由 50～200 个乳化剂分子组成。常用乳化剂的临界胶束浓度值见表 3-1。

表 3-1 常用乳化剂的临界胶束浓度（CMC）值[①]

乳化剂	CMC 值/(mol/L)	乳化剂	CMC 值/(mol/L)
己酸钾	0.105	癸磺酸钠	0.04
月桂酸钾	0.026	十二烷基磺酸钠	0.0098
棕榈酸钾	0.003	十二醇硫酸钠	0.0057
硬脂酸钾	0.0008	松香酸钠	<0.01
油酸钾	0.001		

① 纯净水中，50℃。

乳化剂分子中亲水基、亲油基的大小和性质直接影响乳化效率，这种影响可用亲水亲油平衡（HLB）值来衡量。亲水亲油平衡值可由实验测得，不同亲水亲油平衡值的水乳液性质和常用乳化剂的亲水亲油平衡值分别称在表 3-2 和表 3-3 中。

表 3-2　不同亲水亲油平衡（HLB）值水乳液的性质

HLB 值	水乳液性质	HLB 值	水乳液性质
1~4	不能分散在水中	8~10	生成稳定的乳状分散液（上部透明）
3~6	分散性较差	10~13	生成半透明至透明分散液
6~8	经搅拌后生成乳白状分散液	>13	生成透明溶液

表 3-3　常用乳化剂的 HLB 值

乳化剂	类型	HLB 值	乳化剂	类型	HLB 值
脂肪酸乙二醇酯	非离子型	2.7	烷基芳基磺酸钠	阴离子型	11.7
甘油单硬脂酸酯	非离子型	3.8	油酸钾	阴离子型	2.0
甘油单十二烷酸酯	非离子型	8.6	十二烷基硫酸钠	阴离子型	~40

3.3.1.2　乳化剂类型

乳化剂按其分子中亲水基的性质可分为离子型、非离子型和两性型三类，其中以离子型和非离子型最为重要。离子型乳化剂又可依其分子中与亲油末端基的电荷性质分为阳离子型和阴离子型。例如十二烷基硫酸钠 $C_{12}H_{25}OSO_3^-Na^+$ 属阴离子型，而十八烷基铵盐 $C_{18}H_{37}NH_3^+Cl^-$ 则属阳离子型。阴离子型乳化剂在乳液聚合中使用最广，通常是在 pH>7 的条件下使用。其中重要的品种有：脂肪酸盐 R—COOM、松香酸盐 $C_{19}H_{29}COOM$（如歧化松香酸钠）、烷基硫酸盐 $ROSO_3M$（如十二烷基硫酸钠）、烷基磺酸盐 R—SO_3M（如十六烷基磺酸钠）。工业上应用的乳化剂多为 C_{12}~C_{13} 的烷基硫酸盐、磺酸盐或脂肪酸盐及改性松香酸盐。阳离子型乳化剂主要是铵盐类化合物。这类乳化剂因其具有阻聚作用或易于发生其他副反应，故在乳液聚合中应用较少。

离子型乳化剂形成的胶乳粒子外层带静电荷，同电荷之间的排斥力足以阻止粒子聚并，所以胶乳的机械稳定性高，但遇到酸、碱、盐等电解质时则易破乳，因此胶乳的化学稳定性较低。

非离子型乳化剂一般为聚氧化乙烯的烷基或芳基酯或醚、环氧乙烷和环氧丙烷的共聚物（OP）和山梨醇脂肪酸酯（span）等。使用这种乳化剂的乳液，其稳定性一般与聚合体系的 pH 无关，由于在聚合中可形成较大的胶乳粒子，有利于制备大粒子浓缩胶乳。当聚合物胶乳直接作最终产品时，常使用这类乳化剂。

在乳液聚合中，乳化剂的种类、用量会显著影响聚合速率、胶粒粒径和产物的分子量。一般是用量增加聚合速率加快，但回收单体时易生成大量泡沫，影响回收操作；另一方面，乳化剂用量过少则乳液体系不稳定。乳化剂用量一般低于单体量的 5%。在实际生产中，为调节聚合速率、胶乳的机械和化学稳定性，常采用复合乳化剂体系。

3.3.1.3　乳化剂的作用

稳定的水乳液是由互不混溶的分散相和分散介质所组成。在乳液聚合的起始阶段，单体是分散相，通常以水为分散介质，属于水包油型（O/W）乳液。稳定的水乳液放置后不分层，其中的分散相液滴直径约为 10~$20\mu m$。

乳化剂是乳液聚合体系中主要组分之一，虽然它不参与聚合反应，但是它在乳液聚合过程中起着极重要的作用。其作用可归纳如下。

① 降低表面张力。每种液体都有一定的表面张力，当向水中加入乳化剂后，水的表面张力明显下降，下降程度随温度的升高、乳化剂浓度的降低而减小。例如纯水于 20℃ 的表面张力为 $72.75×10^{-3}$ N/m，当加入 0.0156mol/L 的十二烷基硫酸钠后，其表面张力降为 $30.40×10^{-3}$ N/m。

② 降低界面张力。油（单体）和水之间的界面张力很大，当水中加入少量乳化剂后，

由于油水相界面的油相侧附着上一层乳化剂分子的亲油端,这样就将部分或全部油水界面变成亲油界面,从而就降低了油-水之间的界面张力。例如水-矿物油的界面张力为 0.045N/m,若向水中加入 1%的乳化剂,其界面张力则降到 0.001～0.10N/m。

③ 乳化作用。油和水单靠搅拌是不能形成稳定乳液的,如果加入了乳化剂,则靠搅拌形成的单体液滴表面就会吸附上一层乳化剂,其亲油基伸向单体液滴内部,亲水基则朝向水相;当采用阴(阳)离子型乳化剂时,则单体液滴表面就会带上一层负(正)电荷,由于相同电荷之间的排斥作用,致使小液滴之间难以碰撞而拼合,且总是处于不断地布朗运动之中。

④ 增溶作用。当水中的乳化剂浓度超过 CMC 后,就会形成胶束,由于单体与胶束中心的烃基部分相似相溶性,致使胶束中可增容溶解更多的单体,这种胶束中的单体浓度大于单体在水中溶解度的现象,称作乳化剂的增溶作用。

⑤ 导致按胶束机理形成聚合物乳胶粒。胶束中增溶的单体被扩散进入的自由基引发聚合、就形成了单体-聚合物乳胶粒,链自由基在乳化剂的保护下继续增长,最后就形成了被乳化剂保护的聚合物乳胶粒。

⑥ 发泡作用。水中加入了乳化剂会降低表面张力,与纯水相比,乳化剂更容易扩大其表面积,故容易起泡。在乳液聚合中起泡往往对生产过程不利(特别是当回收单体时),需采取相应措施减少泡沫。

3.3.2 乳液聚合机理及动力学
3.3.2.1 乳液聚合机理

乳液聚合是由高分散的单体-水乳液转化为高分散聚合物-水乳液体系的过程。以下将讨论体系中各组分的存在状态、迁移和转化以及相应的聚合速度。

(1) 聚合前　以水作分散介质的乳聚体系中,在聚合前水相中只有少量溶于水的单体分子、引发剂和乳化剂分子、呈聚集态存在的胶束和增溶胶束相、被乳化剂乳化的单体液滴。它们的尺寸和数目为:每个胶束约由 50～200 个乳化剂分子聚集而成,其直径约为 4～5nm,单体增溶胶束的直径变为 6～10nm,胶束的数目约为 10^{18} mL^{-1};单体液滴的直径约为 10～20μm,数目约为 10^{12} mL^{-1}。典型单体-水乳液中各组分的分子形态及其数目列在表 3-4 中。

表 3-4　典型单体-水乳液中各组分的分子形态参数[①]

物　理　性　质	胶　束	单体液滴	物　理　性　质	胶　束	单体液滴
对每一粒子的描述			对整个体系的描述		
直径/nm	2.5	1000	1mL 水相中的粒子数目	$1.7×10^{17}$	$1.35×10^{11}$
乳化剂分子数目	约 130	$2.7×10^6$	1mL 水相中的粒子表面积/cm²	$1.3×10^5$	$1.7×10^4$
单体分子数目	73	$2.5×10^{10}$	各相中的单体比例/%	0.5	99.5

① 测定条件:用桂基硫酸钠在水相中的浓度为 1%;单体/水=40/60(体积比);乳化剂和单体的体积分别为 245mL/mol 和 110mL/mol。每一乳化剂分子在单体-水界面上所占的面积为 6mm²。

(2) 聚合开始后　Smith-Ewart 根据 Harkins 的理论,把聚合开始后的聚合过程划分为图 3-5 所示的三个阶段。

反应初期(阶段Ⅰ),引发剂分解产生的自由基扩散进入增溶胶束后,引发单体聚合并增长,此时胶束就变成一个被单体溶胀的聚合物乳胶粒,这就是通常所说的胶束成核过程。由于形成了聚合物乳胶粒,此时乳聚体系就变成水相(溶有少量单体、引发剂和乳化剂)、单体液滴和被单体溶胀的聚合物胶乳粒子的三相体系。随着聚合反应的进行,乳胶粒中链自由基增长所需要的单体,不断由单体液滴→水相→乳胶粒的动平衡提供,而乳胶粒不断增大所需要的乳化剂则由单体液滴表面上的乳化剂→水相→乳胶粒的动平衡来补充。聚合反应一

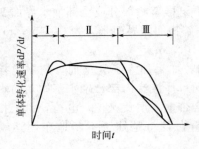

图 3-5　乳液聚合中单体转化速率随时间的变化曲线
Ⅰ—粒子生成阶段；Ⅱ—恒速阶段；Ⅲ—降速阶段

开始就进入加速期，直到转化率达 10%～20% 所有胶束都转变成被单体溶胀的聚合物乳胶粒，即胶束消失进入阶段Ⅱ。在阶段Ⅱ，乳胶粒的数目保持不变，只是聚合物乳胶粒因单体不断聚合而体积增大，而单体液滴则因不断为聚合物乳胶粒中的链增长输送单体、其体积不断减小，直至单体液滴也完成消失。此阶段的聚合速度一直维持在高水平、且基本不变，直到转化率从 20% 增加到 60% 聚合反应即转入降速阶段Ⅲ。在该阶段由于胶束和单体液滴均已消失，乳胶粒中活性链的增长只能靠自身储存的单体，致使聚合速度逐渐下降。活性链不断增长的结果使乳胶粒中的聚合物浓度不断增大、黏度越来越高，此时就会和本体聚合一样出现自动加速现象。有些单体的乳液聚合，当转化率达到一定值后，聚合速度会突然降低至零（称玻璃化效应），其原因是由于在阶段Ⅲ乳胶粒中的聚合物浓度随转化率的提高而不断增大，当转化率增加到某一定值时，就会使单体-聚合物体系的玻璃化温度（T_g）刚好等于反应温度，此时不仅活性链被冻结，而且单体也很难扩散，整个体系处于玻璃化冻结状态，使聚合速度急速下降至零。

(3) 聚合结束　此时聚合体系中只有水相和被乳化剂保护的聚合物乳胶粒，其粒径约为 50～150nm，数目约为 10^{14}～10^{15} 个/mL。

从以上的乳液聚合机理可以看出，单体在增溶胶束中引发聚合，由于胶束的数目多，引发聚合场所很多（阶段Ⅰ）；链增长又始终是在乳化剂层的"保护"下进行，每个乳胶粒中增长链的数目平均不到一个（≈0.5）（阶段Ⅱ），所以乳液聚合具有聚合速度快、分子量高的特点。

3.3.2.2　乳液聚合动力学

(1) Smith-Ewart 理论　Smith-Ewart 把 Harkins 关于乳液聚合的定性解释发展为聚合速率（R_p）和数均聚合度（$\overline{P}_n$）的定量表达式。他们首先假定：①单体不溶于或微溶于水；②引发聚合主要是在胶束中；③活性链的终止为偶合终止。此时聚合速度可用以下方程式表示：

$$R_p = -\frac{d[M]}{dt} = k_p[M]R = k_p[M]V_p C_p$$

式中，k_p 为链增长速率常数；[M] 为单体浓度；R 为 1mL 水中的自由基数目；V_p 为 1mL 水中聚合物胶乳粒子的总体积；C_p 为每个胶乳粒子中自由基的平均浓度（即 $\bar{n}=n/V$，其中 n 为每个胶乳粒子中的自由基数目，V 为每个胶乳粒子的体积）。

当 $\bar{n} \ll 1.0$，终止反应是在水相中发生时，其聚合速度式为：

$$-\frac{d[M]}{dt} = k_p[M]V_p \left(\frac{\rho'}{2k_t}\right)^{1/2} \alpha$$

式中，ρ' 为自由基进入胶乳粒子的总速度；k_t 为链终止速率常数；α 为分配系数（$\alpha = C_p/C_w$，C_w 为水相中自由基的浓度）。

当 $\bar{n}=0.5$ 时，其聚合速度方程变为：

$$-\frac{d[M]}{dt} = \frac{k_p[M]N}{2}$$

式中，N 为 1mL 水中胶乳粒子的总数，这是实际中最常见的一种情况。

当 $\bar{n} \gg 1.0$ 时，则其聚合速度方程为：
$$-\frac{d[M]}{dt} = k_p[M]\left(\frac{V_p \rho'}{2k_t}\right)^{1/2}$$

综上所述，乳液聚合的聚合总速度通式可归纳为：
$$R_p = -\frac{d[M]}{dt} = k_p[M_i]\bar{n}\left(\frac{N}{N_A}\right)$$

式中，$[M_i]$ 为胶乳粒子内的单体浓度；N_A 为阿伏伽德罗常数。若换算成速度与时间的显函数，则：
$$R_p = -\frac{d[M]}{dt} = \left(\frac{k_p}{N_A}\right)[M_i]\rho t$$

式中，ρ 为 1mL 水中自由基的生成速率；t 为时间。

若在上述动力学式中引入乳化剂的作用，并设定：①仅胶束捕获自由基（以此为上限）；②胶束和胶乳粒子均能捕获自由基（以此为下限），则体系中反应粒子的总数为：
$$N = k\left(\frac{\rho}{\mu}\right)^{2.5}(\alpha_s S)^{3/5}$$

式中，k 为常数，其上下限范围在 0.37~0.53 之间；$\mu(=dV/dt)$ 为反应粒子体积增长速率；S 为 1mL 水中的乳化剂总量；α_s 为 1mL 水中乳化剂覆盖的总面积与总量的比值。

综上所述，当乳聚体系中的胶束完全消失、全部形成胶乳粒子时，在单体液滴完全消失之前，即阶段Ⅱ的聚合速度方程应为：
$$R_p = -\frac{dM}{dt} = k_p[M_i]\left(\frac{\rho}{\mu}\right)^{2/5}(\alpha_s S)^{3/5}$$

或
$$R_p = k_p'[M_i][E]^{0.6}[I]^{0.4}$$

式中，$[E]$、$[I]$ 分别为乳化剂和引发剂的浓度。若不考虑调节剂的影响，乳液聚合反应的数均聚合度为：
$$\bar{P}_n = k[M][E]^{0.6}[I]^{-0.6}$$

需要指出的是，Smith-Ewart 理论的前提之一是单体不溶或微溶于水，故上述动力学方程不适用于水溶性单体的乳液聚合。

(2) Gardon 理论　考察的体系本质上与 Smith-Ewart 相同。其主要的改变是 Gardon 将聚合反应划分成如图 3-4 所示的三个阶段。在阶段Ⅰ单体转化率很低，全部胶乳粒子都在这一阶段逐步形成，如不发生聚并，阶段Ⅰ结束时反应粒子的数目就已恒定。阶段Ⅰ的体系由水相、单体液滴、胶乳粒子、胶束四相组成。阶段Ⅱ的单体转化率仍较低，体系由水相、单体液滴、胶乳粒子三相组成。阶段Ⅲ时则单体转化率很高，体系仅有水相、胶乳粒子两相。

Gardon 推导的胶束消失时的胶乳粒子数方程式与 Smith-Ewart 式结果相同，但在 Gardon 式中乳粒子的体积增长速度引入了一个独立参数 $K_1 = \Phi_m(1-\Phi_m)$，Φ_m 为胶乳粒子中单体的体积分数。Gardon 分别提出了三个阶段相应的聚合速率方程式为：

阶段Ⅰ　　$P = 1.47(1-\Phi_m)(K_1 pt^2)[1 - 1.65K_1^{0.62}(\rho/A)^{0.93}t^{1.55}]$

阶段Ⅱ　　$R_p = 0.185\left[k_p\Phi_m A\left(\frac{d_m}{d_p N_A}\right)\right]^{0.6}[\rho(1-\Phi_m)]^{0.4}$

当 $\bar{n} > 1.0$ 时，上式与 Smith-Ewart 方程式相当。

附段Ⅲ
$$\begin{cases} P = K_2 t^2 + R_p t \\ R_p = 0.5\left(\dfrac{k_p}{N_A}\right)\left(\dfrac{d_m}{d_p}\right)\Phi_m N \\ K_2 = 0.102\rho\left(\dfrac{k_p^{1.04}}{k_t^{0.94}}\right)\left(\dfrac{d_m}{d_p N_A}\right)^{1.94}\left[\dfrac{\Phi_m^{1.94}}{(1-\Phi_m)^{0.94}}\right] \end{cases}$$

上述各式中，P 为单体转化率；R_p 为聚合总速率；k_p、k_t 分别为链增长和链终止速率常数；N_A 为阿伏伽德罗常数；ρ 为自由基生成速率；A 为胶束和胶乳粒子的总面积；N 为胶乳粒子总数；d_m 和 d_p 分别为单体和聚合物的密度；t 为反应时间。

Gardon 推导的聚合物数均分子量（$\overline{M}_n$）与聚合物密度（d_p）、1mL 水中单位时间（秒）产生的自由基数目（R）和反应时间为 t 时形成的聚合物体积之间的关系是：

$$\overline{M}_n = \frac{2d_p N_A}{R} \times \frac{P}{t}$$

式中，N_A 为阿伏伽德罗常数。

（3）Medvedev 理论　与 Smith-Ewart 的胶束成核理论不同，Medvedev 认为，苯乙烯采用水溶性引发剂的乳液聚合是：引发剂先在水相中与乳化剂分子反应，活化的分子随后进入单体液滴表面的乳化剂层引发单体聚合（称单体液滴机理）。据此得出的聚合速率方程为：

$$R_p = K C_E^{0.5} C_I^{0.5}$$

式中，C_E 为乳化剂浓度；C_I 为引发剂浓度，K 为表观速率常数。该聚合速率方程表面上与 Smith-Ewart 方程相似，但实验验证比较困难。因为所用的乳化剂浓度必须是可完全覆盖单体液滴表面的最低浓度，超过该最低浓度，则聚合速度就与乳化剂浓度无关；如果引发剂浓度较高，上式中的引发剂反应级数也会下降直至为零。Medvedev 认为，这是由于聚合物和初级自由基之间发生反应、搅拌也会导致乳胶粒发生聚并和分裂所致。

（4）均相成核理论　Fitch 和 Tsai 证实，水溶性较大的单体如甲基丙烯酸甲酯、丙烯腈等的乳液聚合，其粒子的成核过程是在水相中完成的，即在水相中单体分子与自由基加成形成齐聚物，而当齐聚物达到一定链长后才从水相中析出，成为聚合反应的核心。Fitch 和 Tsai 提出的成核总速度式为：

$$\frac{dN}{dt} = \rho \left[1 - (\pi V_p)^{1/3} \left(\frac{3V_p}{4} \right)^{2/3} L_1 \right]$$

式中，ρ 为自由基生成速率；V_p 为胶乳粒子总体积；L_1 为齐聚物自由基成核前的平均扩散距离；N 为胶乳粒子总数。

Ugelstad 和 Hausen 则提出，在水溶性单体乳液聚合体系中，乳化剂并不导致粒子数目的增加，而仅对均相成核过程中所形成的粒子起胶体保护作用。

按均相成核理论，初始阶段的聚合反应发生在水相，并按均相动力学进行。这一阶段的长短取决于单体-聚合物粒子在均相介质中的溶解度。Fitch 和 Tsai 在研究甲基丙烯酸甲酯的乳液聚合时发现，均相成核动力学取决于引发剂浓度，并提出了相应的稳态和非稳态动力学方程。

3.3.2.3　乳液聚合综合数学模型

Min 和 Ray[29] 综合考虑了上述各种机理即胶束成核、均相成核和单体液滴机理后提出：水相中的自由基可进入胶束引发单体聚合形成乳胶粒，也可以从乳胶粒中解吸出来，乳胶粒可以聚结为大粒子，也可以分裂为小粒子，乳胶粒子大小会有一个分布；乳胶粒子内会发生凝胶效应，同时乳胶粒内可以是活性增长链，也可以是死聚合物等诸多实验事实。从自由基聚合的引发、增长和终止机理出发，提出了一个包括聚合体系中各种物料衡算的详尽综合数学模型。该数学模型中既对乳胶粒中自由基数目的分布、乳胶粒的尺寸分布，又对活性链长分布和死聚合物链长分布按动平衡进行了物料衡算，得到了一系列方程式组；又对形成均相乳胶粒和非均相乳胶粒时的单体消耗速度提出了相应的聚合速率方程；还对乳聚体系中的乳化剂转移分配平衡，单体在水相、乳胶粒中的浓度及其对总聚合速率的影响、单体液滴的消失速率以及单体、引发剂、链转移剂（或调节剂）和活性链在水相中的物料平衡，得到了一系列方程式组。在给定的条件下（如引发剂、乳化剂和所用单体、聚合温度）对这些方程式组进行求解，就可以预计某一乳聚体系的乳胶粒尺寸及其分布、所得聚合物的分子量和分子量分布以及转化率-时间的关系。Min 和 Ray 分别对甲基丙烯酸甲酯的间歇乳液聚合和苯乙烯的半连续乳液聚合过程进行了计算机模拟，并用中间试验证明了该数学模型的合理性和有效性。由于建立数学模型需作一些必要而合理的假定，各种物料的平衡又必须依据各组分的物理和化学性质（如反应性）逐一推导演算，各方程式组的求解又涉及多种专门算法，故这里只介绍了数学模型的研发思路，而未将各种物料的衡算方程和结果一一列出。有关细节可参见有关专著[30,31]。应当指出，建立乳聚（或共聚）数学模型并用以预计聚合速率、聚合物分子量及其分布和乳胶粒尺寸及分布等不仅是当今研发工业化新技术的前沿和热点，而且也是实现工业生产全过程自控的重要基础。

3.3.3 乳液聚合法合成橡胶实例及分析

以丁二烯和苯乙烯乳液共聚（冷法）生产丁苯橡胶的工艺过程为例，生产工序一般分为油相和水相配制、助剂配制、共聚合、回收未反应单体（脱气）、胶乳凝聚及后处理等工序。

（1）油相和水相配制　油相（碳氢相）指丁二烯和苯乙烯的混合物。水相指配方中乳化剂、分散剂、缓冲剂等水溶性组分的水溶液。油相和水相冷却后按计量送入乳化槽，并经充分混合乳化。

（2）助剂配制　包括引发剂、活化剂、调节剂、终止剂、防老剂等助剂溶液配制。其中防老剂在配制水溶液时，需经胶体研磨成极细微粒，以免在后续工序中从胶乳中析出。

（3）共聚合　聚合一般为连续流程。聚合装置由 4～10 个不锈钢制聚合釜（容积为 10～40m³）串联组成。聚合釜外设夹套、内设冷却列管，用低温盐水或液氨蒸发冷却。聚合釜结构见图 3-6。搅拌器为框式或桨式，油、水相经混合乳化后送入首釜。按计量加入引发剂，溶液和活化剂溶液。而调节剂溶液则以一次或三次分别在单体转化率约为 15%、30%、45%时加入聚合釜系列的相应各釜中。聚合温度为 4～8℃。最终单体转化率控制在 60%～70%。在末釜胶乳中加入终止剂。聚合物胶乳经过滤除去凝胶物后，送去脱气。防老剂悬浮液则在脱气前或脱气后加入均可。

（4）脱气（回收未反应单体）　胶乳由聚合釜经储槽进入二段脱气系统先经过泄压、加热脱气，以脱除胶乳中绝大部分丁二烯和部分苯乙烯，再在一定的真空度下通入蒸汽脱除胶乳中的全部苯乙烯。一般，脱气塔内设交替环状和盘形的隔板或筛板。旧式脱气塔两段共用一个卧式塔釜。但中部设一半截隔板，以分隔釜内两部分胶乳，而气相仍可联通；也有用二塔单独进行脱气操作的。

（5）胶乳凝聚及后处理　胶乳脱气后送至凝聚槽，用硫酸、乙酸等调节 pH，再以 NaCl、MgCl₂ 或 CaCl₂ 等盐类（有的用阳离子聚丙烯酰胺）水溶液进行凝聚。

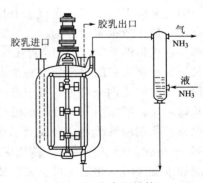

图 3-6　聚合釜结构

凝聚后的乳胶粒经洗涤后送入螺杆挤压机进行脱水切碎后进入带式多程干燥箱或螺杆挤压膨胀干燥机干燥，经压块称重即得成品。

应当指出的是，上述乳聚机理和动力学只是乳液聚合中调节聚合速率和聚合物分子量的一般规律，而不是对某一特定乳聚体系的具体调控措施和指标。实际乳聚体系的调控参数和指标需在制定聚合配方的基础上根据目标产物的状态、质量和性能要求经实验（或中试）来确定。例如以上列举的丁二烯/苯乙烯乳液共聚冷法生产丁苯橡胶实例，其调控措施至少在以下几方面与一般的乳液聚合有所不同。

① 凝聚。从胶乳中析出固体橡胶的过程称作凝聚。很多乳液聚合如生产水乳漆、胶黏剂和丁苯胶乳等,所得聚合物乳液就是最终产品,无需将聚合物从胶乳中分离出来。而丁苯橡胶通常是块状固体,所以生产丁苯橡胶流程中必须设置凝聚工序。由于丁苯乳聚所用的乳化剂为歧化松香酸盐(Na 或 K)和脂肪酸盐(Na 或 K)等阴离子型乳化剂,故必须添加相反电荷的无机盐类(如 $NaCl$、$CaCl_2$ 或 $AlCl_3$ 等)或阳离子聚丙烯酰胺等凝聚剂来破乳。所以丁苯胶乳的凝聚本质上是一个中和乳化剂负电荷的化学破乳过程。凝聚过程虽貌似简单,但实际上由于凝聚效率(即橡胶从胶乳中析出的完全程度)和胶粒粒径均与凝聚剂的电荷、胶乳的 pH、加料顺序和速度及凝聚速率等密切相关,从而成为关系到橡胶质量和产量的关键工序。此外,由于合成丁苯胶乳所用的引发剂均溶于水,凝聚时又是水性胶乳与大量凝聚剂水溶液对流破乳,所以凝聚过程同时也起着洗除剩余引发剂的作用。

② 限定转化率。对任何聚合过程(包括乳液聚合)都是希望转化率越高越好。但是对乳聚丁苯橡胶来说,早期的单体转化率都限定在 $(60\pm2)\%$,当今的聚合技术已扩展至 $(70\pm2)\%$。其根本原因在于通过控制转化率来抑制长序列苯乙烯嵌段的形成,并降低凝胶含量(合格丁苯橡胶的凝胶含量 $<1\%$)。更深层次的分子结构内因是两种单体的竞聚率相差较大($r_B=1.38$、$r_s=0.64$,5℃),导致苯乙烯的相对浓度随转化率的提高逐渐增大;分子量大的丁苯共聚分子链更容易发生烯丙基链转移而形成支化、凝胶。这一反应特性即使是添加了硫醇调节剂也很难完全抑制,通过在不同的转化率下分批补加硫醇,才能在转化率达到 70% 左右时合成出凝胶含量 $<1\%$ 的高分子量线形无规丁苯橡胶。受橡胶质量要求所限的特定转化率局限性质,既不同于以自由基乳聚法合成涂料、胶黏剂和胶乳等时的高转化率($95\%\sim100\%$)乳液聚合,也有别于用溶聚法合成顺丁橡胶时受溶液黏度所限单体转化率难达 85% 以上的配位聚合。

③ 终止剂。与合成塑料类树脂不同,在合成橡胶时几乎都是在聚合完成后加入终止剂。例如在生产乳聚丁苯橡胶时加入二甲基二硫代氨基甲酸钠作终止剂,生产顺丁橡胶时加入 264(2,6-二叔丁基对甲苯酚)的乙醇溶液作终止剂,此法已沿用多年并成为一种传统性行业习惯。实际上这一举措在概念上是不确切的,顾名思义,终止剂是用来终止增长链或终止聚合反应的。依据聚合理论,无论是自由基聚合、离子聚合还是配位聚合,聚合物分子的增长都是在极短的时间(0.01s 到几秒)已经终止了,它不需要也不可能用外加终止剂来终止增长链。而终止剂的提出却容易给人一种误导,即增长链的活性寿命很长,许多增长链都在等待着外加终止剂来终止。另一方面,如果把终止剂的作用理解为破坏剩余引发剂(或催化剂)以防止其继续引发聚合形成低分子物,这在理论上似乎是合理的,但是实践结果表明,以镍系催化剂经溶液聚合合成顺丁橡胶时,催化剂的用量很少(约 10^{-5} mol/L),聚合反应不到 1h 催化剂已消耗殆尽,转化率的继续提高是靠链转移产生的活性种来完成的,而且在胶液加水凝聚时催化剂也可被完全破坏而洗除,因此添加终止剂实属形同虚设。实际上,国内镍系顺丁橡胶的生产早已不加终止剂了。对于以自由基乳液聚合合成丁苯橡胶,终止剂同样也不能终止聚合链的增长,而且剩余的引发剂也可在凝聚、水洗时完全洗除,从而也不会带来影响橡胶质量和性能的后果。如果只是为了使胶液或胶乳在凝聚前的储存过程中分子量保持不变,以破坏残存引发剂为目的、加入的少量试剂不妨称作分子量稳定剂。

3.3.4 乳液聚合新技术
3.3.4.1 非水介质的乳液聚合

通常所说的乳液聚合几乎都是以水作分散介质、借助搅拌和乳化剂的作用把油相单体分散在水中进行乳液聚合。某些溶于水的单体或某些遇水分解的引发剂都可在非水介质中进行乳液聚合，但引发剂和乳化剂的选择、乳液聚合的规律往往和传统地水乳液聚合有所不同。这类乳液聚合通常又可分为反相乳液聚合，非水介质中的正相乳液聚合，有机溶剂作分散介质的分散聚合。

(1) 反相乳液聚合[32]　反相乳液聚合是将水溶性单体溶于水中，借助乳化剂的作用使之分散于非极性液体中形成"油包水"（W/O）型乳液而进行的聚合。这种聚合因所用的分散介质、单体溶解性、引发剂类型和水作分散介质的乳液聚合体系刚好相反而得名。

可用于反相乳液聚合的水溶性单体有丙烯酸、甲基丙烯酸、丙烯酰胺、乙烯基对苯磺酸钠、甲基丙烯酸二氨基乙酯的季铵盐等。分散介质可选择任何与水不互溶的有机液体，通常为烃类或卤代烃等。

使水相分散于油相的乳化剂，一般选择其亲水/亲油平衡（HLB）值在 5 左右，通常采用非离子型乳化剂如山梨糖醇酯即斯盘（Span）系列或聚环氧乙烷的酚基或壬基醚即（OP）系列。这类乳化剂是靠水油亲和力在分散水滴之间形成隔离屏障，它一般比离子型乳化剂的稳定效果差，用量也较大；若采用油溶性引发剂如 BPO 等，BPO 在油相中分解产生的自由基扩散进入胶束，随后在互相隔离的场所引发单体聚合，因此终止反应少，聚合速度和聚合度都高，且反应条件缓和，易于散热和控制，所得产品可直接应用，也可经凝聚、蒸出油相后干燥成粉末成品。若采用水溶性引发剂如 $K_2S_2O_8$，其聚合速度远比相应的溶液聚合要快。因此得出结论：反相乳液聚合的机理不全是微液滴中的溶液聚合，其引发和粒子成核是在胶束和单体水溶液液滴两个场所进行的。

(2) 非水介质中的正相乳液聚合　选用的非水极性介质有液氨、甲酰胺和甲酸等。对烯类单体的均聚和苯乙烯/丁二烯共聚试验结果表明，都不如以水作分散介质那么顺利。例如以液氨为分散介质，其传热效率高、容易分离回收、所得乳液稳定，但在低温下却不能溶解引发剂和乳化剂；若以甲酸作分散介质，则因介质可捕获自由基，导致引发效率降低；甲酰胺虽可使月桂酸钠和 $K_2S_2O_8$ 充分发挥乳化和引发作用，也能获得流动性好、稳定性达 1.5 年不凝聚的乳液，但聚合效率太低。

(3) 分散聚合　分散聚合是一种单体、稳定剂和引发剂都溶于分散介质，聚合反应开始时为均相，但形成的聚合物不溶于分散介质的沉淀聚合。聚合物链达到临界链长后，以小颗粒的形式（而不是和通常的沉淀聚合那样以粉末或块状析出）悬浮在介质中，形成类似于聚合物乳液的稳定分散体系，常称作 P-OO 乳液。

用分散聚合法合成的非水乳液有以下特点[33]：①固含量可达 50% 以上；②制得的产品耐水性、光泽性、透明性和力学性能均接近溶剂型产品而优于水乳型产品；③乳液的黏度低、容易施工、干燥快，且不会使基材变形和生锈；④聚合物颗粒的粒径大、粒径分布窄、球形性好。缺点是采用了有机液体，导致环境污染和公害。

由于 P-OO 乳液具备上述特点，所以它广泛用于汽车、建筑涂料、黏合剂、高性能聚氨酯泡沫、油墨载体、塑料薄膜及纸制品等加工领域；用分散聚合法制得的单分散大粒径聚合物微球已在医学、免疫技术、分析化学、情报信息等领域得到广泛应用。是工业技术界普遍关注的新聚合方法。

无论是油溶性单体如苯乙烯、丁二烯、氯乙烯、乙烯和丙烯等，还是水溶性单体如丙烯酸、甲基丙烯酸及其低级酯，丙烯酰胺和丙烯腈等均可用分散聚合法进行聚合，所用的分散介质通常是能溶解单体、稳定剂和引发剂而不能溶解其聚合物的低级醇、酸和胺等。对极性单体应选择烃类等非极性介质，常用的稳定剂有：聚乙烯吡咯烷酮、羟丙基纤维素、聚丙烯酸、聚乙二醇和糊精等。引发剂应用最多的是过氧化二苯甲酰（BPO）和偶氮二异丁腈

（AIBN）。对颗粒的形成和增长机理有倾向性的两种观点是齐聚物沉淀机理和接枝共聚物聚结机理。

3.3.4.2 无皂乳液聚合[34]

传统的乳液聚合都要加乳化剂，以使体系稳定和成核。然而会把乳化剂带入到最终产品中去。尽管通过水洗等工艺可将乳化剂除去，但很难除净。残存的乳化剂会影响聚合物的电、光学性能、表面性质和耐水性等。为了克服乳化剂带来的诸多弊端，已开发出无皂乳液聚合技术并已推向实用化。

无皂乳液聚合是指在聚合体系中不加乳化剂或只加微量乳化剂（其浓度低于 CMC）而实现乳液聚合的方法。实际上无皂乳液聚合中的乳化剂是聚合过程中形成的双亲性（或亲水性）低聚物，或是用非极性单体与含表面活性基的单体共聚形成的两性聚合物。例如苯乙烯用水溶性 $K_2S_2O_8$ 引发剂聚合：

$$K_2S_2O_8 \xrightarrow{\Delta} 2K^+ + 2SO_4^{\overline{\cdot}}$$

$$SO_4^{\overline{\cdot}} + m\text{St} \longrightarrow SO_4^{-}(\text{St})_{m-1}\text{St}\cdot$$

$$SO_4^{-}(\text{St})_{m-1}\text{St}\cdot \begin{array}{l} \xrightarrow{\text{歧化}} (\text{St})_m SO_4^{-} \\ \xrightarrow{\text{偶合}} SO_4^{-}(\text{St})_{2m}SO_4^{-} \end{array}$$

这样就形成了一端带亲水基 SO_4^- 的自由基增长链，待自由基活性链增长至临界链长，经歧化或偶合终止后就形成一端或两端均带 SO_4^- 亲水基的聚合物，该齐聚物便呈卷曲缠结状态而从水相中析出，形成初级粒子，这些初级粒子进一步吸附单体或活性链继续增长，这就是均相成核的基本观点；如果这些亲水性低聚物聚集成胶束，并按胶束增溶单体、吸附来自水相的自由基引发单体聚合，这就是所谓齐聚物胶束成核机理的基本论点。

如果以非极性单体与含亲水基的单体如苯乙烯磺酸钠或烯丙基十二烷基-二甲基氯化铵共聚也可以形成具有乳化剂作用的亲水性聚合物：

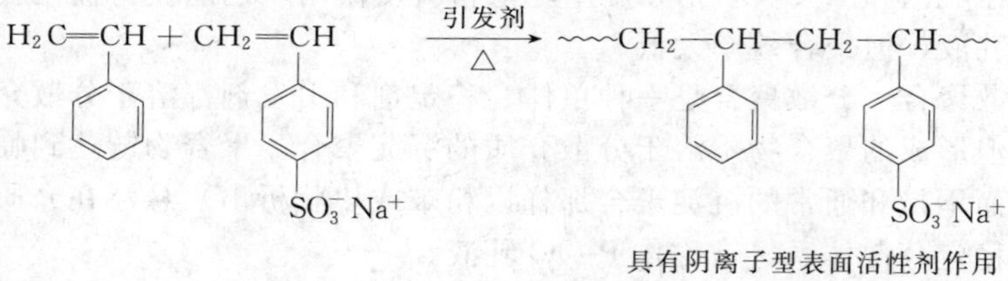

具有阴离子型表面活性剂作用

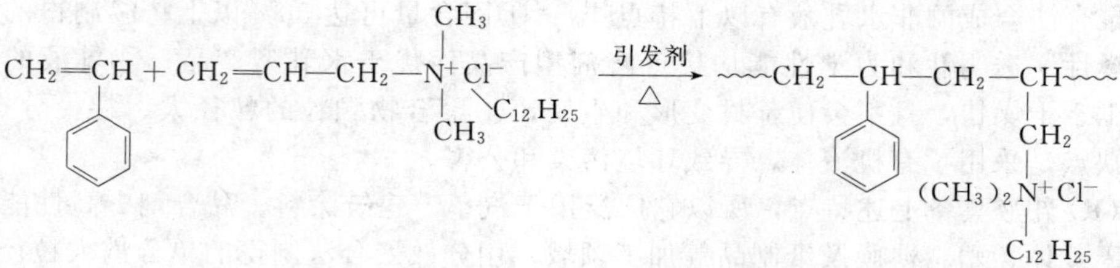

呈现阳离子表面活性剂性质

在无皂乳液聚合中，共聚单体的种类、用量和体系的 pH 等对聚合速率和乳液的稳定性有很大影响。所得胶乳的稳定性高，胶乳粒子的粒径分布窄，产品纯度高，是一种很有前途的乳液聚合新技术。特别适用于水基涂料、胶黏剂、皮革涂饰剂等直接使用胶乳的领域。

3.3.4.3 核壳乳液聚合[35]

核壳是指以聚合物 A 为核、外层包覆聚合物 B 的胶乳粒子结构。典型的核壳结构为球形，不规则型核壳有草莓型、夹心型、雪人型和翻转型。核可由硬聚合物如聚苯乙烯或其交联共聚物组成，也可以由软聚合物如聚丙烯酸酯或其交联物构成；壳层也是由与上相似的软、硬聚合物构成。如果核层 A 与壳层 B 相容，则核壳层相互渗透，核壳间界限不分明；反之则发生相分离，形成异形核壳。根据制备方法和聚合物 A、B 的性质，核壳之间可以是离子键合、接枝共聚物过渡层或是 A、B 分子链互相贯穿形成聚合物网络。因此核壳乳液聚合是一种分子复合技术，是一种乳胶粒子结构的分子设计。

制备核壳结构的胶乳粒子常用的方法是种子乳液聚合。即单体 A 先进行乳液聚合形成聚合物 A 作种子乳液，随后再按以下加料顺序即溶胀法（先加入单体 B 使聚合物 A 溶胀）、饥饿法（连续滴加单体 B）和间歇法（单体 B 一次加入）在引发剂存在下引发单体 B 聚合。显然，不同的加料方法，由于单体 B 在种子乳胶粒表面和内部的浓度不同，形成的核壳结构和核壳间结合方式也差别很大。溶胀法不仅种子乳胶粒表面的单体 B 浓度很高，而且单体 B 有充分时间渗入种子乳胶粒内部；而间歇法则因单体 B 的一次投入造成种子乳胶粒表面单体 B 浓度很高。二者均有利于 A、B 发生接枝或分子链的互相贯穿，从而有助于核壳间的结合、相容，导致聚合物性能的提高；而饥饿法（或称半连续法）由于单体 B 为连续滴加，使种子乳胶粒的表面和内部的单体 B 浓度都很低，只能在聚合物 A 表面上连续形成壳层而缺乏核壳层间的结合。另一方面，聚合物 A、B 的亲水性也是导致核壳结构形成和变异的重要因素。一般是先用非极性单体 A 合成种子乳液的核，随后再加入亲水性较大的单体 B 形成壳层，这样才能形成正常核壳结构的乳胶粒；反之，由于亲水性较大的核容易向水相迁移，则容易形成非正常的核壳结构（如草莓型、雪人型和海岛型等）。此外，选用的引发剂类型也会显著影响核壳结构的形态。例如以甲基丙烯酸甲酯（MMA）作核单体、苯乙烯（S）作壳单体进行乳液聚合，若采用油溶性引发剂 AIBN，则获得翻转型核壳乳胶粒；若改用 $K_2S_2O_8$ 作引发剂，由于壳层 PS 的分子链端会带有亲水性离子基团（$—SO_4^-$），所得乳胶粒则不发生翻转。

选择不同的核单体、壳单体和引发剂合成种子乳液，以不同的加料方式进行核壳复合，可制备出多种核壳结构、软硬组分适宜配合的聚合物复合乳胶粒，乳胶粒的核壳结构化可在原料组成相同的情况下显著提高聚合物的耐磨、耐水、耐候、抗污、防辐射性能及拉伸强度、抗冲、粘接强度，改善其透明性和加工性能，并可显著降低最低成膜温度（MFT），因此已广泛用于塑料、涂料和生物技术等领域。在制取热塑性弹性体和高抗冲塑料改性剂等方面也有着广阔的应用前景。

3.3.4.4 微乳液聚合及聚合物微乳液

微乳液是指由水、表面活性剂及助表面活性剂形成的外观透明、热力学稳定的油-水分散体系。分散相珠滴的直径为 $10\sim100\mathrm{nm}$。微珠滴是靠乳化剂与助乳化剂（一般为醇）形成的界面层（或称复合液膜）来维持其稳定性的。

微乳液区别于传统乳液的另一个特征是乳液结构的可变性，即可以从 W/O 型连续地转变为 O/W 型。当聚合体系水多时，油相可均匀地以小珠滴分散在连续相水中，即形成 O/W 型正相微乳液；反之当体系富油时，则水相以小珠滴均匀地分散在油连续相中，即形成 W/O 型反相微乳液；当体系的水、油量相等时，则水、油相均为连续相（二者无规连接），称双连续相结构，此时体系处于相反转区。微乳液的这种结构上的多样化为单体在微乳液中聚合提供了多种场所。

单体经微乳液聚合可制得聚合物微乳液。聚合物微乳液有两种：一是 O/W 型正相微乳液，二是 W/O 型反相微乳液。制取 O/W 型微乳液一般需要高乳化剂浓度（甚至比单体浓度还高），而且需加助乳化剂；相对而言，制取 W/O 型微乳液时，由于单体可部分地分布在油-水相界面上起到助乳化剂的作用，故制备反相微乳液要比制备正相微乳液更容易。

微乳液聚合的特点是[36]：①乳化剂和助乳化剂的用量大。例如苯乙烯的微乳液典型配方是：苯乙烯（S）为4.85%（质量分数，下同）、十二烷基硫酸钠（SDS）为9.05%、1-戊醇（助乳化剂）为3.85%、水为82.5%、KPS为0.27%。乳化剂用量超过单体2倍多才能形成单体微珠滴直径在10～100nm的微乳液（相当于传统乳液中胶束的尺寸40～50nm）。②聚合速率快、转化率高。引发聚合的场所主要是表面积很大的单体微珠滴捕捉水相中的自由基引发单体聚合而成核。乳胶粒内的平均自由基数 $\bar{n}<0.5$，且随着反应的进行 $\bar{n}$ 呈下降趋势，表明不含自由基的单体微珠滴中的单体不断扩散进入连续相，再从连续相扩散进入乳胶粒，以补充聚合链不断增长所消耗的单体。由于单体微珠滴的数目很多，单体微珠滴转化为乳胶粒的速度相当快，所以聚合一经开始，短时间内就可使转化率达90%以上。③乳胶粒数目随单体转化率的提高而逐渐增多（单体转化率从1%提高到90%，乳胶粒数目从 0.4×10^{15} 个/mL 增加到 4.7×10^{15} 个/mL）；乳胶粒直径分布逐渐变宽（转化率从2%提高至77%，乳胶粒直径从8～34nm加宽至6～55nm），增长链不是双基终止，而是向单体转移终止，导致聚合物的分子量仍保持着传统乳液聚合的分子量高的特点。④由于单体在配方中的浓度很低，提高单体浓度极易出现相分离或导致聚合物颗粒的聚并，故尚不能合成出固含量足够高的O/W型聚合物微乳液。

聚合物微乳液的重要性在于乳胶粒属纳米级颗粒。由于颗粒尺寸小、比表面积大，因而用于涂料、黏合剂、浸渍剂、油墨等领域，对木器、石料、混凝土、纸张或金属件的加工涂装时，容易渗入极微细图纹、毛细孔而获得高光泽、高平滑、高透明度、高强度饰面；掺入丁苯胶乳可大幅度提高粘接强度；聚丙烯酰胺（PAM）反相微乳液用于油田地层堵漏是比现有的PAM水溶液、PAM干粉更易施工、堵漏效果（降低原油渗透率）极优的流体材料。

3.3.4.5 辐射乳液聚合[37]

辐射乳液聚合是指单体水乳液在高能射线（$^{60}Co\ \gamma$ 射线）辐照下使分散介质水分解成自由基而引发单体聚合的方法。能进行自由基聚合的单体都可发生辐射聚合。除不加引发剂外，乳聚配方与传统的自由基乳聚配方相同。与其他聚合方法相比，辐射乳液聚合方法的特点是：①自由基的生成速率可通过改变辐射剂量率（rad/s）来调节，自由基生成速率最高可达数 mol/(min·L)。只要辐射剂量不变，自由基生成速率在整个聚合过程中就保持不变。②可使烯类单体聚合的活化能由83.6kJ/mol降至29.3kJ/mol，因而可使聚合在低温下进行。对于醋酸乙烯酯、氯乙烯之类的极性单体，其乳液聚合的聚合度主要受自由基向单体转移所支配，所以可以通过调节聚合温度来控制聚合物的分子量。③由于辐照产生的自由基（H·或HO·）为中性，故聚合过程中无需像 $K_2S_2O_8$ 引发剂那样需加缓冲剂来调节体系的pH。④辐射聚合所得乳胶粒的尺寸分布和分子量分布均比用化学引发剂引发时要窄，若用于聚合物接枝（如用甲基丙烯酸对天然橡胶接枝），不仅接枝效率和接枝侧链的分子量均高于化学接枝，而且乳胶粒的表面和内部都可接枝。辐射乳液聚合的缺点是：由于整个乳聚体系均暴露在高能辐照环境中，所以像乳化剂等均会接枝到聚合物上，也容易导致聚合物支化。

如上所述，辐射乳液聚合在很多方面都比化学引发剂优越，只要具备辐射源，就可顺利地实施烯烃（如乙烯）的间歇乳液均聚和烯类单体的连续辐射乳液共聚（如氯乙烯与醋酸乙烯酯共聚）。

3.3.4.6 反应性聚合物微凝胶

聚合物微凝胶是指凝胶颗粒尺寸在1nm～1μm范围、分子间交联成网络结构（颗粒间无化学交联）的聚合物，又称μ-凝胶。这种凝胶颗粒表面和内部常带有羧基、羟基、氨基、环氧基或卤素等可进一步发生反应的官能团，所以称作反应性聚合物微凝胶。由于这种交联聚合物的粒子小、粒子间无化学键连，因而其分散液的黏度低、静止时黏度高，而且又可在高剪切速率下呈现黏度很快下降的假塑性。故用于涂料可抑制涂层的流挂，用于汽车金属漆可制得片状金属颜料定向反射的美观涂装，用于橡胶加工又可获得纳米粒子增强效果；由于微凝胶颗粒表面和内部又带有一些反应基团，它又可与其他单体进一步缩合或聚合，形成非均相的网络结构，故用作涂料时可制得高致密性漆膜。

反应性聚合物微凝胶可用乳液聚合法、分散聚合法、溶液聚合法和沉淀聚合法合成，其中最有效的聚合方法是乳液聚合[38,39]，包括常规乳液聚合、无皂乳液聚合和微乳液聚合。这些乳液聚合均可把聚合和交联反应限定在一个孤立的乳胶粒内。常用的单体是多官能单体，如二乙烯基苯、乙二醇双丙烯酸酯、三羟甲基丙烷三丙烯酸酯、甲基丙烯酸烯丙基酯等，或是将多官能度单体与二官能度单体共聚；乳化剂常用阴离子型，如十二烷基硫酸钠；常用的引发剂有过硫酸钾、过硫酸盐/亚硫酸氢钠氧化还原体系或 $2,2'$-偶氮-(2-脒基丙烷)等，前两者可向聚合物微凝胶颗粒中引入硫酸根、磺酸根等阴离子基团，后者则可引入阳离子脒基。

以带羧基的不饱和聚酯作多官能度单体，与苯乙烯（或甲基丙烯酸酯）进行乳液共聚合制取反应性聚合物微凝胶已有工业生产。所用方法是：先将带羧基的不饱和聚酯（分子量为 2000~3000）加入去离子水预混后，加入氨水使—COOH 转化成—COO$^-$ NH$_4^+$，再加入规定量的苯乙烯和 $K_2S_2O_8$ 及 pH 调节剂 $NaHCO_3$ 于 70℃进行乳液聚合，反应结束后，滤去大块凝聚物，再加稀 HCl 凝聚，凝聚后的凝胶经水洗后，冷冻干燥，即得粒径为 0.03~0.05μm 的反应性聚酯微凝胶粉体。这种微凝胶颗粒的表面上带有羧基、硫酸根和不饱和双键等反应性基团。

3.3.4.7 乳液中的立构规整聚合

众所周知，α-烯烃和二烯烃的立构规整聚合大都是采用 Z-N 型催化剂。由于 Z-N 型催化剂（过渡金属卤化物/金属有机化合物）遇水和空气极易分解，所以生产立构规整聚 α-烯烃和聚二烯烃都采用经严格纯化的烃类溶剂进行溶液聚合。这就意味着如果能研究出对水稳定的 Z-N 型催化剂，就可利用水-乳液体系进行立构规整（或配位）聚合。现已发现Ⅷ族过渡金属的卤化物如 $RhCl_3$、$IrCl_3$、$PdCl_2$ 和 $CoSiF_6$ 对水解有良好的稳定性，而且它们与阴离子型乳化剂（如十二烷基硫酸钠或十六烷基苯磺酸钠）组合不加助催化剂就可制得立构规整聚丁二烯（表 3-5）。

表 3-5 Ⅷ族金属卤化物引发丁二烯乳液聚合的立构规化结果[41]

Ⅷ族金属卤化物	共引发剂乳化剂	聚合温度/℃	丁二烯/催化剂(摩尔比)	聚丁二烯微观结构/%		
				顺式-1,4-结构	反式-1,4-结构	1,2-结构
$RhCl_3 \cdot 3H_2O$	十二烷基硫酸钠	50	2000		95.5	
$(C_8H_{12}RhCl)_2$	十六烷基苯磺酸钠	50	20000		95	
$IrCl_3$	十二烷基硫酸钠	50	30		99	
$PdCl_2$	十六烷基苯磺酸钠	50	200			83
$(NH_4)_2PdCl_4$	十六烷基苯磺酸钠	50	200			98
$CoSiF_6$	十二烷基硫酸钠	50	200	88		

从表 3-5 可以看出，Ⅷ族过渡金属卤化物，在烷基硫酸钠或苯磺酸钠存在下，均可获得高反式-1,4-聚丁二烯和 1,2-聚丁二烯，其中只有 $CoSiF_6$ 可制得顺式-1,4-结构含量为 88%的聚丁二烯。对于高反式-1,4-结构和 1,2-结构的形成，Blackley 等[40]依据端基分析，测得每个聚丁二烯分子中含有一个硫原子，认为乳化剂先与 $RhCl_3$ 反应形成 $C_{12}H_{23}OSO_2RhCl_2$，

而 $C_{12}H_{23}OSO_2RhCl_2$ 的结构是一个类似于 π-烯丙基（$-O-\overset{O}{\underset{O}{S}}\diagup RhCl_2$）的末端，丁二烯以 S-反式与 $^+RhCl_2$ 配位、随后插入 $-O-SO_2^{\delta-}{\cdots}^{\delta+}RhCl_2$ 键中形成 π-烯丙基 $RhCl_2$，继续按 π-烯丙基机理增长，形成反式-1,4-聚丁二烯或 1,2-聚丁二烯。

1990～2000 年美国 Goodyear 公司和日本的 Kato 等先后披露了在水乳液中用 Co 系 Z-N 催化剂合成间同 1,2-聚丁二烯，用 $RhCl_3$ 引发丁二烯的乳液聚合制取立构规整聚丁二烯的专利和论文[42,43]。

3.3.4.8 超浓乳液聚合[44]

超浓乳液是一种外观像"胶冻"、其结构像液-液泡沫、分散相/连续相的体积比达 0.74～0.99 的乳液。超浓乳液聚合是单体在乳化剂和搅拌作用下分散成被液膜隔离的多面液胞、液胞中的单体和引发剂在一定温度下引发聚合形成聚合物粒子的聚合过程。超浓乳液聚合有两个重要特点：一是乳液中液胞内的单体浓度高、流动性低，可提早出现自动加速效应，其聚合速率和聚合物分子量比相应的本体聚合高，并可获得高固含量的单分散聚合物胶乳粒子；二是超浓乳液聚合可通过选用合适的乳化剂和浓度、改变 pH、控制离子强度等来控制液胞的尺寸，进一步控制乳胶粒子的大小和分布。

超浓乳液聚合有一步法和两步法。一步法是将含有引发剂的单体在搅拌下连续滴加到含乳化剂的水溶液中，控制搅拌和单体滴加速度以防止相分离。随后将超浓乳液转入离心试管中，在缓和条件下离心，使乳液更加密实，最后在一定的温度下聚合。两步法是先将单体加入引发剂预聚至一定转化率，随后在室温下将预聚物溶液在搅拌下加到含乳化剂的水溶液中，以后的离心、聚合同一步法。

超浓乳液聚合有两种类型，即水包油型（O/W）和油包水型（W/O）。常用的乳化剂为阴离子型，如十二烷基硫酸钠或脂肪酸皂。对 O/W 型乳液常用油溶性引发剂如偶氮二异丁腈或过氧化二苯甲酰，对 W/O 型常用水溶性过硫酸盐或氧化-还原引发体系。超浓乳液聚合可用以制备亚微米微胶囊，用于气相色谱离子交换、药物控制释放；还可用以制备 PU/PSt 半互穿聚合物网络粉状树脂、SBS 增韧聚苯乙烯（PSt）树脂和洗涤剂、化妆品等。

3.3.4.9 超临界 CO_2 作介质的分散（或乳液）聚合[45～47]

乳液聚合的最新进展是用超临界 CO_2 作分散介质。聚合体系由单体、引发剂、分散稳定剂和液态 CO_2 组成。引发剂为油溶性偶氮化合物如 AIBN、过氧化二酰类如 BPO、或 BPO 与 N,N'-二甲基苯胺组成的氧化还原体系；水溶性单体如丙烯酸、油溶性单体如 MMA、St 均可使用；分散稳定剂需是分子的一端（段）可溶于 CO_2、而另一端（段）可与形成的聚合物锚合的双亲性嵌段或接枝共聚物（类似乳化剂），如低分子量二氢全氟辛基丙烯酸酯，聚（MMA-Co-甲基丙烯酸羟乙酯）-g-聚全氟环氧丙烷，或苯乙烯-b-二甲基硅氧烷二嵌段共聚物；分散稳定剂的分散效率不仅取决于可溶性（溶于 CO_2）基团（或链段）和锚合基团（或链段）的性质，而且还受可溶性基团在共聚物主链上分布的影响。

分散聚合是在带搅拌的压力釜（或管）中进行，反应器先经氩气吹扫，依次加入液态 CO_2、单体、引发剂（单体质量的 1%）和分散稳定剂（单体质量的 3%～5%），搅拌混合均匀，然后加热至 60～65℃，再充入新鲜的 CO_2 使系统压力达到 200～380bar（1bar＝0.1MPa），约 20～30min 后聚合体系由透明溶液转为完全浑浊，表明已形成了聚合物（不溶于 CO_2），聚合 4～10h 后，冷却至室温，解除压力（回收 CO_2）即得白色聚合物。

超临界 CO_2 作分散介质的分散（或乳液）聚合的特点是：①单体转化率高（＞90%），可制得分子量分布窄（MDI＝1.01～2.1）、粒径分布窄（1.1～1.3）的高分子量单分散乳胶粒、和核-壳结构的复合聚合物乳液；②可以用硫醇作分子量调节剂；③由于超临界 CO_2 具有超临界流体萃取作用,所以在聚合完成后通过解除压力可完全移除未反应的单体、少量有机物和杂质,得到较纯净的白色粒状聚合物,从而也避免了处理大量有机溶剂(溶液聚合)、或乳聚废水对环境的污染;④CO_2价廉、无毒、不燃。所以以超临界CO_2作分散介质的分散(乳液)聚合可称得上是一种既经济又安全的"环境友好"聚合方法。将这种新聚合方法用于制取合成橡胶也是一项引人注目的聚合新技术。

3.4 溶液聚合

将单体溶解在溶剂中在引发剂作用下引发聚合的方法称为溶液聚合。若引发剂和单体均溶于溶剂、且形成的聚合物也溶于溶剂称均相溶液聚合;如形成的聚合物不溶于溶剂、随着聚合反应的进行,聚合物不断从溶剂中沉析出来则称为非均相沉淀聚合;若引发剂(或催化剂)和形成的聚合物均不溶于溶剂,随着聚合反应的进行,沉析出的聚合物在溶剂中(此时称稀释剂)呈淤浆状,常专称淤浆聚合。在传统自由基溶液聚合中,由于单体的浓度低、所得聚合物的分子量也较低,所以在早期的合成橡胶工业中,除丁基橡胶是在极低温度($-100\sim-96$℃)下采用淤浆聚合外,其他合成橡胶很少采用。

20世纪50年代以来,随着Z-N催化剂的出现和离子型引发剂的发展,采用溶液聚合的合成橡胶工业不仅日益扩展,而且已成为占主导地位的聚合方法。目前已工业化的大胶种如采用Z-N型催化剂的高顺式-1,4-顺丁橡胶、异戊橡胶和乙丙橡胶,采用阴离子型引发剂(如n-BuLi)的低顺式-1,4-顺丁橡胶、中顺式-1,4-异戊橡胶、中乙烯基丁二烯橡胶和溶聚丁苯橡胶、SBS等都是采用溶液聚合方法生产的。与其他聚合方法相比,溶液聚合的特殊性在于溶剂的性质和作用,它不仅关系到聚合反应的成败,而且在很大程度上决定聚合速度和聚合物的结构。

3.4.1 溶液聚合中溶剂的性质和作用
3.4.1.1 自由基溶液聚合

自由基溶液聚合中可以采用极性溶剂(如水、醇等)和非极性溶剂(如烃类)作反应介质,其作用除了溶解引发剂、单体、聚合物,协助排散聚合热等外,还会影响聚合速度和聚合物的分子量。在自由基溶液聚合中,选择溶剂一般应遵循以下原则。

① 对于水溶性或水溶性较大的单体(例如丙烯酸、丙烯酰胺、丙烯腈等),可选用水、醇等极性溶剂作反应介质,此时常选用可溶于水的无机过硫酸盐($M_2S_2O_8$,M=Na、K或NH_4)、H_2O_2或氧化还原引发剂;如果形成的聚合物溶于水,最终将形成胶冻状黏稠液体,干燥后则是很难粉碎、加工的玻璃体;如果形成的聚合物不溶于水,则为非均相沉淀聚合,此时若辅以适当搅拌或添加少量隔离剂可获得粉状聚合物。

② 对于非极性单体如苯乙烯等的溶液聚合,常选用烃类或氯代烃作溶剂,同时选用偶氮类或过氧化二酰类油溶性引发剂。一般来说,极性较大的溶剂(如$CHCl_3$、CCl_4)可使聚合速度加快,但它们的链转移速率常数很大($C_s=0.5\sim90$),并能促使过氧化二酰类引发剂发生诱导分解,导致分子量急剧下降,甚至发生调节聚合只能得到低聚物。对溶液共聚合反应也有类似规律。所以非极性单体的溶液聚合宜选用链转移常数小,且对自由基呈惰性的烃类溶剂(如苯和环己烷等)。

③ 自由基溶液聚合的特点是:单体浓度低、聚合速度慢、聚合物的分子量低,且需要操作大量有机溶剂,从而带来毒性、安全和污染环境等问题,所以除非最终产品直接使用聚合物溶液(如涂料、纺丝液和黏合剂),其他固体产品或用以制取合成橡胶很少采用。

3.4.1.2 离子型溶液聚合

与自由基溶液聚合不同,离子型溶液聚合一是引发剂对质子性溶剂十分敏感。例如阴离子引发剂如 RM(M=Li、Na、K、Cs) 遇微量水(或醇)立即分解形成 RH 和 MOH 而失活;阳离子引发剂如 Lewis 酸只有与痕量水作用才能形成能引发单体聚合的 H^+ 或 R^+(如 $BF_3+H_2O \rightarrow BF_3OH^- H^+$,$RX+SnCl_4 \rightarrow R^+ SnCl_5^-$) 阳离子(离子对),但水稍过量则迅速导致引发剂水解而失活,所以离子聚合一般不能用水等极性溶剂进行溶液聚合。即使是采用非极性溶剂,也必须经过严格纯化以尽可能除去质子性杂质。二是增长链端带有明显的电荷,且经常是与反离子共存的离子对(如 $\sim\sim C^- Li^+$ 或 $\sim\sim C^+ BF_3OH^-$),因而溶剂的极性会显著影响离子对的解离程度,从而成为决定增长链端活性、聚合速度和聚合物微观结构的关键因素。此外,采用溶液聚合来合成橡胶时,经常是在聚合完成后需要从胶液中析出固体橡胶并回收溶剂。所以对离子溶液聚合来说,溶剂的极性(非极性溶剂介电常数 ε 值的大小)和性质(对聚合物的溶解能力、沸点高低、纯度和毒性等)的选择就成为涉及聚合速度、聚合物质量和经济、安全等诸多重要因素的首要问题。

一般地说,在阳离子聚合或共聚中需要用介电常数 ε 值大且极限含水量小的非极性溶剂(如氯代烃等),这样的溶剂不仅有利于活性种的形成,而且也能促使离子对解离。相反,如果要使烷基乙烯基醚或异丁烯进行活性阳离子聚合,则需要采用低介电常数的烃类溶剂,并需添加醚类或酯类化合物使增长的碳阳离子稳定化。溶剂的介电常数 ε 对 4-氯代苯乙烯与异丁烯阳离子共聚时竞聚率的影响列在表 3-6 中。

表 3-6 溶剂的介电常数 ε 对 4-氯代苯乙烯(M_1)与异丁烯(M_2)阳离子共聚的竞聚率的影响

溶 剂	介电常数 ε	共引发剂	r_1	r_2
正己烷	1.9	0.5%(摩尔分数)$AlBr_3$	1.02	1.01
硝基苯	29.7	0.1%(摩尔分数)$AlBr_3$	0.15	14.7
硝基苯	29.7	0.3%(摩尔分数)$SnCl_4$	1.2	8.6
硝基甲烷	37.4	0.5%(摩尔分数)$AlBr_3$	0.7	22.5
正己烷	1.9	$SnCl_4$	不聚合	

注:聚合条件 0℃,总单体浓度 20%(摩尔分数),摩尔分数均按总混合物浓度计(来源:1959 年 Overberg 和 Kemath 的实验研究)。

阴离子溶液聚合中,溶剂的极性不仅影响引发剂的溶解性和聚合速度,而且还会显著改变聚合物的微观结构。有关溶剂极性和杂质对橡胶合成时聚合速度、聚合物微观结构和序列结构的影响,以及如何利用溶剂的极性和络合能力来调节橡胶的微观结构和促使链节分布无规化等在前述的有关章节中已经讨论过了。这里还要强调是,现有锂系合成橡胶均为采用烷基锂引发剂的均相溶液聚合,所用溶剂均为非极性烷烃溶剂,为防止副反应的发生,溶剂或回收溶剂必须经严格精制,反应器和管道在启用前必须用纯氮气或氩气抽排置换,并用杀杂剂彻底清除有害杂质,只有在调节聚合物结构或制备引发剂等特殊场合才添加少量极性溶剂。

3.4.1.3 配位聚合的溶剂

配位聚合是为描述 Z-N 型催化剂引发烯烃聚合本质而创立的新术语。由于所用的单体(α-烯烃如乙烯、丙烯或丁二烯等)在常温下均为气体,为使单体与催化剂均匀接触并有助于排散聚合热,故其相应的研究和生产均采用溶液聚合方法。由于 Z-N 型引发剂的两组分(即Ⅳ~Ⅷ族的金属卤化物如 $TiCl_4$、$TiCl_3$ 等和Ⅰ~Ⅲ族的有机金属化合物如 AlR_3 等)遇水后立即分解而失效,且 α-烯烃也不溶于水,所以一般不能用水作分散介质进行溶液或乳液聚合,而是采用非极性烃类分散介质进行溶液聚合。又由于催化剂及其反应产物和形成的聚合物不溶于烃类溶剂,所以多数情况下为非均相淤浆聚合;当过渡金属的有机配体足够大时,例如茂金属催化剂 Cp_2ZrCl_2/MAO 可溶于烃类溶剂,从而成为均相溶液聚合;而制取镍系顺丁橡胶的 Ni、Al、B(环烷酸镍/三异丁基铝/三氟化硼乙醚络合物/加氢汽油)由于体系中存在 Ni^0 活性种,所以称作微非均相溶液聚合。无论何种溶液聚合,所选溶剂必须不含质子性化合物,并严格除去不饱和烃、炔和CO等有害杂质。但配位聚合中的溶剂不会像离子聚合那样使离子对溶剂化(活性种一般不带明显的电荷)从而影响聚合速度和聚合物结构。值得指出的是,当聚合为均相或微非均相溶液聚合时,由于聚合物溶于烃类溶剂、黏度很大,导致溶液的含固量一般<20%。从生产效率的观点,它也是溶液聚合的一个重大缺点。

3.4.2 溶液聚合法合成橡胶工艺实例
3.4.2.1 均相(或微非均相)溶液聚合
镍、钴、钛系顺丁橡胶的生产属典型的均相(有人称微非均相)溶液聚合工艺。生产工序一般分为原料精制、催化剂配制和计量、聚合、凝聚分离、单体和溶剂回收,及聚合物脱水、干燥等后处理工序。

经精制脱水的单体和溶剂,按配比计量与催化剂混合后连续进入聚合釜。聚合釜为装有搅拌器和冷却夹套的压力釜,通常由2~5台串联成聚合釜系列。聚合温度随催化剂体系的不同而异(钴、钛催化剂体系为0~50℃,镍系催化剂体系为50~80℃)。反应压力略高于聚合温度下单体与溶剂的蒸气压。末釜出料中聚合物含量约为10%~20%。向聚合物溶液加入防老剂后送入混胶系统。随后,将橡胶溶液喷入蒸气加热的热水中蒸出溶剂及未反应的单体,橡胶则凝聚成胶粒。充分脱除单体及溶剂后的胶粒送入后处理系统。经振动筛过滤,挤压脱水及膨胀干燥机组干燥后,压块包装即得产品。

3.4.2.2 非均相溶液聚合
以液态丙烯为介质制取三元乙丙橡胶的淤浆聚合为例。将乙烯、丙烯和第三单体亚乙基降冰片烯按计量配比混合后进入聚合釜,催化剂组分直接加入聚合釜,其聚合反应在8.8MPa和10℃下进行,聚合热借烃类蒸发导出,由过滤器分离出来自聚合釜的胶粒收集于储槽,用氢调节共聚物的分子量,氢在过滤器前即送入循环烃管线。

由聚合釜底排出的橡胶分散液,送去破坏残余的催化剂并洗涤生成产物。物料在强化混合器内加水混合使催化剂失活。再送入洗涤塔使橡胶悬浮液与水逆流洗涤。洗涤后,胶液用水稀释送入一段脱气塔脱除未反应单体。经脱气的胶液送入二段脱气塔脱除剩余未反应单体。脱气后的胶液经中和、过滤后,所得胶粒送往螺杆挤压机组干燥,随后包装即得成品。

3.4.3 溶液聚合法合成橡胶的技术进步
3.4.3.1 新催化剂(引发剂)引起的概念更新
1956年以前,合成橡胶工业领域所用的聚合技术只有:①生产甲基橡胶和丁钠橡胶古老的本体聚合技术(早已被淘汰);②以水乳液法生产丁苯橡胶、丁腈橡胶和氯丁橡胶等的生产技术;③于极低温度下(-100~-96℃)以淤浆聚合法生产丁基橡胶迄今仍在沿用的淤浆聚合生产技术,当时人们对溶液聚合既缺乏实践经验,在认识上又仅限于对自由基型溶液聚合的老生常谈之中,即"自由基型溶液聚合,由于单体被溶剂稀释、浓度降低,再加上溶剂有时会发生链转移,从而导致聚合速度低、聚合物的分子量也低"。因此除非是聚合物溶液直接用作最终产品(如涂料和胶黏剂),其他产品很少采用。但是,自从Ziegler-Natta催化剂(1953年)和烃可溶性锂系引发剂(1956年)发现之后,由于这些催化剂(或引发剂）对 α-烯烃和二烯烃的催化活性很高，而且都会遇水分解失活，因而引发了二烯烃在烃类溶剂中进行溶液聚合的兴起和大发展，随着对溶液聚合研发工作的不断深入，使人们逐渐认识到，只要催化剂的活性足够高，被溶剂稀释的低浓度单体照样可以高速度进行溶液聚合，聚合速度还可通过调节催化剂用量、单体浓度来控制；只要溶剂中不含质子性和阻聚性杂质，低单体浓度照样可以获得高分子量聚合物。从这个意义上说，新催化剂或引发剂的发现和应用，不仅加深了人们对溶液聚合本质的认识，而且也有力地促进了溶剂精制纯化技术和设备的更新和发展。

3.4.3.2 溶液聚合工序的技术进步

立构规整橡胶如高顺式-1,4-顺丁橡胶、异戊橡胶、中顺式-1,4-异戊橡胶，无规立构橡胶如低顺式-1,4-顺丁橡胶、中乙烯基丁二烯均聚橡胶、溶液聚合丁苯橡胶和序列规整橡胶如 SBS 等都是用溶液聚合方法生产的，它们所用的催化剂和引发剂虽不相同（前二者是 Ziegler-Natta 型 Ti、Ni、Co 和稀土系催化剂，后五个胶种是用烃可溶性烷基锂引发剂），但是它们有如下的共同特点：①都需用高纯度、低有害杂质含量的烃类溶剂作反应介质；②形成的聚合物都溶于烃类溶剂，体系的黏度随单体逐渐转化而提高，致使可正常运转的胶液含固量一般<20%；③采用 Z-N 催化剂的聚合体系有时为非均相，胶液黏度增大的结果，一是导致催化剂分散不匀容易形成凝胶；二是最终转化率难达 100%（一般<85%）；④胶液必须经凝聚才能获得固体橡胶。上述诸项虽都是二烯烃溶液聚合实施过程遇到的新问题，但克服办法和技术进程却有所不同。例如①②两项属聚合反应本性和溶解规律所限，除非更换聚合体系，否则难以克服。它们既可看作是溶液聚合体系的局限性，又可视作发展分离技术的推动力。而③④两项近年来却取得显著进展。

（1）凝胶含量大幅度下降 由于丁二烯含有两个 C═C 双键，它既是聚合反应的单体，又是一个活泼的交联剂，所以有丁二烯参与的聚合反应都存在形成交联凝胶的可能性。在顺丁橡胶生产初期，曾因首釜挂胶及生成大块凝胶，迫使连续运转周期仅为一周左右。后来，通过提高溶剂的纯度、减少有害杂质积累量，以及改变催化剂陈化和进料方式，使平稳运转周期从一周延长至一年以上，并获得了凝胶含量<1% 的合格产品。但是目前的生产工艺和调控技术，尚达不到凝胶含量远小于 1%、甚至完全不含凝胶的程度，从而阻碍了顺丁橡胶直接用于透明聚苯乙烯的增韧改性（制取高抗冲聚苯乙烯 HIPS）。由于少量凝胶的形成，可能与催化剂组分、单体和聚合物均匀分散有关，为此已设计出带特殊桨叶的两段式新型搅拌器；由于强化了混合效果，有望使橡胶的凝胶含量进一步降低。上述的生产工艺和设备改进，对提高顺丁橡胶的质量是一个重要技术进步。

（2）釜式凝聚 在溶液聚合进入大规模工业化生产以前，人们只有从丁苯胶乳中凝聚出固体橡胶的实践经验及对相应的凝聚流程和设施了解的知识。胶乳凝聚的具体实施方法是：胶乳先经闪蒸和汽提脱除未反应的单体（丁二烯和苯乙烯），随后在凝聚箱中连续加入盐（如 $NaCl$、$CaCl_2$）、酸（如 H_2SO_4），中和乳化胶层的负电荷-化学破乳，析出固体橡胶。与胶乳的凝聚相比，溶液聚合的胶液是含有机溶剂、未反应单体和溶解橡胶的有机溶液体系，其凝聚过程则是通过加入沉淀剂或加热促使有机溶剂和单体挥发，并彻底破坏和洗除残余催化剂使橡胶析出的物理过程。因此必须要设计出能使有机物挥发（回收）和橡胶析出同时进行的封闭式凝聚系统，实际上这就是平常所说的用蒸汽加热水作凝聚剂的"釜式凝聚"（常称汽提）。在实施釜式凝聚时还必须依据传质、传热原理精心设计胶液喷出和热水喷出方式、相对流量和接触面，以及溶剂与单体、有机物与水如何分离回收等的措施和设备（有关釜式凝聚过程和相应设施的细节，可参见有关胶种专著）。为了防止析出的胶粒粘连结块，常在凝聚釜中添加少量表面活性剂或隔离剂。因此，无论从其研发思路还是从实施方法来看，釜式凝聚对溶液聚合法合成橡胶的生产都是一个创新性技术进步。

但是，在建立了釜式凝聚（汽提）技术后不久就发现，这种汽提胶液和精制回收单体和溶剂的能耗量太大（约占总工艺能耗量的80%），因此又出现了先将胶液闪蒸浓缩、随后再用两段式挤出机近一步脱挥并干燥的生产技术。据称这种技术的能耗量仅为汽提-干燥法的1/2。

(3) 橡胶干燥方法和设备　由于橡胶在常温下是一种黏弹性松软固体，加热时又易发生黏性流动，从而使橡胶中所含的水分和挥发分难以除净，所以有关合成橡胶脱水干燥方法经历了烘箱干燥法、辊筒干燥法、长网机干燥和冷冻转鼓凝聚及胶带用红外线和热空气混合干燥法（氯丁橡胶用）等历史演进过程。干燥方法进步的标志是：生产效率高、设备投资少、能耗低和橡胶质量好。中国用溶液聚合方法生产的顺丁橡胶，从一开始就采用了先进的挤压脱水和挤压膨胀干燥机组进行脱水、脱挥干燥，并实现了干燥过程的全自动化控制，这一应用也应视作溶液聚合方法和生产系统的一项技术进步。

(4) 有待研发的高技术　如上所述，几乎所有的立构规整橡胶和乙丙橡胶都是采用连续的溶液聚合流程生产的，其中中国 Ni 系顺丁胶的产量、质量和单位容积的生产效率都处于国际领先水平。据称，连续流程中的各工段（如催化剂各组分进料、聚合反应工艺参数和胶液后处理）均已设置了 DCS 自控系统。但是，由于胶液出口黏度未能连续地分别测出单体转化率和橡胶门尼值对胶液黏度的贡献，门尼值的测定又远远滞后，致使顺丁橡胶生产的全过程控制尚停滞在仪表控制阶段。在有关转化率在线测定的研发过程中，不少人曾作过一些实践尝试，例如：用折光仪连续测定胶液折射率的变化进而换算出单体转化率的变化，这种尝试虽在理论上是合理的，但在实践中由于管道或目镜挂胶，使之难以测准折射率的微小变化，致使研发工作无果而中断；还有人试图把γ射线在线测定丁苯胶乳粒子密度变化（折算成转化率）的方法引用到测定胶液的单体转化率，由于顺丁胶液不存在橡胶粒子，因而研发工作也无果而告终。最近曾有人提出用穿透力很强的超声波来在线测定单体转化率，初步实测结果表明，这种方法不仅可测出转化率达 0.1% 的变化，而且管道挂胶对超声波响应频率的影响也可从固体橡胶的叠加系数中扣除。如果这一尝试获得成功，不仅能实现转化率在线连续测定，更重要的是它可使胶液黏度只孤立出一个门尼值目标函数，再通过拟定胶液黏度与门尼值相关联的计算机程序，最后与各工段 DCS 控制系统联立结合，就可在国际上率先实现顺丁橡胶生产全过程的计算机自动控制，还可为类似的溶液聚合系统提供先进的全过程自控技术。

3.4.3.3　溶液聚合技术展望

如上所述，溶液聚合是顺应催化剂（或引发剂）的性质和聚合物结构要求而诞生、发展起来的一种新型聚合方法和技术，采用溶液聚合法生产的合成橡胶工业不仅日益扩展，而且已成为占主导地位的产业化方法。随着科学技术的不断进步，溶液聚合技术已日臻完善，所得橡胶的质量和产量均已跃居到合成橡胶的首位。但是如果我们从技术经济的角度来看溶液聚合方法，它又存在以下重大技术缺陷：①采用均相溶液聚合虽有利于物料充分接触、快速反应和散热，但受体系的黏度所限，致使胶液的含胶量一般不超过20%，这就是说生产效率（橡胶得率）很低；②尽管有80%的溶剂和近15%的单体可回收再用，但操作分离和纯化如此大量的烃类有机物，不仅需要附加昂贵的设备和高能耗投入（根据 Francis 的测算，汽提胶液和精馏回收溶剂和单体的能耗量约占总工艺能耗量的80%左右），而且还会因挥发、泄漏带来环境污染和火灾危险。这些缺陷导致的直接后果必然是生产成本和销售价格随石油价格暴涨而日渐攀升。

新聚合技术的出现和应用，已为溶液聚合法顺丁橡胶生产技术的发展和去向提供了以下可借鉴的途径和方法。

① 用直接脱出溶剂法代替水析凝聚可大幅度降低汽提单元的能耗。胶液先经闪蒸、薄膜蒸发或转鼓干燥法脱出（并回收）大部分溶剂，将胶液浓缩至含固量80%，然后再用两段挤压机脱挥并干燥得到合格干胶。此法的能耗仅为汽提-干燥法的一半。

② 借鉴 α-烯烃淤浆聚合的实践经验，选择适当的溶剂（或稀释剂），仍采用Ni系催化剂使丁二烯进行淤浆（或悬浮）聚合。日本Bridgestone公司最先申报了有关Ni系催化剂催化丁二烯淤浆聚合合成顺丁橡胶的专利，如吉本敏雄等发现，凡是溶解参数（δ_s）<7.2的溶剂如二异丙基醚和 C_5 正构或异构烷烃等均不溶解顺丁橡胶（顺丁橡胶的溶解参数 δ_p = 8.4，正戊烷 δ_s = 7.0、异戊烷 δ_s = 6.75、新戊烷 δ_s = 6.12，季戊烷 δ_s = 6.25，正丁烷 δ_s = 6.7，异丁烷 δ_s = 6.7。溶解与否的规律是 $\delta_p - \delta_s > 1.1$ 者均不溶），因而据此可实现丁二烯的淤浆聚合。由于淤浆聚合中形成的聚合物不溶于溶剂（称稀释剂），所以聚合体系的固含量不受黏度限制，从而可大幅度提高生产效率。

美国Goodyear公司则在选用 C_5 正构或异构烷烃作稀释剂的基础上，进一步采用羧化三元乙丙橡胶（EPDM）作悬浮稳定剂，用Ni系催化剂于35～70℃催化丁二烯的淤浆（悬浮）聚合，制得了含固量达25%的顺丁橡胶，丁二烯的转化率最高可达92%。

上述聚合方法虽可提高转化率和生产效率，但仍存在处理大量稀释剂的回收、精制等高能耗问题。

③ 借鉴乙烯气相本体聚合的实践经验，采用高效催化剂和流化床技术催化丁二烯的气相本体聚合。使溶液聚合过渡至彻底摆脱处理大量溶剂的高效气相本体聚合技术。有关丁二烯进行气相本体聚合的催化剂和可行性以及相关研发状况可参见本章的3.1.3节[4~28]。

④ 进一步研究对水稳定的过渡金属催化剂（如 $RhCl_3$、$IrCl_3$ 等）[40~43]，有望能用常规水乳液聚合代替目前的溶液聚合法实现立构规整丁二烯橡胶的生产。

⑤ 采用超临界 CO_2 作为分散导热介质，开发适于二烯烃及其聚合物的分散锚定稳定剂，使丁二烯（或其与苯乙烯共聚）在超临界 CO_2 介质中进行自由基乳液聚合，不仅能获得白色洁净的固体聚合物[45~47]，而且由于 CO_2 价廉、无毒、不燃。这种聚合方法可称得上是一种既经济又安全的新方法。因此用超临界 CO_2 作分散传热介质的二烯烃乳液聚合，是值得关注的一个重要研发方向。

参 考 文 献

[1] 焦书科编著. 烯烃配位聚合理论与实践. 北京：化学工业出版社，2004.9.
[2] 姜连升. 全国合成橡胶行业第十三次年会文集. 1996～1997. 132.
[3] 吴趾龙. 全国合成橡胶行业第十三次年会文集. 1996～1997. 85～86.
[4] EP 647 657. 1994；DE 19 801 858. 1999.
[5] EP 727 447. 1996.
[6] DE 19 754 789. 1999.
[7] EP 846 707. 1998.
[8] Chemical Abstract，131（25）：338177.
[9] 倪旭峰. 双烯烃的负载稀土催化气相聚合：[学位论文]. 杭州：浙江大学，1999.
[10] 沈之荃. 张一章，刘青. CN 1 229 097.
[11] WO 96/04322.
[12] US 5 652 304. 1997.
[13] US 5 859 156. 1999.
[14] 阿佩塞特彻 MA，坎 KJ，张明辉. CN 1 274 363. 2000.
[15] 日特开平 11-199629.

[16] US 5 879 805. 1999.
[17] 日特开平 10-3003.
[18] 日特开平 11-92513.
[19] 日特开平 10-60020.
[20] WO 98/36004.
[21] US 5 728 782. 1998.
[22] US 5 859 156. 1999.
[23] US 5 453 471. 1995.
[24] US 5 317 036. 1994.
[25] DE 19 744 707. 1999.
[26] US 5 162 463. 1992.
[27] DE 19 744 708. 1999.
[28] DE 19 744 709. 1999.
[29] Min K W, and Ray W H. J. Macromol. Sci., Rev. Macromol. Chem., 1974, C Ⅱ: 177; Min KW, Ray WH, ACS Symp. Ser., 1976 24: 369.
[30] 曹同玉, 刘庆善, 胡金生编. 聚合物乳液合成原理、性能及应用. 北京: 化学工业出版社, 1999. 88~110.
[31] 黄继红, 焦书科. 弹性体, 1996, 6 (4): 6; 1997, 7 (1): 214; 1997, 7 (3): 1.
[32] Piirma J, Emulsion Polymerization. Academic Press, 1982.
[33] Barrett K E J, Dispersion Polymerigation in organic media. New york: Interscience, 1975.
[34] Matsumoto T, Ochi A. Kobunshi Kagaku, 1965, 22: 481; Kotera A, Furasawa K, Takede Y. Kolloid-ZUZ Polymer, 1970, 240: 837.
[35] Cho I, Lee K W. J. Polym. Sci., 1985, 30: 1903; Lee S, Rudin A. J. Polym. Sci., Polym. Chem., 1992, 30: 865.
[36] Guo J S, Sudol E D, Vanderhoff J W. J. Polym. Sci., Polym. Chem., 1992 (30): 691.
[37] Garreau H, Stannett V, Shiota H et al. Colloid Inferface Sci., 1979, 71: 130.
[38] Bromley B W A, J. Coat Technol., 1989, 61: 39.
[39] Funke W E, British Polym. J., 1989, 211: 107.
[40] Blackley D C, Matthan P K. Brit. Polym. J., 1970, 2: 25.
[41] Canal A J, Hewett W A. Polymer letters, 1964, 2: 1041.
[42] Burroway G, Geoge F G (Goodyear). US 4 902 741. 1990; BellA, Eiler CA (Goodyear). US 5 011 896, 1991.
[43] Ono N, Kato H, et al. J. Polym. Sci., Part A. Polym. Chem., 38: 1083~1089.
[44] Rukenstein E, Li H, Kin K J. J. Polym. Sci., 1994, 52: 1949~1953; 张洪涛, 吕睿. 胶体与聚合物, 2003, 21 (1): 29~33.
[45] Desimone J M, Maury E E, Menceloglu Y Z. Science, 1994, 265: 356.
[46] Canelas D A, Betts T E, Desimone J M. Macromolelcules, 1996, 29: 2818.
[47] 曹现福, 陈鸣才, 陈德宏等. 高分子通报, 2006, 7: 65.

第 4 章　橡胶的交联和改性

由上述各类聚合反应和相应聚合方法（第 2、3 章）制得的各种合成橡胶，它们都是线形长链分子的聚集体——生胶。尽管它们的各项分子参数都能满足橡胶基料的基本要求，但是由于线形长链分子间的作用力小，容易发生滑移流动变形，导致其强度低、弹性恢复能力差，且冷则发硬、热则变黏。因而必须经过填料补强和硫化交联才能使其转变成强度高、弹性得以充分发挥的有使用价值的高弹体材料。所以说橡胶的硫化交联反应是使生胶转变成有用材料所必经的关键反应，也是最重要的橡胶改性反应。橡胶与低分子化学剂反应改性和橡胶与另类聚合物共混或异种橡胶并用也是制取新性能橡胶和使不同胶种之间优势性能互补的重要改性方法和途径。

为此，本章将分别按以下主题："橡胶的（硫化）交联反应"、"橡胶的化学改性"和"橡胶的配合和共混改性"，系统地论述各类改性反应的性质、反应历程及改性产品的性能和应用。

4.1　橡胶的（硫化）交联反应

橡胶的交联反应是指生胶或混炼胶在能量（如加热或辐射）或外加化学物质如 O_2、S_8、有机过氧化物、金属氧化物和二胺类等存在下使聚合物分子间形成共价或离子交联（或称硫化、架桥）网络结构的化学过程。对于塑料、纤维和涂料，常借助分子链之间的交联来提高材料的强度、耐热性和耐溶剂性；而对于橡胶来说，除了以上作用外，更重要的是为了抑制线形分子的塑性变形、赋予橡胶以高弹性（可逆形变）。

橡胶的类型不同，所用的交联剂和形成的交联键性质也各不相同，由此导致交联橡胶的性能也有很大差异。一般来说，二烯烃类橡胶如异戊橡胶、顺丁橡胶、丁苯橡胶、丁腈橡胶和丁基橡胶（异丁烯-异戊二烯共聚物）等不饱和橡胶主要用硫黄（S_8）+硫化促进剂、活化剂体系交联（硫化），也可以用酚醛树脂、有机过氧化物、醌肟或亚硝基化合物等交联剂交联；氯丁橡胶虽也属二烯类不饱和橡胶，由于分子链中的氯原子不活泼，故常用金属氧化物（如 MgO、ZnO 等）交联。饱和橡胶如二元乙丙橡胶、聚硅氧烷橡胶等，由于分子链中无烯丙基（ —$CH{=}CH{-}CH_2$— ）单元，故常用有机过氧化物或高能辐射进行交联；氟橡胶如偏二氟乙烯与全氟丙烯的共聚物、氯化或氯磺化聚乙烯橡胶和含氯型丙烯酸酯橡胶等特种橡胶，虽均为饱和（主链）橡胶，由于它们均带有特殊的官能团，故常用二胺类或金属氧化物等，通过官能团与交联剂之间的反应进行交联。分子链上带羧基的饱和或不饱和橡胶还可用金属氧化物如 ZnO 交联形成羧酸盐离子交联键。显然上述各种交联剂交联后形成不同的交联键：共价交联键，如 —C—S_x—C—、$-\overset{\underset{\|}{O}}{C}-O-C-$、—C—C—、—C—NH—R—NH—C—，离子交联键，如 $-\overset{\underset{\|}{O}}{C}-O-Zn^{2+}-O-\overset{\underset{\|}{O}}{C}-$ 等，由于各种交联键的数目和键能各不相同，因此所得硫化胶的性能会有很大差别。

4.1.1　化学交联与物理交联

上述二烯烃类不饱和橡胶和带极性官能团的饱和（主链）橡胶大都是通过外加交联剂与

橡胶分子链发生化学反应形成某种类型的化学交联键来实现交联,所以均称作化学交联。由于化学交联形成的交联键大都为共价键、键能较高、且不具备热可逆性,所以经化学交联的橡胶(俗称硫化胶)往往具有耐热温度高、强度高、可逆形变大、弹性高和耐溶剂侵蚀等良好综合物性。这正是化学交联(外加交联剂硫化)在制取高性能硫化胶制品中迄今仍占主导地位的根本原因。但是自从1960年出现了第一个聚氨酯热塑性弹性体以来,由于它可热塑加工、且边角料能回收再用,所以各类热塑性弹性体如苯乙烯类SBS和SIS、聚烯烃类和聚酯类热塑性弹性体获得了迅速发展。由于它们的热塑性来自以氢键、玻璃化或结晶微区构成的物理交联,它们均可被加热破坏而发生塑性流动;而弹性恢复能力则来自被这些物理交联点所固定的软段分子链运动和构象变化,所以称作物理交联。显然,物理交联除具备热可逆特性外,其作用与化学交联完全相同。正因为如此,热塑性弹性体的耐热性往往受到氢键键能、玻璃化温度(T_g)和晶区熔融温度的限制,如聚氨酯类弹性体和SBS的最高使用温度都低于100℃;同时由于分子间力远小于化学键能,导致热塑性弹性体的强度较低、且在长期负荷或承受交变应力时容易发生塑性变形(永久变形、蠕变)。值得注意的是,近年来发现了一类由热可逆共价键(如含双环戊二烯烃)[1]交联的热塑性弹性体,其交联键是含有双环戊二烯的共价键,这种交联聚合物理应具备和—C—O—C—、—C—S_x—C—或—C—N—C—等共价键交联的硫化胶一样好的综合物性,它与常规的共价键交联硫化胶最大的不同是这种交联键中含有双环戊二烯环,它可在高温下解二聚转变成环戊二烯使交联橡胶转化为线形分子而呈现热塑流动性,在室温下又可自动二聚化形成双环戊二烯共价交联键。使其在具备共价交联硫化胶物性的同时,又兼具可反复热塑加工的优点。是一类新型的高性能热塑性弹性体。

4.1.2 二烯烃类橡胶的(硫化)交联
4.1.2.1 二烯烃类橡胶与硫黄的交联机理

橡胶特别是像天然橡胶(NR)、合成天然橡胶(异戊橡胶IR)、顺丁橡胶(BR)等二烯类不饱和通用橡胶,它们与硫黄的交联反应机理,人们已进行了长时间的大量研究,曾提出过自由基、阳离子反应机理及自由基、离子型混合反应机理。目前普遍认为:橡胶在不加促进剂的情况下仅用硫黄交联是阳离子机理,但是,对于高不饱和度的NR和IR,自由基反应是极易进行的[2]。为此,在论述交联机理之前,先讨论橡胶与硫黄反应的自由基和离子机理的可能性。

(1) 二烯烃类橡胶与硫黄的反应性　二烯烃类橡胶分子链中含有成千上万个C=C双键和烯丙基氢,双键既可进行离子加成,又可发生自由基加成反应,主链上的烯丙基氢(α-CH_2上的氢原子)既可发生离子取代,又可发生自由基取代反应。

硫黄通常是含8个硫原子的环状结构S_8,它受热激发会形成如下所示的共轭π键,随条件不同硫黄环还会均裂成双自由基(159℃使硫黄均裂成含不同硫原子数的双自由基·SS_4S·、·SS_2S·、·S—S·等,简写为·S_x·),也可异裂成离子(如受离子介质的诱导)。其均裂和异裂反应可示意如下:

$$S_8 \xrightarrow{\triangle} \begin{array}{c}\ddot{S}=\ddot{S}\\ \|\quad\| \\ :S\quad\quad S: \\ \|\quad\| \\ :\ddot{S}\quad\quad \ddot{S}: \\ \ddot{S}=\ddot{S}\end{array} \begin{cases} \text{均裂} \to \cdot S\!:\!S\!:\!S\!:\!S\!:\!S\!:\!S\!:\!S\!:\!S\cdot \quad \text{(自由基)} \xrightarrow{\triangle} \cdot SS_4S\cdot + \cdot S_2\cdot \text{(或写成}\cdot S_x\cdot\text{)}\\ \text{异裂} \to {}^{(+)}S\!:\!S\!:\!S\!:\!S\!:\!S\!:\!S\!:\!S\!:\!S^{(-)} \text{(离子)} \text{(可写成} S_m^{\delta+}\cdots S_n^{\delta-} \text{或} S_m^+\cdots S_n^-\text{)}\end{cases}$$

因此,二烯类橡胶与硫黄的交联反应十分复杂,导致交联机理有以下几种论点。

(2) 自由基交联机理　活泼的多硫双自由基·S_x·可通过下述反应使橡胶(以RH表示,下同)交联。

① ·S_x·直接抽取RH中的α-CH_2上的氢,导致—S_x—交联:

$$\sim\!\!\text{CH}_2\text{-}\underset{\underset{\text{CH}_3}{|}}{\text{C}}\!=\!\text{CH}\text{-}\text{CH}_2\!\sim + \cdot S_x\cdot \longrightarrow \sim\!\!\text{CH}_2\text{-}\underset{\underset{\text{CH}_3}{|}}{\text{C}}\!=\!\text{CH}\text{-}\overset{\cdot}{\text{CH}}\!\sim + \cdot S_xH$$

$$\sim\!\!\text{CH}_2\text{-}\underset{\underset{\text{CH}_3}{|}}{\text{C}}\!=\!\text{CH}\text{-}\overset{\cdot}{\text{CH}}\!\sim + \cdot S_x\cdot \longrightarrow \sim\!\!\text{CH}_2\text{-}\underset{\underset{\text{CH}_3}{|}}{\text{C}}\!=\!\text{CH}\text{-}\underset{\underset{\cdot S_x}{|}}{\text{CH}}\!\sim$$

(即 R·)

$$\xrightarrow{+R\cdot} \begin{array}{c}\sim\!\text{CH}_2\text{-}\underset{\underset{\text{CH}_3}{|}}{\text{C}}\!=\!\text{CH}\text{-}\underset{|}{\text{CH}}\!\sim\\ S_x\\ \sim\!\text{CH}_2\text{-}\underset{\overset{|}{\text{CH}_3}}{\text{C}}\!=\!\text{CH}\text{-}\underset{}{\text{CH}}\!\sim\end{array}$$

(交联橡胶)

② ·S_x· 先与 RH 中 α-CH_2 的氢反应生成橡胶硫醇化合物（RS_xH），（RS_xH）再与 RH 反应形成多硫交联键：

$$\sim\!\!(\text{CH}_2\text{-}\underset{\underset{\text{CH}_3}{|}}{\text{C}}\!=\!\text{CH}\text{-}\text{CH}_2)_n\!\sim + \cdot S_x\cdot \longrightarrow \sim\!\!(\text{CH}_2\text{-}\underset{\underset{\text{CH}_3}{|}}{\text{C}}\!=\!\text{CH}\text{-}\underset{\underset{S_xH}{|}}{\text{CH}})_n\!\sim$$

$$\sim\!\!(\text{CH}_2\text{-}\underset{\underset{\text{CH}_3}{|}}{\text{C}}\!=\!\text{CH}\text{-}\underset{\underset{S_xH}{|}}{\text{CH}})_n\!\sim + RH \longrightarrow \sim\!\!(\text{CH}_2\text{-}\underset{\underset{\text{CH}_3}{|}}{\text{C}}\!=\!\text{CH}\text{-}\underset{\underset{\underset{R}{|}}{S_{x-1}}}{\text{CH}})_n\!\sim + H_2S\uparrow$$

(交联橡胶)

③ ·S_x· 与橡胶分子链中的 C=C 双键直接加成而形成一对连位交联键：

$$2\sim\!\!\text{CH}_2\text{-}\underset{\underset{\text{CH}_3}{|}}{\text{C}}\!=\!\text{CH}\text{-}\text{CH}_2\!\sim + 2\cdot S_x\cdot \longrightarrow \begin{array}{c}\sim\!\text{CH}_2\text{-}\underset{\underset{\text{CH}_3}{|}}{\text{C}}\text{-}\text{CH}\text{-}\text{CH}_2\!\sim\\ |\quad\ \ |\\ S_x\ \ S_x\\ |\quad\ \ |\\ \sim\!\text{CH}_2\text{-}\underset{\overset{|}{\text{CH}_3}}{\text{C}}\text{-}\text{CH}\text{-}\text{CH}_2\!\sim\end{array}$$

橡胶与硫黄反应的机理很复杂，除了上述形成有效交联键之外，还会发生以下副反应。

a. 环化反应：上述·S_2· 与橡胶生成的中间产物（橡胶硫醇化合物，RS_xH）可发生分子内环化，形成对橡胶弹性无贡献的环化结构：

$$\sim\!\!\text{CH}_2\text{-}\underset{\underset{\text{CH}_3}{|}}{\text{C}}\!=\!\text{CH}\text{-}\underset{\underset{S_xH}{|}}{\text{CH}}\text{-}\text{CH}_2\text{-}\underset{\underset{\text{CH}_3}{|}}{\text{C}}\!=\!\text{CH}\text{-}\text{CH}_2\!\sim \longrightarrow$$

$$\sim\!\!\text{CH}_2\text{-}\underset{\underset{\text{CH}_3}{|}}{\text{C}}\!=\!\text{CH}\text{-}\underset{\underset{\underset{}{|}}{\text{CH}}}{}\text{-}\text{CH}_2\text{-}\underset{\underset{\underset{S_{x-1}}{}}{|}}{\text{C}}\!=\!\text{CH}\text{-}\text{CH}\!\sim + H_2S\uparrow$$

b. 改变主链结构的反应：上述的多硫交联键 R—S_x—R 在硫化过程中断裂，夺取橡胶分子链双键α-亚甲基上的氢，从而形成共轭二烯或三烯结构，导致硫化胶的耐老化性能下降。改变主链结构的反应如下：

$$\begin{array}{c}\sim\sim CH_2-\underset{CH_3}{C}=CH-CH-CH_2-\underset{CH_3}{C}=CH-CH_2\sim\sim\\ |\\ S_x\\ |\\ R\end{array} \xrightarrow{\triangle}$$

$$\sim\sim CH_2-\underset{CH_3}{C}=CH-\underset{H}{C}H-CH_2-\underset{CH_3}{C}=CH-CH_2\sim\sim +RS_xH$$

(3) 阳离子交联机理 "异裂"的"硫离子对"或"极化了的硫离子"与橡胶分子链反应，形成锍（四价硫）离子 [见下式的（Ⅱ-1）]，锍离子再抽取橡胶分子链上的活泼氢，形成烯丙基碳阳离子 [（Ⅱ-2）] 再与 S_8 反应，在烯丙基碳上形成 ^+S_m 锍离子（Ⅱ-3），（Ⅱ-3）再与橡胶分子链中的双键加成，形成 S_m 交联并同时再生出一个碳阳离子（Ⅱ-2），总之，离子型交联反应是通过一连串的阳离子来实现的[3]：

$$S_8 \xrightarrow{\triangle} S_m^{\delta+}\cdots S_n^{\delta-} \text{ 或 } S_m^+ + S_n^- \xrightarrow{+\sim\sim CH_2-CH=CH-CH_2\sim\sim} \sim\sim CH_2-\underset{+S_m}{\overset{|}{C}H}-CH-CH_2\sim\sim +S_n^-$$
（Ⅱ-1）

$$\sim\sim CH_2-\underset{+S_m}{\overset{|}{C}H}\cdots CH-CH_2\sim\sim \xrightarrow{+\sim\sim CH_2-CH=CH-CH_2\sim\sim}$$
（Ⅱ-1）

$$\sim\sim CH_2-CH-CH_2-CH_2\sim\sim + \sim\sim\overset{+}{C}H-CH=CH-CH_2\sim\sim$$
$$\quad\quad\quad\quad\quad |$$
$$\quad\quad\quad\quad\quad S_m$$
（Ⅱ-2）

$$(Ⅱ\text{-}2)+S_8 \longrightarrow \sim\sim\underset{+S_m}{\overset{|}{C}H}CH=CH-CH_2\sim\sim \xrightarrow{\sim\sim CH_2-CH=CH-CH_2\sim\sim}$$

（Ⅱ-3）

$$\sim\sim\overset{|}{C}HCH=CH-CH_2\sim\sim$$
$$\quad |$$
$$\quad S_m$$
$$\sim\sim CH_2-CH-CH-CH_2\sim\sim$$
（Ⅱ-4）

$$(Ⅱ\text{-}4)+ \sim\sim CH_2-CH=CH-CH_2\sim\sim \longrightarrow \sim\sim\overset{|}{C}HCH=CH-CH_2\sim\sim$$
$$\quad\quad\quad\quad\quad\quad\quad\quad |$$
$$\quad\quad\quad\quad\quad\quad\quad\quad S_m$$
$$\sim\sim CH_2-CH CH_2 CH_2\sim\sim$$

（S_m 交联橡胶）

$$+ \sim\sim\overset{+}{C}H-CH=CH-CH_2\sim\sim$$
（Ⅱ-2）

4.1.2.2 二烯烃类橡胶加促进剂和活化剂的硫黄硫化交联历程

实践经验早已证明，二烯烃类橡胶单用硫黄交联，不仅效率很低，每个交联键约含 40~50 个硫原子（即 $m=40\sim50$），硫化胶的耐热性能差；而且还会形成连位交联和环化结构等对弹性无贡献、且增大内阻的悬挂环结构。为了提高交联效率，降低能耗，并改善硫化胶性能，在工业生产中往往需要在硫黄交联时加入促进剂和活化剂（有机活化剂如硬脂酸和无机活化剂如氧化锌等）。研究表明，加有促进剂、活化剂的硫黄交联过程十分复杂，其交联过程大致如下：

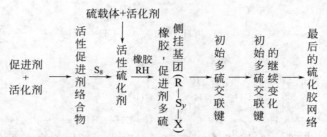

常用的促进剂有：快速的噻唑类、后效性的次磺酰胺类等，它们在交联过程中的主要反应大致相同。为表述简便起见，令 X 表示噻唑类促进剂（如次磺基苯并噻唑基）、而（促进剂 M）硫醇基苯并噻唑则以 XSH 表示，促进剂 DM（二硫化苯并噻唑）如秋兰姆类的促进剂 TMTD（二硫化四甲基秋兰姆）则以 XSSX 表示；各种次磺酰胺类促进剂以 XS-NR_2 表示。其交联反应有以下几步。

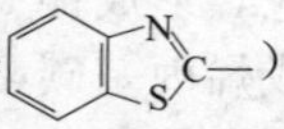

（1）促进剂与活化剂反应生成如下中间体

$$\left.\begin{array}{l}\text{XSH}\\ \text{XSSX}\\ \text{XSNR}_2\end{array}\right\} \xrightarrow[\text{RCOOH（硬脂酸）}]{\text{ZnO（活化剂）}} \text{XS-Zn-SX}$$

已报道的中间体有：硫醇基苯并噻唑锌盐（即促进剂 ZMBT 或 MZ）、二烷基（如二甲基或二乙基，R_2）二硫代氨基甲酸锌（即促进剂 ZDMC 或 ZDC），其结构如下：

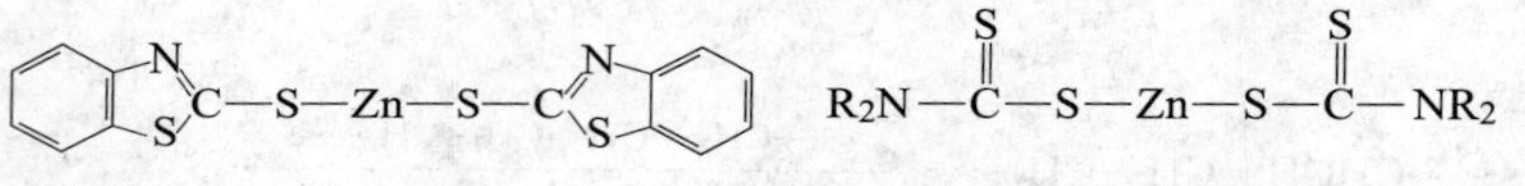

（ZMBT）　　　　　　　　　　（ZDMC 或 ZDC）

大多数促进剂是极性分子，在橡胶中溶解性不好，但当生成 ZDMC 或 ZMBT 后，其溶解性稍有改善。此外，秋兰姆类、次磺酰胺类促进剂分子中均含有氨基，这些氨基则以氮作为配位基与 ZMBT 生成在橡胶中具有极好溶解性的络合物，硬脂酸等有机酸亦可与 ZMBT、ZDC 等形成溶解性好的络合物，这也是提高促进剂效果的重要原因。

（2）各中间体与硫黄反应　上述络合物不仅溶解性极好，而且活性比原来的促进剂高得多。因为它含有亲核硫原子和胺形成的不稳定 Zn—S 键，这种胺络合物能促使 S_8 异裂并使其活化。

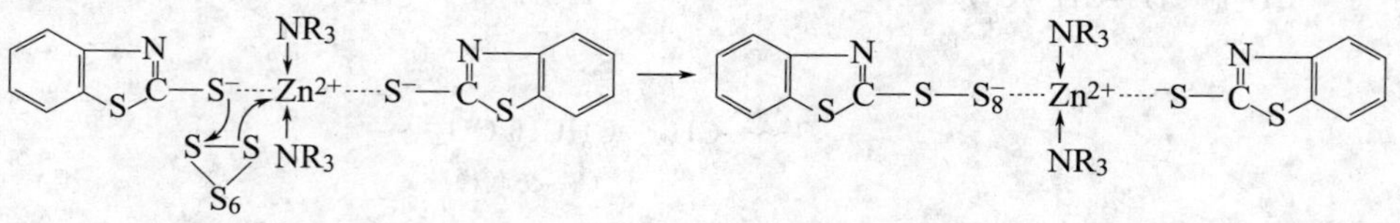

一般认为，所生成的多硫化硫醇盐络合物，是一种很强的活性硫化剂。
该活化反应可写成以下通式：

$$\text{XS—Zn—SX} + S_8 \underset{\text{RCOOH}}{\overset{R_2NH}{\rightleftharpoons}} \text{XS—}S_8\text{—Zn—SX} \rightleftharpoons \text{XS—}S_x\text{—Zn—}S_x\text{—SX}$$

　　　　　　　　　　　　　　　　　　　　　　　　多硫化硫醇盐活性络合物中间体

（3）活性络合物中间体与橡胶反应　从化学反应的角度看，促进剂的作用是提高硫对二烯烃类橡胶分子链中烯丙基氢的取代活性，所以上述活性络合物多硫化硫醇盐中间体易与橡胶分子链中烯丙基氢反应形成橡胶多硫化物，即在橡胶分链上生成带有硫黄和促进剂片段的活性侧挂基团[4]，如：

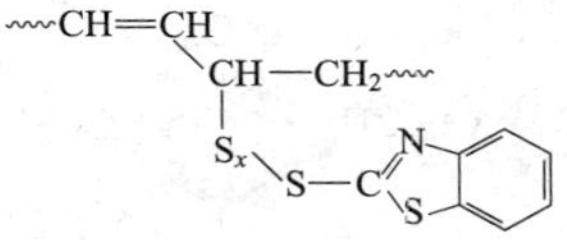

即 RS_xSX，它们是橡胶分子链交联的前驱体，其反应通式为：

$$RH + XSS_xZnS_xSX \longrightarrow RS_xSX + XS_xH + ZnS$$

橡胶分子链上带硫黄和促进剂片段的活性侧挂基团中的硫黄有—S—、—S_2—及—S_x—等形式，它们对硫化胶结构和老化性能产生一定影响。在硫化早期，待形成的硫黄和促进剂的侧挂基团量达到最大值后，含有多硫的侧挂基团转化成交联键，而单硫侧挂基团不参与或很少参与形成交联键。

（4）侧挂基团转化成分子间交联键

① 形成初始交联键：当多硫侧挂基团达到一定数量后即迅速与橡胶反应，转化为初始多硫交联键：

$$R—S_x—SX + RH \longrightarrow R—S_x—R + HSX$$

② 初始交联键继续反应：侧挂基团转化生成的初始交联键大都是含多个硫原子的多硫交联键，它们将继续转变成较短的—S—和—S_2—交联键，同时也形成新的交联键；转化过程中还可能导致橡胶分子链发生改变（如生成共轭二烯、共轭三烯及环硫化物等）。

硫化反应非常复杂，最终形成的硫化胶交联网络可示意如下：

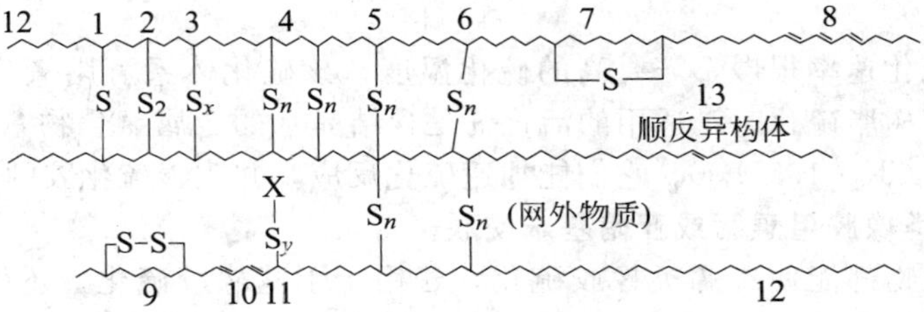

1—单硫交联键；2—二硫交联键；3—多硫交联键；4—连位交联键（$n=1\sim 6$）；5—双交联键；
6—错位交联键；7—分子内一硫环化物；8—共轭三烯；9—分子内二硫环化物；10—共轭二烯；
11—侧挂基团；12—分子链末端；13—顺反异构体

应该强调指出的是，氧化锌和硬脂酸在硫黄硫化体系中组成了"活化体系"，其主要作用至少有三：一是活化整个硫化体系（见上述机理）；二是提高硫化胶的交联密度；三是提高硫化胶的耐老化性能（如氧化锌可消除引起橡胶裂解的一些因素，减少交联键中的硫原子数目，以提高交联键的键能）。

4.1.2.3 丁基橡胶用酚醛树脂交联

二烯类橡胶还可用下列化合物硫化，以提高耐热性、屈挠性。酚醛树脂特别适合丁基橡胶硫化。

下列左式中的 X 代表 OH 基、卤素原子；R 是烷基，或是分子量较低的酚醛树脂（下式）：

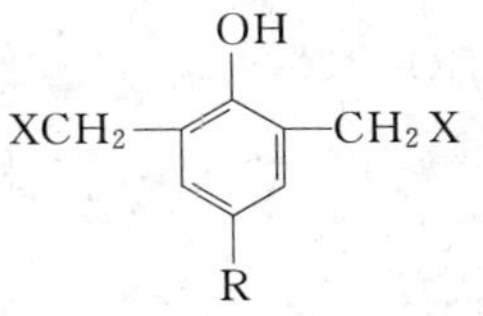

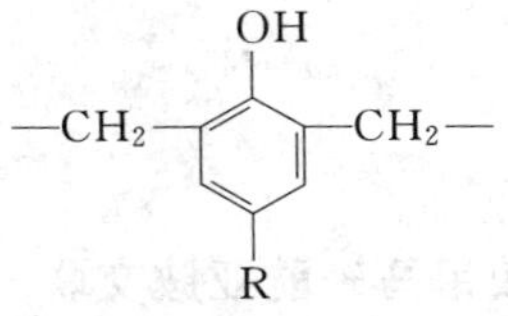

交联反应过程如下：

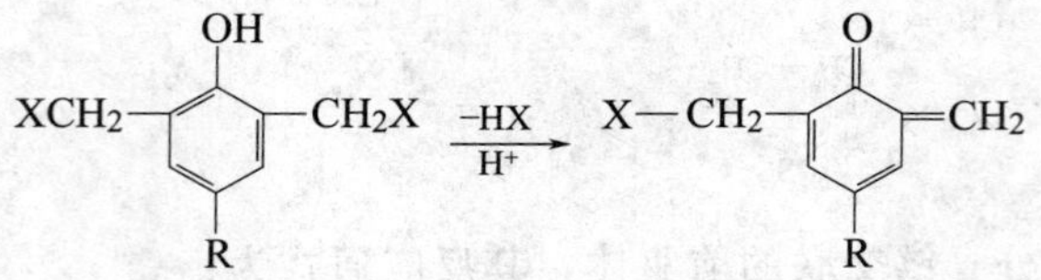

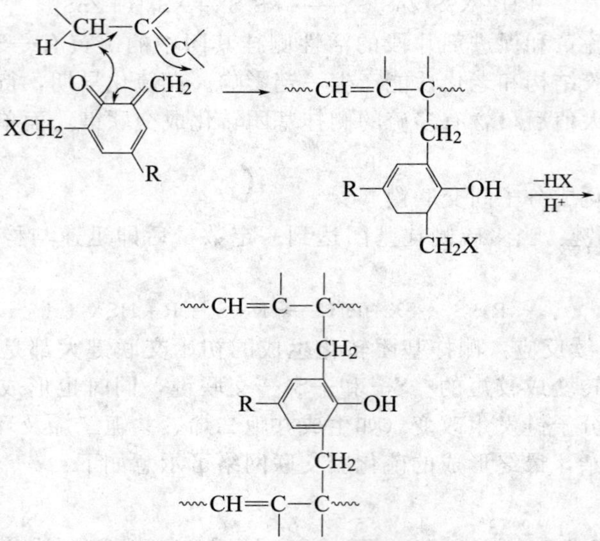

[反应式图略]

酚醛树脂的硫化速率很慢，需要高的硫化温度，该硫化体系可用氧化锌使 X 或卤原子活化。用烷基酚醛树脂硫化时，适用的活化剂是含结晶水的金属氯化物，如 $SnCl_2 \cdot 2H_2O$、$FeCl_2 \cdot 6H_2O$、$ZnCl_2 \cdot 1.5H_2O$。它们能加速硫化反应，并改善硫化胶的性能。

4.1.2.4　二烯烃类橡胶用醌肟或亚硝基苯交联

苯醌及其衍生物都能使二烯类橡胶硫化，若用于丁基橡胶硫化，还可提高硫化胶的耐热性。

对苯醌二肟是常用的硫化剂，使用时需要加入氧化剂（如氧化铅），其交联反应如下：

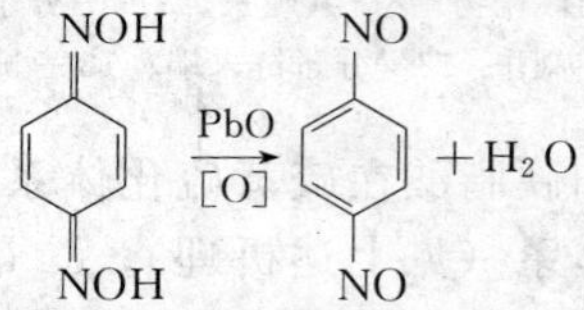

[反应式图略]

形成的对二亚硝基苯或外加的亚硝基苯都可作二烯类橡胶的硫化剂，此时是亚硝基与橡胶双键发生加成，形成对苯二胺交联键[5]：

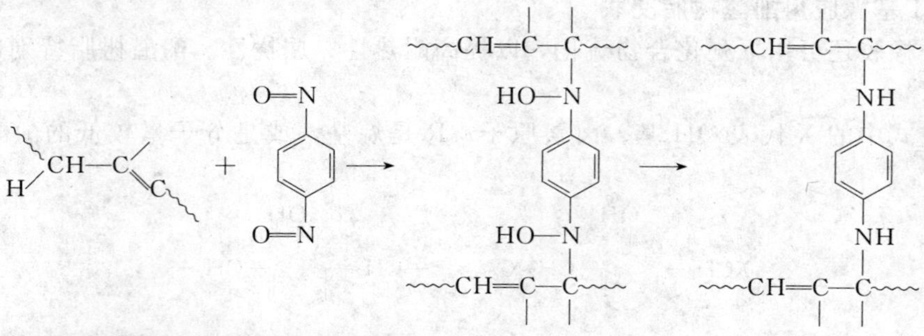

[反应式图略]

4.1.2.5　二烯烃类橡胶用马来酰亚胺交联

用马来酰亚胺硫化不饱和二烯烃类橡胶是新近发展的一类硫化剂。最有效的马来酰亚胺是分子中含有一个以上的马来酰亚胺，如间亚苯基双马来酰亚胺。用马来酰亚胺硫化时一般用 DCP 作自由基引发剂。其反应过程如下：

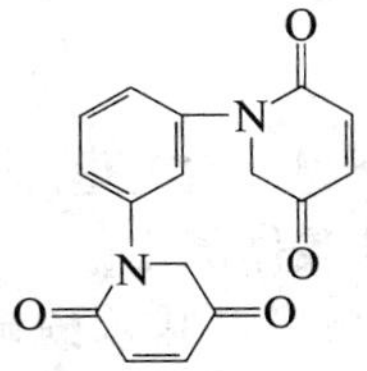

(间亚苯基双马来酰亚胺)

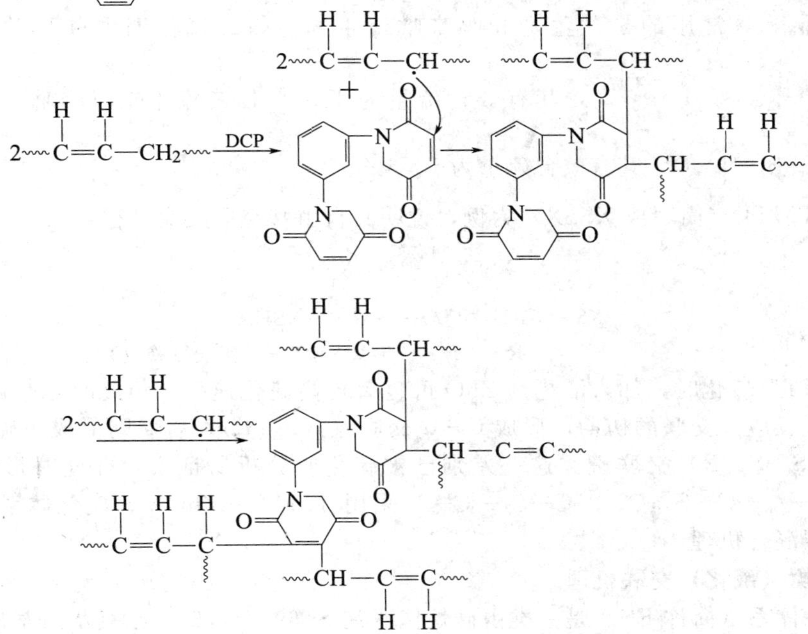

4.1.2.6　二烯烃类橡胶硫化在化学上的相似性

以上讨论的四类硫化剂，即硫黄-促进剂、酚醛树脂、醌肟、马来酰亚胺，它们用于二烯烃类橡胶硫化（交联）时，各类硫化剂对橡胶分子链的攻击点都是硫化剂的活性基（自由基或离子）首先进攻橡胶分子链中烯丙基碳上的 H：

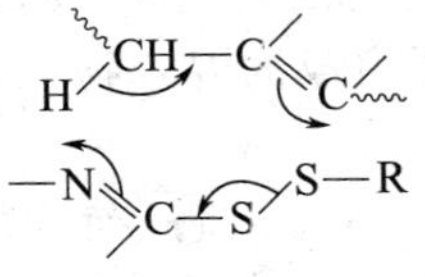

促进的硫黄硫化 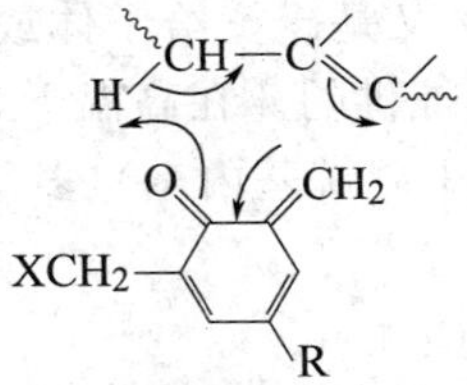　　　　　酚树脂硫化

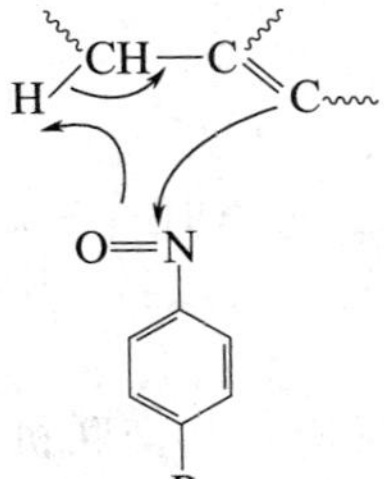

醌类衍生物硫化 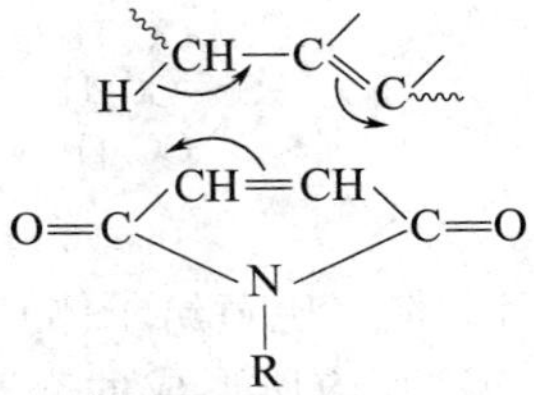　　　　　马来酰亚胺硫化

随后经离子或自由基历程形成不同形式的单硫、二硫、多硫交联键或—C—C—、—C—O—C—、—C—N—C—交联键。而作为橡胶，与上述"反应性"相呼应的就是橡胶分子必须含有烯丙基氢。

4.1.2.7 硫载体（硫化）交联

硫载体又称硫黄给予体，是指那些含硫的有机或无机化合物、在硫化过程中能给出活性硫使橡胶交联的物质，这种硫化常称为无硫硫化，实际上是硫载体硫化。

硫载体主要有秋兰姆、含硫的吗啡啉衍生物、多硫聚合物、烷基苯酚硫化物及氯化硫等。橡胶工业上最常用的是秋兰姆和吗啡啉衍生物。如二硫化四甲基秋兰姆（促进剂 TMTD）$\begin{matrix}CH_3\\CH_3\end{matrix}NC(S)-S_2-C(S)N\begin{matrix}CH_3\\CH_3\end{matrix}$，其有效含硫量为 13.3%；二硫化二吗啡啉（促进剂 DT-DM）$O\bigcirc N-S_2-N\bigcirc O$，其有效含硫量为 13.6%。

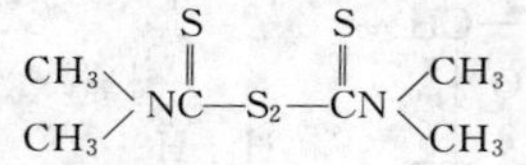

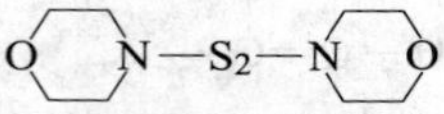

现仅以 TMTD（简写成 XSSX）为例，说明其自由基交联反应过程：

$$XSSX \xrightarrow[\triangle]{145℃} 2XS\cdot$$
$$XS\cdot + RH(橡胶) \longrightarrow R\cdot + XSH$$
$$R\cdot + R\cdot \longrightarrow R-R(C-C 键交联橡胶)$$

当用 TMTD 硫化时，加入活化剂 ZnO 可显著提高硫化速率。但此时除自由基反应外，也伴有离子性反应。交联的初期，形成 C—C 交联键（R—R），后期则形成单硫（R—S—R）和双硫（R—S—S—R）交联键。这一差别已被硫化胶分析所证实，即此时形成三种交联键：—C—C—、—C—S—C—、—C—S$_2$—C—。采用 TMTD+ZnO+S 硫化体系时，仍为自由基和离子型混合机理。

4.1.2.8 平衡（硫化）交联机理

平衡硫化体系（简称 EC）是一类由硅烷偶联剂 Si-69［双（3-三乙氧基丙基硅甲烷）］四硫化物与硫黄、促进剂等摩尔比组成的硫化体系。它特别适用于不耐热氧老化、且产生严重硫化还原的二烯烃类橡胶，尤其是天然橡胶、异戊橡胶等。它是如何实现"在较长的硫化周期内使交联密度（相当 300% 定伸应力）处于动态恒定即动态平衡"的呢？现将平衡硫化机理简述如下。

Si-69 是一种偶联剂，又是硫黄给予体或硫载体，是一种兼具补强作用的硫化剂，交联反应是由它所含的四硫基提供的。在高温下，它裂解成由双（3-三乙氧基甲硅烷基丙基）二硫化物和双（3-三乙氧基甲硅烷基丙基）多硫化物所组成的混合物：

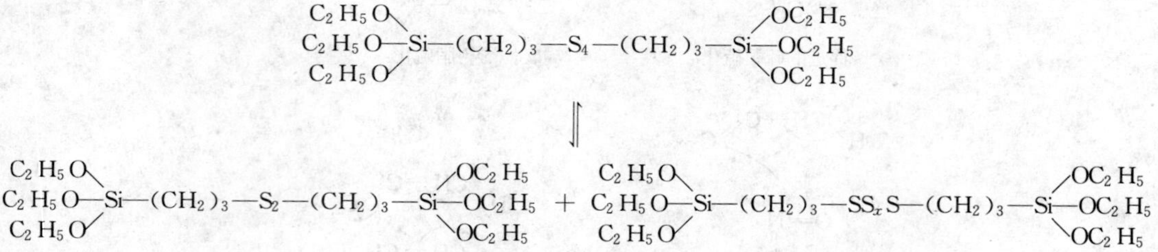

$$(C_2H_5O)_3Si-(CH_2)_3-S_4-(CH_2)_3-Si(OC_2H_5)_3$$
$$\rightleftharpoons$$
$$(C_2H_5O)_3Si-(CH_2)_3-S_2-(CH_2)_3-Si(OC_2H_5)_3 + (C_2H_5O)_3Si-(CH_2)_3-SS_xS-(CH_2)_3-Si(OC_2H_5)_3$$

此时 Si-69 是作为硫载体（硫黄给予体）与橡胶反应，其交联机理类似上述"硫载体交联机理"。但是，Si-69 交联反应所形成的交联键与促进剂类型有关，Si-69 与不同的促进剂组合，可分别形成如下结构的单硫、二硫或多硫交联键：

第 4 章 橡胶的交联和改性

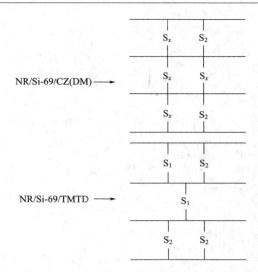

由上可见，Si-69 与噻唑类（如上述的 DM）、次磺酰胺类促进剂（如上述的 CZ）组成的硫化体系生成二硫和多硫交联键，而与秋兰姆（如上述的 TMTD）所组成的硫化体系则形成以单硫键为主的网络结构。

研究表明，促进剂中加入少量 Si-69 交联速率常数比相应的硫化体系的低，因此 Si-69 达到正硫化的速率要比硫黄硫化慢。因此在 S/Si-69/促进剂组合的硫化体系中，由于硫黄硫化速率快，在超过了硫黄正硫化之后的长时间内，硫化还原导致的交联密度下降的部分正好由 Si-69 生成的新多硫键和双硫键所补偿，从而使整个交联密度保持常量。即裂解速率与 Si-69 生成新的交联键的速率相等，二者呈动平衡。

4.1.2.9 氯丁橡胶用金属氧化物交联

红外光谱分析表明，氯丁橡胶主链有四种结构：反式-1,4-结构（约占 85%）、顺式-1,4-结构（约占 10%）、1,2-结构（约占 1.5%）、3,4-结构（约占 1.0%），后两者有侧双键。氯丁橡胶的 1,4-结构单元中，由于氯原子的电子效应和体积效应，导致主链中的 C═C 双键钝化，α-亚甲基上的氢也不活泼，因此，交联反应主要是在 1,2-结构重排后形成的烯丙基氯上发生：

$$\sim\!\!\mathrm{CH_2}\!\!-\!\!\underset{\underset{\mathrm{CH_2}}{\mid}}{\underset{\mathrm{CH}}{\mid}}\!\!\underset{\mathrm{Cl}}{\overset{\mid}{\mathrm{C}}}\!\!\sim \rightleftharpoons \sim\!\!\mathrm{CH_2}\!\!-\!\!\underset{\underset{\mathrm{CH_2Cl}}{\mid}}{\underset{\mathrm{CH}}{\mid}}\!\!\mathrm{C}\!\!=\!\!\sim$$

据此，氯丁橡胶用金属氧化物（通常 ZnO/MgO＝5/4）交联就可能有以下两种反应机理。

第 1 种机理：

$$2\mathrm{CH_2}\!=\!\mathrm{CH}\!-\!\underset{\underset{\mathrm{CH_2}}{\mid}}{\overset{\mid}{\mathrm{C}}}\!-\!\mathrm{Cl} + \mathrm{ZnO} + \mathrm{MgO} \longrightarrow \mathrm{CH_2}\!=\!\mathrm{CH}\!-\!\underset{\underset{\mathrm{CH_2}}{\mid}}{\overset{\mid}{\mathrm{C}}}\!-\!\mathrm{O}\!-\!\mathrm{ZnO}\!-\!\underset{\underset{\mathrm{CH_2}}{\mid}}{\overset{\mid}{\mathrm{C}}}\!-\!\mathrm{CH}\!=\!\mathrm{CH_2} + \mathrm{MgCl_2}$$

第 2 种机理：

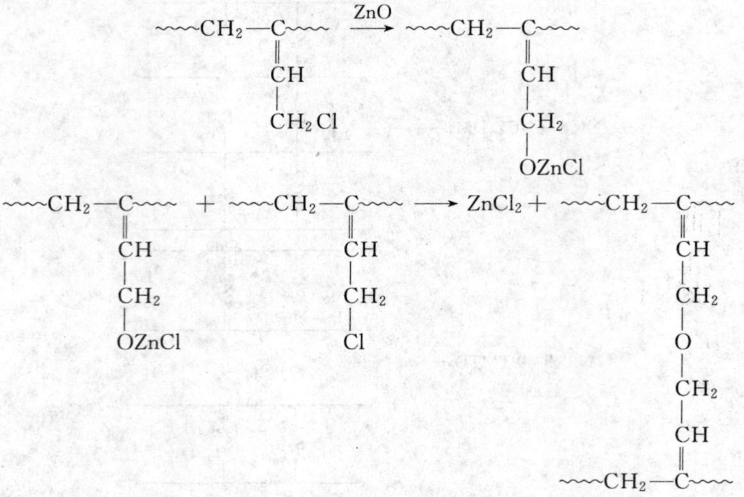

$$\text{MgO} + \text{ZnCl}_2 \longrightarrow \text{MgCl}_2 + \text{ZnO}$$

氯丁橡胶硫化时，一般不单独用硫黄硫化体系的促进剂，因为各种促进剂对氯丁橡胶硫化影响不同，故广泛使用的促进剂是亚乙基硫脲（NA-22 或 ETU）。它能提高 GN 型氯丁橡胶胶料加工的安全性，并使硫化胶力学性能、耐热性能得到改善。加有硫脲类促进剂的金属氧化物交联氯丁橡胶的反应机理如下：

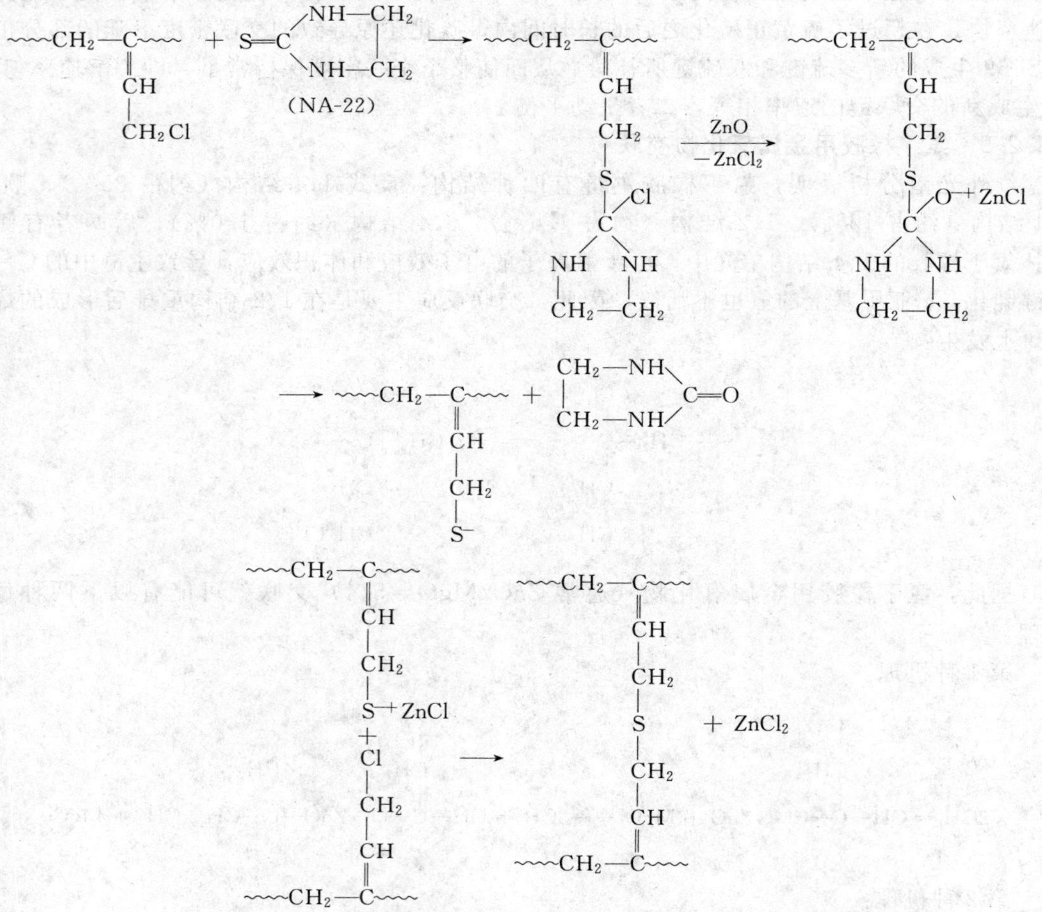

应当指出，除氯丁橡胶外，卤化丁基橡胶也常用金属氧化物交联；氯磺化聚乙烯、氯醚橡胶、聚硫橡胶以及羧基橡胶也可用金属氧化物交联。

4.1.3 饱和橡胶的（硫化）交联

饱和主链的橡胶可分为以下两类：一类是分子链中既无不饱和基团又无活泼侧基的饱和橡胶，如二元乙丙橡胶和聚二甲基硅氧烷橡胶（简称硅橡胶）；另一类是分子链中虽无不饱和基团但侧基为活性官能团的饱和主链橡胶，如氯化聚乙烯（含氯量为25%～35%）橡胶、氯化聚醚橡胶、含氯型丙烯酸酯橡胶和氟橡胶、氯磺化聚乙烯橡胶（Hypalon）以及带羧基的橡胶等。

4.1.3.1 二元乙丙橡胶和硅橡胶的交联

这类橡胶因分子中无不饱和基团，常用有机过氧化物如二枯基过氧化氢、过氧化二叔丁基硫化。硫化过程是过氧化物在高温下分解为自由基，自由基夺取橡胶分子主链或侧基上的氢后产生链自由基，两个链自由基偶合形成—C—C—共价交联键：

$$ROOR \xrightarrow{\triangle} 2RO\cdot$$

$$RO\cdot + \sim\!\!CH_2CH_2\!\!\sim \longrightarrow ROH + \sim\!\!CH_2\dot{C}H\!\!\sim$$

或

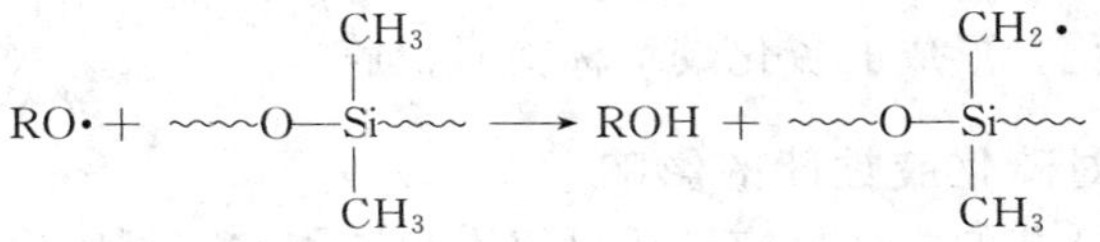

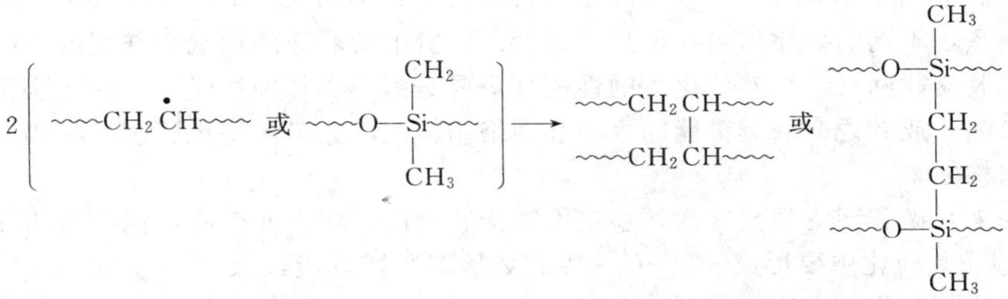

反应式（含硅氧烷结构）

这种硫化方法的优点是可以形成高键能的—C—C—交联键，缺点是过氧化物的交联效率最高为1mol过氧化物形成1个交联键。由于硫化体系的黏度大，自由基扩散困难，两个链自由基相遇的概率小，以及初级自由基的偶合终止等副反应，往往使交联效率小于1，而且过氧化物比较贵，高温分解时有异味，故实际应用受到限制。改进的方法是与非共轭双烯共聚形成侧乙烯基双键（如三元乙丙橡胶，EPDM）或在原来的硅醇单体中引入双键（即乙烯基硅橡胶），这样就可使过氧化物的硫化速度和硫化效率大大提高。EPDM可以用硫黄/促进剂体系硫化，而乙烯基硅橡胶还可发生加成反应（乙烯基与含H硅化物发生硅氢加成）交联。

4.1.3.2 含卤原子饱和橡胶的交联

含卤原子的橡胶有：氯化聚乙烯、氯醚橡胶、含氯型丙烯酸酯橡胶和氟橡胶等，原则上它们都可用二胺类硫化剂交联。以偏二氟乙烯/全氟丙烯共聚氟橡胶为例，其交联反应为：

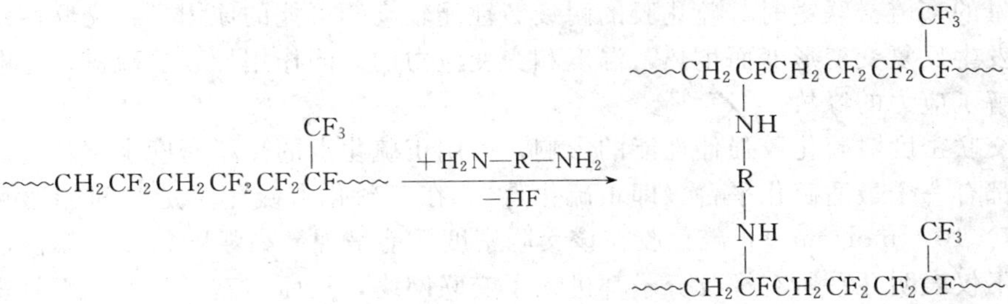

$$\sim\!\!CH_2CF_2CH_2CF_2CF_2\underset{|}{C}F\!\!\sim \xrightarrow[-HF]{+H_2N-R-NH_2} \sim\!\!CH_2CFCH_2CF_2\underset{|}{C}F_2CF\!\!\sim$$

硫化时由于析出 HF，所以常加入碱土金属氧化物（如 MgO 或 ZnO）用作酸受体。

4.1.3.3 含羧基橡胶的硫化交联

含羧基的橡胶如羧基丁苯橡胶，既可以用硫黄/促进剂体系硫化形成—C—S$_x$—C—共价交联键，也可以用碱土金属氧化物硫化成如下结构的离子交联键：

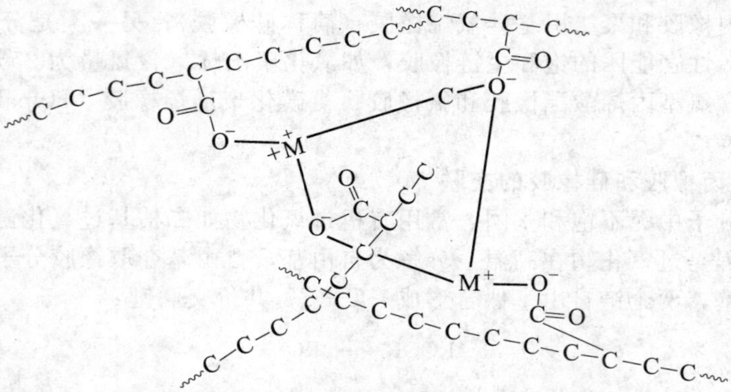

综上所述可以看出，在橡胶加工领域，硫化和交联是同义语，无论硫化体系是否含有硫黄，其交联过程均称硫化。形成的硫化胶均称交联橡胶。

4.1.4 交联网络结构对硫化胶性能的影响

从 4.1.2 节到 4.1.3 节的交联反应论述可以看出：不同类型的橡胶需选用与其相匹配的硫化交联体系，不同的硫化体系在加热下又会以适宜的交联速度形成交联密度不同、交联键型各异的橡胶交联网络。显然硫化胶的性能（主要是耐热和强伸性能）会受交联键类型和交联密度的影响，或者说交联键键能的大小和网络结构的疏紧是决定橡胶制品耐热和强伸性能的最重要结构因素。

一般说来，橡胶网络的强度和热稳定性随交联键键能的增大而提高，例如饱和橡胶用过氧化物（如 DCP）硫化主要形成—C—C—共价交联键，其键能最大（351.7kJ/mol）；而用普通硫黄硫化体系硫化的不饱和橡胶主要形成—C—S$_2$—C—、—C—S$_x$—C—交联键，其键能较小（≤267.9kJ/mol）。因而其耐热和强伸性能是前者大于后者。但是在橡胶制品承受外力发生形变（如拉伸）时强伸性能的高低顺序却与交联键键能的大小相反，即—C—S$_x$—C—>—C—S$_2$—C—>—C—S—C—。可能的原因是：交联网络中的低键能多硫键首先承受外力而断裂，使集中的应力得以均匀分散，断裂的多硫键又能及时互换重排形成新的高键能二硫或单硫键，而网络中的高键能—C—C—或—C—S—C—交联键继续维持网络的高伸张状态。强伸性能的提高是多硫键互换重排形成的新键和原有高键能—C—C—键共同起作用的结果导致的。

交联键类型不仅显著影响硫化胶的强度和耐热性，而且还会影响硫化胶的耐疲劳性能（动态），当交联网络中只有单硫和二硫交联键时，硫化胶的耐疲劳性能较低，而当网络中含有一定数量的多硫交联键时，硫化胶的耐疲劳性能较高。可能的原因是：交联网络在交变应力作用下发生反复交变形变而生热，温度和交变应力的共同作用导致多硫键发生断裂、互换和重排缓解了应力的缘故。

至于交联密度对硫化胶强伸性能的影响，可用正硫化点的交联密度来解释。因为各种橡胶硫化时都有一个最适硫化平台（即正硫化点）。在正硫化点硫化一定时间能达到正常的交联密度（7×10^{-5} mol/cm^3），硫化胶在该交联密度下能呈现最高强度和最佳弹性，所以正常交联密度不仅表明几乎所有橡胶分子都进入了交联网络，从而提高了强度，而且也象征着网络中交联点间的分子量（M_c）远大于链段分子量，此时链段可通过"自由"运动而充分显示弹性。交联度过低意味着有些橡胶分子未进入交联网络，这些橡胶分子在拉伸时会发生分子间滑移，导致强度和可逆弹性都降低；交联密度过高，显然会束缚链段运动，从而使之难以充分发挥其弹性。

4.1.5 互穿聚合物网络

互穿聚合物网络（interpenetrating polymer networks），简称 IPN。这类聚合物虽不是聚合物经交联反应形成的交联聚合物网络，但它却是在聚合过程中形成的交联互穿聚合物网络。与聚合物用交联剂进行交联形成的网络结构相比，互穿聚合物网络中的两种交联聚合物（A 和 B）是互相贯穿的，因此可使两种不相容的聚合物因网络互穿达到"强迫共容"；网络中的聚合物 A 和 B 各有一个 T_g，而且当材料处于两个 T_g 之间的温度范围内可显示高强度、高模量和较高的抗冲击强度；且聚合物合成后无需交联即可直接加工成型。因此互穿聚合物网络的合成是一种制取不相容交联共混物的有效合成反应和方法。

互穿聚合物网络有如下几种：若构成互穿聚合物网络的两种聚合物都是交联的，称作全-IPN(full-IPN)；如两种聚合物中一种为交联聚合物，而另一种为线形聚合物，二者互相贯穿，则称为半-IPN(semi-IPN)；若互穿聚合物网络是由乳液聚合法制成（胶乳混合、凝聚并交联，或种子乳液聚合），则称作胶乳（L）-IPN。若将两种弹性体胶乳如聚氨酯（PU）和聚丙烯酸酯（PA）混合后，同时凝聚交联，则专称互穿弹性体网络（L-IEN）；若以交联的聚合物 A 作种子胶乳，然后再加入单体 B、交联剂和引发剂溶胀后聚合，可制得核-壳结构的互穿网络聚合物（L-IPN），这种互穿聚合物网络，由于交联的聚合物仅局限在胶乳粒子范围内，即每个胶乳粒子都是一个独立的交联互穿聚合物网络，所以仍具流动性，由此可以克服交联聚合物难以加工成型的缺点。

互穿聚合物网络的合成有分步法和同步法。

① 分步法：先合成交联的聚合物 A，再加入含引发剂和交联剂的单体 B，然后使单体 B"就地"聚合并交联。例如以交联的丙烯酸乙酯/丁二烯共聚物（PEAB）作聚合物 A，再加入含引发剂和交联剂的苯乙烯单体使之溶胀，待溶胀均匀后再使苯乙烯聚合并交联，即可制得 PEAB/PS＝50/50 的全-IPN。

② 同步法：将两种单体混合后加入引发剂和交联剂，使两种单体按不同的聚合机理（如加聚和缩聚）聚合并交联、同步形成互穿聚合物网络 SIPN(simultaneous IPN)。例如，将含有丙烯酸乙二醇双酯（EGDA）交联剂、安息香活化剂的丙烯酸乙酯（EA）与合成环氧树脂（Epoxy）的组分（双酚 A、环氧氯丙烷和三乙胺）混合后聚合，由于前者按自由基加聚机理聚合并交联，后者按缩聚历程发生缩聚，即可同步形成环氧树脂/丙烯酸酯 SIPN。

同步法也可合成半-同步互穿聚合物网络（semi-SIPN）。形成半-SIPN 的聚合反应称作间充聚合反应，例如，将制备聚氨酯的聚醚二醇、多元醇和二异氰酸酯溶于含有引发剂的烯类单体（如丙烯腈、苯乙烯或丁二烯）中，在常温下聚合并交联制得聚氨酯，随后再升温引发烯类单体聚合，可制得烯类聚合物贯穿在聚氨酯中的半互穿 IPN。这种方法可用以提高烯类聚合物如聚苯乙烯的抗冲击强度。

4.2 橡胶的化学改性

橡胶改性通常是指在橡胶分子骨架保持基本不变的条件下，通过加入某种液体或固体填充物或是与某种化学剂起化学反应，以改进橡胶加工和物性或赋予某些特性的物理和化学过程。前者如生胶充油、充炭黑（或惰性填料）母炼胶，加入加工油、增塑剂或与另类聚合物共混等称物理改性；后者如生胶经氢化、卤化、氢卤化、羧化、磺化、磺酰氯化、环化、环氧化、膦酰化和马来酸酐化等的反应改性称化学改性。

物理改性与化学改性的上述划分只是一个大致范围，在意义上并无严格的界限，且二者经常是同步发生的。例如生胶经常加入活性填料（炭黑）混炼用以提高橡胶的挺性、硬度、定伸应力和拉伸强度，但强度的提高是通过橡胶与炭黑的化学结合来实现的；再如当今比较流行的动态硫化和原位聚合增强，二者都是两种聚合物或一种生胶加一种单体在螺杆反应器中混合和反应（硫化或聚合）也是同步发生的。

化学改性可在聚合阶段与聚合反应同步进行，例如二烯烃与含特定官能团的化合物作引发剂、偶联剂或链端改性剂反应，与特定单体共聚或是用两种单体直接合成聚合物互穿网络等；但多数是在合成出聚合物后再与特定的化学剂起化学反应制取改性橡胶；还可在生胶加工过程中加入某种单体或聚合物使聚合、交联和混合同步发生而改性。

和单体经聚合（或共聚）制取合成橡胶一样，橡胶的化学改性反应可以采用本体（或熔体）、溶液、悬浮和乳液等常规方法实施。改性反应的规律基本上也与低分子化合物之间的化学反应相同。但是，橡胶的化学改性反应经常是生胶大分子与低分子量化学剂之间的反应，由于分子在各种方法中的状态和化学环境不同，导致反应的可及度和深度会有很大差别，从而使改性效果也明显不同于用常规方法改性。例如天然橡胶（NR）和异戊橡胶（IR），无论是用溶液法、悬浮法还是用固相法都可用氯气或液氯迅速氯化，制得含氯量为 $60\%\sim64.5\%$ 的氯化改性产品（商品名为 Alloprene），由于橡胶在氯化过程中发生了严重降解，所得氯化产品的平均分子量只有 $5000\sim20000$，其拉伸度强度虽然很高（39.24MPa），但伸长率却极低（<20%），因而改性产物只能用作耐酸、碱和强氧化剂的耐腐蚀涂料和胶黏剂[6]；同样地，它们（NR，IR）还可用 HCl 进行加成改性，可是在氢氯化过程中发现，当结合氯含量从 29% 提高到 30% 时，改性产物的相态由无定形骤变为结晶态，从而使氢氯化改性橡胶转变成结晶性膜材料[7,8]。由此可见，当用化学改性法制取改性橡胶时，精心选择合成方法和控制反应程度是非常重要的。

依据上述的橡胶改性原理和方法，合成橡胶普遍采用的硫化交联和炭黑补强理所当然的属于化学改性范畴，而且是使生胶强度大幅度提高、弹性得以充分发挥，从而成为从根本上改变其低强度、弹性恢复能力差的最有效的化学改性方法。之所以经常未把它列入化学改性范畴，可能是由于这种方法已在橡胶行业中得到普遍应用、并把它当作评价橡胶性能标准的橡胶固有本性的缘故。如果这一理解合理，那么本节将按以下原则：①在保持橡胶分子骨架和结构基本不变的条件下，继续提高硫化胶的弹性和耐磨性；②在尽可能保留合成橡胶原有特性的基础上改善橡胶的耐热、耐氧化和耐老化等性能；③在尽可能保持橡胶原有弹性或在弹性损失不大的情况下，提高橡胶的耐热、耐油、耐溶剂性、耐疲劳和气密性等，来论述橡胶的化学改性。至于某些橡胶改性后已失去橡胶特性只能作为塑料或涂料使用，本节将只说明改性不成的原因。

近年来在以上改性领域已取得了一些明显的进展和成效。

4.2.1 活性链端改性

4.2.1.1 S-SBR 的活性链端改性

众所周知，溶聚丁苯橡胶（S-SBR）是用 BuLi 作引发剂在烃类溶剂中引发丁二烯（B）/苯乙烯（S）的活性阴离子共聚合生产的。生产初期是采用无规化剂直接合成高分子量无规 S-SBR，稍后又用锡偶联剂（如 $SnCl_4$、R_2SnCl_2）将两个或多个增长的活性阴离子链端偶

联成 ~~~~C—Sn—C— 键合的锡偶联 S-SBR,这一改变不仅改善了 S-SBR 的加工性能(吃炭黑速度加快,炭黑分散性更高),而且也提高了硫化胶的耐疲劳性、抗撕裂强度和耐磨性,并降低了滚动阻力(见表 4-1)。

表 4-1 锡偶联 S-SBR 硫化胶与未偶联 S-SBR、E-SBR 硫化胶性能对比

项 目	E-SBR	未偶联 S-SBR	锡偶联 S-SBR
$ML_{1+4}^{100℃}$	72	87	65
拉伸强度/MPa	23.0	20.1	23.5
100%定伸应力/MPa	3.8	3.9	4.1
$\tan\delta(60℃)$①	0.185	0.140	0.102
抗湿滑性指数	100	103	104
耐磨性指数	100	95	115

① 低频率下(1~110Hz)60℃的 $\tan\delta$ 越低,硫化胶的滚动阻力越小。

为了强化上述的活性链端改性效果,一些公司和学者相继用含 Sn 的多功能 Li 引发剂如 Bu_3SnLi 等来引发 B/S 的活性阴离子共聚合,将 C—Sn 键直接引入聚合物链端;或是用含 C—Sn 键的有机化合物[如 $(CH_2=CH—CH_2)_4Sn$、R_3SnCl 等]、含 C—N 键的胺类(如 4,4'-双二乙氨基苯甲酮、N-乙烯基-2-吡咯烷酮、异氰酸酯等)来处理锡偶联的 S-SBR[9],以期向 S-SBR 分子链引入更多的 C—Sn 或 C—N 链端。基于上述研究,日本的 Bridgestone(桥石)公司于 20 世纪末已推出了含 C—Sn 键聚合物>50%的链端改性 S-SBR 产品,据称将上述产品硫化后,所得硫化胶的滚动阻力(50℃的 $\tan\delta$ 值)比单用 BuLi 引发聚合者约低 30%,滞后损失(内耗、生热)也较小。Zeon 公司也相继推出了用 4,4'-双二乙氨基苯甲酮改性的 S-SBR 工业产品,据称其硫化胶的动态力学性能(滚动阻力、耐磨性)也有明显改善。

活性 SBR 链端用锡化物(或含氮化合物)改性之所以立见成效的根本原因是,二者与活性链反应后均形成含 C—Sn(或 C—N)键的链末端。混炼实验已经证明,S-SBR 链端的 C—Sn 键易被剪切力切断而形成 ~~~~C* 活性中间体,它极易与炭黑结合形成结合橡胶或"炭黑凝胶",从而不仅加快了吃炭黑速度,而且也使炭黑分散更加均匀,使加工性能得到明显改善;如果大部分 S-SBR 分子末端都带 C—Sn 键,则混炼形成的"炭黑凝胶"就相当于把大部分分子链端都经"炭黑桥联"起来,从而大大减少了自由端链的数目。这样的橡胶分子经硫化交联后就会形成自由端链较少(理论上橡胶分子经硫化交联后,平均每条分子链会产生两个端链)、或接近无端链的理想网络。依据网络弹性理论,自由端链不仅对网络弹性无贡献,而且还会因增大形变内阻而生热,导致内耗增大;理想网络由于无自由端链,形变时的内摩擦阻力最小,滞后损失也最小,因而其弹性接近"理想弹性";由于硫化胶的弹性又与橡胶的动态力学性能直接相关,所以 S-SBR 经活性链端改性后,力学强度和耐磨性均有提高,滚动阻力显著降低。

4.2.1.2 稀土顺丁橡胶的活性链端改性

稀土顺丁橡胶是用稀土催化剂催化丁二烯的顺式-1,4 聚合制得的顺式-1,4-结构含量达 98%的聚丁二烯。我国长春应用化学研究所的科学家早已发现,用稀土钕的三组分催化剂合成顺丁橡胶时,当 Al/Nd 比较低,且并用 AlR_2H 作助催化剂、于低温下催化丁二烯聚合时具有全部活性聚合特征,并证明其活性增长链端为 C—Al 键。日本学者则根据这一活性聚合特性,首先用有机锡化合物如 Bu_2SnCl_2、$PhSnCl_3$、$(Ph)_2SnCl_2$ 和 $(Ph)_3SnCl$ 等对稀土顺丁胶进行活性链端改性;随后 Zeon 公司又用 N-取代的胺类化合物如 4,4'-双二乙氨

基苯甲酮、N-甲基-2-乙烯基吡咯烷酮等[9,10]对稀土顺丁橡胶进行链端改性；Asahi 公司用羧酸酯或碳酸酯类化合物对稀土顺丁橡胶进行偶联改性，制得了支化结构的高分子量双峰分布的稀土顺丁橡胶。JSR 公司却用二苯甲烷二异氰酸酯（C-MDI）、氯代三嗪（TCT）等多官能含氮化合物对活性稀土顺丁胶分子链端进行偶联改性，也获得了力学性能（定伸应力、拉伸强度）、弹性和耐磨性均同步提高的效果，具体实测性能对比数据列在表 4-2 中[11]。

表 4-2 多官能含氮化合物改性稀土顺丁胶硫化胶性能对比

物性	偶联性	1 未偶联	2 C-MDI	3 TCT
$ML_{1+4}^{100℃}$	改性前	32	30	31
	改性后		38	37
300%定伸应力/MPa		15.5	17.5	18.3
伸长率/%		390	420	480
Dunlop 回弹/%(JISA)		61	65	65
室温		61	65	65
50℃		63	67	68
80℃		65	69	69
Pico 磨耗指数①		108	135	141

① 以 Ni-BR 的 Pico 指数为 100，其值越大，耐磨性越好。

以上列举的活性链端改性实例，虽仅限于用含锡和含氮有机物对以活性阴离子共聚制取 S-SBR 及以活性配位聚合合成稀土顺丁橡胶的活性链端改性。但改性结果却表明，这种化学改性是一种不改变橡胶原有结构和组成、且使橡胶的加工和物性（特别是动态力学性能和弹性）都得到明显提高的简便而有效的方法；同时它还为以活性阴离子聚合合成另种橡胶（如以活性阴离子聚合合成低顺式丁二烯橡胶）、用活性配位聚合制备丁二烯橡胶、乙丙橡胶、以活性阳离子和活性自由基聚合制取合成橡胶的化学改性提供了重要启迪和借鉴。

4.2.2 异戊橡胶与特定试剂反应改性

20 世纪 80 年代初 Koran 曾提出了一种高顺式-1,4-结构（含量≈98%）异戊橡胶的改性方法。该方法是在异戊二烯用 Ziegler-Natta 催化剂催化聚合制得的胶液中加入少量（干胶质量的 0.3%～0.4%）的亚硝基二苯胺，反应后经凝聚、干燥制得了相应生胶。这种生胶及其硫化胶与未改性异戊胶、天然橡胶（加入 RSSJ 塑化）的物性对比数据列在表 4-3 中。

表 4-3 的实测数据表明，与未改性的 СКИ-3 相比，经对亚硝基二苯胺改性的异戊胶，具有更好的弹性和耐疲劳性，滞后损失小、生热低，弹性滞后性能特别好；这些性能甚至超过天然橡胶。是目前工业生产的综合性能较好的一个合成聚异戊二烯新胶种。

改性异戊胶（СКИ-3-01）性能得以改善的原因，可能是两分子的亚硝基化合物与异戊胶分子链中的部分 C=C 双键发生加成后形成五元氮氧杂环（furazan，呋咱），五元环又随之开环断裂，导致部分分子链断，同时形成了带 —⟨ ⟩—NH—⟨ ⟩— 短支链异戊胶分子链的缘故：

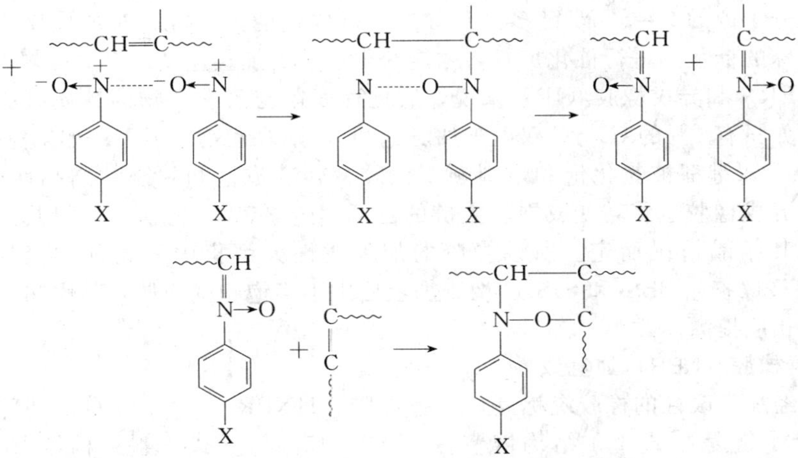

式中，X=NH—⌬。显然，部分分子链的断裂导致橡胶的塑性增大，支链中的含 N 基团和主链中的—N—O—杂环都会对橡胶的抗氧化性和高温下强度作出贡献。

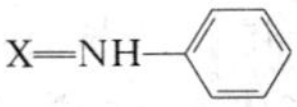

异戊橡胶的上述改性，显然也是在橡胶结构和组成基本不变的条件下，提高其硫化胶弹性、耐疲劳等物性的一个重要实例。

表 4-3 改性异戊橡胶生胶、硫化胶与未改性异戊胶、天然橡胶物性的对比[①]

物性指标	未改性异戊橡胶 （СКИ-3）	天然橡胶 （以 RSSJ 塑化的）	改性异戊橡胶 （顺式-1,4-结构含量≈98%，СКИ-3-01）
生胶			
塑性	0.30～0.42	0.33～0.38	0.39～0.48
弹性恢复/mm	1.4～1.70	1.25～1.46	1.40～1.80
结晶性（-26℃）			
$\tau_{1/2}$/min	580～620	230～310	590～680
结晶度/%	1.9～2.1	2.2～2.3	1.9～2.1
缓冲层硫化胶			
300%定伸强度/MPa	8.9	12.3	10.6
拉伸强度/MPa			
20℃	28.4	30.4	28.8
120℃	19.4	20.8	21.0
回弹率/%			
20℃	48	46	48
100℃	57	60	61
TM-2 硬度	60	61	58
撕裂强度/(kN/m)			
20℃	109	139	109
100℃	49	59	48
反复弯曲的耐疲劳性/min	150	180	360
生热/℃	122	125	103
抗裂口扩大强度/千次	210	190	200
耐寒系数（≥-45℃）	0.48	0.52	0.56

① Коган ЛМ，Кролъ ВА，Журн. ВХО им. Менделеева，1981，NO3，C272.

4.2.3 加氢改性

加氢改性是弹性体改性的重要途径之一，几乎所有的不饱和橡胶（如各种二烯烃类橡胶）都可进行加氢改性。橡胶加氢主要是氢（H_2）与橡胶大分子内的不饱和 C=C 双键起加成反应，大分子内的 C═C 双键多是对称二烃基取代的内双键，对加成反应不活泼。所以必需选用特殊的催化剂进行催化加氢，才能获得显著的加氢速度。对立构规整橡胶如高顺式顺丁橡胶（BR）和异戊橡胶（IR）来说，氢化程度还与改性产物的性质有关，如果氢化程度极低（例如只有 1% 的 C═C 双键被加氢饱和），则改性效果不大；如果氢化程度较高，甚至全部 C═C 双键都被氢化饱和，则顺丁橡胶将转变成饱和主链的结晶性聚乙烯塑料；对高顺式 1,4-异戊橡胶也将转变成饱和主链的乙烯-丙烯交替共聚物，所得共聚物是橡胶还是塑料还需视其结晶情况而定。所以橡胶的加氢改性大都集中于无规共聚橡胶如 NBR、SBR 和序列规整橡胶如 SBS（和 SIS）。橡胶加氢后由于不饱和度降低，其耐热、耐氧化和耐老化性能得以相应提高。

4.2.3.1 丁腈橡胶（NBR）加氢改性

丁腈橡胶经加氢改性的橡胶统称氢化丁腈橡胶（HNBR）。由于经自由基乳液共聚制得的丁腈橡胶分子链是顺式-1,4-结构链节占 12%～15%、反式-1,4-结构链节占 74.5%～70.9%、1,2-结构为 13%～14%、结合丙烯腈量为 16%～53%、各链节又呈无规分布的无规分子链，选用的催化剂又只能对主链和侧乙烯基进行选择加氢（不会对—CN 基加氢），所以氢化丁腈橡胶可在保持 NBR 原有特性（弹性、耐油性和耐磨性）的基础上，又获得优良的耐热、耐氧化、耐老化、耐酸碱介质腐蚀性和耐永久变形性等。

HNBR 的制备方法有二：一是乳液催化加氢，二是溶液催化加氢。

乳液催化加氢是在 NBR 胶乳中直接加入催化剂、通入 H_2 进行氢化反应，所用的催化剂有两类：一类是水溶性氯化铑催化剂，如三（二苯基膦间苯磺酸钠）氯化铑 $[ph_2p(m-C_6H_4SO_3Na)_2]_3RhCl$，该催化剂可在常压下于 75℃ 反应 12h，制得氢化度＞60% 的 HNBR[12]；另一种是水合肼/氧化剂/变价金属离子催化剂，如水合肼/H_2O_2/Cu^{2+}，该催化剂可于 40～70℃ 加氢，氢化度可达 97%[13]。二者虽可在温和条件下实施加氢，但由于氢化速度慢，且氢化过程中容易生成交联凝胶，故迄今仍未得到工业应用。

溶液催化加氢是指将 NBR 干胶溶在酮类（如丙酮或二丁酮）或氯代烃（如氯苯）溶剂中，加入催化剂于 80～120℃、氢压为 5～6MPa 下进行催化加氢。所用的催化剂也有两类，一类是由 Ⅳ～Ⅷ 族过渡金属化合物与 Ⅰ～Ⅲ 族金属有机化合物组成的可溶性 Ziegler-Natta 催化剂和贵金属如铑、钌、钯或铱的三苯基膦络合物，二者均可溶于酮类或氯代烃溶剂，故常称均相加氢催化剂。其中 Ziegler-Natta 催化剂虽可在较低的温度和压力下，以低催化剂用量制得高氢化度产品，但在催化加氢过程中容易发生断链或交联反应，导致分子量分布发生变化并形成凝胶[14]。贵金属铑络合物如 $RhCl(Pph_3)_3$、$RhH(Pph_3)_3$ 的加氢活性高，选择性也好；而钌络合物如 $RuCl(Pph_3)_3$ 的加氢活性虽高，但稳定性和选择性较差。另一类催化剂是以 Al_2O_3（或 SiO_2、活性炭、炭黑等）为载体的钯、铑、钌等贵金属载体催化剂[15,16]。这类催化剂的贵金属与载体的匹配对催化加氢活性、选择性有很大影响，Zeon 公司最先选择 Pd/SiO_2 载体催化剂于 20 世纪 80 年代初实现了 HNBR 的工业化生产，所用的溶剂为丙酮，产品的氢化度为 98%[17]。

Polysar 公司和 Bayer 公司则分别用可溶性铑催化剂 $[RhH(Pph_3)_3/Pph_3$、$RhCl(Pph_3)_3/Pph_3]$ 以氯苯作溶剂来生产高饱和度 HNBR（饱和度达 99%）[18]。目前 HNBR 全球生产能力约为 5000t/a。

高饱和度（氢化度＞90%）的 HNBR 只能用过氧化物如过氧化二异丙苯、过氧化二叔丁基等硫化，低饱和度的 HNBR 仍可沿用 NBR 的硫黄-促进剂（TMTD）体系硫化。物性测定数据表明：高饱和度的 HNBR 由于消除了 C═C 不饱和双键，因而其耐热氧化性能显著提高，HNBR 在 N_2 和空气中的降解温度比 NBR 高 30～40℃，它可在 160℃ 连续使用

1000h 以上；由于 HNBR 可拉伸结晶，因而其强度和耐磨性均比氟橡胶（FKM）、氯醚橡胶（ECO）、丙烯酸酯橡胶（ACM）和 NBR 等特种橡胶高；其抗压缩永久变形性仅次于聚硅氧烷橡胶（MQ、PMQ）而与 ACM 和氯化聚乙烯橡胶（CM）相当，明显优于 FKM 和 ECO；其高温耐油性、耐酸碱侵蚀性也比 NBR 显著提高。从而使 HNBR 广泛用作汽车燃料供油软管、排气管道密封件、齿形带、工业用胶辊、石油开采钻子、定子护套和电缆护套等高温耐油环境的部件。

4.2.3.2 SBS 和 SIS 的加氢改性

SBS 和 SIS 都是苯乙烯（S）-丁二烯（B）或异戊二烯（I）-苯乙烯的三嵌段序列规整共聚物。中间软段（聚丁二烯或聚异戊二烯）中 C═C 双键经加氢饱和后，可形成饱和软段的苯乙烯-乙烯-丁二烯-苯乙烯嵌段共聚物 SEBS 及苯乙烯-乙烯-丙烯-苯乙烯嵌段共聚物称 SEPS。由于中间软段的聚二烯烃既有反式-1,4-结构和顺式-1,4-结构链段，又有 1,2-结构或 3,4-结构链节，它们又呈无规分布，所以经选择加氢后仍存在两相分离结构，并呈现热塑性弹性体性质。

SB（I）S 加氢改性后，由于中间软段的 C═C 双键被氢化饱和，从而大大提高了橡胶的耐热、耐氧化、耐臭氧、耐紫外线辐照、耐天候老化和耐酸、碱侵蚀等性能；同时也改善了与聚烯烃如聚乙烯（PE）、聚丙烯（PP）等塑料的相容性[19]。所以改性产品 SEBS 主要用作耐热、耐老化电缆、绝缘带、汽车部件、医用输液管、血液袋、手套、食品包装、密封胶、胶黏剂和涂料；还可用作 PE、PP 和 PS 的抗冲改性剂等；SEPS 则主要用作胶黏剂、密封剂、弹性体共混料及塑料、沥青增韧改性剂。目前生产 SEBS 的主要公司有：美国 Shell Chemical 公司、意大利 Enichem 公司、西班牙 Dynasol Elastomes 公司、日本旭化成（Asahi）公司、日本合成橡胶公司（JSR）、巴陵石化公司、中国台湾合成橡胶（TSRC）公司等，估计全球总生产能力达 200kt/a 以上。

SBS 和 SIS 的氢化反应均可在原始胶液的溶液中进行（SBS 胶液浓度达 15%～20%），如果初始 SBS 的分子量很高（$5×10^4$～$10×10^4$），则需将原始胶液用烃类溶剂稀释至 5%～10%。20 世纪 70 年代所用的催化剂是Ⅷ族过渡金属盐如环烷酸镍（或钴）/AlR_3[20,21]。制取氢化度≥95% 的 SEBS 的反应条件是：催化剂用量为 1～3mmol/100gSBS，反应压力（H_2）为 2～5MPa，温度为 60～200℃，反应时间为 2～6h；由于催化剂的活性低、用量大，反应完成后需用无机酸（盐酸、硫酸）及其盐如磷酸铵、氯化铵水溶液或有机酸如柠檬酸水溶液等破坏并洗除残留的催化剂[22,23]；20 世纪 80 年代初，日本 Asahi 公司开发出茂钛催化剂（Cp_2TiCl_2），Cp_2TiCl_2 既可用 MAO（低聚甲基铝氧烷），又可用 BuLi 作助催化剂催化 SBS 的加氢反应[24,28]，因而可直接利用 SBS 胶液中的 BuLi 作还原剂。这种茂钛催化剂的特点是：加氢活性高（茂钛催化剂用量仅为 0.05～0.2mmol/100gSBS）、选择性高（只对主链的 C═C 双键和侧乙烯基加氢，不会使苯环氢化）；反应压力≤2MPa，温度为 60～80℃，加氢 2h 就可获得较高的氢化度（≥95%）。因此无需增设脱除残余金属离子的设备和工序。继 Asahi 发现茂钛催化剂后，许多公司围绕加氢催化剂结构及其加氢活性进行了很多研究[22,24~27]，使茂金属催化剂催化 SBS 加氢工艺和技术日臻完善。

SIS 也可采用上述催化剂以类似的工艺进行加氢改性，推出的 SEPS 商品主要有 Shell 公司的 Kraton G 和日本 Kuraray 公司的 SEPTON 系列产品。

4.2.4 卤化改性

橡胶卤化改性通常是指橡胶与 Cl_2（或 Br_2）或与 HCl 反应改性以及所得产物的物理或化学性质。依据起始原料和最终改性产品的性质，可把橡胶的卤化改性分成以下三类：①饱和和不饱和橡胶经卤化改性后，由于引入了卤原子，使分子链的极性增大，柔性降低，可在弹性损失不大的情况下，提高弹性体的黏合强度、改善胶料的硫化性能（增加了活性氯硫化点）及其与其他高分子材料的相容性。这一领域成功的实例有：丁基橡胶氯（或溴）化改性，乙丙橡胶的氯化改性和顺丁橡胶的次卤酸盐和氯酯化改性。②饱和的聚烯烃塑料如聚乙烯（PE）和聚丙烯（PP）经氯化或氯磺化后，由于引入了极性卤原子或基因，破坏了分子链的对称性和规整性，并提供了可硫化的活性基，致使典型的结晶性塑料转化为可硫化的无定形橡胶。在这一领域，早已生产出含氯量为 25%～45% 的氯化聚乙烯橡胶和氯含量为 20%～45%、硫含量为 0.4%～3% 的氯磺化聚乙烯橡胶（CSM），也常称海帕浪（Hypalon）。③天然橡胶（NR）和合成的异戊橡胶（IR）均属典型的不饱和橡胶，它们经氯化或氢氯化改性后理应能获得弹性较好的改性橡胶。但是由于它们在氯化过程中容易发生环化和降解，致使其最终氯化产品成为分子量很低、伸长率极低而强度很高的防腐涂料和胶黏剂。二者虽容易与 HCl 发生加成反应而改性，但由于氢氯化产物的分解温度很低（60℃析出 HCl）、且氢氯化过程中发生急剧相变，致使改性产物变成伸长率极低，$T_g \geqslant 100℃$，拉伸强度很高的成膜材料。这就是说 NR 和 IR 的氯化和氢氯化改性又把弹性橡胶转变成塑料或涂料。

4.2.4.1 不饱和橡胶的氯化改性

NR 和 IR 是最典型的不饱和橡胶，二者的氯化最早都是在烃类或氯代烃（苯、CCl_4 或 $ClCH_2CH_2Cl$）的稀溶液（浓度为 3%～6%）中，于 70～74℃ 通氯 5～6h，即可制得结合氯含量为 62%～68% 的氯化橡胶。反应完成后，先加碱中和，尔后于 70～80℃ 蒸除溶剂，经气流干燥即得白色粒状固体。氯化反应也可在加压下用氯气或液氯与天然胶乳、橡胶-水悬浮液或含阳离子乳化剂的酸性水乳液反应，反应于 20～30℃ 进行 20h 可制得结合氯含量达 60% 的氯化产物。实验已经证明，当反应在非极性溶剂如苯或 CCl_4 中进行时，加入自由基类引发剂如偶氮二异丁腈（AIBN）可加快反应速度，说明氯化反应是自由基反应；如果反应是在极性溶剂如二氯乙烷或二氧六环中进行，发现氯化反应随溶剂极性的增大而加快，说明氯化反应也可能按离子机理进行。为了使生成的氯化产物稳定，在氯化过程中常加入环氧树脂或脂肪酸盐之类的化合物作稳定剂[28]。

NR 和 IR 的氯化反应机理比较复杂，迄今尚未完全搞清。以 NR 和 IR 在 CCl_4 中的溶液氯化反应为例，它既包括烯丙基氢被氯取代和 Cl_2 对 C=C 双键的加成反应，又会发生加成和取代产物的环化交联反应；伴随氯化反应的进行还会引起 NR 和 IR 的降解。研究表明，氯化反应在开始阶段首先是烯丙基上的 H 被 Cl 取代，然后是取代物发生分子内环化：

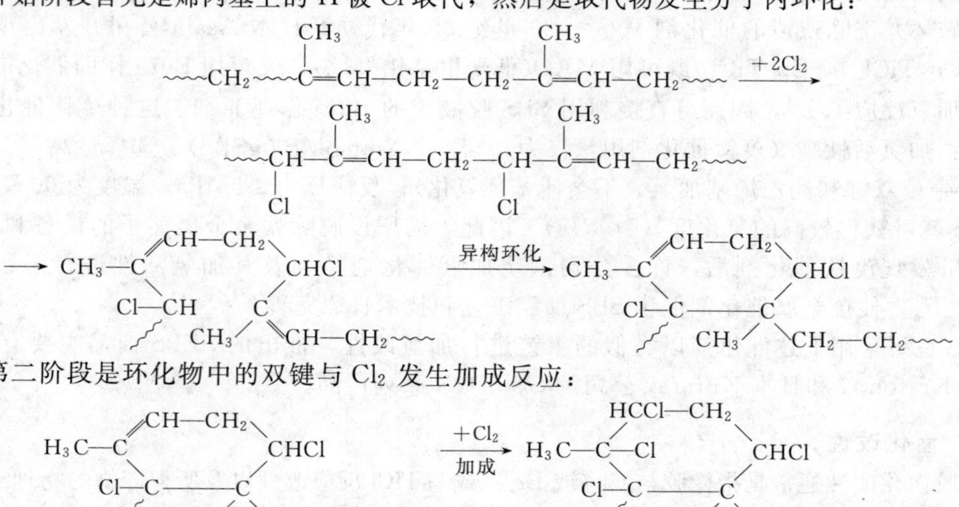

第二阶段是环化物中的双键与 Cl_2 发生加成反应：

最后阶段是环化物中的亚甲基（—CH$_2$—）上的 H 与 Cl$_2$ 发生取代反应：

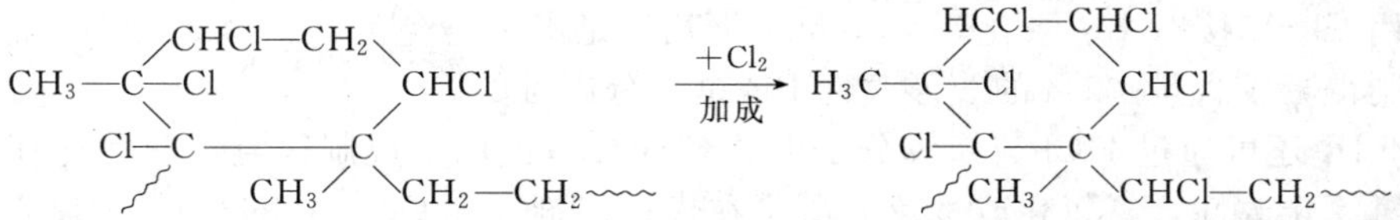

形成五氯环化聚烯烃；如果形成的五氯环化聚烯烃发生分子内脱 HCl 则形成氯代聚环烯烃；若发生分子间脱 HCl，则形成交联环化聚烯烃[28]。对 NR 和 IR 的氯化产物进行分子量测定表明，当结合氯含量达 60%～64.5%时，产物的平均分子量只有 5000～20000，说明 NR 和 IR 在氯化过程中发生了降解。ICI 公司生产的产品牌号为 Alloprene 的防腐涂料，就是这种高含氯量（≥64.5%）、结构式为 (C$_{10}$H$_{11}$Cl$_5$)$_n$、链节结构为 的低聚合度环化 NR[6,7]。

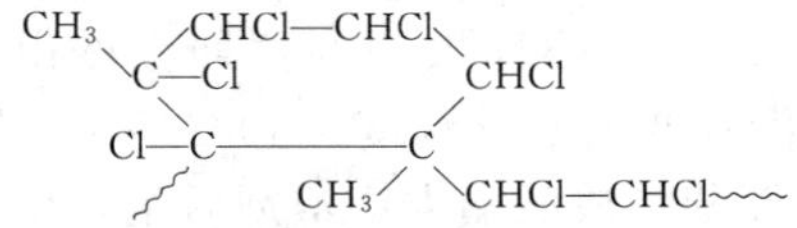

据报道[29]，天然橡胶硫化胶也可用氯气氯化改性，氯化时橡胶主链和交联硫键均可发生断裂而降解，这一发现为废旧胎面胶的回收利用、再生提供了另类改性途径。

顺丁橡胶（BR）也可用 Cl$_2$（或 SO$_2$Cl$_2$）氯化改性。已经证实，BR 在非极性溶剂（如烃类、CCl$_4$）中进行氯化时是自由基历程，此时 Cl$_2$ 对 C=C 双键的加成速率大于对烯丙基氢的取代速率；若氯化反应在极性溶剂如 ClCH$_2$—CH$_2$Cl 中进行则为离子反应。此时烯丙基氢的取代速率≥氯对 C=C 双键的加成速率。无论哪种历程，在氯化反应的初期都将形成如下结构的多氯化物链段：

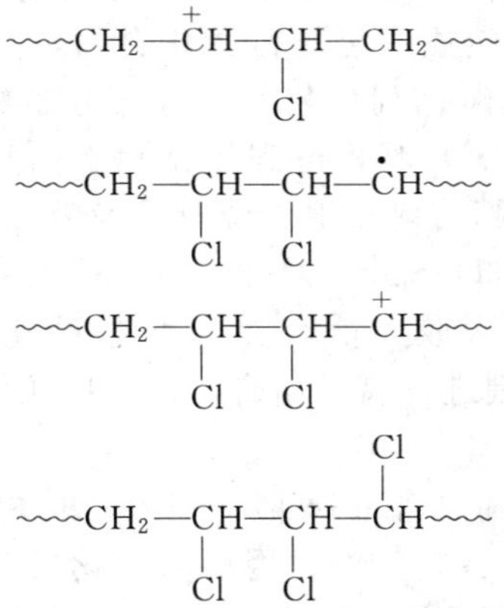

其中带活性的自由基或碳正离子，再与相邻分子中的 C=C 双键加成就形成了化学交联：

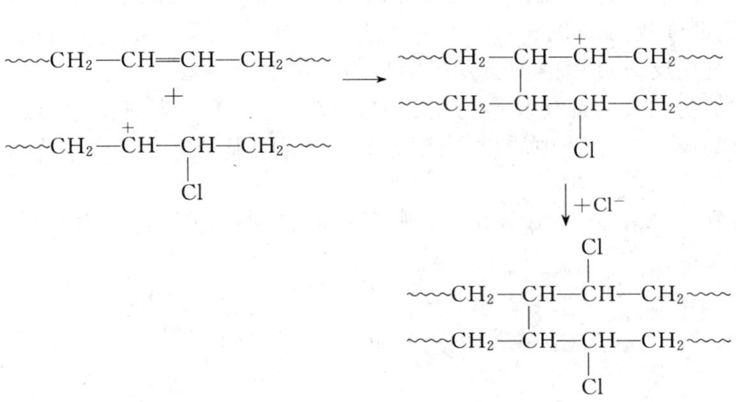

而带三个 Cl 的链段就会和异戊橡胶一样将发生分子内的环化而形成多氯代环化橡胶。

所以用 Cl_2 直接对 BR 氯化，交联和环化几乎是不可避免的，也就是说 BR 用 Cl_2 进行氯化改性制得凝胶含量<1%的线形改性 BR 是十分困难的。

NR 和 IR 还可通过 HCl 与橡胶分子中的 C=C 双键的加成制得氯化 NR 或 IR，这种改性常称作氢氯化改性。氢氯化改性反应既可在极性溶剂（如 $ClCH_2CH_2Cl$、二氧六环）中进行，也可直接用胶乳作原料在含橡胶的水乳液中进行。

改性反应具有明显地离子加成性质，即使 HCl（气体）以 $42×10^{-7} m^3/s$ 的速度在橡胶稀溶液中（溶剂为 1,2-二氯乙烷，溶液浓度为 2g/100mL）于 20℃ 鼓泡，反应不到 20min 就使橡胶的含氯量达到 30%，此时由于橡胶溶液发生了相变（由无定形变为结晶相），反应速度急剧下降。所以 NR 和 IR 的改性产品均以结合氯含量为 30% 为限。对含氯量由 29% 增加到 30% 时的改性橡胶性质研究表明：当含氯量由 29% 增至 30%，改性橡胶的拉伸强度由 20MPa 突增至 50MPa；伸长率却从 1000% 骤降至<10%，使其变为脆化温度≈40℃ 的结晶性塑料，这种改性产物加入环氧化大豆油之类的热稳定剂和邻苯二羧酸酯类增塑剂后主要用以制作高强度、低透气性食品包装薄膜。

丁苯橡胶（SBR）也可通过与 HCl 加成来改性，但加成反应速率十分缓慢，加入 Lewis 酸类催化剂如 $AlCl_3$ 或 $SnCl_4$ 虽能提高加成反应速率，但在所有情况下，氢氯化产物的得率都很低[30]。

上述诸多实验表象可能就是这些不饱和橡胶迄今尚未见氯化改性橡胶（实用性弹性体）生产和商品的主要原因。

值得关注的是日本桥石公司于 1989 年提出了一种新的亲电-亲核卤化剂[31]。其中亲电试剂为烷基次卤酸盐、N-卤代酰胺或三氯异氰酸化合物，亲核试剂为含烯丙基卤或苯甲基卤的羧酸化合物，这种亲电-亲核卤化剂可与顺丁橡胶分子中的 C=C 双键发生离子加成，在分子链上引入活性卤（主要是氯）基，得到氯化顺丁橡胶，该氯化顺丁橡胶经多胺交联后，能制得适于作高速轮胎胎面胶的耐热顺丁橡胶。最近夏宇正等则用次氯酸叔丁酯/强有机酸（如 HCOOH、$ClCH_2COOH$）作氯化剂直接对 Ni 系顺丁胶液进行氯酯化，制得了含氯量为 1%～9% 基本不含凝胶（凝胶含量<1%）的氯酯化顺丁橡胶[32]；并证实，该氯化剂只对顺丁橡胶的—C=C—双键进行离子加成，未发现任何取代产物。

4.2.4.2 丁基橡胶的卤化改性

丁基橡胶是异丁烯与异戊二烯（含量为 1%～3%）的共聚物。与上述不饱和橡胶相比，丁基橡胶的不饱和度很低（0.6%～3.0%），因而其卤化反应相对比较简单，其特点之一是它在烃或氯化烃溶剂中只发生烯丙基氢的卤代反应，卤代反应程度很浅（基本上是每个 C=C 双键只含一个烯丙基卤原子），工业品级的卤化丁基橡胶的结合氯质量分数为 1.1%～1.3%，结合溴质量分数为 1.9%～2.1%；二是卤原子取代量不超过上述限定值。

丁基橡胶在卤代反应过程中不会发生明显地降解。

一般认为，丁基橡胶的氯化反应为离子取代反应。即 Cl_2 先离子化形成 Cl^+ 和 Cl^-，随后是 Cl^+ 取代丁基橡胶分子链中异戊二烯链节上的烯丙基氢，同时 H^+ 与 Cl^- 结合为 HCl，由于异戊二烯链节 ~~~$CH_2-\underset{CH_3}{\overset{|}{C}}=CH-CH_2$~~~ 中存在两种烯丙基氢，而氯化后形成的产物经常用以下结构式来表示：

$$\sim\sim(CH_2-\underset{\underset{CH_3}{|}}{\overset{\overset{CH_3}{|}}{C}})_x-CH_2-\underset{\underset{Cl}{|}}{\overset{\overset{CH_2}{\|}}{C}}-CH_2-(CH_2-\underset{\underset{CH_3}{|}}{\overset{\overset{CH_3}{|}}{C}})_y\sim\sim$$

$$\sim\sim(CH_2-\underset{\underset{CH_3}{|}}{\overset{\overset{CH_3}{|}}{C}})_x-CH_2-\underset{\underset{Cl}{|}}{\overset{\overset{CH_3}{|}}{C}}-CH=CH-(CH_2-\underset{\underset{CH_3}{|}}{\overset{\overset{CH_3}{|}}{C}})_y\sim\sim \quad \text{或}$$

所以丁基橡胶的氯化反应如下。

① Cl_2 的解离：

$$Cl_2 \rightarrow Cl^+ + Cl^-$$

② 正离子取代：

$$\sim\sim(CH_2-\underset{\underset{CH_3}{|}}{\overset{\overset{CH_3}{|}}{C}})_x-CH_2-\overset{\overset{CH_3}{|}}{C}=CH-CH_2-(CH_2-\underset{\underset{CH_3}{|}}{\overset{\overset{CH_3}{|}}{C}})_y\sim\sim + Cl^+Cl^-$$

$$\longrightarrow \begin{cases} \sim\sim(CH_2-\underset{\underset{CH_3}{|}}{\overset{\overset{CH_3}{|}}{C}})_x-CH_2-\overset{\overset{CH_2Cl}{|}}{C}=CH-CH_2-(CH_2-\underset{\underset{CH_3}{|}}{\overset{\overset{CH_3}{|}}{C}})_y\sim\sim + HCl \\ \qquad\qquad\qquad\qquad\qquad\qquad\qquad I \\ \sim\sim(CH_2-\underset{\underset{CH_3}{|}}{\overset{\overset{CH_3}{|}}{C}})_x-CH_2-\overset{\overset{CH_3}{|}}{C}=CH-\underset{\underset{Cl}{|}}{CH}-(CH_2-\underset{\underset{CH_3}{|}}{\overset{\overset{CH_3}{|}}{C}})_y\sim\sim + HCl \\ \qquad\qquad\qquad\qquad\qquad\qquad\qquad II \end{cases}$$

Ⅰ和Ⅱ两种氯化产物均为烯丙基氯，二者中的氯在烯丙基的三个碳原子之间是非定域的，都有异构化为更稳定结构的倾向，其异构化反应为：

③ 结构Ⅰ异化为：

$$(CH_2-\underset{\underset{CH_3}{|}}{\overset{\overset{CH_3}{|}}{C}})_x-CH_2-\overset{\overset{CH_2}{\|}}{C}-CH-\underset{\underset{Cl}{|}}{CH}-(CH_2-\underset{\underset{CH_3}{|}}{\overset{\overset{CH_3}{|}}{C}})_y$$

结构Ⅱ异构为：

$$(CH_2-\underset{\underset{CH_3}{|}}{\overset{\overset{CH_3}{|}}{C}})_x-CH_2-\underset{\underset{Cl}{|}}{\overset{\overset{CH_3}{|}}{C}}-CH=CH-(CH_2-\underset{\underset{CH_3}{|}}{\overset{\overset{CH_3}{|}}{C}})_y$$

两种异构化产物均带有烯丙基氯活性基，而且所得氯化丁基橡胶仍保持原有的不饱和 C=C 双键，所以氯化（或溴化）丁基橡胶既可用 ZnO 之类的硫化剂硫化，又可用丁基橡胶原来的硫黄-促进剂体系硫化。

丁基橡胶氯化（或溴化）后，由于获得了双重硫化基团，不仅提高了硫化速率，而且能实现与其他橡胶的共硫化。致使氯化丁基橡胶可在保持其原有特性如不透气体、耐臭氧、耐候、耐光、耐热、耐化学剂侵蚀、高抗撕、耐磨耗、耐屈挠和滞后性能、介电性能优良的基础上，又赋予硫化胶更高的耐热性（ZnO 交联可形成 C—C 交联键），压缩永久变形更小，也改善了与其他橡胶或金属的粘接性及其在苛刻条件下的动态力学性能。使其成为制取无内胎轮胎的气密层、内胎等的理想胶料。

有关卤化（氯化和溴化）丁基橡胶的生产方法和加工技术，可参看有关专著[28,33]。

4.2.4.3 乙丙橡胶的卤化改性

乙丙橡胶的卤化改性一般是指向乙丙橡胶分子主链引入卤素（氯或溴）以改善其黏合强度、硫化性能（可用金属氧化物硫化）及其与其他橡胶的相容性（例如与 NR 和 CR）[34]。由于乙丙橡胶氯化时会发生轻度降解，从而也改善了橡胶的加工性能。向乙丙橡胶分子链引入氯时，随着氯化程度的不同，橡胶的黏弹性会发生显著变化。当橡胶的含氯量小于3%时，弹性体会转变成塑性材料；当氯含量增至20%时，能制得弹性与丁基橡胶相似的氯化乙丙橡胶；含氯量进一步提高至30%，聚合物的伸长率更大，但其形变却难以恢复；若含氯量再继续增大达40%时，则产物是既硬又脆的材料。回弹率（%）与温度的关系曲线表明，最低回弹温度会随含氯量的提高（从0~17%）向高温方向移动（由-35℃升至-5℃）。因此乙丙橡胶氯化改性产品的含氯量均以氯含量15%~20%为限，其中综合物性最好的改性商品是含氯量为7%~8.5%的氯化乙丙橡胶。

二元乙丙橡胶（EPR）和三元乙丙橡胶（EPDM）均可经氯化或溴化改性，改性方法既可在橡胶溶液（烃类或CCl_4溶剂）中通入过量的氯（或溴）的溶液法进行，也可向聚合物淤浆中通入氯（或溴）气的水相悬浮法进行。而且经常借助UV光照或加入自由基型引发剂的办法来加速卤化反应。实践已经证明，卤化反应速度呈如下顺序：侧乙烯基（—C=C—）加成＞叔氢取代＞仲碳氢取代。氯化反应一般于10~65℃进行。随着氯化反应的进行还曾观察到有脱HCl的反应，导致分子主链上出现C=C双键和烯丙基氯原子，如果提高反应温度或是用UV光辐照，则脱HCl的反应加快。

氯化乙丙橡胶可用硫黄-促进剂体系与ZnO相结合的硫化体系硫化。含氯量不同的氯化乙丙共聚物的物化参数和硫化胶的强伸性能对比列在表4-4中。

表4-4 不同含氯量的氯化乙丙橡胶物化参数及相应炭黑硫化胶强伸性能的对比

参数或性能指标	氯含量/%（质量分数）			
	0	5.1	7.9	11.0
德弗硬度	5.0	5.5	7.5	12.0
特性黏度/[η]	1.51	1.29	1.43	1.45
T_g/℃	-63	-55	-50	-39
硫化胶性能[①]				
拉伸强度/MPa	26.1	24.6	28.7	25.0
300%定伸应力/MPa	6.1	4.4	6.0	8.2
扯断伸长率/%	710	865	695	610
永久变形/%	22	42	40	30
回弹率/%				
20℃	52	54	51	45
100℃	56	56	58	55

① 胶料组成（质量份）：氯化乙丙橡胶（或乙丙橡胶）100；槽黑30；硫黄2；促进剂M（巯基苯并噻唑）1，TMTD2；ZnO15；硬脂酸2；硫化条件：160℃，30min；二元乙丙胶则是用二枯基过氧化物-硫黄硫化体系硫化。

从表4-4所列的一些对比数据可见，氯化乙丙胶的T_g高于乙丙橡胶，这显然是由于主链引入了氯原子后降低了链的柔性、并增大了分子间作用力所致；而在相同硫化条件下的硫化胶的300%定伸应力、伸长率和永久变形均比乙丙橡胶稍低，可能是由于交联程度较低的缘故；但它在室温下的拉伸强度和回弹率却比乙丙橡胶高，其耐高温性虽不如乙丙橡胶，但比其他不饱和橡胶（例如E-SBR1500）好得多。此外，由于分子链中引入了卤原子，还赋予氯化乙丙橡胶以耐烃类油特性。

4.2.4.4 氯化和氯磺化聚乙烯弹性体

与上述各种橡胶的氯化改性是在保持橡胶原有特性的基础上赋予其新物性不同，本节所述的氯化和氯磺化改性则是把传统的聚乙烯塑料改性为特种橡胶。

聚乙烯（包括低密度和高密度PE）和聚丙烯（主要是等规PP）已是聚烯烃塑料

的最大品种，它们都可与氯发生取代反应而改性。由于改性反应是向聚烯烃分子主链引入氯侧基，从而改变了分子的极性，同时也破坏了分子的对称性和规整性，导致其改性产品的性能随原料结晶度、氯化方法和反应深度的不同而有明显差异。例如，低密度聚乙烯（LDPE）在 CCl_4 溶液中氯化时，当含氯量达 38% 时就形成了氯原子在分子链中呈无规分布的无定形聚合物，其最高含氯量可达 73%；而采用高密度聚乙烯（HDPE）以水悬浮法制备氯化聚乙烯时，氯含量达 65% 时，聚合物仍存在微晶。HDPE 以水悬浮法制得的聚合物含氯量与氯化聚乙烯（CPE）的物理状态和性能之间的关系见表 4-5。

表 4-5 聚合物含氯量与氯化聚乙烯的物理状态和性能的关系

含氯量/%	氯化聚乙烯状态和性能	含氯量/%	氯化聚乙烯状态和性能
10	低弹性热塑性塑料	50	半弹性热塑性塑料
20	热塑性弹性体	60	热塑性硬聚合物
30	韧性和黏性的热塑性弹性体	67	树脂状脆性聚合物
40	热塑性弹性体		

适于作橡胶的结合氯含量为 25%～40%，其残留结晶度 <2% 或 <10%。起始原料 PE 的分子量一般在 $5×10^4$～$25×10^4$。

聚乙烯的氯化最早是采用溶液法（氯气与含 5% 左右 PE 的 CCl_4 溶液反应），目前则普遍采用水悬浮法（即把 PE 固体悬浮在加有分散剂或阴离子型乳化剂的水中通入 Cl_2 进行反应）。由于氯化反应是自由基反应，所以常加入自由基型引发剂（AIBN 或 BPO）或经 UV 光照来提高氯化速率，又因为氯化反应首先是在无定形部分发生，随后是在晶相颗粒的表面发生氯化，所以用高密度聚乙烯（HDPE）作起始原料以水悬浮法生产氯化聚乙烯（CPE）时，经常采用两段氯化法，即第一段的氯化温度为 90～100℃，第二段的氯化温度为 120～130℃。氯化 3～5h 可使氯含量达 60%[35]。

当氯含量较低（例如 <45%）时，溶液法制得的氯化聚乙烯的主要链节为：—CH_2—$CHCl$— 和 —$CHCl$—$CHCl$—；而以水悬浮法制得的氯化聚乙烯的链节主要为 $+CH_2CH_2+_n+CH_2$—$CHCl+_m$，二者的 T_g 均 <−30℃（比聚氯丁二烯的 T_g 低）。它们均可采用硫脲、多胺或均硫基均三嗪等硫化体系硫化。所得硫化胶的特性为：与某些极性或非极性聚合物有良好的相容性；优良的耐臭氧、耐候、耐热老化和耐化学品侵蚀性及介电性能；由于结构中引入了极性氯原子，赋予其耐油、耐燃特性和着色稳定性[36]。

当氯含量较高（例如从 64% 增至 73%）时，还会发生脱 HCl 反应，并导致聚合物降解及 HCl 对形成的不饱和键的加成，使聚合物变成如下结构的氯化产物：

~~~~CCl_2—CH_2—$CHCl$—CH_2—$CHCl$—CCl_2~~~~

或

~~~~CCl_2—CH_2—$CHCl$—$CHCl$—$CHCl$~~~~

由于分子的对称性有所提高，故产物又转变成结晶性塑料或用作防腐涂料。

氯化聚乙烯橡胶已成为特种橡胶的重要品种，生产规模不断扩大，到 2002 年全球 CPE 的产量已达 200kt/a，其中产量最大的国家当属中国（生产厂家和公司多达 30 余家，总产量约 130kt/a）[37]。

氯磺化聚乙橡胶（简称 CSM）是聚乙烯（HDPE 或 LDPE）经氯磺化反应制得的氯含量为 20%～45%，硫含量为 0.4%～3% 的特种橡胶。其商品牌号在 1970 年以前各国都采用美国杜邦公司提出的 Hypalon 后缀以氯含量来命名（例如 Hypalon-20、Hypalon-30、Hypalon-40 等），现在普遍采用 CSM 后缀四位数字来命名（例如中国的商品牌号有 CSM2910、

CSM4010、CSM3305 和 CSM4008 等。前两位数字表示氯含量；第三位数字表示原料 PE 类型，0 为 HDPE，1 为 LDPE；第四位数字表示生胶门尼黏度值，若为 0 表示其门尼黏度值为 30～60，其他数字表示生胶门尼黏度值的十位数，例如，CSM4008 的门尼黏度值为 80～90）。生胶的示意结构式如下：

$$-[(CH_2)_{n_1}-\underset{Cl}{\underset{|}{C}}H-(CH_2)_{n_2}]_{m_1}-[\underset{SO_2Cl}{\underset{|}{C}}H]_{m_2}-$$

式中，n_1 和 n_2 为亚甲基数；m_1 为含氯亚甲基的链段数；m_2 为含氯磺酰基的链段数；n_1、n_2、m_1 和 m_2 分别是近似整数。各单元中的 Cl 和 SO_2Cl 在分子链中呈无规分布。它们与牌号的对应关系列在表 4-6 中。

表 4-6　不同牌号的 CSM 与各种节、链段的近似对应关系[37]

产品牌号	n_1	n_2	m_1	m_2
CSM2910	2	3	17	19
CSM4010	1	1	37	25～28
CSM3305	2	2	30	38～40
CSM4008	1	1	37	48～55

聚乙烯的氯磺化大都采用溶液反应法。先将 PE 溶在 CCl_4 中配成 2%～20%的溶液，然后加入 0.1%～2%的偶氮二异丁腈（AIBN）引发剂，随后连续或间断地通入 Cl_2 和 SO_2，氯气的通入速度一般控制在 0.1～1kg/(kgPE·h)，SO_2/Cl_2 的质量比为（0.25～1.0）∶1（氯磺化反应中 SO_2 的有效利用率大致为 10%～30%），若采用高密度聚乙烯（HDPE），溶解和氯化反应于 100～150℃、0.1～0.5MPa 压力下，先使 PE 预氯化至氯含量 10%～30%，以提高聚合物的溶解度并防止在氯磺化时形成"冻胶"；预氯化后，冷却至 60～80℃再通入氯和 SO_2 的混合气体继续进行氯磺化反应，直至达到所要求的反应程度。如采用低密度聚乙烯（LDPE），则溶解和氯磺化反应均可于 60～80℃、≤0.22MPa 的条件下进行。反应完成后，先用 N_2 吹扫酸气或加入酸接受体中和，随后脱除溶剂、干燥即得成品。

聚乙烯的氯磺化按自由基历程进行，即引发剂分解形成自由基，该初级自由基与 Cl_2 反应形成 Cl·，Cl·与 PE 分子链上的亚甲氢发生自由基取代形成仲碳氯化物；如果分子链上的碳自由基与 SO_2 反应，则是在形成氯磺化基团的同时，再生出一个 Cl·。如此连串进行，就形成了表 4-7 所示的氯和氯磺化基团结合部位不同的多种氯和氯磺化产物。

表 4-7 的数据表明，PE 与 Cl_2、SO_2 或 SO_2Cl_2 反应，主要发生取代反应，绝大部分是亚甲基上的氢被氯取代，少数是仲碳上的氢被磺酰氯取代，叔碳氯和伯碳氯（或磺酰氯）所占的比例很少；而且这些氯原子和磺酰氯基在分子链中呈无规分布。硫化实验证明，CSM 分子中的交联活性点主要是磺酰氯基团。常用的硫化体系有：金属氧化物如 MgO、PbO 与含硫促进剂（如四硫化双戊亚甲基秋兰姆、二硫化四甲基秋兰姆等）、环氧树脂全部或部分代替金属氧化物的硫化体系，以及过氧化物与助硫化剂如三烯丙基三氰酸酯并用的硫化体系等。所得硫化胶的特性如下[38]。

① 优良的耐臭氧龟裂、耐候性和耐热性。CSM 橡胶电缆暴露于户外阳光下 6 年不龟裂、不喷霜、不变色；于大气中连续使用 20 年，拉伸强度仅从 11.76MPa 升至 14MPa，扯

断伸长率由430%降至300%；硫化制品可于120～140℃连续使用，间断使用温度可达140～160℃。

表4-7 CSM中氯结合部位种类及其含量

氯化物类型	含氯结构	含量/%
伯碳位	R—CH$_2$Cl	2.7
仲碳位	R—CHCl—(CH$_2$)$_n$CHCl—R($n \geq 2$) R—CHCl—CHCl—R R—CHCl—CH$_2$—CHCl—R R—CHCl—CH(SO$_2$Cl)—R	约71 共约18 0.5
叔碳位	R—C(R$_1$)(R$_2$)—Cl	2.3～2.5
磺酰氯	R—CH$_2$—SO$_2$Cl R$_1$R—CH(SO$_2$Cl)	0.08 4.2

② 耐油性、难燃性和耐化学品侵蚀性优良。CSM的耐油性随氯含量的增加而增强，CSM4008和CSM4010的耐油性与丁腈-40相当，能在25～120℃环境中耐各种润滑油、烃类燃料油；在火焰中燃烧十分缓慢，属不自燃的自熄性橡胶；CSM硫化胶能耐任何浓度的无机酸和有机酸的侵蚀，特别能耐强腐蚀性氧化剂。

③ 良好的电性能和耐寒性。其电绝缘性能介于NR和CR之间，在120℃的水中仍保持良好的介电性能，可用作600V以下的电线、电缆和护套；CSM硫化胶的脆化温度为－60～－40℃，其耐低温性能接近通用合成橡胶。

4.2.5 磺化改性

橡胶的磺化改性是指含C＝C双键的不饱和橡胶与磺化剂起加成反应制得的离子基团小于10%（摩尔分数）、并用一价或二价金属离子中和的离聚体（ionomer）。所用的磺化剂有SO$_3$、SO$_3$与胺、磷酸酯形成的络合物，或是乙酸酐与硫酸。前者反应剧烈不易控制，后者则经常使用，且方便有效。常用的中和剂为一价的NaOH或二价的乙酸锌盐。一价金属离子中和的离聚体主要是靠金属离子聚集成离子簇，后者则是靠离子形成离子交联键。不饱和橡胶引入一定量的离子基团后，这些基团在常温下极易缔合而形成离子交联网络，在高温下离子交联键又可被破坏发生熔融流动，所以磺化橡胶大都是离子交联的热塑性弹性体。

4.2.5.1 乙丙橡胶的磺化改性[39,40]

乙丙橡胶的磺化反应可在橡胶的饱和烃如乙烷、庚烷等溶液中进行，橡胶浓度一般为8%～12%，若采用乙酸酐/硫酸（摩尔比1.2～2）作"就地形成"磺化剂时，于室温下0.5h即可完成磺化反应。提高反应温度、增加磺化剂用量或提高胶液浓度均能加快磺化速率。但温度过高或乙酸酐比例过大，都会产生交联副反应，生成凝胶，并使磺酸基含量降低。加入相转移催化剂可使磺化剂在胶液中良好分散，使反应均匀进行，减少副反应[41]。

三元乙丙橡胶（EPDM）是主链为饱和结构、C＝C不饱和键处于侧基的不饱和度很低的橡胶。以亚乙基降冰片烯为第三单体的三元乙丙橡胶用乙酸酐磺化剂磺化的反应式如下：

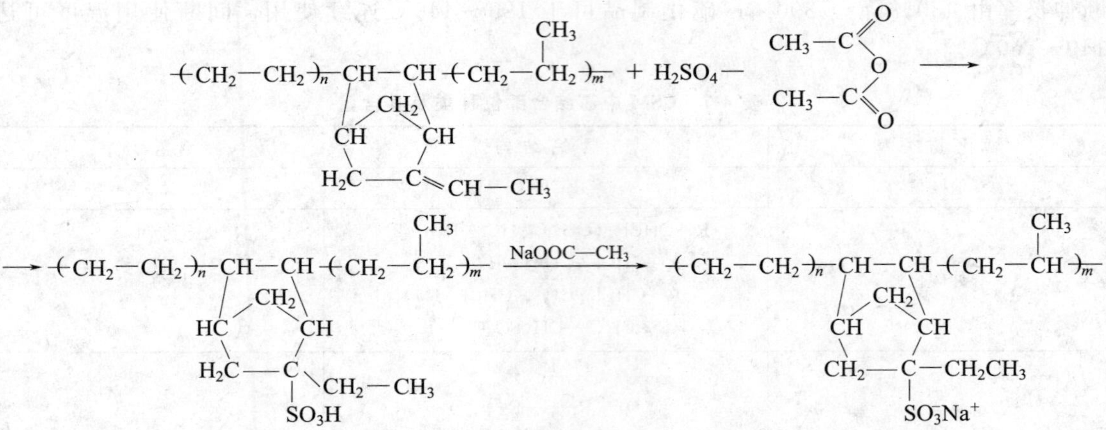

$$\begin{aligned}&\text{―}(CH_2\text{―}CH_2)_n\text{―}CH\text{―}CH\text{―}(CH_2\text{―}CH)_m\text{―} + H_2SO_4 + (CH_3CO)_2O \longrightarrow \\ &\longrightarrow \text{―}(CH_2\text{―}CH_2)_n\text{―}CH\text{―}CH\text{―}(CH_2\text{―}CH)_m\text{―} \xrightarrow{NaOOC\text{―}CH_3} \text{―}(CH_2\text{―}CH_2)_n\text{―}CH\text{―}CH\text{―}(CH_2\text{―}CH)_m\text{―}\end{aligned}$$
(反应式中各环烷基上含 SO_3H 及 SO_3Na^+ 取代基)

磺化后由于生成的磺化橡胶对热不稳定，必须加入金属离子盐如 CH_3COONa 或 $(CH_3COO)_2Zn$ 的醇溶液并在强烈搅拌下立即中和，以形成稳定的离聚体。

EPDM 磺化后由于引入了磺酸盐离子基团，在室温下这些离子基团又聚集成离子簇交联键，从而起着补强填料的作用，所以使这种离聚体的初始模量很高，永久变形很低；而扯断伸长率很高（可达 900%）则是由于离子交联网络形变时离子可随时交换导致的。

磺化 EPDM 已是商品化产品，由于其熔体黏度很高，所以必须加入离子型增塑剂如硬脂酸锌共混降低其熔融黏度后，才能用作热塑性弹性体。磺化 EPDM 离聚体的性能随磺化度的不同，可以从柔软塑料变化到硫化橡胶。典型离聚体的力学性能接近聚氨酸橡胶：邵氏 A 硬度 45～90，100% 定伸应力 1.2～6.8MPa，拉伸强度 20～30MPa，扯断伸长率 350%～900%，撕裂强度 15～30kN/m。值得指出的是，上述性能是不加炭黑补强剂时取得的，与炭黑补强的 EPDM 硫化胶相比，显然少量磺酸基的引入，使 EPDM 变成自补强特性的热塑性乙丙橡胶。

4.2.5.2 丁基橡胶的磺化改性[42]

与乙丙橡胶（EPDM）相比，丁基橡胶是 C═C 双键处于主链内的不饱和度更低的（异戊二烯的含量只有 0.6%～3%）不饱和橡胶。其磺化改性反应与乙丙橡胶类似，但磺化时允许的胶液浓度较大，特别是用胺类中和（其阳离子为 R_3NH^+）的磺化丁基橡胶离聚体，其熔体黏度较小，不加离子型增塑剂即可进行熔融加工，使之成为强度高、弹性好、永久变形小（<5%）且扯断伸长率达 1000% 以上的热塑性弹性体。是一种很有发展前途的新一类热塑性弹性体。表 4-8 列出了一些用不同胺类中和剂中和的磺化丁基橡胶离聚体的力学性能。

表 4-8 不同胺类中和剂对磺化丁基橡胶离聚体力学性能的影响

胺	拉伸强度/MPa	扯断伸长率/%	永久变形/%	100%定伸应力/MPa
甲胺	14.4	790	2	0.8
乙胺	21.2	940	2	0.3
二乙胺	7.3	1050	2	0.3
三乙胺	10.0	1100	2	0.4
异丙胺	22.3	950	2	0.4
叔丁胺	17.3	920	2	0.6
己胺	19.9	970	2	0.4
十二胺	19.2	960	4	0.5
十八胺	18.0	1000	4	0.3

4.2.5.3 丁苯橡胶的磺化改性

与乙丙橡胶和丁基橡胶相比，丁苯橡胶（SBR）是主链和侧基均含 C═C 双键的高不饱和度橡胶，它理应与上述磺化剂更容易发生磺化反应。但实践中发现，无论是乳聚丁苯橡胶（E-SBR）还是溶聚丁苯橡胶（S-SBR），由于它们含双键较多，在磺化反应过程中极易形成凝胶，致使其只能在橡胶浓度很低（例如<2%）条件下进行磺化。研究表明，如果在烃类溶剂中加入一定量的酮类助剂（如丙酮或丁酮），它们仍可在较高的橡胶浓度下顺利的实现磺化，磺化度也可以达到 30mmol/100g 胶。同样地，由于所得磺化橡胶离聚体的熔体黏度很高，必须加入离子型增塑剂（如硬脂酸锌）才能加工成热塑性弹性体。这种热塑性弹性体的拉伸强度可达 25～30MPa，扯断伸长率>600%，永久变形<40%。其另一个特性是在高填充情况下性能可保持基本不变。例如在 100 份离聚体中充油 40 份，充炭黑 50 份，可得到拉伸强度为 14MPa、扯断伸长率为 600%、永久变形为 40% 的热塑性弹性体[43]。

4.2.6 环氧化改性

不饱和橡胶在强氧化剂如过氧化氢或过氧乙酸的作用下，C═C 双键被氧化成环氧结构。二烯烃类橡胶引入少量环氧基团后，极性增大、分子间作用增强，因而可显著改善橡胶的耐油性和耐老化性；但是由于极性环氧基的引入，也增大了分子链内旋转的位垒，从而也相对降低了橡胶的弹性，但却改善了气密性（即降低了气体扩散穿透速率）。所以，环氧化改性橡胶广泛用于耐油密封衬垫、粘接、气体阻隔、光刻胶及防腐材料等领域。致使继环氧化天然橡胶工业化之后，环氧化改性的弹性体品种已扩展至 BR、SBS 和 SIS 等橡胶。

4.2.6.1 丁二烯橡胶的环氧化

丁二烯橡胶是一个泛称，它包括丁二烯的均聚物如高顺式-1,4-顺丁橡胶、低顺式-1,4-顺丁橡胶、中乙烯基丁二烯橡胶和液体丁二烯橡胶，又包括以丁二烯作主要单体的共聚橡胶如丁苯橡胶、丁腈橡胶等。这里所说的丁二烯橡胶主要指液体丁二烯橡胶和顺丁橡胶。

顺丁橡胶属低强度（生胶<2MPa，炭黑补强硫化胶<20MPa）、高弹性非极性不饱和橡胶。由于分子间作用力很小，故分子量较低的顺丁橡胶在常温下容易发生冷流变形，不利于储存和运输。在分子链中引入环氧基后，一则可以提高分子间的作用力、提高强度并防止冷流及用多种交联剂硫化的能力；二则可赋予橡胶以耐油性和气密性。

丁二烯橡胶的环氧化一般是在烃类或氯代烃溶液中进行，反应温度为 25℃ 左右，氧化剂为过氧酸如过氧乙酸或过氧苯甲酸等，为了利于氧化剂的扩散反应，丁二烯橡胶（或胶液）常制成很稀的溶液（例如橡胶浓度≤2%）；为了简化操作并确保安全，通常采用就地形成过氧酸的方法，即在胶液中先加入甲酸或乙酸、苯甲酸等有机酸，随后再加入 H_2O_2，使就地形成的过氧酸直接与橡胶反应，制取环氧化丁二烯橡胶。

4.2.6.2 SBS 的环氧化

SBS 也属于非极性不饱和（热塑性）橡胶，其主要性能缺陷是耐油、耐溶剂性差，且不耐天候老化及容易发生蠕变。在聚丁二烯软段中引入环氧基可使分子链的极性增大，内聚力和强度提高、弹性降低、熔体黏度减小，均利于改性 SBS 的加工成型，并且使其对极性材料的粘接效果明显优于 SBS[44]，同时还会赋予 SBS 以耐油性。

SBS 的环氧化也是在溶液中进行，所用的氧化剂有二：一是以羰基钼作催化剂，直接用 O_2 或 O_3 对 C═C 双键进行催化氧化生成环氧基；二是采用乙酸+H_2O_2 就地生成过氧酸的方法。前一种方法的优点是：体系中无水，不会引起环氧基的水解；而后一种方法虽然设备简单，安全性好，但在就地生成过氧酸的同时，还会引入水，从而导致环氧基的水解使环氧化程度降低。

4.2.7 单体在橡胶基体中聚合改性

这种改性是指先把丙烯酸金属盐或甲基丙烯酸盐混入橡胶基体中,然后加入过氧化氢化物引发单体的原位聚合,使生成的均聚物、接枝或交联共聚物均匀地分散在橡胶基体中,借以提高橡胶的硬度、强度、耐磨性或赋予橡胶新的特性。例如把丙烯酸钠混入 NR 或 BR 基体中,经原位聚合并硫化后,可制得吸水膨胀橡胶;把甲基丙烯酸锌混在顺丁橡胶中,经原位聚合并硫化后,可大幅度提高硫化胶的定伸应力和硬度,已用于制作高尔夫球芯[45]。用甲基丙烯酸锌填充在氢化丁腈橡胶(HNBR)中,所得硫化胶的拉伸强度可达 55MPa。

近年来,日本 Zeon 公司对甲基丙烯酸锌在 HNBR 基体中的原位增强方法、产品性能等进行研发时发现:直接用甲基丙烯酸锌增强的 HNBR 具有很高的强度和耐磨性;如果把氧化锌和甲基丙烯酸混在 HNBR 中,使之原位生成甲基丙烯酸锌,这种方法比直接加入甲基丙烯酸锌有更强的效果[46]。该公司已据此推出商品名为 ZSC 的聚甲基丙烯酸锌-HNBR 聚合物合金产品。据称这种产品有良好的加工成型性,拉伸强度达 55MPa,并具有优良的耐热、耐油和耐磨性[47]。可用以制作高品级工业胶辊、高温耐油密封件等。

聚甲基丙烯酸锌(PZDMA)纳米粒子在 HNBR 中的形成过程和增强行为可归因于:在交联温度下,过氧化物分解产生自由基,自由基引发 ZDMA 的均聚形成纳米级 PZDMA 粒子,这种原生态纳米粒子的尺寸很小,与橡胶大分子的链段结合(化学键或强吸附),由纳米增强效应促使拉伸强度大幅度提高;另一方面,ZDMA 在发生自由基均聚的同时,还会与橡胶大分子接枝、或是其均聚物中的离子侧基与接枝聚合物上的离子基($—COO^- Zn^{2+}$)形成离子簇或离子交联键($—COO^- Zn^{2+} - OOC—$),从而使之和离子型交联橡胶一样具有高模量、高强度特性。

此外,聚甲基丙烯酸锌(或甲基丙烯酸锌)也是一种离子交联橡胶的离子型增塑剂,这种胶料因存在离子型增塑剂而使其熔体黏度显著降低,从而改善了加工性能;同时胶料中的离子交联键还具有类似于硫黄交联键的滑移和力学弛豫行为,从而使其撕裂强度较高,与金属的粘接力也高,还会使 HNBR 有更好的高温耐油性。

4.3 合成橡胶的配合和共混改性

合成橡胶的配合改性通常是指在生胶混炼时加入各种助剂,如填充剂、补强剂、增塑剂、防焦剂、软化剂和硫化剂等来改善橡胶的加工性能,同时又可使最终硫化胶具备更好的物性和热性能。而共混改性一般则是专指橡胶与橡胶并用和橡胶与树脂(塑料)共混体系。这两类改性虽然不可避免地要涉及化学反应(例如硫化),但是就其改性过程和范围来说,它们更多地涉及混合、匀化分散、流动等物理过程,所以一般常称作橡胶的物理改性。随着科学技术的发展,橡胶的化学改性和物理改性越来越密不可分,界限日益弥散模糊,甚至二者的结合和渗透已成为橡胶改性的主要方向。

4.3.1 配合改性

橡胶的配合改性是指塑炼胶混炼需加入的各种配合剂,如硫化剂体系、补强-填充体系、软化-增塑体系、防焦剂和防护体系等,一般常统称为橡胶配合体系。其中除硫化体系(主要由硫化剂和促进剂组成)明确指明是为了使生胶分子发生化学交联以提高其强度和弹性外,其他配合则主要是通过润滑、增塑、降黏、增强、增硬或防止外来物侵袭等物理作用(其中,当然也涉及化学作用)来改善生胶的加工成型性能。有关硫化体系的组成和作用以及反应过程在以前的相关章节已经讨论过了。这里仅就其他配合剂的配合改性作梗概介绍。

4.3.1.1 补强-填充体系

补强-填充剂体系一般包括两类：一类是补强性填充剂（或称活性填充剂），如炭黑和白炭黑；另一类是非活性填充剂（或称惰性、增容填充剂），如硬质和软质陶土、无水硅酸铝、硅藻土、长石粉、滑石粉、云母粉、重质或轻质碳酸钙、硫酸钡、重晶石粉和立德粉等，其作用是赋予制品耐酸碱、耐热、耐化学腐蚀等性能，且可降低成本，并无明显地补强功能。

炭黑和白炭黑（SiO_2）是橡胶加工工业使用最广的补强剂，补强能力的大小取决于粒径和比表面积。炉法炭黑的粒径一般在 20~60nm，比表面积一般在 28~140m^2/g；而热裂解炭黑的粒径较大（100~500nm），比表面积也较小（8~17m^2/g）；槽黑的粒径较小（26~30nm），其比表面积更大（115~150m^2/g）。白炭黑有两种：一是气相法白炭黑，其平均粒径为 8~15nm，比表面积在 200~380m^2/g；二是沉淀法白炭黑，平均粒径在 16~100nm，其比表面积为 40~170m^2/g。由此可见，除裂解炭黑的粒径较大、比表面积较小外，其他炭黑和白炭黑的粒径都在纳米材料尺寸范围，因而它们的补强性能都较高，一般情况下，若添加量适当（炭黑量一般为 40~60 份，白炭黑添加量一般为 30~40 份），它们均可显著提高合成橡胶（生胶）的硬度、模量、定伸应力、拉伸强度、撕裂强度和耐磨性。可是性能测试结果表明，橡胶强度的提高远未达到纳米粒子效应应该达到的水平。这可能是由于以下两种原因引起的：一是炭黑或是白炭黑在使用前虽然为纳米粒子，加入塑炼胶之后粒子发生聚集，目前的混炼方法又难以使它们均匀地分散成纳米尺寸；二是炭黑与橡胶的相容性不佳，导致混炼后二者之间仍存在相界面，从而减弱了二者之间的相互结合，即使补强效能下降所致。为此，近年来相继开发出炭黑的氧化改性、卤化改性、等离子改性和含硫化合物改性等方法，使其补强作用有所增强；有人则用硅烷偶联剂来处理炭黑、陶土，用钛酸酯偶联剂来处理纳米碳酸钙，或是将羧基聚丁二烯接枝在碳酸钙上，都能表现出明显地补强效果。特别是橡胶用黏土或蒙脱土插层聚合也已制得了纳米粒子补强的橡胶复合材料[48~50]。

关于炭黑和白炭黑对橡胶有显著补强作用的原因，有人认为：炭黑细粒子由于比表面积大，且具表面活性，它们极易吸附在橡胶分子上形成"结合橡胶"[51,52]，有效地限制了橡胶分子的形变能力；另一种观点是：炭黑细粒子是硬物质，它可以承载应力，阻碍裂纹发展，并通过炭黑粒子在吸附的橡胶分子链表面上滑移缓解应力、实现取向增强[53,54]，从而提高了橡胶的拉伸强度、撕裂强度、耐磨耗和耐疲劳破坏等性能。由于问题比较复杂，暂时还难以得出分子水平的结论，有待进一步研究。

树脂和短纤维是另一类有补强效能的补强材料，例如高苯乙烯树脂可以提高丁腈橡胶、丁苯橡胶的耐屈挠性、抗撕裂性和耐磨性；酚醛树脂可用作天然橡胶、氯丁橡胶、丁苯橡胶和丁腈橡胶的补强剂，提高胶料的硬度、拉伸强度和耐磨性。短纤维（长 1~5nm，长径比为 100~150）是另一类高补强性能的材料，它可赋予橡胶制品以高模量、高硬度、各向异性、尺寸稳定性、耐疲劳、耐切割、耐磨、减震、耐燃等特性，甚至可在一定程度上取代常用的长纤维织物骨架材料。显然它是借助于纤维的高强、高模特性来大幅度提高橡胶类聚合物的低强度性质。常用的纤维有天然纤维麻、丝和木质纤维素和尼龙、聚酯、维纶、芳纶等合成纤维及碳纤维等。是制造轮胎、胶带和坦克履带垫等最常用的增强材料[73]。

4.3.1.2 软化-增塑体系

为了提高混炼胶料的柔软性、可塑性、流动性和黏着性，并改善配合剂的分散性和加工性，在混炼胶料时常加入 10~30 份的低分子油类，如石油系、煤焦油系、松焦油系、脂肪油系或古马隆、邻苯二甲酸酯类合成增塑剂等软化剂。借助这些低分子化合物的体积和屏蔽效应来降低生胶分子间作用力，改善胶料的流动性和分散粒料的匀化能力。因此这类软化-增塑剂常统称为加工助剂。

4.3.1.3 防焦剂（或称硫化延迟剂）

顾名思义，防焦剂是一类防止胶料在混炼等加工过程中过早硫化而焦烧的、且不影响促进剂正常发挥促进效能的配合剂。防焦剂主要有亚硝基化合物、有机酸和含 S—N 键的酰亚胺类如 N-环己基硫代邻苯二甲酰亚胺等。其作用可能是抑制硫化剂解离、避免硫化反应过早发生，详细的防焦机理尚不清楚。

4.3.1.4 硫化活化剂

硫化活化剂（又简称活化剂或促进助剂）。它是一类能增强促进剂活性、减少促进剂用量或缩短硫化时间的配合剂。加入少量就可显著提高硫化胶的交联密度，有的还能改变交联键的类型（如减少交联键中硫原子的数目）和提高硫化胶的耐热性。常用的无机活化剂有氧化锌（ZnO，用量一般为 3～5 份；若用纳米级 ZnO，其用量仅为普通 ZnO 的一半），有机活化剂如硬脂酸等（用量一般为 0.5～2 份）。一般认为[3~5,58,59]，ZnO 和硬脂酸（RCOOH）的活化作用是二者先发生成盐反应，形成 (RCOO)$_2$Zn，它再与 2,2-二硫化双苯并噻唑促进剂起反应：

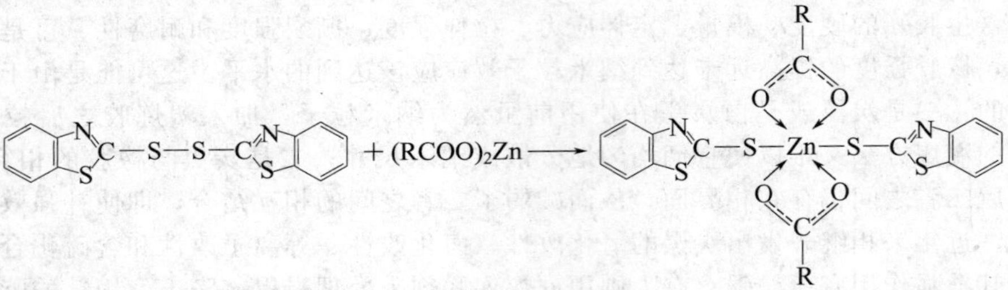

[化学反应式：苯并噻唑—S—S—苯并噻唑 + (RCOO)$_2$Zn ⟶ 苯并噻唑—S—Zn(OOCR)$_2$—S—苯并噻唑络合物]

形成促进剂络合盐。这种络合盐不仅溶解性好，而且比原来的促进剂活性高得多。因为这种促进剂络合盐中含有不稳定的 Zn—S 键，它能促使 S$_8$ 多硫环开裂，并插入—C—Zn 键中：

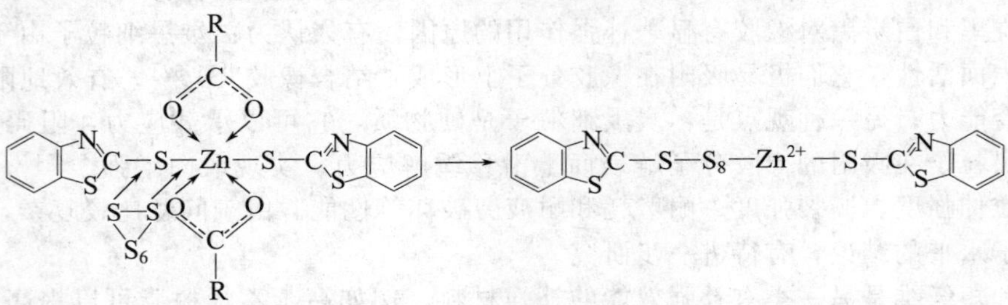

[化学反应式：络合盐与S$_8$反应后生成 苯并噻唑—S—S$_8$—Zn^{2+}—S—苯并噻唑]

以上络合盐与 S$_8$ 之间的反应可用以下通式表示（X 代表苯并噻唑基）：

$$XS-Zn-SX \xrightleftharpoons{S_8} XS-S_8-SX \xrightleftharpoons{XS-Zn-SX} SX-S_x-Zn-S_x-SX$$

如果以 RH 表示橡胶烃分子链，则 RH 与上述络合盐之间的反应可用以下通式表示：

$$RH + XS-S_x-Zn-S_x-SX \longrightarrow RS_xSX + XS_xH + ZnS$$

上式表明，络合盐中的—S$_x$X 基抽取了橡胶烃分子链上烯丙基碳上的氢，而另一片段则成为 RH 的侧基，侧基中的 S 可以是—S—（单硫键）、—S$_2$—（双硫键）或—S$_x$—多硫键，其中只有—S$_2$—和—S$_x$—等多硫键可参与随后的交联反应。

侧基中多硫键转化为交联键的过程可描述如下[55~57]：

$$RS_xSX + \cdot SX \longrightarrow RS_y \cdot + XS_{x+2-y}X$$

$$RS_y \cdot + RS_xSX \longrightarrow RS_{2R} + XS_{x+y-2}$$

$$RS_xSX + XSS_y-Zn-S_2SX \longrightarrow RS_x-Zn-S_ySX + XSS_2SX$$

$$\begin{matrix} & Zn-S \\ R-S_x & \quad\quad S_yX \\ & R-H \end{matrix} \longrightarrow RS_xR + ZnS + HS_yX$$

开始形成的 RS_xR 交联键中的 S_x 大都是多硫交联键,它继续转化,最终形成单硫键(—S—)或双硫($—S_2—$)交联键。

综上所述,活化剂的主要作用是提高硫化速度、改变交联键的性质,并借此提高硫化胶的耐热性和耐老化性能。其改性性质显然属于化学改性。

4.3.1.5 防护体系

防护配合剂主要包括防老剂、阻燃剂、抗静电剂、防霉剂和紫外线吸收剂等。其作用是防护硫化胶在使用环境中老化变质、避免火险和霉变、延长制品的使用寿命。为了使它们均匀分散在制品中,一般都是在混炼时与其他配合剂一并加入,但它们在混炼过程中,甚至在硫化时一般只是物理混合而不发生化学反应。其中最重要的是防老剂和阻燃剂。

(1) 防老剂 又称抗氧剂,其作用主要是防止橡胶(硫化胶)在干燥、储运和使用过程中的热氧化引起的变软、发黏、变硬发脆,甚至丧失其使用价值等现象的发生。

多数合成橡胶在生产时已经加入了防老剂,但在加工时一般都还要加入一定量的防老剂,尤其是需配入防止臭氧龟裂和屈挠龟裂的防老剂。

商品化的防老剂有 200 多种。按其作用范围和针对性,可分为抗氧剂、抗臭氧剂、屈挠龟裂抑制剂、有害金属抑制剂、紫外线吸收剂和防霉剂六类。按其化学结构和功能基性质可分为:醛-胺缩合物和酮-胺缩合物,胺类如二芳基仲胺、烷基芳基仲胺、芳香二伯胺,酚类如取代酚、硫代双取代酚、亚烷基双取代酚、多取代酚、多元酚等,以及各种防护蜡等。其中绝大多数是胺类和酚类,它们的作用是捕获体系中产生的初级自由基,防止这些自由进攻橡胶分子链引起的降解和交联反应的发生。而蜡类防护剂则是利用蜡烃的氧化稳定性在制品和空气之间建立防护屏障的物理防护。

(2) 阻燃剂 合成橡胶中除某些特种橡胶如氟橡胶、氯醚橡胶、氯化聚乙烯橡胶和硅橡胶外,大多数通用合成橡胶和天然橡胶都是烃类橡胶,因为它们大都由 C、H 元素组成,所以它们都是可燃性材料。这对橡胶制品来说是一大缺陷。解决的办法有二:一是与阻燃性橡胶(如氯化聚乙烯橡胶)或树脂(如聚氯乙烯)共混,二是添加阻燃剂(是最常用且最有效的办法)。

橡胶阻燃性能的好坏,一是要看材料被火焰侵袭时被点燃的程度,二是指材料一旦着火燃烧后火焰传播速度、热和有害气体释放量,以及材料离开火源后是否立即熄灭(即自熄性)等性质。实际工作中常用氧指数(越大越难燃烧)来评价橡胶的阻燃性能(见表 4-9)。

表 4-9 各种橡胶的燃烧性能与氧指数[60]

橡胶品种	氧指数 OI	分解温度/℃	燃烧热/(kJ/mol)
天然橡胶	17.2	260	46.05
顺丁橡胶	19~21	382	44.80
丁苯橡胶	16.9~19	378	43.54
丁基橡胶	19~21	260	46.89
丁腈橡胶	22	380	
氯丁橡胶	26.3	>190	
氯磺化聚乙烯橡胶	26~30	>200	
乙丙橡胶	18~21		
氟橡胶	>45		

橡胶中配入阻燃剂是为了提高制品的耐燃性或难燃性,阻燃剂的作用是利用某些物质的不燃性、抑制橡胶在高温下燃烧裂解产生的自由基,或阻止、隔绝空气中的氧气向橡胶表面扩散,或是能产生稀释燃烧气体的惰性气体。有的阻燃剂还能在橡胶表面形成隔离膜,隔绝热能向橡胶纵深传递,抑制制品的温度升高。

阻燃剂按其作用机制可分为添加型和反应型两类，按其组成可分为无机和有机阻燃剂两类。无机阻燃剂如三氧化二锑、氢氧化铝、氢氧化镁、硼酸锌和红磷等；而在高温下能烧结成一层硬质陶瓷的材料如含云母、二氧化硅等的无机化合物有望成为新一类无毒无烟阻燃剂；有机阻燃剂有含卤、含磷有机物两大品种。如果按照阻燃剂中是否含卤、磷元素，则可把已有的阻燃剂分为含卤阻燃剂、含磷阻燃剂和不含卤、磷的金属氢氧化物和某些盐类等三类。

① 含卤阻燃剂。常用的含卤阻燃剂有氯化石蜡、得克隆和四溴双酚 A、十溴代二苯醚等，其中含氯阻燃剂现在已基本停用，其原因一是其阻燃效果不如含溴阻燃剂，二是因为它在火焰中易分解释放出刺激性 HCl，为改变这一弊端，通常与 Sb_2O_3 并用（最佳摩尔比为 1∶1）。协同并用的原理是：含氯阻燃剂热分解产生的 HCl 可与 Sb_2O_3 反应（吸收）生成 $SbCl_3$ 和 SbOCl（氯氧化锑）：

$$Sb_2O_3(s) + 6HCl(g) \longrightarrow 2SbCl_3(g) + 3H_2O$$
$$Sb_2O_3(s) + 2HCl(g) \longrightarrow 2SbOCl(s) + H_2O$$

形成的 SbOCl 又可在很宽的温度范围（245~265℃）内继续分解为 $SbCl_3$。$SbCl_3$ 在燃烧区内发生分解可捕获气相中维持燃烧链式反应的活泼自由基，改变气相中的反应模式，减少反应热而使火焰猝灭。

② 不含卤、磷的无机金属碱式或酸式盐阻燃剂。常用的有氢氧化铝、氢氧化镁、硼酸锌和金属氧化物水合物等。它们的阻燃原理是：金属氧化物水合物所含的结晶水受热时释放出结晶水，结晶水在高温下汽化，二者均为吸热反应，由此降低了橡胶表面的温度；同时生成的水蒸气由于其密度比空气大，因而会沉积覆盖在橡胶表面，从而不仅隔绝了氧气，而且又降低了橡胶表面可燃气体的浓度。氢氧化物如氢氧化铝和氢氧化镁等，它们在火焰中均可使橡胶表面脱水成炭，由此保护炭层下的材料避免燃烧。而硼酸锌受热时变成玻璃状物质，覆盖在橡胶表面上，隔绝了材料与氧的接触，从而达到阻燃的目的。不过这类阻燃剂的最大缺点是用量小时阻燃效率低，用量大（如达 60%）虽可显著提高阻燃效率，但会使硫化胶的强度大幅度降低。将无机固体阻燃剂纳米化，有可能兼顾阻燃性能与补强作用的均衡。

③ 含磷阻燃剂。含磷阻燃剂如红磷、磷酸三甲苯酯和聚磷酸铵等是在含卤阻燃剂限用之后出现的一类高效阻燃剂。其阻燃原理是：含磷阻燃剂受热分解产生 PO·、P_2O_5 和 HPO_2 等。其中 PO·可捕获燃烧气体中的自由基，从而降低了火焰区中氢自由基的浓度，使反应热减少；P_2O_5 是磷酸酐，它吸水后会变成磷酸，磷酸在高温下又聚合成聚偏磷酸（强脱水剂），它可进一步促使橡胶脱水炭化，形成由炭层和不挥发含磷气体所组成的保护层，从而呈现出高效阻燃性能。

④ 阻燃抑烟剂。合成橡胶特别是不饱和烃类通用橡胶不仅可燃，而且在燃烧时常产生大量浓烟，也是妨碍其应用性能的一个重大缺陷。因此在制备胶料时除添加高效阻燃剂外还需添加抑烟剂。常用的抑烟剂有钼化物，如 MoO_3、钼酸铵、氢氧化镁、二茂铁和无机锡化物 Flamtard 等（一般用量为 0.5~5 份）。其作用原理可能是通过形成 Lewis 酸或还原偶合机理促进炭层的形成，隔绝空气供氧来减少发烟量。例如在材料中添加八钼酸铵 0.5~5 份，就可使生烟量降低 30%~80%，氧指数提高 3~10 个单位；如采用二茂铁，加入 0.5 份，就可使生烟量降低 30%~70%；当用 Sb_2O_3 作阻燃剂时，如果用无机锡化物 Flamtard 代替 50% 的 Sb_2O_3，就可以起到既抑烟又阻燃的双重效果[61]。橡胶阻燃剂的发展趋势是以不同阻燃机理的几类阻燃剂协同并用，以达到无卤、低毒和高效阻燃-抑烟目的。

（3）抗静电剂和导电填料　天然橡胶和合成橡胶属于绝缘体，但由于其结构和极性不同，它们耐电压和电击穿的能力却有差异。一般说来，非极性橡胶如丁基橡胶、乙丙橡胶、天然橡胶、顺丁橡胶和硅橡胶、氟橡胶等的体积电阻率较高（$10^{14} \sim 10^{16} \Omega \cdot cm$）、介电强度大（$20 \sim 35 kV/mm$），它们都可用于高中压绝缘制品（如电缆等），而一些特种橡胶如氯丁橡胶、丁腈橡胶、氯磺化聚乙烯橡胶和氯醚橡胶等属于极性橡胶，它们的体积电阻率较低（$10^{12} \sim 10^{13} \Omega \cdot cm$）、介电强度也低（$15 \sim 25 kV/mm$），故属于低绝缘性材料。但由于它们的耐老化、耐热性好，也具耐油性，它们已广泛用作户外耐热、耐燃和耐油绝缘制品。正是由于这些橡胶具有不同程度的绝缘性，其制品在生产或使用过程中容易积累静电荷，严重时可产生火花或放电击伤。在混炼时加入抗静剂就可使硫化胶制品表面的静电荷及时中和、导出。由于静电荷大都是制品与外界摩擦产生的负电荷，故抗静电剂一般是阳离子型表面活性剂，如十八烷酰胺乙基二甲基-β-羧乙基季铵盐（SN抗静电剂）或丙烯酸酯/丙烯酸亚乙基二甲胺·HCl共聚物等。

另一方面，如果在绝缘性合成橡胶中加入导电性填料如炭黑或金属粉（特别是纳米级银粉或铜粉），就可使其体积电阻率显著下降，变成导电性橡胶。不过这种导电填料的配合量需足够大（一般>50份），才能使导电粒子直接接触形成导电网络，或是粒子之间的距离<10nm才能产生隧道效应而导电；如果加入的填料是导磁性材料（如Fe_2O_3或Fe_3O_4），则可把绝缘性橡胶转变成导磁橡胶（例如冰箱密封条）。

4.3.2 共混改性
4.3.2.1 共混改性的目的和方法

简单地说，聚合物共混改性的目的有三：一是要显著提高聚合物的指定性能（例如提高橡胶的力学强度、耐热、耐油、阻燃性等）；二是通过共混获得（或赋予共混物）新的性能，例如将憎水橡胶与高吸水树脂共混可制得吸水膨胀橡胶，获得普通橡胶不具有的吸水膨胀新性能；三是在保证基本性能要求的前提下，降低材料的成本，例如得到广泛应用的橡（胶）-树脂或塑（料）共混改性。有些共混体系可兼具上述两种或三种作用。

共混一词最早只是将两种或两种以上的聚合物进行机械混匀，显然这是一个典型的物理混合过程。后来发现如果在物理混合的同时使之发生某种化学反应（如共聚或接枝）则更能增强改性效果（例如反应挤出），因此把这种共混专称为物理/化学共混。继而发现单独用化学方法也可以制备均匀分散的共混物。例如用化学反应直接合成聚合物互穿网络，简称IPN；用Z-N催化剂催化苯乙烯的间规聚合和丙烯的等规聚合直接合成间规聚苯乙烯/常规聚丙烯的共混物，专称作釜内共混。这种共混显然已超出通常意义上的"混合"改性，而应隶属于化学改性范畴。

如果把聚合物共混的涵义限定在物理共混范围之内，则可对聚合物共混作出如下定义：聚合物共混是指两种或两种以上的聚合物经混合制成宏观均匀物质（或材料）的过程。共混产物称为聚合物共混物。这一概念的进一步延伸是物理/化学共混，还可延伸至以聚合物为基体的粒子填充和短纤维增强体系。

共混改性方法主要有熔融共混、溶液共混和乳液共混。

熔融共混是将两种（或两种以上）聚合物加热至熔融状态后进行熔体共混。在工业上，熔融共混是采用密炼机、开炼机或挤出机来实现的，为此又常称机械共混。是最具工业应用价值、并得到普遍采用的一种共混方法。

溶液共混是将聚合物先溶在溶剂中，然后在搅拌下进行混合，所得共混物溶液可直接用作涂料或胶黏剂；也可将溶剂蒸出制得干共混物。这种共混方法多用于实验室基础研究，但需注意，用溶液共混法制得的共混物的形态、性能与熔融共混法得到的样品有很大差异。

乳液共混是将两种（或两种以上）聚合物乳液在搅拌下进行混合的共混方法。和溶液共混法一样，共混物乳液可直接用作涂料或胶黏剂，也可经凝聚、洗涤、干燥后制得干共混物。从混合均匀程度看，乳液共混法能制得粒径较小且分布更加均匀的共混物。

从以上的简单介绍可以看出，与传统的单体共聚改性方法相比，在聚合物品种相当丰富齐全的当今，聚合物共混是原料选择范围更宽、改性目标更具预期性、改性方法更加灵活多变且简单易行、既可以小批量试制、又利于大规模工业化生产、有广阔发展空间和应用前景的新材料制备方法。

但是在实践中却遇到众多实际困难，如不同结构和极性的聚合物很难共混，不是很难分散、不能结合成一体，就是发生严重地相分离，使之难以达到预期性能。这就要求人们去寻求难以分散、发生相分离的原因及其解决方法。由于共混物的形态与共混物的性能有密切关系，而共混物的形态又受到共混工艺条件和共混物组分配方的影响。因此有必要对共混物的形态及其相容性进行划分和分析。

4.3.2.2 共混物的形态和相容性[62]

共混物的形态（或称相态）一般有三种类型：一是均相体系；二是"海-岛"或两相体系；三是"海-海"式两相体系，它与前者的不同是，两者均为连续相且互相贯穿。

（1）均相体系及其判据 均相体系是指两种物质相互溶解（或混合）成物理性质和化学组成相同均匀的体系。混合（或溶解）过程能否进行的热力学条件是 Gibbs 自由能 $\Delta G_m < 0$。从分子结构和分子间作用力的观点，两种物质能否相溶取决于其内聚能密度 $\left(CED = \dfrac{\Delta E}{V_m}\right)$ 是否相等或接近。由于内聚能密度的平方根 $\sqrt{\dfrac{\Delta E}{V_m}}$ 是溶解参数（δ），所以两种物质能否溶解，可用溶解参数 δ 是否相近来衡量（对于液-液或液-固体系，能否溶解的判据是 $\delta_1 - \delta_2 \leqslant 1$），即两者的溶解参数越接近，就越易溶解。这一原则常称作（结构和性质）"相似相溶"原理。

对于聚合物-聚合物共混体系，能够实现真正的热力学相容的均相体系是极少的。实验已经证明，即使是均聚物或共聚物也不是完全相容的均相（例如结晶性均聚物也存在晶相和非晶相，SBS 和 SIS 都存在明显的相分离）体系，因此对于实际的共混物，常用混溶性（或称溶混性，miscibility）来代替热力学上的相容性（也称互溶性或溶解性，solubility）。混溶性的含义是指能呈现类似于均相材料性能的共混物，其判据是两种聚合物共混后只有一个 T_g。

在共混工艺领域，一些研究者还从工程应用的角度提出另一种相容性（compatibility）概念，来表达两种（或两种以上）聚合物共混时彼此相互容纳的能力。它不仅能反映出两者可相互接纳的容量，而且还能体现出二者在共混中相互扩散的分散能力和分散稳定程度。因而成为工程界普遍认同，并极具实用价值的工艺（广义）相容概念。

现有的聚合物品种很多（通用合成橡胶和特种合成橡胶就有几十种，而树脂竟达数百种），它们的结构和性质又各不相同，其中相似相溶者较少，绝大部分的橡胶和树脂的结构和极性相差甚大，因而任何聚合物对之间的相互容纳能力相差悬殊。所以按照它们之间相互容纳的能力和相容程度划分为完全相容、部分相容和不相容。相应的聚合物对就可称作完全相容、部分相容和不相容共混物体系。

定性地判断上述三种共混体系的相容程度，仍可根据由混溶性导出的 T_g 值为判断。即如果两种聚合物共混后只有一个 T_g，就可认为二者是完全相容的；如果两种聚合物共混后有两个 T_g 值，且该 T_g 值又分别接近或与各自聚合物的 T_g 值相同，表明这两种聚合物是不相容的共混体系；反之，如果两种聚合物共混后，虽有两个 T_g 值，但该 T_g 值不仅处在两聚合物 T_g 值之间，且与两个 T_g 值非常接近，具有这一属性的聚合物对就称作部分相容共混体系。由此可见,"部分相容"是一个涵盖不同程度的相容性的宽泛概念。但这样的两相体系在聚合物共混中最为常见,且最具实用价值。因此在实际工作中又常用分散相颗粒的平均粒径和粒径分布、及相界面结合强度来量度部分相容性的优劣。

(2) 两相体系和相界面　由于均相共混物的性能大都在两种聚合物各自性能之间,而"海-岛"式共混物的性能则有可能超出(或呈现突出高性能)两种聚合物各自的性能。因此研究聚合物对的组分配比和共混工艺条件对"海-岛"精细结构的影响就更具实用价值。

① 分散相和连续相。对于"海-岛"式两相体系,"海"相就是共混物中的连续相,"岛"相就是孤立地分散在海中的分散相。两者之间的接触或结合处一般都存在界面相(或相界面)。至于哪种聚合物为连续相,何者又为分散相,主要取决于:a. 两种聚合物的配比,对于熔融共混,依据理论推算,如果某一组分的体积分数大于74%时,则该聚合物组分将成为连续相,换言之,当另一组分的体积分数小于26%时,它将成为分散相;b. 两组分熔体黏度的大小,一般是黏度低者将成为连续相,而黏度高的另一组分将成为分散相;c. 组分配比和黏度的综合影响,即两组分的含量(体积分数)在26%~74%之间时,将出现连续相-分散相相互转换区,即会有两个连续相同时存在的"海-海"结构;如果两组分的熔体黏度相近或相等,则"海-海"结构更容易出现。两组分的熔体黏度相等时称作"等黏点"。这就是聚合物两组分共混时需遵循的基本流变学原则。"等黏点"共混原则表达的是,当组成共混体系的两种聚合物的熔融黏度越接近,越容易混合均匀,此时共混物的性能就越好。d. 界面(表面)张力接近和熔体弹性影响,为使两种聚合物之间有足够大的粘接力,两相界面之间应有良好的接触和浸润性,而界面浸润性又取决于两种聚合物相界面的表面张力之差。差值越小表明两种聚合物分子间容易相互扩散,导致其粘接强度增大,这样才能获得良好性能的共混物,橡塑共混中的 BR/PE、NBR/PVC 和 NR/EVA 共混体系均遵循表面张力接近这一原则。此外,由于橡胶是典型的黏弹体,它在共混时,熔体的弹性又会受熔融温度、剪切应力等的影响,所以有高熔体弹性的分散相很难被剪切力破碎导致其细分散,其结果使其形成分散相的体积分数有所增大。

以上诸点,既是连续相和分散相形成的一般规律,也是实施共混时应遵循的几条基本原则。

② 分散相的分散状况。分散相的分散状况有两层含义:一是指分散相颗粒在连续相中分散的均匀程度称为总体均匀性或称分散相浓度;二是分散度即指分散相物料的破碎程度和粒子均匀性,即平常所说的平均粒径和粒径分布。因为对特定的共混体系,相对于所要求的性能,不仅要求有一个最佳的粒径范围,而且要求粒径分布尽可能窄些(均匀性更大)。在有关共混物结构-性能的研究中,这两项粒径均匀性往往是制取预期性能共混物的最重要的调控指标。

③ 连续相和分散相对共混物性能的贡献。以橡胶/塑料(准确地说应是树脂,因行业界沿用已久,故这里不再更名,下同)共混改性为例。橡胶/塑料共混改性一般是指用橡胶来提高树脂的韧性(或耐冲击断裂韧性),两者的组合含量一般为橡胶(10%~30%)/塑料(90%~70%),此时橡胶为分散相,塑料为连续相。王炼石曾研究了橡胶(SBS 或 SBR)粒径和分散相体积分数对聚苯乙烯抗冲击强度的影响,得到了如图 4-1 所示的实验结果[63]。

图 4-1 不仅反映了分散相粒径对共混物(HIPS)抗冲击强度的影响,即平均粒径为 $1.0\mu m$ 时,HIPS 的抗冲击强度最高;而且也反映出塑料(PS)基体厚度也影响抗冲击强度,即当分散颗粒的粒径为定值时,塑料相的体积分数增大,基体厚度减少,而抗冲击强度增大。或者说当塑料基体厚度低于某一临界值时,共混材料将出现脆性-韧性转变。Wu 则进一步将橡胶/塑料复合体系发生脆-韧转变的必要条件归结为相邻橡胶粒子的平均表面间距

（即塑料基体层的平均厚度）$\tau \leqslant \tau_c$（τ_c 为临界基层厚度），并给出了 τ 与橡胶体积分数 φ_γ、橡胶粒子平均粒径 d 之间的关系[64]：

$$\tau = d\left[\left(\frac{\pi}{6\varphi_\gamma}\right)^{\frac{1}{2}} - 1\right]$$

上式不仅反映出橡胶的平均粒径降低或是橡胶的体积分数 φ_γ 增大，都可使塑料基体的厚度 τ 减小，而且也能间接显示出共混物的强度主要取决于连续相基体。

关于分散相对共混物性能的贡献，除图 4-1 表明的分散相粒径必须限定在某一平均粒径范围外，还与橡胶相的粒径分布有关。如图 4-2 所示，超韧尼龙中橡胶粒径分布虽较宽，但真正起增韧作用的是粒径在 $0.2 \sim 1.0\mu m$ 的粒子。粒径过小起不到增韧作用，过大则会损伤其韧性。

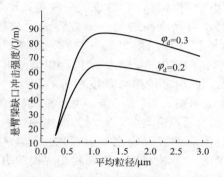

图 4-1　HIPS 的分散相粒径和分散相体积分数（φ_d）对缺口冲击强度的影响

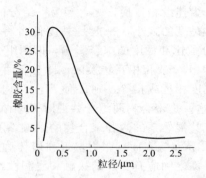

图 4-2　超韧尼龙中橡胶颗粒的粒径分布

④ 界面张力与相容剂。在两相体系中，相界面的结合状况对共混物的形态和力学性能有重要影响。两相间的界面张力不仅会影响分散粒子的有效碰撞，而且会阻碍分散相粒子的变形和破碎。分散相平衡粒径与共混体系黏度、剪切速率、界面张力、分散相体积分数、有效碰撞概率等之间的关系，可用著名的 Tokita 关系式表示[65]：

$$R^* = \frac{\frac{12}{\pi}P\sigma\varphi_d}{\eta\dot{\gamma} - \frac{4}{\pi}P\varphi_d E_{dk}}$$

式中　R^*——分散相平衡粒径；
　　　P——有效碰撞概率；
　　　σ——两相间的界面张力；
　　　φ_d——分散相的体积分数；
　　　η——共混物的熔体黏度；
　　　$\dot{\gamma}$——剪切速率；
　　　E_{dk}——分散相物料的宏观破碎能。

上述的定量表达式，为调控共混工艺过程、降低分散相粒径奠基了基础。

界面张力与两种聚合物的相容性密切相关，如果两种聚合物的相容性好，则其界面张力也小，此时两种聚合物容易相互扩散，彼此润湿，分散相也容易分散，从而使两相共混体系表现出良好的性能，特别是力学性能。反之，如果两种聚合物的相容性很差，此时可借助添加相容剂来降低两相间的界面张力，改善相容性，使分散相的粒径减小，从而大幅度提高共混物的力学性能。常用的相容剂有两类：一类是非反应性共聚物，如嵌段或接枝共聚物。如果是 A、B 两种聚合物共混,则添加的相容剂一般是 A-B 型嵌段或接枝共聚物,其中 A 段需与聚合物 A 的结构和极性相似,相容性良好;而 B 段则应与聚合物 B 有良好的相容性;另一类是反应性相容剂,这类相容剂是通过外加的带官能团的聚合物或官能化的共混物组分与另一组分起化学反应来改善相容性的。例如 PP 与 PA 共混时,可加入马来酸酐(MAH)化的 PP 相增容剂,通过 PP 上的羧基与 PA 起化学反应来改善 PP 与 PA 的相容性。其他的相容剂(或增容剂)将结合橡/塑共混或橡胶/橡胶并用一起讨论。

4.3.2.3 橡胶/塑料共混改性

橡胶与塑料共混的原理基本上也是按照"相似相容"和"表面张力接近"原则来选择聚合物对(即相应的橡胶、塑料品种),并依据"等黏点"原则来制定共混工艺。但是,由于橡胶和塑料的结构和性质存在较大差异,因而在共混方法和共混配比与一般的聚合物共混也有所不同。例如橡胶与塑料共混既可以用熔融共混,也可以用乳液法共混(如 NBR 和 PVC 均有乳液生产,胶乳共混的分散性、均匀性更好);采用熔融共混时,加工温度一定要在塑料的黏流温度或熔点之上;两组分的等黏点又可通过橡胶中配入的补强和软化增塑剂来调节。

从上一节的讨论可知,共混组分配比是影响共混物相态的重要因素。一般情况下,若两种组分之一的体积分数>74%,它将形成连续相,当另一组分的体积分数<26%,它将是分散相;连续相和分散相的作用及其对共混物性能的贡献又各不相同。据此我们将橡胶/塑料共混改性分成以塑料为基体和以橡胶为基体进行论述。前者主要涉及硬塑料用弹性橡胶提高其抗冲击性能;后者主要是利用塑料的高强度、耐臭氧、耐腐蚀和阻燃性等来改善橡胶的拉伸(或定伸)强度、耐老化和阻燃等性能。

(1) 以塑料为基体的塑料/橡胶共混改性　塑料的品种很多,按其性能档次可分为通用塑料(产耗量最大的代表品种有 PVC、PP、PE 和 PS)、通用工程塑料(如尼龙 PA、聚甲醛 POM、聚苯醚 PPO、聚碳酸酯 PC、聚酯 PET 和 PBT 等)和高性能(或特种)工程塑料(如聚苯硫醚 PPS、聚酰亚胺 PD、聚苯醚砜 PES 和聚芳醚酮 PEK 等)。由于其改性品种众多、改性原理和方法又大体相仿、且塑料用橡胶改进其冲击性能仅属橡胶特性应用领域之一,故这里每一通用塑料仅举一例说明其改进思路和改性实效。对此有兴趣的读者可参看有关专著[66,67]。

① 聚氯乙烯(PVC)/橡胶共混改性。众所周知,PVC 在加工应用中因添加增塑剂的不同而分为硬制品和软制品。其中软制品是指 PVC 加入 50 份左右的低分子物(如邻苯二甲酸酯类)经混合塑化后制得的柔软而有一定弹性的制品。这种软 PVC 可视为最早的塑料橡胶共混物。由于低分子量增塑剂虽有良好增塑作用(由于物理隔离作用大幅度降低了 PVC 分子间作用力),但却易挥发损失,使制品过早硬化、使用寿命很短。如果用高分子量的固体橡胶来代替低分子液体增塑剂,且只加少量(10%~20%)就可制得韧性好、弹性更佳、且可经久耐用的共混改性 PVC 硬制品。可起增韧改性的橡胶有 NBR、CPE 和 EVA 等。

由于 PVC 和 CPE(含氯量为 25%~40% CPE 为橡胶,对 PVC 改性最适合的氯含量为 36%)、PVC 与 NBR 的极性相近、相容性很好,在开炼机混炼 10min 就可制得高冲击强度的共混物。对于 PVC 与 CPE 共混的实验结果表明:当 PVC 用量为 100 份,CPE 用量在 5~20 份范围内变化,于 170℃在开炼机上混炼 10min,所得共混物的缺口冲击强度可从 5 份时的 12kJ/m^2 提高到 20 份时的 78kJ/m^2 左右,而且其耐热性和耐油性也相应提高。对于 PVC/NBR 共混,随着粉末丁腈橡胶的产业化(Goodyear 公司生产的粉末丁腈型号为 P83,是轻度交联的 NBR 粉粒,其粒径约为 0.5mm),使 NBR 既可用于软质 PVC 的共混改性,又可用于硬质 PVC 的共混改性。当用于软质 PVC 改性时,加入的 P83 在 15 份以内,共混物的耐磨性和拉伸强度随 P83 用量的增大而增大，当用量进一步增加到 30 份时，共混物的耐磨性进一步提高，但拉伸强度略有下降；而且在此用量范围内 PVC 的压缩永久变形降低、弹性有所提高，软质 PVC 的耐屈挠性也有所改善，故一般鞋用 PVC/NBR 配比宜为 100/（15～30）（份）。此外，由于 PVC 与 NBR 的相容性良好、与粉末 NBR 容易共混，且熔体的黏度较低，NBR 一般也无需交联硫化，故也适合于挤出或注射成型。与 PVC/CPE 共混最大的不同是：NBR 的极性随结合丙烯腈含量不同而变化，随之而来的是 PVC 与 NBR 的相容性也有差别。例如当 NBR 的丙烯腈结合量为 20% 左右时，由于二者有一定的相容性，NBR 分散相的粒径较小，容易形成两相界面结合良好的两相体系，因而，共混物的抗冲击强度最高；而当结合丙烯腈含量达 40% 以上时，由于此时的 NBR 与 PVC 近乎完全相容，共混物只有一个 T_g，它只能呈现均相共混物的一般性能。

此外，还应提到的是 PVC 经常用 ACR（丙烯酸酯共聚橡胶）作抗冲改性剂。共混时不仅 ACR 用量少（1.5%～3%）就可大幅度提高 PVC 的抗冲击性能，而且还可以改善共混物的流动性，使混炼塑化时间明显缩短。

对 PVC 有效地增韧改性剂尚有 MBS[聚丁二烯或 SBR-g-MMA（或 S）接枝共聚物]、ABS 和热塑性聚氨酯橡胶。

橡胶增韧（硬）塑料的机理有多种理论，如银纹-剪切带理论、界面空洞化理论和逾渗透理论等。其中被广泛接受的银纹-剪切带理论认为[68]：在 PVC/橡胶共混体系中塑料是连续相，橡胶粒子"小球"为分散相，当外力作用于共混物时，"小球"一方面作为应力集中体诱发大量银纹和剪切带，使外力作用能耗散；另一方面"小球"能控制银纹发展及时终止银纹，不致使银纹发展为破坏性的裂纹，导致抗冲击强度明显提高。

② 聚丙烯（PP）/橡胶共混改性[62]。等规聚丙烯（i-PP）是一种得到广泛应用的刚性塑料。其突出的物性特点是：拉伸和压缩强度高，耐腐蚀和电绝缘优良，刚性大且耐折叠。其主要缺点是耐冲击性能差，低温下易脆裂，成型时收缩率大，热变形温度不够高，且耐磨性和染色性均有待提高。

PP 增韧的主要方法是用橡胶和弹性体共混改性。能显著提高 PP 抗冲击能的橡胶有：EPDM（三元乙丙橡胶）。弹性体有：POE（乙烯-1-辛烯共聚物，热塑性弹性体）、SBS 和聚 1-丁烯热塑性弹体等，也可用 CPE、NBR 和 TPU（聚氨酯热塑性弹性体）增韧，这些特种橡胶可在提高其抗冲击强度的同时，还赋予 PP 以阻燃性、耐油和耐磨性。改性方法主要是熔融共混（两段式）。

近年来，共聚 PP 得到大规模开发、生产和应用。与均聚 PP 相比，共聚 PP 具有较高的抗冲击性能，适合于制造耐冲击制品。一般来说，均聚 PP 的缺口冲击强度为 3～5kJ/m^2，而共聚 PP 的缺口冲击强度为 8～20kJ/m^2，共聚 PP 与弹性体共混体的缺口冲击强度可达 30～40kJ/m^2。

PP/橡胶共混改性可以是二元体系，例如 PP/EPDM 和 PP/POE，由于 EPDM 和 POE 与 PP 的极性相似（均为非极性聚烯烃），相容性较好，故一般不需加任何相容剂，就可获得明显的增韧效果。例如，共聚 PP100 份加入 8 份 EPDM，就可使共混物的缺口冲击强度从不加时的 17.5kJ/m^2 提高到 36.5kJ/m^2；100 份共聚 PP 中混入 25 份的 POE，就可使共聚物的缺口冲击强度从不加时的 12.1kJ/m^2 提高到 59.9kJ/m^2。汽车工业中所用 PP 保险杠大都是上述两种共混物材料。

PP/橡胶共混还可用三元体系，即在上述二元体系中再添加第三组分如纳米 $CaCO_3$ 或 HDPE（高密度聚乙烯），可获得更佳的增韧效果。例如在上述的共聚 PP/EPDM 二元共混体系中再加入 8 份纳米 $CaCO_3$，可使其缺口冲击强度进一步提高到 46.3kJ/m^2；又如在 PP/

SBS 共混体系中再加入 HDPE，则可在减少弹性体用量的同时显著提高共混物的抗冲击强度。例如 PP/SBS 二元体系中的 PP∶SBS＝100∶（5～50）（份），随着 SBS 质量份的增大，所得共混物的缺口冲击强度可从 SBS 用量为 5 份时的 $12kJ/m^2$ 以 S 形上升至 50 份时的 $90kJ/m^2$；如果在上述二元体系中再加入 HDPE(PP/HDPE＝1/1)，则共混物的缺口冲击强度不仅在不加 SBS 时就有高冲击强度（约 $25kJ/m^2$），而且可从 SBS 含量为 5 份时的 $50kJ/m^2$ 直线上升至 SBS 含量为 15 份时的 $90kJ/m^2$ 以上。研究者认为这是由于 HDPE 与 SBS 有协同增韧效应的缘故。

如果在上述三元共混体系中用 POE 代替 SBS，或是采用双组分增韧剂即 PP/EPDM/SBS，均得到了类似结果，这就进一步证明双组分协同增韧效应的存在。

关于 PP 用弹性体增韧的机理，有较多实验数据支持的理论观点是：PP 结晶细微化和弹性体小球诱发并终止银纹。PP 是结晶聚合物，且容易形成大球晶，这是 PP 基体发脆特别是在低温下发生脆性断裂的主要内因。PP/弹性体共混时，弹性体粒子为分散相细粒子不仅可抑制 PP 结晶，而且还可起成核剂的作用，由此引发 PP 结晶细微化即形成很多围绕弹性体细粒子的细小晶粒，从而使共混物从脆性基体变为韧性基体。当承受外力时弹性"小球"一方面作为应力集中体诱发大量银纹和剪切带，耗散了大量外力作用能；另一方面"小球"又能控制银纹发展并终止银纹，从而不致使银纹发展为破坏性裂纹。由此导致抗冲击强度明显提高。

③ 聚乙烯/橡胶共混改性。聚乙烯是产量最大的塑料品种。其具体品种常按其密度划分，有高密度聚乙烯（HDPE），其密度范围为 $0.941～0.970g/cm^3$，又称低压聚乙烯；中密度聚乙烯（MDPE），密度 $0.926～0.940g/cm^3$；低密度聚乙烯（LDPE），密度 $0.910～0.925g/cm^3$，又称高压聚乙烯；线形低密度聚乙烯（LLDPE），密度 $0.91～0.94g/cm^3$；还有一种是用低压法生产的分子量达 80 万～100 万的超高分子量聚乙烯（UHMWPE）。密度不同意味着分子链的规整程度（有无支链、支链长度及其数量）及其相应的堆砌程度（结晶度）不同，从而在性能上也有差异。不过就 PE 的整体而言，它还是一种价廉物美、综合性能较好的一类塑料。但也有缺点，如软化温度低、耐热性不高、印刷性和粘接性不佳、拉伸强度偏低、耐烃类溶剂和耐燃料油的性能差、阻隔性和阻燃性等不好均有待改善。这些性能缺陷基本上都可通过各品种间的共混来实现性能互补。例如，HDPE 硬度大，缺乏柔软性，因而不适于制造薄膜制品；LDPE 则因强度和气密性较低而不适于制造中空容器。将 HDPE 与 LDPE 共混就可以制得软硬适中的 PE 共混物。在 LDPE 中添加适量 HDPE 就可以制造出低透气性和适宜刚性的薄膜和中空容器。如果 PE 与另类树脂（EVA 或 CPE）共混就可以制得粘接性强、拉伸强度较高、且容易印刷的柔韧性共混物；如果 PE 与 CPE（含氯量 45%～55%）共混还可以制得与油墨粘接力比 HDPE 大 3 倍，且能耐油、阻燃、耐环境应力开裂的高性能材料和制品。诸如此类的改性品种和相关研究很多，但它们均为塑料/塑料共混而不属于塑料用橡胶共混改性。

在 PE/橡胶共混改性研究中，一个成功、且具应用价值的共混体系是 HDPE 与 SBS 共混，所用的共混方法是先将等量的 HDPE 与 SBS 进行熔融共混制得母粒，随后再用母粒与 HDPE 共混。所得共混料的分散相（SBS）分散均匀，可顺利地吹塑成薄膜。这种薄膜不仅具有较高的拉伸强度，而且既可透气又可透湿，适于用作蔬菜水果保鲜膜。

如果 PE 与 SIS（聚苯乙烯-b-聚异戊二烯-b-聚苯乙烯三嵌段共聚物）或 PE 与 IIR（丁基橡胶）共混，前者可在改善加工流动性的同时，制得伸长率远大于 HDPE 的弹性材料，后者则可显著提高 HDPE 的耐冲击强度。

④ 聚苯乙烯（PS）/橡胶共混改性。众所周知，聚苯乙烯是透明性极好（俗称有机玻

璃)、且绝缘性优良（双向拉伸薄膜作电容器)、耐水、耐化学品侵蚀、刚性高的塑料，其最大的性能缺陷是不耐冲击。所以聚苯乙烯/橡胶共混改性，主要集中于在保持其高透明性的同时，提高其耐冲击强度、制取高抗冲强度的聚苯乙烯（HIPS)。共混改性的重点在于开发制备方法和选择高透明性橡胶。已研发成功并得到应用的共混改性方法主要有：机械（或称熔融)共混法、接枝共聚-共混法，接枝共聚-共混法又可进一步分为本体-悬浮法和本体聚合法。

a. 机械共混法：机械共混法生产 HIPS 所用的橡胶有 SBS、SBR 或 BR 等，这些弹性体和橡胶与 PS 的相容性较好，最好不含凝胶，以免影响 PS 的透明性。在 PS 中加入 15% 的 SBR，制得的 HIPS 的冲击强度可达 $25kJ/m^2$。

b. 本体-悬浮接枝共混法：先将橡胶（SBS 或 SBR)溶在苯乙烯单体中进行本体预聚，使苯乙烯接到橡胶上，此时橡胶溶液由连续相转化为 PS 溶液的连续相，待单体转化率达 33%～35% 时，将物料转入置有水和悬浮剂的釜中进行悬浮聚合，直到反应结束，得到粒度分布均匀的颗粒状聚合物。

c. 本体聚合法：首先将橡胶溶在苯乙烯中进行本体预聚，当转化率达 25%～40% 时，将物料送入由若干串联的反应器中分段升温进行本体聚合。

在 HIPS 中，橡胶的含量一般在 10% 以下，但由于上述方法制得的橡胶粒子中包藏有很小的 PS 粒子，所以使橡胶的体积分数可升至 20% 以上，这就大大提高了增韧效果，且对 PS 的刚性降低很少。

(2) 以橡胶为基体的橡胶/塑料共混改性 与以塑料为基体的塑料/橡胶共混改性不同，这里讨论的是以橡胶为基体（橡胶组分量大于塑料）则是用塑料的高强度、耐老化、耐溶剂性和高硬度等来改善橡胶的低强度、易老化和耐介质侵蚀性等，并赋予橡胶以新的特性。在获得某种新性能的同时，往往会损害其部分弹性。此外，由于橡胶是共混物的主体，为了使其硫化，橡胶又经常配入一定数量的加工助剂、填充补强剂和硫化剂；当橡胶与塑料共混时，必然会带来硫化助剂和补强剂在两相间的分配、分散匀化等问题。因此为了实现预期的共混改性目标，首先要考虑硫化助剂在两相间的分配。橡胶与塑料共混通常称作橡塑并用。

① 硫化助剂和补强剂在两相间的分配。硫化助剂在两相间的分配，主要与橡胶的溶解参数和硫化助剂的溶解参数是否相近有关。一般说来，硫黄的溶解参数较大，此时应选择溶解参数较大的橡胶（例如顺丁橡胶的溶解参数 $\delta_{BR}=8.1\sim8.6$；异戊橡胶 $\delta_{IR}=7.9\sim8.3$；丁腈 25～30℃ 的溶解参数 $\delta=9.9$；乙丙橡胶和丁基橡胶的溶解参数为 $\delta_{EP}=7.9$，$\delta_{IIR}=7.7\sim8.0$ 等）才能使大部分硫黄溶在橡胶中，同时提高共混温度也对硫化助剂的溶解有利。

补强剂如炭黑在两相间的分配也会影响橡胶共混物的性能。一般的规律是，不饱和橡胶容易与炭黑结合形成结合橡胶，而饱和橡胶（如乙丙橡胶等）则与炭黑的结合力差，大多数塑料为饱和主链也不易与炭黑结合，故橡胶/塑料共混时，绝大部分炭黑都结合在橡胶相中。

② 丁腈橡胶（NBR)/PVC 共混改性。AN（丙烯腈）结合量为 30%～36% 的 NBR 与 PVC 的相容性较好，且对硫黄-促进剂 M 的溶解度较大，NBR/PVC 共混物并用比对共混物硫化后的力学性能的影响列在图 4-3 中。

图 4-3 的物性数据表明：NBR/PVC 共混物的拉伸强度、定伸应力、撕裂强度、硬度都随 PVC 用量的增大而提高；伸长率在 PVC 用量<35% 以前也随 PVC 用量的增大而增大；而共混物的永久变形和磨耗量却随 PVC 用量的增大（直至≤35 份）急剧下降。其耐油性也

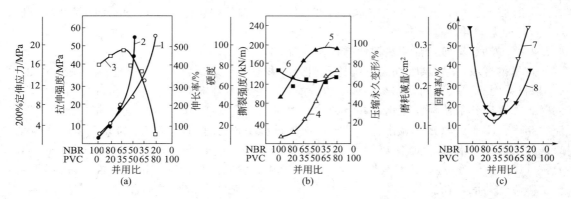

图 4-3　NBR/PVC 共混胶硫化后的力学性能与并用比的关系

1—拉伸强度；2—定伸应力；3—伸长率；4—撕裂强度；5—硬度；6—压缩永久形变；7—回弹率；
8—磨耗减量　(a) NBR/PVC 共混物并用比与定伸应力、拉伸强度、伸长率的关系；
(b) NBR/PVC 共混物并用比与硬度、撕裂强度、压缩永久形变的关系；
(c) NBR/PVC 共混物并用比与磨耗减量、回弹率的关系

比 NBR 明显提高。说明改性效果显著，价格也比 NBR 更加低廉。这可能是 NBR/PVC 共混物最早实现工业化（1983 年）且产耗量很大的重要原因。

NBR/PVC 共混物除具有上述优异的力学性能和耐油性外，其耐臭氧龟裂和耐热性也得到明显改善。例如把 NBR 置于 O_3，浓度为 1% 的环境中，3min 就出现龟裂，而 NBR/PVC 共混胶在同样的环境中放置 20min 仍无龟裂现象发生；NBR 于 100℃ 老化 7 天后，其拉伸强度下降到原强度的 79%，而 NBR/PVC 共混胶在同样的条件下，其拉伸强度却变化很小；如果共混物中 PVC 含量超过 40%，共混胶则具有良好的阻燃性。

除 NBR 外，其他特种橡胶也可与 PVC 共混改性。氯丁橡胶（CR）掺混 PVC 后，既可改善 CR 的加工性能，又能提高 CR 的耐油性、耐燃性和耐天候老化性；氯化聚乙烯（CPE）和氯磺化聚乙烯（CSM）与 PVC 的相容性取决于其氯含量，一般是极性基的含量越高，共混物的定伸应力、拉伸强度和硬度就越高。此外，氯醚橡胶（CO）也可用 PVC 共混来提高其定伸应力和硬度。

③ 其他橡胶/聚烯烃树脂共混改性。这里所说的其他橡胶包括 NR、BR、SBR、EPDM、IIR 等，聚烯烃树脂包括 PE、PP、PS 和高苯乙烯树脂（苯乙烯结合量＞60% 的丁苯共聚物）。

NR、BR 和 SBR 与 PS 有较好的相容性，与 PS 共混后可显著改善橡胶的加工性能，对于 BR/PS 并用体系，PS 还有良好的补强作用；NR、BR 和 SBR 均可与高苯乙烯树脂共混制造高硬度橡胶制品如仿革鞋底等。这种共混物的耐磨性比牛皮高 4 倍多，而且有真牛皮手感，发泡性好，适于制造微孔橡胶制品。

SBR、EPDM 和 IIR 都可与 PE 共混。当 SBR 中并用 15 份 PE，可显著提高 SBR 的强度、耐臭氧龟裂和耐热性以及其抗多次弯曲疲劳性能；EPDM 与 PE 有良好的相容性，因而 PE 对 EPDM 有明显的补强作用，EPDM 硫化后还可以提高其耐溶剂性；不经硫化还可制备 EPDM/PE 共混型热塑性弹性体；IIR 与 PE 也有良好的相容性，IIR/PE 共混硫化胶的拉伸强度、定伸应力、撕裂强度和硬度都随 PE 并用量的增大而提高，但断裂伸长率却随之下降；一些非极性橡胶如 BR 和 EPDM 与 PP 均可形成相容性良好的并用体系，其中 PP 对 EPDM/PP 共混物有良好的补强作用，如果共混时加入 3~5 份的丙烯酰胺，则补强作用更加显著，还可以降低 EPDM 的永久变形；如果 BR 与无规聚丙烯（APP）共混，不仅能改

善 BR 的加工性能，还可降低成本，APP 对 BR 没有补强作用，所以随 APP 用量的增加，BR 的各种力学性能均会下降。

4.3.2.4 橡胶/塑料共混型热塑性弹性体（TPE）

这里的橡胶/塑料共混在组分配比和相分离形态上和第 3 节所讨论的塑料/橡胶共混、橡胶/塑料共混有很大不同，它是在橡胶组分配比大于塑料配比的条件下，在进行熔融共混的同时，加入硫化剂使橡胶硫化，并借助剪切力使硫化胶以细小的粒子（分散相）分散在塑料连续相中。由于分散相的硫化胶细粒子在加工过程中形态保持不变，塑料相又可塑化流动，故这种共混物称作动态硫化热塑性硫化胶（dynamic vulcanized thermoplastic vulcanizate，简称 TPV）。橡胶/塑料共混改性由简单地机械共混发展到部分动态硫化共混，进而发展为全动态硫化共混，在技术上是一个巨大进步。全硫化是指分散相的橡胶至少有 97% 发生了交联，或者说橡胶相的交联度至少大于 $7\times 10^{-5}\,\mathrm{mol/cm^3}$。TPV 中的橡胶的粒径一般应小于 $2\mu m$[69]。

由于 PVC 中的橡胶相组分已充分交联，所以它的强度、弹性、耐热性、抗压缩变形和加工流动性均比简单的机械共混和部分动态共混法有很大提高，同时所得共混物的耐疲劳、耐化学品性和加工稳定性也得到了明显改善。而且，采用科学的动态全硫化技术又可以保证橡胶相在高于塑料相配比的条件下仍能保持住分散相特征，从而使加工温度和物料黏度都处于正常加工范围。

由于 TPV 是在螺杆挤出机中使柔性橡胶和刚性塑料进行熔融共混时，加入的硫化剂就地将橡胶硫化，并借助螺杆转动的剪切力把硫化胶分散成细小粒子，所以随着硫化程度的提高，橡胶的黏度随之增大。黏度比的迅速增大导致黏度大的橡胶由连续相过渡为分散相，塑料（树脂）则迅速转化为连续相[70]。这就是说，橡胶/塑料共混物在高温、高剪切力作用下，在橡胶硫化的同时，剪切力促使硫化胶细粒子分散在熔融的塑料连续相中形成两相结构的 TPV 的。由于塑料相在加工温度下可以发生塑性流动，分散相又是高弹性硫化胶，所以 TPV 呈现热塑性弹性体性能。

由于可供选用的橡胶和塑料品种很多，由动态硫化法又能制得性能良好的热塑性弹性体（有些性能甚至优于嵌段共聚物），所以动态硫化是制取新型 TPE 的简单实用且应用范围很广的新方法。

要想制得共混物中橡胶配比大于塑料且性能良好的 TPV，通常采用熔融共混法。目前用熔融共混法制取乙丙橡胶（EPDM）/聚丙烯（PP）、天然橡胶/PP、丁基橡胶（IIR）/PP、氯化 IIR/PP 和丁腈橡胶（NBR）/尼龙等的 TPV 均已有工业产品，而以丙烯酸酯橡胶（ACM）作橡胶相的 ACM/塑料 TPV 尚在研发中。应当指出，当采用动态硫化法来制备 TPV 时，不同橡胶需选用与之相匹配的硫化体系；如果橡胶与塑料的极性相差太大，还必须加入增容剂（常是嵌段或接枝共聚物）以提高两相界面的粘接力；TPV 性能的好坏，不仅依赖于橡胶/塑料品种的选择和适宜搭配，而且还取决于所选橡胶相的临界缠结分子长度（碳原子数，N_C）、塑料相的结晶度（W_C）和橡胶相与塑料相之间的界面张力的差值（$\Delta\gamma_c$），即表面能是否接近。以下分别列出 TPV 性能与共混组分特性之间的关系（图 4-4），以及已研究过的由适宜硫化体系经动态硫化制得的 TPV 的力学性能（表 4-10）。

由图 4-4 可以看出，①提高塑料相的结晶度有利于改善 TPV 的强度和伸长率，并降低永久变形；②橡胶相的 N_C 越低，TPV 的物性越好；③橡胶相与塑料相的表面能越接近（即 $\Delta\gamma_c$ 越小），TPV 的强度越高。

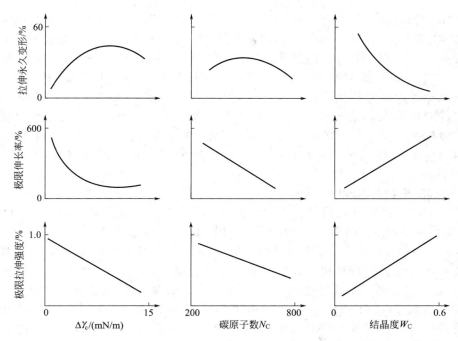

图 4-4 $\Delta\gamma_c$、N_C 和 W_C 对 TPV 极限性能的影响[19,71,72]

表 4-10 橡胶/塑料（60/40）TPV 的主要力学性能

橡胶	塑料 项目	PP	PE	PS	ABS	SAN	PMMA	PBT	PA	PC
IIR	拉伸强度/MPa	21.6	14.9	0.9	1.7	4.3	5.4	1.4	4.0	1.3
	扯断伸长率/%	380	312	3	18	7	6	156	34	161
	永久变形/%	23	28							
EPDM	拉伸强度/MPa	24.3	16.4	7.9	3.2	5.6	6.0	12.2	7.7	15.7
	扯断伸长率/%	530	612	69	18	5	6	102	30	66
	永久变形/%	16								
NR	拉伸强度/MPa	26.4	18.2	6.2	5.8	8.4	1.8	10.9	5.7	6.7
	扯断伸长率/%	390	360	85	56	14	58	62	42	21
	永久变形/%	24								
BR	拉伸强度/MPa	20.8	19.3	11.6	9.9	8.3	3.5	12.8	16.3	2.1
	扯断伸长率/%	258	229	73	64	12	5	52	121	5
	永久变形/%	27								
SBR	拉伸强度/MPa	21.7	17.1	15.8	10.8	8.1	5.7	21.7	14.6	7.3
	扯断伸长率/%	428	240	89	70	12	15	102	201	19
	永久变形/%	30								
ACM	拉伸强度/MPa	4.0	4.2	11.4	9.4	7.7	6.2	14.6	16.1	5.2
	扯断伸长率/%	18	20	20	144	18	21	135	163	81
	永久变形/%							41	56	17
CR	拉伸强度/MPa	13.0	13.8	15.5	12.8	12.5	8.9	(13.5)	(3.2)	14.7
	扯断伸长率/%	141	390	67	96	7	5	65	(6)	91
	永久变形/%	33	37							
NBR	拉伸强度/MPa	17.0	17.6	7.7	13.6	25.8	10.8	19.3	21.5	18.2
	扯断伸长率/%	204	190	20	164	169	56	350	320	130
	永久变形/%	31				55		25	44	

① IIR 为丁基橡胶；CR 为氯丁橡胶；NBR 为丁腈橡胶；SAN 为苯乙烯/丙烯腈共聚物；PA 为尼龙 6；PC 为聚碳酸酯。橡胶的硫化体系分别为：IIR 为二羟基甲酚（P）；EPDM 为加促进剂的硫黄体系（S）或马来酰亚胺-过氧化物（M-O）；NR 为双马来酰亚胺-MBTS（M-M）；BR 为双马来酰亚胺（M）；SBR 为（P）、（M-M）或（M）；ACM 为皂-硫给予体（SO-S）；CR 为（S）、（M-M）或（M）；NBR 为（M-O）、（M-M）或有机过氧化物（O）。

表 4-10 数据的基本规律是：通用橡胶（NR、BR、SBR）和 EPDM 等与聚烯烃塑料（PP、PE）共混，所得 TPV 的强度、伸长率都高，永久变形小；若与硬塑料（PS、PMMA、SAN 等）共混，则 TPV 的强度、伸长率均低；特种橡胶（IIR、ACM、CR、NBR）与聚烯烃（PP、PE）或硬塑料（PS、SAN、PMMA、PC 等）共混，TPV 的强度和弹性取决于原橡胶的强伸特性，但均可提高塑料的弹性。其中 ACM 由于其 W_c 为 0，N_c 值在所有橡胶中最长，其硫化胶的强度和弹性均较低（典型 ACM 硫化胶的强度约为 12MPa，伸长率为 150%～250%），因而其 TPV 的强伸性能在所研究过的 TPV 中是最低的，但是由于 γ_c 值适中，它却能显著改善与其 γ_c 接近的硬塑料（ABS、PBT、PA、PC）的弹性。

4.3.2.5 橡胶/橡胶共混改性[73,74]

大规模生产的通用橡胶包括：天然橡胶（NR）、丁苯橡胶（E-SBR、S-SBR）、顺丁橡胶（BR）、异戊橡胶（IR）、乙丙橡胶（EPDM）、丁基橡胶（IIR）、氯丁橡胶（CR）和丁腈橡胶（NBR）。其中，CR 由于其耐氧化、一定的阻燃和耐油特性，NBR 由于其耐油特性，有时也称作特种橡胶。特种橡胶主要包括：氯醚橡胶（CO）、丙烯酸酯橡胶（ACM）、氯化聚乙烯（CPE，氯含量 35%～40%）、氯磺化聚乙烯（CSM）、硅橡胶（如 MPQ）和氟橡胶（FPM）等。本节所说的橡胶/橡胶共混改性，将按照通用橡胶之间、通用橡胶与特种橡胶、特种橡胶之间的顺序，讨论它们之间的取长补短、性能互补来实现改善加工性能、提高物性和降低成本的目的。橡胶与橡胶共混，常称为橡胶与橡胶并用。

（1）橡胶/橡胶共混时的基本问题

① 配合剂的分配和相间迁移。增塑剂、硫化剂、炭黑等配合剂均可能在橡胶/橡胶共混物的相间发生迁移，而各橡胶相硫化活性的不同也会进一步加剧硫化剂的迁移行为。这种行为在橡胶/橡胶共混改性技术中十分突出。

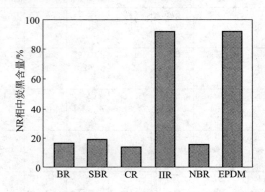

图 4-5 合成橡胶/天然橡胶并用胶中炭黑的分布
（橡胶并用比 50/50，中超耐磨炭黑含量 40 份）

研究结果表明，炭黑容易从低不饱和度橡胶（如 IIR 和 EPDM）向高不饱和度橡胶迁移，而在饱和碳氢化合物共混物中则不发生这种迁移，惰性炭黑和其他惰性填料的相间迁移相对较少。

合成橡胶/天然橡胶并用胶中炭黑的分布如图 4-5 所示。

炭黑品种不同时，并用胶中炭黑的分布也有所不同。

硫化剂最初的分配与迁移与其在橡胶中的溶解性和加工工艺有关，但在硫化反应发生时，硫化剂则往往从交联速度慢的橡胶中向交联速度快的橡胶迁移[70]。

硫化剂和促进剂在各种并用胶中的分配系数见表 4-11。

② 橡胶/橡胶的共硫化。除非特殊需要，橡胶/橡胶共混物的各个相一般均要求达到正常的交联密度（7×10^{-5} mol/cm^3），并且最好是同步交联、界面也产生一定程度的共交联。但由于硫化剂的分配与迁移以及各个橡胶相硫化特性的差异，这一点不容易做到。不同的橡胶配用不同的交联剂体系、分步硫化的方法等可在一定程度上弥补或缩小上述差异。

表 4-11　各种并用胶中硫化剂和促进剂的分配系数（153℃）

硫化促进剂 并用胶	S	DM	DOTG	TMTD
EPDM/CIIR[①]	1.25	1.60	0.76	1.25
NR-CIIR	1.56	2.95	1.70	4.80
SBR/CIIR	1.84	4.25	3.14	>10
BR/CIIR	2.00	2.70	1.43	>10
CR/CIIR	>2.5	>6.0	>3.6	>10
NR/EPDM	1.25	1.85	2.22	3.17
SBR/EPDM	1.48	2.66	4.15	>6.6
BR/EPDM	1.60	1.60	1.87	>6.6
SBR/NR	1.18	1.44	1.86	>2.0
BR/SBR	1.09	0.64	0.46	
BR/NR	1.26	0.92	0.45	

① CIIR 为氯化丁基橡胶。

（2）天然橡胶与合成橡胶的共混物

① NR 与 BR 并用[75]。两者相容性很好，共硫化性也较好。NR 中引入 BR，可以提高弹性和耐磨性，降低常温区的内耗。BR 中引入 NR，则可显著提高拉伸强度、撕裂强度和定伸应力以及改善 BR 的加工性能等。

② NR 与 SBR 并用[76,77]。两者的相容性和共硫化性也较好。NR 中引入 SBR 可提高 NR 的耐高温老化性能、耐磨性和小变形下的耐疲劳破坏性能等。而在 SBR 中并用 NR，主要是提高拉伸强度、撕裂强度、大变形下的抗疲劳破坏性能、黏合性能等，动态生热性能也有所改善。

NR/SBR 并用硫化胶的物性与并用比的关系见表 4-12。

表 4-12　NR-SBR 并用硫化胶物理机械性能与并用比的关系

性　能	NR/SBR 并用比							
	100/0	90/10	80/20	70/30	60/40	40/60	20/80	0/100
门尼焦烧时间(120℃)/min	19	16	17	16	18	22	24	33
黏合强度/MPa	0.18	1.06	0.13	0.11	0.10	0.095	0.09	0.09
300%定伸应力/MPa	9.7	8.6	8.8	8.3	7.7	7.3	7.0	7.0
拉伸强度/MPa	24.6	24.8	23.5	22.7	22.0	20.0	19.0	18.0
扯断伸长率/%	580	600	600	590	600	615	620	630
扯断永久变形/%	28	32	32	32	32	32	30	34
撕裂强度/(kN/m)	116	109	99	99	68	61	50	42
热老化系数								
按拉伸强度计(70℃×120h)	0.84	0.89	0.85	0.86	0.85	0.83	0.80	0.83
按伸长率计(70℃×120h)	0.94	0.96	0.92	0.96	0.95	0.98	0.95	0.94
按拉伸强度计(100℃×72h)	0.34	0.37	0.37	0.44	0.52	0.53	0.60	0.66
按伸长率计(100℃×72h)	0.42	0.44	0.44	0.48	0.48	0.37	0.31	0.29
回弹性/%	40	39	39	37	36	37	36	36
硬度(TM-2)	59	60	60	60	60	60	59	58
多次拉伸疲劳次数/千次	32.6	16.3	16.3	47.1	35.3	36.5	38.8	40.2
与镀铜金属黏合强度/(kN/m)	38.2	34.0	34.0	31.5	30.2	30.1	28.0	27.6

③ NR 与乙丙橡胶并用。在 NR 中并用乙丙橡胶，抗臭氧老化性能大大提高[78]，臭氧裂纹发生的时间由原来的 21h 提高到 2000h 以上。乙丙橡胶中掺混 NR，则是为了提高强伸性能和黏着性能。在大多数情况下，NR 与乙丙橡胶共混物中分散相的尺寸尚可[79]，但二

者共硫化的难度较大[80]。

当采用硫黄硫化体系交联时,应该使用不饱和度高的乙丙橡胶与天然橡胶并用;采用过氧化物交联,共硫化效果较好。为了进一步提高共硫化效果,可先将乙丙橡胶预交联,然后再与天然橡胶共混交联[80]。

采用改性乙丙橡胶(如磺化乙丙橡胶等)与NR共混是解决其共硫化性差异性较大的一个重要技术手段。

④ NR与丁基橡胶并用。采用IIR预硫化,然后再与NR共混硫化,可改善共硫化性能[80],见表4-13。

表4-13 IIR经不同预硫化温度及时间对IIR/NR并用硫化胶拉伸强度的影响

项 目	预硫化温度/℃	预硫化时间/min	拉伸强度/MPa	老化后拉伸强度保持率(100℃×24h)/%
IIR/NR(50/50)			8.60	86
	120	120	15.64	61
	130	70	17.91	60
	140	40	15.61	63
	150	25	16.63	60
	160	20	17.34	61

采用氯化、溴化丁基橡胶与NR并用,可以产生更好的共硫化效果[81]。

⑤ NR与NBR并用。NR中并用NBR,是为了改善耐油性。而NBR中并用NR,则是为了提高强度和耐疲劳破坏性能、耐寒性能等。随着NBR中丙烯腈结合量的增加,二者的相容性变差,共硫化特性也变差。实际操作时,通常采用将硫化剂、炭黑等预先混入NBR中然后再与NR并用的方法。

⑥ NR与CR并用。NR中并用CR,主要是改善其耐候性能和耐臭氧性能、阻燃性能等。由于CR多用氧化锌和氧化镁交联,因此二者间的共硫化问题容易解决。

⑦ NR与氯醚橡胶并用。将氯醚橡胶引入NR,主要是改善耐臭氧性能、耐油性能、耐热性能等。而将NR引入氯醚橡胶,则是为了改善强伸性能和加工性能。由于二者的相容性差,故常用丁腈橡胶、氯化聚乙烯、环氧化天然橡胶等作增容剂[82]。

(3) 丁苯橡胶与其他橡胶的共混物

① SBR与BR并用。SBR与BR的相容性很好,硫化性能差异不明显。SBR中并用BR,主要是为了改善其弹性、低温性能、生热性能、耐磨性能等。广泛用于轮胎面胶的制造。

图4-6为SBR/BR并用硫化胶物理机械性能与并用比的关系[74]。

② SBR与EPDM并用。与NR相比,SBR更易于与EPDM并用和共硫化。SBR中并用EPDM,可提高弹性、耐老化性能、耐热性能等,适用于胎侧胶等制品。而EPDM中并用SBR,则是为了改善其加工性能、发泡时的泡壁支撑性能并降低成本,常用于连续硫化密封条等制品。氯化乙丙橡胶与SBR间共硫化效果更佳。

③ SBR与IIR并用。SBR与IIR并用(以IIR为主)通常采用酚醛树脂硫化体系交联,共硫化效果好,可用于轮胎内胎胶的制造。

④ SBR与CR并用。SBR与CR的硫化性能差异性较小。SBR中并用CR,可提高耐油性、耐臭氧性、阻燃性、黏着性。而CR中并用SBR,则可改善加工性能,降低成本。

(4) 丁腈橡胶与其他橡胶的共混物

① NBR与EPDM并用。EPDM与NBR的相容性不好,采用马来酸酐化乙丙橡胶等作

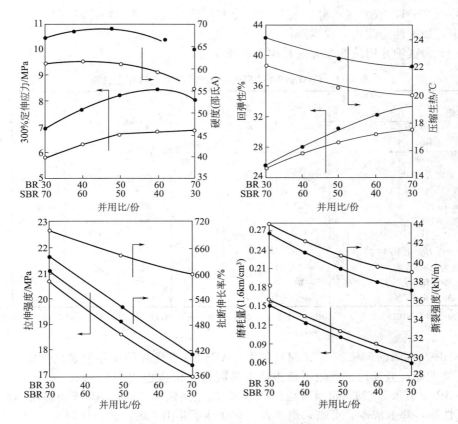

图 4-6 SBR/BR 并用硫化胶物理机械性能与并用比的关系
——●——SBR1712/BR9000 并用胶；——○——SBR1712/BR9075 并用胶
配方：SBR/BR100 份，硬脂酸 2.0 份，ZnO3.0 份，防老剂 4010NA1.2 份，防老剂 RD1.5 份，防老剂 H0.3 份，石蜡 1.0 份，炭黑（ISAF）75 份，操作油 7.0 份，硫 1.8 份，促进剂 CZ1.5 份。
硫化条件：143℃×25min

增容剂可获得较好的相容效果。NBR 中掺混 EPDM，主要是为了提高耐老化性能，特别是耐臭氧老化性能，也可提高耐寒性。而 EPDM 中并用一定量的 NBR，则是为了改善耐油性。

② NBR 与 CPE 并用。NBR 与 CPE 的相容性好，NBR 中掺混 CPE，可改善阻燃性能、耐臭氧老化性能、耐热老化性能等。

表 4-14 为不同并用比的 CPE/NBR 并用硫化胶热老化后的性能变化。

表 4-14 不同并用比的 CPE/NBR 并用硫化胶热老化后性能的变化[①]

CPE/NBR 并用比	拉伸强度/MPa			扯断伸长率/%			硬度（邵氏 A）
	老化前	老化后	拉伸强度保持率/%	老化前	老化后	伸长率保持率/%	老化后
90/10	11.46	9.27	81	705	120	33	76
70/30	12.89	6.20	48	695	230	17	74
50/50	14.10	4.56	32	735	310	42	67
30/70	11.63	4.58	39	770	480	62	59

① 热老化条件：120℃×10h。

③ NBR 与氯磺化聚乙烯（CSM）并用。二者的相容性好，共硫化问题也易于解决。

NBR 中并用 CSM，阻燃性、耐臭氧老化性能和耐热老化性能等均得到明显改善。CSM 中并用 NBR，加工性能改善，成本降低。

表 4-15 为这种并用胶的配方及并用硫化胶性能。

表 4-15　CSM/NBR 并用胶的配方①及并用硫化胶性能

组分与性能 \ 配方代号	A	B	C	D	E	F	G
CSM		20	40	50	60	80	100
NBR3309	100	80	60	50	40	20	—
硫化：170℃×40min							
200%定伸应力/MPa	0.68	1.0	2.0	2.4	2.5	2.2	1.24
拉伸强度/MPa	2.0	2.4	3.6	6.3	6.5	7.9	13.6
扯断伸长率/%	650	300	350	380	400	450	550
硬度(邵氏 A)	50	55	57	58	60	58	56
热老化：120℃×48h							
200%定伸应力变化率/%	+2				−0.8		−27.1
拉伸强度变化率/%	−27	−32	−34	−29	−28	−25	−27
扯断伸长率变化率/%	−61	−58	−52	−45	−41	−32	−28
硬度(邵氏 A)变化率/%	+9	+10	+8	+6	+6	+4	+4

① 配方：CSM/NBR3309 100 份，Pb_3O_4 1.5 份，NA-22 1.5 份；MgO 2.0 份，S 1.5 份，ZnO 1.5 份，硬脂酸 1.0 份。

④ NBR 与丙烯酸酯橡胶（ACM）并用。ACM 具有优异的耐热氧老化性能、耐热油性能、耐臭氧性能，但其加工性能不理想，不易脱模，价格也较高。NBR 与 ACM 的相容性好。在 NBR 中引入 ACM，可显著地提高 NBR 的上述性能。而在 ACM 中掺用 NBR，则可改善加工性能，降低成本。可以采用各自的交联体系并用来解决共硫化问题[83,84]。

⑤ NBR 与氯醚橡胶并用。二者的相容性好。在 NBR 中掺混氯醚橡胶，可提高耐热油性能和耐老化性能以及耐低温性能。

⑥ 丁腈橡胶与氟橡胶并用。NBR 中掺入氟橡胶，可提高耐热油档次。而在氟橡胶中引入 NBR，则可降低成本，提高耐寒性。二者的相容性一般，宜采用各自的交联体系并用实现共硫化[85]。

（5）乙丙橡胶与其他橡胶的共混物

① 乙丙橡胶与氯丁橡胶并用。乙丙橡胶中并用氯丁橡胶，可改善其耐油性和阻燃性，并且不损伤其耐臭氧性能。而氯丁橡胶中并用乙丙橡胶，则是为了进一步改善其耐老化性能、耐寒性能[86]。可以采用氯化聚乙烯、马来酸酐化乙丙橡胶作增容剂。

② 乙丙橡胶与丁基橡胶并用。丁基橡胶具有优异的气体阻隔性能，掺混 EPDM 后既可在一定程度上保持这种性能，又可显著改进丁基橡胶老化容易发黏的缺陷，并赋予很好的抗臭氧老化性能。已广泛应用于轮胎内胎胶的制造。二者可直接机械共混，由于硫化速率均较慢，共硫化差异也较小[87]。

图 4-7 为不同并用比的 EPDM/IIR 的氮气透过量与时间的关系。图 4-8 为并用硫化胶的耐臭氧性能。

③ EPDM 与 CPE 并用。EPDM 中引入 CPE，可改善加工性能，大大提高耐屈挠疲劳性能、阻燃性能等。而在 CPE 中掺入 EPDM，则可提高弹性和耐寒性。

④ EPDM 与 CSM 并用。CSM 与 EPDM 的并用效果与 CPE/EPDM 体系相似，在少量低聚酯增塑剂的辅助下，CSM/EPDM（20/80）硫化胶的拉伸疲劳性能非常好[88]。

⑤ EPDM 与硅橡胶并用。将 EPDM 引入硅橡胶中，可以提高强度，降低成本，改进耐

热水性能。而将硅橡胶引入 EPDM 中，可以显著提高后者的耐热老化性能、无卤阻燃性能。二者并用体系的共硫化效果较好，可以采用乙烯基硅烷偶联剂[89]、乙烯-丙烯酸甲酯共聚物、乙烯-乙酸乙烯酯共聚物、聚乙烯或三元乙丙橡胶接枝硅烷等作增容剂[90,91]。

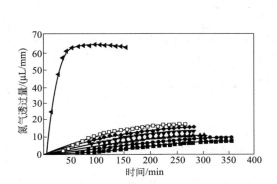 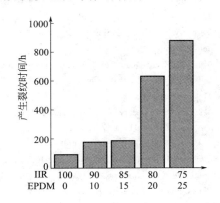

图 4-7　不同并用比 EPDM/IIR 的氮气透过量与时间的关系

EPDM（J2070）/IIR：■ 0/100；● 10/90；
▲ 15/85；▼ 20/80；◆ 30/70；
□ 40/60；◁ 100/0

图 4-8　IIR/EPDM 并用硫化胶的耐臭氧性能

臭氧化条件：试片拉伸 20%，试验温度 35℃，臭氧溶度 $50×10^{-8}$

⑥ EPDM 与氟橡胶并用。EPDM 与氟橡胶的相容性差，常用的增容剂是 NBR-18，也可用二者的接枝物作增容剂。二者共交联主要采用过氧化物体系。在 EPDM 中引入氟橡胶，可有效地提高耐热老化性能。而在氟橡胶中引入 EPDM，可提高弹性，降低成本[92]。

(6) CR 与其他橡胶的共混物

① CR 与氯化丁基橡胶（CIIR）并用。CIIR 的氯含量较低，将其与 CR 并用，可以提高耐用性能、机械性能和粘接性能。而在 CR 中引入 CIIR，可提高耐热耐老化性能、气密性能[93]。

② CR 与 CPE 并用。CR 与 CPE 的相容性好，可用金属氧化物、秋兰姆类硫化剂进行共交联[94]。

CR 中引入 CPE，可改善加工性能、耐热老化性能、耐臭氧性能等。而在 CPE 中掺入 CR，则可提高弹性、耐寒性等。

(7) 丙烯酸酯橡胶与其他橡胶的共混物

① 丙烯酸酯橡胶与硅橡胶并用。丙烯酸酯橡胶与硅橡胶的相容性一般，可以采用过氧化物作共交联剂。丙烯酸酯橡胶中引入硅橡胶可以改善其耐热老化性能和不易脱模的性能。而硅橡胶并用部分丙烯酸酯橡胶可赋予前者一定的高温耐油性能[95]。

② 丙烯酸酯橡胶与氯醚橡胶并用。氯醚橡胶与丙烯酸酯橡胶有一定的相容性，二者并用可采用胺类、金属氧化物类交联剂。在氯醚橡胶中加入丙烯酸酯橡胶，其耐热老化性能、耐油性能显著提高[96]。

③ 丙烯酸酯橡胶与氟橡胶并用。丙烯酸酯橡胶与氟橡胶的相容性较好，并用效果好，氟橡胶与部分丙烯酸酯橡胶并用，可降低成本，提高耐寒性。而丙烯酸酯橡胶并用部分氟橡胶，其耐热老化性能、高温耐油性能可进一步提高，粘模性能也会改善[97~99]。

参 考 文 献

[1]　焦书科，陈晓农. 高分子通报，1999，3：115～120.

[2] 杨清芝主编. 现代橡胶工艺学. 第二章. 北京：中国石化出版社，1997；朱敏，合成橡胶的结构与性能. 见：赵旭涛，刘大华主编，合成橡胶工业手册. 第二版. 北京：化学工业出版社，2006.

[3] George Odian. Principles of Polymerization. Wiley Interscience Publication, John Wiley&Sons, 1981. 655～668.

[4] Alliger G, Sjotyum I G. Vulcanization of Elastomers. New York: Van Nostrand Reinhold, 1964.

[5] Coran A Y. Vulcanization. Chap. 7 in "Science and Technology of Rubber", Eirich FR, Ed, New York: Academic press, 1978.

[6] Минскер К С, Феъосеева Г Т. Деструкция и Стабилизация Поливинил-хлорида M. Химия, 1972.

[7] Butoner K A. Austral. Paint J, 1970, 15 (2): 17～21.

[8] Mater. Perform, 1975, 14 (3): 23.

[9] 吴趾龙. 全国合成橡胶行业第13次年会论文集. 1996～1997, 85; Lwakazu Hottori, et al. Journal of Elastomer and Plastics, 1991, 23: 135～151.

[10] Fukahori Takahiko, et al. WO 9 5/04 090.

[11] Lwakazu Hattori, et al. US 5 064 910. 1991.

[12] Singha N K, Sivaram S и Stalwar S. Rubber Chem. & Techno., 1995, 68 (2): 281.

[13] Parkker D K, Pobert F R, Schiessl H W. Rubber Chem. & Techno., 1992, 65: 245.

[14] Frederick C, et al. Hydrogenation Catalysts. US 3 855 185. 1973; Adel F. Catalyst for Hydrogenation of Elastomers. US 3 868 354. 1975.

[15] Kubo Y. International Chemical Engineering, 1993, 33 (1): 113.

[16] 周淑芹，姚明，岳冬梅等. 高分子材料科学与工程，2002，18 (5)：69～72.

[17] Nippon Zeon Company Limited. Hydrogenation of Conjugated Diene Polymers, JP 5 7202 305. 1979; JP 5 817 101. 1983.

[18] 张传贤等. 丁腈橡胶. 见：赵旭涛，刘大华主编. 合成橡胶工业手册. 第二版. 北京：化学工业出版社，2006.

[19] 霍尔登 G，莱格 NR 主编. 热塑性弹性体. 付志峰等译. 北京：化学工业出版社，2000.

[20] GB 1 271 045. 1970.

[21] Alebrt N, D E Vault. Bartiesville. US 3 696 088. 1972.

[22] Toshi Teramoto. U S 4 980 421. 1990; U S 5 104 972. 1972.

[23] 谢其成等. 选择性氧化共轭二烯烃聚合物的方法，CN 97 109 094；贺小进，陈德铨. 聚合物加氢后残余金属催化剂的脱除方法，CN 92 105 370. 1992.

[24] Yasushi Kishimoto. Ayase. US 4 501 857. 1990.

[25] 维奥拉 G T 等. 二烯共聚物的加方氢方法，CN 98 122 656. 1998.

[26] 韦勒 T 等. 金属茂及其作为催化剂的应用，CN 4 120 496；尹绍明，李望明，梁红言等. 一种含共轭二烯聚合物选择氢化方法，CN 97 108 079. 1997.

[27] 查特尔兰 L R 等. 共轭二烯聚合物的选择氢化，CN 92 114 489. 1992；查特尔兰 L R 等. 共轭二烯聚合物选择氢化的改进方法，CN 92 110 490. 1992.

[28] 顿佐夫 А А，洛佐维克 Г Я，诺维茨卡亚著. 氯代聚合物. 丁振威，齐平一译. 北京：化学工业出版社，1983. 10～16.

[29] Попова П Г, Николинский П Д, Младенов И Т. Докл. Ъолгарской Академии Наук., 1970. 26 (4): 479.

[30] Ibarra L. a Rev. in Plastic mod, 1973, 24 (204): 900.

[31] Yamada Tomoharu, et al. EP 328 291. 1989.

[32] 夏宇正，唐裕宽，石淑先，焦书科. 顺丁橡胶的氯化及含氯量控制. 合成橡胶工业，2005，28 (6)：412～416；李艳丽，石淑先，夏宇正等. 北京化工大学学报，2004，31 (4)：45～49.

[33] 冯志豪等. 丁基橡胶. 见：赵旭涛，刘大华主编. 合成橡胶工业手册. 第二版. 北京：化学工业出版社，2006. 637.

[34] 朱景芬. 国内外 EPR 的技术进展及发展趋势. 橡胶工业，2002，49 (6)：366.

[35] Михайлова М, Небков E, Тенчев Х Р. Изв. Отд. Хим. Наук. Ъолг., АН, 1972, 5 (1): 115.

[36] Orthner L. US 2 981 720. 1961; Ennis R E, Scott J W. US 3 542 747. 1970.

[37] 宋科生. 氯化聚乙烯橡胶. 见：赵旭涛，刘大华主编. 合成橡胶工业手册. 第二版. 北京：化学工业出版社，2006.

[38] 周循溪. 氯磺化聚乙烯橡胶. 见：赵旭涛，刘大华主编. 合成橡胶工业手册. 第二版. 北京：化学工业出版社，2006.

[39] Maakinght W J, et al. J. Polym. Sci., Part A-1, 1981, 16: 41.
[40] 谢洪泉. 离子交联聚合物. 见:《化工百科全书》编委会, 化学工业出版社《化工百科全书》编辑部编. 化工百科全书. 第 10 卷. 北京: 化学工业出版社, 1996.
[41] 马步勇等. 合成橡胶工业, 1991, 14 (3): 227.
[42] 谢洪泉, 李锦山. 热塑性弹性体. 见: 赵旭涛, 刘大华主编. 合成橡胶工业手册. 第二版. 北京: 化学工业出版社, 2006.
[43] Xie H Q, et al. J. Macromol. Sci. Part B, 1995, 34 (3): 249.
[44] 韦异. SBS 的环氧化改性及其粘合性能研究. 广西工学院学报, 2001, 12 (4): 54~57.
[45] Martin F S. Melvin T, Pieroni J K. Solid Golf Ball. US 4 266 772. 1981.
[46] Nisbimura K, Saito T, Asada M, et al. The reinforcement hydrogenated NBR by in situ polymerization of Zinc methacylate, See Int. Cong. & Exp, [C]. Detriot, MI, 1989.
[47] 齐藤孝臣, 浅田美佐子, 西村浩一. 甲基丙烯酸锌的聚合行为. 日本ゴム协会志, 1994, 67 (12): 867~871.
[48] 刘岚. 橡胶/蒙脱土的纳米复合材料制备结构与性能研究: [学位论文]. 广州: 华南理工大学材料科学与工程学院, 2002.
[49] 吴友平. 粘土/丁腈橡胶纳米复合材料的结构性能研究及应力-应变行为的理论模拟: [学位论文]. 北京: 北京化工大学材料科学与工程学院, 2002.
[50] 张立群, 王一中, 余鼎声, 王益庆, 孙朝晖 (北京化工大学). 粘土/橡胶纳米复合材料的制备方法. CN98 101 496, 8. 1998.
[51] Kraus G. Interactions of elastomer and reinforcing fillers. Rubber Chem. Technol., 1965, 38 (5): 1070~1115.
[52] Dannenberg E M. Bound of rubber and carbon black reinforcement. Rubber Chem. Technol., 1986, 59 (3): 512~520.
[53] Dannenberg E M. Rubber Chem. Technol., 1975, 48: 410.
[54] 吴友平, 贾清秀, 刘力等. 橡胶增强的理论研究. 合成橡胶工业, 2004, 27 (1): 1~5.
[55] Duchacek V, Rubber Chem. Technol., 1972, 45: 945.
[56] Schelle W. lornez O, Dummer W, et al. Rubber Chem, Technol., 1956, 29 (1): 15.
[57] Geyser M, McGill W J. J Appl Polym Sci., 1996. 60: 430.
[58] Bateman L. The chemistry and physics of rubber-like substances. London: Maclaren & Sons Ltd, 1963, 449.
[59] Grelling J R. Rubber Chem, Technol., 1973, 46: 524.
[60] 于永忠, 吴启鸿, 葛世成等编著. 阻燃材料手册 (修订版). 北京: 群众出版社, 1997.
[61] 欧育湘, 陈宇, 王莜梅编著. 阻燃高分子材料. 北京: 国防工业出版社, 2001.
[62] 王国全编著. 聚合物共混改性原理与应用. 北京: 中国轻工业出版社, 2007, 9~11.
[63] 王炼石. 塑料/橡胶共混物的相结构与增韧作用. 塑料助剂, 2005 (5): 45.
[64] Wu S A. Generalized Criterion of Rubber Toughening: The Critical Matrix Ligament Thickness. J. Appl Polym. Sci., 1988, 35: 549~561.
[65] Tokita N. Analysis of Morphology Formation in Elastomer Blends. Rubber Chem. Technol., 1977, (2): 292.
[66] 沈家瑞, 贾德民. 聚合物共混与合金. 广州: 华南理工大学出版社, 1999.
[67] 王国全编著. 聚合物共混改性原理与应用. 北京: 中国轻工业出版社, 2007, 135~166.
[68] Bucknall C B. Rubber-toughening of plastics: part 1, creep mechanisms in HIPS, Mater, Sci., 1972, (7): 202~210.
[69] 邓本诚, 李俊山. 橡胶塑料共混改性. 北京: 中国石化出版社, 1996.
[70] Abdou-Sabert S, Puydak R C, Rader C P. Rubber Chem. Technol., 1996, 69: 476.
[71] Wu S. Polymer Blends, Vol 1, Paul D R, and Neuman S (Eds.), New York: Academic Press, 1978. 244.
[72] Aharoni S M. J. Appl. Polym. Sci., 1977, 21: 1323.
[73] 周彦豪, 张立群, 李晨等. 合成橡胶工业, 1998, 21 (1): 1~6.
[74] 张立群. 合成橡胶的改性技术. 见: 赵旭涛, 刘大华主编. 合成橡胶工业手册. 第二版. 北京: 化学工业出版社, 2006. 220~225.
[75] 翁玉凤, 范汝良, 徐志和等. 合成橡胶工业, 1993, 16 (6): 356.
[76] Щумилин Ю Ф. Прусмъск, ЩИН и РТИ. 1986. (12): 10.
[77] Чаваил. Ђолуславский Д Ђ, Ђоробущкиня Х Н. Щвыбкая Н П. Кау. и Резина, 1985, (8): 24.

[78] Frank C. Casare. Rubber world, 1989, 201 (3): 14.
[79] Setiawan A K, Lanmond T G. Rubber Chem. Technol., 1977, 50 (2): 292.
[80] Suma N. Rani Joseph, George K E. J. Appl. Polym. Sci., 1993, 49 (43): 549.
[81] Dutta N K, Tripathy D K. J. Elastomers and plastics, 1993, 25 (2): 158.
[82] 刘承美,罗利玲. 橡胶工业, 1995, 42 (7): 387.
[83] Antal I. Gummi Asbest Kunstst., 1978, (9): 629.
[84] Coran A Y. Rubbr Chem. Technol., 1990, 63 (4): 599.
[85] 奥本忠與,杉本正俊,市川昌好. 日本ゴム協会誌, 1983, 56 (12): 784.
[86] 木村都威,倉林正明. 日本ゴム協会誌, 1967, 40 (5): 68.
[87] 任玉柱,吴友平,田明等. 并用比对 EPDM/IIR 内胎胶性能的影响. 橡胶工业, 2004, 51 (2): 74~77.
[88] Ибргимов А Д. Кау. иРезина. 1978, 13 (2): 6.
[89] 王迪珍,徐莜丹,李航等. 合成橡胶工业, 1996, 19 (3): 171.
[90] Kole S, Bhattacharya A K, Bhowmick A K, Rubb. Chem. Technol., 1994, 67 (1): 119.
[91] Kole S, Roy S. Bhowmick A K. Polymer. 1995, 36 (17): 3273.
[92] Пашинин В И, Ввеселов В М. Провощин РТИ и АТИ, 1983 (5): 3.
[93] Mikowes T K. Kaut. u Gummi Kunstst., 1981, 34 (4): 396.
[94] 吴道虎. 特种橡胶制品, 1995, 16 (6): 11.
[95] Itsuki Umeda, Takemura Y, Watanabe J. Rubber World, 1989, 201 (3): 20.
[96] Stenescu C, Bucharest L. kaut. u Gummi Kunstst., 1979, 32 (9): 647.
[97] 唐坤明,吕春力,陈善良. 特种橡胶制品, 1995, 16 (1): 20.
[98] Pascol Gouillet. Caoutchoucs et plastigue, 1981, 117~225.
[99] 木材秀樹. ポリマーダイジェスト, 1995, 47 (6): 58.

第5章 橡胶加工、硫化技术及其与橡胶结构-性能的相关性

橡胶加工、硫化技术是指以橡胶（生胶）为主体物料、并添加多种辅料，经多种加工设备于不同的工艺条件下使生胶与各种加工助剂、填料和硫化剂等混合并与多种骨架材料辅配结合、加工硫化成橡胶制品。它主要包括：制品结构设计、橡胶配方设计和加工工艺条件制定和控制。其中，制品结构设计涉及结构力学、骨架材料的选取、组合和混炼胶的贴合等专门领域，故本节仅就与生胶塑炼和混炼及硫化密切相关的橡胶加工程序、加工硫化工艺和设备及橡胶配方设计展开讨论。

橡胶制品的制造方法和加工程序源于对天然橡胶（生胶）的塑炼、混炼、加工成型和硫化。沿用至今已形成对所有橡胶普遍采用的典型程序化加工工序：

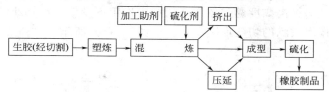

与塑料和纤维的加工成型经常是一次完成相比，由于生胶是典型的黏弹体，所以其加工成型和硫化则是分步进行的。其特点是先塑炼后混炼、先成型后硫化。

上述加工工序除硫化定型设备外，其他工序都是借助作相对转动的辊筒式炼胶机（如双辊开炼机和密炼机、三连或多连辊压延机）和螺杆挤出机完成的。不言而喻，这种作相对转动的辊筒或螺杆必然对加工胶料产生剪切作用，剪切力不仅能促使胶料快速混合，而且还会使粒料破碎和橡胶分子链断裂。再加上生胶又是典型的黏弹体，其流动形变既有黏性流动（塑性）的贡献，又有弹性变形的份额；生胶或混炼胶的本体黏度很高，所以这种高黏度物料的剪切流动形变必然有其特殊的流变特征。这就是说，研究橡胶的加工行为首先要了解生胶的流变特性，进一步将橡胶的流变性能与加工行为关联起来，才能最终确立起橡胶结构与加工性能之间的内在联系。

5.1 生胶的流变特性及其与辊筒行为之间的关系

5.1.1 冷流和切变
5.1.1.1 冷流

生胶的冷流是指生胶在自身质量压力下于常温就可自动向四周流淌的流动变形现象。容易发生冷流的橡胶大都是分子间作用力小、分子链的线形度高、柔性较大的生胶，例如顺丁橡胶、丁基橡胶和硅橡胶等，或是低分子量级分含量多的生胶。此外，块状生胶中存有大气孔或是包装不紧、内外包装没有棱角也容易使橡胶冷流。生胶的冷流显然会对橡胶的储存和运输带来麻烦。

生胶的冷流本质上是橡胶在一定重力作用下的剪切形变，这种剪切形变必然与橡胶的形状（胶块的半径和厚度）、胶块的本体黏度和所承受的重力有关。Nakajima 曾依据简化的冷

流模型分析,提出用以下的关系式来描述块状生胶的流变类型和流动所需的时间 $t_{1/4}$[1]。

$$t_{1/4} = \frac{45}{8} \times \eta_0 \times \frac{R^2}{Fh^2} \tag{5-1}$$

式中　$t_{1/4}$——生胶足以流动所需要的时间,该时间设定为块状生胶由于流动其底部厚度减少75%所需要的时间,且这一流动时间要比生胶的最大松弛时间长得多,此时可把这种流动看作是牛顿型流动;

　　　　η_0——最大本体黏度(零切变速率黏度);

　　　　F——胶块上部的质量重力;

　　　　R——胶块的半径(即把厚胶块看作是一个圆盘);

　　　　h——胶块的厚度。

式(5-1)表明,生胶发生冷流所需要的时间与生胶的本体黏度和胶块半径的平方呈正比,而与作用力和胶块厚度的平方呈反比。它描述的是生胶在静压力作用下的剪切流变行为。

5.1.1.2　生胶"熔体"在剪切应力作用下的切变行为[2]

(1) 生胶熔体的剪切流动形变曲线　天然橡胶和通用合成橡胶生胶都是典型的黏弹体,其熔体又具高黏度。这种高黏度黏弹体在剪切应力作用下发生剪切流动形变理应能呈现黏性流动和弹性变形都作出贡献的切变形变特征。如图5-1(a)所示,其流动曲线 $OABC$ 包括三个区域。

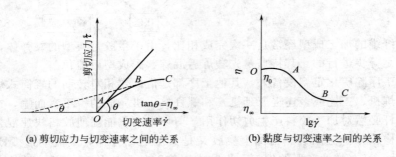

(a) 剪切应力与切变速率之间的关系　　　(b) 黏度与切变速率之间的关系

图 5-1　假塑性流体的流变曲线

OA 段为低切变速率范围内生胶熔体表现出的剪切应力 τ 与剪切速率 $\frac{dr}{dt} = \dot\gamma$ 成正比,即:

$$\tau = \eta \frac{dr}{dt} = \eta\dot\gamma \tag{5-2}$$

式中,η 为比例常数,称切变黏度系数或牛顿黏度,是流体流动梯度(切变速率)为 $1s^{-1}$ 时单位面积上所受到的流动阻力[法定单位是 Pa·s,又称泊(P),1P=0.1Pa·s]。式(5-2)表示的是黏度不随剪切应力和剪切速率的大小而改变[见图5-1(b)中的 OA 段]。具备这种流动特性的流体称牛顿流体。图5-1(a)中的 OA 段是通过原点的直线,直线与 $\dot\gamma$ 轴的夹角是 θ,此时的剪切黏度 $\eta = \tau \div \dot\gamma = \tan\theta$,又称作零切黏度 η_0。

AB 段为非牛顿流动区,该段表示当剪切速率增加到一定值后[图5-1(a)中的 A 点],黏度开始随切变速率的增大而降低[见图5-1(b)中的 AB 段],即出现剪切变稀,表现出假塑性行为。此时流变曲线(AB 段)上的某一点的斜率(即剪切应力 τ)与切变速率 $\dot\gamma$ 的比值 $\tau/\dot\gamma$ 就是"表观黏度 η_a"。即:

$$\eta_a = \tau/\dot{\gamma} \tag{5-3}$$

式(5-3)中的表观黏度既有黏性流动（不可逆形变）的贡献，又包括了弹性变形（可逆形变）的贡献，所以生胶的表观黏度随切应力的增大而增大，随形变速率的增大而减小。

切应力 τ 与切变速率 $\dot{\gamma}$ 之间的关系可用以下的幂律方程（5-4）表示：

$$\tau = K\dot{\gamma}^n \tag{5-4}$$

式中，K 为常数（又称稠度）；n 为表征偏离牛顿流体程度的指数，又称非牛顿性指数，又可简称为流变指数，当 $n=1$ 时为牛顿流体，$n<1$ 时为假塑性流体，$n>1$ 为胀塑性流体。

假塑性流体的黏度随切变速率增大而降低的现象，可用较公认的分子链缠结来解释。当切变速率增加到一定值后，缠结点被破坏的速度大于重建速度，黏度开始下降，此时熔体呈假塑性流动；当切变速率继续增大到缠结破坏来不及重建时，黏度降至最小值，并不再变化。这就到了图 5-1(a)、(b) 所示的 BC 段，在 BC 段由于黏度不再随切变速率的增大而改变，所以称作第二牛顿区。一般情况下，第二牛顿区不易达到。因为这时熔体已储存（或产生）了大量热而使流动行为改变，流动稳定性受到破坏，进入湍流区。

生胶塑炼后期、混炼胶、混炼胶的压延和挤出的熔体流变行为均属假塑性流体。

假塑性流体的黏度不仅随剪切应力、切变速率而改变，而且还会受流动温度（加工温度）的影响。对于可塑性＞弹性形变的塑炼胶和混炼胶来说，其流动温度主要取决于橡胶的 T_g，如果它在 $T_g+100℃$ 的温度下塑炼或混炼，其黏度主要受流动活化能（E）的影响。因此黏度与温度的关系可近似地用 Arrhenius 方程来描述：

$$\eta = Ae^{-\frac{E}{RT}} \tag{5-5}$$

在给定的压力下，A 为生胶的结构参数，E 为流动活化能。由于橡胶类聚合物（天然橡胶和通用合成橡胶生胶）都是柔性分子，其流动活化能均较小，所以生胶的表观黏度随温度的变化不大。

(2) 影响生胶 η_0 的分子参数

① 分子量对 η_0 的影响。研究表明，生胶熔体的零剪切黏度与其重均分子量呈正比：

$$\eta_0 = K_1 \overline{M}_w^{3.4} \quad (\overline{M}_w > \overline{M}_c) \tag{5-6}$$

$$\eta_0 = K_2 \overline{M}_w \quad (\overline{M}_w < \overline{M}_c) \tag{5-7}$$

式中，K_1 和 K_2 是常数；M_c 是分子链开始缠结时的最低分子量。当 $\overline{M}_w < \overline{M}_c$ 时，分子链容易滑动位移，故其 η_0 较小；当 $\overline{M}_w > \overline{M}_c$ 时，随着 $\overline{M}_w$ 的增大，缠结处增多，分子链滑动位移的阻力增大，导致 η_0 随 $\overline{M}_w$ 的 3.4 次方急剧增大。不同橡胶的 $\overline{M}_c$ 不同，如天然橡胶的 $\overline{M}_c$ 约为 5000，顺丁橡胶的 $\overline{M}_c \approx 30000 \sim 40000$，硅橡胶的 $\overline{M}_c \approx 37000$。一般塑炼胶的 $\overline{M}_c \geq 10$ 万。

② 分子量分布。由式(5-6) 和式(5-7) 可知，η_0 主要由 $\overline{M}_w$ 决定，如果分子量分布较宽，表明 $\overline{M}_w$ 和 $\overline{M}_n$ 相差悬殊，此时高分子量级分对剪切黏度的贡献要比低分子量级分大得多。但分子量大小对切变速率的反映也不同，分子量越大，剪切应力引起的切变黏度降低也越大。

③ 支链长短和数目的影响。一般地说，短支链数目越多，分子间的距离越大，分子间的作用力较小，因而其黏度也较小；当支链长度超过 $3\overline{M}_c$ 后，缠结点增多，此时黏度可升高 10~100 倍。

5.1.2 生胶的切变性能与包辊行为[3]

生胶或混炼胶的包辊行为是指胶料在承受剪切应力时（用辊筒塑炼或混炼）是否容易包

辊和发生断带，而包辊和断带又取决于生胶在一定炼胶温度下呈现塑性流动和弹性变形的适当比例。一般说来，生胶在其 $T_g+100℃$ 以上进行塑炼，由于剪切力可以切断分子链而提高塑性，容易形成既有塑性流动又有适当高的弹性变形的弹性胶带，这种弹性胶带容易形变而包覆在前辊上，此时形成的胶带也不容易破裂；如果进行混炼，不仅容易操作，而且固体助剂和填料（如炭黑）也容易分散。

关于胶带在辊筒上的断裂，Tokita 等[4]曾提出了一个能判断生胶断裂特性与其加工性能、分子结构参数相关性的图解（见图 5-2），并建议通过测量断裂能密度（U_b）来计算可逆弹性形变（不消耗能量）和塑性形变（或黏性流动）能耗的相对贡献。这里所说的断裂特性主要指扯断伸长比（生胶或混炼胶）、塑炼胶的弹性与塑性之比；断裂能密度 U_b 是外力（剪切应力）对单位体积生胶所做的功，它包括弹性储能和黏性流动（塑性）能耗两部分。

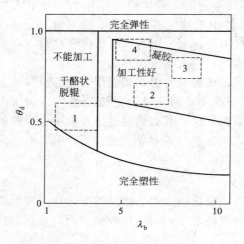

图 5-2 炼胶区域划分图解 θ_d-λ_b 关系
1—窄分布溶聚丁苯橡胶和丁二烯橡胶；2—宽分布溶聚丁苯橡胶和丁二烯橡胶；3—冷法乳聚丁苯橡胶；4—热法乳聚丁苯橡胶

Tokita 等提出用 θ_d（形变参数）-λ_b（断裂伸长比）相关图解来区分"理想弹性"和"完全塑性"以及它们对剪切形变所作的贡献（见图 5-2）；其中 θ_d 是"理想弹性"（理想生胶只发生弹性形变、不发生塑性形变，其功耗为零）的断裂能密度 U_{be} 与实际生胶断裂能密度 U_b 之比。U_{be}/U_b 表示生胶断裂前的形变过程中弹性储能和塑性功耗的相对贡献。

图 5-2 的 θ_d-λ_b 关系表明，生胶中理想弹性的断裂能随断裂伸长比的增大而逐渐降低，宏观结果是生胶的弹性逐渐下降而塑性增大；断裂伸长比<4 的生胶，由于较硬在辊筒上容易滑动不易进入辊距间而形成"弹性楔"，加工困难；当断裂伸长比≥5 后，不仅塑性贡献大、弹性贡献下降，所以像图 5-2 中 2~4 的生胶都具有良好的加工性能（包辊、不断带）；试样 1 之所以加工困难主要是因为其生胶的分子量分布窄、断裂伸长比小而 θ_d 较大之故；热法乳聚丁苯胶由于支化度高、且凝胶含量较多，故其 λ_b 较小、弹性贡献较大，致使其辊筒行为不如冷乳聚丁苯橡胶好。上述规律直接反映出分子结构参数（分子量及其分布、支化和凝胶）对生胶加工性能的影响。因此可以认为：各种生胶在图 5-2 中的位置直接反映出其辊筒行为（包辊、断带）的好坏，只有 λ_b 与 θ_d 适当配合（即弹性和塑性恰当比例），才能呈现良好的辊筒行为。

5.1.3 胶料的切变行为与挤出膨胀、破裂

胶料包括塑炼胶和混炼胶，它们在挤出前后的断面和尺寸与口型之间会出现差异，这种挤出后的膨胀收缩现象称为弹性记忆效应或挤出胀大（barus）效应。胶料挤出时，当挤出速度过快并超过某一极限时，挤出物的表面会出现麻面、皱纹、波浪形、竹节形或螺旋形畸变，甚至发生无规破裂，这种现象统称为挤出破裂。出现上述两类现象的原因都与生胶黏弹体的切变行为有关。

（1）挤出胀大 挤出胀大是指胶料在挤出口型后会发生体积膨胀。由于生胶是黏弹体，它在螺杆与料筒（或压延辊）的挤压力下发生剪切变形而流动，当胶料前进时，部分分子链会沿外力方向舒展开来，导致部分分子链发生塑性位移而造成真实流动，还有部分分子链在

舒展的同时只发生构象改变的弹性形变。由于挤出速度很快,舒展的分子链来不及松弛,挤出口型(或辊筒)后,由于解除了外力,部分拉伸舒展的分子链立即回缩,导致挤出物直径、厚度增大的体积膨胀,除塑性流动导致永久形变外,其余已发生形变的分子链再在胶料停放过程中慢慢恢复。

Cotten 曾对丁苯橡胶、顺丁橡胶、丁基橡胶和天然橡胶的炭黑胶料进行过挤出膨胀回缩动力学研究[5],发现最终膨胀率(松弛 18h)约有 50% 是在离开口型后 0.02s 内发生的,随后是慢松弛过程,最终膨胀率中有 95% 是在 4~5min 内完成的。

胶料发生挤出膨胀的直接后果是:半成品长度和厚度偏离口型或预计尺寸,胶料挤出后必须停放足够时间才能达到稳定尺寸。

挤出膨胀现象可用给定挤出条件下的挤出膨胀率来表征(膨胀率即挤出物的直径、断面尺寸与口型相应尺寸之比),还可用零剪切变黏度 η_0 和最大松弛时间来表示。在实验室中常用毛细管流变仪来半定量地预测挤出机的口型膨胀率;如果是条形试样还可用下式来计算半成品的收缩率 L:

$$L = \frac{半成品停放前长度 - 半成品停放后长度}{半成品停放前长度} \times 100\%$$

如果挤出的半成品是胎面胶,在停放过程中其长度可缩小 2%~5%。

橡胶的挤出膨胀率既与生胶的分子结构有关,又受配方和挤出工艺条件的影响。例如天然橡胶的挤出膨胀率比丁苯橡胶、氯丁橡胶和硬丁腈橡胶的小,显然这是由于后三种橡胶的分子间的作用力大、带有体积庞大或极性取代基使分子链的内旋转困难、导致其松弛时间较长所致。

橡胶的分子量越高,其可塑性越小,黏度大、流动性差,流动过程中的弹性形变所需要的松弛时间长则收缩较慢,故其挤出膨胀率大。但在生产中不要片面追求膨胀率小而过度提高胶料的可塑性,因为分子量过小虽可塑性大,但所得胶片的强度太低。对于薄壁中空制品,为了利于成型,半成品需有适当的挺括性,此时应采用分子量较高的生胶。

图 5-3 为两种丁苯橡胶挤出膨胀率的比较,S-SBR 的挤出膨胀率较小,而 E-SBR 的挤出膨胀对切变速率的依赖性较强。

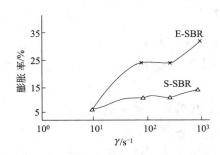

图 5-3 锡偶联溶聚丁苯橡胶、乳聚丁苯橡胶挤出膨胀率的比较

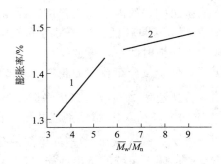

图 5-4 充油丁苯橡胶分子量分布对挤出膨胀率的影响
1—溶聚丁苯橡胶;2—乳聚丁苯橡胶

随着分子量分布变宽,胶料的挤出膨胀率也增大(见图 5-4),这是由于高分子量级分弹性形变所需要的松弛时间较长所致。

橡胶支化程度高者,长支链支化引起的缠结也会使松弛时间延长,故挤出膨胀率大。

胶料中含胶率高者,弹性大,挤出膨胀率也大,挤出半成品表面粗糙;含胶率低者,其膨胀率亦较小。

一般认为,填充-补强剂用量较大的胶料,膨胀率小。研究表明,加入炭黑可降低胶料的弹性,减小膨胀率。这是因为加入炭黑可以减小引起弹性形变的"自由橡胶"量,同时,由于炭黑优先吸附分子量大的级分,剩下分子量较小的"自由橡胶",故有利于松弛。炭黑用量大、炭黑结构性高时,则膨胀收缩率小。这一变化规律遵循"结构-浓度(用量)等效原理"。

软化-增塑剂可减小橡胶分子间的作用力,缩短松弛时间,故可降低膨胀率。

挤出工艺条件对挤出膨胀收缩率有较大影响。温度升高,分子间作用力减小,松弛时间缩短,膨胀率减小;挤出速度提高,胶料在口型中停留时间短,分子链来不及松弛,故膨胀率增大。此外,不同胶料对温度、剪切速率变化的敏感性是不同的。天然橡胶对剪切速率较敏感,而顺丁橡胶、丁苯橡胶则对温度变化不太敏感。而乙烯-辛烯共聚物属于剪切应力变稀的假塑性流体,提高剪切速率和增加辛烯的结合量时,切敏性增强,对温度变化却不敏感。

(2) 挤出破裂 在本节一开始就提到,当挤出速度超过某一极限值时,挤出物表面会出现一系列不规整畸变,甚至发生无规断裂,这种现象统称为挤出破裂,又称为熔体破裂或流动破裂。开始产生破裂的剪切应力和剪切速率,分别称为临界剪切应力 τ_c 和临界剪切速率 $\dot{\gamma}_c$。

为了表征挤出破裂的程度和胶料的挤出性能,美国 ASTM D2230—96 规定:用一个近似梯形的口型(相当于半个胎面的口型板)来评价挤出行为的优劣与特征。该口型称为加维(Garvey)口型。通过加维口型的挤出物,按断面轮廓、刃边、表面和拐角四个方面来评价计分,满分为 16 分,每方面最佳者为 4 分,最差者为 1 分。

聚合物的流动破裂可分为两大类型,即 LDPE 型(低密度聚乙烯型,即支化型)和 HDPE 型(高密度聚乙烯型,即线形)。LDPE 型破裂从一开始就是无规则的,而 HDPE 型开始破裂时先形成许多鲨鱼皮小裂纹,其后又出现有规则的破裂,最后才是无规破裂。属于 LDPE 型破裂的有丁苯橡胶、聚苯乙烯、支化型聚二甲基硅氧烷等;属于 HDPE 型破裂的有聚丁二烯、乙烯-丙烯共聚物、线形聚二甲基硅氧烷以及某些含氟聚合物等。

影响挤出破裂的因素和改善挤出性能的工艺措施有以下几点。

① 采用分子量较低、分子量分布较宽的胶料。一般说来,分子量较低的胶料,其可塑性度较大,松弛时间短,可逆弹性小,不易破裂,挤出物表面光滑,但应注意保证制品的强度和挺性;分子量分布较宽的胶料,在较高的剪切速率下有较强的假塑性流动特性,可借以提高临界剪切速率 $\dot{\gamma}_c$,改善挤出性能。

② 添加炭黑和软化-增塑剂或并用。在配方中加炭黑补强剂可降低胶料的弹性、提高临界剪切速率 $\dot{\gamma}_c$;加入软化-增塑剂可削减分子间作用力、提高可塑性,有助于减轻破裂,改善挤出性能;顺丁橡胶的挤出性能欠佳,若加入 15 份无规聚丙烯,则可得到表面光滑的胶带。通用合成橡胶与天然橡胶并用也可改善其挤出性能。

③ 改变挤出或压延的工艺条件。提高挤出或挤出口型的温度,可加快胶料的松弛,使口型外的弹性形变小,不易破裂,且可使临界剪切速率 $\dot{\gamma}_c$ 大大提高;但有些橡胶如顺丁橡胶在<70℃的温度下挤出可得到光滑表面,而在>70℃的温度下挤出反而会出现破边。此外,减小挤出口型的入口角(例如采用喇叭形口型),不仅可消除死角环流,而且还能大大降低分子链在入口处的急剧形变程度,使能量吸收得以平均分配,从而可大大提高临界剪切速率 $\dot{\gamma}_c$,减少破裂。

5.2 生胶加工工序和加工工艺

5.2.1 塑炼

(1) 塑炼原理 塑炼在早期称素炼,其含意是所用原料是纯生胶,不加任何其他物质,它是与混炼相对而言的。后来则普遍采用塑炼以表达它是一个使生胶塑性化或增大生胶可塑性的炼胶工艺过程。传统的塑炼是指生胶在塑炼机(开炼机、密炼机或螺杆挤出机)剪切力和热、氧等的共同作用下,把强韧的弹性胶块转变成有显著塑性的过程或方法,塑炼的实质是降低分子量、化解缠结、降低黏度,并使生胶的可塑性匀化一致以利于后继工序的混炼、压延和成型。塑炼过的生胶称塑炼胶。对于通用合成橡胶,其门尼黏度($ML_{100℃}^{1+4}$)为50左右的生胶基本上可以达到塑炼胶的可塑性。这就是说目前生产的大多数通用合成橡胶(如乳聚丁苯橡胶、溶聚丁苯橡胶、顺丁橡胶和低腈丁腈橡胶)和标准的恒黏度及低黏度的天然橡胶产品,由于它们在生产过程中已经把门尼黏度控制在50左右,已具备了塑炼胶的可塑性,所以一般可不经塑炼直接进行混炼。

应当指出的是,顺丁橡胶(门尼黏度50左右)虽原则上无需塑炼,但实际上由于其分子链柔性大,特别是当分子量很大时极易缠结,其缠结密度比天然橡胶、丁基橡胶高得多[3],顺丁橡胶分子主链对剪切力又不敏感,塑炼又有助于化解缠结,因此门尼黏度为50左右的顺丁生胶,还是进行塑炼为好。高丁腈橡胶由于门尼黏度较高,也必须经过塑炼。

目前测定门尼黏度所用的门尼黏度计(Mooney viscometer)是用恒定转速(2r/min,其剪切速率为$1.57s^{-1}$)的大转子在限定条件下(100℃预热1min、转动4min)测定生胶的转动力矩(门尼值)。这种门尼值虽可大体上反映出生胶的分子量大小,分子量分布宽窄和凝胶含量多少,但不能确切地表征出分子量分布和长链支化对门尼黏度的影响。用这种门尼黏度计来测定门尼黏度,不仅门尼值随测定条件不同而变化,而且更重要的是它反映不出橡胶分子支化对其流变行为的影响。因此建议采用一种变速(多速)门尼黏度计,它可在接近加工时的条件下直接测定胶料的流变性能,还可将门尼黏度(转矩)-时间关系曲线转换成黏度-切变速率关系曲线来评价生胶的加工性能的优劣。目前橡胶加工厂仍主要采用威氏可塑仪来测定胶料的可塑性,在可塑仪上可直接读出可塑度,威氏可塑度是从0到1的无量纲量,其值越大,表明可塑度越高即可塑性越大。

(2) 塑炼方法 塑炼方法包括生胶预处理、塑炼设备及工艺条件。其中预处理是指生胶在塑炼前经烘烤使胶变软并除去水分和挥发物,随后再将块状生胶切割、破碎以利于向塑炼机喂料。如果所用生胶是粉末或黏稠液体则只需烘干即可。广泛采用的塑炼设备是:开(放)式炼(胶)机、密炼机和螺杆挤出机,它们都可提供高剪切力切断分子链而获得低黏度的可塑性塑炼胶。

密炼机和螺杆塑炼的塑炼温度一般都在100℃以上,常称高温塑炼法,开炼机塑炼温度在100℃以下,故常称低温塑炼法。它们都可通过辊筒或套筒加热、冷却来调节塑炼温度,通过调节辊距或转速来调节剪切力和塑炼效率。塑炼操作经常在大气环境中进行,所以生胶可塑性的增大实际上是力和化学氧化共同作用的结果。由于橡胶的分子结构不同,分子间作用力和主链化学键强度也有差异,所以不同的生胶塑炼工艺条件也不一样。

(3) 合成橡胶的塑炼条件 一般说来天然橡胶比合成橡胶容易塑炼,合成橡胶塑炼的难易程度大致有如下顺序(从易到难):异戊橡胶、氯丁橡胶>丁苯橡胶>顺丁橡胶>丁腈橡胶。天然橡胶最容易塑炼,高温塑炼或低温塑炼均可采用,不过从节能和抑制其拉伸结晶

（天然橡胶的高温拉伸结晶速度快）的观点，天然橡胶宜采用尽可能低的塑炼温度；另一个原因是天然橡胶在高低温下因为化学键断裂或氧化裂解所产生的自由基比较稳定（由于甲基的超共轭作用），它只能导致大分子链进一步降解而不会引发支化和形成凝胶。异戊橡胶之所以容易塑炼正是由于其化学组成和链结构与天然橡胶相近的缘故。与它们相比，顺丁橡胶是典型的二烯烃均聚物，由于其分子间作用力小，剪切形变时容易导致分子链相对滑移，而不容易被剪切力切断；另一方面，顺丁橡胶分子链因为化学键断裂或氧化裂解形成的自由基比较活泼（无甲基超共轭稳定作用），容易进攻其他分子链形成支化或凝胶，从而导致可塑性反而减小。其他二烯类橡胶之所以难塑炼，一是由于其分子间作用力大，使分子链难以滑移而提高可塑性；二是分子链断裂形成的自由基不够稳定；三是生产合成橡胶时几乎都会加入适量的防老剂，这些防老剂恰好又是活性自由基的抑制剂。所以合成橡胶几乎都是采用低温塑炼法，并在尽可能低的温度下以小辊距进行塑炼。

5.2.2　混炼[3]

（1）混炼原理　　混炼是指可塑性合格的生胶与各种配合剂（包括补强剂和硫化剂等）经机械力使之均匀混合的工艺过程。由于可塑性生胶是黏弹性液相固体，各种配合剂又大都是固体粒子，混炼设备又都是采用辊筒式开炼机或密炼机，所以混炼工艺必然会涉及液-固混合所遇到的固体物料的表面润湿、破碎、均匀分散、黏弹体的剪切流动及剪切力引起的生胶与固体物料结合方式等诸多理论问题。这些问题可概括为：生胶的混炼性、配合剂的混炼性、液-固接触表面的润湿、填料在黏弹体切变流动中的分散、及生胶与填料的力化学结合。以下将就这些问题进行简要分析和讨论。

① 生胶的混炼性。生胶的混炼性是指可塑性生胶在转动辊筒上（或密炼机转子）与各种配合剂混合时的包辊性。由于混炼时生胶是份额最大的主体物料，各种配合剂（液体和固体）的加入量很少，并且是按顺序分批添加，粉体配合剂又是逐渐混入堆积生胶。所以其包辊性基本与生胶塑炼时的包辊性相似。

② 配合剂的混炼性。配合剂的混炼性是指生胶对各种固体配合剂表面的润湿性和分散能力。依据极性和结构相似相溶原理，配合剂中的炭黑、硫黄和有机配合剂等为疏水性粒子，其表面容易被非极性生胶润湿，在混炼时容易分散；但某些无机盐类如碳酸盐、陶土、金属氧化物如氧化锌、氧化镁和氧化钙等配合剂属亲水性粒子，其表面很难被生胶润湿。此时可加入少量表面活性剂如硬脂酸盐、硬脂酸、高级醇或醇胺类来降低表面能和界面能，协助无机粒子的分散。

③ 炭黑粒子在塑炼胶中的润湿和分散。炭黑与塑炼胶的混合通常采用密炼机混炼，由于炭黑属大料（塑炼胶 100 份约加 50 份炭黑），经常是先投入全部塑炼胶和少量固体软化剂（如硬脂酸）后再投入炭黑，故在混炼初期，粒径很小而比表面积很大的炭黑粒子凭借其与生胶的混溶性和软化剂的表面活性首先被生胶润湿，随后生胶渗入到炭黑聚集体的空隙中形成高浓度炭黑-生胶胶团，这就是混炼胶的润湿阶段；然后是炭黑-生胶附聚胶团借助强大的剪切力克服附聚胶团的内聚力使炭黑均匀地细分散在塑炼胶中。炭黑聚集体在混炼胶料中的分散尺寸显然会受生胶黏度和剪切速率大小的影响，其标准要求是 90% 以上炭黑附聚体尺寸在 $5\mu m$ 以下。

④ 混炼过程中的力化学和结合橡胶。混炼时的剪切力不仅能促进各种配合剂（包括炭黑）粒子的均匀分散，而且可切断大分子链，使生胶与炭黑粒子形成牢固的物理或化学结合，这种不溶于一般有机溶剂的生胶-炭黑结合体称作结合橡胶。结合橡胶的形成及其在混炼胶中的比例不仅取决于生胶的活性和混炼工艺条件，而且还与填料的活性和填料的初始粒

径有关。表 5-1 列出了几种常用填料粒子的初始直径。

表 5-1　几种常用粒状填料粒子的初始直径/nm

填料名称	粒子初始直径	填料名称	粒子初始直径
中超耐磨炉法炭黑	17～30	白炭黑	15～20
天然气槽法炭黑	23～29	超细碳酸钙	40
高耐磨炉法炭黑	26～44	细碳酸钙	100
混气槽法炭黑	29～48	普通碳酸钙	3000
细粒子炉法炭黑	49～56	硬质陶土	100～1000
高定伸炉法炭黑	46～66	软质陶土	2000～5000
细粒子热裂法炭黑	134～223		

　　表 5-1 的填料粒子尺寸数据表明，除细粒子热裂法炭黑外，其他炭黑的初始粒子直径都在纳米粒子尺寸范围（材料的径向尺寸在 1～100nm 范围内者称作纳米材料），但是与塑炼胶混炼后，标准的分散尺寸却是微米级（一般为 5～6μm 以下）。这一方面说明纳米粒子由于尺寸小、表面能高，极易聚集成大粒子；另一方面表明，目前的混炼方法还无法使炭黑粒子稳定地保持在纳米尺寸，从而也不能发挥其纳米增强效应。白炭黑和超细碳酸钙纳米粒子也是如此。至于初始粒子直径超出纳米范围的陶土类填料，其补强作用很小，因此常称作惰性填料。

　　从混炼胶的亚微结构看，混炼过程中生胶至少存在如下三种形式（结构）：第一种是与炭黑呈物理或化学结合的结合橡胶，结合橡胶的形成不仅有助于炭黑附聚体的破碎和均匀分散，而且还会起到提高硫化胶力学性能的作用；第二种是完全包围在炭黑粒子表面、并渗入到链状或葡萄状炭黑聚集体（也有人称聚结体）的空隙中，即吸留或截留在炭黑聚集体内的橡胶称吸留橡胶；第三种是未与炭黑结合的所谓可溶性橡胶。至于三种结构的相对比例，与混炼条件和炭黑结构有关，一般的规律是：生胶的活性大、黏度高、剪切速率越快，结合橡胶的形成量就越大，同时炭黑粒子的分散也更均匀；而炭黑粒子的结构性越高，孔隙率越高，吸留橡胶的量就越多。

　　(2) 混炼方法和工艺　　混炼方法一般是指采用何种混炼设备如通常采用开炼机和密炼机进行混炼。混炼工艺则是指混炼温度、混炼效率和加料顺序等这些与混炼胶产量和质量密切相关的调控因素和混炼条件。由于混炼机的结构不同，导致其调控因素和混炼条件也有很大差别。开炼机和密炼机混炼的调控因素和工艺条件分别如下。

　　开炼机混炼的调控因素和适宜混炼条件是：容量、辊距（一般为 4～8mm）、辊速（一般控制在 6～8r/min）和速比［一般为 1∶(1.1～1.2)］、混炼温度范围（天然橡胶为 50～60℃，通用合成橡胶在 35～60℃，特种合成橡胶在 40～90℃）、加料顺序、混炼时间和药品（各种配合剂和硫化剂）的一次添加量等。

　　密炼机混炼的调控因素和适宜混炼条件是：容量、转子速度、混炼时间。这三者是相互联系、并与电机功率和生产效率密切相关的主要调控因素。例如从一个电机驱动发展到两个电机驱动，电机功率从几十千瓦增至 3300kW，相应转子速率可从 20r/min 剧增至 80r/min，相应的混炼胶容量可从几十升提升至 400～630L；转速增加 1 倍，混炼时间约缩短 30%～50%、除加硫黄温度低于 105℃外，混炼温度大都在 130～145℃之间、加料顺序和上顶栓压力、转子截面几何形状（二者都是由混炼机结构所决定的）等。

　　将上述两种混炼机混炼的调控因素和适宜混炼条件进行对比可以看出，两种混炼都是间歇式分批混炼，其调控因素和项目内容大致相同，但具体的调控范围和数值与加料顺序的变化却差别很大，这些差别都是由于混炼机的结构不同（一个是两个平滑辊筒作相对转动的开放式，一个是置于小室内凹凸型剪切或啮合转子的密闭式），从而使其提供的剪切力和混合方式不同所导致的。

采用开放式炼胶机混炼时通常是先把既定容量的塑炼胶全部投到混炼辊筒上，当塑炼胶包辊后，再把各种配合剂（包括加工油、软化剂、炭黑和硫化剂等粉料）按其起作用的时间顺序分批逐渐地加到辊距上方的堆积胶表面上，随着辊筒的相对转动，进入辊间后，受到剪切力产生径向混合并使粉料沿胶片厚度向纵深分散；为了促使粉料尽快分散并达到均匀，经常采用切割（把混炼胶从辊筒上切下）、打三角包和翻炼等操作。其中包辊性主要取决于生胶类型、混炼温度（见表5-2），维持混炼温度的热量主要来自混炼胶与辊筒的摩擦热，也可通过辊筒的加热或冷却来调节；混炼的均匀程度或者说混炼时间，主要由辊筒转速、速比和前后辊温差（一般为5～10℃）、吃料（粉）快慢及装料量（容量）等决定。

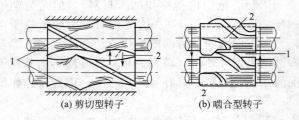

图 5-5　剪切型转子和啮合型
转子混炼作用
1—分散区；2—混合区

与开炼机混炼不同，密炼机混炼则是在封闭的密炼室中进行的。由于密炼室的混合器是有更强剪切力和更佳混合效果的快速转动转子（见图5-5），而且可通过提高装料量（容量）和调节转子转速来提高生产效率。

密炼机混炼工艺有一段混炼法、二段或多段混炼法、引料法和逆炼法。这些方法都是为提高混炼胶的均匀度和质量、缩短混炼时间，并适用于不同生胶类型而建立的使混炼过程得以顺利进行、以改变加料顺序为主的分段混炼方法。

与开炼机混炼相比，用密炼机混炼的最大优点是：生产效率高、自动化程度高、劳动强度低，可减少或防止粉状配合剂（如炭黑等）对环境和操作人员的污染和损害。因此密炼机更适合于胶料配方品种变换少、生产批量大的大规模工业化生产。密炼机正向大功率、大容量、高转速以及系列化、联动化和自动化发展。正是由于它的功率大、能耗高、生热多导致其混炼温度比开炼机混炼高得多（见表5-2对比数据）。

表5-2　开炼机和密炼机混炼温度对比①

开炼机混炼胶种	辊温/℃		开炼机混炼胶种	辊温/℃	
	前辊	后辊		前辊	后辊
天然橡胶	55～60	50～55	氯醚橡胶	70～75	85～90
丁苯橡胶	45～50	55～60	氯磺化聚乙烯	40～70	40～70
丁腈橡胶	35～45	40～50	氟橡胶23-21	77～87	77～87
氯丁橡胶	≤40	≤45	氟橡胶23-11	49～55	47～55
丁基橡胶	40～45	55～60	丙烯酸酯橡胶	40～55	30～50
顺丁橡胶	40～65	40～60	聚氨酯橡胶	50～60	55～60
三元乙丙橡胶	60～75	60～85	聚硫橡胶	45～60	40～50

① 密炼机混炼时，分段混炼的第一段母胶混炼：胎面胶<145℃，丁基内胎胶<155℃；二段混炼：胎面胶<130℃，丁基内胎胶<140℃；其他胶种的一段混炼温度<130℃；压片机加硫黄温度<105℃。

5.2.3　挤出

挤出（或压出）是利用胶料（混炼胶）的可塑性，在挤出机螺杆的挤压下，借助螺杆转动的剪切力使胶料进一步混合、塑化并流动，并从一定形状的口型挤出的连续造型过程。显然挤出速度和挤出物尺寸既受螺杆挤出机结构（包括螺杆的长径比、压缩比、螺纹深度和螺距及口型形状、长短等）、螺杆转速的影响，又会随黏弹性混炼胶切变特性而改变。挤出机连续造型的优点是：速度快、能耗较低，不仅可连续挤出胎面、内胎、胶管，而且可挤出各种复杂断面和形状的实心、空心和包胶等的半成品。

（1）挤出过程原理　胶料在挤出机中的压缩流动过程一般历经加料段、压缩段、挤出段和口型段。胶料在刚进入加料段时，不能完全充满螺槽，而是被搓成团块滚动前进，随后在螺杆的压缩（依赖于压缩比）、剪切和搅混作用下，胶料受到进一步的混炼和塑化，导致塑性变形和温升，使之逐渐充满螺槽而进入挤出段。胶料在螺槽中的流动（特别是在挤出段）方向大致有二：一是沿垂直于螺纹线方向，另一个是平行于螺纹线方向，这种复合流动实际上是以下四种流动形式的综合体现：①正流（推进流）；②逆流（压力流）；③环流（横流）；④漏流（螺杆突棱与机筒内壁间隙中产生的压力逆流）。其中环流主要影响胶料的混合、热交换和塑化；而逆流则降低挤出量。挤出机的生产能力在很大程度上取决于加料段的加料速度和挤出段的输送能力，而胶料的混炼和塑化则直接与压缩段的螺纹间距、螺槽深度等有关。

胶料在机头口型（口模）中的流动。由于胶料在挤出段已成为黏流态，当达到机头时受到口型的很大阻力而产生如下两类黏流现象：一是流道中间速度快，而越靠近流道内表面（离中间远）的流速越慢，由此导致流速的梯度分布，这样就必然导致剪切变形不均匀，使挤出的半成品产生不规则的收缩变形；二是黏流态物料在通过机头（口模）时受到压实推挤形成机头压力，而且流经时间很短，弹性形变来不及恢复，当物料挤出口模后，压力突降至零，这就导致了挤出膨胀现象，造成挤出半成品的断面形状不稳定。胶料在口模内的流动状态、口型结构和尺寸又是决定挤出半成品最终形状和质量的关键环节，因此设计挤出机时须精心设计口型结构和机头流道，以尽可能减少上述现象的发生。

（2）挤出设备与挤出工艺　挤出工艺是指胶料的挤出条件如喂料温度、挤出机温度、挤出速度和挤出物的冷却等操作环节的工艺指标。这些条件又与挤出机类型、螺杆结构和机头（口模）结构密切相关。

① 挤出机类型、螺杆和机头结构。挤出机一般有两种类型即单螺杆和双螺杆挤出机。混炼胶的挤出通常采用单螺杆挤出机。单螺杆挤出机的螺杆螺纹有单头和双头两种形式，单头螺纹螺杆常用于挤出较硬的胶料，而双头螺纹螺杆多用于挤出塑性高的胶料，如挤出造型。由于双头螺纹利于出料均匀，故螺杆的加料端常用单头，而出料端为双头的复合螺纹。挤出机机头的结构有圆筒形、扁平形、T形和Y形。圆筒形主要用于挤出圆形或小口径半成品，如胶管、内胎和密封条等；扁平形专用于宽断面半成品如外胎面和胶片等；而T形和Y形则分别用于胶料挤出方向与螺杆呈90°和60°的半成品，如电线、电缆包皮和钢丝、胶管的包胶等。对于圆形或中空半成品，口型的尺寸一般为螺杆直径的0.3～0.75；对扁平形半成品，挤出宽度约为螺杆直径的2.5～3.5倍。

② 挤出工艺条件

a. 喂料形式和喂料温度及挤出温度：对挤出机喂料有两种形式，即冷喂料和热喂料。冷喂料的螺杆的长径比一般为8～16，压缩比为1.6～1.8，喂料温度通常为室温；热喂料的螺杆要求长径比为4～5，压缩比为1.3～1.4，喂料温度一般在45～70℃之间。挤出胶料的可塑度一般为0.25～0.4，冷喂料时，可塑度为0.3～0.5。

挤出温度随挤出机不同部位和不同胶料有所差异（见表5-3）。

表 5-3　橡胶的挤出温度

胶料	机筒温度/℃	机头温度/℃	口型温度/℃
天然橡胶	50~60	75~85	90~95
丁苯橡胶	40~50	70~80	90~100
丁基橡胶	30~40	60~90	90~110
丁腈橡胶	30~40	65~90	90~100
氯丁橡胶	20~35	50~60	70
顺丁橡胶	30~45	40~50	90~100
氯磺化聚乙烯	45~55	50~60	>65
硅橡胶	常温	常温	<45
氟橡胶	尽可能低	尽可能低	70 左右

b. 挤出速度：挤出速度通常是以单位时间内挤出物料体积或质量来表示，对一些固定产品，也可用单位时间挤出长度来表示，通常为 3~20m/min，螺杆转速一般为 30~50r/min。丁苯橡胶、丁腈橡胶和丁基橡胶的挤出膨胀收缩大于天然橡胶和顺丁橡胶，挤出较困难，故挤出较慢；易于焦烧的氯丁橡胶，应注意防止转速过高时生热太大。

c. 挤出物的冷却：挤出物离开口型时的温度较高，必须冷却以防止半成品存放时变形和自硫化。

冷却方式有喷淋和水槽冷却两种，对较厚或厚度相差较大的挤出物，不宜骤冷，常先用 40℃ 左右的温水冷却，然后再进一步降至 20~30℃。

挤出的大型半成品（如胎面），一般需经预缩处理后才进入冷却槽，预缩的方法是使半成品经过一组倾斜的导辊或一组由大到小的圆辊，使其沿长度方向进行预缩。预缩率可达 5%~12%

(3) 各种生胶的挤出特性　二烯烃类橡胶如天然橡胶（NR）、顺丁橡胶（BR）和丁苯橡胶（SBR），由于其结构不同，黏弹性也有差异。因而其挤出行为（主要是挤出膨胀和收缩及挤出速度）也有所不同。例如 NR 的挤出性能较好，但挤出时弹性恢复效应显著，导致挤出物表面粗糙。适当多加炭黑、再生胶或油膏等可减轻表面粗糙。BR 的挤出行为与 NR 类似。但其挤出速度慢，膨胀、收缩都比 NR 大。配入高结构细粒子炭黑可降低其出口膨胀率，若改用低结构炭黑或添加增塑剂均能提高挤出速度。至于 SBR，挤出比较困难，不仅膨胀、收缩率大，而且挤出物表面粗糙，所以经常与 NR 或再生胶并用。

丁基橡胶是不饱和度很低的二烯烃橡胶。由于其黏度大，不仅挤出速度慢，而且出口膨胀率大。适当增大炭黑或白炭黑用量可减小挤出膨胀率，配入增塑剂、加工油或石蜡都可提高挤出速度。

氯丁橡胶（CR）的挤出性能类似 NR，但挤出时容易焦烧，故其挤出温度一般比 NR 低 10~20℃。此外 CR 的黏着性较大，在配方中应选用润滑性加工助剂，如硬脂酸（0.5~1 份）、凡士林（2~4 份）或油膏等，或配用高耐磨、快压出炭黑都可降低其挤出膨胀率。

丁腈橡胶（NBR）由于其分子间作用力大，内聚能高，生热大，导致其挤出速度较慢、出口膨胀率大。补偿措施有二：一是在挤出之前充分预热回炼、提高挤出温度；二是加入润滑性硬脂酸、石蜡或油膏。

5.2.4　压延

压延是把胶料（混炼胶）置于压延机（通常是以不同形式排列的三连辊或四连辊联动）上，借助辊筒间距、剪切力和挤压作用制取一定宽度和厚度的胶片，或是在胶片上压制出某种花纹，或是在纤维、织物等骨架材料上贴擦上一层薄胶，这种包括压制胶片、压型和纤维材料挂胶的工艺过程称为压延。对橡胶加工来说，它和挤出一样是制造半成品的重要工序。如果用以压制胶片，要求胶片表面光滑、厚度均匀、规格准确（厚度误差范围在0.1~0.01mm）、无褶皱、无自硫胶粒、内部致密、无孔、无气泡等。

(1) 压延原理和压延效应　混炼胶是黏弹体，它在辊缝中因受辊筒转动力和摩擦作用被连续地带入辊筒之间，并受到辊筒的挤压和剪切而发生塑性流动变形。这种流变行为显然会受剪切速率和辊筒轴向温度的影响。其规律大致是：胶料的黏度会随剪切速率的增大、辊筒轴向温度的提高而减小，这就意味着提高压延速度（剪切速率）或辊筒温度均有利于提高胶料的流动性，从而提高压延效率；但是如果速度过快，则使弹性形变部分来不及松弛，导致膨胀收缩率过大，表面不光滑，甚至使挂胶织物破裂。

压延效应是指胶片压延后出现的纵横方向各向异性现象，即沿压延方向（纵向）的拉伸强度高，伸长率小而收缩率大，而垂直于压延方向（横向）则相反。产生各向异性现象的原因是由于塑炼胶的分子链沿受力方向拉伸而取向的缘故。

利用压延效应可制取某些要求纵向强度高的制品如胶丝、刹车片等，但有些制品则需要纵横向强度和收缩率尽可能一致，此时可采取提高压延温度或热炼温度以提高胶料的可塑性，或是降低压延速度，将胶片保温；还可将胶料换向压延（即将胶卷垂直于辊筒）来避免或减轻压延效应。

(2) 压延工艺　与挤出工艺程序相比，压延时，胶料一般先经热炼以进一步提高其可塑性，如果是对纤维织物（帆布或帘线）擦胶或挂胶，所用的织物还需经干燥和浸胶（间苯二酚-甲醛-丁吡胶乳浸渍液）处理，以改善纺织物与橡胶之间结合强度和胶布的耐动态疲劳性。对既定可塑度的某种生胶来说，无论是压延胶片还是对织物擦胶（挂胶），其压延工艺都是指控制辊温、相继辊筒温差、辊速和辊距。其中调节辊距主要是为了控制胶片厚度（一般为0.04~1.0mm，如果用三辊压延机，厚度可增至2~3mm）和提高橡胶与织物的挤压力。

采用三辊压延机压延胶片时各种橡胶的适宜压片温度列在表5-4中。

表5-4　各种橡胶的适宜压片温度范围/℃

生胶品种	上辊	中辊	下辊	生胶品种	上辊	中辊	下辊
天然橡胶	100~110	85~95	60~70	氯丁橡胶	90~120	60~90	30~40
异戊橡胶	80~90	70~80	55~70	丁基橡胶	90~120	75~90	75~100
顺丁橡胶	55~75	50~70	55~65	三元乙丙橡胶	90~120	65~85	90~100
丁苯橡胶	50~70	54~70	55~70	氯磺化聚乙烯	80~95	70~90	40~50
丁腈橡胶	80~90	70~80	70~90	二元乙丙橡胶	75~95	50~60	60~70

对于可塑度较小或弹性较大、配方中含胶量较高的胶料，压延温度应适当提高；为了使胶片在各辊筒之间按预定方向顺利转移，各辊筒之间还需保持适当温差。例如，天然橡胶混炼胶易包热辊，故胶片由一个辊筒转移到后面的辊筒时，后者的辊温就应适当高一些；而多数合成橡胶如丁苯、丁腈橡胶等则恰好相反。它们压延时辊筒间的温差范围一般为5~10℃。

各种橡胶的压延特性、压片收缩率和表面状况以及调控措施与相应胶料挤出时基本相似。

胶料经压延得到的胶片，既可单独用于裁剪成型，又可将两层以上的同种胶片或异种胶片压贴在一起成为厚度更大的整体胶片，这种作用常专称贴合。无论是薄胶片还是厚胶片都可用压延机压制成一定断面形状或表面带有不同花纹（如鞋底）的半成品，这一操作称为压型。两种操作的工艺条件基本相同，只不过贴合常在三辊压延机上完成，而压型则是在刻有花纹的二辊、三辊或四辊压延机上操作均可。

与胶料经挤出制取半成品相比，压延机压延的一个特殊功能是能将胶料直接擦覆在织物的表面（帘布或帆布等）上制成橡胶-织物复合半成品，俗称织物挂胶或胶布压延工艺。在织物贴胶中，还有一种"压力贴胶"工艺，这种工艺的操作方法与一般贴胶工艺基本相同，唯一的差别是在织物引入压延机辊隙处需留有适宜量的积存胶料，借以增加胶料对织物的挤压和渗透，从而提高胶料对织物的附着黏合力。不过胶布表面的附胶层比贴胶法的厚度更薄一些。

5.2.5 注射成型硫化[6]

胶料的注射成型硫化是指胶料在注射机内经加热塑化后，以强大的注射压力将胶料充填到密闭的热金属模具中，胶料经热压双重作用发生快速硫化制得制品的工艺方法。这种方法源于对热塑性或热固性塑料的注射成型，其特点是成型、硫化一次完成。与传统的橡胶加工成型方法是先成型后硫化相比，显然是一个巨大进步。

决定注射成型硫化能否顺利进行的两个关键因素是：胶料在注射前要有低黏度和高流动性，且不易焦烧；注入模具后可发生快速硫化。这样才能保证瞬时充满模具，又能快速硫化成制品。

胶料的注射成型硫化一般采用往复式螺杆机塑化并注射，用涂有脱模剂的金属模具实现成型硫化。往复式螺杆机主要由螺杆驱动装置（电机和液压、电气系统）、注射装置（机筒、螺杆和喷嘴等）、模具和合模装置等组成。注射装置和模具的工艺参数是：螺杆转速一般为 100r/min 左右，机筒温度在 80~115℃，喷嘴直径为 2~6mm，模腔温度为 180~200℃；最大注射容积为 60~200cm³，注射系数（注射容积与理论注射容积之比）约为 0.7~0.95，注射容积为 200cm³ 的注射机的锁模力为 1080kN，最大注射压力可按下式计算：

$$P_{注(最大)} = \frac{S_0}{S} P_0$$

式中，S_0 是直接承受液压的柱塞面积，cm^2；S 为注射螺杆或柱塞的截面积，cm^2；P_0 为注射油缸中的油压（或管线表压），MPa。一般情况下，选用的注射操作压力为最大注射压力的 80%~90%。

由于胶料在注射成型硫化时均处于高温环境，所以注射和硫化能否顺利进行和制取高质量硫化胶制品的关键在于如何制定胶料配方和选择硫化体系。依据实践经验，制订胶料配方和选择硫化体系应遵循以下原则。

① 混炼胶的门尼黏度一般在 30~90，较适宜的门尼黏度为 40~70。

② 胶料在 100℃的料筒中停留 12~20min 不焦烧。为了使胶料既不焦烧，又能快速硫化且不过硫，在配方中应使用延迟性促进剂。

③ 硫化体系。为了避免高温过硫常采用有效硫化体系（efficient vulcanization, EV），即采用交联效率高并形成单硫键为主的硫黄/促进剂体系。

④ 填充剂（包括炭黑补强剂和非活性填料）会影响胶料的生热、黏度、流动性、焦烧和硫化速度，需结合胶种混炼规律综合考虑。

⑤ 软化剂可大大改善混炼胶的流动性，缩短注射时间，但因加入软化剂会减少生热量，注射温度也相应下降，从而延长了硫化时间。此时，软化剂还应有较高的分解温度。

⑥ 有效硫化体系的部分作用与防老剂相似，可改善制品的耐老化性能。在注射过程中，模具边沿的薄胶特别是白色胶料或防护性差的胶料，由于混入了空气，在高温下（200℃）容易发黏，对此可采用 2,2,4-三甲基-1,2-二氢化喹啉聚合物（简称防老剂 RD 或防老剂 124）作耐热防老剂，并在胶料中同时加入 1 份 TMTD 和 1 份防老剂 4010，即可取得较好效果。

各种橡胶的注射成型硫化的工艺条件和相应硫化胶性能列在表 5-5 中。

表 5-5 天然橡胶和几种合成橡胶的注射成型硫化工艺条件和相应硫化胶性能

橡胶种类	注射成型硫化适应性
天然橡胶	①门尼黏度高,通过喷嘴时流道生热量大,硫化速度快 ②较厚部件应采用有效硫化体系 ③注射制品质量均匀,超过模压制品 ④脱模较困难
乳聚丁苯橡胶	①低压注射时,流动性差,注射时间长,但当注射压力超过某一数值时,流动速度显著加快,注射时间缩短,生热显著 ②硫化速度较低,焦烧安全性和高温稳定性较好,在厚度不一致的制品中,硫化均匀;不易过硫,可在高于 210℃ 硫化 ③充油丁苯橡胶比一般丁苯橡胶流动好、易脱模,但通过喷嘴生热低,要配合大量炭黑 ④与顺丁橡胶并用,适于注射 ⑤高苯乙烯树脂(苯乙烯/丁二烯为 82/18)与丁苯橡胶并用,当高苯乙烯树脂含量在 40%~50% 时,加工性能好,拉伸强度、伸长率、抗撕裂性可提高,强度也增大,但耐寒、耐热、耐屈挠性则下降
丁腈橡胶	①高丙烯腈含量的丁腈橡胶硫化速度较快,而且不易过硫,很适于注射高温硫化 ②注射法硫化胶性能等于或略优于模压法,但压缩永久变形较大;高温压缩永久变形性能差,原因是在快速硫化时交联不稳定,可通过提高硫化温度、延长硫化时间和采用有效硫化体系解决;低温压缩永久变形性能差,可采用添加软化增塑剂如二丁基亚甲基双硫代乙二醇
氯丁橡胶	①生胶黏度高,需用配合剂来调整 ②容易焦烧,需要较大的注射压力和控制注射温度
丁基橡胶	①硫化速度很低,加工安全 ②需选用快速的硫化体系
三元乙丙橡胶	硫化时间长,加工安全,适于注射
异戊橡胶	同天然橡胶一样,在 180℃ 时易产生气泡,这是聚合物分解造成的,最高硫化温度不宜超过 180℃,或采取与丁苯橡胶或顺丁橡胶并用的办法解决

5.3 混炼胶的硫化交联[3]

混炼胶的硫化是生胶分子链间发生交联反应的过程,是可塑性线形生胶转化成网状结构弹性体的过程,是低强度(<0.5MPa)生胶转化成力学性能较高、并能呈现可逆弹性的有使用价值弹性体的决定性步骤。硫化前的橡胶称为生胶、混炼胶或胶料,硫化后的橡胶则称为硫化胶、交联橡胶、橡皮或弹性体。

有关交联类型(化学交联和物理交联)和交联反应机理参见本书第 4 章。

5.3.1 硫化体系种类及其选择

硫化一词最早源于天然橡胶加硫黄硫化。由于橡胶单用硫黄硫化不仅硫化效率低(每个交联键约含 40~50 个硫原子),而且硫化速度很慢(数小时)。后来工业生产中又加入一些有机硫化物如 TMTD 之类的化合物作硫化促进剂来提高硫化效率和硫化速度。大量的研究和实践发现,单加促进剂硫化效率和速度仍增加很少,只有同时添加一些金属氧化物(如 ZnO)和硬脂酸等活化剂才能活化整个硫化体系,使硫化速度从单用硫黄硫化的数小时缩减至数分钟;同时发现某些硫黄/促进剂/活化剂体系可使每个交联键所含的硫原子数小于 2,从而大大改善了硫化胶的耐热老化性能。所以平常所说的硫化体系至少含有三个组分,即硫黄/促进剂/活化剂。又由于上述硫化体系经常是在混炼时与其他填充剂一并加入，且混炼胶历经混炼、压延或挤出等多步、长时间受热过程，难免会引起生胶过早硫化（即焦烧），为了抑制某些硫化体系的过早硫化，所以在配制硫化体系时又常加入一些防焦剂。因此硫化体系实际上是由硫化剂、促进剂、活化剂和防焦剂等组成。

随着合成橡胶品种的日益增多，除大量生产的通用合成橡胶品种（不饱和橡胶）外，又出现了一些饱和橡胶如二元乙丙橡胶（EPR）、丙烯酸酯橡胶（ACM）、氯醚橡胶（CO）和硅橡胶（MQ）等，由于它们的分子主链不含—C＝C—双键，从而不能用硫黄硫化体系硫化，只能用过氧化物、金属氧化物或多元胺类等交联。所以在橡胶行业里"硫化"和"交联"是同义语，而且把硫化体系又分为硫黄硫化体系和非硫黄硫化体系。

(1) 磺黄硫化体系　按照硫黄在交联反应中的利用率和交联有效程度，硫黄硫化体系又可分成普通硫化（conventional vulcanization，CV）、半有效硫化（semi-efficient vulcanization，SEV）和有效硫化（efficient vulcanization，EV）体系三类。

① 普通硫化体系。又称常规或传统硫化体系，它是指对二烯烃类橡胶普遍采用的硫化体系。该体系主要由硫黄和少量促进剂、活化剂组成，它对几种橡胶的适宜用量列在表 5-6 中。

表 5-6　普通硫化体系

配　　方	NR	SBR	NBR	IIR	EPDM
硫黄	2.5	2.0	1.5	2.0	1.5
ZnO	5.0	5.0	5.0	3.0	5.0
硬脂酸	2.0	2.0	1.0	2.0	1.0
促进剂 NS	0.6	1.0			
促进剂 DM			1.0	0.5	
促进剂 M					0.5
促进剂 TMTD			0.1	1.0	1.5

从表 5-6 所列的不同橡胶所用的硫化体系可以看出，二烯类共聚橡胶 SBR、NBR、IIR 等的不饱和度比 NR 低，硫黄用量较少，同时形成的硬脂酸皂又会显著降低硫化速度，所以可通过适当增加促进剂的用量来提高硫化速度；对不饱度极低的 IIR 和 EPDM，其硫黄用量也少，此时主要是靠并用高效快速的促进剂和秋兰姆类 TMTD、TRA 和二硫代氨基甲酸盐类做主促进剂，噻唑类作副促进剂来提高硫化速度。

用普通硫黄硫化体系硫化的硫化胶在室温下有优良的动态和静态性能，其最大的缺点是硫化胶不耐热老化。

② 有效硫化体系和半有效硫化体系。所谓有效和半有效是指硫黄硫化体系中硫黄的利用率和有效交联程度的高低。例如单用硫黄硫化，每个交联键中平均含有 40～50 个硫原子，这就是说很多硫原子都集中在一个交联键中，导致交联度低，且硫黄的利用率也低。通过提高促进剂/硫黄比率就可有效地提高单硫交联键的百分数和交联度。如图 5-6 所示，CZ/S 增大，单硫键含量几乎成直线上升。这一体系实际上就是有效硫化体系。促进剂/硫黄比率或促进剂促进程度介于普通和有效硫化体系之间者称作半有效硫化体系。

图 5-6 的结果还说明，提高促进剂/硫黄比率还可在

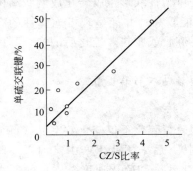

图 5-6　单硫键含量与促进剂/硫黄比率之间的关系

胶料配方：NR100 份，炭黑 N330 50 份，防老剂 IPPD 5 份，硬脂酸 3 份，塑化剂 3 份，硫黄和促进剂 CZ 适量

硫黄用量较少的情况下提高交联效率和交联密度,这就意味着硫化胶性能的改善是通过改变硫化胶网络结构而得到的。一般说来,橡胶的交联度增大动态性能变好,疲劳寿命下降。对丁苯橡胶来说,采用 CV 硫化体系,其硫化胶已含有相当多的单硫键,硫化结果相当于 NR 用 EV 体系硫化。但 SBR 的抗疲劳寿命却比 NR 长。

上述三类硫化体系只是依据促进剂类型和促进剂/硫黄比率对形成单硫键是否有利的单一指标进行粗略划分的,因而不能由此得出哪一类硫化体系更为优越、有效的结论。实际上,由于它们的硫化温度不同,所得硫化胶的物性也各有优缺点(见表 5-7),从而使之分别适用于不同场合。

表 5-7 CV、SEV 和 EV 硫化体系的比较

硫化体系	优　　点	缺　　点	应用范围
CV	常温下优良的动态和静态性能,适于一般加工工艺要求	不耐热氧老化,易产生硫化返原,物性保持性差	常温下各种动态、静态条件下用的制品
EV	优良的耐热氧老化性能,硫化返原程度低,优良的静态性能	不耐动态疲劳	适用于高温硫化、厚制品硫化,耐热和常温静态制品
SEV	中等温度下的耐热氧老化性能好,耐屈挠性中等		中等温度下耐热氧的各种动态静态橡胶制品

③ 平衡硫化体系(eguilibrium cure,EC)。这是一类由硅烷偶联剂 Si-69[双(3-三乙氧基丙基硅甲烷)四硫化物]与硫黄、促进剂等摩尔比组成的硫化体系,它可在较长的硫化周期内,把硫化返原性降到最低,使其交联密度处于动态恒定状态(即 300%定伸应力在较长的硫化时间内保持不变),因而使硫化胶具有优良的耐热老化和耐疲劳性能。

加有促进剂的 Si-69,其交联速度常数比相应的硫黄硫化体系的低,达到正硫化的速度要比硫黄硫化慢。因此在超过硫黄正硫化后的长时间区域内,硫化返原导致交联密度下降的部分正好由 Si-69 生成的新多硫键和双硫键所补偿,从而使整个交联密度保持常量,如图 5-7 所示,其硫化反应机理见第 4 章。

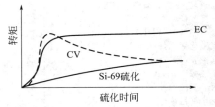

图 5-7 EC、CV 及 Si-69 的硫化特性

研究表明,当硫黄、Si-69 和促进剂用量为等摩尔比时,硫黄用量在 1.0～1.5 份范围内,促进剂 DM、NOBS 在 170℃组成了平衡硫化体系,硫化温度在 140～150℃之间表现出优良的平衡性能。各种促进剂在天然橡胶中的抗硫化返原能力顺序如下:DM>NOBS>TMTD>DZ>CZ>D。

平衡硫化体系的胶料具有高强度、高抗撕裂性、耐热氧、抗硫化返原、耐动态疲劳性和生热低等优点,因此它主要用于长寿命动态疲劳制品、巨型工程轮胎、大型厚制品的硫化。

(2)非硫黄硫化体系　非硫黄硫化体系包括过氧化物、金属氧化物、酚醛树脂、醌类衍生物、多元胺、马来酰亚胺衍生物等。饱和橡胶一般采用非硫黄硫化体系。

过氧化物不但能硫化饱和的碳链橡胶、杂链橡胶,也能硫化不饱和的碳链橡胶。除丁基橡胶等的少数胶种外,大部分橡胶均可用过氧化物硫化。此时硫化胶的网络结构为稳定的 C—C 键,故具有优越的抗热氧老化性能,压缩永久变形小,因此在静态密封制品中广泛地应用。过氧化物硫化剂中以 DCP(过氧化二异丙苯)最常用。

金属氧化物(常用氧化锌和氧化镁)可用于氯丁橡胶、卤化丁基橡胶、氯磺化聚乙烯、氯醚橡胶、聚硫橡胶以及羧基橡胶的硫化,特别是氯丁橡胶和卤化丁基橡胶常用金属氧化物硫化。

胺类（二元胺和多元胺）对丙烯酸酯橡胶、氟橡胶、氯醇（聚醚）橡胶及聚氨酯橡胶等是比较重要的硫化剂。常用的胺类有己二胺、多亚乙基多胺等。

用马来酰亚胺硫化不饱和二烯烃类橡胶是较新的方法[16]。如山西省化工研究院近年来研究开发的"耐热硫化剂 DL-268"，即 N,N'-间亚苯基双马来酰亚胺，系多功能硫化剂，可用于通用橡胶和特种橡胶，是高温硫化首选的硫化剂，有良好的抗硫化返原性，可改善胶料的耐热性和黏着性及抗焦烧性，既可单用，也可与硫黄、过氧化物等并用。

酚醛树脂可作为丁基橡胶、丁苯橡胶、丁腈橡胶等合成橡胶和天然橡胶的硫化剂，其中特别适用于丁基橡胶。丁基硫化胶的耐热性能很好，并有良好的耐屈挠性，压缩永久变形小。适于制造轮胎定型硫化机中的硫化胶囊、水胎等耐热制品，不易过硫，几乎无硫化返原现象。常用的酚醛树脂为对叔丁基苯酚-甲醛树脂。

除上述化学交联方法外，二烯烃类橡胶等还可采用高能辐射法硫化，但此时交联反应与裂解倾向并存，何种反应为主取决于橡胶分子结构。

辐射硫化有许多优点：无污染，无副反应，能获得高质量的卫生健康制品；配方简单，辐射穿透力强，可硫化厚制品。硫化胶耐热氧化性能好，但它的力学性能差，设备费用较高，因此尚未得到广泛应用。

各种橡胶用的主要硫化体系见表5-8。

表 5-8　各种橡胶用的主要硫化体系

橡胶种类 \ 硫化体系	硫黄硫化体系	过氧化物	金属氧化物	多官能胺	对醌二肟	羟甲基树脂	氯化物	偶氮化合物	聚异氰酸酯	有机金属（硅）化合物	辐射硫化
二烯类橡胶（NR、SBR、BR、IR 和 NBR）	○	○			○	○					○
氯丁橡胶（CR）	(○)		○		○						
丁基橡胶（IIR）	○				○	○					
乙丙橡胶（EPM、EPDM）	○	○									○
乙烯-乙酸乙烯酯橡胶（EVA）		○									○
硅橡胶（SiR）	(○)	○							(○)	○	○
聚氨酯橡胶（PUR）	○	○		○							
氯磺化聚乙烯（CSM）			○				(○)				
氟橡胶（FKM）		○		○							○
氯醚橡胶（CHC、CHR）			○								
丙烯酸酯橡胶（ACM）			○	○							
氯化聚乙烯（CPE）	○	○									
聚硫橡胶（PTE）							○				

注：○表示可作硫化剂，但未工业化。

5.3.2　硫化历程和硫化工艺

（1）硫化历程　这里所说的硫化历程不是指混炼胶中的生胶分子与硫化剂反应而交联的反应机理，而是用胶料对剪切作用（用门尼黏度计时是胶料对转子，若用硫化仪则是胶料对圆盘振荡剪切）的阻力矩，即转矩随硫化时间的变化，来反映胶料由黏性流动转化为交联结构的交联进程。即在一定的温度下（工业标准温度是143℃）将胶料某一时刻的转矩对硫化时间作图，可得到能显示整个硫化历程的硫化曲线（图5-8）。

从图5-8可以看出，胶料的硫化历程可分为以下四个阶段。

① 诱导期：模腔内的胶料随加热时间的延长，

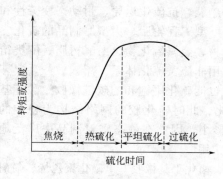

图 5-8　胶料硫化历程（硫化曲线）

其转矩逐渐下降到最低值,表明胶料的黏度逐渐降低,流动性最大,但尚未硫化交联。这一过程所需要的时间称作焦烧时间。焦烧时间的长短决定了胶料的操作安全性。

② 热硫化期:转矩随硫化时间的延长而迅速增大,表明胶料开始发生交联反应,交联反应速度很快,交联度也在迅速增大,线形生胶分子逐渐交联成网络结构。硫化速度可用此阶段硫化曲线的斜率来表示。热硫化期的长短取决于胶料的硫化配方。对于实际胶料来说,热硫化期越短越好。

③ 正硫化期:如图 5-8 所示,正硫化期在硫化历程曲线上表现为转矩不再随硫化时间的延长而变化,即硫化处于平坦区,与该区对应的温度和时间分别称为正硫化温度和正硫化时间,二者合称为正硫化条件。对实际胶料来说,平坦区较宽容易操作和控制。

④ 过硫化期:图 5-8 硫化曲线反映的过硫化期是转矩随硫化时间的延长而逐渐下降。下降的速度和时间取决于所用生胶和硫化剂类型。例如,天然橡胶、丁腈橡胶和乙丙橡胶等用硫黄硫化体系硫化时,其硫化曲线在保持较长的平坦期后缓慢下降;而用非硫黄硫化体系硫化天然橡胶、硅橡胶和氟橡胶等时,硫化曲线在经过平坦区后很快转为下降。研究表明,过硫化现象产生的内因是:已发生了交联反应的网链,因在高温停留时间过长,交联键发生断裂、重排导致交联度下降,使硫化胶变软所致。另一种过硫化现象是硫化曲线经硫化平坦区后,曲线继续上扬。例如,丁苯橡胶、丁腈橡胶、氯丁橡胶和乙丙橡胶等用非硫黄硫化体系硫化时会出现这种现象,其表观体现是硫化胶变硬。研究表明,这是由于在硫化后期,形成的交联键发生断裂,而断裂的交联键又重新交联成交联度更高网络结构所引起的。硫化后期出现的曲线上扬或下降及硫化胶质地变硬、变软现象,统称为"硫化返原"。

总之,较为理想的硫化曲线应该是:①诱导期应足够长,以保证胶料加工安全性(不焦烧);②热硫化期曲线的斜率要大且陡些,即硫化速度要快,以实现"高效、低耗";③硫化平坦期要长,且不易硫化返原。

(2) 硫化特性的测定　所谓硫化特性测定,是指用门尼黏度计或圆盘振荡硫化仪来测定胶料的转矩-硫化时间关系(即硫化曲线),进一步对硫化曲线各区所对应的转矩、硫化时间定量确定出某一胶料的控制指标,如硫化起始时间(焦烧时间),达到某一硫化程度所需要的时间,达到正硫化程度所需要的时间和硫化指数等。

典型的转矩-硫化时间关系曲线(硫化仪测定)如图 5-9 所示。对曲线进行细分,可确定出如图 5-9 所示的下列参数:M_n 为最小转矩,它反映的是胶料在一定温度下的最大流动性或最低黏度;M_m 为最大转矩,它反映的是

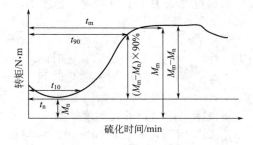

图 5-9　硫化曲线解析

胶料在该条件下硫化胶的最大交联度;t_n 是胶料达到最低黏度所需要的时间;t_m 是胶料达到最大黏度(或最大转矩)所对应的时间;t_{10} 是转矩达到 $[M_n+(M_m-M_n)\times 10\%]$ 所需要的时间(即焦烧时间);t_{90} 是转矩达到 $[M_n+(M_m-M_n)\times 90\%]$ 所需要的时间(即正硫化时间);硫化指数可从曲线上扬阶段的曲线斜率求出,该阶段的斜率反映的是硫化速度。

上述参数对确定胶料的硫化工艺有重要意义。例如,硫化起始时间(即焦烧时间)是衡量加工安全性的标准;最大转矩是衡量胶料是否充分硫化的重要依据;硫化指数是衡量胶料硫化速度快慢、从而决定硫化周期长短即生产效率高低的重要数据。

(3) 硫化工艺条件　压力、温度和时间,常并称"硫化三要素"。

① 硫化压力:除胶布等薄壁制品外,一般橡胶制品在硫化时均需施加适当的压力。施

加压力可防止制品在硫化过程中产生气泡，提高胶料的致密性；使胶料易于流动和充满模槽，提高胶料与纺织物之间的密着力，有助于提高硫化胶的物理机械性能（如强度、耐疲劳性、耐磨性等）。但硫化压力过高，有时反而会使性能降低，这是由于高压如同高温一样会加速橡胶分子的热降解作用。另外，在高压下，纺织材料的结构也会被破坏，导致耐屈挠性下降。

各类橡胶制品的适宜硫化压力范围：软质模压制品为 1.5～2.0MPa；汽车外胎为 2.0～2.5MPa，有的高达 3.0～4.5MPa；传动带为 0.9～1.6MPa；输送带为 1.5～2.5MPa；胶管（绕水布）用直接蒸汽加压硫化时为 0.3～0.5MPa；胶鞋用热空气或混气加压硫化时为 0.3～0.4MPa；薄胶布直接蒸汽硫化时为 0.1～0.3MPa；当以热空气连续硫化、红外线或远红外线硫化时则采用常压。加压方式有模压（水压、油压）、机械加压、压缩空气加压和注射机注压等。

② 硫化温度和硫化时间：硫化温度是橡胶硫化的基本条件，它直接影响硫化速度和制品质量。硫化温度的高低取决于胶料配方，其中最重要的是取决于橡胶种类和硫化体系。但应注意的是，高温易引起橡胶分子链断裂，甚至发生硫化返原现象，结果导致强伸性能下降（尤其天然橡胶和氯丁橡胶最为显著），因此硫化温度不宜过高。各种胶料的适宜硫化温度为：天然橡胶<160℃；丁苯橡胶、丁腈橡胶<190℃；顺丁橡胶、氯丁橡胶<170℃；丁基橡胶<170℃。近年来，通过开发原材料、调整配方以及采用新工艺等措施，硫化温度有向高低两端延伸的趋势，一方面不仅注射成型硫化、电热平板硫化和某些连续硫化体系采用高温硫化（一般以高于 143℃为标准），而且轮胎工业也倾向于采用高温硫化，有些快速硫化的硫化温度已提高到 220℃甚至 250℃以上的水平。另一方面，硫化温度向低温甚至室温方向发展，如缩聚反应型硅橡胶用室温硫化，而加成反应型硅橡胶（液体硅橡胶）用低温（40～120℃）硫化。

硫化温度和硫化时间的关系，可用范托夫方程或阿伦尼乌斯方程计算得到的不同硫化温度下达到相同硫化程度的"等效硫化时间"来表示，但前者的准确度低于后者。

依据范托夫关于反应温度与速度的法则，硫化温度和时间的关系式为：

$$\frac{\tau_1}{\tau_2} = K^{(t_2-t_1)/10}$$

式中　　τ_1——温度为 t_1 时的硫化时间，min；

τ_2——温度为 t_2 时的硫化时间，min；

K——硫化温度系数（通常取值约为 2.00）。

需要指出的是，硫化温度系数 K 是在特定条件下，橡胶达到一定硫化程度所需时间与在相差 10℃时所需相应时间之比。它与胶料的配方密切相关，如纯胶胶料为 1.86，填充软橡胶为 2.17，硬橡胶则为 2.50。K 值的选取需经实验确定。

5.3.3　硫化方法和设备

（1）模压硫化　模压硫化是指胶料在模具内经加压、加热硫化成橡胶制品。轮胎、力车胎、三角带和密封件等都采用模压硫化生产。模压硫化的制品致密，形状和尺寸精确，表面光滑。

制造轮胎所用的典型硫化设备有水压罐式硫化机和定型硫化机两种。前者由立式蒸汽硫化罐和位于其底部的水压机组成，后者应用较多的是连杆式 B 型轮胎定型硫化机。由于有中心机构，可使胎坯定型与硫化在同一台机器上完成硫化。

一般模压制品的硫化方法主要有平板模压、传递模压和注射模压三种。其中最常用的是液压式平板硫化。

（2）热空气硫化 又称干热硫化，即以热空气作热介质的硫化方法。常用于靴、鞋和胶布的硫化。

用热空气作硫化介质的优点是：加热温度不受压力限制，介质中不含水分，适合于遇水水解的聚氨酯制品的硫化，产品表面光滑美观。其缺点是：由于空气中含有氧气，容易使制品氧化；由于热空气导热效率低，致使其硫化时间比蒸汽硫化时间几乎长1倍。为了克服上述缺点，工业上也有用分段硫化的方法，即第一阶段先以热空气作介质，在第二阶段再通入蒸汽作介质的混气硫化法。

（3）连续硫化 连续硫化是指长带或条形胶料在保持恒定温度的热环境运行中硫化。连续硫化的优点是：制品不受长度限制，无重复硫化区，劳动生产效率高，但相对能耗也高。连续硫化可采用鼓式硫化机（转鼓用蒸汽加热的温度为150℃，鼓外采用电热温度为200℃）、热空气硫化（制品连续通过硫化室进行常压加热硫化，硫化温度由胶料耐热性和运行时间决定）、管道式硫化（一般是挤出的胶条进入经高压蒸汽加热的50~80m的长管道中进行硫化，管道尾部再连接10~15m长的水冷却管道）、液体介质连续硫化（将挤出半成品连续导入储存有高温液体介质的槽池中加热硫化，常用的热介质为熔融合金，如含锡40%、铋58%的合金，其熔点为150℃）、红外线加热硫化、沸腾床硫化（加热介质为固体粒子，如玻璃珠，它们借助底部气体分配盘吹入的气体呈流态化、受分配盘上面的加热器控制流态化粒子的温度，把胶条连续通经流化床加热硫化，其优点是热传递能力高，半成品受热均匀）和辐射硫化等。

5.3.4 硫化技术新进展

（1）硫化体系向高性能、多功能方向发展 如上所述硫化体系包括硫化剂、促进剂、活化剂和防焦剂，近年来以上四种体系均有新的发现和进展。

在抗硫化返原方面有：中国山西省化工研究院生产的DL-268（N,N-间亚苯基双马来酰亚胺）和HS-258（六亚甲基-1,6-二硫代硫酸钠水合物）、富莱克斯公司开发的Perkalink 900（1,3-双柠康酰亚胺甲基苯）[7]和德国拜耳公司最近推出的KA-9188-1（6-双-N,N'-二苯并噻唑氨基甲酰二硫己烷）[8]等，它们均有明显的抗硫化返原能力。

在硫化剂方面：为了解决不溶性硫黄容易从胶料中喷霜导致胶片自黏性变差、成型加工困难问题，近年来已普遍采用硫给予体（DTDM）或二硫化二己内酰胺来代替硫黄作硫化剂，这类硫化剂不仅不会喷霜，而且也无亚硝胺的毒性。山西省化工研究院已生产出优质的丁基橡胶有效硫化剂——溴化对叔辛基苯酚-甲醛树脂（201树脂）和辛基酚硫化树脂（202树脂）。

在促进剂方面：含伯胺或二苄胺结构的促进剂品种因无亚硝胺毒性，其用量在不断扩大。有致癌之嫌的促进剂NOBS和二硫化四甲基秋兰姆（TMTD）也逐渐被相同功效的N-叔丁基-2-双苯并噻唑次磺酰亚胺（TBSI）和四苄基秋兰姆二硫化物（TBzTD）代替。值得关注的是促进剂正向多功能方向发展，例如用N,N'-双（2-苯并噻唑二硫代）哌嗪作促进剂，它能同时有防焦剂、促进剂和硫化剂的功能，而且耐热性也很好。

在活化剂方面：最重要的新进展是已开发出纳米ZnO[9]，纳米ZnO的加入不仅可提高硫化胶的抗撕裂强度和耐磨性，而且还可改善制品的透明度。

（2）充N_2硫化和变温硫化工艺 胶囊充N_2硫化不仅可节省蒸汽80%，而且可使胶囊寿命延长一倍[10]。为了解决厚制品硫化程度不均匀的问题，国内已开发出变温硫化工艺[11]。

（3）硫化设备　对于轮胎硫化，目前国外有普遍采用液压硫化机生产的趋势（特别是高等级子午胎的硫化）；对于一般硫化制品，已开发出采用微机控制的精密预成型机、推出式自开模平板硫化机、真空平板硫化机；在注射成型方面也相继开发出旋转注射成型、抽真空注射成型、注射模压成型及注射传递成型等新设备、新技术。正在紧跟塑料注射成型技术并行发展。

对于胶带（包括胶合板、片板）和各种断面形状的条形密封件等的连续硫化，已开发出用微波或红外线加热，经激光、计算机自动测径、调节尺寸和检测成品，是集新材料、新能源、光电一体化、计算机技术于一体的全自动生产线[12]。

5.4　混炼配方和配方设计

橡胶混炼配方是指橡胶混炼时需加入的配合剂组分及其相对用量比，由于配合剂中有些组分在加工中只起润滑、分散匀化或调节黏度等物理作用，有些组分如硫化体系又起化学反应，因而在橡胶加工行业中各组分的用量比是用每百份生胶添加多少份配合剂（即 phr，质量份）来表示。而配方设计则是根据橡胶制品的性能要求和加工工艺条件，通过实验、优化和检测，合理地选择原材料，确定各种原材料的用量配比关系。

5.4.1　橡胶配合剂体系

橡胶配合剂体系是指橡胶混炼时需加的各种原料。这些原料包括：生胶及其他聚合物、硫化剂体系、补强填充体系、软化-增塑体系、防护体系，此外还有分散剂、均匀剂、增黏剂等加工助剂。由于各种体系又由多种组分构成，组分的作用又各不相同，且配合剂种类、品种甚多（目前配合剂已有 30 余类，2000 多品种），详细地论述诸多体系和组分的性质、作用并据此制定混炼胶配方已成为一门相对独立的技术领域，已在第 4 章中单辟一节"配合改性"进行讨论，故本节仅就补强-填充剂体系中对改变生胶低强度性质起重要作用的炭黑补强剂作梗概介绍。

炭黑是烃类物质经不完全燃烧或裂解而制得的高分散性纯炭粉末，有几十个品种。其中炉法炭黑是由烃类在反应炉中不完全燃烧制得；槽法炭黑是天然气焰与槽钢接触形成的，因此又称接触法炭黑；热裂解法炭黑是由天然气热裂解制得；乙炔炭黑是由乙炔热解得到；灯烟炭黑则是烃类油在浅盘中燃烧制得；喷雾炭黑是以石油渣油为原料经燃烧制得。

按照它们对橡胶的补强性质，炭黑可分为硬质炭黑（又称补强炭黑）、半硬质炭黑（又称半补强炭黑）和软质炭黑。硬质炭黑的品种主要有：高耐磨炉黑、中超耐磨炉黑和槽法炭黑等，其共同特性是补强作用强，填充后能获得强度高且耐磨性好的硫化胶，常用于胎面和运输带覆盖胶的补强。半补强炭黑的主要品种有通用炉黑和半补强炉黑，它们的粒子较大，对橡胶只有中等补强作用，填充后硫化胶的质地柔软、弹性好、生热低，常用于轮胎帘布层、内胎和一般工业制品。软质炭黑如喷雾黑和热裂解法炭黑，其粒子更大，对橡胶的补强能力较弱，但填充后胶料的门尼黏度低，加工性能好，所得硫化胶的硬度低，平常可用作优质填料。炭黑对橡胶的补强作用取决于：炭黑的性质、粒子尺寸和比表面积称作补强的"广度因素"，炭黑的表面活性构成的"强度因素"，及炭黑粒子的结构性高低则称为补强的"形状因素"。

实验结果表明，炭黑粒子的比表面积大于 $50m^2/g$ 时，才能呈现出较好的补强作用，而粒子小于 50nm（此时粒子尺寸与硫化胶交联点之间的链段长度处于同一数量级），其补强效果更好。炭黑的结构性是指其近似球形粒子聚结成三维空间网络的程度。结构性的高低一般用其吸油值［1g 或 100g 炭黑吸收邻苯二甲酸二丁酯的体积（cm^3）数］来衡量，吸油值越大表示其结构性越高;一般认为:如果炭黑的粒径相同,其结构性越高,炭黑与橡胶之间的相互作用越强,其补强作用越强,同时其挤出半成品表面光滑,收缩率也较小。炭黑表面活性的大小可通过"结合橡胶"量多少来衡量,炭黑的表面活性越大,结合橡胶的形成量就越多,同一种炭黑的表面活性又与其比表面积大小有关,因此可以认为:炭黑粒子越小,其比表面积就越大,表面活性越高,其补强作用越强。炭黑粒径和比表面积与其相对补强性能之间的关系列在表 5-9 中。

表 5-9　各种炭黑的粒径和比表面积对天然橡胶和丁苯橡胶相对补强性能的影响

炭黑品种			粒径范围/nm	比表面积/(m²/g)	相对补强性(HAF=100)
中文名称	英文名缩写	ASTM 命名			
中粒子热裂法炭黑	MT	N990	201~500	8	21
细粒子热裂法炭黑	FT	N880	101~200	17	38
半补强炉黑	SRF	N741	61~100	25	46
高定伸炉黑	HMF	N601	49~60	30	63
快压出炉黑	FEY	N550	40~48	45	75
高耐磨炉黑	HAF	N330	26~30	80	100
中超耐磨炉黑	ISAF	N220	20~25	115	116
超耐磨炉黑	SAF	N166	11~19	140	125
易混槽黑	EPC	S300	26~30	115	85
可混槽黑	MPC	S301	26~30	150	88
乙炔炭黑	ACET		30~40	60	61

表 5-9 的数据表明,对天然橡胶和丁苯橡胶来说,除最后三种炭黑偏离"比表面积增大,相对补强作用增强"规律外,其余大多数炭黑均符合粒径越小,比表面积越大,导致其相对补强作用越大的一般规律。补强作用的大小一般常用结合橡胶形成量来衡量。"结合橡胶"一词虽在概念上比较笼统(是化学键合?还是物理聚结?)有待进一步研究,但它却是一个能体现橡胶补强效果的实验可测量。此外,结合橡胶是否容易形成及其结合量的多少,显然既与炭黑的表面活性有关,又取决于橡胶与炭黑的结合能力(活性)。因此炭黑的表面改性和橡胶的链端改性已成为提高橡胶强度和弹性的两个重要研发方向。例如,炭黑的氧化、卤化改性、炭黑用含硫化合物改性、等离子体改性、激光改性和接枝改性等,均已初见成效,而溶聚丁苯橡胶(S-SBR)和稀土顺丁橡胶(BR)依据其增长链端的活性与含锡化合物或含 N 化合物偶联或化合,形成链端(或中间段)含 C—Sn 键的聚合物,这种含 C—Sn 键的聚合物在混炼过程中容易被剪切力切断,切断的活性链端又极易与炭黑结合形成结合橡胶,从而不仅提高了硫化胶的强度,而且由于消除(或减少)了对弹件无贡献的自由端链,导致弹性显著增大。有关改性细节可参见本书第 4 章"链端改性"一节。

炭黑用量直接影响硫化胶的性能。在一定范围内,随着炭黑用量的增多,硫化胶的硬度、定伸应力和生热等单调增大,回弹性、扯断伸长率等单调下降,而拉伸强度、撕裂强度和耐磨性则出现最大值。炭黑用量一般为 40~60 份 (phr)。

至于其他配合剂体系,有的已在相关的加工、硫化工艺中介绍过,有些则涉及品种、范围太广(例如各类促进剂和助促进剂等),简要介绍又不足以概括全貌。故建议有兴趣的读者参看有关专著[13~16]。

5.4.2　配方设计

(1) 配方设计目的　简单地说,橡胶配方设计的目的是依照硫化制品的主要性能指标要求,确定出各种原料的最佳配比,该最佳配比又可在预订的加工工艺条件下,获得预期结构和性能的硫化胶。具体来说,依照如下顺序来制订橡胶加工配方。

① 首先根据制品的使用环境确定出硫化胶的主要性能指标及其允许波动范围。

② 根据性能指标要求,选定适宜胶料并制定出合理(这里的合理不是理论预期而是经验规律)的加工工艺条件。

③ 依据硫化胶性能和加工工艺要求选择适宜胶料并确定各组分用量配比。

这种配方设计法有些像先指定聚合物性能,后拟定所需原料和聚合方法的所谓倒逆分子设计法,但是由于胶料的混合、流动和反应均未达到分子水平,因而它只能是物料的配比估算,而不是按分子相互作用参数计算的真实意义上的分子设计。正因为如此,橡胶配方设计中的物料配比大都以质量或体积百分比来表示(而不是用摩尔比),更常用的还是相对份额(即 100 份生胶所加的各种配合剂的份数)表示法。为了操作方便,在生产中常把配方规定的相对份额换算成相应质量(kg)。

(2) 配方设计原则 ①所得硫化制品的主要物性必须严格符合环境要求,例如制品尺寸、制件连接、膨胀收缩率、耐液体浸蚀性等;②制取性能达标的制品必须遵循既经济合理、又节能高效原则,也就是要着重估算出原料成本、工艺和性能三方面的最佳综合平衡;③在原有设计上实施多种加工工艺并获得预期性能的可行性。

(3) 配方设计程序和方法 对研制橡胶新材料,配方设计大致包括以下几个阶段。

① 准备阶段:包括查阅相关文献,了解制品的使用环境和条件(如环境、介质、负荷和温度等),制定胶料配方及其加工、硫化等主要技术指标。

② 配方试验阶段:选择并设计试验方法(如一元变量分批完成法、优选法、等高线法、正交设计法、回归分析法、均匀设计法、人工神经网络法、计算机辅助设计法等)进行试验设计。配方试验一般包括基础配方、性能配方和生产配方。其中,基础配方又称标准配方或检验配方,其目的是鉴定生胶和配合剂的基本组分;性能配方又称技术配方,其目的是检验该配方能否达到指定的性能指标;生产配方则需兼顾现有生产和工艺及主要性能指标是否可行,并能顺利实现。

③ 试制试产阶段。

④ 技术鉴定、投产。

5.5 橡胶结构及其分子运动特征

橡胶结构通常是指生胶分子链结构(简称链结构)和众多分子链堆砌而成的聚集态结构(或称凝聚态结构)。链结构是指单个分子的结构和形态,这种结构又可细分成近程结构和远程结构。其中近程结构是指分子链由何种元素构成及其排列方式、单体单元的键接顺序、取代基和端基种类、有无支链及支链长度,以及分子链中由不对称因素造成的单体单元构型等;而远程结构则是指分子链的尺寸和由柔性分子链内旋转导致的多种构象异构体。聚集态结构是指众多分子链间的几何排列形式和堆砌状态。例如橡胶在常温无负荷时经常堆砌成无定形(或非晶态)结构,属液相固体;某些橡胶虽可发生拉伸结晶,但最终仍属于结晶与无定形相共存,且无定形相占优势的液相固体。

5.5.1 分子链结构与分子链柔性
5.5.1.1 链结构

对合成橡胶来说,其大分子链的结构主要包括:①主链键型,如主链是均碳链(如含

—C—C—、—C—C=C—C—键的不饱和通用橡胶),碳-杂链(如含—C—O—C—键的饱和氯醚特种橡胶),和主链全由杂原子构成的硅橡胶(含—Si—O—Si—键);②主链上是否带有极性或非极性取代基;③单体单元的键接顺序,对单烯类橡胶是头-头键接还是头-尾相连;对二烯烃橡胶是1,2-结构或是3,4-结构的头-头或头-尾键接还是1,2-结构或3,4-结构与1,4-结构的头-头或头-尾键接等;④单体单元的立体构型,如顺式、反式或旋光异构体;⑤单体单元的立构规整性和序列规整性。

按照结构决定性能的观点,上述五类链结构都会影响橡胶的各种性能[光、电、热、声性能,动(静)态力学性能、流变和阻尼性能等]。有关链结构对橡胶上述诸多物性影响的详细论述可参看有关专著[2]。对合成橡胶来说,由于橡胶的弹性和力学性能是最基本的特征物性,而橡胶分子的柔性和弹性又主要由分子内的"自由内旋转环节"导致分子链有多种构象所引起,所以本节仅就影响分子链柔性的因素来讨论分子链的柔性及其相关问题。

5.5.1.2 影响分子链柔性的因素

由于橡胶材料都是柔性分子链的聚集体,所以分子链中内旋转环节的自由程度,既会受近邻环境(近程相互作用)又会受分子间力的影响,它们都会制约构象数目即分子链柔性。这些因素主要有以下几点。

(1) 主链键型及其分子量 若分子主链均由单键构成,一般是杂链聚合物的柔性大于均碳链聚合物,其顺序是:—Si—O—>—C—N—>—C—C≈—C—C=C—。这一顺序与主链中元素的原子半径相一致,由于原子半径大,单键内旋转的位阻小,从而相应的构象数多,柔性好。这也是合成极性特种橡胶时应遵循的结构条件之一。若主链的化学组成相同,当然分子量越大,构象数越多,链的柔性越好。这又是合成橡胶始终追求的目标之一。

(2) 取代基 极性取代基的极性越大,数目越多,由极性和体积效应导致的分子间作用力就越大,此时分子链内—C—C—内旋转严重受阻,柔性变差,所以特种橡胶的弹性都不如通用橡胶。若取代基为非极性烃基,则取代基的体积越大、内旋转位阻越大。导致其柔性越差。所以顺丁橡胶的柔性>异戊橡胶>丁苯橡胶,其 T_g 却呈相反顺序,即顺丁橡胶($T_g=-110℃$)<异戊橡胶($T_g=-73℃$)<丁苯橡胶($T_g=-61℃$)。

(3) 分子间作用力 分子间作用力产生的内因是:极性取代基的极性效应导致色散力增大、分子间极性吸收力变大、柔性降低,其体积效应却导致分子间距离增大、柔性增大,二者抵偿的结果一般是使分子间作用力增大,使分子链柔性显著下降;另一类分子间作用力表现为常温无负荷状态下分子间形成氢键或结晶;如果分子间的氢键较多甚至形成氢键型结晶或是成为结晶性聚合物,则它们一般是刚性固体,不会显示橡胶特性;如果柔性分子链中有少数链段形成分子间氢键或结晶微区,前者如多嵌段聚氨酯,后者如乙烯/1-辛烯共聚物。则它们都是已工业化的热塑性弹性体(TPE)。

天然橡胶和通用合成橡胶都是含有很多—C—C—和—C=C—C—键的非极性均碳链聚合物,由于分子内的—C—C—单键是 σ 键,σ 键的电子云分布具有轴向对称性,—C—C—单键内旋转时不会影响电子云分布,所以可以认为该—C—C—单键的内旋转是"自由"的,但是由于这两个碳上还各带有两个 H 原子,内旋转时还要克服相邻 H 原子间的斥力(即位垒),所以该—C—C—单键的内旋转不是完全自由的。也就是说任何—C—C—单键内旋转时都要克服一定的位垒(内旋转活化能 ΔE)。由于内旋转时需保持 C—C 键的键长(0.154nm)、键角(109.5°)不变,每旋转一个角度就会引起分子中的原子在空间位置上的变化即产生一种形象,这种形象通常称作构象或内旋转异构体。所以可以推想,橡胶分子中有成千上万个—C—C—单键,每个单键又可绕主轴旋转360°,由

—C—C— 内旋转产生的构象数目数不胜数。理论上含 n 个碳原子的正构烷烃，其可能的稳定构象数有 10^{n-3} 个，照此计算，一个聚合度为 100 的聚乙烯分子，其相对稳定的构象数高达 $3^{200-3}=10^{93}$ 个。实际上完全自由的 —C—C— 内旋转是不存在的，构象数目的多少取决于 —C—C— 单键的受阻位垒大小。分子结构不同、内旋转位垒（内旋转活化能，ΔE）也不同。表 5-10 列出了一些低分子化合物绕指定单键旋转 360°时的位垒（ΔE）值。

表 5-10　几种低分子化合物的分子绕指定单键旋转 360°时的 ΔE 值

低分子化合物	ΔE/(kJ/mol)	键长 l/nm	低分子化合物	ΔE/(kJ/mol)	键长 l/nm
CH_3—CH_3	11.7	0.154	CH_3—$CH=CH_2$	8.4	0.154
CH_3—CH_2CH_3	13.8	0.154	CH_3—$C(CH_3)=CH_2$	10.0	0.154
CH_3—$CH(CH_3)_2$	16.3	0.154	H_3Si—SiH_3	4.2	0.234
CH_3—$C(CH_3)_3$	20.1	0.154	CH_3—O—CH_3	11.3	0.134

从表 5-10 的数据可以看出，CH_3—CH_3 分子的 —C—C— 键内旋转位垒为 11.7kJ/mol，若其中的一个氢被甲基取代，其内旋转位垒增大，且取代基越多，位垒越高；但是如果其中的两个氢被 —$CH=CH_2$ 或 —$C(CH_3)=CH_2$ 取代后，其 —C—C— 单键的内旋转位垒 ΔE 值反而下降。这是由于非键合原子间的距离增大，H 之间的斥力减少所致；至于 H_3Si—SiH_3 中的 Si—Si 键的内旋转位垒比相应的 H_3C—CH_3 的 ΔE 低得多，显然是由于 Si 的原子半径大，Si—Si 键长比 —C—C— 键更长，H 原子间的斥力更小的缘故。

天然橡胶和通用合成橡胶都是均碳链聚合物（或共聚物），其分子中含有很多个 —C—C— 键和 —C—C(CH_3)=C— 或 —C—C=C— 键，它们的内旋转位垒都应 <11.7kJ/mol。依此类推，天然橡胶（顺式-1,4-聚异戊二烯）和杜仲胶（反式-1,4-聚异戊二烯）及顺丁橡胶（顺式-1,4-聚丁二烯）和反式-1,4-聚丁二烯，假定它们的平均分子量相等或接近，它们理应含有同等数量的 —C—C— 单键和 —C—C=C— 或 —C—C(CH_3)=CH— 键，从而顺式和反式都应是分子链柔性很好的橡胶。实际情况却与以上预期相悖。即具有顺式构型的天然橡胶和顺丁橡胶确是分子链柔性好的橡胶，而具有反式构型的杜仲胶和反式-1,4-聚丁二烯却是熔融温度较高（前者的 $T_m=65℃$，后者的相转变温度$=70\sim75℃$）的结晶性硬橡胶或塑料（见表 5-11）。

表 5-11　立构规整聚异戊二烯和聚丁二烯的物化参数[17]

立构规整聚合物	1,4-聚异戊二烯		1,4-聚丁二烯	
	顺式	反式	顺式	反式
立构纯度/%	≥98	99	98	99
T_g/℃	−73	−53	−100	−80
T_m/℃	+39	+65	+2	70~75
等同周期/pm	810	477	860	485
相对密度	1.0	1.04	1.01	1.02

从表 5-11 的数据可以看出，顺式和反式构型聚合物的性质截然不同的原因是二者的等同周期几乎相差一倍的缘故。

顺式-1,4-聚异戊二烯（天然橡胶）：

反式-1,4-聚异戊二烯（杜仲胶）：

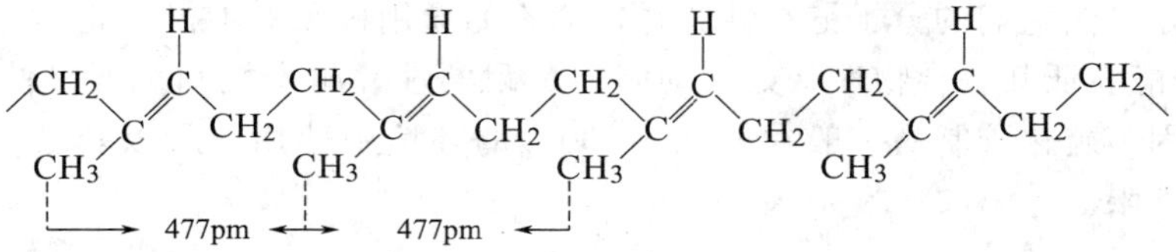

[化学结构式：477pm, 477pm]

顺式-1,4-聚丁二烯（顺丁橡胶）：

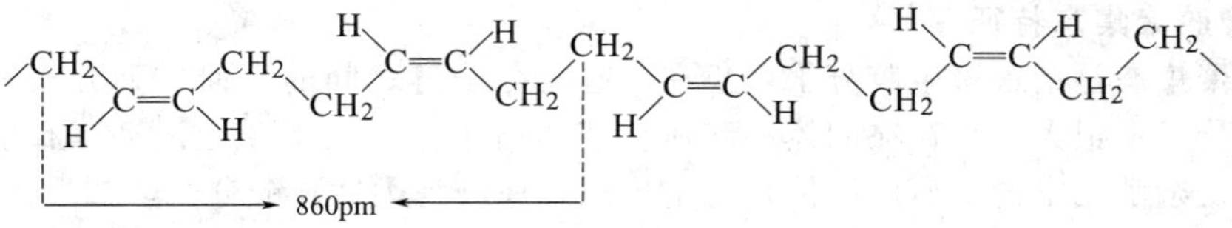

[化学结构式：860pm]

反式-1,4-聚丁二烯：

[化学结构式：485pm]

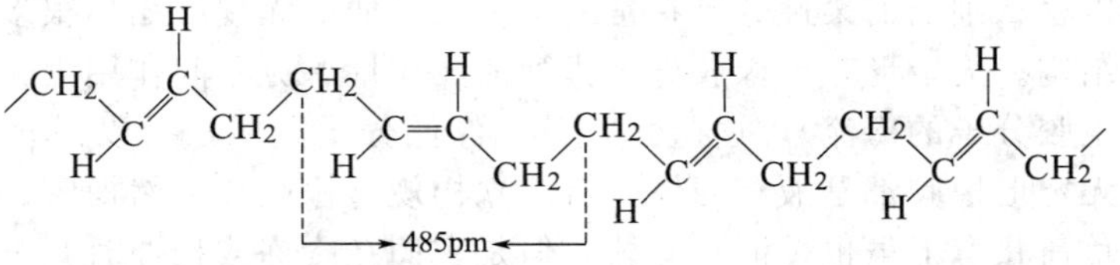

由于顺式构型的等同周期是两个单体单元，故—C—C—键内旋转的构象数多，链的柔性大，对称性低，不容易结晶；而反式构型的等同周期只含一个单体单元，对称性高，容易结晶，故在常温无负荷时已经结晶，由此成为结晶性硬橡胶。

5.5.1.3 橡胶的玻璃化温度（T_g）

玻璃化温度是指链段开始运动或被冻结时的温度。按照自由体积理论，无定形聚合物在玻璃化时分子链的堆砌比较松散，其体积除了聚合物分子所占体积外，还有自由空间（即自由体积）。自由体积越大，聚合物分子运动的空间就越大，且自由体积随温度的升高而增大。当自由体积占到聚合物体积的2.5%时，含5个或更多碳原子的链节就可同时运动，这一温度就称为玻璃化温度（T_g）。

玻璃化温度是一个既与橡胶分子主链结构又与分子间作用力密切相关的重要分子参数。一般说来，分子链的柔性越大、取代基的体积或极性越小、分子间作用力越小，其T_g就越低。二烯类通用橡胶都是以二烯烃（如丁二烯或异戊二烯）为主体的二烯烃类聚合物或共聚物，它们都是柔性分子，烃类聚合物分子间作用力又很小，所以它们都具有较低（即远低于0℃）的T_g（见表5-12）。

表5-12 各种橡胶的玻璃化温度

橡 胶	T_g/℃	橡 胶	T_g/℃	橡 胶	T_g/℃
天然橡胶（NR）	−73	异戊橡胶（IR）		二元乙丙橡胶（EPR）	−52
杜仲橡胶	−53	锂系	−70~68	三元乙丙橡胶（EPDM）	−50~−60
乳聚丁苯橡胶（E-SBR）		钛系	−72~−70	氯橡胶（CR）	−40
通用 E-SBR	−61~−52	顺丁橡胶（BR）	−110	丁腈橡胶（NBR）	
苯乙烯结合量为10%的 E-SBR	−75	无规丁二烯橡胶	−45	AN结合量20%	−56
		乳聚丁二烯橡胶		AN结合量26%	−52
溶聚丁苯橡胶（S-SBR）		5℃聚合	−78	二甲基硅橡胶（MQ）	−123±5
低1,2-结构	−70	50℃聚合	−86	氟橡胶246（FKM）	−37
高1,2-结构	−55	丁基橡胶（IIR）	−69	聚硫橡胶	−28

从表5-12的基本数据可以看出，通用橡胶（包括NR）的T_g大都低于−50℃；特种橡

胶如聚硫、氯丁和氟橡胶等（主要利用其特性如耐油、耐溶剂、耐热），其 T_g 一般在 $-40\sim-30℃$，显然它们的分子链柔性和弹性均不如通用橡胶。不仅如此，对合成橡胶来说 T_g 值还是一个能表征其综合物性（如滚动阻力、耐磨性、耐寒性和抗湿滑性等）优劣的重要分子参数。因为硫化胶制品一般在 $-40\sim100℃$ 的环境中使用，所以其 T_g 值表征橡胶材料使用温度的下限。

5.5.2 聚集态结构
5.5.2.1 橡胶聚集态特征

橡胶的聚集态是指很多生胶分子聚集在一起时分子链之间的几何排列方式和堆砌状态。由于橡胶的分子量很大，只存在固体和液体。液体由于分子在不断地运动（布朗运动），分子间的堆砌是杂乱无章的，所以液体是无定形态。橡胶为柔性长链分子，如聚丁二烯分子链长度与直径之比为 5×10^4（即长度为直径的5万倍），再加上它在常温下分子链中的链段又在不断运动，所以这么细长的柔性分子在常温下都会卷曲成无规线团，很多无规线团又无序地堆砌成无定形结构。无定形态中橡胶分子排列的无序性、分子间作用力又很小，加热时又可流动变形（如生胶分子的冷流），这些性质又很像低分子液体，所以说合成橡胶如丁苯橡胶和丁腈橡胶等无定形橡胶都是液相固体。有些立构规整橡胶如天然橡胶、异戊橡胶和顺丁橡胶等在常温无负荷状态下虽也是液相固体，但是它们在冷冻或拉伸时又可以结晶，故它们又常被称作是可结晶橡胶，不过它们在最适结晶条件下的结晶度一般不超过 30%，所以这些橡胶的物理状态是晶态与无定形态并存。因此可以认定，橡胶分子的链结构决定了橡胶的基本特性（如弹性和力学性能），当它们聚集在一起形成无定形结构（即聚集态）时不仅增加了分子间的相互作用（即分子间力），而且其分子运动和受力行为也会受分子间相互作用的影响而发生显著变化，这就是说橡胶的聚集态结构是决定其本体性质、加工应用性能的主要因素。

5.5.2.2 无定形态橡胶的分子运动

（1）分子间作用力及其量度　和低分子化合物一样，高分子化合物分子之间也普遍存在相互作用力，这种作用力常称作范德华力（包括静电力、诱导力和色散力）和氢键。

静电力是极性分子间的静电吸引力，极性分子的永久偶极之间的静电力的大小与永久偶极的电荷密度及其定向程度有关，定向程度越高，静电吸引力越大，而分子的热运动又常使偶极的定向程度降低，所以随着温度的升高，偶极吸引力降低。静电吸引力的能量一般为 $12.56\sim20.94kJ/mol$。

诱导力是极性分子的永久偶极诱导邻近的其他分子或同一分子的非极性部分而产生的偶极吸引力，诱导力的作用能一般在 $6.28\sim12.56kJ/mol$。

色散力是分子瞬时偶极之间的吸引力，不同原子构成的分子，因电子不停地运动都会产生瞬时偶极，因此色散力存在于所有极性和非极性分子之中，是范德华力最普遍存在的分子间作用力。色散力的作用能虽小（$0.83\sim8.37kJ/mol$），但具加和性。在非极性橡胶如天然橡胶和通用合成橡胶中，它甚至占到总分子间作用能的 80%～100%。

氢键是电负性很大的原子，如 N、O 上的独对电子与活泼 H 原子之间形成的、键能（$41.8\sim94kJ/mol$）大于偶极力而远低于共价键能（共价链的解离能为 $209\sim838kJ/mol$）的分子间力。对极性特种橡胶如聚氨酯橡胶，因分子链中存在很多 $-NH-\overset{O}{\underset{\|}{C}}-O-$ 极性基，其高强度性质主要是氢键分子间力的贡献。

聚合物分子间相互作用力是分子间各种吸引力和排斥力的总和。其大小可用内聚能

（ΔE）或内聚能密度（CED）来表示：

$$\Delta E(\text{内聚能}) = \Delta H_v - RT$$

或

$$CED(\text{内聚能密度}) = \Delta E/V_m$$

式中，内聚能的含义是 1mol 聚集体汽化时，克服分子间力所需要的能量；ΔH_v 是摩尔蒸发热；RT 为汽化时所做的膨胀功；内聚能密度的定义是单位体积凝聚体汽化时所需要的能量；V_m 是摩尔体积。

由于聚合物不能汽化，所以只能借助最大溶胀比或最大特性黏度法来间接估算 CED。一些线形聚合物的 CED 值列在表 5-13 中。

表 5-13　一些橡胶和典型纤维、塑料的内聚能密度（CED）[2]

橡　　胶	CED/(J/cm³)	纤　　维	CED/(J/cm³)	塑　　料	CED/(J/cm³)
丁基橡胶	272	尼龙 66	774	PMMA	347
天然橡胶	280	聚丙烯腈	992	PVC	381
聚丁二烯	276				
丁苯橡胶	276				

由表 5-13 可见橡胶是一类分子间作用力最小的聚合物。

由于橡胶类聚合物的聚集态为无定形结构，在热力学上属于液相固体，所以它具有一系列非凡的物理性质。例如，它在小形变（<5%）时，其弹性响应符合虎克定律，像个固体；在大形变时，又像个任意流动变形的液体；它的热膨胀系数和等温压缩系数又和液体处于同一数量级，意味着其分子间作用力与液体相似；它在外力（应力）拉伸下发生形变时，应力随温度的升高而增大，又与气体的压强随温度的升高而增大的性质相类似。

（2）分子运动及其特点　处于无定形态的橡胶分子的热运动单元有侧基、支链、链节、链段及整个分子链的运动等。显然这些运动单元的运动既取决于分子链结构，又受分子间相互作用力的影响。通常只考虑链段和整个分子两种运动单元，且整个分子链的运动是通过链段运动来实现的。

橡胶分子链的运动有两个特点：一是时间依赖性，即在一定的温度和外力作用下，大分子链的构象从一种平衡态经分子运动到达与外力相适应的另一种平衡态，这是一个缓慢的松弛过程。运动单元不同，松弛时间也不一样。另一个特点是温度敏感性，即升高温度，运动速度加快。这是因为温度升高，分子运动的动能增大，同时聚合物分子之间的自由体积随温度的升高而膨大，由此增大了运动单元的活动空间。以下将分别讨论无定形态橡胶在不同外力和温度条件下的应力-应变关系。

5.5.2.3　无定形橡胶的应力-应变特性

橡胶受力时，其本身会产生抵抗形变的内应力称作应力，内力与外力大小相等而方向相反。施加的外力迫使橡胶分子聚集体离开势能较低或熵值较大的平衡（稳定构象）状态，过渡到势能较高或熵值较小的非平衡态而导致形变，橡胶的形变常用形变尺寸与原始尺寸之比（拉伸比 λ）或伸长率%来衡量，该比值称为应变。

由于橡胶是弹性、黏性结合体（简称黏弹体），形变（如拉伸-恢复）又需要时间，所以其应力-应变行为又会受形变速率和形变温度的影响（见图 5-10）。

（1）应力松弛　在一定温度的环境中，将橡胶条拉伸到一定长度，然后在固定长度（应变）下，观察应力随时间延长而逐渐衰减的现象称应力松弛。如图 5-11 所示，应力随时间呈如下的指数函数关系衰减：

$$\sigma = \sigma_0 e^{-\frac{t}{\tau}}$$

式中，σ_0 是起始应力；σ 为某一时间 t 观察到的应力；τ 为松弛时间；t 为从起始应变到观察（或实测）应力逐渐衰减所经历的时间。

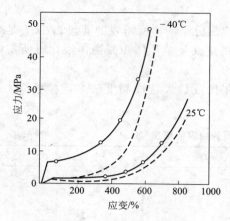

图 5-10　SBR 纯胶硫化胶于不同拉伸速率和不同温度下的应力-应变关系
（实线表示拉伸速率为 2000%/s，虚线表示拉伸速率为 2%/s）

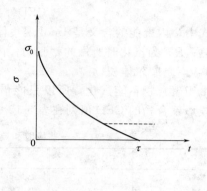

图 5-11　应力松弛曲线

应力逐渐衰减的原因是，胶条所承受的应力逐渐消耗于链段运动时要克服黏性内阻。应力衰减的特点是开始时快，后来逐渐趋慢。如果胶条是生胶，由于分子链可发生位移，应力可衰减至零；如果是硫化胶，则应力最终衰减至平衡值为极限（见图 5-11 中的虚线）。

(2) 蠕变　橡胶在一定温度和恒定应力（拉伸力、剪切力或压缩力）作用下，其形变随时间延长而逐渐增大的现象称为蠕变（见图 5-12），图中 OA 段的应变是由键长、键角变化所引起的瞬时形变，称普弹形变，它在解除外力后可迅速完全恢复至零（其形变量很小，量值 $=OA=\varepsilon_1$）；以后的形变发展（从 A 一直到 F）则是由链段运动逐渐克服黏性内阻及分子链发生黏性流动所作出的形变总贡献。这一部分的形变就是橡胶在恒定应力作用下形变随时间延长而逐渐增大的蠕变。如果在形变过程（APF）中于 P 点（t_2）解除外力，则属于普弹形变的部分（与 OA 相等的 PB 段形变 ε_1）迅速恢复原状，之后的形变发展如果是交联得很好的硫化胶分子链就可通过自动卷曲沿 BC 曲线逐渐回缩到原长度（或接近零形变值 ε_1），如果是欠硫化的硫化胶（即残留未交联的线形分子），则由于部分分子链发生了滑移，形变将沿 BD 曲线逐渐回缩（恢复）至 D，残留了 ε_3 不能恢复，这种残留的不能恢复的形变称作永久形变。前者称作推迟弹性形变（ε_2），后者的永久形变部分 ε_3 则称作黏性流动形变。

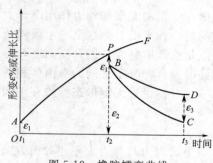

图 5-12　橡胶蠕变曲线

如果推迟形变的形变量 $\varepsilon_2-\varepsilon_3$ 按试样拉伸长度 l_2-l_3 计算，则发生蠕变时的形变恢复率可按下式计算：

$$恢复\% = \frac{l_2-l_3}{l_0} \times 100\%$$

式中，l_0 是试样原长；l_2 为试样开始恢复时的长度；l_3 为试样恢复终了时的长度。

从以上的讨论可见，蠕变曲线是以下三种形变的叠加。

① 弹性瞬时响应即普弹形变，其形变量（ε_1）与初始应力（σ_0）的关系是：

$$\varepsilon_1 = \sigma_0/E_1 = D_1\sigma_0$$

式中，E_1 为普弹模量；D_1 为普弹柔量。

② 推迟弹性形变（ε_2）与初始应力（σ_0）、时间（t_2）的关系为：

$$\varepsilon_2 = \frac{\sigma_0}{E_2}\varphi(t) = \sigma_0 D_2 \varphi(t)$$

式中，E_2 为高弹模量；D_2 为高弹柔量；$\varphi(t)$ 为蠕变函数。

③ 黏性流动（ε_3）形变，其形变量与初始应力（σ_0）和本体黏度（η）的关系是：

$$\varepsilon_3 = \frac{\sigma_0}{\eta}t$$

①和②的应力-应变是可逆的，③的应力-应变是不可逆的。

全部蠕变的应力-应变$[\varepsilon(t)]$关系为：

$$\varepsilon(t) = \sigma_0 D(t) = \sigma_0 D_1 + \sigma_0 D_2 \varphi(t) + \sigma_0 \frac{t}{\eta}$$

式中的 $D(t) = D_1 + D_2\varphi(t) + \frac{t}{\eta}$ 是恒定应力下的蠕变柔量函数。

以上三种形变的相对比例随恒定应力的作用时间而改变，若作用时间非常短，此时只发生瞬时普弹形变 ε_1，且形变量很小；随着作用时间的延长，蠕变速度开始增加很快，然后逐渐变慢，最后基本达到平衡。这一部分的形变除了普弹形变 ε_1 外，主要是推迟弹性形变 ε_2，当然也存在随时间延长而发展的少量黏性流动形变 ε_3；如果作用时间很长，推迟弹性形变 ε_2 已得到充分发展，并达到平衡值。最后是纯粹的黏性流动形变 ε_3。

蠕变形变的恢复速度是：普弹形变 ε_1 瞬时恢复完全可逆；推迟弹性形变 ε_2 延时逐渐恢复；黏流形变 ε_3 是永久形变不能恢复。由于链段运动会因温度升高而加剧，所以推迟弹性形变的发展和恢复速度均会随温度的升高而加快。

5.5.2.4 橡胶的拉伸取向和结晶

橡胶在一定的温度和外力作用下拉伸，无定形橡胶分子先是沿外力方向伸展，进而规整排列形成结晶。从无定形到结晶是一个相变过程，所以它是一个特殊的应力-应变现象。

（1）橡胶的拉伸取向　处于无定形态的橡胶分子虽排列混乱，但它在一定的外力作用下很容易沿外力的方向伸展为平行规整排列——即发生拉伸取向。由于取向是通过分子链的运动单元来实现的，所以柔性大的小链段比柔性差的大链段更容易取向。从热力学的观点，取向是外力迫使分子从紊乱无序到有序规整排列的过程，故取向态是一种非平衡态。如果分子处于弹性态，撤去外力后，取向了的链段便自发地解取向恢复到原来的平衡态（构象）；如果分子是处于黏流态，则除去外力后，链段（或分子）也自发地解取向而停留在拉伸伸长状态。

（2）橡胶的结晶　结晶属一级转变（相变）。橡胶结晶时容积缩小，相对密度增大，模量和强度均增高。从热力学上讲，结晶也是一种分子从紊乱无序状态过渡到三维有序排列成晶格的紊乱程度降低过程。根据自由能（ΔG）的焓（ΔH）、熵（ΔS）变表达式：

$$\Delta G = \Delta H - T\Delta S$$

紊乱程度减小即 ΔS 为负值，$-T\Delta S$ 一项总为正值，因此结晶可以进行的必要条件是 ΔG 和 ΔH 均必须为负值，且结晶时的热效应 ΔH 的绝对值要大于 $|T\Delta S|$，才能使 ΔG 为负值。一般情况下，结晶时放热量很小，即 ΔH 是很小的负值。因此解决 ΔG 为负值的办法只有设法降低 $|T\Delta S|$，可行的途径有二：一是降低温度，实际上这就是平常所说的冷冻结晶；另

一条途径是施加外力对橡胶做功,迫使 ΔS 值下降,即拉伸(或伸长)结晶。

① 冷冻结晶:冷冻结晶即将天然橡胶或顺式-1,4-聚异戊二烯置于 0℃ 以下的温度环境中冷冻,经历一段时间(常以半结晶时间 $\tau_{1/2}$ 衡量)它们都可结晶。但结晶是不完全的,结晶速率虽随冷冻温度的降低而加快,但它在一定的冷冻温度下结晶速率大都是初期慢、中期快、后期又变慢,没有一定的平衡点或终点,且结晶速率随橡胶立构规整度的不同变化很大(天然橡胶的顺式-1,4-异戊二烯单元含量≥98%),其 $\tau_{1/2}$(-25℃)却长达 2300h,结晶温度越高,结晶的熔化温度越高(一般比结晶温度高 5~6℃)且熔限(即结晶熔化温度范围)越窄。显然在常温下观察不到这种结晶(因结晶已经熔化)。

② 拉伸结晶:立构规整橡胶如天然橡胶、异戊橡胶和顺丁橡胶等在常温下拉伸时,由于分子链可沿拉伸方向取向,从而利于链段的三维有序排列而结晶。一般情况下,晶体的熔化温度和熔限也是随拉伸速率、伸长率的提高而增高且熔限变窄。

据此,我们可以把合成橡胶分成两类:一类是可结晶橡胶,如天然橡胶、异戊橡胶和顺丁橡胶等立构规整橡胶;另一类是不结晶橡胶,如丁苯橡胶和丁腈橡胶等无规立构橡胶,它们在常温无负荷状态下虽也是无定形结构,由于其分子链不规整,且存在体积庞大的苯基或极性(—CN)侧基,因而它们既不能冷冻结晶,又不能发生拉伸结晶。

5.5.3 交联结构

在上两节中我们已就橡胶分子链结构和聚集态结构的分子间相互作用和分子运动特征进行了论述。可是,正如在 5.3 节已看到的那样,线形结构的生胶只是制造弹性体制品的起始原料,它必须经硫化交联后才能成为有使用价值的橡胶制品。这就是说交联网络结构对弹性体是不可缺少的。

一般说来,交联网络结构包括交联键类型、交联点密度、交联点间的分子量($\overline{M}_c$)和交联网络的完善程度(指有无悬挂链环、有无端链和端链多少)等。其中,交联键类型(例如是 —C—C—、—C—S_x—C— 交联,还是 —C—O—C—、—C—N—C— 交联)是决定硫化胶强度和热稳定性的重要因素;交联点密度(或称交联度)和交联点间分子量是决定强度特别是弹性能否充分发挥的关键环节。对于天然橡胶和通用合成橡胶硫化胶来说,交联键以单硫键为主较好,在尽量满足平均每条分子有一个交联的前提下,交联点密度越低越好,这样可使交联点间的分子量远大于链段分子量;至于交联网络的完善程度,通常把无悬挂环和无端链的封闭交联网络称为"理想网络",因为悬挂和端链不仅对弹性无贡献,还会导致形变时的内摩擦阻力增大造成内耗和生热;由于目前天然橡胶和通用合成橡胶所用的硫黄硫化体系和硫化方法还不能硫化成"理想网络",因而暂时还难以实现"理想网络"应有"理想弹性"的目标。有关交联网络结构的详细论述,参见本书第 6 章。

5.6 硫化胶物性与分子结构的关系[2]

5.6.1 硫化胶的主要物理性能

这里的硫化胶也可称橡皮或弹性体,由于生胶只是制造弹性体的原料(主体物料),其出厂或市售指标大都只用门尼黏度值($ML_{1+4}^{100℃}$)、凝胶含量(一般<1%)和挥发分、灰分含量表示,而这些指标又是根据国标配方混炼并硫化后测定相应生胶硫化胶的物性(一般仅测力学性能)制订的。所以书刊和报告中所说的"橡胶物性或性能"除特别指明是格林强度(Green strengh,生胶或混炼胶强度)外,几乎都是指硫化胶(或橡皮)物性。

硫化胶有两种:一是混炼胶硫化胶,即生产各种橡胶制品的硫化胶;二是生胶只加 1~

3份硫黄（不加任何配合剂和填料）硫化的硫化胶常称纯胶硫化胶，通常只用于研究交联网络结构和性质。

硫化胶（或弹性体）主要性能包括力学性能、电学性能、光学性质、声学性质、热性能、声学性能及气体在交联网络中的扩散性质等。由于生胶有50%左右是用以制作各种轮胎或运载工具制品，这些制品又经常涉及其力学性能和热性能，为此本节将主要讨论硫化胶的力学性能和热学性能。其他性能可参见有关专著[18,19]。

5.6.2 硫化胶在恒定外力作用下的力学性能及其与分子结构的关系

（1）应力-应变特征　合成材料如橡胶、塑料和纤维的强度、伸长率等力学性能都可在材料试验机上以恒定外力等速拉伸获得。若以相应的应力（σ）读数对形变（ε%）作图即得到材料的应力（σ）-形变（ε%）关系。

三种合成材料在室温下的恒速（5mm/min）拉伸曲线如图5-13所示。

图5-13中，曲线1是硬而脆的塑料，如PS、PMMA和酚醛树脂等，其力学性能特征是硬而脆、模量高、强度大，没有屈服点（yield point），断裂伸长率一般<2%；曲线2是结晶态尼龙类纤维，其特性是强而韧、模量高、强度更大，断裂伸长率一般<20%。因而它们的力学性能一般只用强度和模量指标来表征。

曲线3和4分别是纯NR硫化胶和纯SBR硫化胶的应力-形变曲线，其静态力学性能特征是软而韧、无屈服点、初始模量低，且在小形变范围（伸长率≤200%）应力随形变的发展而增大。但是当形变超过200%后，应力-形变曲线却发生了明显变化：一是天然橡胶（NR）纯胶硫化胶随形变的

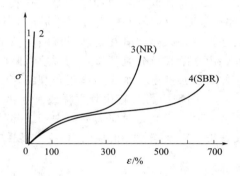

图5-13　塑料（1）、纤维（2）、NR纯胶硫化胶（3）和SBR纯胶硫化胶（4）的室温、低速拉伸应力-形变

继续发展，应力突然增大，曲线急剧上扬。已经证明这是由于发生了结晶补强作用所致。在第6章中将会看到一些立构规整的合成橡胶如顺丁橡胶和异戊橡胶等的硫化胶在室温下恒速拉伸时都会发生拉伸结晶现象（尽管其伸长率、结晶度和结晶的熔点各不相同）；二是纯SBR硫化胶却是在应力基本不变的情况下形变继续发展，直至扯断其应力才稍有增大，一些无定形合成橡胶如丁腈橡胶等也表现出类似行为，这显然是由于它们缺乏拉伸结晶补强作用导致其扯断伸长率虽高，但其拉伸强度（≤3MPa）远低于纯NR硫化胶（≈29.5MPa）的缘故。

图5-13中的纯SBR硫化胶的应力-形变关系是无定形橡胶拉伸行为的典型代表。其混炼胶硫化胶的强度和伸长率数据虽和纯SBR硫化胶有所不同（图5-10），但其拉伸形变行为（或是应力-形变曲线形状）却与图中的曲线4基本相同。为此，ASTM和国标均规定：在测定硫化胶拉伸强度和扯断伸长率的同时还必须测定100%定伸应力和300%定伸应力，以充分反映某种橡胶的强度和弹性特性。100%和300%定伸应力二者虽在词意上都是表征强度，但实质上它们在很大程度上是反映橡胶的弹性，特别是100%定伸应力。因为橡胶的主要特性之一是初始模量低，而100%定伸应力恰好是胶样伸长一倍所需要的力（相当于模量），即100%定伸应力越小，表明橡胶的弹性越好。以此类推，300%定伸应力则表征是胶样伸长3倍所需要的力，显然它也可以反映硫化胶弹性的大小，由于300%定伸应力比较接近扯断应力（即拉伸强度），同时又能反映胶样的挺性，所以它又能表达出胶样的实际强度。

在评价硫化胶的物性时有的还要求同时列入伸长率和回弹率指标来对比其弹性。实际上由于二者的形变条件和内因不同，测定数据往往不是同方向、同步升降（即伸长率高，其回弹率未必也高），虽然二者可独立表达硫化胶弹性的优劣，但不同橡胶之间缺乏可比性。扯断伸长率是外力拉伸时试样发生缓慢形变导致断裂时的最高伸长率；而回弹率则是橡胶球下落时储能与快速回跳时回弹能之比，二者不仅形变速率不同，而且回弹率还与橡胶的回弹温度（橡胶的回弹温度约比其相应橡胶的 T_g 高 15～20℃）有关，所以橡胶在慢形变时表现出很好的弹性（即扯断伸长率大），而在快形变时却不一定显示出良好的回弹性。例如用天然橡胶（$T_g=-73℃$）和丁基橡胶分别做成同样大小的球，在相同的温度环境中于相同的高度自然落地，天然橡胶球会回跳至接近原来的高度，而丁基橡胶球却几乎不会离开地面。所以不附加限制条件（如形变温度、形变速率）将不同的测试指标或不同结构的硫化胶进行弹性对比是没有意义的。

(2) 拉伸断裂 拉伸断裂是硫化胶试样在恒定拉伸速率的外力作用下发生形变直到断裂（或称扯断）的应力-应变过程，平常测定的拉伸强度和伸长率都是指扯断时的最高强度和最大伸长率，只是前者在定名时省略了"扯断"，而后者却依旧保持着全称（扯断伸长率）。此外，由于断裂首先是从试样的裂纹（缺陷或薄弱点）开始，随后是裂纹发展直至断裂，所以拉伸断裂必然是一个应力作用于裂纹，随后促使裂纹增大直至断裂的应力-应变过程。

① 断裂应力：硫化胶试样或制品由于组分或结构不均一，致使其存在某种缺陷或薄弱环节，当试样受力时应力易集中于缺陷处，当应力集中超过某一临界值时，缺陷即增长成裂纹。集中于缺陷锐端的应力（σ_t）与裂纹长度（l）之间的 Inglis 经验关系如下：

$$\frac{\sigma_t}{\sigma}=1+2\left(\frac{l}{r}\right)^{1/2}$$

式中，r 为缺陷在未拉伸时的半径；σ 为起始拉伸应力。

如果缺陷不在表面而是在试样内部，则其长度仅为裂纹尖端长度的 1/2，当尖端半径比缺陷长度小得多时，则断裂应力（σ_b）与裂纹长度（l）的关系可用下式表示：

$$\sigma_b=\frac{\sigma_t r^{1/2}}{2l^{1/2}}$$

上式表明，此时的断裂应力 σ_b 与锐端应力 σ_t 成正比，而与裂纹长度 l 成反比。

以上两关系式可用以计算玻璃态聚合物的裂纹的应力集中、发展和橡胶臭氧龟裂时的断裂应力。

② 断裂能量：若 l 为裂口直径或长度，A 为试样面积，W 为试样被拉伸至撕成两个新表面而断裂时所吸收的能量，Griffith 据此得出：

$$\frac{-\partial W}{\partial l}\geqslant\frac{1}{2}G_c\left(\frac{\partial A}{\partial l}\right)$$

式中，G_c 为试样裂口尖端撕开使之断裂时所消耗的能量，被称为撕裂或断裂能，G_c 代表所有形式的能量，如表面能、化学能及黏性能等，它们在断裂时将被消耗掉。无论试验方法如何，G_c 均可表征材料的断裂能。

弹性体是网络结构，如果用 $\overline{M}_c$ 来表示交联点间的平均分子量，则其临界断裂能为[20]：

$$G_c=K\overline{M}_c^{1/2}$$

式中，参数 K 与分子链化学键断裂、聚合物密度（ρ）或网链密度 ρ 有关。Bhowmick[21]等以此为依据得到：

$$\overline{M}_c=\frac{3\rho RT}{E}$$

式中，R 为气体常数；T 为热力学温度；E 为杨氏拉伸模量。将上式 $\overline{M}_c$ 代入 G_c 式临界断裂能可改写成：

$$G_c = K_1 E^{1/2}$$

③ 裂纹扩展：各种硫化胶的裂纹出现过程都是相似的，裂纹扩展按撕裂情况可分为单相不结晶橡胶、结晶橡胶和补强的不结晶橡胶三种类型，现以炭黑补强的不结晶丁苯橡胶为例来讨论其裂纹扩展和抗撕裂性能。

丁苯橡胶是一类不结晶橡胶，其撕裂性能符合黏性变化规律。撕裂速度一定时，升高温度则撕裂能量或抗撕裂力降低；温度一定时，撕裂能量随撕裂速度的增加而增大。在较低温度和较高速度范围内，撕裂能量最大；在普通温度和速度范围内，裂口锐端直径变化不大，而所消耗的机械功（单位容积橡胶的储功）随胶料黏度的增加而增大。

在丁苯橡胶中加入细粒子热裂解炭黑后，橡胶与炭黑形成的结合橡胶阻碍了裂口的扩展。

④ 拉伸强度和扯断伸长率：拉伸断裂时的强度和伸长率与分子间力和化学键的强度有关。一般来说，橡胶的各种化学键强度相差无几，所以拉伸应力、拉伸强度取决于分子间作用力的大小；硫化胶的拉伸强度又与交联密度、交联键类型有关；结晶橡胶还会受结晶度的影响；而填充补强橡胶还受补强作用的影响。

拉伸强度与温度及拉伸速率有关。丁苯橡胶在低温或高温下拉伸速率对强度的影响很小，而在一定温度范围内则影响较大，符合黏性规律。不结晶橡胶的化学结构一般对拉伸强度无影响。

图 5-14 为丁苯橡胶硫化胶的交联密度与拉伸强度的关系。由图 5-14 可以看出，随交联密度的增加，拉伸强度出现一个峰值[22]。

关于炭黑补强对拉伸强度的影响有多种解释，通常认为是炭黑与橡胶结合形成结合橡胶影响到黏弹性能所致。炭黑的比表面积大，在橡胶中难以移动，致使分子链拉伸时需要更大能量，再加上容积效应等原因，使定伸应力和

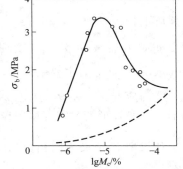

图 5-14 轻度交联丁苯橡胶硫化胶的拉伸强度与交联密度的关系

拉伸强度都增大。有的则认为在可结晶橡胶中，填充补强剂还能在较高温度时促进伸长结晶，从而使拉伸强度提高。

5.6.3 硫化胶在周期性外力作用下的动态力学性能及其与分子结构的关系

橡皮在周期性外力作用下发生周期性形变时的应力-应变关系与橡皮在恒定外力作用下发生形变时的应力-应变关系有很大不同，前者施加的外力呈周期性变化，相应的形变也呈现周期性应变，所以常称作交变应力-交变应变。由于橡皮承受的力是交变应力，交变应力一般呈正弦变化，它给出的应变也按正弦变化，且应变的频率与应力的变化频率相同，但应变比应力变化落后 δ 相位（见图 5-15），从而使应变落后于应力变化，导致能量损耗（称内耗或力学损耗）。对实际橡胶来说内耗是一种普遍现象，内耗量的大小既与橡胶的弹性优劣有关，又与橡胶使用性能诸如阻尼性能、轮胎滚动阻力和生热及其刹车性能等有密切关系。因此研究橡皮在交变应力作用下的交变形变规律、交变应力随温度、频率、时间等的变化及其作用后果显然极具实用价值。由于交变应力-交变应变关系描述的是橡胶制品（硫化胶）在运动状态下的力学性能，所以常称作动态力学性能。又由于橡胶制品诸如轮胎、运输带、传动带、减震防护垫等都是在动态下使用，所以它涉及的性能也常称作使用性能，如胎面胶

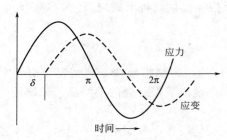

图 5-15 交变应力的正弦简单切变振动

的耐磨性、滚动阻力和抗湿滑性能。因此设法提高胎面胶的耐磨性以延长使用寿命，降低滚动阻力以节约能源及提高抗湿滑性以确保行驶安全已成为现代轮胎工业亟待解决的三大主题。

(1) 交变应力-应变特征和动态模量　如图 5-15 所示，当对黏弹体（硫化胶）施以正弦变化的应力时，它给出的应变也呈正弦变化，且其频率与应力变化频率相同，只是应变比应力落后 δ 相位。如果是理想弹性体，δ 为零，即应力与应变同步发生，从而呈现理想弹性。此时呈正弦变化的应力 $\sigma(t)$ 为：

$$\sigma(t)=\hat{\sigma}\sin\omega t$$

相应的应变 $\varepsilon(t)$ 为：

$$\varepsilon(t)=\hat{\varepsilon}\sin\omega t$$

式中，$\hat{\varepsilon}$ 和 $\hat{\sigma}$ 分别为峰值应变和峰值应力；ω 为角频率；t 为时间。如果是理想黏性体（牛顿流体），与应变相位差 $\frac{\pi}{2}$ 的应力是 $\sigma(t)=\hat{\sigma}\cos\omega t$，相应的应变是 $\varepsilon(t)=\hat{\varepsilon}\sin\left(\omega t-\frac{\pi}{2}\right)$。对实际的橡胶黏弹体，相位差 δ 介于 $0\sim\frac{\pi}{2}$ 之间，即 $0<\delta<\frac{\pi}{2}$。因此实际的橡胶黏弹体在承受交变应力而发生交变应变时，其应力由两部分组成：① 与应变同相位的应力 $\sigma_1=\hat{\sigma}\sin\omega t\cos\delta$，该应力主要用于推动可逆弹性形变（即通过构象变化而改变形状），不消耗能量；② 与应变相位差 90°的应力，即 $\sigma_2(t)=\hat{\sigma}\cos\omega t\sin\delta$，由于该应力所对应的应变是黏性流动形变，黏性形变又需克服内摩擦阻力，所以这部分应力就转化为热量消耗掉。

如果把 E' 定义为同相位的应力与应变幅值之比，即 $E'=\dfrac{\hat{\sigma}\cos\delta}{\hat{\varepsilon}}=\dfrac{\hat{\sigma}}{\hat{\varepsilon}}\cos\delta$ 称作弹性模量；把 E'' 定义为相位差 90°的应力与应变之比即 $E''=\dfrac{\hat{\sigma}\sin\delta}{\hat{\varepsilon}}=\dfrac{\hat{\sigma}}{\hat{\varepsilon}}\sin\delta$ 称作损耗模量，则模量 E^* 也应该包括两部分，即 $E^*=E'+E''$。由于该模量的表达式正好符合数学上的复数形式，所以 E^* 称作复数模量，E' 称为实数模量，E'' 则为虚数模量。因为实数模量表达的是硫化胶在形变过程中施于弹性变形而储存的那部分应力（能量），所以 E'（是单位应变所需要的应力）又称储能模量，而 E''（虚数模量）反映的是橡胶在形变过程中因克服黏性内阻以热的形式损耗掉的那部分应力（能量），故又称损耗模量。由于 $E''\ll E'$，所以 E' 也可称作动态模量。

橡皮在交变应力作用下应变落后于应力的现象称作滞后现象。由于存在滞后现象，所以在每一次循环变化中，把作为热损耗掉的能量 E'' 与最大储存能量 E' 之比称作力学内耗。内耗能量的大小常用相位角 δ 正切即 $\tan\delta$ 来表示，$\tan\delta$ 可从以上的 E'' 与 E' 的比值得到：

$$\dfrac{E''\left(\dfrac{\hat{\sigma}}{\hat{\varepsilon}}\sin\delta\right)}{E'\left(\dfrac{\hat{\sigma}}{\hat{\varepsilon}}\cos\delta\right)}=\tan\delta$$

以上讨论的是交变应力是拉伸应力时的情况，对于剪切应力和剪切应变，也可定义出：

$$剪切模量\ G^*=G'+iG''$$

$$剪切应变\ J^* = J' + iJ''$$

式中，$i = \sqrt{-1}$。

橡皮在动态形变时，由于应变落后于应力而产生滞后损耗，损耗掉的能量，导致橡胶制品（如轮胎）在交变应力作用下会生热。如果橡皮在动态形变的一个周期内，体系从外界吸收的能量为 W，其中转化为热量的能量可按下式计算。当频率 $\nu = \dfrac{W}{2\pi}$（Hz）时，单位时间（s）所损耗的能量为：

$$\frac{W}{T} = \frac{W}{2}\nu_0^2 G''$$

根据此式即可计算动态形变时的生热量。例如，轻度交联的天然橡胶[35]发生周期性形变时，测得其 G'' 为 $0.1\mathrm{MPa}$，如频率为 $10\mathrm{Hz}$，剪切应变 γ_0 为 10^{-2}，则计算出损耗掉的能量约为 $3\times10^2\mathrm{J/(m^2\cdot s)}$。

天然橡胶的比热容约为 $2\times10^6\mathrm{J/(m^3\cdot K)}$，如不计热传导损失，则橡皮温升 ΔT 为：

$$\Delta T = \frac{3\times10^2}{2\times10^6} = 1.5\times10^{-4}\,\mathrm{K/s}$$

这表明能量损耗很小，升温甚微。但当形变振幅增大时，例如 γ_0 为 3×10^{-2}，而频率 ν 为 $10^3\mathrm{Hz}$，则损耗模量 G'' 为 $10^6\mathrm{Pa}$。由此计算的 ΔT 为：

$$\Delta T = \frac{3\times10^6}{2\times10^6} = 1.6\,\mathrm{K/s}$$

此时将导致硫化胶迅速破坏。

含活性炭黑的硫化胶，由于炭黑粒子间或炭黑与橡胶的结合橡胶，会使未拉伸橡胶具有较高的储能模量。当温度增高或形变振幅增大时，炭黑结构破碎，致使胶料的模量降低，接近于无炭黑胶料的模量[23]。

由图 5-16 可见，炭黑补强硫化胶的损耗模量由室温到 120℃ 将下降 1/2，而储能模量则下降甚少（见图 5-17）。而含低活性炭黑者，甚至还有所增高。以上这种模量变化显然也会影响硫化胶的生热性能。

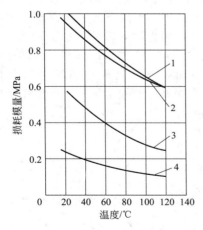 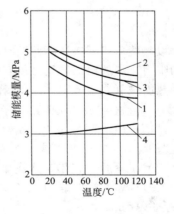

图 5-16 充炭黑硫化胶的损耗模量与温度的关系
（圆柱形试样，轴向压缩振动，形变幅度 8%）
1—SBR1500+HAF 炭黑；2—BR+ISAF 炭黑；
3—NR+HMF 炭黑；4—NR+SRF 炭黑

图 5-17 充炭黑硫化胶的储能模量与温度的关系
（圆柱形试样，轴向压缩振动，形变幅度 8%）
1—SBR1500+HAF 炭黑；2—BR+ISAF 炭黑；
3—NR+HMF 炭黑；4—NR+SRF 炭黑

由于动态实验直接测定能量损耗比较困难,所以通常是采用强迫振动非共振的动态黏弹谱仪(DMTA)来测量应力与应变相位角 δ 的正切 $\tan\delta$,还可以测定 $\tan\delta$ 随温度、角频率 ω 的变化。如果角频率固定不变,测定 $\tan\delta$ 随温度的变化就可以得到 $\tan\delta\text{-}T$ 曲线,曲线上 $\tan\delta$ 出现最大值时的温度就是弹性体呈现阻尼性能最好的温度;同样地,依据 $\tan\delta\text{-}T$ 曲线也可以表征弹性体的动态力学性能(如胎面胶的滚动阻力、抗湿滑性能等)。如果在固定温度下测定 $\tan\delta$ 随角频率 ω 的变化,就可以得到 $\tan\delta\text{-}\omega$ 曲线,从一系列的测定数据发现 $\tan\delta$ 出现峰值时的某一角频率,恰是该弹性体的玻璃化温度 T_g。由此可见,$\tan\delta$(内耗值)既与橡胶分子链的链结构有关,又和橡胶交联网络的弹性及力学性能有内在联系。

(2) 滞后损耗(内耗)[24,25] 交联橡胶的滞后损耗可用 NR 硫化胶胶条在恒温条件下缓慢拉伸-回缩时的应力-形变过程(图 5-18)来说明。图 5-18 是胶条经历一个拉伸-回缩循环,即胶条在拉伸力作用下形变从零增大到 ε_3,再从 ε_3 减小到零(或回缩到接近零的 ε_2)。如果交联橡胶是一个理想弹性体,它通过链段运动发生形变时不受任何阻力,此时只有弹性响应而无黏性响应,形变的发展能及时达到应力的对应值(瞬时平衡值),即应力-形变关系呈现从 O 到 A 的线性关系,$\sigma\text{-}\varepsilon$ 的点始终在 OA 线上。但是天然橡胶硫化胶不是理想弹性体,其分子链段的运动需克服内摩擦阻力,从而不仅消耗了一部应力提供的能量,而且使形变总是落后于应力,导致应力-形变曲线按 $O1A$ 路线进行;回缩过程中,由于链段的热运动也跟不上链末端距的迅速变小,出现了拉力的松动,使应力又低于平衡线 OA,同时通过构象变化使形变调整到应力的平衡值又需要时间,从而出现了平衡态的滞后,致使拉伸与回缩过程的 $\sigma\text{-}\varepsilon$ 点不能重复地在 OA 线上移动,而是画出了一个从 $O1A$ 到 $A2O$(或 ε_2)的近似椭圆的圈,这个椭圆圈称为滞后环。由此可见,滞后环是由形变通过构象变化的链段运动来实现,链段运动又需克服内摩擦阻力,从而导致形变落后于应力而产生的。

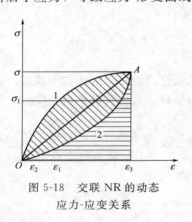

图 5-18 交联 NR 的动态应力-应变关系

从能量角度分析,我们就可得出滞后环的物理含义[24]。当形变从零增大时,外力对交联橡胶做的功一部分被储存,其大小相当于 OA 线下的三角面积,另一部分则用于克服链段运动内阻做功,做功的能量相当于 $O1AO$ 的面积,以热能形式耗散掉。回缩时,能够释放的能量只有 OA 线下的面积。同样地由于链段运动的阻力,释放出的能量必须有一部分用于克服摩擦内阻,这样 $O1A2O$ 面积的能量就被转化为热能被耗散掉,故向环境释放的净能量仅为 $A2O$ 线下的面积。形变每变化一周(循环一次),就会释放出 $O1A2O$ 环(滞后环)面积中的能量,这一现象称为内耗。实际上由于橡胶是传热的不良导体,多次形变(或交变应力、交变应变)放出的热量就在轮胎中积累,造成胎体温度随行驶里程的延长而升高,这就是为什么要测定橡胶生热(℃)指标的内因和由来。

如果交联橡胶的形变是在 $-\varepsilon\sim+\varepsilon$ 之间变化,所形成的滞后环就如图 5-19 所示,该椭圆代表的内耗热能(不可逆)ΔW 就是该椭圆的面积:

$$\Delta W = \oint \sigma d\varepsilon = \pi \sigma_0 \varepsilon_0 \sin\delta$$

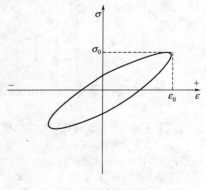

图 5-19 滞后环

显然椭圆所代表的内耗热能随受力方式、应力频率和应力-应变温度而改变。在恒能状态下，由于$(\varepsilon_0\sigma_0)_1=(\varepsilon_0\sigma_0)_2=(\varepsilon_0\sigma_0)_3=\cdots$所以此时损（内）耗能主要由相位角（$\delta$）决定，即：

$$\Delta W=\pi\sigma_0\varepsilon_0\sin\delta=C\sin\delta\approx\tan\delta$$

式中，相位角 δ 是交变应力作用下应力领先于形变的相角（或称作模量的模），即正弦振幅与实轴的夹角。由上式可以得出：当 $\tan\delta=0$ 时，没有能量损耗，交联橡胶为理想弹性体；如果交联橡胶（液相固体）完全像牛顿流体，则施加应力的全部能量都消耗于克服流动内阻，此时 $\tan\delta=\infty$。对黏弹性橡胶来说，$\tan\delta$ 常是一个大于 0 的有限值，即 $\tan\delta$ 越大，能量损耗（内耗）越大。因此只有在设定条件下准确地测定出某胶样的 $\tan\delta$ 值及其随频率或温度的变化，才能对其滚动阻力和抗湿滑性作出中肯评价。

$\tan\delta$ 常用动态力学热分析仪（DMTA，动态黏弹谱仪）测定。测定时先将胶条固定在夹具中，伴随程序升温，由力马达向胶条施加一个动态应力，通过位置传感器对应变进行测量。由仪器配备的计算机自动将实测数据计算出 $\tan\delta$，将 $\tan\delta$ 值对温度（或固定温度对角频率 ω）作图，就得到 $\tan\delta$-T(或 $\tan\delta$-ω)DMTA 谱（图 5-20、图 5-21）。

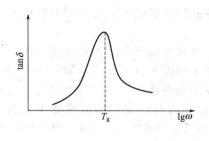

图 5-20　胶样的 $\tan\delta$-ω（应力频率）关系

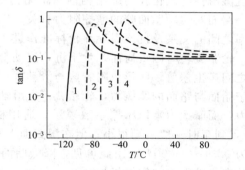

图 5-21　几种通用橡胶的 $\tan\delta$-T 曲线
1—顺式-1,4-BR；2—NR；3—E-SBR1500；4—SBR1516

图 5-20 表明，$\tan\delta$（内耗）随应力作用频率的提高而增大，到达峰值后，又随频率的继续提高而迅速降低。或者说 $\tan\delta$ 值在低频和高频下内耗值均较小，这是因为分子链运动单元均跟不上作用力频率的变化，伴随链段运动而产生的内耗量也很小所致；只有当外力作用频率达到或接近分子链段运动单元的运动速率时，$\tan\delta$ 才出现峰值，即内耗值最大。该内耗峰值恰是启动链段运动的 T_g，此时由于体系的黏度大，运动受到的内摩擦阻力最大，所以内耗量也最大。

几种通用橡胶硫化胶样的 $\tan\delta$-T 关系示于图 5-21。图中的曲线表明，4 种橡胶的 $\tan\delta$ 峰（内耗最大值）均出现在相应橡胶的 T_g 处。0℃的 $\tan\delta$ 的顺序是 4>3>2>1，表明顺丁橡胶（BR）的抗湿滑性（$T_g=-110$℃）<天然橡胶（NR 的 $T_g=-73$℃）<乳聚丁苯橡胶 E-SBR 1500（$T_g=-61$℃）<丁苯橡胶 1516($T_g\approx-40$℃)；而 60℃的 $\tan\delta$ 值却呈相反顺序，即 1<2<3<4，说明相应胎面胶的滚动阻力从小到大的顺序是顺丁橡胶（BR）<NR<E-SBR1500<SBR1516。这就是说，对同一胶种其抗湿滑性和滚动阻力是一对矛盾因素，即 T_g 低的橡胶（如顺丁橡胶），其耐寒性、低温弹性好，在较高温度下的滚动阻力也小，但它在 0℃左右的内耗值也小导致其抗湿滑性很差；反之如 E-SBR 的 T_g 比顺丁橡胶的 T_g 高 40℃，其抗湿滑性虽好，但其滚动阻力太大，导致轮胎在行驶时燃料耗量过大。据此推理，具有一个窄温区 T_g 的橡胶不可能兼具良好的抗湿滑性和低的滚动阻力。

从能量角度分析，轮胎在行驶过程中都是交变应力对胎面胶做功，若应力的作用频率一定，则外力所做的功为定值。该定值能量消耗于两个过程：一是促使硫化胶弹性形变（或称弹性响应），二是用于克服链段运动的内摩擦阻力（或称黏性贡献）。依据网络弹性理论（参见本书第 6 章），弹性响应来自分子链的构象熵变，它几乎不消耗能量，所以促使弹性形变的部分是应力与形变呈线性关系；而用于克服链段运动内摩擦阻力的部分则把施加的大部分功能转化为热量而消耗掉（即内耗），而且这种内耗又和分子链间作用力，特别是与交联网络的完善程度有关。所以通过降低内耗来降低滚动阻力又转变成减少网络缺陷使之充分发挥弹性的问题。这里所说的网络缺陷是指网络内的分子链缠结悬挂环、短支链和网络外的端链，它们不仅对弹性无贡献，而且还会显著增大内摩擦阻力导致内耗值增大。因此如何把橡胶硫化成无端链（或尽可能少）的全封闭理想网络，应是降低内耗值的有效途径之一。至于图 5-21 所示的几种橡胶存在的抗湿滑性与低滚动阻力之间的矛盾也可通过几种橡胶的共混或合成多个 T_g 的"集成橡胶"（参见第 2.3.2.5 节）来达到适宜的均衡。

5.6.4 滞后损耗（内耗）与胎面胶的抗湿滑性能、滚动阻力、阻尼性能之间的关系

（1）滞后损耗（内耗）与胎面胶的抗湿滑性　以上我们从内耗产生的内因分析了胎面胶的抗湿滑性与硫化胶网络结构内摩擦阻力之间的关系。可是抗湿滑性还与轮胎行驶时的频率、路面对转动胎面胶的摩擦阻力有关。以下将就轮胎转动时胎面胶与路面的摩擦力、行驶频率之间的关系及抗湿滑性评价标准作进一步讨论。

轮胎旋转时因负荷而产生下沉，滚动半径减小，接触地面部分的周向速度与地面相对速度之间产生差值，而形成附着区与滑动区。胎面在产生速度差方向变形，如果变形产生的力小于胎面与路面的摩擦力，轮胎就不会滑动。因此胎面胶的抗湿滑性取决于胎面与路面的摩擦力，而摩擦力常以摩擦系数表示。通用橡胶轮胎胎面胶与沥青路面的摩擦系数为 1.0～1.2，刹车时一般滑动很小；但在湿路面上行驶时摩擦系数只有 0.4～1.0，而滚动摩擦系数仅为 0.01～0.02[26]。由此可见，降低胎面胶的湿滑性是涉及胎面胶与行驶路面间摩擦力的行驶安全性重要实用性指标。

胎面胶的抗湿滑性既与胎面胶的结构有关，即其滞后损失越大，胎面与路面产生速度差方向变形时产生的力小于胎面与路面的摩擦力，此时不容易滑动；还与轮胎行驶时的频率和温度有关，例如胎面的滚动频率 $\geqslant 10^5$ Hz 于 40℃ 就产生湿滑。刹车时的运动频率一般在 $10^3 \sim 10^6$ Hz，当有 ABS 刹车时，相应频率高达 $10^6 \sim 10^9$ Hz。行驶时轮胎一般在 $-20 \sim +80$℃ 的温度下运行，该温区是橡胶处于高弹平台区，故胎面胶的抗湿滑性又与橡胶的 T_g 有密切关系[27]。所以一般常取低频率（1～110Hz）、低温下（0℃）下的内耗值（$\tan\delta$）来评价胎面胶的抗湿滑性能。即 0℃ 的 $\tan\delta$ 值越大，其抗湿滑性能越好。

（2）滞后损耗（内耗）与胎面胶滚动阻力　胎面胶（硫化胶）的滚动阻力是另一项与降低油耗而节能、又与抗湿滑性截然相反的重要使用性能。不过，就其内因来说，滚动阻力却主要与橡胶交联网络的结构和完善程度有关。也就是说，网络的结构越完整、网络内的悬挂链和网络外的端链越少（它们对弹性无贡献，且增大内阻），链段运动要克服的内阻越小，因而其滞后损耗越低、弹性越好，其滚动阻力就越小。此外，胎面胶的滚动阻力还与橡胶分子的 T_g 有关，其经验规律是：橡胶的 T_g 越低，其滚动阻力就越小。例如顺丁橡胶的 $T_g = -110$℃，其滚动阻力远小于丁苯橡胶（$T_g = -61$℃）。而抗湿性却恰好相反，即顺丁橡胶的抗湿滑性比丁苯橡胶差得多。如何解决这一对矛盾或者说如何使这对矛盾得到统一或均衡已成为当今研究胎面胶的主题。有关如何统一或均衡细节可参看第 2.3.2.5 节。

和抗湿滑性一样，胎面胶的滚动阻力也会受轮胎行驶温度和速度（作用力频率）的影响。其评价标准也是用动态黏弹谱仪在 1～110Hz 频率下测定 60℃ 的 $\tan\delta$ 值，60℃ 的 $\tan\delta$ 值越小，其滚动阻力就越低。

(3) 滞后损耗（内耗）与阻尼性能　和滞后损耗相似，橡皮的阻尼性能也是在交变应力作用下，因应变落后于应力而产生内耗所导致的。即 tanδ 值越大，阻尼性能越好。橡胶类聚合物的吸声减震就是利用它能将外来的振动能转化为热能，以此来阻止或减少振动传递的。

橡皮的阻尼性能（或称阻尼因子）除受环境和温度的影响外，还受频率变化的影响。因此在评价其阻尼性能时，需注明作用力频率，例如正常的声频都在 10～1000Hz，或是针对某段频率确定 tanδ 有高值的温度范围。就其产生阻尼的内因来说，除高熔点的结晶聚合物外任何聚合物处于无定形态时都会有阻尼性质，只不过它们呈现较高阻尼特性的温度和频率条件与其制件的使用环境差别太大（要么温度太高，要么频率范围太窄）。之所以常选用橡胶或其共混物，是因为绝大多数橡胶的 T_g 都在 −20℃ 以下，而在 T_g 左右又是产生阻尼的最高峰（因为内摩擦阻力大，内耗高），且在常温下都是无定形态；与其他聚合物共混又可配制出 tanδ 峰值呈连续变化，并易于和使用环境匹配的高阻尼值材料。表 5-14 列举了一些 tanδ≥0.5、响应频率范围在 10～1000Hz 橡胶的阻尼温度范围。

表 5-14　几种橡胶的阻尼温度范围（tanδ≥0.5，频率 10～1000Hz）

橡 胶 品 种	温度/℃ 始	温度/℃ 终	范围/℃	橡 胶 品 种	温度/℃ 始	温度/℃ 终	范围/℃
氯磺化聚乙烯橡胶	−5	13	18	聚氨酯(1#)	−34	2	36
氟橡胶	4	25	21	聚氨酯(2#)	17	50	33
2-氯丁二烯-丙烯腈共聚物	4	25	21	聚氨酯(3#)	27	69	42
天然橡胶	−45	−23	22	聚氨酯(4#)	34	66	32
丁苯橡胶	−33	−14	19	聚氨酯(5#)	−35	30	65
聚异丁烯(和丁基橡胶)	−47	18	65	聚氨酯(6#)	9	45	36

从表 5-14 的一些数据可以看出，在所列举的橡胶中丁基橡胶的阻尼性能最好，不仅阻尼温度范围宽，而且阻尼温区接近使用环境。其次是聚氨酯橡胶，其余的橡胶虽也有一定的阻尼性能，但它们不是温区太窄，就是响应温度太低。这正是选择阻尼材料时首选这两种橡胶作主体材料的原因。

应当指出的是，在配方中加入增塑剂或是与其相容的其他聚合物共混，都可降低 tanδ 峰值的温度，加宽使用温度范围；选用能吸收特定波长（如超声波）的阻尼橡胶，还可利用其全部吸收（不反射）性质作防探测隐形材料。

5.6.5　磨耗性能与橡胶分子结构的关系

硫化胶的磨耗性能（即摩擦损耗量），是指硫化胶制品或试片在实验室或使用条件下因磨损损失的质量或造成的尺寸变化。磨损量的大小不仅随交变应力速率和磨损温度而改变，而且还与形变频率、次数及路况粗糙程度不同导致的摩擦系数差别很大密切相关。因而实验室测得的磨损量如阿克隆磨耗和 Pico 磨耗（都是在室温下以固定转速旋转的细砂轮面对一定距离的固定硫化胶试片摩擦一定时间来测定磨耗掉的质量），和轮胎（胎面胶）于不同载荷下在不同路面上以不同行驶速度行驶所造成的实际磨耗量差别甚大。实验室测定值只具横向对比性，而不是实际磨耗量。这种模拟条件与实际运行条件的巨大差异，不仅使理论研究复杂化，而且导致所谓的结构-性能分析只具定性性质。

(1) 磨耗形式与类型

① 疲劳磨耗：是橡皮作用于坚硬粗糙表面上的接触应力不很高、且摩擦力不甚大时，接触区内橡皮表层因多次压缩、伸张和剪切引起的磨耗。实验结果表明，硫化胶的耐磨性

(β) 与橡皮的强度（f_2）、弹性模量（E）、橡皮与表面的摩擦系数（μ）、粗糙表面凸起部分与平地间的距离（Z）和橡皮承受的压力（P）呈如下的正比关系[28]：

$$\beta = K'\mu\left(\frac{f_2}{K''}\right)^b E^{2/3}(1-b)\rho^{1/3}(1-b)\left(\frac{Z}{r}\right)^{\frac{1}{3}(5-2b)}$$

式中，b 为动态疲劳系数；r 为凸起物半径；K'、K'' 为常数。

这种磨耗的特征是橡皮表面不产生摩擦花纹，而是呈现疲劳损坏。

② 磨损磨耗：它是橡皮在高摩擦系数下与粗糙表面相接触时所产生的损耗（质量减少）。表观特征是磨损表面会呈现一条与滑动方向一致的平行磨损痕带。其磨耗量一般用磨损掉的质量表示。对 4 种胎面胶（天然橡胶、丁苯橡胶、顺丁橡胶和丁基橡胶硫化胶）的磨损磨耗实验结果表明，橡胶的拉伸强度、撕裂强度越高，其磨损量越小；弹性模量越大，磨耗量越大；路面与胎面胶的摩擦系数越大，磨耗量越大。

(2) 磨耗性能与橡胶分子结构的关系 如上所述，胎面胶的磨耗性能是一个不仅与胎面胶分子结构、交变应力-应变频率和磨损温度等密切相关，而且还与路况粗糙程度不同导致的摩擦系数差别很大直接相关的十分复杂的问题。因而单凭不同类型的磨耗实验数据，很难准确地确定出硫化胶的磨耗性能与橡胶微观结构的内在联系。所以这里只能根据某些实践经验作出一些定性判断。一般说来，生胶的 1,4-结构含量多、平均分子量越高、分子量分布较窄、短支链越少，其耐磨耗性能越好，适于制造高耐磨胎面胶。丁苯橡胶的耐磨性与结合苯乙烯量成反比，在一定条件下，其耐磨性优于天然橡胶；而顺丁橡胶的摩擦系数小、动态模量高，其耐磨性好；天然橡胶和丁苯橡胶的摩擦系数大，表层经多次形变后强度降值大，其耐磨性不如顺丁橡胶。从其硫化胶交联网络的完善程度来看，生胶的线形度越高、支链越少、平均分子量高又不容易缠结，硫化后形成的网链比较疏松，悬挂环和端链越少，因而其网络比较完善，硫化胶的表面就越平整、光滑，摩擦系数小，导致其磨耗量大大减少。网络结构越完善，意味着硫化胶交联网络越接近"理想网络"，按照理想网络应有理想弹性的理念，就自然导致橡皮的弹性越好，其耐磨性越好的结论。这一结论和讨论如何降低硫化胶滚动阻力的内因和结果又是一致的。换句话说，胎面胶的滚动阻力越小，其耐磨性就越好，使用寿命就越长，从而可实现既节能又耐用的理想目标。

5.6.6 动态力学性能的测试方法[2,25]

动态力学性能的测试方法大致分为自由衰减振动法、强迫振动共振法和强迫振动非共振法三类。测定动态力学性能的主要仪器和测试方法如下。

(1) 动态扭摆仪 扭摆仪是测量橡胶等材料动态力学性能最简单的仪器，它适用于包括橡胶、塑料和纤维整个高聚物的模量范围（$10^4 \sim 10^{10}$ Pa），也可用于很宽的阻尼范围（对数减量小于 0.01~5 以上）。频率很低，一般在 0.01~10Hz 之间，最高也只能达到 100Hz。对聚合物分子运动反应十分灵敏，而且用它所测的一些转变温度（如 T_g）也较准确。

(2) 振簧仪（强迫共振） 该仪器有一个可以改变频率的电磁振动器。片状或纤维状试样的一端固定在振动头上，强迫作横向振动，另一端是自由的。当振动频率改变到与试样的自然频率相同时，引起试样的共振，试样自由端振幅将出现极大值，这个频率称为共振频率 ν_r，振幅为极大值的 $1/2^{1/2}$ 时的振动频率 ν_1 和 ν_2 之差（$\Delta\nu = \nu_2 - \nu_1$），称为半宽频率。

试验时，试样自由端的振幅大小可用电容拾振器经真空管电压表测量，或用光电池测量，也可用低倍数显微镜直接观测。振簧仪的频率范围在 50~500Hz。试验在一系列温度下进行，依据测量结果可得出动态模量和力学损耗与温度的关系曲线。

(3) 动态黏弹谱（DMTA） 是一种强迫振动非共振法。典型的 DMTA 设有多种受力模式。如图 5-22 所示。不同的受力模式适用于不同形式的试样。如拉伸模式适用于纤维或薄膜，悬臂梁模式适用于低到中模量固体，压缩及剪切模式适用于较软的材料，也能用于高黏度液体。

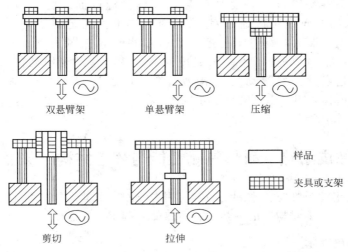

图 5-22　典型 DMTA（也称动态力学热分析仪）的各种受力模式

在 DMTA 测试中，伴随程序升温，由力马达向试样施加一个动态应力，通过位置传感器对应变进行测量。仪器配备的计算机自动将所得数据换算成 G'（实数剪切模量）和 G''（虚数剪切模量，黏性剪切形变），同时计算出 $\tan\delta$，将三个变量分别或同时对温度作图，便得到相应的 G'-TDMTA 谱图。G' 对温度的曲线就是（剪切）模量温度曲线；G'' 和 $\tan\delta$ 都反映能量损耗，二者反映的信息基本相同，所以一般只绘制 G'-T 曲线即可。

G'、G'' 与 $\tan\delta$ 既是温度的函数也是频率的函数。图 5-23 为黏弹性固体的 G'、G'' 与 $\tan\delta$ 随频率变化的趋势。G' 在很低频率下保持一个平台，从某个频率开始逐步升高，然后进入一个较高的平台值。频率的变化可视为作用时间的变化，低频相当于作用时间长，高频相当于作用时间短。在低频作用下，链段有充分的时间运动，储能模量相当于橡胶平台的模量。在高频作用下，链段来不及运动，模量就上升到玻璃态的高水平。中间的过渡区相当于玻璃化转变。

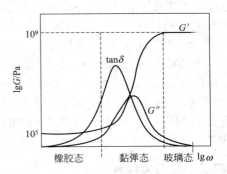

图 5-23　G'' 和 $\tan\delta$ 随频率的变化

损耗模量 G'' 与损耗角正切 $\tan\delta$ 的变化趋势相同，在较低和较高频率都保持低水平，而在过渡区出现一个峰值。二者的物理意义相近，故这里只讨论 $\tan\delta$。因 $\tan\delta$ 反映的是链段克服内阻运动时消耗的能量，与运动阻力和运动量有关。运动阻力可以用松弛时间 τ 来度量，而运动量用频率 ω 度量。τ 具有时间量纲，而 ω 是单位时间应力（或应变）变化的周数，二者的乘积（$\omega\tau$）反映了松弛时间 τ 内变化的周数，可以同时描述运动阻力与运动量。温度不变时，τ 是个常数，$\omega\tau$ 由频率控制。在低频率下 $\omega\tau \ll 1$，链段有充裕的时间松弛应力。外力的方向尚未逆转而链段运动已经完成，体系接近平衡态，故损耗不大；在高频率下（即 $\omega\tau \gg 1$），此时外力方向的变化极快，链段尚未运动而外力方向已经逆转，运动量非常有限，损耗也不大。而当 $\omega\tau$ 的中间频率下，每个松弛时间外力变化一周，链段始终处于运动之中，故出现损耗的最大值。

在实际工作中，更多的是研究温度对 G'、G'' 与 $\tan\delta$ 的影响。这显然是由于变化温度要比变化频率容易得多。温度对 G' 影响即模量温度曲线的走向，读者已经熟知。温度对 G'' 与 $\tan\delta$ 的影响也可以通过对 $\omega\tau$ 的讨论得出。固定频率时，ω 是常数，$\omega\tau$ 由温度控制。低温下 τ 很大，$\omega\tau \gg 1$，链段运动量很小，故损耗不大；高温时 τ 很小，$\omega\tau \ll 1$，损耗也不大。恰好处于某一个温度时 $\omega\tau=1$，会出现损耗的峰值。$\omega\tau=1$ 处 τ 值对应的温度就是启动链段运动的玻璃化温度，可以从 G'' 或 $\tan\delta$ 对温度的谱图上最大的峰值确定。这样，我们就可以采用 DMTA 法测定玻璃化温度。且这种方法是测定灵敏度最高的方法。

5.7 橡胶、橡皮耐热、耐热氧化性能与分子结构的关系

橡胶制品的耐老化特性是关系到制品的使用寿命和安全性的重要性能指标。导致橡胶老化的因素很多，其中主要是橡胶的耐热性、耐热氧化和耐臭氧老化。

5.7.1 耐热性和热降解

橡胶的耐热性通常是指制品（或生胶）在无氧条件下的热稳定性或热降解温度。由于天然橡胶、通用合成橡胶和某些特种橡胶都是均碳链聚合物或共聚物，所含 C—C 和 C—H 键的键能较高，因而它们在低于 200℃ 一般不会发生热降解。这就是说，上述橡胶制品在无氧条件下于低于 200℃ 温度使用或运行不会发生热降解而使其丧失弹性和力学性能。但是很多生胶，当温度升高至 200~300℃ 会发生显著地热降解，不仅有低分子物逸出，残余物显著变黏或发硬，这就意味着有降解和交联反应发生。一般说来，橡胶在无氧条件下温度升至 400℃ 经历 30min，差不多被完全分解[29]。

当均碳链聚合物上有极性取代基时，不仅起始分解温度有所提高，而且分解产物除产生大量低分子碳氢化合物外，还会释出相当量的有害或刺激性低分子物。例如氯丁橡胶加热到 230℃ 才开始分解，于 275~375℃ 质量损失加速，产物中不仅有低分子烃和 CO，而且会形成大量 HCl；丁腈橡胶在真空中加热至 500℃，产生的大量挥发物为低分子烃、胺和 HCN 等。

5.7.2 热氧化降解

由于橡胶制品经常在不同温度的大气环境中使用或运行，所以其最高使用温度和使用寿命常是受热和氧化反应综合因素的影响，常称作热氧降解或交联。

有关聚合物热氧化的研究实践表明，橡胶（包括不饱和通用合成橡胶和饱和特种橡胶）的热氧化有如下规律：①橡胶的热氧化均属自由基历程。由于氧分子本质上是双自由基（·O═O·），其活性显然受温度的影响，即温度越高，自由基的活性越大；②双自由基容易进攻分子中的活性部位，即分子中电子云密度小、空间位阻小或 H 的活性大的部位。不饱和橡胶分子中的活性部位有：烯丙基氢（ $-CH_2-\overset{R}{\underset{}{C}}=C-$ ，R＝CH_3 是异戊橡胶或天然橡胶，R＝H 是顺丁橡胶，前者有两种烯丙基氢，后者只有一种烯丙基氢）、—C═C— 双键（处于主链或侧基中）；如果是丁苯橡胶则另有两个活性部位，即叔氢（ 苯环—CH—CH₂— ）和仲氢（—CH₂—）。根据自由基反应的亲核原理和自由基稳定性规律，这些活性部位的氧化速度顺

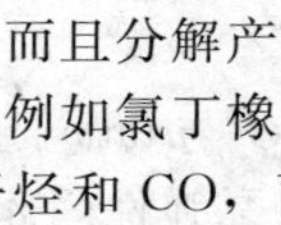

序为：烯丙基氢（—CH$_2$—CH=CH$_2$—）>侧乙烯基>主链中的—C=C—≈叔氢（—$\overset{H}{\underset{|}{\overset{|}{C}}}$—）>仲氢（—CH$_2$—）。

形成的相应过氧化物为：

$$-CH-CH=CH-\ (\text{或}-CH_2-\underset{O-OH}{\overset{CH_2OOH}{C}}=CH-)>-CH-CH\geqslant CH_2-\underset{O-OH}{\overset{OH}{\overset{|}{C}}}->-CH-$$
$$\underset{O-OH}{|}\qquad\qquad\qquad\qquad\qquad\qquad\qquad\underset{O}{\overset{|}{}}\qquad\qquad\qquad\qquad\underset{O-OH}{|}$$

显然上述各种过氧化物分解为自由基（—COOH $\xrightarrow{\triangle}$ —CO·+·OH）的难易程度会受温度的影响，产生的自由基活性（—CO·和·OH）也有所不同。

若形成的自由基比较稳定（主要由相邻原子或基团的电子和空阻效应决定），则氧化产物以降解为主，宏观表现为橡胶变软、发黏（分子量变小）；如果产生的自由基比较活泼，它将进一步进攻相邻分子的—C=C—双键形成—C—O—C—或—C—C—分子间交联，此时的宏观表现为变硬甚至发脆，也即此时以分子间交联为主。

以天然橡胶或异戊橡胶为例，其热氧化降解反应如下：

$$\sim\sim CH_2-\underset{CH_3}{\overset{|}{C}}=CH-CH_2-CH_2-\underset{CH_3}{\overset{|}{C}}=CH-\sim\sim\xrightarrow{O_2}\sim\sim CH_2-\underset{CH_3}{\overset{|}{C}}=CH-CH_2-\underset{O-O-H}{\overset{CH_3}{\overset{|}{C}}}-CH=CH-\sim\sim\xrightarrow{\triangle}$$

$$\sim\sim CH_2-\underset{CH_3}{\overset{|}{C}}=CH-CH_2\ \vdots\ \underset{O\cdot}{\overset{CH_3}{\overset{|}{C}}H}-CH=CH-\sim\sim\longrightarrow\sim\sim CH_2-\underset{CH_3}{\overset{|}{C}}=CH-CH_2\cdot+\underset{O}{\overset{CH_3}{\overset{\|}{C}}H}-CH=CH-\sim\sim$$

$$\rightleftharpoons$$

$$\sim\sim CH_2-\underset{\cdot}{\overset{CH_3}{\overset{|}{C}}}-CH=CH_2$$

$$\downarrow O_2$$

$$\sim\sim CH_2-\underset{O-O\cdot}{\overset{CH_3}{\overset{|}{C}}}-CH=CH_2$$

与末端—C=C—加成环化：

$$\sim\sim CH_2-\underset{O-}{\overset{CH_3}{\overset{|}{C}}}\ \vdots\ \underset{O}{\overset{|}{C}H}-CH_2-\underset{O-}{\overset{CH_3}{\overset{|}{C}}}\ \vdots\ CH=CH_2$$

$$\downarrow$$

$$\sim\sim CH_2-\underset{O}{\overset{CH_3}{\overset{\|}{C}}}+CH-CH_2-\underset{O}{\overset{CH_3}{\overset{\|}{C}}}-CH=CH_2$$

由于降解后形成的烯丙基伯碳自由基极易异构化为稳定的烯丙基叔碳自由基,它能继续与氧分子自由基反应形成过氧自由基,该过氧自由基与末端 C═C 双键加成就形成环状过氧化物,过氧化物又继续裂解为低分子醛(或酮),不断降解的结果导致橡胶分子量不断降低而发黏。

以顺丁橡胶为例,其热氧化降解和交联反应如下。

第一步也是氧自由基先进攻烯丙基 α-H,形成过氧化氢化物,随后过氧化氢化物分解成自由基(Ⅰ):

$$\sim\!\!CH_2\!-\!CH\!=\!CH\!-\!CH_2\!-\!CH\!=\!CH\!-\!CH_2\!\sim \longrightarrow$$

$$\sim\!\!CH_2\!-\!CH\!=\!CH\!-\!\underset{\underset{H}{\overset{\overset{O-O}{|}}{|}}}{C}\!-\!CH\!=\!CH\!-\!CH_2\!\sim$$

$$\sim\!\!CH_2\!-\!CH\!=\!CH\!-\!\underset{\underset{\cdot}{\overset{\overset{O}{|}}{|}}}{C}\!-\!CH\!=\!CH\!-\!CH_2\!\sim$$

(Ⅰ)

形成的 C—O· 比较活泼(它不像异戊二烯单元那样可获得相邻 CH_3 推电子、传递电子稳定自由基的作用),因此其反应方向有二:① 导致 $-CH_2\!\!-\!\!\underset{\underset{O}{|}}{C}-$ 断裂形成端醛基短链(即降解,Ⅱ);② 进攻相邻分子的 —C═C— 双键,形成 —C—O—C— 或 —C—C— 分子间交联(Ⅲ):

$$\sim\!\!CH_2\!-\!CH\!=\!CH\!-\!\underset{\underset{\cdot}{\overset{\overset{O}{|}}{|}}}{C}\!-\!CH\!=\!CH\!-\!CH_2\!\sim \xrightarrow{\text{降解}} \sim\!\!CH_2\!-\!CH\!=\!CH\!-\!CH_2\cdot + \underset{\underset{O}{\|}}{C}H\!-\!CH\!=\!CH\!-\!CH_2\sim$$

(Ⅱ)

交联↓ + ~CH₂—CH=CH—CH₂~   交联↓ + ~CH₂—CH=CH—CH₂~

$$\sim\!\!CH_2\!-\!CH\!=\!CH\!-\!\underset{\underset{O}{|}}{C}\!-\!CH\!=\!CH\!-\!CH_2\!\sim$$
$$\underset{|}{\overset{}{}}$$
$$\sim\!\!CH_2\!-\!CH\!-\!CH\!-\!CH_2\!\sim$$
$$\cdot$$

(Ⅲ)

$$\sim\!\!CH_2\!-\!CH\!-\!CH\!-\!CH_2\!\sim$$
$$\cdot$$

(Ⅲ)

因此,与天然橡胶(或异戊橡胶)的热氧化以降解为主不同,顺丁橡胶的热氧化降解却是交联反应占优势,导致橡胶变硬发脆,严重者甚至崩花掉块。

Beavan 认为[30],聚丁二烯的热氧化和光氧老化降解都有端醛基或酮基低分子化合物形成。至于丁二烯橡胶是反式-1,4-结构还是顺式-1,4-结构对橡胶的耐热氧化性能几乎无影响。

关于丁苯橡胶(SBR)的热氧化老化,Shelton 认为[31]:SBR 氧化时,氧自由基主要进攻主链上的 —C═C— 双键,形成 $\sim\!\!\underset{\underset{O\!-\!O}{|\quad|}}{CH\!-\!CH}\!\!\sim$ 过氧化物,该过氧化物的 —O—O— 键断裂后继续与 O_2 作用,结果形成端羰基低分子化合物:

$$\sim\!\!CH_2\!-\!CH\!=\!CH\!-\!CH_2\!-\!CH(C_6H_5)\!\sim \xrightarrow{O_2} \sim\!\!CH_2\!-\!\underset{\underset{O}{\|}}{C}\!-\!CH_2\!-\!CH_2\!-\!CH(C_6H_5)\!\sim$$

$$\sim\!\!\sim\!\mathrm{CH_2{-}CH{-}CH{-}CH_2{-}CH}\!\sim\!\!\sim\begin{Bmatrix}\xrightarrow{O_2}\sim\!\!\sim\!\mathrm{CH_2{-}CH{-}CH{-}CH_2{-}CH_2{-}CH}\!\sim\!\!\sim\\ \underset{\mathrm{O{-}O\cdot}}{|}\underset{\mathrm{O{-}O\cdot}}{|}\mathrm{Ph}\\ \xrightarrow{O_2}\sim\!\!\sim\!\mathrm{CH_2{-}CH{-}CH{-}CH{-}O{-}CH_2{-}CH}\!\sim\!\!\sim\end{Bmatrix}$$

$$\downarrow$$

$$\sim\!\!\sim\!\mathrm{CH_2{-}CH}\!\!\underset{\mathrm{O}}{\|} + \mathrm{HC{-}CH_2{-}CH}\!\sim\!\!\sim$$

最终降解为低分子醛类,丧失了弹性和力学性能。

据此人们将 SBR 或 SBS 加氢,使主链中的大部分—C═C—双键饱和,从而大幅度提高了氢化橡胶的耐热氧化性能。Mousumi[32]建议,用以下的热氧化反应来描述 SBR 或 SBS 中不饱和丁二烯单元的热氧化过程:

$$\sim\!\!\sim\!\mathrm{CH_2{-}CH{=}CH{-}CH_2}\!\sim\!\!\sim \xrightarrow{H_2} \sim\!\!\sim\!\mathrm{CH_2{-}CH_2{-}CH_2{-}CH_2}\!\sim\!\!\sim \xrightarrow{O_2} \sim\!\!\sim\!\mathrm{CH_2{-}CH{-}CH_2CH_2}\!\sim\!\!\sim$$
$$\underset{\mathrm{O{-}O{-}H}}{|}$$

$$\xrightarrow{\triangle} \sim\!\!\sim\!\mathrm{CH_2{-}CH{-}CH_2CH_2}\!\sim\!\!\sim + \mathrm{HO\cdot}$$
$$\underset{\mathrm{O\cdot}}{|}$$

$$\downarrow$$

$$\sim\!\!\sim\!\mathrm{CH_2{-}C{-}CH_2{-}CH_2}\!\sim\!\!\sim + \mathrm{H_2O}$$
$$\underset{\mathrm{O}}{\|}$$

以上的热氧化反应表明,SBR 或 SBS 加氢后,使大部—C═C—双键转变成饱和主链,由此不仅提高了橡胶的耐热氧化温度,而且高温热氧化后,只是在主链上形成了一些羰基,最后并未导致主链的断裂而降解,致使其耐热氧化性能大大提高。

综上所述,可以把现有的合成橡胶按其耐热氧化性能分成两类:一类是不耐热氧化的不饱和通用橡胶,诸如天然橡胶、异戊橡胶、顺丁橡胶、丁苯橡胶等;另一类是耐热氧化的饱和橡胶(多数是特种橡胶),如丙烯酸酯橡胶(ACM)、氯磺化聚乙烯橡胶(CSM)、三元乙丙橡胶(EPDM)、氟橡胶(FKM)、硅橡胶(MQ)、氯醚橡胶(CO)、聚氨酯橡胶(PUE)和丁基橡胶(IIR,主链中的 —C═C— 双键和烯丙基氢很少)等。

氯丁橡胶虽也属不饱和橡胶(其反式-1,4-结构占 90% 左右),但由于其内双键上带有氯侧基,氯的共轭和体积效应使其相连的 C═C 双键和烯丙基氢(也称 —C═C— 双键的 α-H)的活性降低,因而不易受氧自由基的攻击,使之成为不饱和橡胶中耐热氧化性能最好的橡胶。

值得指出的是,有些硫化胶,例如顺丁橡胶和丁苯橡胶硫化胶,在储存和使用过程中其硬度不断增大。有人认为这与橡胶硫化时所含多硫交联键的数量有关。因为实验已经证明,不饱和橡胶发生热氧化时,不仅主链中的烯丙基氢容易被氧化成氢过氧化物。而且单硫和双硫桥键也能被氧化:

$$\sim\sim CH_2-CH=CH-CH \atop \underset{S}{|} \atop \sim\sim CH_2-CH=CH-CH \xrightarrow{O_2} \sim\sim CH_2-CH=CH-CH \atop \underset{S=O}{|} \atop \sim\sim CH_2-CH=CH-CH \xrightarrow[\triangle]{C-S\text{键断裂}}$$

$$\sim\sim CH_2-CH=CH-CH=CH \sim\sim$$
$$+$$
$$\underset{S-OH}{|} \atop \sim\sim CH_2-CH=CH-CH-CH_2 \sim\sim$$

由此导致单硫交联键断裂、聚合度下降而降解；如果交联键为多硫键，则在 —C—S— 键
                                                                    $\underset{\parallel}{}$
                                                                    O
断裂的同时，又形成一个 ·S_x—C— 自由基，该自由基继续与烯丙基自由基结合（或与 —CH=CH— 加成），结果导致交联度不断增大而变硬。因此，橡胶硫化时设法控制多硫键的形成，也是提高硫化胶耐热氧化性能的重要措施之一。

5.7.3 臭氧老化（或称臭氧龟裂）

橡胶（一般指硫化胶）的臭氧龟裂是导致动态力学性能急剧下降（乃至损坏）的重要原因之一（特别是胎侧），也是衡量橡胶化学损伤的重要性能指标。橡胶的臭氧老化先在制品的 10～20nm 厚的表面层发生，特别容易在应力集中处或配合剂粒子与橡胶结合的界面处发生，待表面薄膜露出新鲜表面时继续发生臭氧老化，在动态使用条件这种情况最为常见。

臭氧老化反应主要按以下历程切断分子链的 —C=C— 双键[33]。

第一步是橡胶分子主链的 —C=C— 双键与 O_3 发生加成形成五环环氧化物（Ⅰ），该环氧化物在室温下不稳定立即分解为端醛基烃（Ⅱ）和一个端离子自由基（Ⅲ）：

$$>C=C< + O_3 \xrightarrow{\text{加成}} \underset{(Ⅰ)}{\begin{array}{c} O-O \\ | | \\ -C C- \\ O \end{array}} \xrightarrow{\text{分解}} \underset{(Ⅱ)}{\sim\sim CH_2-CH \atop \parallel \atop O} + \underset{(Ⅲ)}{\cdot O-\overset{+}{O}-C-CH_2\sim\sim}$$

由此导致分子链被切断，以后的臭氧分解反应则视橡胶类型和反应环境不同而形成不同类型的降解产物。

① 当初始制品是天然橡胶或异戊橡胶硫化胶时，其分子链中 —C=C— 双键与 O_3 的加成物（环氧化物）可暂时存在于表面层内，一旦露出表面，立即发生分解形成降解产物（Ⅱ）和（Ⅲ）；因产物（Ⅱ）的分子中仍有 —C=C— 双键，它可继续与 O_3 反应，随后裂解成低分子量端醛（或酮）；同样，产物（Ⅲ）可以是双基结合为大分子过氧化物（$\sim\sim COOOOC\sim\sim$），该过氧化物随后分解逸出 CO_2 并形成 —C—O· 自由基，它仍可与 O_3 反应并继续重复上述的臭氧化降解反应，但也可以与 ROH 反应形成醚基过氧化氢：

$$\sim\sim \overset{+}{C}OO\cdot + ROH \longrightarrow \underset{\underset{OR}{|}}{\overset{\overset{OOH}{|}}{C}}$$

与 HOH 反应则形成低分子量不饱和酸：

$$\sim\sim \overset{+}{C}-OO\cdot + HOH \longrightarrow \underset{\underset{OOH}{|}}{\overset{\overset{OH}{|}}{C}} \xrightarrow{-H_2O} \sim\sim CH=CH-COOH$$

因为 $\sim\sim COOH$ 分子中仍有 —C=C— 不饱和键，它仍能继续与 O_3 重复进行以上的臭氧化分解反应，不断形成低分子降解产物。

② 如果初始制品是氯丁橡胶硫化胶，臭氧化后只降解为不同分子量的低分子端醛基氯

代烃。

③ 如果橡胶是在溶液中或拉伸状态下与 O_3 反应，则臭氧化分解后形成的端醛基烃可与端离子自由基（Ⅲ）结合形成另一种臭氧化物。

④ 如果起始制品是顺丁橡胶硫化胶，发现其臭氧化分解产物中除大量端醛基烃外，还有少量交联产物。

参 考 文 献

[1] Nakajima N. Rubber Chem Technol.，1984，57（1）：153；1981，54（2）：266.
[2] 朱敏. 合成橡胶的结构与性能. 见：赵旭涛，刘大华主编. 合成橡胶工业手册. 第二版. 第3章. 北京：化学工业出版社，2006.
[3] 周彦豪. 合成橡胶的加工技术. 见：赵旭涛，刘大华主编. 合成橡胶工业手册. 第二版. 第4章. 北京：化学工业出版社，2006.
[4] Tokita N, Pliskin I. Rubber Chem Tech.，1973，46（5）：1166.
[5] Cotten G R. Rubber Chem Technol.，1979，52：199.
[6] 梁星宇，周楳主编. 橡胶工业手册：第三分册. 修订版. 北京：化学工业出版社，1992，1011～1035.
[7] 庞俊. 橡胶工业，2000，47（2）：90～93.
[8] Datta R N. 王名东摘译. 橡胶工业，1998，45（1）：22～25.
[9] Buding H, Hugger U, Jeskand W, et al. 拜耳中国有限公司. 拜耳中国轮胎技术研讨会论文集. 北京：拜耳中国有限公司，2001：5～10.
[10] 高琼芝，周彦豪，陈福林等. 合成橡胶工业，2003，26（4）：197～202.
[11] 于清溪. 世界橡胶工业，2002，29（2）：41.
[12] 江楠，张海，岑汉钊. 橡胶工业，2000，47（7）：411～414.
[13] 范仁德. 中国橡胶，2001，17（22）：3.
[14] 张殿荣，辛振祥. 现代橡胶配方设计. 第二版. 北京：化学工业出版社，2001.
[15] 朱敏庄编著. 橡胶工艺学. 广州：华南理工大学出版社，1993.
[16] 杨清芝主编. 现代橡胶工艺学. 北京：中国石化出版社，1997.
[17] 焦书科编著. 烯烃配位聚合理论与实践. 北京：化学工业出版社，2004.
[18] 范仁德. 中国橡胶，2001，17（22）：3.
[19] 朱敏主编. 橡胶化学与物理. 北京：化学工业出版社，1984.
[20] Bueche F, Dudek T J. Rubber Chem. Technol.，1963，36（1）：161.
[21] Bhowmick A K, Gent, Pulford C T R. Rubber Chem. Technol.，1983，56：226.
[22] Smith T L. Rubber Chem. Technol.，1978，51（2）：234.
[23] Ferry J D. viscoelastic Properties of polymer. New York：Wiley，1970.
[24] Kainradl P, Kaufmann G. Rubber Chem. Technol.，1976，49：826.
[25] 励杭泉，张晨编著. 聚合物物理学. 北京：化学工业出版社，2007.
[26] 芥川惠造等著. 王秀霞摘译. 轮胎工业，1998（5）：269.
[27] Heirrich G, Dunler M B. Rubber Chem. Technol.，1998，71（1）：53.
[28] Резинковский м м. Каучук и Резина，1960，9：33.
[29] Maclorsky S C. Thermal degradation of Polymer, New York：Interscience，1964.
[30] Beavan L W, Dawson R I, Johnson P R, Rubber Chem. Technol.，1975，48：132.
[31] Shelton J R. Rubber Chem. Technol.，1972，45：359.
[32] Mousumi De Sarkar, et al. Rubber Chem. Technol.，1997，70（5）：868.
[33] Qi ChenZe, Wang TianMin. Rubber Chem. Technol，1998，71（4）：222.

第6章 橡胶弹性理论及其拉伸结晶

简单地说,橡胶弹性理论就是在对无定形橡胶体系进行热力学分析以揭示其弹性根源的基础上,经构象统计法来定量估算分子链的尺寸和形变限度,用橡胶网络的状态方程来定量描述网络的应力-应变过程及其相互关系。前者称作单个分子链的弹性理论,后者则称为橡胶网络的弹性理论。橡胶的拉伸结晶虽属相变过程,但它却是立构规整橡胶应力-形变发展至一定程度(形变大于200%)时呈现出的与橡胶强伸性能密切相关的普遍现象,在这一领域目前已积累了较多的实践经验和理性认识,因此也一并列入本章论述的主要内容。

6.1 橡胶的形态和受力变形特征

前已述及,无论天然橡胶还是通用合成橡胶在常温无负荷时都处于无定形态,其外观像柔软而富弹性的固体,可是对它稍施外力就和液体那样容易发生变形,所以处于无定形态的橡胶本质上是一种液相固体。这种液相固体在承受外力发生形变时与塑料、纤维和金属材料相比有以下特征。

① 形变大。可高达1000%。比硬塑料的最大形变量<3%、纤维的最大形变量<20%、金属材料的普弹形变量<1%大得多。它是分子链有高度柔性、由卷曲到伸展状态的具体体现,也是表征橡胶高弹性的重要性能指标。

② 弹性模量小。其最大值仅为$10^5 N/m^2$。它比硬塑料的最低模量(>100MPa)、纤维的最低模量(>350MPa)、金属材料的模量($10^{10} \sim 10^{11} N/m^2$)小数万倍。该弹性模量来自分子链柔性大,分子间作用力小,是最能表征橡胶伸-缩弹性能力的物性指标。弹性模量随热力学温度的升高呈正比增大,而金属材料的普弹模量却随温度的升高而减小。

③ 形变时有明显地热效应。即橡皮绝热快速拉伸时放热(温度升高),回缩时吸热(温度降低)。而硬性固体和金属等则与此相反。

本章要讨论的橡胶弹性理论就是以上述特征体系为对象,从统计学和热力学能量分析来描述它们的应力-应变行为。

6.2 橡胶(交联)网络形变的热力学分析[1]

6.2.1 拉伸形变过程中的构象熵

如果把具有网络结构的橡皮当作热力学体系,橡皮所处的环境就是外力、温度和压力等。当橡皮被拉伸时,网络的构象就会发生变化,从而引起体系熵的变化,又会引起与构象相关的能量变化。对橡胶网络形变进行热力学分析将有助于区别形变过程中熵和能量的不同贡献。

假定在恒定条件下,以f力将原长度为l_0的橡皮条拉长dl,根据热力学第二定律,体系的内能变化(dU)将由三部分组成:一是橡皮得到的热($dQ=+TdS$),二是橡皮得到的拉伸功($+fdl$),三是橡皮因体积变化对外做的功($-PdV$)。因此其相应的热力学方程可写成:

$$dU = TdS + fdl - PdV \tag{6-1}$$

由于橡皮拉伸过程一般体积不变(小形变时),故$-PdV$一项可忽略不计,于是式(6-1)就变为：
$$dU = TdS + fdl \tag{6-2}$$

由于上述过程是恒容过程（即体积不变），则根据热力学第二定律，Helmholtz 自由能表达式为：
$$F = U - TS \tag{6-3}$$

对 Helmholtz 自由能进行微分，并将式(6-2) 代入式(6-3) 得：
$$dF = dU - d(TS) = dU - TdS - SdT = -SdT + fdl \tag{6-4}$$

由式(6-4) 可知，力和熵分别是 Helmholtz 自由能的偏导数，即：
$$S = -\left(\frac{\partial F}{\partial T}\right)_{V,l} \tag{6-5}$$

$$f = \left(\frac{\partial F}{\partial l}\right)_{T,V} \tag{6-6}$$

由式(6-4) 和式(6-6) 可知，使橡皮发生恒容形变的力 f 由两部分组成，即：
$$f = \left(\frac{\partial F}{\partial l}\right)_{T,V} = \left[\frac{\partial(U - TS)}{\partial l}\right]_{T,V} = \left(\frac{\partial U}{\partial l}\right)_{T,V} - T\left(\frac{\partial S}{\partial l}\right)_{T,V} \tag{6-7}$$

利用式(6-5) 和式(6-6)，将 S 和 f 分别对 l 和 T 求导，结果应该相等，即：
$$-\left(\frac{\partial S}{\partial l}\right)_{T,V} = \left(\frac{\partial f}{\partial T}\right)_{V,l} \tag{6-8}$$

式(6-7) 和式(6-8) 对研究和解释橡皮的弹性行为非常重要。因为它不仅有助于区分橡皮在形变过程中熵和内能对形变的不同贡献[式(6-7)]；而且可由一个可测量 $\left(\frac{\partial f}{\partial T}\right)_{T,l}$ 直接测出熵值随伸长率的变化[即式(6-8) 中的 $-\left(\frac{\partial S}{\partial l}\right)_{T,V}$]。依据式(6-7) 计算的橡皮拉伸时的内能（$U$）和熵（$S$）随伸长率的变化列在图 6-1 中。

从图 6-1 可以看出，纯天然橡胶硫化胶以 f 力恒容拉伸时，直到伸长率达 300%，其内能随伸长率的变化很小，它对拉伸力的贡献小于 20%；而在该伸长率范围熵值（即分子内的构象熵）却变化很大，且它对拉伸力的贡献达 80% 以上。这就表明，橡皮经恒容拉伸发生的形变主要是构象熵的变化引起的。将式(6-8) 代入式(6-7) 得：
$$f = \left(\frac{\partial U}{\partial l}\right)_{T,V} + T\left(\frac{\partial f}{\partial T}\right)_{V,l} \tag{6-9}$$

式(6-9) 的第一项是橡皮体系的内能随试样拉伸长度的变化，由于体积不变，$\left(\frac{\partial U}{\partial l}\right)_{T,V}$ 项可以认为是排除了分子间距离的影响，完全出自分子内构象能的变化；第二项是固定伸长长度所需外力随温度的变化，它体现的是熵的贡献。Flory 曾设计了一个简单的作图法将形变力中的能量贡献与熵贡献区分开。即将初始长度为 l_0 的试样拉伸到 l，此时的拉伸比 $\lambda = l/l_0$，固定拉伸比不变，记录在不同温度下为保持该拉伸比所需要的力 f；并以 f 对温度 T 作图可得一条直线（见图 6-2）。该直线与纵坐标的截距 $\left(\frac{\partial U}{\partial l}\right)_{T,V}$ 就是试样因拉伸所发生的内能变化；直线斜率 $\left(\frac{\partial f}{\partial T}\right)_{T,l} = -\left(\frac{\partial S}{\partial l}\right)_{T,V}$ 就是熵对拉伸力的贡献。

由图 6-2 的实测数据得知，橡皮以 f 力恒容拉伸到长度 l 时，熵的贡献达 90% 以上，内能变化只有 10%。据此得出结论：**橡皮经恒容、恒比拉伸所发生的形变主要是构象熵的变化所导致的，内能变化很小**。也就是说，橡胶网络受外力拉伸时分子链（或链段）由原来的卷曲构象（状态）变为伸展构象（状态），熵值由大变小，终态是一种不稳定体系；当外力解除后,伸展链又自发地回复到初始的卷曲状态,是构象熵由小变大的自发过程。

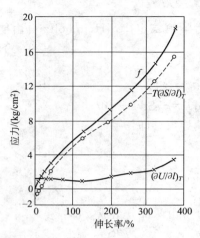

图 6-1　纯 NR 硫化胶的内能（U）和熵（S）随伸长率的变化[2]

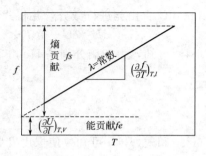

图 6-2　Flory 设计的 f-T 图

如果采用 Gibbs 自由能进行分析,能够得到从式(6-3)到式(6-9)相平行的方程,从中可以得到式(6-10):

$$f=\left(\frac{\partial G}{\partial l}\right)_{P,T} \tag{6-10}$$

由于实际实验都是在恒压（而不是恒容）条件下进行,所以以后的热力学分析均采用 Gibbs 自由能,并将用到式(6-10)。

6.2.2　拉伸形变热效应

橡皮绝热拉伸时放热是早已知道的实验事实,当时称之为热弹逆转现象（the thermoelastic inversion phenomenon）,后来又进一步发现:橡皮条在固定负荷下拉伸时因温度上升而收缩,表明橡皮条在固定伸长时因温度升高而使形变的力（f）增大。所有上述实验现象都表明,橡皮的拉伸放热都是由于形变的力（f）有一个温度系数 $\left(\frac{\partial f}{\partial T}\right)_{T,l}$ 引起的,即橡皮条在恒温、恒比拉伸时形变力随温度而变化。

在以上的热力学分析中,已经得出结论,即橡皮以 f 力恒容拉伸（从 l_0 拉长到 l）时熵的贡献达 90% 以上,根据热力学第二定律,橡皮得到的热 $dQ=+TdS$,该热量显然随拉伸长度（l）而变化,它与温度随拉伸长度的变化有如下关系:

$$\left(\frac{\partial T}{\partial l}\right)_S=-\left(\frac{1}{C_l}\right)(\partial Q/\partial l)_T \tag{6-11}$$

式中,C_l 是固定长度时的比热容,对理想网络,$C_l \approx 0.45$;$(\partial Q/\partial l)_T$ 是伸长的等温热。再根据式(6-8):

$$-\left(\frac{\partial S}{\partial l}\right)_{T,V}=\left(\frac{\partial f}{\partial T}\right)_{T,l}$$

将拉伸力随温度的变化转化为体系的熵随拉伸长度的变化。当 f 力将原长度为 l_0 的橡皮条迅速拉长到 l 时,其温度的变化（ΔT）就可由式(6-11)的积分式求出:

$$\Delta T=\frac{T}{C_l}\int_{l_0}^{l}\left(\frac{\partial S}{\partial l}\right)_T dl \tag{6-12}$$

图 6-3 是用热电偶测得的纯天然橡胶硫化胶绝热拉伸时温度随伸长率增大而升高的具体数据。

图 6-3 的理论和实测曲线表明：①纯天然橡胶硫化胶绝热伸长时，体系的温度随伸长率的提高（在伸长率为 70% 的范围内）而升高，而且伸长放热和回缩吸热是可逆的、一致的；②伸长时放热和回缩时吸热都是由熵变引起，即在绝热条件下橡皮条因拉伸力迫使网链从卷曲构象（状态）变为舒展构象（状态），熵值由大变小，终态是一种热力学不稳定体系；当外力解除后，伸展的分子链（或链段）又自发地恢复到初始的卷曲状态，是构象熵由小变大的自发过程；③伸长时放热和回缩时吸热值相等，表明天然橡胶硫化胶网络在低伸长率下近似为分子间（或链间）无任何相互作用的理想网络，从而使伸长-回缩完全可逆；④对无定形橡胶伸长放热和回缩吸热量很小，在伸长率小于 100% 的范围温升值小于 2℃。

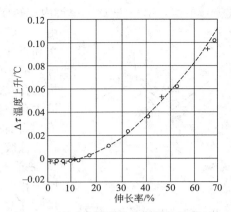

图 6-3　纯天然橡胶硫化胶绝热拉伸时，
体系温度随伸长率增大而上升
——— 是按式(6-12)计算的理论曲线
＋和○是绝热伸长和回缩时温度实测点，
具体数值是伸长和回缩的平均值

为了进一步验证橡皮条在更大的伸长率范围内绝热拉伸放热温升，有人采用了交联度较高的纯天然橡胶硫化胶（加 8% 的硫黄硫化，以防止或延缓拉伸结晶现象的发生），进行绝热拉伸，得到了图 6-4 所示的拉伸-回缩温度变化曲线。

图 6-4 的绝热拉伸-回缩温度变化表明，当伸长率低于 230% 时，拉伸和回缩热是可逆的；超过这一伸长率，拉伸放热量（即温度升高）随伸长率的继续提高迅速增大，而回缩吸热量总大于拉伸热，表明两过程不再可逆。研究表明，这个很大的热效应恰好是橡皮发生结晶的潜热，回缩时吸热量较大是由于橡皮发生了结晶而拖延了回缩时间的缘故。另一方面，当橡皮高度拉伸时因拉伸放热而导致的温度升高达 10℃ 以上，该温升比橡皮小形变（＜100%）时的拉伸放热要大得多（见图 6-3，$\Delta T < 2℃$）。

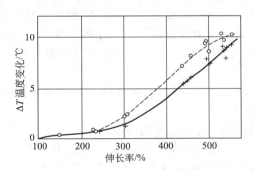

图 6-4　纯天然橡胶硫化胶绝热拉伸时，胶条温度随伸长率的变化
实线和＋是拉伸放热温升，
虚线和○是回缩吸热降温

据此，我们可以把橡皮的拉伸-形变生热量和生热机理区分为以下三种情况。

① 橡皮在外力作用下发生小形变（＜100%）时，拉伸-回缩是可逆的，其热效应很小。其内因是外力迫使构象熵值减小所致。

② 无定形橡皮在外力作用下发生较大形变（＞100%）时，由于形变总是落后于应力变化而产生内耗，回缩时需克服内摩擦阻力而生热，其热效应远大于可逆的弹性形变。

③ 对于可结晶橡胶（例如天然橡胶和立构规整合成橡胶）在外力作用下发生大形变（＞200%～300%）时可以发生拉伸结晶，由于结晶潜热较大，故其拉伸生热量最大。

6.3　单个分子链的弹性理论

6.3.1　高分子链的构象

高分子化合物是分子量很高的聚合物，其分子主链中存在很多—C—X—（X＝C、O 或

N 等)单键,由—C—X—单键内旋转而产生的众多内旋转异构体称作构象(conformation)。

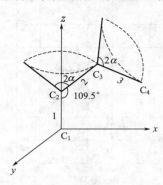

图 6-5 均碳键聚合物分子链中—C—C—单键的内旋转

由于—C—X—单键内旋转的自由程度除受键合原子半径、键角和近邻原子间的相互作用外,还会受环境(如温度、外力等)的影响,因此绝大多数高分子链不是伸直的,而是以卷曲构象存在。天然橡胶和通用合成橡胶都是均碳链线形分子,主链中存在很多容易内旋转的—C—C—单键,所以它们在常温下均卷曲成无规线团,在外力作用下也容易发生构象转化。

橡胶类分子链的卷曲倾向来自分子链中存在很多—C—C—σ 单键,其电子分布是轴向对称,以 σ 单键相连的两个碳原子相对旋转时不影响电子云分布。假如键合的碳原子上不带 H 原子也无任何取代基,则该—C—C—单键内旋转时无内旋转位阻,即它的内旋转是完全自由的,因而其构象数目之多可称得上是瞬息万变。如图 6-5 所示,令 1 键固定在 z 轴上,由于 1 键的自转,引起 2 键绕 1 键公转,C_3 可以出现在 1 键为轴、顶角为 2α 的圆锥体底面圆周的任何位置上。1、2 键固定时,同理,由于 2 键的自转,3 键公转,C_4 可出现在 2 键为轴、顶角为 2α 的圆锥体底面圆周的任何位置上。实际上,2、3 键同时在公转。所以,C_4 活动余地更大,依此类推。由此,高分子链的构象更合适的定义是:由于单键的内旋转而产生的分子在空间的不同形态。

图 6-5 表明,高分子链中的单键旋转时是互相牵制的,一个键转动,要带动附近一段链一起运动,这样每个键不能成为一个独立的运动单元。不过,依据图 6-5 可以推想,链中从第 $i+1$ 个键起(一般,i 远小于聚合度)原子在空间可取的位置已与第一个键无关了。因此常把若干个键组成的一段链作为一个独立的运动单元,实际上,它就是经常用到的"链段"概念。

实际上,碳原子上总是带有其他的原子或基团、C—H 等键,电子云间的排斥作用使 C—C 单键内旋转受到阻碍,旋转时需要消耗一定的能量。

首先以最简单的乙烷分子为例来分析内旋转过程中能量的变化。图 6-6(虚线)为乙烷分子的位能函数图,横坐标是内旋转角 φ,纵坐标为内旋转位能函数 $\mu(\varphi)$。假若视线在 C—C 键方向,则两个碳原子上键接的氢原子重合时为顺式,相差 60° 时为反式。顺式重叠构象位能最高,反式交错构象能量最低,这两种构象之间的位能差称作位垒 Δu_φ,其值为 11.5kJ/mol。位能曲线可用如下方程表示:

$$u = \frac{1}{2}\Delta u_\varphi(1+\cos 3\varphi)$$

一般,热运动的能量仅 2.5kJ/mol,所以乙烷分子处于反式交错式的概率远较顺式重叠式大。丁烷分子(CH_3—CH_2—CH_2—CH_3)中间的那个 C—C 键,每个碳原子上连接着两个氢原子和一个甲基,内旋转位能函数图如图 6-6(实线)所示。

图中,$\varphi = -180°$ 时,C_2 与 C_3 上的 CH_3 处于相反位置,距离最远,相互斥力最小,势能最低,为反式交错构象;$\varphi = -60°$ 和 60° 时,C_2 与 C_3 所键接的 H 和 CH_3 相互交叉,势能较低,为旁式交错构象;$\varphi = -120°$ 和 120° 时,C_2 与 C_3 所键接的 H 和 CH_3 互相重叠,分子势能较高,为偏式重叠构象;$\varphi = 0°$ 时,两个甲基完全重叠,分子势能最高,为顺式重叠构象。

物质的动力学性质是由位垒决定的。对于丁烷,最重要的一个位垒为反式和旁式构象之间转变的位垒 Δu_b。而热力学性质是由构象能决定的,即能量上有利的构象之间的能量差。对于丁烷,只有一个构象能差是最重要的,即反式与旁式构象之间的能量差 Δu_{tg}。

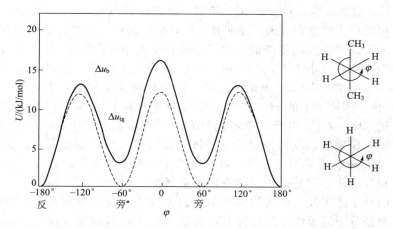

图 6-6 乙烷（虚线）和正丁烷（实线）中心 C—C 键的内旋转位能图
（平面图表示沿着 C—C 键观察的两个分子）

随着烷烃分子中碳数的增加，构象数增多，能量较低而相对稳定的构象数也增加。例如，丙烷有一个比较稳定的构象，见图 6-7(a)；正丁烷有 3 个比较稳定的构象。若以符号 t 表示反式构象，g 和 g′ 分别表示稳定性相同的两种旁式构象，则三种构象的投影如图 6-7(b) 所示。依次类推，戊烷可由正丁烷的 3 个比较稳定构象衍生为 9 个比较稳定的构象，见图 6-7(c)。而正己烷的分子链则可能有 27 个比较稳定的构象，如 ggg、ggt、gtg、tgt、ttg、ttt、gg′t、gg′g 等。理论上，含 n 个碳原子的正构烷烃应有 3^{n-3} 个可能的稳定构象。据此可以算出聚合度为 100 的聚乙烯的相对稳定构象数为 $3^{200-3} \approx 10^{93}$ 个（式中的 200 是因为每个聚乙烯链节中含有两个碳原子）。

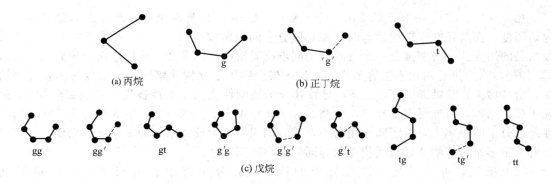

图 6-7 几种烷烃的相对稳定构象（以实线表示 g，虚线表示 g′）

分子结构不同，内旋转位垒也不同，表 6-1 列出了几种低分子烷烃绕指定单键内旋转 360° 的位垒（以内旋转活化能 ΔE 表示）和键长。

表 6-1 几种低分子烷烃和烯烃绕指定单键内旋转 360° 的活化能和键长

烷	内旋转位垒 ΔE/(kJ/mol)	键长/nm	烯烃	内旋转位垒 ΔE/(kJ/mol)	键长/nm
$CH_3—CH_3$	11.7	0.154	$CH_3—CH=CH_2$	8.4	0.154
$CH_3—CH_2—CH_3$	13.8	0.154	$CH_3—C(CH_3)=CH_2$	10.0	0.154
$CH_3—CH(CH_3)_2$	16.3	0.154			
$CH_3—C(CH_3)_3$	20.1	0.154			

表6-1的对比数据表明,对—C—C—单键,其内旋转位垒(ΔE)随碳原子上取代基数目的增多、体积的增大而急剧增大,表明其内旋转愈加困难,由此导致其相对稳定的构象数目明显减少,分子链柔性大幅度降低。由于橡胶分子链中—CH_2—CH_2—上的H比CH_3—CH_3更少,估计其ΔE应小于11.7kJ/mol,因而其柔性会更高;但—C—C—单键上的H无论取代与否都不会影响—C—C—单键的键长。值得特别关注的是,当分子中C—C单键与C=C相邻时,由于碳原子上的H少,非直接键合碳上的H也少,且距离增大,因而它们的内旋转位垒比CH_3—CH_3更低,或者说与C=C双键相连的C—C单键更容易内旋转。这些数据对理解异戊橡胶、顺丁橡胶的分子链均具高度柔性非常重要。因为据此类推,反式-1,4-聚异戊二烯和顺式-1,4-聚异戊二烯、反式-1,4-聚丁二烯和顺式-1,4-聚丁二烯,假定它们的分子量相等或相近,它们理应含有同等数量的—C=C—和—C—C—键,从而应有相同或相近的分子链柔性。但实测结果却与以上推论相反,即顺式-1,4-结构的聚异戊二烯和聚丁二烯都是分子链柔性极好的橡胶,而反式-1,4-结构的聚异戊二烯和聚丁二烯却都是结晶性硬橡胶(或塑料)。二者宏观物性差别甚大的原因,显然不是由于分子链内—C—C—单键内旋转位垒不同,而是由于顺反结构还会导致不同的分子间相互作用(见表6-2)引起的。

表6-2 立构规整聚异戊二烯、聚丁二烯的分子间相互作用参数[9]

聚合物	几何异构体	T_g/℃	T_m/℃	等同周期/pm	相对密度
1,4-聚异戊二烯	顺式	−73	28~38①	810	1.0
	反式	−58	74	477	1.04
1,4-聚丁二烯	顺式	−102	2	860	1.01
	反式	−78	141	470	1.02

① 天然橡胶拉伸结晶的熔点范围。由于天然橡胶只在拉伸至大形变时(≥200%)才结晶,其T_m又受拉伸速率、结晶温度等的影响,故这里提供的数据是不同作者测得的一个温度范围。

在表6-2中,T_g的高低既取决于分子链内—C—C—内旋转位垒,从而影响链段运动的起始温度,而且还在于链段运动时又需克服分子间内摩擦的阻力。T_m则是三维有序分子链段结晶的熔点。相对密度是一个反映分子间堆砌紧密程度的参数。所以将两种聚合物的T_g、T_m和相对密度进行对比就很容易得知,反式聚合物由于立构规整度高,结构对称,容易结晶,密度增大,且结晶的T_m又高,导致其分子链刚性变大,柔性丧失;非晶部分的T_g远高于顺式结构,可能是它的有序度较高、分子间作用力更大的缘故。顺式结构由于结构对称性差,分子间距离大,分子间作用力小,其等同周期又为反式结构的2倍,因而使它一直保持着无定形结构(顺式和反式构型的等同周期参见第5章)。

综上所述,可以认定,橡胶分子的特征是:分子链中存有很多容易内旋转的—C—C—、—C—C=C—单键,由内旋转导致的分子链构象数多、柔性大,使之卷曲成无规线团,无规线团又堆砌成无定形结构。

6.3.2 橡胶分子链的构象统计[3,4]

6.3.2.1 均方末端距和均方旋转半径

如上所述,橡胶分子链是由数目众多的结构单元连接而成的长链分子,由于分子链内存在很多可内旋转的—C—C—单键,其内旋转位垒又较小,从而导致分子链的构象不仅数目庞大而且瞬息万变。所以要准确地计算出某根分子链的构象数目,从而确定分子链柔性的大小几乎是不可能的。但是从另一角度分析,依据分子链中的—C—C—单键数目越多,内旋转产生的构象数越多,最终使分子链的卷曲程度更大,分子链两端的距离越小的推理,采用构象统计法却可以计算出卷曲分子两末端的直线距离,据此不仅可表征某根分子链的尺寸,而且还可以预测分子链的伸展能力。如图 6-8 所示，对于线形分子两端间的直线距离 r，构象统计法常用"均方末端距 $\overline{r^2}$"或"均方根末端距 $\sqrt{\overline{r^2}}$"来表示。由于 r 的方向是任意的（可正可负），所以末端距均以平方 r^2 表示，又由于不同的分子链和同一分子链在不同时间的末端距是不同的，所以应取统计平均值 $\overline{r^2}$。

对于支化的聚合物，随着支化类型和支化度的不同，一根分子将有数目不等的末端，这样一来上述的均方末端距就不适用了。此时可采用能反映分子质心的"均方旋转半径"来表征分子链的尺寸（图 6-9）。其原理和定义是：假设一根分子链中有很多个结构（或运动）单元，每个单元的质量都是 m_i，设从分子链质（量中）心到第 i 个质点（单元）的距离为 S_i，则全部结构（或运动）单元的 S_i^2 的质量平均值 S^2 为：

$$S^2 = \sum_1^i m_i S_i^2 / \sum_1^i m_i \tag{6-13}$$

式中，由于 S_i 是向量，故以 S_i^2 表示。对于柔性分子，S^2 依赖于链的构象。将 S^2 对分子链所有可能的构象取平均值，即得均方旋转半径 $\overline{S^2}$。

图 6-8 线形分子链的末端距

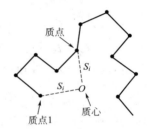

图 6-9 大分子链的旋转半径

可以证明，对于"高斯链"（Gauss chain）、等效自由连接链的链段分布符合高斯分布函数，当分子量很大时，其"无扰均方末端距 $\overline{r_0^2}$"和"无扰均方旋转半径 $\overline{S_0^2}$"之间有如下关系：

$$\overline{r_0^2} = 6\,\overline{S_0^2} \tag{6-14}$$

即在 θ 条件下所测得的分子链均方末端距是同等条件下均方旋转半径的 6 倍。

6.3.2.2 均方末端距的几何计算法

(1) "自由连接链"模型　即由 n 个键长为 l、键角不固定、—C—C—内旋转完全自由的均碳链分子为理想模型来计算分子链的末端距。依据这一假定，由 n 个键长为 l 的键组成的"自由连接链"的末端距应该是各键长矢量的总和。其数学表达式为：

$$\vec{r}_{f,j} = \vec{l}_1 + \vec{l}_2 + \cdots + \vec{l}_n = \sum_{i=1}^n \vec{l}_i$$

均方末端距 $\overline{r_{f,j}^2}$ 为：

$$\overline{r_{f,j}^2} = (\vec{l}_1 + \vec{l}_2 + \cdots + \vec{l}_n)(\vec{l}_1 + \vec{l}_2 + \cdots + \vec{l}_n) = \sum_{i=1}^n \sum_{j=1}^n \overline{\vec{l}_i \vec{l}_j} \tag{6-15}$$

式中，下标 f,j 表示自由连接链；$\vec{l}_i \cdot \vec{l}_j$ 表示 $\vec{l}_j$ 在 $\vec{l}_i$ 上的投影与 l_i 的乘积：若 $i \neq j$，此时由于键在各个方向取向的概率相等，故 $\vec{l}_i \cdot \vec{l}_j = 0$；若 $i = j$，则 $\vec{l}_i \cdot \vec{l}_j = l^2$。因为有 n 个键，所以自由连接链的均方末端距为：

$$\overline{r_{f,j}^2} = nl^2 \tag{6-16}$$

式(6-16)表明，对于均碳链聚合物，如果分子链内的—C—C—单键内旋转完全自由的话，这种自由连接链的尺寸比完全伸直的尺寸 nl 要小得多，也意味着这种分子链的构象数更多，柔性更大。实际上这种内旋转完全自由的自由连接链是不存在的。因为—C—C—单键的内旋转至少还会受 C—C—C 键角的限制。

(2) "自由旋转链"模型　即以 n 个键长为 0.154nm（C—C 单键键长为 $l=0.154$nm）、键角 θ 为 109.5°（C—C—C 键角）、—C—C—单键内旋转完全自由的均碳链分子为近似模型来计算分子链的末端距。与（1）的推导过程相似，由 n 个键构成的"自由旋转链"的均方末端距为：

$$\overline{r_{f,r}^2} = \sum_{i=1}^{n}\sum_{j=1}^{n} \overline{\vec{l}_i \cdot \vec{l}_j} \tag{6-17}$$

式中，下标 f, r 表示自由旋转链。

由于引入了键角，故式(6-17)中的 $\overline{\vec{l}_i \cdot \vec{l}_j}$ 项应改为：

$$\overline{\vec{l}_i \cdot \vec{l}_j} = l(1-\cos\theta)l = l^2(1-\cos\theta)，共 2(n-1) 项。$$

依次类推，式(6-15)的第 m 项 $\overline{\vec{l}_i \cdot \vec{l}_{i+m}}$ 应为：

$$\overline{\vec{l}_i \cdot \vec{l}_{i+m}} = l^2(1-\cos\theta)^m，共有 2(n-m) 项。$$

将上述结果代入式(6-17)，得到：

$$\overline{r_{f,r}^2} = nl^2 \left\{\left(\frac{1-\cos\theta}{1+\cos\theta}\right) + \left(\frac{2\cos\theta}{n}\right)\left[\frac{1-(-\cos\theta)^n}{(1+\cos\theta)^2}\right]\right\} \tag{6-18}$$

由于 n 很大，式(6-18)等号后的第二项的贡献很小，所以略去第二项后得到：

$$\overline{r_{f,r}^2} = nl^2 \left(\frac{1-\cos\theta}{1+\cos\theta}\right) \tag{6-19}$$

式(6-19)就是按"自由旋转链"模型计算均碳链分子末端距的普适公式。

如果把聚乙烯分子当作"自由旋转链"（即不考虑—C—C—单键内旋转位垒），则由 $\theta=109.5°$，$\cos\theta=-\frac{1}{3}$，由式(6-19)得到的均方末端距为：

$$\overline{r_{f,r}^2} = 2nl^2 \tag{6-20}$$

式(6-20)表明，按"自由旋转链"模型计算的聚乙烯分子链的均方末端距比"自由连接链"大 1 倍。这就意味着引入键角限制后聚乙烯分子链的柔性比"自由连接链"要小一半。

如果把均碳链聚合物分子完全伸直为平面锯齿形，这个锯齿形长链在主链方向上的投影 r_{max}^2 就是这个分子链最大的末端距，可以证明：

$$\overline{r_{max}^2} = nl^2\left(\frac{1-\cos\theta}{2}\right) \approx \frac{2}{3}n^2l^2$$

所以

$$\overline{r_{max}^2}/\overline{r_{f,r}^2} = n\frac{1+\cos\theta}{2} \approx \frac{n}{3} \tag{6-21}$$

即完全伸直的分子链的末端距比自由旋转链大 $\frac{n}{3}$ 倍，也可以说该值是卷曲分子链伸长率的极限。

均方末端距的几何计算法从"自由连接链"模型发展到"自由旋转链"模型似乎已接近可定量计算真实均碳链分子的末端距。实际上这种理论描述与实际分子链差距甚远。因为任何均碳链分子中—C—C—单键的内旋转都不是"自由"的。内旋转阻力主

要来自键角 θ 和旋转角度（φ）的近程斥力以及与—C—C—键相距范德华半径之内的分子间远程相互作用。为了尽可能接近实情，有人又将内旋转位能函数 $U(\varphi)$ 引入到式（6-20）中，并据此计算最简单的聚乙烯分子链的末端距。由于该计算式只考虑了键角 θ 和旋转角 φ 对分子链均方末端距的影响，未计入范德华半径内分子间相互作用对内旋转位能（垒）的影响，且后一种阻力随主链结构不同变化很大，同时又很难得知，且引入远程相互作用的内旋转位能函数相当复杂，所以采用加限制条件的"自由连接链"模型，目前还不能计算出符合真实分子链的均方末端距。尽管如此，上述理论却为揭示橡胶分子的高弹性实质做出了巨大贡献，同时也为实验测定分子链的均方末端距提供了理论依据。

6.3.2.3 均方末端距的统计计算法

（1）以"自由连接链"模型为基础的"三维空间无规行走概率密度法" 这种统计计算法是把键长为 l、键数为 n 的一根"自由连接链"的一端固定在图 6-10 所示坐标的原点，另一端则在三维空间无规（任意）行走，行走 n 步后该端出现在离原点距离为 r 处的小体积单元 $\mathrm{d}x\mathrm{d}y\mathrm{d}z$ 内的概率密度。$\vec{r}$ 是末端距，它是一个矢量和变量。其均方末端距可用式（6-22）表示：

$$\overline{r^2} = \int_0^\infty W(r) r^2 \mathrm{d}r \quad (6-22)$$

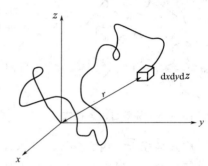

图 6-10 三维空间无规行走链

式中，$W(r)$ 是末端距的概率密度。$W(r)$ 与 r 的关系（见图 6-11）称径向分布函数。设 $W(x, y, z)$ 为无规行走的另一端出现在三维空间坐标点的概率密度，则该端出现在小体积单元的概率密度为 $W(x, y, z)\mathrm{d}x\mathrm{d}y\mathrm{d}z$。$W(x, y, z)$ 与 r 的关系 $W(x, y, z) = \left(\dfrac{\beta}{\sqrt{\pi}}\right)^3 \mathrm{e}^{-\beta_2 r_2}$ 称作高斯密度分布函数，其相关曲线如图 6-12 所示。

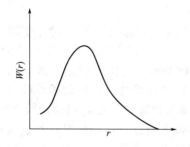

图 6-11 径向分布函数 $W(r)$ 与 r 的关系

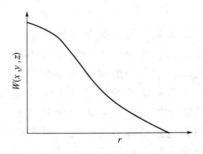

图 6-12 $W(x, y, z)$ 与 r 的关系高斯密度分布函数

如果把小体积单元换成球壳，则另一端（即终点）出现在离原点距离为 $r \sim (r+\mathrm{d}r)$ 的球壳 $4\pi r^2 \mathrm{d}r$ 中的概率为 $W(r)\mathrm{d}r$。经过一系列统计换算后得到末端出现机会最多、概率最大的末端距 r^*：

$$r^* = \sqrt{\dfrac{2n}{3}} l$$

其均方末端距：

$$\overline{r^2} = \int_0^\infty \overline{r^2} W(r) \mathrm{d}r = \frac{3}{2\beta^2} = nl^2 \tag{6-23}$$

式中，$\beta^2 = \dfrac{3}{2nl^2}$。

显然，$\sqrt{\overline{r^2}} > r^*$。式(6-23)的结果与"自由连接链"的计算结果完全相同，说明单键的内旋转确实是高分子长链产生柔性的根本原因。

(2) 等效自由连接链计算法 即把由 n 个键长为 l($l=0.154\mathrm{nm}$)、键角为 $109.5°$、内旋转不自由的键构成的大分子链视作一个含有 Z 个长度为 b 的链段构成的"等效自由连接链"（见图6-13）。

如果把 b 段看作是锯齿形，则完全伸直链的长度为：
$$r_{\max} = Zb \tag{6-24}$$

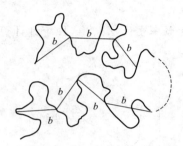

图6-13 等效自由连接链

这里所说的等效自由连接链，意思是指长度为 b 的链段与自由连接链中的键长 l 等效。这样一来，n 个键长为 l 的实际分子链就变成 Z 个长度为 b 的链段，其均方末端距仍可借用自由连接链均方末端距 $\overline{r^2} = nl^2$ 的形式，即由：
$$\overline{r^2} = Zb^2 \tag{6-25}$$

来计算。同时这个等效自由连接链的均方末端距（尺寸）又可在 θ 条件下，通过测定高分子溶液的光散射，得到"无扰"均方半径 $\overline{S_0^2}$，由式(6-14)计算出"无扰"均方末端距 $\overline{r_0^2}$。再根据聚合物的分子量和结构单元，求出总键数 n 及链的最大伸直长度 $r_{\max}$。最后把 $\overline{r^2}$ 与 $r_{\max}$ 式(6-24) 和式(6-25) 联立，解联立方程，即得：

$$Z = r_{\max}^2 / \overline{r_0^2} \tag{6-26}$$
$$b = \overline{r_0^2} / r_{\max} \tag{6-27}$$

对于聚乙烯，$r_{\max}^2 = \dfrac{2}{3} n^2 l^2$，实验测得 $\overline{r_0^2} = 6.76 nl^2$，由此可得出：

$$Z = n/10, \quad b = 8.3l$$

这个结果表明，聚乙烯分子链中的—C—C—单键的内旋转确实是受阻的。由于受阻，致使其8.3个键长才是一个独立运动单元（即链段长度），若每个链节按2个—C—单键计算，则聚乙烯分子链中的链段数是聚合度的1/5。这些计算结果不仅与实测数据一致，而且也为表征分子链的柔性提供了一个定量化参数——链段长度。即链段越短，链的柔性越大。

从以上的渐进式逻辑推演和统计计算得出的链段概念和链段长度，对合成橡胶十分重要，因为运用链段概念不仅可以合理地解释橡胶处于高弹态的分子运动状况，而且通过链段长度对比还可以揭示出分子链柔性与橡胶精细结构之间的内在联系，从而为橡胶弹性的分子设计提供基础数据。可惜的是，目前尚无简便的方法直接测定链段长度，致使文献和书刊中可供参考的定量数据不多，有待进一步研究。

关于 θ 条件与无扰概念：因为均方末端距是单个分子链的尺寸，必须把聚合物溶在溶剂中才能测定。但是，由于聚合物与溶剂之间也有相互作用，从而对链的构象产生影响或者说是干扰，从而影响实测结果的准确性。不过，这种干扰可通过选择合适的溶剂和测定温度使聚合物分子"链段"间的相互作用等于"链段"与溶剂分子之间的相互作用来排除，这样的条件称为 θ 条件，所用的溶剂称为 θ 溶剂，溶解的温度称为 θ 温度。在 θ 条件下测得的单个分子链的尺寸称为无扰尺寸（如无扰均方半径 $\overline{S_0^2}$ 和无扰均方末端距 $\overline{r_0^2}$ 等），只有无扰尺寸才是分子链自身结构的真实反映。

此外，所说的"高斯链"指的是那种等效自由连接链的链段分布符合高斯分布函数的分子链（见图6-12），或者说高斯链的链段分布函数与自由连接链的链段分布函数是相同的，但是二者在意义上却有很大差别。自由连接链实际上是不存在的，而高斯链却体现了大量柔性聚合物的共性，因此更具实际意义。

6.3.3 分子链柔性的表征

在6.3.2节有关单个分子链的构象统计算法中，已经谈到了用均方末端距的计算值可以表征出分子链的尺寸，即均方末端距越小，分子链的柔性越大。但没有明确指明可用哪些定量参数来量度分子链的柔性。所用的参数一般有以下几种。

6.3.3.1 空间位阻参数（或称刚性因子）σ

根据上节各种统计模型计算得到的结论是：如果分子链所含的键数和键长一定时，其均方末端距越小表明该分子链的柔性越大。所以，可用实测的无扰均方末端距$\overline{r_0^2}$与自由旋转链的均方末端距$\overline{r_{f,r}^2}$计算值之比σ即式(6-28)来量度分子链的柔性。

$$\sigma = [\overline{r_0^2}/\overline{r_{f,r}^2}]^{1/2} \tag{6-28}$$

分子链内—C—C—单键内旋转的位垒越大，分子链的末端距就越大，即位阻参数σ越大，分子链的柔性越差；反之，σ值越小，链的柔性越好。表6-3列举了一些橡胶类聚合物的空间位阻参数。

表6-3 一些橡胶类聚合物的空间位阻参数

聚合物	溶剂	温度/℃	σ
聚二甲基硅氧烷	丁酮,甲苯	25	1.39
顺式-1,4-聚异戊二烯	苯	20	1.67
反式-1,4-聚异戊二烯	二氧六环	47.7	1.30
顺式-1,4-聚丁二烯	二氧六环	20.2	1.68
无规聚丙烯	环己烷,甲苯	30	1.76
聚乙烯	十氢萘	140	1.84

6.3.3.2 特征比 C_n

特征比的定义是无扰分子链均方末端距与自由连接链均方末端距之比。即：

$$C_n = \overline{r_0^2}/nl^2 \tag{6-29}$$

式(6-29)中的特征比C_n是n的函数，当$n \to \infty$时，对应的C_n用C_∞表示，对于完全伸直链则$C_\infty \to \infty$，对于自由连接链，$C_\infty = 1$；因而可根据C_∞的大小来量度分子链的柔性。即C_∞值越小，链的柔性越好。

6.3.3.3 链段长度 b

在有关等效自由连接链的统计计算方法中已得出链段长度$b = \overline{r_0^2}/r_{max}$[即式(6-27)]，由于$\overline{r_0^2}$是无扰均方末端距，可从实验测得，$r_{max}$又可根据分子链的总键数算出，从而使链段长度$b$成为可测的分子链柔性量度。即链段长度$b$越短，分子链的柔性越大。

分子链的柔性与分子链的伸长形变潜力直接相关，即分子链的均方末端距越小，柔性越好，其拉伸形变倍率应越高，但形变倍率以完全伸直链的$\overline{r_{max}^2}$为极限。

还应提到的是，均方末端距虽能表示出分子链的拉伸形变能力，但未直接涉及其回缩的驱动力。实际上，从构象相对稳定性及构象数目变化，很容易理解：当分子链施加外力拉伸时，外力促使分子链的构象数减少使分子链舒展伸张成不稳定构象，当撤去外力后，构象数突然增多,促使分子链又恢复到稳定的平衡构象,该过程是一个熵值增大的自发过程,即回缩力来自分子链的构象熵值增大。上述的推论和表述实际上就是平常所说的**单个分子链的弹性理论**。

单个分子链的弹性理论虽能对橡胶类聚合物的大形变潜力作出理论预期,但是在实际应用中,由于它们的分子间作用力很小,在发生大形变时,有相当一部分的形变量是由分子质心发生塑性位移所导致的永久形变造成,从而不能充分呈现其高弹性。因此必须对线形分子进行硫化交联,最好是把所有线形分子都交联成一个交联网络,才能效地抑制分子间的滑移,这样既提高了强度,又使高弹性得以充分发挥。

6.4 橡胶(交联)网络的弹性理论

以上的热力学分析和单个分子链的弹性理论,虽能阐明橡胶发生弹性形变的内在本质,也能对橡胶类聚合物在一定条件下(恒温、恒速拉伸)的大形变潜力作出理论预测。但是具有使用价值的橡胶几乎都是众多分子的聚集体,而且必须经硫化交联后才能获得适于各种形变类型(拉伸、剪切和压缩等)的高弹性材料。因而必须进一步对交联橡胶(或称橡胶网络、交联网络)的结构、形变类型和交联网络的应力-应变行为作出定量描述,才能构建起比较接近实情、且有预见性的橡胶弹性理论。针对上述要求尽管已进行了大量研究,但是半个多世纪以来进展不大,以下将会看到,已取得的理论成就不仅不能满意地描述网络在低形变范围(例如<200%)的应力-应变行为,而且对大形变(>200%)出现的应力突增现象,目前还处在积累数据阶段,尚未形成系统地弹性理论。

6.4.1 橡皮形变类型及描述应力-应变行为的基本物理量[4]

橡皮是各向同性的弹性材料,当受到外力作用时,它的几何形状和尺寸将发生变化(即宏观形变),与此相对应材料内部的分子内各原子间的相对位置和分子间的距离乃至交联网也将发生变化,由此将产生一种恢复平衡的力称作内应力(N/m^2)。因受力方式不同,一般情况下,将发生以下三种形变。

6.4.1.1 简单拉伸

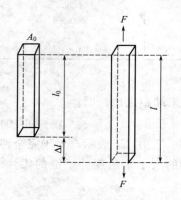

图 6-14 简单拉伸

如图 6-14 所示,橡皮条受到的外力 F 垂直于截面 A_0,试样内将产生相应的内应力,同时发生相应的形变,外力和内应力是大小相等方向相反的两个力。此时,橡皮条发生的形变称张应变。

小伸长时,张应变通常以单位长度的伸长来定义。如果材料的起始长度为 l_0,变形后的长度为 l,则张应变 ε 为:

$$\varepsilon = \frac{(l-l_0)}{l_0} = \frac{\Delta l}{l_0} \tag{6-30}$$

张应变的这种定义在工程上已被广泛应用,因而又称为工程应变或习用应变。

当材料发生张应变时,材料的应力称为张应力(F),与工程应变对应的工程应力 σ 定义为:

$$\sigma = \frac{F}{A_0} \tag{6-31}$$

式中,A_0 为材料的起始截面积。

当材料发生较大形变时,其截面积将发生较大变化,这时工程应力就会与材料的真实应力发生较大的偏差。正确计算应力应该以真实面积 A 代替 A_0，得到的应力称为真应力 σ'。

$$\sigma' = \frac{F}{A} \tag{6-32}$$

相应地，提出了真应变的定义。如果材料在某一时刻长度从 l_0 变到 l，则真应变为：

$$\varepsilon' = \int_0^l \frac{\mathrm{d}l_i}{l_i} = \ln\frac{l}{l_0} \tag{6-33}$$

此外，在试样大形变的情况下，有时也采用其他更方便的张应变的定义，如 $\Delta l/l$ 和 $[(l/l_0)-(l_0/l)^2]/3$。后一定义在橡胶弹性理论中已被采用。所有张应变在小形变时，基本上给出相同的值，而在大形变时，则差别相当大。

6.4.1.2 简单剪切

简单剪切时材料受到的是与截面相平行的剪切力，这是不作用在同一直线上的、大小相等而方向相反的两个力（见图 6-15）。在剪切力作用下，材料将发生偏斜，切应变 γ 定义为剪切位移量 S 与剪切面之间的距离 d 的比值，即剪切角 θ 的正切。

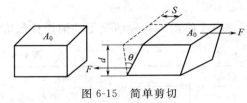

图 6-15　简单剪切

$$\gamma = \frac{S}{d} = \tan\theta \tag{6-34}$$

相应地，材料的剪切应力 τ 为：

$$\tau = \frac{F}{A_0} \tag{6-35}$$

6.4.1.3 均匀（流体静压力）压缩

此时，材料受到围压力 P 的作用，发生体积变形，使材料从起始体积 V_0 缩小为 $V_0-\Delta V$（见图 6-16）。材料的均匀压缩应变 V 定义为单位体积的体积减小。

对于理想的弹性固体，应力与应变关系服从虎克定律，即应力与应变成正比，比例常数称为普弹模量或弹性模量。

弹性模量＝应力/应变

可见，弹性模量是发生单位应变时的应力，它表征材料抵抗变形能力的大小，模量越大，越不容易变

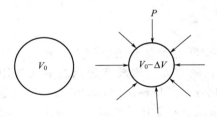

图 6-16　均匀流体静压力

形，材料的刚性越大。

对于不同的受力方式，也有不同的模量。相应地称为杨氏模量、剪切模量和体积模量，分别记为 E、G 和 B。

$$E = \frac{\sigma}{\varepsilon} = \frac{\frac{F}{A_0}}{\frac{\Delta l}{l_0}} \tag{6-36}$$

$$G = \frac{\tau}{\gamma} = \frac{F}{A_0 \tan\theta} \tag{6-37}$$

$$B = \frac{P}{\left(\frac{\Delta V}{V_0}\right)} = \frac{PV_0}{\Delta V} \tag{6-38}$$

应变都是无量纲量，因而弹性模量的单位与应力的单位相同。

有时，用模量的倒数比用模量来得方便。杨氏模量的倒数称为拉伸柔量，用 D 表示；

剪切模量的倒数称为切变柔量,用 J 表示;而体积模量的倒数称为可压缩度。

对于各向同性的橡胶而言,通过弹性力学的数学推导可得出上述三种模量之间的关系:

$$E=2G(1+\nu)=3B(1-2\nu) \tag{6-39}$$

式中,ν 为泊松比,定义为拉伸试验中材料横向应变与纵向应变的比值的负数,它也是一个反映材料性质的重要参数:

$$\nu=-\frac{\Delta m/m_0}{\Delta l/l_0}=\frac{-\varepsilon_T}{\varepsilon} \tag{6-40}$$

式中,ε_T 为横向应变。

表 6-4 给出了几种情况下的泊松比数值。

表 6-4 泊松比数值[5]

数值	形变和材料类型	数值	形变和材料类型
0.5	不可压缩或拉伸过程中没有体积变化的材料	0.49~0.499	橡胶的典型数值
0.0	没有横向收缩的材料	0.20~0.40	塑料的典型数值

三种模量的关系式表明,三种模量加上泊松比,这 4 个参数中只有 2 个是独立的。只要知道其中 2 个,其余 2 个便可由关系式求出。即只要知道 2 个参数,就足以描述各向同性材料的弹性力学行为。

6.4.2 网络结构及其弹性形变

如上所述,天然橡胶和通用合成橡胶,它们的分子链都是柔性链,这些柔性链要形成能发生可逆形变的弹性体必须要具备两个条件:一是柔性链在常温无负荷状态下必须要聚积成无定形结构(如果堆砌成晶体,则分子链被僵硬地束缚在晶格之中,其柔性被完全抑制);二是分子链间必须交联,才能充分发挥其弹性。

6.4.2.1 交联键或交联点类型

众所周知,交联又分为化学交联和物理交联。化学交联通常是分子链间以共价键(如—C—S—C—、—C—O—C—或—C—C—键)架桥连接,例如天然橡胶和通用合成橡胶用硫黄和促进剂体系硫化,氯丁橡胶用碱土金属氧化物硫化等。其特性是键合键能大、热稳定性高,通常是热不可逆的。物理交联则是分子链间借助形成某种微区(玻璃区或晶区)或电荷相互作用[分子链间形成金属(或基团)离子键,或螯合键],前者如 SBS、SIS 和 PUR,后者如二价或多价金属离子 M^{2+} 交联的氯磺化聚乙烯、磺化丁苯橡胶,和用 α,ω-二氯化物与含叔氨基的丁-苯共聚物反应形成的铵盐交联键(称预交联丁苯橡胶)等[6]。它们的共同特点是:键能低、强度低,但大都是热可逆的,利用这种热可逆特性已经生产出很多种热塑性弹性体(TPE)。还有一种热塑性弹性体,它是用热可逆的共价交联剂(如双环戊二烯二羧酸盐)交联的丙烯酸酯橡胶(ACM)、氯化聚乙烯橡胶(CPE)[7],由于它既是—C—C—共价交联,而双环戊二烯环又具热可逆二聚-解二聚特性;所以它们又成为一类既具共价交联硫化胶物性,又可进行热塑加工的新一类 TPE。

6.4.2.2 网络结构及其表征参数[1]

分子链间交联形成的交联网络简称网络。网络的交联程度则称作网链密度或交联度。交联度常用以下参数来表征网链结构和特性。

(1) 网链密度 设网链总数为 N 个,材料的总体积为 V_0,则单位体积中的网链密度(或网链数)为 N/V_0。

(2) 交联点数 μ 单位体积中的交联点数或称交联点密度为 μ/V。

网链总数与交联点数 μ 之间的关系取决于交联点的官能度 ϕ，而官能度是各网链交汇于一个交联点的平均网链数。图 6-17 为四官能度和三官能度交联网络的示意，它们是最常见的官能度。由图 6-17 可见，(a)、(b) 两个网络中每个交联点的官能度都相同 [(a) 为四官能度，(b) 为三官能度]，且所有的分子链均连在网络之中，它们都是不带任何端链和链（悬挂）环的理想网络。若将三官能度网络中的网链全部打断（图 6-18），产生的片段数就是交联点数 μ，而半链数就是网链总数的两倍即 $2N$；打断后每个片段上连有 3 个半链，故 $3\mu = 2N$。推广到一般情况，理想的 ϕ 官能度网链中的交联点数 $\mu = \left(\dfrac{2}{\phi}\right)N$。

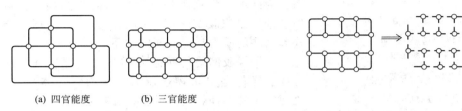

(a) 四官能度   (b) 三官能度

图 6-17 理想网络   图 6-18 网络被打成片断

（3）网链（或称交联点间）的平均分子量 $\overline{M_c}$ 设网链密度为 ρ，则单位体积中的网链摩尔数为 $\rho/\overline{M_c}$，$\rho N_A/\overline{M_c}$ 就是单位体积中的网链数。由于体系中的网链总数为 N，故网链的平均分子量 $\overline{M_c}$ 为：

$$\overline{M_c} = \rho N_A / N \tag{6-41}$$

式中，N_A 为 Avogadro 常数。

在实际的交联网络中，交联点的数目和位置往往是未知的，且常常含有对弹性无贡献的端链和封闭链环（见图 6-19）。因此在理论上很难预期交联点的官能度对交联网弹性的贡献。20 世纪 70 年代末 Mark 等曾以带端羟基的线形聚二甲基硅氧烷为原料，以 $Si(OEt)_4$ 为交联剂；成功地制得了交联点官能度为 4 的理想交联网络。以后又有许多人用端羟基液体聚丁二烯与 $SiCl_4$ 反应也同样制得了官能度为 4 的理想交联聚丁二烯网络。这些理想网络为用模型交联网研究交联网络结构与硫化胶弹性之间的定量关系奠定了基础。

采用三官能度的理想交联网作模型网络，用交联点间分子量 $\overline{M_c} = \rho N_A/N$ 或用统计理论得到的应力-应变状态方程是：

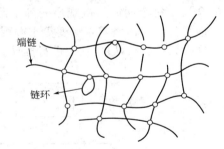

图 6-19 带端链和悬挂封闭链环的交联网络

$$\sigma = G\left(\lambda - \dfrac{1}{\lambda^2}\right) \tag{6-42}$$

式中，σ 为拉伸应力；G 为剪切模量，其值相当于拉伸模量的 1/3（即 $E = 3G$，或 $G = \rho RT/\overline{M_c} = 0.39 \mathrm{MPa}$）来描述应力与应变（拉伸比 λ）之间的关系。

式(6-42)表达的应力-应变曲线与天然橡胶硫化胶的实测应力-应变行为进行对比（见图 6-20）后发现：当形变在 50% 以下或当 $\lambda < 1.5$ 时，理论与实测结果一致；但在大形变时（例如 >200%），则理论与实验结果偏差很大。

至于出现上述理论与实验不符的现象，可能的原因是：①高度拉伸时网链末端距不服从高斯分布；②拉伸比较大时天然橡胶会发生结晶，结晶补强作用导致应力-应变曲线上扬；③交联网链间发生物理缠结形成链环，这种永久性缠结点起着附加交联点的作用，关于天然

实验(A)
理论(B)
σ/MPa
4
3
2
1
A
B
1 2 3 4 5 6 7
λ

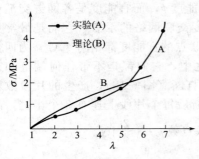

图 6-20 交联 NR 的应力（σ）与拉伸比（λ）曲线

［理论曲线是根据 $\sigma=G\left(\lambda-\frac{1}{\lambda^2}\right)$ 计算绘制，其中 $G=\rho RT/\overline{M_c}=0.39\mathrm{MPa}$］

橡胶在大形变时出现的曲线急剧上扬的原因将在以后有关部分讨论。

6.4.3 网络形变的状态方程[1]

6.2 节所述的橡胶交联网络热力学分析只能给出交联网络从始态形变到终态的可能性和发生形变的驱动力来自网络的构象熵变。但它尚不能用可测的分子链结构参数来定量描述网络的应力-应变过程及其相互关系。为此本节将从理想气体的状态方程出发，按相似模型推导出橡胶交联网络的状态方程，并据此描述和检验网络的应力与应变间的关系。

所谓橡胶网络的状态方程，它和理想气体的状态方程一样都是定量描述压力（应力）与体积（形变）之间的关系。理想气体的状态方程是：

$$PV=nRT \text{ 或 } P=nRT/V \tag{6-43}$$

橡胶网络的形变习惯上常用拉伸比 λ 表示，即：

$$\lambda=\frac{l}{l_0}=1+\varepsilon \tag{6-44}$$

为了理论处理方便，把橡胶网络看作是各向同性的理想网络，并假定形变时体积不变。这一假定与实验事实基本相符。以下将根据相似形变假定推导出可表达任何形变的状态方程，并进一步将状态方程应用于拉伸形变，导出拉伸模量与应变之间的关系。

6.4.3.1 相似形变模型

相似形变模型是根据相似形变假定（简称相似假定）来推导橡胶网络状态方程。相似假定的含义是每个网链的微观形变等于网络的宏观变化。这一假定可用图 6-21 作进一步地说明，即假定：①网络宏观形变等于微观网链的相对变化；②体系中所有网链的形变均相同。利用这一假定，可从图 6-21 进行推导。

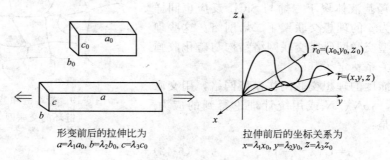

a_0
c_0
b_0
a
c
b
z
$\vec{r}_0=(x_0, y_0, z_0)$
$\vec{r}=(x, y, z)$
y
x
形变前后的拉伸比为
$a=\lambda_1 a_0$, $b=\lambda_2 b_0$, $c=\lambda_3 c_0$
拉伸前后的坐标关系为
$x=\lambda_1 x_0$, $y=\lambda_2 y_0$, $z=\lambda_3 z_0$

图 6-21 相似形变假定

6.4.3.2 网络状态方程推导

图 6-10 已经介绍过，若把网链的一端固定在直角坐标的原点，则另一端出现在小体积单元 $\mathrm{d}x\mathrm{d}y\mathrm{d}z$ 中的概率 P 为：

$$P(x,y,z)\mathrm{d}x\mathrm{d}y\mathrm{d}z=\left(\frac{3}{2\pi nl^2}\right)^{3/2}\exp\left[-\frac{3(x^2+y^2+z^2)}{2nl^2}\right]\mathrm{d}x\mathrm{d}y\mathrm{d}z \tag{6-45}$$

式中，nl^2 为自由连接链（即高斯链）的均方末端距。利用 Boltzmann 的熵公式即 $S=k\ln P$，可知构象熵 S 为：

$$S = k\ln P = C - \left(\frac{3K}{2nl^2}\right)(x^2 + y^2 + z^2) \tag{6-46}$$

式中，常数项均已归入 C 中。

当拉伸前的末端距矢量 $\vec{r}_0 = (x_0, y_0, z_0)$，拉伸后的末端距矢量 $\vec{r} = (x, y, z)$。引用相似假定：当试样在三维空间上的拉伸比为 λ_1、λ_2、λ_3 时，则形变前后的坐标比为：$x = \lambda_1 x_0$，$y = \lambda_2 y_0$，$z = \lambda_3 z_0$，由此得到每个网链在形变前的构象熵为：

$$S_0 = C - \left(\frac{3K}{2nl^2}\right)(x_0^2 + y_0^2 + z_0^2) \tag{6-47}$$

形变后每个网链的构象熵为：

$$S = C - \left(\frac{3K}{2nl^2}\right)(\lambda_1^2 x_0^2 + \lambda_2^2 y_0^2 + \lambda_3^2 z_0^2) \tag{6-48}$$

形变前后的构象熵变为：

$$\Delta S_i = S - S_0 = -\left(\frac{3K}{2nl^2}\right)[(\lambda_1^2 - 1)x_0^2 + (\lambda_2^2 - 1)y_0^2 + (\lambda_3^2 - 1)z_0^2] \tag{6-49}$$

网络中全部网链的构象熵变 ΔS 应为各网链构象熵变之和：

$$\Delta S = \sum \Delta S_i = -\left(\frac{3K}{2nl^2}\right)\left[(\lambda_1^2 - 1)\sum_i x_{0i}^2 + (\lambda_2^2 - 1)\sum_i y_{0i}^2 + (\lambda_3^2 - 1)\sum_i z_{0i}^2\right] \tag{6-50}$$

由于橡胶网络是各向同性的，即网链末端的坐标在空间是均匀分布的，所以它们的平方值的加和应该相等，即：

$$\sum_i x_{0i}^2 = \sum_i y_{0i}^2 = \sum_i z_{0i}^2 = \frac{1}{3}\sum_i \overline{r_{0i}^2} = \frac{N}{3}(\overline{r_0^2}) \tag{6-51}$$

把式(6-51)代入式(6-50)，得：

$$\Delta S = -\left(\frac{3K}{2nl^2}\right)\frac{N}{3}(\overline{r_0^2})[(\lambda_1^2 - 1) + (\lambda_2^2 - 1) + (\lambda_3^2 - 1)]$$

$$= -\left(\frac{NK}{2}\right)\left[\frac{(\overline{r_0^2})}{nl^2}\right](\lambda_1^2 + \lambda_2^2 + \lambda_3^2 - 3) \tag{6-52}$$

由于 $(\overline{r_0^2})$ 是初始网链的均方末端距，又因为网链为理想网链，所以这个 $\overline{r_0^2}$ 就是网链的尺寸 nl^2，将 $(\overline{r_0^2}) = nl^2$ 代入式(6-52)，得：

$$\Delta S = -\frac{NK}{2}(\lambda_1^2 + \lambda_2^2 + \lambda_3^2 - 3) \tag{6-53}$$

依据自由能表达式：$G(\text{自由能}) = H - TS$，如前所述，橡胶网络发生形变时主要是构象熵的变化，故 $G \approx -TS$，所以：

$$\Delta G = -T\Delta S = \frac{NkT}{2}(\lambda_1^2 + \lambda_2^2 + \lambda_3^2 - 3) \tag{6-54}$$

式(6-53)是用拉伸比（三维可测量）计算网络体系构象熵变的重要方程，而式(6-54)则是弹性体分子理论的基本方程。由于在推导过程中没有任何受力情况。所以，以式(6-52)为基础可导出任何形变方式的橡胶网络状态方程。

6.4.3.3 状态方程描述拉伸形变

单向拉伸形变是最常见的形变形式。设被拉伸的是 x 轴，则 $\lambda_1 = \lambda$，若拉伸过程体积不变，则 $\lambda_1 \lambda_2 \lambda_3 = 1$，$\lambda_2 = \lambda_3 = \left(\frac{1}{\lambda}\right)^{1/2}$。将其代入式(6-54)，得：

$$\Delta G = \left(\frac{NkT}{2}\right)(\lambda^2 + 2\lambda^{-1} - 3) \tag{6-55}$$

由式(6-10)可知，网络形变所需的力 $f = \left(\frac{\partial G}{\partial l}\right)_{P,T}$，故网络所受应力 σ 为：

$$\sigma = \frac{f}{A_0} = \frac{1}{A_0}\left(\frac{\partial G}{\partial l}\right)_{P,T} = \frac{1}{A_0 l_0}\left(\frac{\partial G}{\partial l/l_0}\right)_{P,T} = \frac{1}{V}\left(\frac{\partial G}{\partial \lambda}\right)_{P,T} \tag{6-56}$$

式中，A_0 和 l_0 分别是网络的初始面积和初始长度，由于拉伸过程中体积不变，即 $A_0 l_0 = V_0$，同时它又是任何形变时的体积 V，所以 $V = V_0$，式(6-56)最后一步使用了拉伸比 λ，其定义见式(6-44)。通过对 λ 的微分，得到应力 σ：

$$\sigma = \frac{1}{V}\left(\frac{\partial G}{\partial \lambda}\right)_{P,T} = \frac{NkT}{V}(\lambda - \lambda^{-2}) \tag{6-57}$$

这一形式与理想气体状态方程 $P = nRT/V$ 非常相似。再根据网链密度 ρ 与网链分子量 $\overline{M_c}$ 之间的关系，式(6-57)又可用网链密度 ρ 和网链分子量 $\overline{M_c}$ 来表达：

$$\sigma = \frac{1}{V}\left(\frac{\partial G}{\partial \lambda}\right)_{P,T} = \frac{NkT}{V}(\lambda - \lambda^{-2}) = \frac{\rho RT}{\overline{M_c}}(\lambda - \lambda^{-2}) \tag{6-58}$$

式(6-57)和式(6-58)就是表达橡胶网络应力-应变关系的两种不同的表达式。与虎克定律表达试样发生普弹形变的应力-应变的显式关系不同，橡胶网络状态方程中的应力-应变关系是通过拉伸比隐式给出的。因为 $\lambda = 1 + \varepsilon$，$d\lambda = d\varepsilon$，所以式(6-58)的应力-应变关系，其显式为：

$$\frac{d\sigma}{d\varepsilon} = \frac{d\sigma}{d\lambda} = \frac{NkT}{V}\left(1 + \frac{2}{\lambda^3}\right) \tag{6-59}$$

由式(6-59)可以看出，硫化胶（橡胶网络）的模量不是一个常数，而是随拉伸比 λ 的增大而减小。当 $\lambda \to 1$ 时：

$$\frac{d\sigma}{d\varepsilon} \to \frac{3NkT}{V} \tag{6-60}$$

显然，此时的模量是初始模量，实际上它就是图 6-20 中理论曲线 B 的初始斜率。由于拉伸模量 E 是剪切模量 G 的 3 倍，即 $E = 3G$，所以式(6-58)中的 $\frac{NkT}{V}$ 相当于硫化胶的剪切模量 G（注意这里用 G 表示剪切模量，切勿与 Gibbs 自由能中的 G 相混淆）。

当拉伸比 λ 很大时：

$$\frac{d\sigma}{d\varepsilon} \to \frac{NkT}{V} \tag{6-61}$$

此时 NkT/V 就相当于拉伸模量。实验结果表明，纯 NR 硫化胶的模量随拉伸比的增大而下降（见图 6-20），当拉伸到 100% 时，模量会降到初始值的三分之一，实验数据与式(6-59)基本吻合。由此可见，描述橡胶网络弹性形变的状态方程是不能与描述一般固体普弹形变的虎克定律进行简单类比的。为了真实地反映橡胶网络的模量，可以将 NkT/V 定义为表观模量 G^*：

$$G^* = \frac{\sigma}{\lambda - \lambda^{-2}} = \frac{NkT}{V} = \rho RT/\overline{M_c} \tag{6-62}$$

式(6-62)表明，表观模量 G^* 与温度成正比，与网链密度 ρ 成正比，而与网链分子量 $\overline{M_c}$ 成反比。

从图 6-20 的实验曲线与按式(6-58)计算的理论曲线对比，可以看出：在低形变区（$\lambda \leqslant 2$），二者吻合较好；但当 $\lambda > 2$ 后，出现了两种偏差。一是在小形变范围（$2 < \lambda < 6$）实验数据低于理论预测值；二是在大形变范围（$\lambda > 6$），实验数据大大高于理论值。这是由于推导式(6-58)的基本假设之一是网链的末端距符合高斯分布，而形变较大时，末端距显著偏离 Gauss 分布所致。小形变范围出现的偏差，可能是橡胶网络存在某种缺陷的缘故。

在推导状态方程时，我们把橡胶网络看成是一个理想网络，即所有的网链都包括在网络之中，这与实际的硫化胶是有出入的。实际橡胶网络常存在两种缺陷：一种是悬挂环（或称封闭链环），另一种是悬挂端链（或称自由端链）（见图 6-19）。当橡胶网链受外力拉伸时，悬挂环和悬挂端链都不承受外力，即它们对网络的应力都没有贡献。所以在计算网络应力时应把这部分网链从网链总数中减去。产生悬挂环的因素比较复杂，这里暂不考虑，只考虑悬挂端链的情况。由于线形分子链交联时，平均每个线形链要产生两个悬挂端链（自由端链）。设交联前线形链的分子量为 M，则体系中悬挂端链数应为 $\frac{\rho N_A}{M} \times 2$。把这些悬挂端链扣除，则网络中有效松网链数为：

$$\frac{\rho N_A}{\overline{M_c}} - \frac{2\rho N_A}{M} = \frac{\rho N_A}{\overline{M_c}}\left(1 - \frac{2\overline{M_c}}{M}\right) \tag{6-63}$$

于是用拉伸比表示的橡胶网络状态方程式(6-58) 就可写成：

$$\sigma = \rho RT/\overline{M_c}\left[1 - \frac{2\overline{M_c}}{M}(\lambda - \lambda^{-2})\right] \tag{6-64}$$

式(6-64) 就是扣除悬挂端链后的应力-应变关系状态方程。

6.4.4 天然橡胶硫化胶的高度拉伸形变

6.4.4.1 纯天然橡胶（NR）硫化胶的应力-应变曲线

图 6-22 是实测的纯 NR 硫化胶（无任何填充剂）的应力-应变曲线。

该应力-应变曲线的特征是：①初始模量很小；②在小形变范围（例如伸长率<100%），应力随形变的发展稍有增大；③在大形变范围（例如从 100%～600%），应力随形变的发展迅速增大，超过 300% 后曲线迅速上扬（即应力突增）；④当形变量达 650% 时的最大应力（即拉伸强度）为 29～30MPa。

经由网络末端距的统计算法（即高斯和非高斯分布函数）来定量地描述纯 NR 硫化胶的上述应力-应变曲线及其走势始终是科学工作者追求的目标。

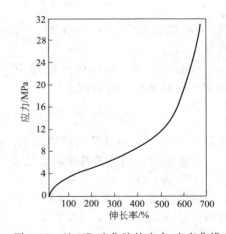

图 6-22 纯 NR 硫化胶的应力-应变曲线

从图 6-20 可以看出，橡胶网络的状态方程可以近似描述 $\lambda \leqslant 3$ 时纯天然橡胶硫化胶的应力-应变行为。当 $\lambda > 3$ 后，天然橡胶的实测曲线突然上扬，可能的原因有二：一是天然橡胶高度拉伸时网链的末端距不服从高斯分布；二是高度拉伸时橡胶发生了结晶。依据天然橡胶硫化胶拉伸试样的 X 射线衍射图分析预期，应力-应变曲线中应力突增的初期可能是非高斯分布效应引起。所以我们首先引入非高斯分布末端距分布函数 $W(r) = f(r, n)$，随后用建立的非高斯分布状态方程来描述纯天然橡胶硫化胶高度拉伸时的应力-应变关系。

6.4.4.2 描述网链末端距的非高斯分布函数[1]

从 6.3.1 节的高斯链均方末端距 $\overline{r^2}$ 与分子链的另一端在空间出现的概率密度 $W(r)$ 之间的关系 [即式(6-22)] 可知：

$$\overline{r^2} = \int_0^\infty W(r) r^2 \mathrm{d}r$$

可以看出，高斯分布概率函数 $[W(r)]$ 不受自由运动单元数 n（即键数）的影响。该式仅当末端距 $(\overline{r^2})^{1/2}$ 远远小于链长 nl 时才适用。当拉伸比（λ）超过一定水平时（例如 $\lambda \geqslant 3$，即伸长率 $\geqslant 200\%$），描述末端距的概率密度分布函数 $W(r)$ 不再服从高斯概率密度分布函数（即应力-应变曲线突然上扬）；对于网链来说，如果网链很短（例如自由运动单元数 $n \leqslant 5$），即使形变很小，式(6-22) 也不服从高斯分布。这就是说高斯概率密度分布函数既不能描述拉伸形变量较大时的均方末端距，也不适用于形变量很小的网链。

实际上，当网链的拉伸比较大（例如 $\lambda \geqslant 3$）时，拉伸网链出现了各向异性（非原来的各向同性）。由此，Kuhn 和 Grün 提出，此时网链的末端距 $r[\text{即}(\overline{r^2})^{1/2}]$ 应是链段（即自由运动单元因拉伸而取向）取向角的最可机分布式(6-65)：

$$\ln W(r) = C - n\left(\frac{r}{nl}\beta + \ln\frac{\beta}{\sinh\beta}\right) \tag{6-65}$$

式(6-65) 中，β 的含意是：$L(\beta) = \cosh\beta - \frac{1}{\beta} = \frac{r}{nl}$，或 $\beta = L^{-1}\left(\frac{r}{nl}\right)$；$L$ 称 Langevin 函数，$\beta = L^{-1}\left(\frac{1}{nl}\right)$ 称为 Langevin 逆函数；式(6-65) 则称非高斯分布概率函数。

Langevin 逆函数可展开为级数形式：

$$\beta = L^{-1}\left(\frac{r}{nl}\right) = 3\left(\frac{r}{nl}\right) + \frac{9}{5}\left(\frac{r}{nl}\right)^3 + \frac{297}{175}\left(\frac{r}{nl}\right)^5 + \frac{1539}{785}\left(\frac{r}{nl}\right)^7 + \cdots \tag{6-66}$$

将式(6-66) 代入式(6-65) 得到式(6-65) 的级数形式：

$$\ln W(r) = C - n\left[\frac{3}{2}\left(\frac{r}{nl}\right)^2 + \frac{9}{20}\left(\frac{r}{nl}\right)^4 + \frac{99}{350}\left(\frac{r}{nl}\right)^6 + \cdots\right] \tag{6-67}$$

当 $r \ll nl$ 时，式(6-67) 中括号中的高次项可以忽略，高次项忽略后就是高斯概率密度分布函数。

再按高斯分布同样的处理方法，把式(6-65) 代入式(6-46) 熵（Boltzman）公式 $S = k\ln P$，得到每根链的熵值为：

$$S = k\ln W(r) = C' - kn\left(\frac{r}{nl}\beta + \ln\frac{\beta}{\sinh\beta}\right) \tag{6-68}$$

应用式(6-68) 就可计算交联网络的总熵值。

计算网络总熵值最简单的方法是借助一个"三链模型"，这个模型假定网络的性质可以用三根分别平行于三个坐标（X，Y，Z）轴的三根链来描述。即将无规分布的网链分别用这三根链在 X、Y、Z 轴上的投影平均值来表示。令 S_X、S_Y 和 S_Z（$S_Y = S_Z$）分别为三根链的熵，求得网络的总熵弹应力 σ：

$$\sigma = -T\frac{dS}{d\lambda} = \frac{NT}{3} \times \frac{d(S_X + 2S_Y)}{d\lambda} \tag{6-69}$$

若沿 X 轴方向的拉伸比为 λ，则三根链的长度分别为：

$$r_x = \lambda r_0, \quad r_y = r_x = \lambda^{-1/2} r_0 \tag{6-70}$$

将三根链的 r 值代入熵公式(6-68)，并将所得熵值代入式(6-69)，得总熵弹应力 σ 为：

$$\sigma = \frac{NkT}{3} \times \frac{r_0}{l}\left[L^{-1}\left(\frac{r_0\lambda}{nl}\right) - \lambda^{-3/2}L^{-1}\left(\frac{r_0\lambda^{-1/2}}{nl}\right)\right] \tag{6-71}$$

由于"自由连接链"中的 $r_{f,j} = r_0 = n^{1/2}l$ [式(6-16)]，代入式(6-71) 得：

$$\sigma = \frac{NkT}{3}n^{1/2}\left[L^{-1}\left(\frac{\lambda}{n^{1/2}}\right) - \lambda^{-3/2}L^{-1}\left(\frac{1}{\lambda^{1/2}n^{1/2}}\right)\right] \tag{6-72}$$

代入 $L^{-1}\left(\frac{r}{nl}\right)$ 的式(6-72) 级数展开式为：

$$\sigma=\frac{NkT}{3}n^{1/2}\left\{\begin{array}{l}3\left(\frac{\lambda}{n^{1/2}}\right)+\frac{9}{5}\left(\frac{\lambda}{n^{1/2}}\right)^3+\frac{297}{175}\left(\frac{\lambda}{n^{1/2}}\right)^5+\frac{1539}{785}\left(\frac{\lambda}{n^{1/2}}\right)^7\\ -\lambda^{-3/2}\left[3\left(\frac{1}{\lambda^{1/2}n^{1/2}}\right)+\frac{9}{5}\left(\frac{1}{\lambda^{1/2}n^{1/2}}\right)^3+\frac{297}{175}\left(\frac{1}{\lambda^{1/2}n^{1/2}}\right)^5+\frac{1539}{785}\left(\frac{1}{\lambda^{1/2}n^{1/2}}\right)^7\right]\end{array}\right\}$$
(6-73)

$$\sigma=\frac{\rho RT}{3M_c}n^{1/2}\left\{\begin{array}{l}3\left(\frac{\lambda}{n^{1/2}}\right)+\frac{9}{5}\left(\frac{\lambda}{n^{1/2}}\right)^3+\frac{279}{175}\left(\frac{\lambda}{n^{1/2}}\right)^5+\frac{1539}{785}\left(\frac{\lambda}{n^{1/2}}\right)^7\\ -\lambda^{-3/2}\left[3\left(\frac{1}{\lambda^{1/2}n^{1/2}}\right)+\frac{9}{5}\left(\frac{1}{\lambda^{1/2}n^{1/2}}\right)^3+\frac{297}{175}\left(\frac{1}{\lambda^{1/2}n^{1/2}}\right)^5+\frac{1539}{785}\left(\frac{1}{\lambda^{1/2}n^{1/2}}\right)^7\right]\end{array}\right\}$$
(6-74)

当 n 很大时，大括号中的高次项均可忽略，这样就可以得到与式(6-58)相似的非高斯分布的状态方程：

$$\sigma=NkT(\lambda-\lambda^{-2})\tag{6-75}$$

由式(6-75)可见，拉伸应力应是拉伸比 λ 和网链聚合度 n 的函数。

6.4.4.3 用非高斯分布的状态方程（6-75）描述纯 NR 硫化胶的高度拉伸形变

上述非高斯分布的状态方程（6-75）中的 σ 依赖于两个参数，即 N 和 n，N 为单位体积的网链数，n 为每根网链中的"自由动动单元数（相当于链段数）"。从它们的物理含意上说，N 和 n 是有联系的，也就是说 N 与网链分子量 M_c 呈反比，故与 n 也成反比。但在数学上却不得不分别独立处理。实际上，这两个参数都是通过作图法得到的。

以下将以纯天然橡胶（NR）硫化胶为例，其链中异戊二烯单元的分子量为 68，取其密度 $\rho=1\mathrm{g/cm^3}$，拉伸温度为 300K（即 27℃）来计算，并对比高斯和非高斯分布的状态方程中 σ 随拉伸比及网链链段数（n）的变化（见图 6-23）。

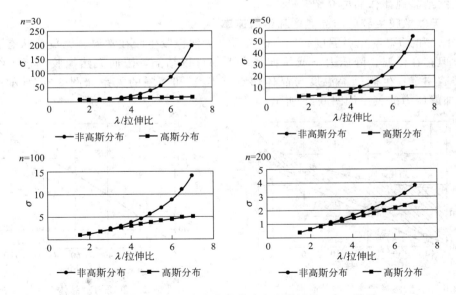

图 6-23　按非高斯和高斯分布状态方程描述的 σ-λ-n 关系

图 6-23 的对比曲线表明：①n 越小，λ 越大，应力 σ 越高，这一趋势对高斯和非高斯分布是一致的；②这四个图有一个共性，非高斯应力相对于高斯应力的正偏差始于 $\lambda\approx3.5$ 附近，即非高斯分布可描述拉伸比 λ 达 3.5 时的曲线上扬；③当 $\lambda\geqslant3.5$ 后的偏离程度（即曲线上扬）取决于 n，即 n 越小偏离程度越高；而当 n 较大时，偏离并不明显。

应当指出的是，非高斯分布函数（或非高斯分布状态方程）只是从高斯分布函数附加拉伸取向角来估算网链末端距的纯数学演算法，其物理含意并不十分明确，据此虽可描述当拉伸比 λ 达 3.5 左右时，应力-应变曲线开始上扬，也与实验数据基本相符，但这一边界条件与实测数据只是形式上的巧合（λ＝3.5 相当于伸长率＝250%），其内在实质却很不相同。因为对纯天然橡胶（NR）硫化胶的 X 射线衍射实验已经证明，当纯 NR 硫化胶进行恒速拉伸时，伸长率达 200% 以上就会出现拉伸结晶而导致应力-应变曲线急剧上扬（即相对于高斯应力的正偏差），而且曲线上扬时橡胶已呈现明显地各向异性，而不是非高斯分布假定条件之一是各向同性的无定形态。因此此时曲线上扬、应力突增显然是拉伸结晶补强作用的结果，而不是非高斯分布函数描述的网链末端距增大所致。为此，采用适宜的模型和统计方法来定量模拟出纯 NR 硫化胶的应力-应变曲线及其走势仍需进一步研究。

6.5　橡胶的拉伸结晶

6.5.1　天然橡胶的拉伸结晶

双折射、密度变化和 X 射线衍射实验均已证明，天然橡胶生胶和硫化胶在高度拉伸时均会发生结晶，从而使橡胶或其交联网由各向同性变为各向异性。天然橡胶的拉伸结晶主要取决于拉伸比和结晶温度；结晶速率又随拉伸比的增大而变快，结晶程度又与结晶温度有关，结晶的熔化温度（T_m）还与结晶温度和拉伸速率有关，在很宽的温度范围内结晶又是和无定形部分同时共存。所以天然橡胶的拉伸结晶行为虽然已研究了半个多世纪，得到的实测数据也很多，但由于问题比较复杂，研究条件也不一致，所以直到现在，只能给出一些局部结晶的轮廓，还没有形成能够可描述整个结晶过程的定量结晶理论。以下仅将一些局限条件下得出的结晶规律作简要介绍。

6.5.1.1　天然橡胶生胶的结晶温度和结晶速率[8]

（1）结晶的 T_m 与结晶温度、压力的关系　天然橡胶生胶在常温、无负荷状态下为无定形结构，但它在低温、静压力下或拉伸状态下却可以结晶，因而天然橡胶属于可结晶的橡胶。经实验测定：生胶结晶温度与晶体熔点（T_m）和熔限的关系如图 6-24 所示；晶体的 T_m 与外加静压力的关系如图 6-25 所示。

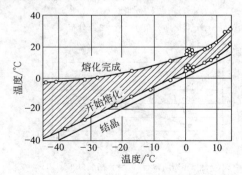
图 6-24　天然橡胶生胶的结晶温度与晶体熔限之间的关系

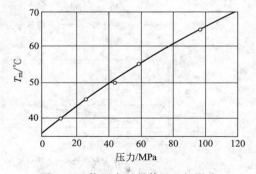
图 6-25　静压力对晶体 T_m 的影响

图 6-24 表明，若生胶于 -40℃ 结晶，所得晶体的熔限范围很宽（-38～-3℃）；而当生胶于 15℃ 结晶，所得晶体不仅熔限小（32～39℃），而且 T_m 也较高，所以天然橡胶生胶晶体的 T_m 和熔限取决于结晶温度，即结晶温度越高，晶体的 T_m 越高，熔限越小。图 6-25 表明，生胶晶体的 T_m 随静压力的增大而迅速提高，从 1MPa 下的 36.2℃ 提高到 120MPa 下

的 77.5℃，由于 T_m 与静压力呈线性关系，据此可导出压力与 T_m 的关系为：

$$\lg(P+1300)=5.9428-875/T \tag{6-76}$$

式中，T 是热力学温度；P 是压力，kg/cm²，1kg/cm²＝0.9807MPa。

式(6-76) 的微分式为：

$$\frac{dT}{dP}=\frac{T^2}{2.015(P+1300)} \tag{6-77}$$

由于 T_m 又随结晶温度而变化，所以应有：

$$\frac{dP}{dT}=\frac{L}{T\Delta V} \tag{6-78}$$

式中，L 是结晶潜热；ΔV 是结晶时发生的体积缩小，实测值 $\Delta V=0.0191$cm³/g。据此算得 1atm 下单位体积的结晶潜热 $L/\Delta V=846$J/cm³，试样的潜热为 16.2J/g。

(2) **结晶速率与伸长率、交联程度的关系** 由于无定形生胶发生结晶时密度增大，结晶完成时密度增至最大，因此可根据生胶在不同伸长率时的密度变化值来确定结晶速率。如图 6-26 所示，当生胶未拉伸时（形变量为 0），0℃ 的结晶速率很慢，静置 540h 后才使密度变化至定值（即增至 2.2%）；若将生胶拉伸至 700%，则在较短时间（约 20h）就可使密度迅速增加至恒定值（约 2.8%），表明拉伸有利于分子链的取向，导致结晶速率增大。由于天然橡胶 20℃ 结晶时的橡胶密度为 1.0，所以可根据以上的密度变化数据估算出橡胶的结晶（程）度；例如根据生胶拉伸至 700% 的密度增加值（2.8%），就可以估算出此时的结晶度约为 30% 左右。此外，还可以根据密度变化数据来估计天然橡胶在常温下发生结晶的最小伸长率为 200%～300%。由于密度变化是由于橡胶结晶时会发生体积减小导致的，所以测定橡胶于某一温度下体积的变化率同样也可判断橡胶的结晶速率。图 6-27 是天然橡胶用不同量的硫黄硫化所得硫化胶于 2℃ 结晶速率的对比。从图 6-27 可以看出，曲线 8 是硫黄用量为 0.5% 的硫化胶（其交联度最高，网链交联点间的 $\overline{M_c}$ 最小）在 2℃ 需经 200 多天才能使体积收缩至恒定值（－2.0%），表明其结晶速率最慢；反之，曲线 1 的硫黄用量仅为 0.1%，它在 2℃ 达到体积变化率恒定值（－2.4%）只需 20 天左右，说明交联度越小，$\overline{M_c}$ 越大，结晶速率越快。

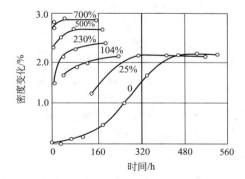
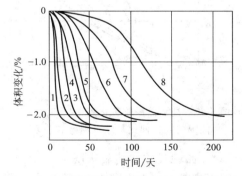

图 6-26 生胶于不同伸长率
下 0℃ 的结晶速率
（以密度变化表示）

图 6-27 不同交联度的 NR 于 2℃ 的结晶速率
（以体积变化表示）曲线 1 的硫黄为 0.1%，
曲线 2、3、4、5、6、7 和 8 的硫黄用量
分别为 0.2%、0.3%、0.35%、0.4%、
0.43%、0.46% 和 0.5%

6.5.1.2 纯天然橡胶硫化胶的结晶温度与拉伸比的关系

密度变化、双折射指数差及 X 射线衍射实验均证明，天然橡胶硫化胶（只要交联网络足够疏松）和生胶一样，其结晶的 T_m 都会随结晶温度的升高而提高，结晶速率也是随拉伸比（或伸长

率)的增大而加快。不过,当伸长比不变时,结晶速率却随结晶温度的降低而加快,如图 6-28 所示。图 6-28 中的实线是无定形硫化胶的双折射指数差 $(n_1-n_2)-\lambda$ 关系理论对比曲线,虚线是双折射指数差随结晶温度降低而增大的实测曲线。这些曲线对比表明:双折射指数差随拉伸比的增大而升高,当拉伸比<2 时无论温度高低都不会结晶;而当结晶温度为 100℃时,曲线(虚线)比对比值稍高,即结晶很少;但当结晶温度降低至-25℃时,结晶速率明显增大,导致硫化胶在拉伸比<3 时已出现明显地结晶。这些数据不仅意味着晶体的 T_m 随结晶温度的升高而增高,而且还表明结晶度随结晶温度的降低而急剧增大,或者说当温度降至-25℃时,拉伸比<3 时即出现明显的结晶现象,即提高拉伸比相当于降低温度。这一规律对理解用天然橡胶作轮胎胎面胶的重要性十分重要,即胎面胶在运行过程中,交变应力促使橡胶因形变而发生结晶补强、同时由于形变发展(增大或缩小)总是落后于应力变化(即滞后)而生热,该生热温度又高于晶体的 T_m,从而使胎面胶总处于连续地结晶补强的高强力状态。

6.5.1.3 纯天然橡胶硫化胶的结晶度与拉伸比(或伸长率)的关系

用 X 射线衍射法通过对比衍射弧或点的光强测得的天然橡胶硫化胶的结晶度-拉伸比关系数据表明:①无论是生胶还是硫化胶,都是在形变 200%~300%时出现结晶;②结晶度随伸长率的增大而增大(图 6-29),但当形变发展到 550%时,似乎已达到了极限结晶度 29%。这一数据与依据橡胶在 0℃冷冻结晶的密度增大 2.7%而计算的结晶度为 27%,及用双折射测得的结晶度为 37%等数据非常接近。这一数据也与生胶在低温下存放多年的结晶度相近,即存放 5~10 年结晶度是 10%~15%,30 年约为 25%。

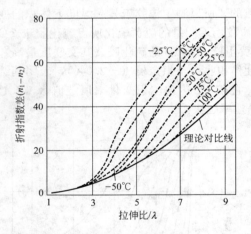

图 6-28 纯天然橡胶硫化胶在拉伸比 2~9 范围内,拉伸比与结晶温度的关系

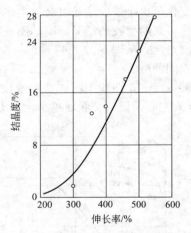

图 6-29 纯天然橡胶硫化胶的结晶度与伸长率的关系

6.5.1.4 晶胞尺寸和结晶机制

很多人都用 X 射线测定过聚异戊二烯的晶体。有人认为其晶胞是三个互相垂直的不等轴晶体(正交晶体);也有人认为它是单轴垂直的不等轴晶体(单斜晶体),其中两个轴之间的夹角 β 不是 90°。他们根据 X 射线衍射点阵图计算的晶胞参数是:

$$a=1.246\text{nm} \quad b=0.882\text{nm} \quad c(\text{纤维轴})=0.810\text{nm} \quad \beta=92°$$

该晶胞由 4 条分子链中的 8 个异戊二烯单元构成,其相对密度为 1.00。

结晶机制是根据结晶的 T_m(或熔限)随结晶温度升高而提高(熔限变窄)的数据和结晶速率随试样的拉伸比增大而加快的实验数据、结合天然橡胶是液相固体的特性推测出来的,而不是实测的成核和晶体生长过程。简单地说,天然橡胶的结晶历经成核和晶核长大两

个阶段。成核是随橡胶分子链由无定形因拉伸而取向,或结晶温度变化引起的链段运动能力不同而随机自然产生的;晶核一经形成,周围的有序链段就会在晶核表面上迅速堆积导致晶核以很快的速率生长成晶体,晶核不断生长就会使邻近结晶点的分子链或链段牵连进来,导致它们的运动逐步受到约束和限制,所以当晶核增长到一定程度,即到达一定的结晶度时,尽管还有较多的无规分子链存在,结晶速率必然缓慢下来,直到几乎停止结晶。对天然橡胶来说,这个极限温度是−25℃,结晶度约为30%;成核速率最快的温度是−60℃(约在天然橡胶 T_g 以上10℃左右),而晶核生长速率最快的温度是−3.5℃。这些数据告诉我们,天然橡胶是一个低温下结晶速度很慢的可结晶橡胶。连同6.5.1.3节讨论的天然橡胶又可在拉伸条件下于高温迅速结晶,生成的结晶又可借助形变落后于应力的内摩擦生成热熔化,从而使天然橡胶成为在高温下(<100℃)可迅速结晶补强、在低温下结晶速率很慢又不影响其弹性发挥的唯一胶种。与之相比,合成橡胶中的丁苯橡胶和丁腈橡胶等属于不结晶的无定形橡胶,于高、低温、拉伸条件下均不发生结晶,从而导致它们的生胶和纯胶硫化胶强度都低,弹性也比天然橡胶差;在合成橡胶的研发过程中曾发现一种反式结构为85%的环戊烯开环聚合均聚橡胶,它的拉伸结晶补强作用甚至超过天然橡胶,生成的晶体的 $T_m=18℃$,其自黏性、补强填料的填充能力也很高,就是由于其低温下(≤−20℃)结晶速率太快,导致其迅速变硬,从而使之丧失了工业生产价值[9]。

6.5.1.5 分子结晶与物理性能

这里所说的分子结晶是指可结晶的天然橡胶分子链形成三维有序晶体,而物理性能是指天然橡胶因结晶引起的各向异性、分子链间塑性流动被抑制、交联网络的应力-应变行为的变化及扯断强度等极限性能。

在以前有关橡胶交联网络结构和性能关系的讨论中已经提到,无定形网络的模量和强度是由交联键的性质和数量决定的。从这个意义说,无定形网链发生了结晶,就相当于增加了物理交联点,因而导致橡胶的模量和硬度均增大;其他物性如各向同性、分子间作用力及其应力-应变行为也会随之发生很大变化。

(1) 产生各向异性 如前所述,天然橡胶生胶或硫化胶在高度拉伸时(即形变≥200%)均会使卷曲分子链取向而形成三维有序排列的晶体,这样就使原来各向同性的橡胶转变成各向异性性质。这种性质已得到以下对比实验的证实:把未经拉伸的无定形天然橡胶和经拉伸结晶的天然橡胶做成相同尺寸的胶条,立刻放在液氮中冷却后并施加外力冲断,将断裂截面进行对比后发现,无定形橡胶的断面是凸凹不平像贝壳似的叠层玻片状,而拉伸结晶橡胶的断面却是分裂成一束纤维状结构(像尼龙纤维那样),这些纤维束是沿拉伸方向平行排列的,而且这两种橡胶在横向和纵向的强度明显不同。说明由于在无定形液相中引入了晶相结构,从而使橡胶呈现出各向异性性质。发生大形变时,由于分子链质心发生了滑移,撤去外力也不能完全恢复,即产生剩余(或永久)形变,将胶条拉伸至一定长度,并在该长度下维持1h,随后再撤去外力,使之恢复也会产生永久形变。图6-30是生胶于不同温度下伸长率(拉伸形变)与永久形变的关系。图中的曲线表明,50℃的伸长率和永久形变值均大于25℃的伸长率和永久形变,原因是高温下链段运动加剧、分子链质心容易滑移,且利于结晶。

(2) 纯天然橡胶硫化胶于不同温度下的拉伸应力-应变关系 如图6-31所示,当拉伸比<2(即形变量<100%)时,各温度下的应力互相接近,说明此时网链未发生结晶,网络的形变服从高斯分布的均方末端距;但是当拉伸比超过3后,则形变温度越低,应力越大,拉伸比也越低。这与拉伸结晶的结晶度随温度的降低而增大的规律是一致的,此时应力-应变曲线已大大偏离高斯分布所描述的均方末端距关系。

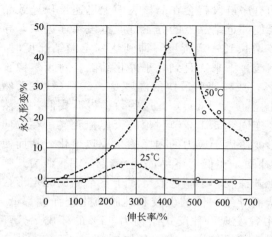

图 6-30 天然橡胶生胶的塑性流动、
永久形变与伸长率的关系

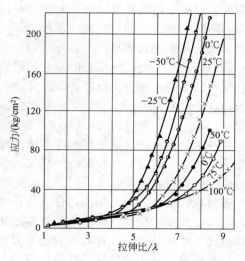

图 6-31 纯 NR 硫化胶于
不同温度下的应力-应变关系

(3) 结晶作用与拉伸（或扯断）强度　图 6-31 明显地体现出拉伸结晶对橡胶强度的影响。例如纯天然橡胶硫化胶（无任何填充剂）的拉伸强度是 20～29.5MPa，而纯丁苯橡胶硫化胶的拉伸强度只有 2.9MPa，二者的强度几乎相差 10 倍。这一差距可通过加入炭黑补强剂来缩小，如丁苯生胶中加入 50phr 的炭黑就可使硫化胶的拉伸强度提高到 14.7～17.8MPa（有关炭黑对不结晶橡胶补强作用的机制见第 4 章）。由此可见，炭黑补强远不及拉伸结晶补强。这也是众多合成橡胶工作者一直追求合成可结晶橡胶的重要原因之一。

6.5.2　合成橡胶的拉伸结晶

Gent 等曾系统地研究了一些合成橡胶的拉伸结晶行为，经与天然橡胶进行对比后发现：大多数立构规整橡胶如高顺式-1,4-聚异戊二烯橡胶、顺丁橡胶、丁基橡胶等的低交联度硫化胶，均可发生拉伸结晶；由于它们的分子结构和分子链缠结程度不同于天然橡胶，因而其结晶程度、晶体熔点（T_m）和出现结晶的形变量却差别较大，导致其结晶补强作用也明显不同。

6.5.2.1　天然橡胶（NR）与高顺式-1,4-异戊橡胶硫化胶拉伸结晶行为的对比[10]

(1) 生胶及其硫化胶制备方法　天然橡胶生胶为马来西亚标准 NR，其顺式-1,4-异戊二烯单元含量≥98%，合成聚异戊二烯（Natsyn 2200），其顺式-1,4-结构含量为 97%～98%。二者分别用 1phr、2phr 和 3phr 的二枯基过氧化物（DCP）于 150℃硫化 60min，所得硫化胶的物性参数列在表 6-5 中。

表 6-5　NR 和 Natsyn 纯胶硫化胶的物性参数

纯胶硫化胶	C_1	C_2	E[①]	交联密度 γ[②]（由 C_1 计算）	交联密度 γ（溶胀法实测）
Natsyn+1phr DCP	0.142	0.105	1.49	6.1	5.6
Natsyn+2phr DCP	0.240	0.110	2.10	10.3	9.6
Natsyn+3phr DCP	0.350	0.105	2.75	15.0	15.1
NR+1phr DCP	0.135	0.125	1.55	5.75	5.6
NR+2phr DCP	0.235	0.125	2.14	10.0	9.8
NR+3phr DCP	0.365	0.125	2.95	15.6	16.0

① E 为杨氏模量。
② γ 为交联密度（$\times 10^{-5}$ mol/g），是由 Mooney-Rivlin 弹性系数 C_1，根据 $\gamma = C_1 kT$ 算出，式中 k 是 Boltzmann 常数，T 是热力学温度。该计算式参见：Treloar LRG. the Physics of Rubber Elasticity. 3rd, ed. Oxford: Clarendon press, 1975。

表 6-5 的计算和实验数据表明,若所用的交联剂量相同时,可认为两种硫化胶的交联密度基本相同,表明所有拉伸曲线和强度数据均具可比性。

(2) 拉伸结晶测定方法　拉伸结晶速率是将测试样于 -25℃ 以 0.25 形变单位/min 的拉伸速度分别拉伸 25%、100%、200%、250%。取其应力-应变曲线的拐点作半结晶时间 ($t_{1/2}$) 进行对比;结晶的熔点 (T_m) 是将已结晶的试样在固定伸长率的条件下,以 1℃/min 升温速度,观察其应力逐渐恢复到接近无定形的拉伸应力时的温度。

以 1phr DCP 交联的两种试样于 -25℃ 拉伸结晶测定相应的晶体熔点为例,其 T_m-伸长率关系如图 6-32 所示。

由图 6-32 可见,交联 NR 和 Natsyn 结晶的 T_m 均随伸长率的增大而升高,当伸长率达 250% 时,NR 的结晶的 T_m 最高可达 56℃,Natsyn 为 42℃。

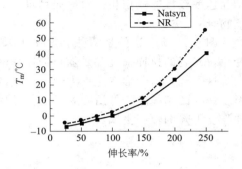

图 6-32　NR 和 Natsyn 分别用 1phr DCP 交联的硫化胶于 -25℃ 拉伸结晶后其相应 T_m 随伸长率的变化

(3) NR 和 Natsyn 于 -25℃ 结晶速度 ($t_{1/2}$) 和 T_m 的对比数据见表 6-6。

表 6-6　**NR 和 Natsyn**(均用 1phr DCP 交联)的硫化胶于 -25℃ 拉伸结晶后的 $t_{1/2}$ 和 T_m 随固定伸长率的变化

伸长率/%	NR		Natsyn	
	$t_{1/2}$/h	T_m/℃	$t_{1/2}$/h	T_m/℃
0	60±10		120±10	
25	30±5	-2	60±8	-5
50	19±3	-1.5	30±4	-4
75	8.5±2	0	18±2	-2
100	4.5±0.5	3	16±2	0
125	3.4±0.4	4		
150	1.7±0.2	12±2	4.5±0.2	8±1
200	0.8±0.05	30±2	3.3±0.2	25±2
250	0.32±0.05	53±10	1.2±0.5	42±2

表 6-6 的系列对比数据表明:①当二者的交联度相同时,NR 和 Natsyn 于 -25℃ 的结晶速率 $t_{1/2}$ 和相应晶体的 T_m 均随拉伸伸长率的提高而迅速增高,但二者提高的幅度却是 NR>Natsyn;②由于把试样冷却到结晶温度需要 2~3min,所以在高形变(例如伸长率大于 150%)量下测得的 $t_{1/2}$ 准确性稍差,但是就整个形变范围来说,在低形变范围 Natsyn 的 $t_{1/2}$ 约比 NR 低 2 倍;而在高形变区 NR 的 $t_{1/2}$ 约比 Natsyn 低 3 倍。当形变达 250% 时 NR 晶体的 T_m 约比 Natsyn 高 10℃。这些数据均表明,Natsyn 的结晶能力、结晶速率和晶体的 T_m 均比 NR 低。

(4) 拉伸强度和撕裂强度与测定温度、形变速率的关系　不同交联度的 NR 和 Natsyn 的拉伸强度与拉伸温度的关系(拉伸速度均为 0.25 形变单位/min)列在图 6-33 中;用 2phr DCP 交联的 NR 和 Natsyn 于室温下拉伸强度与形变速率之间的关系如图 6-34 所示。

图 6-33 的实测拉伸强度数据表明,NR 和 Natsyn 硫化胶在低温区(-25~0℃)都呈现很高的拉伸强度(15~20MPa),随着拉伸温度的提高,二者均在 10~20℃ 的温度范围内拉

伸强度突然下降至 1~2MPa。该转变温度区可能就是拉伸结晶的熔点。且这一转变温度由交联剂（DCP）用量的 1phr 的 90℃，降至交联度增大（DCP 用量为 3phr）时的 10℃。二者唯一的差别是 Natsyn 比 NR 拉伸强度的下降温度低 5~10℃。这一解释不仅与 Natsyn 的结晶速率较慢的数据相一致，而且也与 NR 在较高温度下因结晶熔化而阻止裂口增长的现象相吻合。

图 6-34 所表达的是两种硫化胶（DCP 用量均为 2phr）于室温下拉伸强度随拉伸速率的变化，二者的拉伸强度都是随拉伸速率的增大而下降，只不过 Natsyn 硫化胶的下降幅度更大。这可能是由于形变速率太快，分子链（或链段）来不及结晶，从而使其在高拉伸速率下形变诱导的结晶度降低所致，Natsyn 的结晶速率较慢，因而其形变结晶度更低，致使其拉伸强度下降的幅度更大。

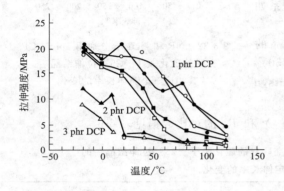

图 6-33 交联剂 DCP 为 1phr、2phr、3phr 的 NR（实点）和 Natsyn（空白点）的拉伸强度与拉伸温度（拉伸速率均为 0.25 形变单位/min）的关系

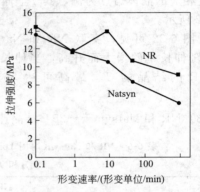

图 6-34 交联剂 DCP 为 2phr 的 NR 和 Natsyn 于室温下拉伸强度与形变速率之间的关系

图 6-35 为两种交联度不同的 NR 和 Natsyn 以恒定速率（500mm/min）撕裂时，撕裂强度随温度的升高而下降的数据。

与图 6-33 的拉伸强度-温度曲线关系不同，图 6-35 的撕裂强度-温度关系没有陡变的窄温区，而是撕裂强度随温度的升高逐渐稳定地下降；而且 NR 和 Natsyn 的撕裂强度随温度的升高而降低的幅度和趋势非常相似，只是 Natsyn 的相应撕裂强度值稍低于 NR（若将撕裂速度提高至 0.1m/s，仍然如此）。这就表明 Natsyn 的结晶速率比 NR 低，在高撕裂速度下结晶度也低，导致其撕裂强度比 NR 低所致。由于橡皮的耐磨性（或磨耗量）与高速形变密切相关，且形变速度为 100 形变单位/s 相当于滑行速度为 10mm/s。所以依据图 6-35 的对比数据，可以预期在同等行驶环境中，Natsyn 硫化胶的耐磨性稍逊于 NR。

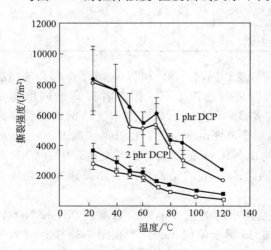

图 6-35 用和 2phr DCP 交联的 NR 和 Natsyn 恒速撕裂时，撕裂强度随温度的变化
（图中实点线是 NR，空白点线是 Natsyn）

根据以上的实测数据可以得出如下结论：① 低交联度的高顺式-1,4-聚异戊二烯（顺式-1,4-结构含量为 97%~98%，以 Natsyn 表示）和 NR 一样都可以发生拉伸结晶；但其结晶速率比相应的 NR 稍低，例如当伸长率为 25%～250%的范围内于－25℃结晶，Natsyn 硫化胶的结晶速率约比相应的 NR 低 2～3 倍，相应结晶的熔化温度（T_m）也比 NR 硫化胶低 5～10℃；或者说二者要达到相同的结晶度，Natsyn 的拉伸结晶需要在更低的温度下进行。②在低形变速率和低温下，Natsyn 和 NR 硫化胶呈现几乎相同的拉伸强度；拉伸强度随形变温度的升高到达某一窄温度范围而陡然下降，其原因是在该温度范围试样的结晶度急剧降低（相当于结晶的熔化温度）；在实验的形变范围内，Natsyn 硫化胶的拉伸强度总是稍低于相应的 NR。在高形变速率下，二者的拉伸强度都是随形变速率的增大而降低，可能的原因是时间太短而链段来不及结晶，导致其结晶度较低，Natsyn 结晶的时间比 IR 更长。③Natsyn 硫化胶和 NR 硫化胶的撕裂强度均随形变速率的提高而降低，但降低的幅度是 Natsyn 大于 NR，这一特性预示着 Natsyn 硫化胶的耐磨性比 NR 稍差。④两者产生上述差别的原因有二：一是 Natsyn 的顺式-1,4-结构含量比 NR 低 1%～2%，其立构规整度稍低，且分子链中可能存在头-头键合；二是合成的聚异戊二烯分子中缺少天然橡胶中具有的脂肪酸与端酯基相互作用形成的晶体成核催化剂。

6.5.2.2 天然橡胶（NR）与顺丁橡胶（BR）、丁基橡胶（IIR）硫化胶拉伸结晶行为的对比

Gent 和张立群曾分别用固定伸长率下的应力松弛法和固定伸长结晶试样的加热应力恢复法测定并对比了不同交联度的 NR、BR 和 IIR 的结晶速率（用半结晶时间 $t_{1/2}$ 表示）、结晶度和结晶的熔化温度（T_m）。还用恒速（10mm/min 相当于形变速率为 0.5 形变单位/min）拉伸法于－30～100℃温度范围内测定并对比了不同交联度的 NR、BR、IIR 和 SBR 的拉伸强度[11]。所得结果及相应的解释如下。

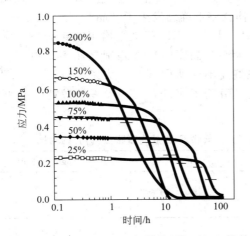 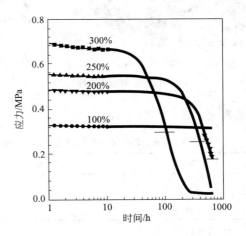

图 6-36　用 1.5phr DCP 交联的 NR 于－25℃的　　图 6-37　用 0.3phr DCP 交联的 BR 于－7℃
定伸应力松弛曲线（图中水平短线是　　　　的定伸应力松弛曲线（图中水平短线是
半结晶时间 $t_{1/2}$）　　　　　　　　　　半结晶时间 $t_{1/2}$）

(1) 结晶度和结晶速度　交联 NR、BR 和 IIR 于不同温度的定伸应力松弛曲线分别列于图 6-36、图 6-37 和图 6-38 中。

图 6-36、图 6-37 和图 6-38 各图的交联 NR、BR 和 IIR，其交联剂用量相近，故可认为其交联度大致相同。定伸应力松弛温度虽差别较大，但都是依据相应胶种结晶速度最快的温度而选定的，故其相应伸长率的 $t_{1/2}$ 似也具可比性。将各图中固定伸长率均为 200%的半结晶时间 $t_{1/2}$ 进行对比可以看出，三种交联橡胶的结晶速率是 NR>BR>IIR。交联 NR 和 BR 的结晶度随伸长率的变化列在图 6-39 中，由图可以看出，低交联度 NR（用 1phr 的 DCP 交

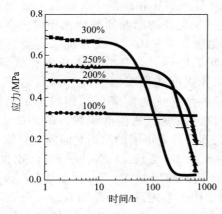

图 6-38 用 1phr 硫黄交联的 IIR 于 −35℃ 的定伸应力松弛曲线（图中水平短线是半结晶时间 $t_{1/2}$）

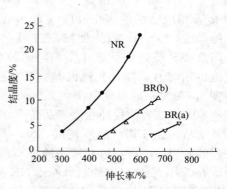

图 6-39 交联 NR、BR 的结晶度随伸长率的变化
NR（用 1phr DCP 交联）；BR(b) 用 0.3phr DCP 交联；BR(a) 用 0.15phr DCP 交联

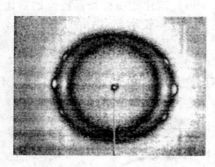

图 6-40 交联 BR(+0.3phr DCP) 拉伸 680% 时的 X 射线衍射图

联）的结晶度随伸长率的增大而迅速提高，即结晶度从伸长率为 300% 时的 4% 提高到 600% 时的 23%；而交联度相近的两个 BR[(a) 和 (b)] 则分别从 450% 时的 3% 提高到伸长率为 680% 时的 11%(b)；交联度较低的 BR(a)，则在伸长率从 650%～750% 区间结晶度仅提高了 3% 左右。X 射线衍射照片（图 6-40）证明交联 BR 在高伸长率下确已发生了结晶。

由于 NR、BR 和 IIR 都是立构规整聚合物，它们结晶速率和最终结晶度的显著差别显然不是由于橡胶分子立构规整度不同所引起的。为了寻求更加合理的解释，他们又引用了表 6-7 的（代表性胶样）交联密度数据来佐证。

表 6-7 NR、BR 和 IIR 硫化胶中分子缠结密度 (γ_e) 与物理-有效交联密度 (γ) 的对比

交联聚合物	$\gamma_e(10^{+9}/\text{gm})$	E[1]/MPa	$\gamma(10^{-19}/\text{gm})$ 计算值[2]
BR	12.5	1.5	6.1
NR	8.1	1.3	5.3
IIR	5.3[3]	1.0	4.1

[1] 拉伸弹性模量。
[2] 由动力学-理论松弛公式 $E=6\rho\gamma kT$ 算出，式中 ρ 是交联聚合物的密度，K 是 Boltzmann 常数，T 是热力学温度，测定 E 时 $T=295\text{K}$。
[3] γ_e 是聚异丁烯的文献值。

表 6-7 的数据表明，无论是文献值（γ_e）还是由实测 E 计算的 γ 值，三种交联橡胶的缠结密度都是 BR>NR>IIR，这就意味着橡胶分子链的柔性越大，分子链越容易缠结。缠结阻碍了拉伸结晶，限制了所能达到的结晶度。

（2）晶体的熔点（T_m） 拉伸结晶胶样以加热应力恢复法测得的 NR（加 1phr DCP 交联）和 BR（用 0.15phr DCP 交联）结晶的熔点（T_m）列在图 6-41 中。

图 6-41 表明，交联 NR 和 BR 结晶的熔点都是随伸长率的增大而升高，但二者随伸长率增大而升高的幅度却差别很大。NR 结晶的熔点由未拉伸时的 −4℃ 提高至伸长率达 250% 时

的 56℃，而 BR 结晶的熔点却从未拉伸时的 2℃ 提高至 300% 时的 10~11℃。这一差距意味着顺丁橡胶的形变结晶补强作用远小于天然橡胶。

(3) 拉伸强度随温度的变化　交联 NR 进行恒速拉伸（以 10mm/min 拉伸，相当于形变速率为 0.5 形变单位/min）测得的拉伸强度随拉伸温度的变化曲线见图 6-33，而不同交联度的 BR 和 IIR 的恒速拉伸曲线分别如图 6-42 和图 6-43 所示。

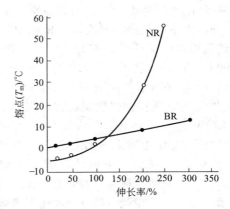

图 6-41　拉伸结晶的 NR（加 1phr DCP 交联）和 BR（用 0.15phr DCP 交联）以加热应力恢复法测得的结晶熔点与伸长率的关系

图 6-33 所示的交联 NR 的拉伸强度-温度曲线表明：在低温区（-25~0℃）恒速拉伸时，两个低交联度（分别是加 1phr 和加 2phr 的 DCP）NR 胶条的拉伸强度都在 20MPa 左右，当拉伸温度升高至 20（高交联度）~100℃（低交联度），这两个试样的拉伸强度都迅速降低至 1~2MPa（该值是无定形 SBR 的拉伸强度）；而高交联度（用 3phr DCP 交联）的 NR 则在升温到 20℃ 时拉伸强度已降至纯无定形 SBR 硫化胶的水平，说明拉伸强度的突降温度随 NR 交联度的增大而降低。Thomas 和 Whittle[12] 认为，拉伸强度的突然下降是由于交联 NR 在该温度不发生拉伸结晶，而 Gent 等[10] 则认为，强度突然下降的温度（或称转变温度）恰好是结晶的熔点，或更确切地说，在该温度下，交联 NR 结晶速度不够快到足以阻止裂口增长的程度。如果转变温度就是晶体的熔点这一观点成立，则低交联度 NR 随伸长率提高而结晶、结晶熔点随伸长率增大而升高的幅度是从未拉伸时的 0℃ 升高到拉伸结晶的 100℃。这是 NR 不同于合成的立构规整橡胶的一个突出特点。

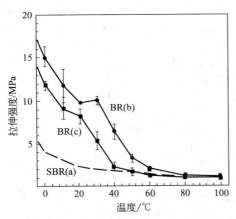

图 6-42　不同交联度的 BR 与纯 SBR 硫化胶拉伸强度-温度关系对比
(a)—SBR（用 0.2phr DCP 交联）；(b)—BR（加 0.3phr DCP 交联）；(c)—BR（加 0.5phr DCP 交联）

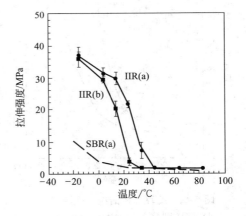

图 6-43　交联 IIR 的拉伸强度-温度关系
(a)—低交联度；(b)—较高交联度

图 6-42 所示的不同交联度的 BR、SBR 拉伸强度-温度关系对比曲线表明，交联 BR 在未拉伸时已经结晶，当拉伸温度升高到 10~30℃，拉伸强度保持在约 10MPa 的高水平（由于拉伸结晶），但当温度继续升高时，拉伸强度却从 20℃ 的窄温区内迅速下降到无定形交联 SBR 的低水平（1~2MPa）。对低交联度的 BR（加 0.3phr DCP 交联）拉伸强度降至 1~

2MPa 时的温度是 60℃,而对高交联度的 BR(加 0.5phr DCP 交联)约为 40℃。拉伸强度随拉伸温度下降的趋势与交联 NR 相似,但结晶熔点随伸长率提高而升高的幅度却只有 55℃(结晶熔点由未拉伸状态的 5℃升高至伸长率达 300%时的最高点 60℃),它远低于 NR 的 100℃。这一差别预示着 BR 的拉伸结晶补强作用远小于 NR。

图 6-43 所示的交联 IIR 试样的拉伸强度-温度曲线关系表明:低交联度的 IIR(a)在低于 20℃时,其拉伸强度保持在高强度水平(由于拉伸结晶,强度≥30MPa);而高交联度的 IIR(b)也在低于 10℃下维持高强度(约为 30MPa),但是当温度升高到 35~42℃时,它们的拉伸强度都迅速下降到无定形 SBR 硫化胶的低水平(1~2MPa),据此测得的晶体熔点最大升高值为 45℃(未拉伸状态 IIR 结晶的熔点是 0℃,伸长率为 300%时结晶的熔点是 44℃)。这一熔点最高值显然比 BR、NR 低得多。

6.5.2.3 氯丁橡胶(CR)、氢化丁腈橡胶(HNBR)的应力-形变曲线

对 CR 和 HNBR 硫化胶进行迅速拉伸,观察其应力是否随形变的发展而突然增大(即产生拉伸结晶)有重要意义。因为通用型 CR 属于已结晶的立构规整橡胶(室温下的结晶度为 12%,反式-1,4-结构含量为 90%~92%),于 150℃硫化后是否仍存在结晶尚未见报道,而丁腈橡胶(NBR)属于不结晶的无规无定形橡胶,经氢化后已转变为乙烯/1-丁烯/丁二烯/丙烯腈(AN)多元无规共聚物(HNBR),该共聚物于 150℃加入 DCP 硫化交联后是否可发生拉伸结晶也是极具科学和实用意义的重要课题。Slusarski 和张立群等[13]的实验研究为回答上述问题提供了有力证据。两种非硫调 CR(Du Pont 公司生产的缓慢结晶型 WRT 和 WB)加入 5phr ZnO、4phr MgO 于 150℃硫化 1h 试片的应力-形变曲线示于图 6-44;HNBR 加入 0.5~7phr DCP 于 150℃硫化 1h 试片的应力-形变曲线列于图 6-45 中。

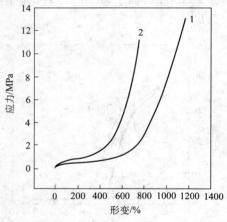

图 6-44 交联 CR 的应力-形变曲线
(拉伸温度 24℃,拉伸速率 100mm/min)
1—WRT 型 CR;2—WR 型 CR

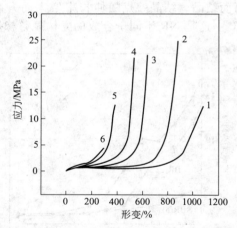

图 6-45 不同交联度的 HNBR 的应力-形变曲线
(拉伸温度 23.4℃,拉伸速率 100mm/min)
图中曲线 1~6 的 DCP 用量分别为
0.5phr、1phr、2phr、3phr、5phr、7phr

图 6-44 和图 6-45 的应力-形变曲线具有以下共同特点:①当形变量<50%时,应力变化不大,可以认为是未发生结晶;②当形变(或伸长率)继续增大时,则应力-形变曲线于不同的伸长率出现急剧上扬(即应力突然增大),可以认为已发生了拉伸结晶,且结晶速率和结晶度都迅速增大;曲线上扬的伸长率随试样交联度(DCP 用量增加)的增大而减小。这与其他合成的立构规整橡胶相一致;③伴随结晶而产生的应力增大(可视作拉伸结晶补强作用)有随交联度增大而下降的趋势,对 HNBR 来说,以 1phr DCP 交联的 HNBR 出现显著

结晶的伸长率在 700% 左右，其拉伸结晶补强作用最高可达 25MPa；对 CR 来说，出现显著结晶的伸长率也在 700% 左右，其拉伸结晶补强应力最高仅为 13MPa；说明已结晶的立构规整橡胶（CR）的结晶补强作用小于无定形橡胶（HNBR）。

至于交联 HNBR 的结晶的熔化温度（或称熔点，T_m），可以从图 6-46 不同交联度的 HNBR 的拉伸强度-温度关系曲线对比中获得一些信息。

图 6-46 的拉伸强度-温度曲线表明：①拉伸强度随拉伸温度的升高、交联度的增大而降低；②低交联度的 HNBR（曲线 1、2）在低于 30℃时拉伸强度可保持在高水平（由于拉伸结晶，18~23MPa），而高交联度的 HNBR（曲线 3、4）在低于 30℃时，其拉伸强度只有 4~12MPa。两者的强度突降温区（转变温度）为 30℃（60~30℃）。按照 Gent 的观点[10]，该转变温度可视作拉伸结晶的熔点（即 $T_m \approx 30℃$）；从 60℃开始，拉伸强度随拉伸温度的提高而缓慢下

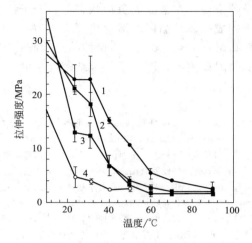

图 6-46 不同交联度的 HNBR 于不同温度
迅速拉伸时的拉伸强度-温度关系
（拉伸速率为 100mm/min）
曲线 1、2 的 DCP 量分别为 2phr 和 3phr
曲线 3、4 的 DCP 量分别为 5phr 和 7phr

降，直到 90℃，拉伸强度才降至 2MPa 左右，这可能是由于 HNBR 属极性橡胶，分子间作用力较大，该作用力也随温度升高而缓慢下降至无定形 SBR 硫化胶强度的上限所致。

6.5.3 橡皮拉伸结晶研究现状分析

根据以上各种合成橡胶硫化胶的拉伸结晶行为和拉伸强度-结晶对比研究，可以得出以下结论。

（1）各种立构规整橡胶，包括天然橡胶、高顺式-1,4-异戊橡胶、顺丁橡胶、丁基橡胶（通常认为它们在常温无负荷时为无定形结构）和氯丁橡胶（通常认为它在常温无负荷状态下已存在>10%的结晶）及氢化丁腈橡胶（HNBR，已知 HNBR 的前身 NBR 为不结晶的无定形橡胶，但在氢化后，在常温无负荷时已存在结晶还是仍保持无定形结构尚未见报道）等的低交联度硫化胶都可发生拉伸（或变形）结晶。由于生胶的分子结构和分子链的柔性各不相同，致使它们发生形变结晶的能力、结晶速率、晶体熔点随伸长率（或拉伸比）提高的程度、相同拉伸比和拉伸速率下的最高结晶度，乃至伴随产生的拉伸补强作用等都有很大差别。其中天然橡胶尚是目前拉伸结晶度最高、结晶熔点随拉伸比的增幅最大、晶体又可因轮胎行驶生热而熔化、拉伸结晶补强作用最强的可结晶橡胶。因此效仿或模拟天然橡胶的形变结晶行为，将成为合成橡胶继模仿天然橡胶弹性合成类橡胶，进而效仿天然橡胶规整结构合成立构规整橡胶（包括"合成天然橡胶"）之后的又一个重要研发方向。

（2）在高分子材料中，合成橡胶属低强度、高弹性材料。对可结晶的天然橡胶和无定形合成橡胶（如 SBR）补强作用的对比研究已经证明：天然橡胶的拉伸结晶补强作用远大于无定形 SBR 的炭黑补强，且结晶补强作用主要来自 NR 在高温下可快速结晶并达到高结晶度。因此要制得高强度的合成橡胶，合成橡胶分子聚集体应具备以下条件：①在常温无负荷状态下，橡胶分子应聚集成无定形结构，如果它能冷冻结晶的话，其结晶速率应很慢、且结晶的熔点应低于室温；但在拉伸时不仅结晶速率要快，而且结晶的熔点需随拉伸比的增大而

大幅度升高，这样才能使弹性体在很宽的温度范围内保持其高强度和高弹性；②对立构规整橡胶来说，在常温无负荷状态下，分子链需以低密度堆砌，拉伸结晶时分子链也需以低密度堆砌成晶体，晶体的熔融热要大（$H_f \geqslant 4kJ/mol$），具备这样的分子堆砌条件，才有望能获得高熔点（<100℃）的拉伸结晶橡胶；③对于可结晶橡胶，其强度和分子的缠结密度有如下的因果关系，即分子的缠结密度越低，形变结晶度越高，橡胶的强度越大。

参 考 文 献

[1] 励杭泉，张晨编著. 聚合物物理学. 北京：化学工业出版社，2007.
[2] Anthong, Caston, Guth. J. Phys. Chem., 1942, 46: 826.
[3] 何曼君，陈维孝，董西侠编著. 高分子物理. 修订版. 上海：复旦大学出版社，1990.
[4] 金日光，华幼卿合编. 高分子物理. 第二版. 北京：化学工业出版社，2000，8~18.
[5] 金日光，华幼卿合编. 高分子物理. 第二版. 北京：化学工业出版社，2000，128~130.
[6] 焦书科. 石化技术与应用，1997，17 (2)：67~71.
[7] 焦书科，陈晓农. 高分子通报，1999，(3)：115~119.
[8] [英] LRG 特雷劳尔著. 橡胶弹性物理学. 向知人译. 北京：轻工业出版社，1957，158~167.
[9] 焦书科编著. 烯烃配位聚合理论与实践. 北京：化学工业出版社，2004，323.
[10] Gent A N, Kawahara S, Zhao J. Rubb. Chem. Technol., 1998, 71: 1~11.
[11] Gent A N, Zhang L Q. J. Polym. Sci., part B: polymer phys, 2001, 39: 811.
[12] Thomas A G, Whittle J M, Rubb. Chem. Technol., 1970, 43: 222.
[13] Bieli'nske D M, Slusarski L, et al. J. Appl. Polym. Sci., 1998, 67: 501~512; Wang Yiqing, Zhang Huifang, Wu Youping et al, J. Appl. Polym. Sci., 2005, 96: 318.